W0264285

Jens-Rainer Ohm, Digitale Bildcodierung

Jens-Rainer Ohm

Digitale Bildcodierung

Repräsentation, Kompression und Übertragung von Bildsignalen

Mit 249 Abbildungen

Springer

Dr.-Ing. Jens-Rainer Ohm

Institut für Fernmeldetechnik
Technische Universität Berlin
Einsteinufer 17
D-10587 Berlin

ISBN-13:978-3-642-79360-8

Die Deutsche Bibliothek - CIP-Einheitsaufnahme
Ohm, Jens-Rainer: Digitale Bildcodierung: Repräsentation, Kompression und Übertragung
von Bildsignalen / Jens-Rainer Ohm. - Berlin, Heidelberg; New York; London; Paris; Tokyo;
Hong Kong; Barcelona; Budapest: Springer, 1995
ISBN-13:978-3-642-79360-8   e-ISBN-13:978-3-642-79359-2
DOI: 10.1007/978-3-642-79359-2

Satz: Reproduktionsfertige Vorlagen vom Autor
SPIN: 10469866   68/3020 - 5 4 3 2 1 0 - Gedruckt auf säurefreiem Papier

Vorwort

Ein Bild sagt mehr als tausend Worte, und es ist unzweifelhaft, daß kein anderes Medium einen so nachhaltigen Einfluß auf Meinungsbildung, geistige Entwicklung und Erziehung von Menschen besitzt wie die Bildkommunikation. Wir stehen heute an der Schwelle zu einem Zeitalter, das wesentlich durch die Informationstechnologie geprägt sein wird. Der *Speicherung* und *Übertragung* visueller Information fällt hierbei eine Schlüsselrolle zu : Der Sehsinn ist die höchstentwickelte Wahrnehmungsform des Menschen, und die Bildinformation läßt sich in diesem Sinne als die höchstentwickelte Art von Information bezeichnen.

Menschliche Kultur war immer mit dem Streben verbunden, visuelle Information zu speichern, um dadurch die *Zeit zu überwinden*. Dies beginnt bei der Höhlenmalerei, und hat eine Massenverbreitung mit Photographie, Film und Videotechnik erreicht. Die Umwandlung von Bildern in elektrische Signale, durch die Fernsehtechnik verwirklicht, ermöglicht mit der Echtzeit-Übertragung schließlich auch die *Überwindung des Raumes*. Allerdings beschränkt sich der letztere Aspekt bisher großenteils auf passives Zuschauerverhalten, das angebotene Fernsehprogramm kann allenfalls abgeschaltet werden. Dieses Hemmnis aufzuheben, einer Vielzahl von Menschen die Möglichkeit zu geben, auf angebotene Bildinformation interaktiv zu reagieren, Information auszuwählen und eigene Information einzubringen, d.h. in echte *Kommunikation* einzutreten, wird eine wesentliche Neuerung im beginnenden Informationszeitalter sein. Wir können dadurch nicht nur das Entstehen völlig neuer Kommunikationsformen zwischen den Menschen erwarten, sondern es werden auch tiefgreifende Änderungen im Arbeits-, Privat- und gesellschaftlichen Leben die Folge sein.

Digitale Techniken werden in zukünftigen Bildübertragungs-, Bildspeicherund Multimediasystemen eine breite Anwendung finden. Erst die Digitaltechnik eröffnet die oben skizzierten Möglichkeiten, die im Vergleich zu konventionellem Kino und Fernsehen einen qualitativen Entwicklungssprung in der Bildkommunikation bedeuten. Gleichzeitig zeichnet sich die immer weitere Verschmelzung von Fernseh-, Telekommunikations- und Computertechnik ab. Als Folge davon werden Informations- und Kommunikationsformen, die derzeit getrennt existieren (geschriebener Text, Sprache, Ton, Bild und Graphik), zu einer multimedialen Einheit verwachsen. Auf dem Arbeitssektor wird eine Ortsunabhängigkeit eintreten, man kann mit weit entfernten Menschen interaktiv zusammenwirken, und seine Fähigkeiten an weit entfernten Orten einsetzen. Im Freizeitbereich ist beispielsweise ein Zusammenwachsen von Film und interaktivem Computerspiel zu erwarten.

Angesichts der hohen Datenraten bei der digitalen Übertragung und Speicherung von Bildinformation ist die Anwendung von *Bildcodierverfahren* zur Datenkompression unverzichtbar. Bei der Verbreitung von großen Mengen an Bildinformation muß selbst mit der in Breitbandnetzen reichlich angebotenen Übertragungskapazität sparsam umgegangen werden; außerdem sollten die Übertragungskosten für den einzelnen Benutzer so gering wie möglich sein.

Dieses Buch wendet sich an Ingenieure und fortgeschrittene Studenten der Nachrichtentechnik und Informatik. Dem Leser werden sowohl die informations- und signaltheoretischen Grundlagen, als auch die praktische Arbeitsweise von Bildcodierverfahren vermittelt. Hierbei werden sowohl die auf einfachen statistischen Annahmen über Bildsignale basierenden *klassischen* Codierverfahren (Prädiktionscodierung, Transformationscodierung, Entropiecodierung) erläutert, als auch fortgeschrittenere Methoden, bis hin zu inhaltsbasierten Verfahren, behandelt. Erstere werden vielfach in den heute bereits festgelegten Standards zur Festbild- und Videocodierung (z.B. "JPEG" und "MPEG") eingesetzt, letztere werden für zukünftige Anwendungen eine noch wesentlich leistungsfähigere Datenkompression ermöglichen.

Die Theorie digitaler Bildcodierverfahren umfaßt Komponenten aus mehreren wissenschaftlichen Disziplinen. Eine wichtige Grundlage vieler Algorithmen bilden Methoden der zwei- und mehrdimensionalen *digitalen Signalverarbeitung*. Die Codierung verschiedenartiger digitaler Signalkomponenten erfolgt unter Aspekten der *Informationstheorie*. Gleichzeitig sind Methoden der *statistischen Analyse*, bei den fortgeschrittenen Verfahren auch Methoden der inhaltsorientierten und semantischen *Bildanalyse*, unverzichtbar. Erst die richtige Koordinierung all dieser Bereiche ermöglicht die Optimierung einer Bildübertragung mit möglichst hoher Qualität bei möglichst geringer Übertragungsrate und möglichst geringem Realisierungsaufwand.

Es werden verschiedene Anwendungsfälle beschrieben, und es wird gezeigt, wie die Auslegung von Bildcodieralgorithmen abhängig ist von den Erfordernissen einer Anwendung und des zur Verfügung stehenden Übertragungs- oder Speichermediums. Ein besonderes Anliegen des Buches ist es, den Leser die Techniken der Bildcodierung nicht isoliert, sondern als wichtigen Teil eines *Gesamtsystems* zur Übertragung der Bildinformation begreifen zu lassen.

Grundlagen für das Buch bilden eine nahezu zehnjährige Forschungstätigkeit auf dem Gebiet der Bildverarbeitung und -codierung, insbesondere aber auch Konzeption und Skriptum der Vorlesung "Digitale Bildübertragung", die der Autor seit 1992 an der Technischen Universität Berlin hält.

Das Buch gliedert sich in vier Teile :

- In Teil *A* werden Grundlagen und Algorithmen der mehrdimensionalen digitalen Signal- und Bildverarbeitung erläutert, so weit sie für die Arbeitsweise von Bildcodierverfahren relevant sind. Es werden statistische und inhaltsbasierte Analyse-, Modellierungs- und Optimierungsmethoden vorgestellt. Die psychovisuellen Eigenschaften des menschlichen Sehsinns werden beschrieben.
- Teil *B* befaßt sich mit den informationstheoretischen Grundlagen und praktischen Verfahren, die bei der Quantisierung und Codierung von Bildsignalen eingesetzt werden.
- In Teil *C* werden Methoden der Bildcodierung behandelt. Eine wichtige Grundlage der Datenreduktion ist dabei meist die Ausnutzung von Ähnlichkeitsmerkmalen (Redundanz) im Bildsignal, die sich sowohl in Helligkeits- und Farbähnlichkeiten benachbarter Bildpunkte im Ortsbereich, als auch in der Ähnlichkeit aufeinander folgender Bilder in Bildsequenzen finden lassen.
- Teil *D* ist den Anwendungen digitaler Bildübertragung und -speicherung, der Anpassung von Bildcodierverfahren an verschiedene Übertragungs- und Speichermedien und der Beschreibung von Standards gewidmet.

Das Buch ist in didaktischer Reihenfolge aufgebaut. Jedoch wird der Leser stets verständnisrelevante Querverweise auf frühere Kapitel bemerken, die es ihm auch ermöglichen, sich gezielt über einzelne Themen zu informieren. Grundkenntnisse über digitale Signalverarbeitung (z.B. Abtastung, digitale Filter, diskrete Fouriertransformation) sind von Vorteil, da diese Aspekte in Kapitel 2 des Teils A nur sehr gestrafft behandelt werden können.

Besonderer Wert wurde darauf gelegt, die Inhalte und Methoden einerseits an Hand mathematischer Formeln präzise darzustellen (Anhang A faßt die hierbei einheitlich verwendete Nomenklatur zusammen), darüber hinaus aber Erläuterungen für deren Wirkungsweise und für Anwendungen bei der praktischen Realisierung zu geben.

Ich möchte nun allen denjenigen meinen Dank aussprechen, die mir beim Entstehen des Buches geholfen haben. Herr Prof. Noll hat mich seit vielen Jahren in meiner Forschungs- und Lehrtätigkeit am Institut für Fernmeldetechnik (IFT) der TU Berlin unterstützt und angeregt. Unzählige Studenten haben im Rahmen von Studien- und Diplomarbeiten Teilaspekte der Bildcodierung untersucht; besonders erwähnen möchte ich T. Ledworuski, A. Praatz, A. Schiffler, O. Schreer und F. Sperling, durch deren Arbeiten einige Abbildungen im Buch entstanden sind. Studenten meiner Vorlesung haben mich auf inhaltliche und typographische Fehler aufmerksam gemacht, die in früheren Versionen des Skriptums enthalten waren. Unter den Mitarbeitern am IFT haben mir insbesondere K.-U. Barthel und G. Heising in Diskussionen neue Sichtweisen eröffnet, Verbesserungsvorschläge zum Manuskript gegeben und mit der Erstellung von Bildmaterial geholfen.

Mein ganz besonderer Dank gilt Herrn Prof. Musmann für seine inhaltlichen Anregungen, und seinen Mitarbeitern für ihre Bereitschaft zur Unterstützung. Herr M. Kampmann hat mir einige interessante Bildbeispiele zugänglich gemacht. Fruchtbar war auch die jahrelange Zusammenarbeit mit dem Heinrich-Hertz-Institut, das u.a. das PCM-codierte Rohmaterial für viele der gezeigten Bildbeispiele zur Verfügung stellte.

Die Deutsche Forschungsgemeinschaft hat durch finanzielle Unterstützung zweier Forschungsvorhaben zu einigen interessanten wissenschaftlichen Resultaten des Buches, insbesondere auf dem Gebiet der dreidimensionalen Frequenzbereichscodierung, beigetragen.

Sehr erfreulich war die Zusammenarbeit mit den Mitarbeitern des Springer-Verlages, insbesondere Herrn T. Lehnert, der das Buchprojekt mit viel Engagement unterstützt hat.

Schließlich möchte ich mich bei meiner Lebensgefährtin, Dr. C. Volmary, bei meinem Freund Dr. W. Granzow und bei Herrn Prof. Lüke und seinen Mitarbeitern für die Durchsicht des Manuskriptes bedanken. Mein Vater, Prof. D. Ohm, konnte mir auf dem Gebiet der Sinnesphysiologie einige wichtige Anregungen geben.

Ich widme dieses Buch unseren Kindern Tilman, Robert und Prisca in der Hoffnung, daß es ein Gebiet des technischen Fortschritts behandelt, welches ihnen die Welt auch in der Zukunft noch lebenswert erscheinen läßt.

Berlin, im Januar 1995   Jens-Rainer Ohm

Inhaltsverzeichnis

Teil A

Grundlagen und Algorithmen

1 Einleitung

Aufgabe der digitalen Bildcodierung ist die Reduktion der zu übertragenden Datenmenge, die bei hochauflösenden Bildformaten mehrere Gigabit pro Sekunde betragen kann. Die Anforderungen an ein Bildcodierverfahren, insbesondere bezüglich seines Datenreduktionsfaktors und seiner Fehlerresistenz, sind stets abhängig von den Eigenschaften des zu benutzenden Übertragungskanals. Eine wichtige Entwicklungstendenz in der digitalen Bildcodierung ist das Erzielen immer höherer Reduktionsfaktoren durch zunehmende Ausnutzung von Inhaltsmerkmalen. Neue digitale Kommunikationsnetze ermöglichen zudem den Übergang zu einer Übertragung mit variablen Datenraten und Qualitätsanforderungen. Für Bildcodierverfahren ergibt sich daraus die Forderung nach flexibler Anpassung an die Eigenschaften verschiedenartiger Übertragungskanäle.

1.1 Digitale Bildformate

1.1.1 Was ist ein digitales Bildsignal ?

Die Erzeugung digitaler Bildsignale (soweit es sich nicht um synthetisch oder graphisch erzeugte Signale handelt) erfolgt meist durch *Abtastung* und *Quantisierung* eines analogen Videosignals. Hierbei wird das elektrische Signal, welches einen Lichtintensitätsverlauf repräsentiert, in einen Zahlencode umgewandelt. Heute wird dafür üblicherweise eine *Pulscode-Modulation* (PCM) mit 8 b (Einheit der binären Information : $b{\equiv}bit$) verwendet, womit sich pro Helligkeits- und/oder Farbkomponente $2^8{=}256$ verschiedene Amplitudenstufen darstellen lassen. Für zukünftige Anwendungen, insbesondere wenn eine höhere Dynamik als die auf Fernsehbildschirmen darstellbare zu bearbeiten ist, kann mit der Einführung höherer Bitanzahlen gerechnet werden. So besitzt ein herkömmliches Dia zwar schon eine weit höhere Dynamik als ein Videobild, kann aber dennoch nur in abgedunkelten Räumen projiziert werden. Die natürliche Helligkeitsdynamik umfaßt sogar einen Lichtintensitätsbereich von 9 Zehnerpotenzen von der Sehschwelle bis zu hellsten Beleuchtungen. Im Vergleich dazu umfaßt der Bereich des Schalldrucks bei akustischen Signalen lediglich 7 Zehnerpotenzen von der Hörschwelle bis zur Schmerzgrenze; sowohl Augen als auch Kameras verfügen daher über Regelmechanismen in Form von Iris bzw. Blende.

1.1.2 Darstellung von Farbsignalen

RGB-Darstellung. Bei dieser aufwendigen Methode werden die 3 Komponenten Rot (R), Grün (G) und Blau (B) separat erfaßt. Hierdurch entsteht die dreifache Anzahl an Abtastwerten gegenüber der alleinigen Erfassung von Graustufen in einer Schwarzweiß-Kamera.

Farbkomponenten-Darstellung. Bei dieser am häufigsten verwendeten Technik werden zusätzlich zur Helligkeitskomponente Y (Luminanz) zwei Farbdifferenz-komponenten (Chrominanz) bereitgestellt. Bei der in YUV-Darstellung erfolgt die Berechnung nach den Formeln

$$Y = 0,299 \cdot R + 0,587 \cdot G + 0,114 \cdot B$$
$$U = -0,146 \cdot R - 0,288 \cdot G + 0,434 \cdot B = 0,493 \cdot (B - Y) \qquad (1.1)$$
$$V = 0,617 \cdot R - 0,517 \cdot G - 0,1 \cdot B = 0,877 \cdot (R - Y)$$

aus dem RGB-Signal. (1.1) entspricht den Verhältnissen der Komponenten bei den in Europa üblichen Farbfernsehsystemen PAL und SECAM. Bei dem in Amerika und Japan üblichen NTSC-Format wird dagegen die YIQ-Darstellung mit etwas anderen Vorfaktoren für die Berechnung der Differenzkomponenten verwendet :

$$Y = 0,299 \cdot R + 0,587 \cdot G + 0,114 \cdot B$$
$$I = 0,597 \cdot R - 0,277 \cdot G - 0,321 \cdot G \qquad (1.2)$$
$$Q = 0,213 \cdot R - 0,523 \cdot G + 0,309 \cdot G$$

Durch die Farbdifferenz-Bildung wird die Korrelation zwischen den R-, G- und B-Komponenten ausgenutzt; dabei wird gleichzeitig der darstellbare Farbraum an die Empfindlichkeit des menschlichen Sehsinns angepaßt (Benachteiligung der blauen, Bevorzugung der grünen Komponente, vgl. hierzu Abschn. 7.3). Darüber hinaus ist es möglich, die Chrominanzen mit geringerer örtlicher Auflösung wiederzugeben, da die Netzhaut des menschlichen Auges hierfür ein geringeres Auflösungsvermögen besitzt als bei der Luminanz.

1.1.3 Zeilensprung- und progressive Abtastung

Die Bildwiederholfrequenz einer Videokamera schreibt die Anzahl der pro Sekunde aufgezeichneten Bilder fest. Die mögliche Auflösung des digitalisierten Bildes in vertikaler Richtung wird zunächst durch die Zeilenanzahl im Videosignal bestimmt. Im Grunde wird also nur noch in der Zeilenrichtung abgetastet, da das analoge Signal eigentlich nur einen zeit- und amplitudenkontinuierlichen Verlauf entlang der Zeilen in den einzelnen Bildern repräsentiert, während in vertikaler Richtung und entlang der Zeitachse ohnehin eine Abtastung vorgenommen wird. Liegt das digitalisierte Signal erst einmal vor, ist es ohne weiteres möglich, durch Weglassen ganzer Bilder oder durch Verringerung der Anzahl von Zeilen und Spalten digitale Formate mit geringerer örtlicher oder zeitlicher Auflösung zu erzeugen. Eine Erhöhung der Auflösung durch Interpolation von Zwischenbildern oder Zwischenpunkten innerhalb der Bilder ist ebenfalls möglich; jedoch wird hierdurch kein Gewinn an Detailschärfe erzielt.

In der analogen Videotechnik wird bisher in der Regel das *Zeilensprung*-Verfahren (*interlace*) angewandt. Jedes Bild wird dabei in 2 *Halbbilder* (*fields*) aufgeteilt, von denen eines die ungeradzahligen, das zweite die geradzahligen Bildzeilen enthält. Beide Halbbilder werden zeitlich versetzt abgetastet und wiedergegeben. Da die Abtastung des analogen Videosignals Ausgangspunkt der Digitalisierung ist, hat sich das Zeilensprung-Verfahren auch in einigen digitalen Bildformaten etabliert. Es entstehen dadurch dieselben *Aliaseffekte* wie schon beim analogen Fernsehbild (vgl. hierzu Abschn. 2.1.3)

Bei einer *progressiven* Abtastung bleibt dagegen jedes Bild einer Bildfolge (Sequenz) als Ganzes erhalten, d.h. alle Bildzeilen werden zeitlich synchron erfaßt. Progressive Wiedergabe ist bei Computerbildschirmen allgemein üblich.

Bei digitalen Bildformaten mit Zeilensprungverfahren werden die Chrominanzkomponenten nur in horizontaler Richtung mit geringerer Auflösung erfaßt, während die Anzahl der Zeilen dieselbe bleibt wie im Luminanzsignal. Bei progressiv abgetasteten Bildsequenzen findet dagegen eine Unterabtastung der Chrominanzen in beiden Richtungen (horizontal und vertikal) statt, so daß in diesem Fall die Farbkomponenten nur mit 1/4 der Luminanzauflösung aufgezeichnet werden.

1.1.4 Datenraten digitaler Bildformate

Die Eigenschaften der wichtigsten digitalen Bildformate sind in Tabelle 1.1 aufgeführt :

– *QCIF* (*quarter common intermediate format*) wird für Bildtelefon bei niedrigen Datenraten angewandt;
– *CIF* (*common intermediate format*) wird für Bildtelefon- und Videokonferenz-Dienste etwas höherer Qualität verwendet, als *standard intermediate format* (*SIF*) mit einer Wiederholfrequenz von 30 Bildern/*s* auch zur Videoaufzeichnung;
– *CCIR 472* ist ein digitales Fernsehformat mit reduzierter Zeilenauflösung, hauptsächlich für Bildtelefon- und Videokonferenzanwendungen;
– *CCIR 601* ist das digitale Fernsehformat mit Studioqualität;

- *EDTV* (*enhanced definition TV*, auch *enhanced quality TV*, *EQTV*) soll verwendet werden, um progressive HDTV-Signale mit verbessertem Bildseitenverhältnis auch bei verringerter Auflösung darzustellen;
- *HD-1440* ist ein hochauflösendes Fernsehformat (*high definition TV, HDTV*) mit gegenüber dem konventionellen TV-Signal exakt verdoppelter Zeilen- und Spaltenanzahl;
- *HD-I* ist ein *HDTV*-Format mit verbessertem Bildseitenverhältnis (Zeilen- zu Spaltenanzahl) und Zeilensprungverfahren (*interlace*);
- *HD-P* ist ein *HDTV*-Format mit progressiver Abtastung und erhöhter Bildfolgefrequenz.

Tabelle 1.1. Digitale Bildformate und ihre Eigenschaften

	Abtastparameter							
	QCIF	*CIF/ SIF*	*CCIR 472*	*CCIR 601*	*EQTV*	*HD-1440*	*HD-I*	*HD-P*
Abtastfrequenz (Y) [*MHz*]	–	–	5,0	13,5	18	72	72	144
Abtastfrequenz (U,V) [*MHz*]	–	–	2,5	6,75	4,5	36	36	36
Bildpunkte/Zeile (Y)	176	352	256	720	960	1440	1920	1920
Zeilenanzahl (Y)	144 (120)	288 (240)	576 (480)	576 (480)	576 (480)	1152 (960)	1152 (960)	1152 (960)
Bildpunkte/Zeile (U,V)	88	176	128	360	480	720	960	960
Zeilenanzahl (U,V)	72 (60)	144 (120)	576 (480)	576 (480)	288 (240)	1152 (960)	1152 (960)	576 (480)
Bildseitenverhältnis	4:3	4:3	4:3	4:3	16:9	4:3	16:9	16:9
Bildfolgefrequenz [*Hz*]	5-15	10-30	25 (30)	25 (30)	25 (30)	25 (30)	25 (30)	50 (60)
	Datenraten							
Datenmenge Einzelbild [*kbyte*] bei 8*b*-PCM	38,02 (31,68)	152,1 (126,7)	294,9	829,4 (691,2)	829,4 (691,2)	3318 (2765)	4424 (3686)	3318 (2765)
Datenrate Bildsequenz [*Mb/s*]	0,84 - 3,8	10,1 - 30,4	59,0	165,9	165,9	663,5	884,7	1327

Bei den Formaten mit erhöhter und hoher Auflösung hat sich noch noch keine ganz einheitliche Normung durchgesetzt. Die in Tabelle 1.1 angegebenen Werte sollen aber eine Vorstellung von den zu ihrer Übertragung notwendigen Datenraten. Bei Zeilen- und Spaltenzahlen sowie Bildfolgefrequenzen sind in der Tabelle stets die Werte für die europäischen Normen angegeben, die in Amerika und Japan wegen des dort üblichen NTSC-Systems verwendeten Werte sind in Klammern dazugesetzt.

Ausgangspunkt der Digitalisierung ist das analoge Fernsehsignal, standardmäßig mit 625 (NTSC : 525) Zeilen und einer Bildfolgefrequenz von 25 *Hz* (NTSC : 30 *Hz*), aufgeteilt in 2 Halbbilder. Bei HDTV beträgt die Zeilenanzahl 1250 (NTSC : 1150); bei HD-1440 und HD-I ist die Bildfolgefrequenz ebenfalls 25 *Hz* (NTSC : 30 *Hz*), bei progressivem HD-P 50 *Hz* (NTSC : 60 *Hz*). Bei den hieraus abgeleiteten digitalen Formaten sind im allgemeinen nur die auf dem Bildschirm sichtbaren Zeilen enthalten; zudem werden die Abtastwerte der Austastlücke am Anfang jeder Zeile eliminiert. Die in Tabelle 1.1 angegebenen Datenraten sind aus den Bildgrößen der digitalen Formate abgeleitet, und ergeben sich nicht aus der Abtastung des gesamten analogen Signals mit den aufgeführten Abtastfrequenzen. Da keine handelsübliche Videokamera unmittelbar die *QCIF*- und *CIF*-Formate erzeugen kann, werden diese nach der Digitalisierung durch Unterabtastung aus einem Format höherer Auflösung generiert; daher wurden hierfür keine Abtastfrequenzen angegeben.

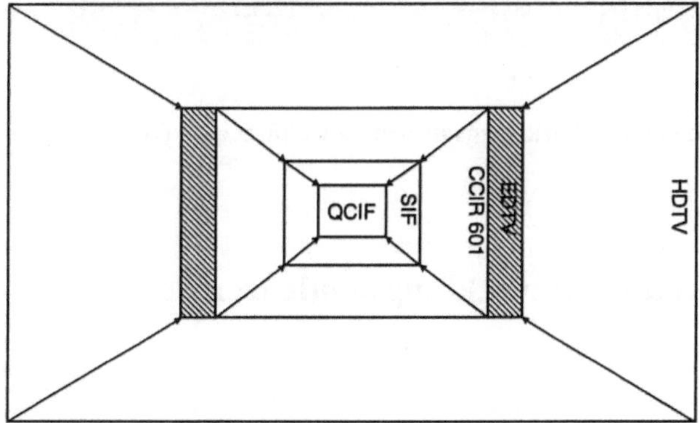

Abb. 1.1. Größenverhältnisse der in Tabelle 1.1 beschriebenen digitalen Bildformate

Abb. 1.1 gibt einen Eindruck von den Größenverhältnissen der verschiedenen Formate. Abb. 1.2 gibt einen Eindruck des Verlustes an Detailgehalt, wie er sich bei der Reduktion vom *CCIR*-Format zu *QCIF* einstellt.

Es werden bereits Experimente mit größeren Formaten als *HDTV* (*Super-HDTV*) durchgeführt. Die entscheidenden Beschränkungen hierbei sind jedoch hauptsächlich das Fehlen geeigneter Aufzeichnungs- und Wiedergabegeräte sowie der enorme Speicheraufwand. Für medizinische und wissenschaftliche Zwekke sind häufig schon digitalisierte Bilder in der Größe von ca. 10.000x10.000 =

100.000.000 Bildpunkten gefordert, in Zukunft könnte mit Bildsequenzsystemen dieser Auflösung die Qualität eines Breitwand-Kinofilms (auf Grund der begrenzten Auflösung des Filmmaterials ca. 20.000.000 Bildpunkte pro Einzelbild) deutlich übertroffen werden. Die Datenraten derartiger Bildformate können dann durchaus im Bereich von 100 *Gb/s* liegen. Insgesamt zeichnet sich eine Tendenz ab, die von der analogen Fernsehtechnik übernommene Aufzeichnung mit Zeilensprungverfahren (die im Grunde eine analoge Form der Datenreduktion darstellt) durch progressive Aufzeichnungsverfahren abzulösen. Dies ist insbesondere unter dem Aspekt einer Verschmelzung von Computer- und Fernsehtechnik von Bedeutung : Computerschirme arbeiten grundsätzlich mit progressiver Bildwiedergabe.

a)

b)

Abb.1.2. Bildsignal in 2 verschiedenen Auflösungsgrößen. **a** *CCIR-601* **b** *QCIF*

1.2 Begriffe, Prinzipien und Entwicklungstendenzen der Bildcodierung

Die Elemente einer digitalen Bildübertragungsstrecke sind in Abb. 1.3 dargestellt. Die digitale *Bildquelle* besteht aus einem Bildaufnehmer (z.B. Kamera oder Scanner) mit nachfolgendem Analog-Digital-Wandler. Der *Quellencodierer* erfüllt die Aufgabe der Datenreduktion mittels Beseitigung *redundanter* und *irrelevanter* Anteile aus dem Bildsignal, und erzeugt einen das Bildsignal repräsentierenden Bitstrom.

Redundanz und Irrelevanz. Unter Redundanz versteht man die auf Grund örtlicher oder zeitlicher Ähnlichkeiten von Abtastwerten im Bildsignal mehrfach vorhandene Information. Als irrelevant werden diejenigen Informationsanteile bezeichnet, welche für die auf der Empfängerseite geforderte Betrachtungsqualität unbedeutend sind.

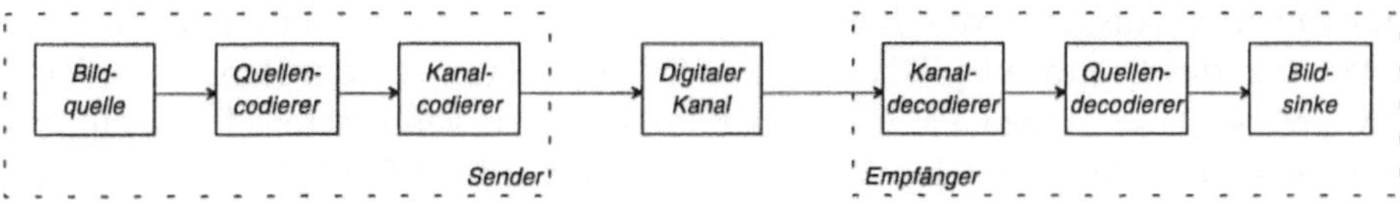

Abb. 1.3. Digitales Bildübertragungssystem

Elemente der digitalen Übertragungskette. Die Aufgabe der Datenreduktion darf nicht unabhängig von den restlichen Gliedern der Übertragungskette betrachtet werden. Der optional vorsehbare *Kanalcodierer* kann wieder Redundanz zum Zweck des Fehlerschutzes hinzufügen. Hierzu muß bekannt sein, welche Informationsanteile besonders sensibel sind : So produziert ein Quellencodierer oftmals einzelne bits, deren Verlust katastrophale Folgen für die Rekonstruktionsqualität des Bildsignals hat, während der Verlust anderer bits weniger relevant ist. Abb. 1.4 gibt einen Eindruck, welche Auswirkungen die Störung von Bewegungsinformation (a) bzw. die Störung einiger hochfrequenter Signalanteile (b) besitzt; der Anteil gestörter bits ist in beiden Fällen gleich. Der insgesamt bei der Kanalcodierung zu treibende Aufwand ist allerdings in erster Linie von der Störcharakteristik des *Übertragungskanals* abhängig.

a)   b)

Abb. 1.4. Rekonstruktionssignale bei gestörter Übertragung.
a gestörte Bewegungsinformation **b** gestörte hochfrequente Signalanteile

Auf der Empfängerseite vollführt der *Kanaldecodierer* Fehlererkennung und -korrektur, der *Quellendecodierer* kann die redundanten Anteile wieder hinzufügen und ein Bildsignal rekonstruieren, sofern im Kanal keine irreparablen Übertragungsfehler aufgetreten sind.

Der in Abb. 1.3 enthaltene *digitale Kanal* ist ein vereinfachtes Modell der an sich analogen Übertragungsstrecke. Als Parameter sind hier lediglich die zur Verfügung gestellte *Übertragungsrate* und die *Fehlercharakteristik* zwischen Eingang und Ausgang von Interesse. Tatsächlich werden zukünftige digitale Netze, wie das Breitband-ISDN und digitale Funknetze, es dem Benutzer erlauben, gerade diese beiden Parameter per Protokoll zu vereinbaren. Physikalisch kann sich hinter dem digitalen Kanal ein Speichermedium (Festplatte, CD) ebenso verbergen wie eine Hintereinanderschaltung mehrerer unterschiedlicher Übertragungsstrecken, Anwendung bestimmter Modulationen etc.

Datenreduktion und Betrachtungsqualität. Der oben eingeführte Begriff der *Irrelevanz* ist sehr dehnbar und hängt vielfach von psychovisuellen Kriterien, also von der Fehlerakzeptanz des an der *Bildsinke* sitzenden Betrachters ab. Diesen interessiert vor allem die insgesamt von der Quelle zur Sinke übertragene Qualität. Die leistungsfähigste Datenreduktion des Quellencodierers ist wertlos, wenn auf Grund von Übertragungsfehlern bei unzureichendem Fehlerschutz das rekonstruierte Bildsignal stark gestört erscheint. Mancher Betrachter wird aber auch bereit sein, die mit einer höheren Datenreduktion möglicherweise verbundene schlechtere Empfangsqualität in Kauf zu nehmen, wenn er dafür geringere Übertragungskosten zu zahlen hat. Auch unter diesen Gesichtspunkten bieten digitale Bildübertragungssysteme eine Flexibilität, die mit analoger Technik kaum realisierbar wäre.

Bildcodierung und Modellierung von Bildsignalen. Verfahren der Bildcodierung basieren stets auf bestimmten Modellannahmen für Bildsignale, die notwendig sind, um die Wirkungsweise der Datenreduktion abzuschätzen und zu optimieren. So sind die mittlerweile "klassischen" Methoden der linearen Prädiktions- und Transformationscodierung stark an den *statistischen Eigenschaften* von Bildsignalen orientiert.

Ein wichtiger Begriff in diesem Zusammenhang ist die im Bildsignal enthaltene *Korrelation* (Selbstähnlichkeit), welche ein Maß für die statistische Abhängigkeit benachbarter Abtastwerte ist. Bildsignale zeigen sowohl eine hohe *örtliche Korrelation*, d.h. relativ gleichbleibende Helligkeitswerte zwischen benachbarten Bildpunkten, als auch eine *zeitliche Korrelation*, d.h. starke Ähnlichkeit zwischen aufeinander folgenden Bildern einer Bildsequenz. Korrelierte Signale lassen sich mit linearen Methoden der Signalverarbeitung *dekorrelieren*, d.h. in ein äquivalentes Signal umwandeln, zu dessen Übertragung eine geringere Datenrate erforderlich ist.

Dabei muß aber stets eine *Stationarität* des behandelten Signals vorausgesetzt werden, d.h. die statistischen Eigenschaften des Bildsignals sollen unabhängig von Analyseposition und -zeitpunkt annähernd gleich bleiben. Betrachten wir natürliche Bildsignale, so stellen wir fest, daß diese die Eigenschaft der globalen Stationarität offensichtlich nicht besitzen : Es sind einerseits hoch strukturierte Bereiche mit starken Helligkeits- und Farbschwankungen vorhanden, und andererseits solche, in denen das Signal nahezu konstante Werte behält. In Bildsequenzen kann bei starker Bewegung die Ähnlichkeit zwischen aufeinander folgenden Bildern gering sein, oder auch bei Bewegungslosigkeit eine vollständige Übereinstimmung herrschen. Wichtig ist, daß ein Bildcodierverfahren in beiden Fällen funktioniert, oder zumindest das Nichtfunktionieren erkannt wird, um auf eine andere Betriebsart umschalten zu können. So ist die maximale Reduktion der Datenrate möglich, wenn das zu codierende Videosignal bewegungslos ist und ein Codierverfahren benutzt wird, das keine Bewegungsparameter überträgt; jedoch wird das Modell "Bewegungslosigkeit" kaum auf alle Bildsequenzen zutreffen, es handelt sich nur um den Sonderfall eines Modells "mit Bewegung".

Adaptive Codierung. In *adaptiven* Codierverfahren wird deshalb die Arbeitsweise des Codierers und des Decodierers an die lokale Bildstatistik angepaßt. Adaptive Verfahren können *rückwärtsgesteuert* oder *vorwärtsgesteuert* sein. Bei rückwärtsgesteuerten Verfahren werden die zu adaptierenden Parameter auf der Codierer- und Decodiererseite aus bereits übertragenen und decodierten Werten berechnet; diese Verfahren sind damit anfällig beim Auftreten von Übertragungsfehlern. Bei vorwärtsgesteuerten Verfahren ist dagegen eine zusätzliche Übertragung von *Nebeninformation* erforderlich, um dem Decodierer die Adaptionsparameter mitzuteilen; diese Nebeninformation sollte dann durch geeignete Kanalcodierung besonders geschützt werden.

Intraframe- und Interframe-Codierung. Wird nur die örtliche Redundanz innerhalb eines Einzelbildes (engl. *frame*) ausgenutzt, so spricht man von einem *Intraframe*-Codierverfahren. Intraframe-Verfahren lassen sich sowohl bei der Codierung von *Einzelbildern*, z.B. einzelner Photovorlagen, als auch bei der Codierung der einzelnen Bilder einer *Sequenz*, also eines bewegten Filmablaufes, einsetzen. Bei einem *Interframe*-Codierverfahren wird dagegen zusätzlich die Redundanz zwischen den aufeinander folgenden Bildern einer solchen Sequenz ausgenutzt, wodurch sich in der Regel eine weitere Reduktion der Datenrate erreichen läßt.

Eine Schlüsselrolle bei der Interframe-Codierung spielen Verfahren der *Bewegungskompensation*. Ein identischer Bildinhalt findet sich bei den Vorgängern oder folgenden Bildern innerhalb einer Sequenz oftmals nicht unverändert an derselben Position, sondern verschoben oder auch geometrisch verzerrt wieder. Um die Korrelation zwischen aufeinander folgenden Bildern optimal auszunutzen, müssen daher Bewegungsparameter bestimmt werden. Bei der Bewegungsschätzung werden heute vielfach ebenfalls statistische Methoden angewandt, mit denen z.B. die Bilddifferenz von einem Bild zum nächsten minimiert wird.

Blockbasierte und objektorientierte Methoden. Zur Dekorrelation und Adaption wird das Bildsignal häufig in Blöcke fester Größe (z.B. 8x8 oder 16x16 Bildpunkte) unterteilt. Dabei ist es nicht zu vermeiden, daß die Grenze zwischen im Bild gezeigten Objekten mitten durch einen solchen Block verläuft, und daß das

Bildsignal über diese Grenze hinweg nicht stationär ist. Aus diesem Grund werden immer häufiger auch *objektorientierte* Bildmodelle und Codierverfahren eingesetzt. Diese können auf einer Segmentierung des Bildsignals basieren (bei der auch meist statistische Kriterien eingesetzt werden, um die Diskontiunitäten an den Objektgrenzen zu finden), oder auf Hypothesen über die - örtliche und zeitliche - Kontinuität einzelner im Bild vorhandener Objekte beruhen.

Semantische Methoden und Szenenerkennung. Eine noch weitergehende Form ist die *semantische* Modellierung und Codierung, bei der Parameter übertragen werden, welche die Bedeutung des Szeneninhalts charakterisieren. Auf Grund der sehr komplexen Probleme bei der Szenenanalyse ist die semantische Codierung heute noch auf Bildsignale eingeschränkten Inhalts (z.B. Kopf oder Gesicht bei Bildtelefon) beschränkt. In Zukunft könnten aber semantische Parameter unmittelbar benutzt werden, um auf der Empfängerseite computergraphisch erzeugte Bilder zu *animieren*, und so bei extrem niedrigen Datenraten eine visuell hochwertige Bildqualität zu erzeugen. Insgesamt ist für die Bildcodierung festzustellen, daß immer häufiger Algorithmen aus dem verwandten Bereich der *Bilderkennung* angewandt werden, um noch höhere Datenreduktionsfaktoren zu erzielen. Bei der Analyse beliebiger Szenen sind allerdings viele Probleme in der Bilderkennung noch ungelöst.

Parameter von Bildcodierverfahren. Wichtige Parameter zur Beurteilung eines Bildcodierverfahrens sind *Datenrate*, *Verzerrung*, *Komplexität* und *Verzögerungszeit*. Diese Parameter sind nicht unabhängig voneinander zu betrachten. So wird das Verhältnis von Datenrate und Verzerrung durch die *Rate-Distortion-Funktion* bestimmt, auf die in Abschn. 9.2 näher eingegangen wird. Mit höherer Komplexität des Codierers und/oder einer höheren Verzögerungszeit ist es im allgemeinen möglich, bei gleicher Datenrate eine geringere Verzerrung zu erzielen, oder aber bei gleicher Verzerrung eine geringere Datenrate. Die Anforderungen an diese vier Parameter sind für den gegebenen Anwendungsfall abzuwägen.

Digitalisierte Bilder bestehen aus Bildpunkten, sogenannten *picture elements* (abgekürzt *pixel*, *pel* oder auch *p*) Die Datenrate wird bei Einzelbildern im allgemeinen in *bit pro pixel* (*b/p*), bei Bildsequenzen in *bit pro Sekunde* (*b/s*, *kb/s*, *Mb/s*, *Gb/s*) angegeben. Der *Kompressionsfaktor* eines Codierverfahrens ergibt sich als das Verhältnis der PCM-Rate des verwendeten Bildformats zur erzielten Datenrate. Abb. 1.5 zeigt an einigen Beispielen, daß mit Codierverfahren höherer Komplexität auch entsprechend höhere Kompressionsfaktoren erreichbar sind.

Zur Beurteilung der Verzerrung (Verschlechterung der Bildqualität durch die Datenreduktion) wird häufig der *Signal-Rausch-Abstand* (*signal to noise ratio*, *SNR*) herangezogen. Jedoch kann dieses Kriterium vom subjektiven Betrachtereindruck abweichen. Daher werden als Ergänzung vielfach noch Tests auf der Grundlage einer subjektiven Beuteilung durch Versuchspersonen (*mean opinion score*, *MOS*) durchgeführt.

Zur Beurteilung der Komplexität können der algorithmische Aufwand bei einer Software-Realisierung (z.B. *giga instructions per second, GIPS*), oder Kriterien wie Chipfläche, Gatteranzahl, Leistungsverbrauch bei einer Hardware-Realisierung herangezogen werden. Die Verzögerungszeit sollte zumindest bei dialogorientierten Anwendungen sehr gering sein (maximal 100 *ms* pro Richtung bei visueller Kommunikation zweier Personen, eventuell noch weniger für Echtzeit-Interaktionen).

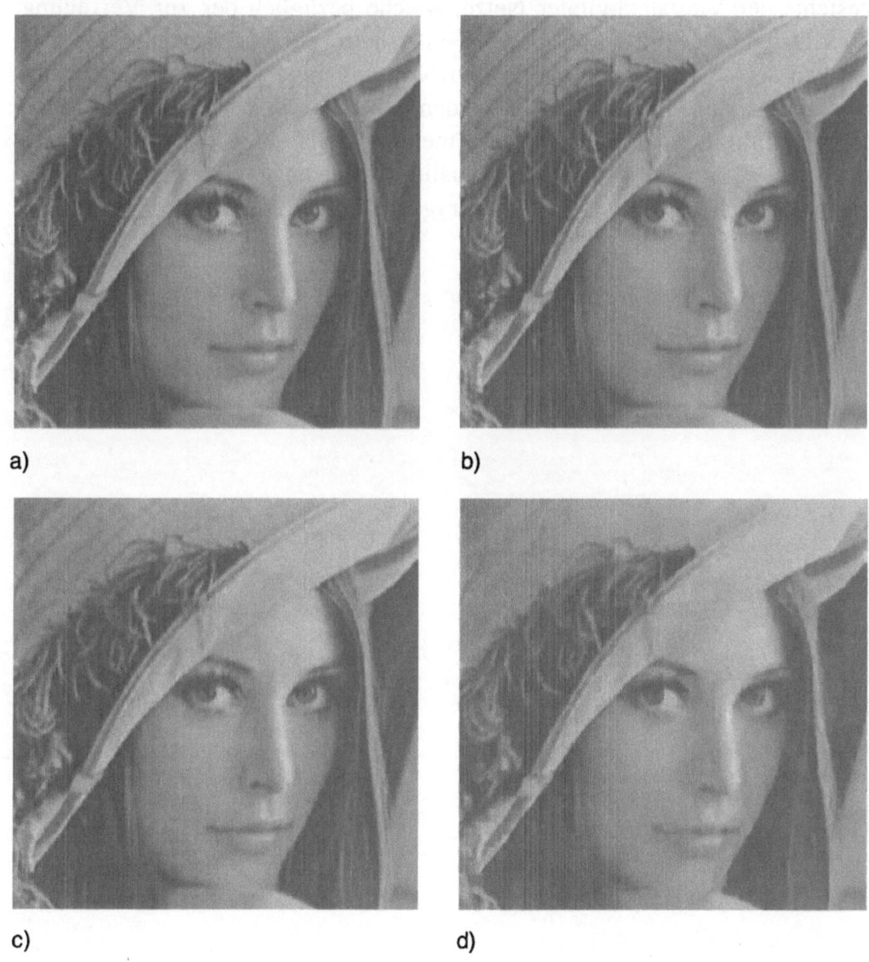

Abb. 1.5. Verschiedene Codierverfahren und ihre Kompressionsfaktoren. **a** PCM **b** Differenz-PCM, 1:4 **c** Transformationscodierung, 1:16 **d** Fraktale Codierung, 1:60

Bildcodierung und Übertragungsmedien. Im Sinne der Informationstheorie ist der *Informationsgehalt* des Bildsignals hoch, wo feinstrukturierte Details auftreten, oder wo (in Bildsequenzen) viel neuer Inhalt von einem Bild zum nächsten erscheint. Sinnvoll ist es daher, den Datenstrom mit variabler, an den Informationsgehalt angepaßter Datenrate übertragen zu können. Viele der bisher realisierten digitalen Übertragungsmedien (Digitale Multiplex-Hierarchie im Vorläufer-Breitbandnetz, Schmalband-ISDN) ermöglichen jedoch nur eine Übertragung mit *konstanter Bitrate* (CBR). In lokalen Rechnernetzen (*local area networks,* LAN) sind heute bereits Übertragungstechniken mit *variabler Bitrate* (VBR) üblich. In zukünftigen Nah- und Weitverkehrsnetzen (*metropolitan area networks,* MAN, Breitband-ISDN und digitale Mobilfunknetze) wird zur besseren Kapazitätsauslastung eine VBR-Übertragung die Regel sein. Auf Grund der örtlich und zeitlich schwankenden Statistik von Bildsignalen ist dies für die Bild- und Videoübertragung ideal.

Angesichts der Vielfalt digitaler Netze, welche bezüglich der zur Verfügung gestellten Datenraten und entstehenden Fehlerraten sehr unterschiedliche Charakteristiken aufweisen können, ist die *flexible Anpassung* von Bildcodierverfahren erforderlich. Zunehmend wichtig werden dabei *hierarchische Codierverfahren*, bei denen die Gesamtinformation in mehrere Teile aufgeteilt werden kann, welche verschiedenen Auflösungs- und Qualitätsstufen entsprechen, und auch einen unterschiedlichen Schutz gegen Übertragungsfehler erhalten können.

2 Grundlagen der mehrdimensionalen Signalverarbeitung

Zum Verständnis der Arbeitsweise von Bildcodierverfahren ist die Kenntnis einiger grundlegender Methoden und Algorithmen der digitalen, mehrdimensionalen Signal- und Bildverarbeitung notwendig. Die mehrdimensionale Abtastung ist Ausgangspunkt der Digitalisierung in den drei (zwei örtlichen und einer zeitlichen) Dimensionen. Vektor- und Matrizenrechnung erlaubt eine anschauliche Formeldarstellung mehrdimensionaler Algorithmen. Zwei- und mehrdimensionale Filter sind zentrale Bestandteile vieler Bildcodierverfahren. Lineare, orthogonale Transformationen ermöglichen die Umsetzung des Bildsignals in eine dekorrelierte Frequenzbereichsrepräsentation. Eine Frequenzzerlegung von Bildsignalen kann aber auch durch Bandpaß-Filterbänke mit integrierter Abtastratenumsetzung erfolgen.

2.1 Abtastung von Bild- und Videosignalen

Ein einzelnes zweidimensionales Bild in einer Bildsequenz ist die *Projektion einer Momentaufnahme* aus einer dreidimensionalen räumlichen Szene in die zweidimensionale Bildebene der Kamera. Der Signalverlauf über diese Bildebene wird zweidimensional abgetastet, wobei uns die physikalische Repräsentation der Information vor der Abtastung (elektrisches Signal einer Videokamera, eines Scanners) nicht weiter interessiert. Eine Bildsequenz ist eine mit bestimmter Bildwiederholrate abgetastete *Folge von Momentaufnahmen*.

2.1.1 Projektion einer räumlichen Szene in die Bildebene

Das *Lochkamera-Modell* eines Bildaufnahmesystems mit der Brennweite F ist in Abb. 2.1 gezeigt, wobei die räumlichen Koordinaten $\mathbf{W}=[W_1, W_2, W_3]$, die Entfernung eines Raumpunktes von der Kameralinse (Ursprung des Koordinatensystems) darstellen. Jeder Punkt wird über die Zentralprojektionsgleichung

$$r = F \cdot \frac{W_1}{W_3} \quad ; \quad s = F \cdot \frac{W_2}{W_3} \tag{2.1}$$

auf die Bildebenen-Koordinaten $\mathbf{w}=[r,s]$ abgebildet.

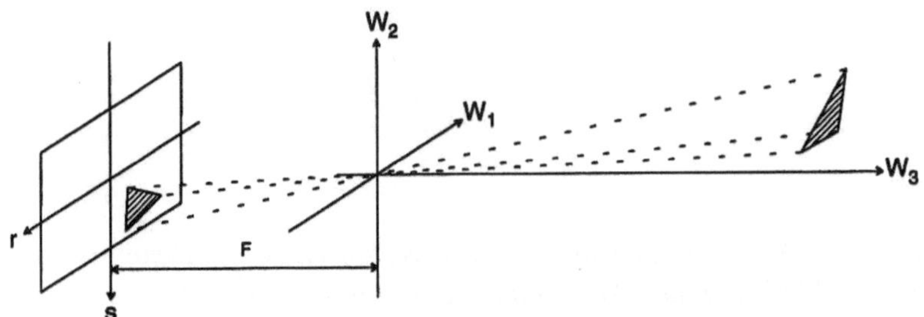

Abb. 2.1. Interpretation der Projektion in die Bildebene mittels des Lochkameramodells

Die *Geschwindigkeit* $\mathbf{V}=[V_1,V_2,V_3]$ eines punktförmigen Objektes (Massepunktes) im Raum ist die zeitliche Ableitung von $\mathbf{W}$. Daraus folgt durch Ableitung von (2.1) die nach Projektion in die Bildebene wahrnehmbare Geschwindigkeit $\mathbf{u}=[u,v]=d\mathbf{w}/dt$:

$$u = \frac{1}{W_3}\left(FV_1 - rV_3\right) \quad ; \quad v = \frac{1}{W_3}\left(FV_2 - sV_3\right). \tag{2.2}$$

Durch Einsetzen von (2.1) in (2.2) ergibt sich, daß Bewegungen im Raum nach der Projektion auf die Bildebene unentdeckt oder mehrdeutig bleiben können. So ist keine Bewegung erkennbar, wenn $V_1/V_3=W_1/W_3$ und $V_2/V_3=W_2/W_3$ ist, wenn also die Bewegung auf dem Zentralstrahl der Projektion verläuft. Bewegungen parallel zur Bildebene (Geschwindigkeiten V_1 und V_2) erscheinen wegen des umgekehrt-proportionalen Bezuges zu W_3 in der Bildebene um so schneller, je näher das Objekt ist.

2.1.2 Zweidimensionale Abtastung der Bildebene

Das einzelne Bild in der Bildebene stellt ein zweidimensionales (2D) Signal $x(r,s)$ dar. Aus diesem Bild soll durch Abtastung das *ortsdiskrete* Signal $x(m,n)$ mit abzählbaren Bildpunkten gewonnen werden, wobei m und n ganzzahlig sind. Bei einem *homogenen Abtastraster* sind die Abstände eines Abtastpunktes zu seinen Nachbarn unabhängig von der Position (m,n).

2D-Abtastraster. Drei wichtige homogene Abtastraster für 2D-Signale (*rechteckförmige*, *hexagonale* und *Quincunx*-Abtastung) sind in Abb. 2.2 dargestellt. Deren Ausrichtung ist hier wegen der Struktur des abzutastenden analogen Videosignals *zeilenorientiert* gewählt worden : Alle Abtastorte lassen sich eindeutig einer Zeile zuordnen, wobei die Zeilen im Abstand S voneinander entfernt sind, die einzelnen Abtastorte innerhalb der Zeilen im Abstand R. Eine weitgehende Gleichbehandlung verschiedener örtlicher Richtungen bezüglich der Abtastabstände wird erreicht, wenn das Abtastraster so weit wie möglich *rotationssymmetrisch* ist. Mit den Bedingungen

$$Rechteck: \quad R = S \qquad hexagonal: \quad R = \frac{2}{\sqrt{3}} \cdot S \qquad Quincunx: \quad R = 2 \cdot S \quad (2.3)$$

lassen sich das Rechteck- und das Quincunx-Raster durch 90°-Drehung, das hexagonale Raster durch 60°-Drehung wieder in sich selbst überführen. Es ergeben sich für die verschiedenen Abtastraster folgende Beziehungen zwischen den Koordinaten des ortskontinuierlichen Signals $x(r,s)$ und ortsdiskreten Koordinaten des abgetasteten Signals $x(m,n)$, wobei die in Abb. 2.2 eingezeichneten Basisvektoren (fette Pfeile) jeweils als Spalten der Abtastmatrix $\mathbf{D}$ erscheinen :

$$\begin{bmatrix} r \\ s \end{bmatrix} = R \cdot \mathbf{D} \cdot \begin{bmatrix} m \\ n \end{bmatrix}. \qquad (2.4)$$

Mit den Bedingungen der Rotationssymmetrie aus (2.3) ergibt sich :

$$Rechteck: \qquad\qquad Hexagonal: \qquad\qquad Quincunx:$$

$$\mathbf{D}_R = \begin{bmatrix} S/R & 0 \\ 0 & 1 \end{bmatrix} \qquad \mathbf{D}_H = \begin{bmatrix} 1 & 1/2 \\ 0 & \sqrt{3}/2 \end{bmatrix} \qquad \mathbf{D}_Q = \begin{bmatrix} 1 & 1/2 \\ 0 & 1/2 \end{bmatrix}. \qquad (2.5)$$

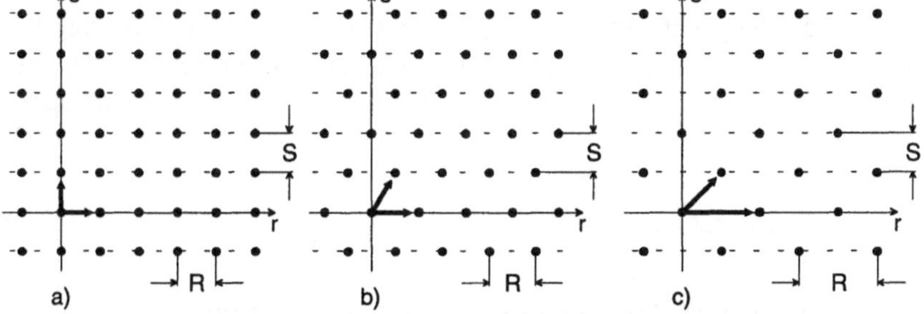

Abb. 2.2. 2D-Abtastraster. **a** Rechteck **b** Hexagonal **c** Quincunx

Erläuterung des Abtasttheorems am Beispiel von 1D-Signalen. Die spektrale Auswirkung des Abtastvorganges läßt sich am besten über eine Diracimpulsfolge, den sogenannten *Deltakamm* $\delta_R(r)$ beschreiben. Diese Funktion nimmt bei den ganzzahligen Vielfachen der Abtastperiode R, $r=m\cdot R$, einen unendlich hohen Wert an, und ist ansonsten Null. Die Fouriertransformierte des Deltakamms ist wieder ein mit $\omega_R=2\pi/R$ periodischer Deltakamm $\delta_{\omega_R}(\omega)$ im Frequenzbereich, wobei ω_R die *Abtastfrequenz* ist. Die Abtastung läßt sich mathematisch als Multiplikation des Signals $x(r)$ mit $\delta_R(r)$ beschreiben. Eine *Multiplikation* zweier Signale besitzt als Korrespondenz die *Faltung* ihrer Fouriertransformierten im Frequenzbereich. Die Faltung des Signalspektrums $X(j\omega)$ mit $\delta_{\omega_R}(\omega)$ bedeutet, daß $X(j\omega)$ an den ganzzahligen Vielfachen der Abtastfrequenz ω_R als sogenanntes *Aliassignal* nochmals auftritt (sh. Abb. 2.3b). Die Periodizität des Spektrums läßt sich durch Beschreibung des abgetasteten Signalspektrums über die *normierte Kreisfrequenz* Ω ausdrücken, die dann nur noch im Bereich zwischen $-\pi$ und π betrachtet zu werden braucht :

$$X(j\Omega) = X(j\omega) * \delta_{\omega_R}(\omega) \quad ; \quad \Omega = 2\pi \cdot \frac{\omega}{\omega_R} \tag{2.6}$$

Um zu verhindern, daß sich dem Originalspektrum ein Aliasspektrum überlagert, darf das Signal vor der Abtastung keine Frequenzkomponenten enthalten, die im Betrag größer als $\omega_R/2$ sind (Abb 2.3c).

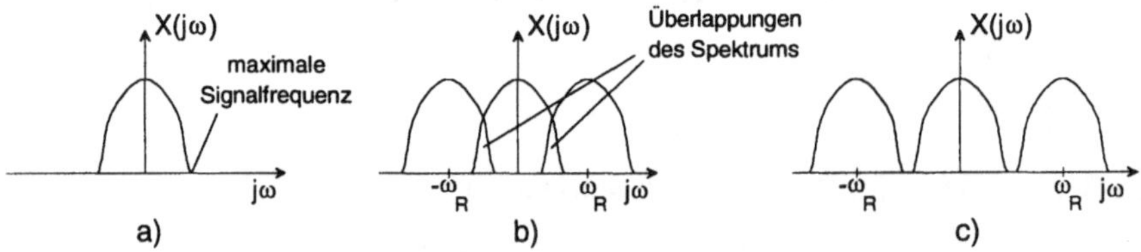

Abb. 2.3. a Signalspektrum **b** Entstehung von Aliasing (spektrale Überlappung) **c** Spektrum bei aliasfreier Abtastung

Rechteckförmige 2D-Abtastung. Das rechteckförmige Abtastraster läßt sich als 2D-Deltakamm $\delta_{R,S}(r,s) = \delta_R(r) \cdot \delta_S(s)$ mit den Abtastabständen R und S beschreiben. Die Operation der rechteckförmigen 2D-Abtastung eines Bildes ist folglich die Multiplikation des Bildsignals $x(r,s)$ mit $\delta_{R,S}(r,s)$. Hieraus ergibt sich das örtlich abgetastete Bildsignal $x(m,n)$. Wenn das Bild $x(r,s)$ das Fourier-Ortsspektrum

$$X(j\omega_1, j\omega_2) = \int\limits_{-\infty}^{\infty} \int\limits_{-\infty}^{\infty} x(r,s) \cdot e^{-j\omega_1 r} e^{-j\omega_2 s} \, dr ds \tag{2.7}$$

besitzt, ergibt sich durch die Abtastung ein periodisches Spektrum

$$X(j\Omega_1, j\Omega_2) = X(j\omega_1, j\omega_2) ** \delta_{\omega_R, \omega_S}(\omega_1, \omega_2) = \sum_{m=-\infty}^{\infty} \sum_{n=-\infty}^{\infty} x(m,n) \cdot e^{-jm\Omega_1} e^{-jn\Omega_2} \; .$$
$$\tag{2.8}$$

"$**$" ist die Operation der 2D-Faltung, (ω_1, ω_2) bzw. (Ω_1, Ω_2) bezeichnen jeweils die Frequenzen in Zeilen- und Spaltenrichtung. Mit einem Deltakamm im Frequenzbereich ergibt sich also eine in beide Richtungen periodische Wiederholung des Spektrums, wobei die Abtastfrequenzen und normierten Kreisfrequenzen mit

$$\omega_R = \frac{2\pi}{R} \quad ; \quad \omega_S = \frac{2\pi}{S} \quad ; \quad \Omega_1 = 2\pi \cdot \frac{\omega_1}{\omega_R} \quad ; \quad \Omega_2 = 2\pi \cdot \frac{\omega_2}{\omega_S} \tag{2.9}$$

definiert sind. Das Spektrum $X(j\omega_1,j\omega_2)$ eines Originalsignals und seine periodisch fortgesetzte Version $X(j\Omega_1,j\Omega_2)$ des abgetasteten Signals sind in Abb. 2.4 dargestellt. Um Aliaseffekte zu vermeiden, muß $x(r,s)$ vor der Abtastung wiederum bandbegrenzt sein :

$$X(j\omega_1, j\omega_2) \stackrel{!}{=} 0 \quad f\ddot{u}r \quad |\omega_1| > \frac{\omega_R}{2} = \frac{\pi}{R} \quad oder \quad |\omega_2| > \frac{\omega_S}{2} = \frac{\pi}{S}. \tag{2.10}$$

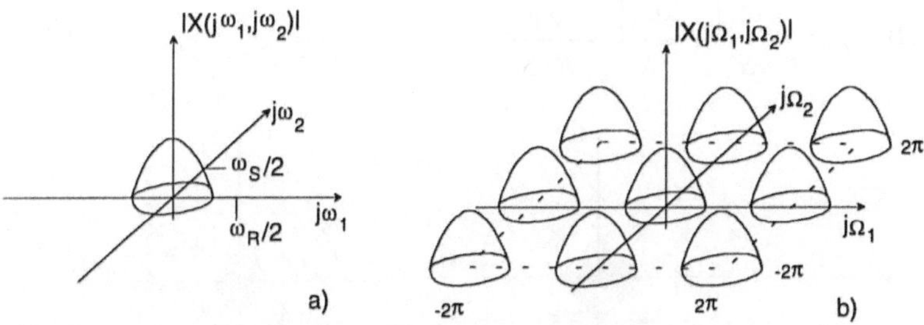

Abb. 2.4. Spektren eines 2D-Bildsignals. **a** kontinuierliches Signal **b** rechteckförmig abgetastetes Signal

Quincunx- und hexagonale Abtastung. Die Quincunx-Abtastung läßt sich als Überlagerung zweier 2D-Deltakämme deuten, wobei mit der Definition in (2.3) für die Abtastabstände $R=2 \cdot S=S'$ gilt :

$$\delta_{2D,Q} = \delta_{R,S'}(r,s) + \delta_{R,S'}(r-R/2, s-S'/2). \tag{2.11}$$

Durch die Abtastung erhalten wir das Spektrum

$$X(j\Omega_1, j\Omega_2) = X(j\omega_1, j\omega_2) ** \delta_{\omega_R,\omega_{S'}}(\omega_1, \omega_2) \cdot \left[1 + e^{-j(\omega_1 R/2 + \omega_2 S'/2)} \right]. \tag{2.12}$$

Die Ortsverschiebung um $R/2$ und $S'/2$ bewirkt also eine Phasenverschiebung des zweiten Frequenz-Deltakamms. Die Abtastfrequenzen sind

$$\omega_R = \frac{2\pi}{R} \quad ; \quad \omega_{S'} = \frac{2\pi}{S'}. \tag{2.13}$$

Der 2D-Deltakamm in (2.12) kann nur an Frequenzpositionen $(k\omega_R, l\omega_{S'})$ Werte annehmen, die ungleich 0 sind. Die periodischen Wiederholungen des Spektrums liegen daher an ganzzahligen Vielfachen der Abtastfrequenzen. Zusätzlich kann jedoch die e-Funktion mit dem Argument $-j\pi$ den Wert -1 annehmen. Dadurch ergeben sich zusätzliche Positionen, an denen die periodische Fortsetzung des Spektrums *nicht* einem Rechteckraster folgt. Dies ist immer dann der Fall, wenn gilt :

$$k \cdot \omega_R \cdot R/2 + l \cdot \omega_{S'} \cdot S'/2 = n \cdot \pi \quad ; \quad n = 1,3,5,... \quad \Rightarrow \quad \text{mod}(k+l) = 1. \tag{2.14}$$

Eine nähere Betrachtung von (2.14) ergibt, daß die periodischen Fortsetzungen des Spektrums wieder in einem *Quincunx-Raster* verteilt sind. Aus Abb. 2.5b wird ein Vorteil der Quincunx-Abtastung deutlich, wenn wir die Aliaskomponenten des Spektrums betrachten, welche direkt auf den Ω_1- und Ω_2-Achsen liegen : Die maximal zulässige Signalfrequenz in den horizontalen und vertikalen Richtungen ist *identisch mit den Abtastfrequenzen* der beiden einzelnen Deltakämme, sofern in der jeweils anderen Ortsrichtung *keine* hochfrequente Komponente auftritt. Hingegen werden die diagonalen Richtungen benachteiligt. Für das Spektrum des abzutastenden Signals ergibt sich die Forderung :

$$X(j\omega_1, j\omega_2) \overset{!}{=} 0 \quad \textit{für} \quad \frac{|\omega_1|}{S'} + \frac{|\omega_2|}{R} > \frac{2\pi}{R \cdot S'}. \tag{2.15}$$

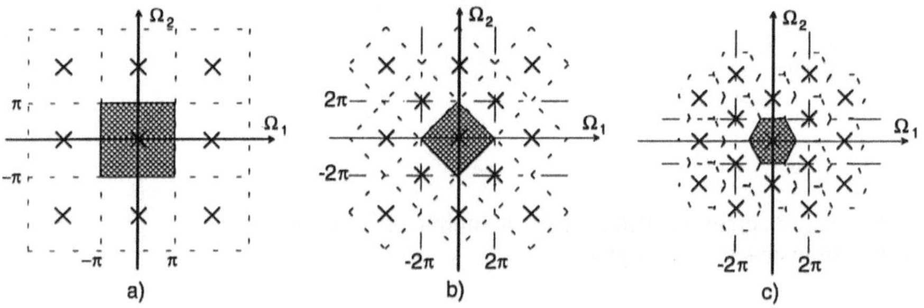

Abb. 2.5. Lage der periodischen Fortsetzungen des Spektrums bei verschiedenen 2D-Abtastrastern. **a** Rechteck **b** Quincunx **c** Hexagonal

Bei der *hexagonalen* Abtastung ergeben sich auch die periodischen Spektralfortsetzungen in einem hexagonalen Raster. Ein Vergleich des Verhältnisses zwischen R und S bei hexagonaler und Quincunx-Abtastung in (2.3) zeigt, daß sich die erstere durch Verkleinerung von S in die zweite überführen läßt. Hierdurch ergibt sich eine etwas dichtere Packung der periodischen Fortsetzungen des Spektrums; hierbei wirkt es sich vorteilhaft aus, daß die Rotationssymmetrie nicht erst bei einer Drehung um 90°, sondern bereits bei einer 60°-Drehung erreicht ist. Allerdings erfolgt eine Benachteiligung der Vertikalrichtung gegenüber der Horizontalen, wenn diese auch geringer ausfällt als die Benachteiligung der Diagonalrichtungen bei der Quincunx-Abtastung.

Besonderheiten digitalisierter Bilder. Auf Grund der örtlich begrenzten Bildebene (Aufnahmefenster der Kamera) sind auch digitalisierte Bilder *örtlich begrenzt*. Sie bestehen aus N Zeilen mit jeweils M Bildpunkten. Ew werde hier stets die linke obere Ecke eines Bildes mit der Koordinate $(m,n)=(0,0)$ bezeichnet. Bildsignale haben die besondere Eigenschaft, daß *nur positive Amplituden* auftreten können. Dies ist darin begründet, daß physikalisch keine negativen Helligkeiten definiert sind.

2.1.3 Zeitliche Abtastung einer Bildsequenz

Werden zusätzlich zum örtlichen Verlauf des Bildsignals die Änderungen in der Bildebene entlang der Zeitvariablen t betrachtet, so erhalten wir ein dreidimensionales (3D), örtlich-zeitliches Signal $x(r,s,t)$. Wird dieses Signal in zeitlichen Intervallen T mit der Abtastfrequenz $\omega_T=2\pi/T$ abgetastet, ergeben sich Momentaufnahmen der Bildebene zu den Zeitpunkten $t=o\cdot T$. Die diskrete Zeitvariable o numeriert die Bilder einer Sequenz. Bei gleichzeitiger Durchführung der örtlichen und zeitlichen Abtastung entsteht so ein diskretes 3D-Signal $x(m,n,o)$ (sh. Abb. 2.6a). Wir unterscheiden im folgenden die Fälle der *progressiven Abtastung* und der *Zeilensprung-Abtastung*.

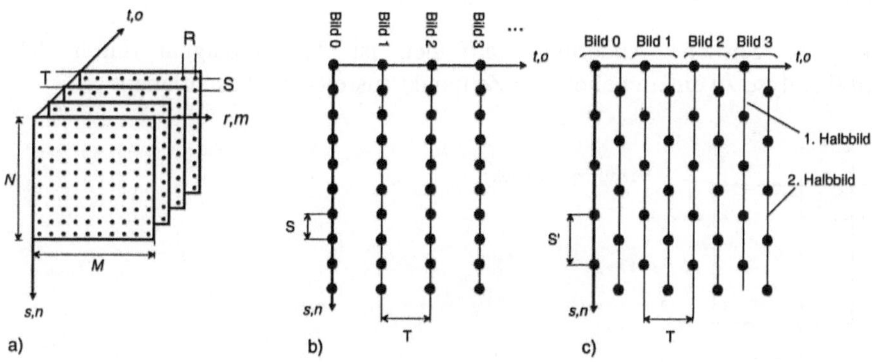

Abb. 2.6. a Abtastung einer Bildsequenz **b** vertikal-zeitliche progressive Abtastung **c** vertikal-zeitliche Zeilensprung-Abtastung

Progressive Abtastung. Bei progressiver Abtastung erfolgt die Abtastung aller Bildpunkte der Einzelbilder gleichzeitig. Abb. 2.6b stellt die vertikal-zeitliche Lage der Abtastpunkte in der Bildsequenz dar. Die Abtastung folgt in allen Dimensionen einem Rechteckraster. Um aliasfrei abzutasten, muß das Spektrum des kontinuierlichen 3D-Signals daher in Erweiterung von (2.10) die folgenden Bedingungen erfüllen :

$$X(j\omega_1, j\omega_2, j\omega_3) \overset{!}{=} 0 \quad \textit{für} \; |\omega_1| > \frac{\pi}{R} \; \textit{oder} \; |\omega_2| > \frac{\pi}{S} \; \textit{oder} \; |\omega_3| > \frac{\pi}{T}. \tag{2.16}$$

Zeilensprung-Abtastung. Bei Zeilensprung-Abtastung erfolgt die Abtastung der Zeilen $n=1,3,5,...$ zeitlich versetzt zu den Zeilen $n=2,4,6,...$ (Abb. 2.6c). Die vertikal-zeitliche Abtastung folgt einem Quincunx-Raster mit den Abtastabständen $S'=2\cdot S$ und T. S' ist hier der vertikale Abtastabstand in den Halbbildern. Die örtliche Abtastung der Halbbilder folgt dagegen einem Rechteckraster mit den Abtastabständen R und S'. In Analogie zu (2.15) gilt daher als Bedingung für die Aliasfreiheit des Spektrums eine Wechselbeziehung zwischen den Komponenten in ω_2 und ω_3 :

$$X(j\omega_1, j\omega_2, j\omega_3) \stackrel{!}{=} 0 \quad f\ddot{u}r \quad |\omega_1| > \frac{\pi}{R} \quad oder \quad \frac{|\omega_2|}{T} + \frac{|\omega_3|}{S'} > \frac{2\pi}{S' \cdot T}. \qquad (2.17)$$

3D-Spektrum bei Bewegung. Für das kontinuierliche 3D-Fourierspektrum einer Bildsequenz

$$X(j\omega_1, j\omega_2, j\omega_3) = \int\limits_{-\infty}^{\infty} \int\limits_{-\infty}^{\infty} \int\limits_{-\infty}^{\infty} x(r,s,t) \cdot e^{-j\omega_1 r} e^{-j\omega_2 s} e^{-j\omega_3 t}\, drdsdt \qquad (2.18)$$

gilt, sofern *keinerlei Bewegung* in einer Szene vorhanden ist

$$\begin{aligned} X(j\omega_1, j\omega_2, j\omega_3) &= X(j\omega_1, j\omega_2) \; f\ddot{u}r \; \omega_3 = 0 \\ X(j\omega_1, j\omega_2, j\omega_3) &= 0 \qquad\qquad\quad f\ddot{u}r \; \omega_3 \neq 0. \end{aligned} \qquad (2.19)$$

Da keine zeitliche Änderung stattfindet, ist das Bildsignal durch 2D-Spektralanalyse zu einem beliebigen Zeitpunkt ausreichend beschrieben.

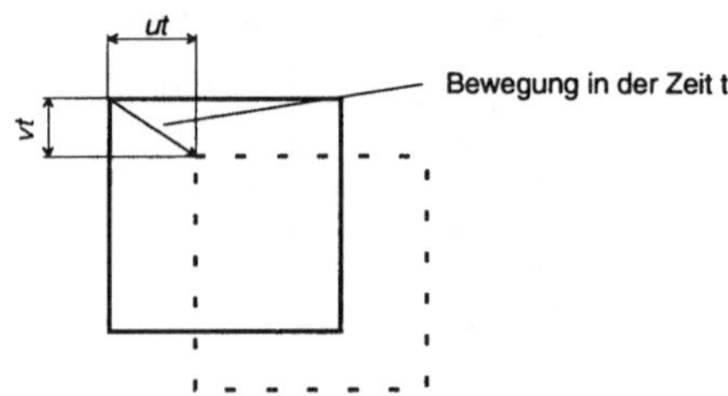

Abb. 2.7. Translatorische Bewegung mit den Geschwindigkeiten u und v

Um das Verhalten des 3D-Spektrums bei bewegten Szenen zu interpretieren, soll nun der einfache Fall einer *translatorischen Bewegung* (Verschiebung) des gesamten Bildes mit den Geschwindigkeiten u in r-Richtung, v in s-Richtung (Abb. 2.7) analysiert werden. Es sei zum Zeitpunkt $t{=}0$: $x(r,s,0) = x'(r,s)$. Dann gilt

$$x(r,s,t) = x'(r+ut, s+vt) \qquad (2.20)$$

$$X(j\omega_1, j\omega_2, j\omega_3) = \int\limits_{-\infty}^{\infty} \int\limits_{-\infty}^{\infty} \int\limits_{-\infty}^{\infty} x'(r+ut, s+vt) \cdot e^{-j\omega_1 r} e^{-j\omega_2 s} e^{-j\omega_3 t}\, drdsdt. \qquad (2.21)$$

Mit den Substitutionen $\eta{=}r{+}ut \Rightarrow d\eta{=}dr$, $r{=}\eta{-}ut$; $\xi{=}s{+}vt \Rightarrow d\xi{=}ds$, $s{=}\xi{-}vt$ erhalten wir

$$\begin{aligned} X(j\omega_1, j\omega_2, j\omega_3) &= \int\limits_{-\infty}^{\infty} \int\limits_{-\infty}^{\infty} x'(\eta, \xi) \cdot e^{-j\omega_1 \eta} e^{-j\omega_2 \xi}\, d\eta d\xi \int\limits_{-\infty}^{\infty} e^{-j(\omega_3 - \omega_1 u - \omega_2 v)t}\, dt \\ &= X'(j\omega_1, j\omega_2) \cdot \delta(\omega_3 - \omega_1 u - \omega_2 v). \end{aligned} \qquad (2.22)$$

Damit wird

$$X(j\omega_1, j\omega_2, j\omega_3) = X'(j\omega_1, j\omega_2) \; \textit{für } \omega_3 = \omega_1 u + \omega_2 v$$
$$X(j\omega_1, j\omega_2, j\omega_3) = 0 \qquad\qquad \textit{für } \omega_3 \neq \omega_1 u + \omega_2 v. \tag{2.23}$$

Das örtliche Spektrum $X'(j\omega_1, j\omega_2)$ zum Zeitpunkt $t=0$ wird damit auf die durch $\omega_3 = \omega_1 u + \omega_2 v$ definierte Ebene des $(\omega_1, \omega_2, \omega_3)$-Frequenzraumes projiziert (Ausblendeigenschaft der Deltafunktion). Abb. 2.8a stellt die Verlagerung des Spektrums gegenüber dem bewegungslosen Fall bei Geschwindigkeiten (u,v) mit positivem Vorzeichen dar. Das Spektrum enthält offensichtlich die höchsten Zeitachsen-Frequenzanteile dort, wo auch die Ortsfrequenzen ihre höchsten Anteile besitzen. Zur besseren Veranschaulichung ist hier das Spektrum in ω_1 und ω_2 bandbegrenzt auf $\omega_R/2$ bzw. $\omega_S/2$. Abb. 2.8b zeigt die Lage der vertikal-zeitlichen Spektralkomponenten im (ω_2, ω_3)-Schnitt durch die in (2.23) definierte Ebene bei verschiedenen Geschwindigkeiten v.

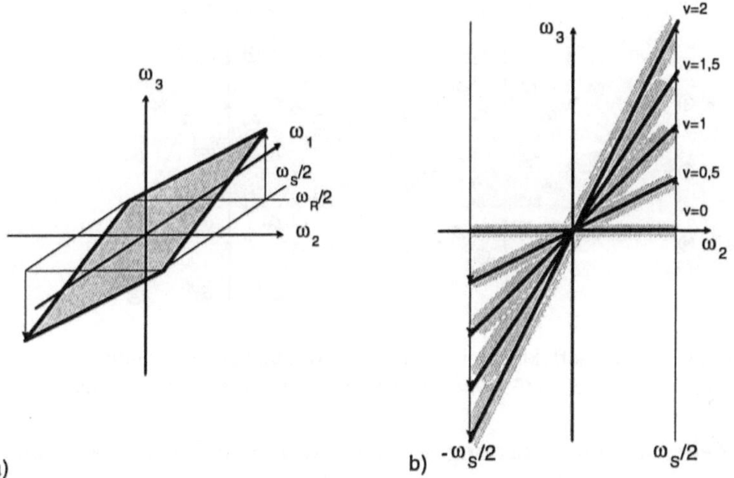

Abb. 2.8. a 3D-Spektrum bei translatorischer Bewegung mit $u=0{,}5 \cdot R/T$, $v=0{,}5 \cdot S/T$
b Lage des Spektrums in der ω_2/ω_3-Ebene bei verschiedenen Geschwindigkeiten v

Bewegung bei progressiver Abtastung. Findet eine Abtastung in zeitlicher Richtung mit der Abtastperiode T statt, so darf das Signal gemäß (2.16) keine Frequenzanteile oberhalb $\omega_3 = \pi/T$ aufweisen. Setzen wir wie in Abb. 2.8a voraus, daß die höchsten Signalanteile in ω_1 und ω_2 bei $\omega_R/2$ bzw. $\omega_S/2$ liegen können, so erhalten wir mit (2.16) und (2.23) die Bedingung

$$\frac{\pi}{T} \overset{!}{>} \left|\omega_{3,\max}\right| = \frac{\pi}{R}\cdot|u| + \frac{\pi}{S}\cdot|v| \quad \Rightarrow \quad |u|\cdot\frac{T}{R} + |v|\cdot\frac{T}{S} \overset{!}{<} 1. \tag{2.24}$$

(2.24) gibt einen Grenzfall an. Wenn im Bildsignal keine hochfrequenten spektralen Komponenten nahe der halben örtlichen Abtastfrequenzen enthalten sind, so sind also durchaus auch größere Bewegungen erlaubt. Abb. 2.9 zeigt die Lage der periodischen spektralen Fortsetzungen (**x**) in der vertikal/zeitlichen (Ω_2, Ω_3)-

Ebene des 3D-Frequenzraumes bei progressiver Abtastung. Der sichtbare Bereich, in den keine Aliasfrequenzen fallen dürfen, ist schraffiert dargestellt. Das Spektrum eines ruhenden horizontalen Cosinus-Streifenmusters (2 Deltaimpulse mit entsprechenden periodischen Fortsetzungen) nahe der halben vertikalen Abtastfrequenz ist in Abb. 2.9a gegeben. Abb. 2.9b stellt die veränderte Lage des Spektrums dar, wenn das Streifenmuster mit $v=-0{,}5 \cdot S/T$ nach oben bewegt wird. Abb. 2.9c zeigt das Spektrum bei $v=-1{,}5 \cdot S/T$; durch den Aliaseffekt erscheint für den Betracher eine Bewegung nach unten mit $v=0{,}5 \cdot S/T$, jedoch wird die Ortsfrequenz des Cosinusmusters nicht verfälscht. Progressive Abtastung kann bei zu starker Bewegung also lediglich zu einer *Fehlinterpretation der Bewegung* (Stärke und Richtung) führen. Ein typisches Beispiel hierfür sind Postkutschenräder in Western-Kinofilmen, die plötzlich stillzustehen oder sich rückwärts zu drehen scheinen.

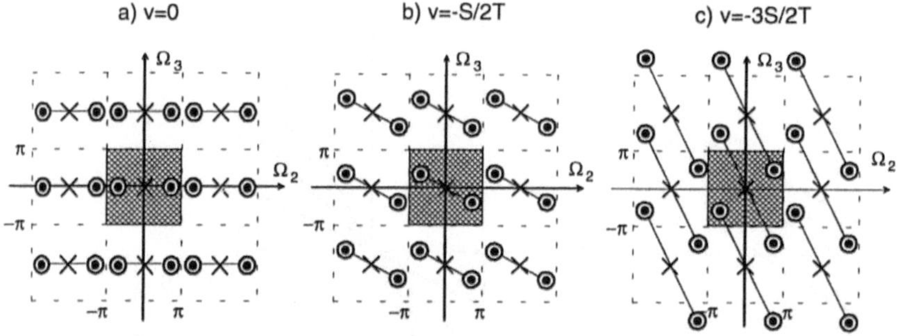

Abb. 2.9. Entstehung von Aliaseffekten bei vertikaler Bewegung eines Cosinus-Streifenmusters mit 3 verschiedenen Geschwindigkeiten (*a-c*), progressive Abtastung

Bewegung bei Zeilensprung-Abtastung. In (2.17) wurde die Wechselbeziehung zwischen maximal erlaubten Vertikal- und Zeitachsen-Frequenzen im Fall der Zeilensprungabtastung angegeben. Durch Einsetzen in (2.23) folgt

$$\frac{2\pi}{T} - \frac{S'}{T} \cdot |\omega_2| \overset{!}{>} |\omega_{3,\max}| = \frac{\pi}{R} \cdot |u| + \frac{\pi}{S} \cdot |v| \quad \Rightarrow \quad |u| \cdot \frac{T}{R} + |v| \cdot \frac{T}{S} \overset{!}{<} 2 \cdot \left(1 - \frac{S \cdot |\omega_2|}{\pi}\right). \tag{2.25}$$

In (2.25) wird die besondere Eigenschaft der Zeilensprung-Abtastung deutlich : Die zulässige Bewegung ist von der höchsten auftretenden Vertikalfrequenz abhängig. So ist z.B. eine Bewegung $|u|=2$ in horizontaler Richtung, also doppelt so stark wie bei progressiver Abtastung, selbst bei Vorhandensein einer Spektralkomponente bei $\omega_1=\omega_R/2$ zulässig, sofern nur keine Spektralkomponenten bei $\omega_2\neq 0$ vorhanden sind. Andererseits sind bei Auftreten von vertikalen Spektralkomponenten nahe $\omega_S/2=\pi/S$ Bewegungen in vertikaler Richtung überhaupt nicht, und solche in horizontaler Richtung allenfalls dann erlaubt, wenn keine Spektralkomponenten bei $\omega_1\neq 0$ auftreten. Abb. 2.10 veranschaulicht, daß bei der Bewegung des Cosinus-Streifenmusters durch den Aliaseffekt nicht nur ein falscher Bewegungseindruck entsteht, sondern zusätzlich *die Ortsfrequenz ver-*

fälscht werden kann. Typisches Beispiel hierfür ist der Fernseh-Nachrichtenspre-
cher mit zu eng gemustertem Anzug, auf dessen Oberfläche plötzlich großflächi-
ge Flimmereffekte (Moiré-Effekte) auftreten.

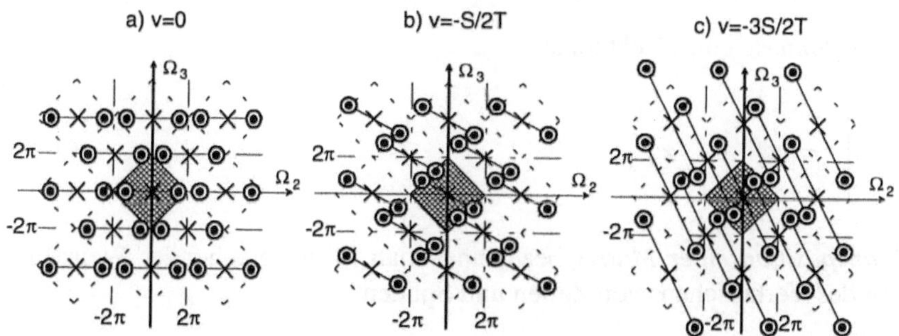

Abb. 2.10. Entstehung von Aliaseffekten bei vertikaler Bewegung eines Cosinus-
Streifenmusters mit 3 verschiedenen Geschwindigkeiten (*a-c*), Zeilensprung-Abtastung

Diskrete Verschiebungsparameter. Bisher wurde die Geschwindigkeit der Verschiebung in Zeilen- bzw. Spaltenrichtung durch die beiden *Geschwindigkeiten u*
und *v* (Maßeinheit z.B. *cm/s*) ausgedrückt. In abgetasteten Bildsequenzen interessiert man sich hingegen oft nur für die diskreten *Verschiebungsparameter*, d.h.
die Anzahl der Bildpunkte, um die der Inhalt von einem Abtastzeitpunkt zum
nächsten verschoben wird :

$$k = u \cdot \frac{T}{R} \quad ; \quad l = v \cdot \frac{T}{S}. \tag{2.26}$$

Ein Vergleich mit (2.25) zeigt, daß Aliaseffekte in Form mehrdeutiger Bewegung bereits auftreten können, wenn die Summe der Absolutbeträge von *k* und *l*
den Wert 1 übersteigt.

2.2 Vektor- und Matrizenalgebra

Vektor- und Matrizenrechnung wird in den folgenden Abschnitten und Kapiteln
häufig zur übersichtlicheren Darstellung von Formeln verwendet. Ein Vektor ist
hierbei eine "eindimensionale" Anordnung von K skalaren Werten, eine Matrix
eine "zweidimensionale" Anordnung mit L Zeilen und K Spalten. Matrizen und
Vektoren werden im Fettdruck dargestellt, und zwar Vektoren in Kleinbuchsta-
ben, Matrizen in Großbuchstaben. Dabei bleibt die Bezeichnung des darin enthaltenen skalaren Werttyps grundsätzlich erhalten, so ist z.B. **x** ein Vektor, bestehend aus einzelnen Abtastwerten des Signals x, **A** eine Matrix, bestehend aus
Werten a. Zwei- und mehrdimensionale Bild- oder Teilbildsignale lassen sich

auch in eindimensionalen Vektoren anordnen. So kann z.B. ein Bild der Größe
MxN Bildpunkte *zeilensequentiell* in einem Vektor der Dimension $M \cdot N$ zusammengefaßt werden :

$$\mathbf{x} = [x(0,0), x(0,1), \ldots, x(M-1,0), x(0,1), \ldots, x(0,N-1), \ldots, x(M-1,N-1)]^{\mathrm{T}}. \quad (2.27)$$

Die *Transponierte* eines Vektors ist

$$\mathbf{x}^{\mathrm{T}} = \begin{bmatrix} x_1 \\ \vdots \\ x_K \end{bmatrix}^{\mathrm{T}} = \begin{bmatrix} x_1 & \cdots & x_K \end{bmatrix}. \qquad (2.28)$$

Als *Transposition einer Matrix* bezeichnet man in entsprechender Weise die
Operation des Vertauschens von Zeilen und Spalten :

$$\mathbf{A}^{\mathrm{T}} = \begin{bmatrix} a_{11} & \cdots & a_{1K} \\ \vdots & \ddots & \vdots \\ a_{L1} & \cdots & a_{LK} \end{bmatrix}^{\mathrm{T}} = \begin{bmatrix} a_{11} & \cdots & a_{L1} \\ \vdots & \ddots & \vdots \\ a_{1K} & \cdots & a_{LK} \end{bmatrix}. \qquad (2.29)$$

Das *skalare Produkt* aus zwei Vektoren ergibt sich, wenn deren Elemente
paarweise multipliziert werden, und das Ergebnis aufaddiert wird :

$$\mathbf{y}^{\mathrm{T}} \cdot \mathbf{x} = \begin{bmatrix} y_1 & \cdots & y_K \end{bmatrix} \cdot \begin{bmatrix} x_1 \\ \vdots \\ x_K \end{bmatrix} = y_1 \cdot x_1 + y_2 \cdot x_2 + \ldots + y_K \cdot x_K. \qquad (2.30)$$

Als Spezialfall $\mathbf{x}^{\mathrm{T}}\mathbf{x}$ ergibt sich die *quadratische Norm* des Vektors $\mathbf{x}$. Das
innere Matrix-Vektor-Produkt läßt sich als parallele Ausführung des skalaren
Vektorproduktes zwischen L Vektoren, die die Zeilen der Matrix $\mathbf{A}$ bilden, und
einem einzelnen Vektor $\mathbf{x}$ deuten. Ergebnis ist ein Vektor der Dimension L, die
Zeilenlänge K der Matrix muß gleich der Länge des Vektors $\mathbf{x}$ sein :

$$\mathbf{A} \cdot \mathbf{x} = \begin{bmatrix} a_{11} & \cdots & a_{1K} \\ \vdots & \ddots & \vdots \\ a_{L1} & \cdots & a_{LK} \end{bmatrix} \cdot \begin{bmatrix} x_1 \\ \vdots \\ x_K \end{bmatrix} = \begin{bmatrix} a_{11}x_1 + \ldots + a_{1K}x_K \\ \vdots \\ a_{L1}x_1 + \ldots + a_{LK}x_K \end{bmatrix}. \qquad (2.31)$$

Das *innere Matrizen-Produkt* ist wiederum die parallele Ausführung des
inneren Matrix-Vektor-Produktes, wobei M Vektoren die Spalten der Matrix $\mathbf{B}$
bilden. Ergebnis ist eine Matrix der Dimension LxM, die Zeilenlänge K der ersten Matrix muß gleich der Spaltenlänge der zweiten sein :

$$\mathbf{A} \cdot \mathbf{B} = \begin{bmatrix} a_{11} & \cdots & a_{1K} \\ \vdots & \ddots & \vdots \\ a_{L1} & \cdots & a_{LK} \end{bmatrix} \cdot \begin{bmatrix} b_{11} & \cdots & b_{1M} \\ \vdots & \ddots & \vdots \\ b_{K1} & \cdots & b_{KM} \end{bmatrix} = \begin{bmatrix} a_{11}b_{11} + \ldots + a_{1K}b_{K1} & \cdots & a_{11}b_{1M} + \ldots + a_{1K}b_{KM} \\ \vdots & \ddots & \vdots \\ a_{L1}b_{11} + \ldots + a_{LK}b_{K1} & \cdots & a_{L1}b_{1M} + \ldots + a_{LK}b_{KM} \end{bmatrix}.$$

$$(2.32)$$

Das *äußere* (auch direkte oder Kronecker-) *Matrizen-Produkt* besteht in der Multiplikation jeden Elementes der ersten Matrix mit jedem der zweiten. Ergebnis ist eine Matrix der Dimension *KMxLN*, aufteilbar in *KxL* Untermatrizen der Größe *MxN* :

$$\mathbf{A} \times \mathbf{B} = \begin{bmatrix} a_{11} & \cdots & a_{1K} \\ \vdots & \ddots & \vdots \\ a_{L1} & \cdots & a_{LK} \end{bmatrix} \times \begin{bmatrix} b_{11} & \cdots & b_{1M} \\ \vdots & \ddots & \vdots \\ b_{N1} & \cdots & b_{NM} \end{bmatrix} = \begin{bmatrix} a_{11}b_{11} & \cdots & a_{11}b_{1M} & \cdots & a_{1K}b_{1M} \\ \vdots & \ddots & \vdots & & \vdots \\ a_{11}b_{N1} & \cdots & a_{11}b_{NM} & \cdots & a_{1K}b_{NM} \\ \vdots & & \vdots & & \vdots \\ a_{L1}b_{N1} & \cdots & a_{L1}b_{NM} & \cdots & a_{LK}b_{NM} \end{bmatrix} .$$

$$(2.33)$$

Die *Determinante* einer quadratischen Matrix der Dimension *KxK* ist die Summe über die Produkte der Matrizenkoeffizienten bei $K!$ möglichen Permutationen (Vertauschungen der Reihenfolge) der Zahlen $(1,2,..,K)$. Hierbei gibt k in (2.34) die Anzahl der Inversionen innerhalb einer Permutation an (eine Inversion bedeutet, daß in der Reihenfolge "$a_{1\alpha}a_{2\beta}a_{3\gamma}.$." $\alpha>\beta$ oder $\beta>\gamma$ ist) :

$$D^{(K)} = \left| a_{ij} \right| = \begin{vmatrix} a_{11} & a_{12} & \cdots & a_{1K} \\ a_{21} & a_{22} & & a_{2K} \\ \vdots & \vdots & \ddots & \vdots \\ a_{K1} & a_{K2} & \cdots & a_{KK} \end{vmatrix} = \sum_{(\alpha,\beta,..,\omega)} (-1)^k \, a_{1\alpha} a_{2\beta} \dots a_{K\omega} , \qquad (2.34)$$

z.B. für die Fälle $K=2$ und $K=3$:

$$D^{(2)} = \begin{vmatrix} a_{11} & a_{12} \\ a_{21} & a_{22} \end{vmatrix} = a_{11}a_{22} - a_{12}a_{21}$$

$$D^{(3)} = \begin{vmatrix} a_{11} & a_{12} & a_{13} \\ a_{21} & a_{22} & a_{23} \\ a_{31} & a_{32} & a_{33} \end{vmatrix} = a_{11}a_{22}a_{33} + a_{12}a_{23}a_{31} + a_{13}a_{21}a_{32} - a_{11}a_{23}a_{32} - a_{12}a_{21}a_{33} - a_{13}a_{22}a_{31}$$

Die *Inversion* einer Matrix $\mathbf{A}^{-1}$ ist möglich, wenn deren Determinante $\neq 0$ ist. Sie kann z.B. durch ein Determinantenverfahren oder (bei größeren Matrizen) durch ein Gauß-Jordan-Verfahren erfolgen. Die genaue Beschreibung derartiger Methoden kann z.B. [ZURMÜHL 1964] entnommen werden. Mittels Matrizeninversion werden häufig lineare Gleichungssysteme gelöst. So können die unbekannten Elemente des Vektors $\mathbf{x}$, deren Verknüpfungen mit den Variablen $\mathbf{a}$ über die in der Matrix $\mathbf{A}$ gegebenen Vorfaktoren bestimmt sind, durch Inversion der Matrix ermittelt werden :

$$\mathbf{a} = \mathbf{A} \cdot \mathbf{x} \quad \Rightarrow \quad \mathbf{x} = \mathbf{A}^{-1} \cdot \mathbf{a} . \qquad (2.35)$$

Eine Matrix, mit ihrer Inversen multipliziert, ergibt die Einheitsmatrix $\mathbf{I}$:

$$\mathbf{A} \cdot \mathbf{A}^{-1} = \mathbf{I} = \begin{bmatrix} 1 & 0 & 0 & \cdots & 0 \\ 0 & 1 & 0 & \ddots & \vdots \\ 0 & 0 & 1 & \ddots & 0 \\ \vdots & \ddots & \ddots & \ddots & 0 \\ 0 & \cdots & 0 & 0 & 1 \end{bmatrix}. \tag{2.36}$$

Die Einheitsmatrix, multipliziert mit einem Vektor oder einer anderen Matrix, läßt diese unverändert. Eine besonders einfache Inversion ist möglich bei Matrizen mit *Töplitzstruktur*, bei welchen die um die Hauptdiagonale symmetrischen Diagonalen jeweils mit identischen Elementen besetzt sind :

$$\mathbf{A} = \begin{bmatrix} a_1 & a_2 & a_3 & \cdots & a_K \\ a_2 & a_1 & a_2 & \ddots & \vdots \\ a_3 & a_2 & a_1 & \ddots & a_3 \\ \vdots & \ddots & \ddots & \ddots & a_2 \\ a_K & \cdots & a_3 & a_2 & a_1 \end{bmatrix}, \tag{2.37}$$

und bei Matrizen mit zueinander *orthogonalen* Zeilen, für die gilt

$$\sum_{k=1}^{K} a_{pk} \cdot a_{qk} = \begin{cases} A \ f\ddot{u}r \ p = q \\ 0 \ f\ddot{u}r \ p \neq q \end{cases} \ ; p = 1,..,K \ ; q = 1,..,K. \tag{2.38}$$

Gemäß (2.38) nimmt das skalare Vektorprodukt zweier Zeilen der Matrix $\mathbf{A}$ dann den (möglicherweise komplexen) Wert A an, wenn die Zeile mit sich selbst multipliziert wurde; sonst ergibt sich der Wert Null. Mit (2.32) und (2.36) folgt daraus

$$\mathbf{A}^{-1} = \frac{1}{A} [\mathbf{A}*]^{\mathrm{T}}. \tag{2.39}$$

Die in (2.39) enthaltene Konjugierte $\mathbf{A}*$ einer komplexen Matrix wird gebildet, indem die Imaginärteile aller ihrer Elemente mit -1 multipliziert werden. Einen besonders einfachen Fall orthogonaler Matrizen stellt die *Hermite'sche Matrix* dar, bei der Zeilen und Spalten diagonalsymmetrisch sind ($\mathbf{A}=\mathbf{A}^{\mathrm{T}}$), und zudem $A=1$ wird. Damit ist nach (2.39) $\mathbf{A}=\mathbf{A}^{-1}$.

In (2.35) wird vorausgesetzt, daß $\mathbf{x}$ und $\mathbf{a}$ dieselbe Anzahl K an Elementen enthalten, was gleichzeitig impliziert, daß die Matrix $\mathbf{A}$ von der Größe $K\mathrm{x}K$ ist. Dies ist eine Voraussetzung für die eindeutige Lösbarkeit des linearen Gleichungssystems. Eine Verallgemeinerung ist möglich, wenn $\mathbf{a}$ aus L Elementen, $\mathbf{x}$ hingegen aus K Elementen besteht. $\mathbf{A}$ wird dann eine Matrix der Größe $K\mathrm{x}L$. Die Lösung des entstehenden *überbestimmten Gleichungssystems* erfolgt durch Bildung der *Pseudoinversen* $\mathbf{A}^{\mathrm{g}}$:

$$\mathbf{a} = \mathbf{A} \cdot \mathbf{x} \ \Rightarrow \ \mathbf{x} = \mathbf{A}^{\mathrm{g}} \cdot \mathbf{a} \tag{2.40}$$

mit

$$\mathbf{A}^g = (\mathbf{A}^T \cdot \mathbf{A})^{-1} \mathbf{A}^T \quad ; \quad \mathbf{A}^g \cdot \mathbf{A} = \mathbf{I} \quad \textit{für } L \leq K$$
$$\mathbf{A}^g = \mathbf{A}^T (\mathbf{A} \cdot \mathbf{A}^T)^{-1} \quad ; \quad \mathbf{A} \cdot \mathbf{A}^g = \mathbf{I} \quad \textit{für } L > K. \tag{2.41}$$

Für den Fall $L<K$ ist die Lösung nicht eindeutig; es ist dann notwendig, unter Setzung von zusätzlichen Nebenbedingungen die optimale Lösung zu suchen.

2.3 Zwei- und mehrdimensionale lineare Filter

Zwei- und mehrdimensionale Filter werden in vielen Bildcodierverfahren verwendet, so z.B. in der zwei- und mehrdimensionalen Prädiktion, zur Interpolation von Zwischenpixelwerten oder Zwischenbildern und in Filterbänken zur Teilbandcodierung. In den folgenden Ausführungen, die einige Begriffe und Funktionsweisen mehrdimensionaler linearer Systeme erläutern sollen, wird in der Regel nur das Beispiel des 2D-Falles betrachtet. Die Formulierungen für mehr Dimensionen können daraus jedoch leicht durch Hinzufügen weiterer Koordinaten und Summenterme abgeleitet werden.

2.3.1 Eigenschaften zwei- und mehrdimensionaler Systeme

Die diskrete zweidimensionale Faltung eines Signals $x(m,n)$ mit der Impulsantwort eines Filters $h(m,n)$ ist definiert durch

$$y(m,n) = \sum_{k=-\infty}^{\infty} \sum_{l=-\infty}^{\infty} x(m-k, n-l) \cdot h(k,l) = x(m,n) ** h(m,n) \tag{2.42}$$

Die *Impulsantwort* eines 2D-Systems ist das Ausgangssignal $y(m,n)$ für den Fall, daß als Eingangssignal der *diskrete 2D-Deltaimpuls* $\delta(m,n)$ anliegt. Dieser besitzt bei $(m,n)=(0,0)$ den Wert 1, sonst 0.

Linearität und Verschiebungsinvarianz. Das System mit der Impulsantwort

$$h(m,n) = L[\delta(m,n)] \tag{2.43}$$

wird *linear* genannt, wenn für beliebige komplexe Konstanten a und b gilt

$$y_1(m,n) = L[x_1(m,n)] \quad und \quad y_2(m,n) = L[x_2(m,n)]$$
$$\Rightarrow a \cdot y_1(m,n) + b \cdot y_2(m,n) = L[a \cdot x_1(m,n) + b \cdot x_2(m,n)] \tag{2.44}$$

Ein System wird *verschiebungsinvariant* genannt, wenn gilt

$$y(m,n) = L[x(m,n)] \quad \Rightarrow y(m-k, n-l) = L[x(m-k, n-l)] \tag{2.45}$$

Ein System, für das beide Eigenschaften gelten, ist ein *LSI-System* (*linear shift invariant*). LSI-Systeme können in beliebiger Reihenfolge hintereinandergeschaltet werden; es ergibt sich immer dasselbe Gesamtausgangssignal (es gelten das Kommutativ-, Assoziativ- und Distributivgesetz).

Separierbarkeit. Ein 2D-System wird *separierbar* genannt, wenn gilt

$$h(m,n) = h_1(m) \cdot h_2(n) \tag{2.46}$$

wobei $h_1(m)$ und $h_2(n)$ die Impulsantworten von 1D-Systemen in horizontaler und vertikaler Richtung darstellen. Es gilt dann

$$y(m,n) = \sum_{k=-\infty}^{\infty} \sum_{l=-\infty}^{\infty} x(m-k,n-l)h(k,l)$$

$$= \sum_{k=-\infty}^{\infty} h_1(k) \sum_{l=-\infty}^{\infty} x(m-k,n-l)h_2(l). \tag{2.47}$$

Mit

$$g(m,n) = \sum_{l=-\infty}^{\infty} x(m,n-l)h_2(l) \tag{2.48}$$

wird

$$y(m,n) = \sum_{k=-\infty}^{\infty} g(m-k,n)h_1(k). \tag{2.49}$$

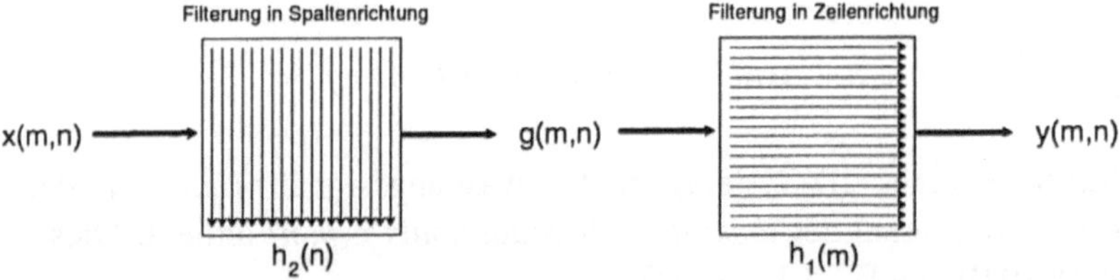

Abb. 2.11. Prinzip eines separierbaren Systems

Abb. 2.11 stellt dar, wie zuerst durch separate 1D-Faltung jeder Spalte mit $h_2(n)$ das Zwischenergebnis $g(m,n)$ berechnet wird, $y(m,n)$ ergibt sich dann durch zeilenweise 1D-Faltung von $g(m,n)$ *mit* $h_1(m)$.

Es ergeben sich folgende Bedingungen :

- Separierbare Systeme müssen LSI-Systeme sein;
- Separierbare Systeme sind nur bei rechteckförmiger Abtastung realisierbar.

Stabilität. Bei 2D-Systemen besteht auch die Forderung nach *BIBO-Stabilität* (*bounded input, bounded output*)

$$y(m,n) = \sum_{k=-\infty}^{\infty} \sum_{l=-\infty}^{\infty} |h(k,l)| < \infty, \tag{2.50}$$

d.h. ein Filter muß bei einem begrenzten Eingangssignal ein Ausgangssignal mit begrenzter Energie produzieren, ansonsten ist es instabil. Bei Systemen mit einer *begrenzten Impulsantwort* (*FIR, finite impulse response*) ist diese Forderung grundsätzlich erfüllt. Rekursive Systeme, bei denen die Filterausgangswerte wieder in den Filtereingang zurückgespeist werden, besitzen dagegen eine unbegrenzte Impulsantwort (*IIR, infinite impulse response*). Hier kann eine Stabilitätsuntersuchung notwendig werden (vgl. Abschn. 2.3.3).

Kausalität. Die Forderung nach *Kausalität* sagt aus, daß die Antwort eines Systems nicht vor dem Anliegen des Eingangssignals erfolgen darf. Bei 2D-Systemen ist eine *örtliche* Kausalität zu erfüllen, bei Hinzunahme der zeitlichen Komponente in einem 3D-System zur Bildsequenzbearbeitung muß zusätzlich die *zeitliche* Kausalität gewährleistet sein. Bezüglich der örtlichen Kausalität folgen Besonderheiten jedoch aus der *örtlichen Begrenzung* von Bildsignalen und der Tatsache, daß alle Bildpunkte eines Einzelbildes nach der Abtastung *gleichzeitig* zur Verfügung stehen. Bei Verwendung eines Bildspeichers ist daher eine Parallelbearbeitung aller Bildpunkte möglich. Bei 2D-FIR-Systemen zur örtlichen Filterung wird oft mit linearphasigen Filtern gearbeitet, die *symmetrische Impulsantworten* besitzen, wobei zur Berechnung des Filterausgangssignals auf links, rechts, über oder unter einem Bildpunkt liegende Werte zurückgegriffen wird. Solche Filter sind nach der örtlichen Koordinaten-Reihenfolge streng genommen nichtkausal, sie besitzen jedoch den Vorteil, daß die örtliche Position des Ausgangssignals sich mit der des Eingangssignals deckt, d.h. es findet keine Verschiebung des Bildinhaltes statt. Bei Anwendung von 3D-FIR-Filtern auf Videosequenzen wird mit dem Zugriff auf Werte aus zeitlich nachfolgenden Bildern hingegen notwendigerweise eine *Zeitverzögerung* des Ausgangssignals eingeführt.

Bei der Anwendung von 2D-IIR-Systemen muß auch für das Ortsbereichsignal eine strikte Bearbeitungsreihenfolge eingehalten werden, da bereits berechnete Filterausgangswerte wieder in das Filter eingespeist werden sollen. Die Koordinaten aller Filterausgangswerte, die für die Berechnung eines neuen Wertes bereits vorhanden sein müssen, werden dabei als *Stützregion* bezeichnet. Abb. 2.12 zeigt 3 verschiedene rekursive, kausale Filtergeometrien mit ihren Stützregionen (*keilförmiges Filter, Viertelebenenfilter, asymmetrisches Halbebenenfilter*). Bei den Filtergeometrien kennzeichnet der Punkt "O" die Position des aktuellen Ausgangswertes, während die übrigen Punkte diejenigen vorangegangenen Ausgangswerte markieren, die zur Berechnung herangezogen werden. Grundsätzlich kann hier eine Parallelverarbeitung derjenigen Bildpunkte stattfinden, von denen nicht einer Mitglied der Stützregion des anderen ist, da die Ausgangswerte an diesen Positionen sich sonst gegenseitig beeinflussen würden.

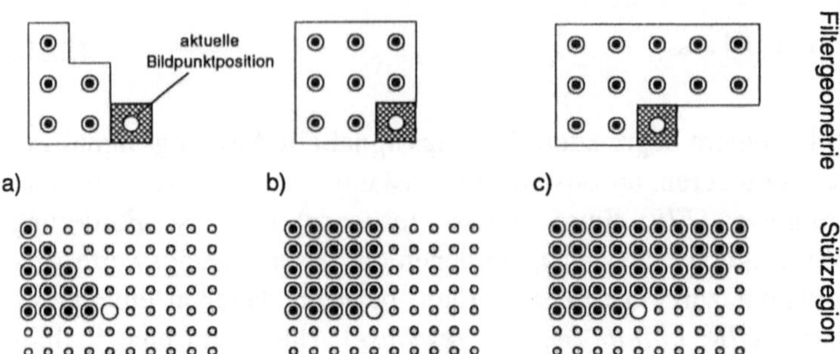

Abb. 2.12. Kausale 2D-Filtergeometrien.
a keilförmig **b** Viertelebene **c** asymmetrische Halbebene

Beim asymmetrischen Halbebenenfilter ist daher nur eine einzige Verarbeitungsreihenfolge sinnvoll, nämlich zeilenweise von der linken oberen zur rechten unteren Bildecke, während beim Viertelebenenfilter alle in einer Diagonalen (Summe der Zeilen- und Spaltenindices $m+n$=const.) angeordneten Bildpunkte parallel bearbeitet werden können.

Bei zeitlich-rekursiver Filterung in Bildsequenzen ist die Kausalität streng einzuhalten, d.h. die Rekursion entlang der Zeitachse darf *ausschließlich auf Vorgängerbilder* zurückgreifen.

2.3.2 Beispiele von 2D-FIR- und IIR-Systemen

Separierbares FIR-Tiefpaßfilter. Gegeben seien zwei 1D-Filter mit den Impulsantworten $[h_1(-1)=0{,}2 ; h_1(0)=0{,}6 ; h_1(1)=0{,}2]$ für die horizontale, sowie $[h_2(-1)=0{,}1 ; h_2(0)=0{,}8 ; h_2(1)=0{,}1]$ für die vertikale Filterung. Diese sollen gemäß (2.46) zu einem separierbaren 2D-Filter kombiniert werden. Es ergibt sich die in Abb. 2.13a gezeigte *Filtermatrix* (auch als *Filtermaske* bezeichnet). Man beachte, daß beide Impulsantworten symmetrisch und nichtkausal sind, es treten Werte bei $k<0$ und $l<0$ auf. Da der aktuell bearbeitete Bildpunkt nach (2.42) jeweils mit dem zentralen Impulsantwortwert bei $(k,l)=(0,0)$ multipliziert wird, ergibt sich ein gegenüber dem Eingangsbild $x(m,n)$ unverschobenes Ausgangssignal $y(m,n)$. Abb. 2.13b stellt ein Eingangsbild dar, welches von den Randwerten zur Mitte hin einen Helligkeitssprung von "0" auf "1" enthält. Wir können die Filterung nun so deuten, daß die Filtermaske auf jedem Punkt des Eingangsbildes positioniert, die Bildwerte mit den Filtermaskenwerten multipliziert und aufaddiert werden. Das Ausgangssignal ist in Abb. 2.13c gezeigt. Die Tiefpaßwirkung (Abflachung der Übergänge von 0 nach 1) ist auf Grund der unterschiedlichen Filter in der Horizontalen ausgeprägter als in der Vertikalen.

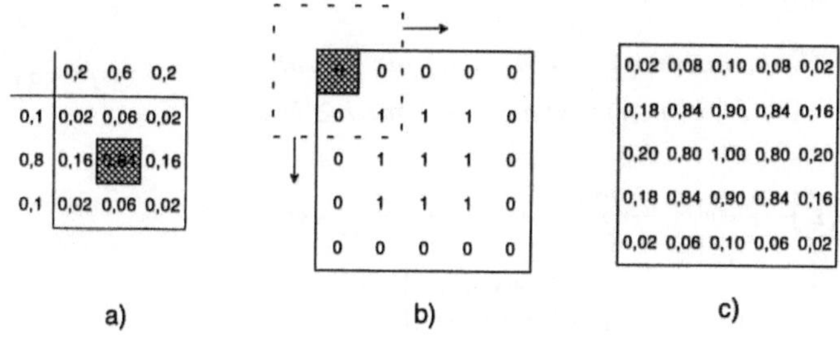

Abb. 2.13. FIR-Filterung eines 2D-Signals.
a Separierbare Filtermaske **b** Eingangssignal **c** Ausgangssignal

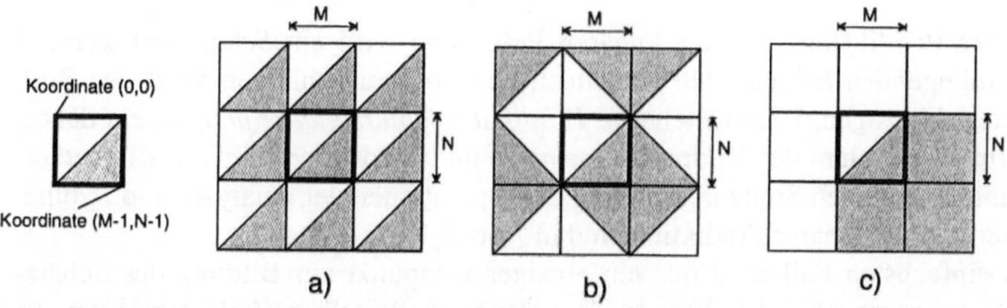

Abb. 2.14. Fortsetzung des örtlich begrenzten Bildsignals.
a periodisch **b** symmetrisch **c** wertkonstant

Randfortsetzung von Bildsignalen. Aus Abb. 2.13b wird ein grundsätzliches Problem in der Filterung von Bildsignalen deutlich : Die Filtermaske deckt sich teilweise mit Werten, die außerhalb des Bildes liegen. Der Grund liegt darin, daß die Summen $m+k$ und $n+l$ in (2.42) Werte <0 bzw. $>M$-1 oder $>N$-1 annehmen können. Es ist daher notwendig, Signalwerte an diesen Positonen zu definieren. Im Beispiel von Abb. 2.13 wurde angenommen, daß alle Werte außerhalb des Bildes 0 sind. Diese Annahme ist jedoch nicht immer vorteilhaft, wenn man bedenkt, daß Bildsignale grundsätzlich positive Amplituden besitzen. In der Regel würde also bei einer Fortsetzung mit Nullen ein virtueller Helligkeitssprung am Bildrand auftreten. Es bieten sich folgende Möglichkeiten der Wertfortsetzung an (sh. Abb. 2.14a-c) :

periodische Fortsetzung :

$$x(m,n) = x(m+M,n) \; \text{für } m < 0 \quad ; \quad x(m,n) = x(m-M,n) \; \text{für } m \geq M$$
$$x(m,n) = x(m,n+N) \; \text{für } n < 0 \quad ; \quad x(m,n) = x(m,n-N) \; \text{für } n \geq N$$

(2.51)

symmetrische Fortsetzung :

$$x(m,n) = x(-m-1,n) \; \text{für } m < 0 \quad ; \quad x(m,n) = x(2M-m-1,n) \; \text{für } m \geq M$$
$$x(m,n) = x(m,-n-1) \; \text{für } n < 0 \quad ; \quad x(m,n) = x(m,2N-n-1) \; \text{für } n \geq N$$

(2.52)

wertkonstante Fortsetzung :

$$x(m,n) = x(0,n)\ \textit{für } m < 0\ \ ;\ \ x(m,n) = x(M-1,n)\ \textit{für } m \geq M$$
$$x(m,n) = x(m,0)\ \textit{für } n < 0\ \ ;\ \ x(m,n) = x(m,N-1)\ \textit{für } n \geq N \tag{2.53}$$

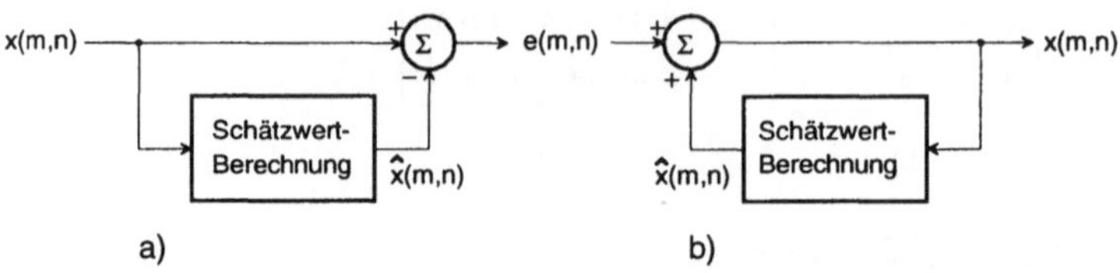

Abb. 2.15. Lineare Prädiktion. **a** Analysefilter **b** Synthesefilter

Lineare Prädiktion. Bei der linearen Prädiktion wird ein *Schätzwert* $\hat{x}(m,n)$ aus umliegenden Bildpunkten berechnet, und vom tatsächlichen Wert des Bildpunktes abgezogen. Das entstehende *Prädiktionsfehlersignal e(m,n)* ist ein dekorreliertes Äquivalent des Bildpunktes $x(m,n)$, und wird in prädiktiven Bildcodierverfahren an dessen Stelle übertragen. Die Operationen der Analyse- und Synthesefilterung bei linearer Prädiktion sind in Abb. 2.15 dargestellt.

Im einfachsten Fall wird nur ein einziger Bildpunkt zur Bildung des Schätzwertes herangezogen. Ist dies der Vorgänger in derselben Zeile, so lautet die Gleichung der zeilenweisen, eindimensionalen Prädiktion

$$e(m,n) = x(m,n) - a_1 \cdot x(m-1,n). \tag{2.54}$$

Die Impulsantwort des horizontal arbeitenden Prädiktionsfehlerfilters ist $[h_1(0)=1\ ;\ h_1(1)=-a_1]$, das Filter ist also kausal. Wird dieses mit einem vertikalen Filter $[h_2(0)=1\ ;\ h_2(1)=-a_2]$ kombiniert, können wir gemäß (2.46) hieraus ein *separierbares* 2D-Prädiktionsfehlerfilter bilden, und die Prädiktionsgleichung wird

$$e(m,n) = x(m,n) - a_1 \cdot x(m-1,n) - a_2 \cdot x(m,n-1) + a_1 \cdot a_2 \cdot x(m-1,n-1). \tag{2.55}$$

Abb. 2.16a stellt im oberen Teil die Filtermaske des in (2.55) beschriebenen Prädiktionsfehlerfilters dar. Abb. 2.16c zeigt die entstehenden Prädiktionsfehlerwerte $e(m,n)$, wobei das Bildsignal in 2.16b mit $a_1=a_2=1$ gefiltert wurde. Der untere Teil von Abb. 2.16a stellt dagegen ein *nicht-separierbares* Prädiktionsfehlerfilter dar, dessen Prädiktionsgleichung

$$e(m,n) = x(m,n) - a_1 \cdot x(m-1,n) - a_2 \cdot x(m,n-1). \tag{2.56}$$

lautet; es ist nicht möglich, dieses Filter in zwei separate eindimensionale Komponenten aufzuspalten. Abb. 2.16d zeigt das entstehende Prädiktionsfehlersignal mit $a_1=a_2=0{,}5$.

Der Vorgang der Prädiktion soll nun umgekehrt werden, d.h. aus dem Prädiktionsfehlersignal ist wieder das ursprüngliche Bildsignal zu generieren. Stellen wir die Bedingung $y(m,n)=x(m,n)$, so ergibt sich aus der Umkehrung von (2.55) die Synthesegleichung

$$y(m,n) = e(m,n) + a_1 \cdot y(m-1,n) + a_2 \cdot y(m,n-1) - a_1 \cdot a_2 \cdot y(m-1,n-1). \qquad (2.57)$$

Es handelt sich beim Synthesefilter offensichtlich um ein *rekursives* IIR-Filter, d.h., es werden vorangegangene Ausgangswerte in der Filterung verwendet. Für den oben gezeigten Fall $a_1=a_2=1$ ist das Signal in Abb. 2.16b wieder aus dem in Abb. 2.16c rekonstruierbar. Allerdings werden zur Prädiktion der am Bildrand liegenden Bildpunkte Werte benötigt die außerhalb des Bildes liegen. Hier kann nicht mit einer der beschriebenen Randfortsetzungs-Methoden gearbeitet werden, da ja die Randwerte bei der Synthese nicht bekannt sind. Sinnvoll ist vielmehr das Auffüllen des Randes mit einer Konstanten, im gezeigten Beispiel von Abb. 2.16 war dies der Wert Null. Um die Auswirkungen einer Instabilität des Synthesefilters zu demonstrieren, werde nun $a_1=2$ gesetzt. Wir erhalten das Prädiktionsfehlersignal in Abb. 2.17a; es nimmt in der horizontalen Komponente deutlich höhere Werte an. Jedoch bleibt das Signal in Abb. 2.17b bei Verwendung des inversen, instabilen Synthesefilters nach wie vor rekonstruierbar.

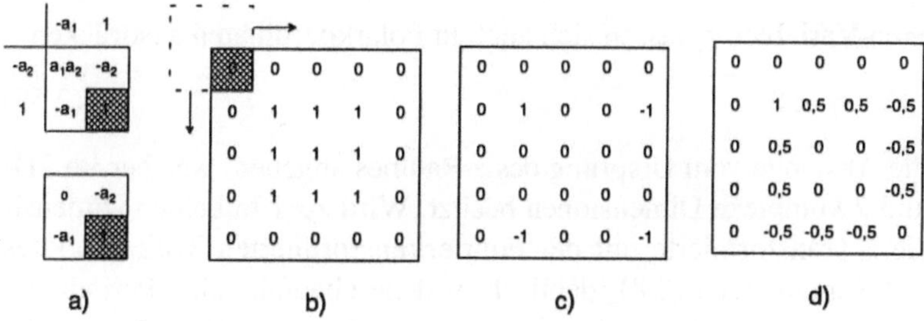

Abb. 2.16. Lineare Prädiktion. **a** Separierbare und nicht-separierbare Filtermaske **b** Originalsignal **c** und **d** Prädiktionsfehlersignale

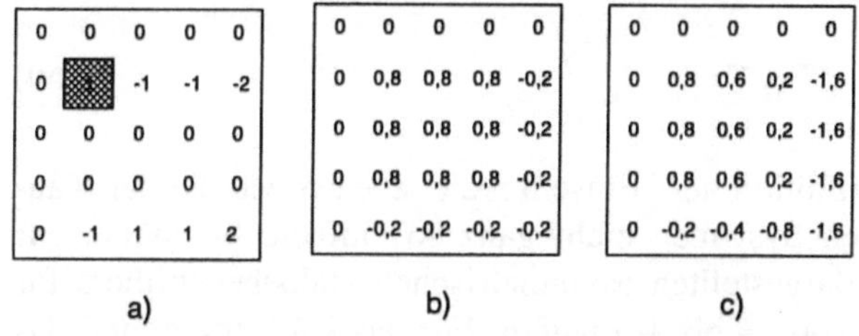

Abb. 2.17. Stabilität der Filter bei linearer Prädiktion.
a Prädiktionsfehlersignal bei Verwendung eines instabilen Filters
b und **c** Rekonstruktionssignale bei Auftreten einer Verfälschung des Prädiktionsfehlersignals und Synthese : **b** mit metastabilem **c** mit instabilem Filter

Was geschieht jedoch, wenn bei der Synthese nicht exakt dasselbe Prädiktionsfehlersignal verwendet wird wie bei der Analyse ? Dies kann z.B. bei ungenauer Quantisierung oder bei Auftreten von Übertragungsfehlern der Fall sein. Wird an der in Abb. 2.17a schraffierten Position der Wert 0,8 anstatt 1 zur Synthese verwendet, so ergeben sich für den Fall $a_1=a_2=1$ das Rekonstruktionssignal in Abb. 2.17b, während für $a_1=1$, $a_2=2$ das Signal in Abb. 2.17c entsteht. Im ersten Fall pflanzt sich der Fehler mit gleicher Stärke über alle Bildpunkte fort; man spricht hierbei auch von einem *metastabilen* Filter, da kein Abklingen des Fehlers stattfindet. Im zweiten Fall verstärkt sich der Fehler in horizontaler Richtung dagegen immer mehr; dieses Filter ist daher vollständig *instabil*.

2.3.3 Zwei- und mehrdimensionale z-Transformation

Ein hilfreiches Werkzeug bei der Analyse und Interpretation linearer Systeme ist die z-Transformation. Die zweidimensionale z-Transformation eines Signals $x(m,n)$ ist definiert als

$$X(z_1, z_2) = \sum_{m=-\infty}^{\infty} \sum_{n=-\infty}^{\infty} x(m,n) \cdot z_1^{-m} z_2^{-n} . \qquad (2.58)$$

Die komplexen Variablen z_k lassen sich auch in Polarkoordinaten ausdrücken :

$$z_k = r_k \cdot e^{j\Omega_k} \quad ; \quad r_k \geq 0, \qquad (2.59)$$

wobei die r_k die Abstände vom Ursprung des z-Raumes angeben, welcher im 2D-Fall 2 reelle und 2 komplexe Dimensionen besitzt. Wird $r_k=1$ in beiden Dimensionen, so ist die z-Transformierte mit der Fouriertransformierten $X(j\Omega_1,j\Omega_2)$ des abgetasteten 2D-Signals nach (2.8) identisch, welche ebenfalls eine Periodizität mit 2π aufweist. Als "Signal" wird bei der Analyse linearer Systeme deren Impulsantwort $h(m,n)$ eingesetzt. Impulsantwortwerte bei $m<0$, $n<0$ sind *nichtkausal*. Bei der Analyse kausaler Systeme wird daher meist die *einseitige* z-Transformation

$$X(z_1, z_2) = \sum_{m=0}^{\infty} \sum_{n=0}^{\infty} x(m,n) \cdot z_1^{-m} z_2^{-n} \qquad (2.60)$$

verwendet. Jedoch ist die Definition der "Einseitigkeit" ebenso wie die der Kausalität bei mehrdimensionalen Systemen nicht ganz so einfach. So müßte zur Analyse des in Abb. 2.12c dargestellten asymmetrischen Halbebenenfilters für $n>0$ die m-Summe ebenfalls von $-\infty$ bis $+\infty$ laufen. Für das keilförmige und das Viertelebenen-Filter ist (2.60) dagegen ohne weiteres anwendbar.

Eigenschaften der z-Transformation. Es werden hier nur einige Eigenschaften der z-Transformation behandelt, die in den folgenden Abschnitten und Kapiteln häufig Verwendung finden. Eine recht übersichtliche und vollständige Darstellung des gesamten Gebietes ist z.B. in [OPPENHEIM, WILLSKY, YOUNG 1983] zu finden.

Linearität. Die z-Transformierten zweier addierter Signale addieren sich ebenfalls, und sind invariant gegenüber Vorfaktoren :

$$a \cdot x_1(m,n) + b \cdot x_2(m,n) \quad \xleftrightarrow{\ z\text{-}Transf.\ } \quad a \cdot X_1(z_1,z_2) + b \cdot X_2(z_1,z_2). \quad (2.61)$$

Verzögerung. Die z-Transformierte eines zeitlich verzögerten oder örtlich verschobenen Signals ist definiert durch :

$$x(m-k,n-l) \quad \xleftrightarrow{\ z\text{-}Transf.\ } \quad z_1^{-k} \cdot z_2^{-l} \cdot X(z_1,z_2). \quad (2.62)$$

Faltung. Die z-Transformierte des Faltungsergebnisses zwischen einem Signal und einer Impulsantwort ergibt sich durch Multiplikation der z-Transformierten :

$$y(m,n) = x(m,n)**h(m,n) \quad \xleftrightarrow{\ z\text{-}Transf.\ } \quad Y(z_1,z_2) = X(z_1,z_2) \cdot H(z_1,z_2). \quad (2.63)$$

Separierbarkeit. Bei einem separierbaren Signal oder einer separierbaren Filterimpulsantwort ist auch die z-Transformierte separierbar :

$$x(m,n) = x_1(m) \cdot x_2(n) \quad \xleftrightarrow{\ z\text{-}Transf.\ } \quad X(z_1,z_2) = X_1(z_1) \cdot X_2(z_2). \quad (2.64)$$

Inversion. Die z-Transformierte eines entlang der zeitlichen oder örtlichen Koordinatenachsen invertierten Signals ergibt sich durch Bildung des reziproken Wertes der entsprechenden z-Variablen :

$$x(-m,-n) \quad \xleftrightarrow{\ z\text{-}Transf.\ } \quad X(z_1^{-1},z_2^{-1}). \quad (2.65)$$

Modulation. Bei Modulation mit komplexen e-Funktionen der Frequenzen $\tilde{\Omega}_1$ und $\tilde{\Omega}_2$ wird die z-Transformierte eines Signals in der z-Ebene um die Winkel $\tilde{\Omega}_1$ und $\tilde{\Omega}_2$ gedreht :

$$x(m,n) \cdot e^{jm\tilde{\Omega}_1} \cdot e^{jn\tilde{\Omega}_2} \quad \xleftrightarrow{\ z\text{-}Transf.\ } \quad X(z_1 \cdot e^{-j\tilde{\Omega}_1}, z_2 \cdot e^{-j\tilde{\Omega}_2}). \quad (2.66)$$

Spezialfälle sind die Modulation mit Cosinusfunktionen :

$$x(m,n) \cdot \cos m\tilde{\Omega}_1 \cdot \cos n\tilde{\Omega}_2 \quad \xleftrightarrow{\ z\text{-}Transf.\ } \quad \frac{1}{4} \sum_{p,q} X(z_1 \cdot e^{-jp\tilde{\Omega}_1}, z_2 \cdot e^{-jq\tilde{\Omega}_2}) \quad ; \quad p,q \in \{-1,1\} \quad (2.67)$$

und die Modulation mit einem 2D-Deltakamm der Perioden U und V :

$$x(m,n) \cdot \delta_{U,V}(m,n) \quad \xleftrightarrow{\ z\text{-}Transf.\ } \quad \frac{1}{U \cdot V} \sum_{u=0}^{U-1} \sum_{v=0}^{V-1} X(z_1 \cdot e^{-j\frac{2\pi u}{U}}, z_2 \cdot e^{-j\frac{2\pi v}{V}}) \quad (2.68)$$

Skalierung. Die z-Transformierten bei Abtastratenkonversion sind definiert als :

$$x(m \cdot U, n \cdot V) \quad \xleftrightarrow{\ z\text{-}Transf.\ } \quad X(z_1^{1/U}, z_2^{1/V}), \quad (2.69)$$

d.h. eine Unterabtastung bewirkt eine *Dehnung*, eine Überabtastung eine *Stauchung* der Frequenzachsen.

Beschreibung linearer Filter durch ihre z-Transformierten. Die z-Transformierte eines zweidimensionalen FIR-Viertelebenen-Filters lautet

$$H(z_1,z_2) = \sum_{p=0}^{P-1}\sum_{q=0}^{Q-1} a(p,q) \cdot z_1^{-p} \cdot z_2^{-q}, \tag{2.70}$$

wobei $a(p,q)$ die Koeffizienten des Filters darstellen, deren Werte identisch mit der Impulsantwort sind. Die Größe der quadratischen Filtermaske ist $P \cdot Q$. Bei einer anderen Filtergeometrie müßten die Grenzen der Summenindices geändert werden. So würden diese z.B. bei dem in Abb. 2.13 gezeigten symmetrischen Filter von $(-P/2,-Q/2)$ bis $(P/2,Q/2)$ laufen; bei asymmetrischen Halbebenenfiltern oder noch unregelmäßigeren Strukturen sind die genauen Laufweiten nur durch Zusatzbedingungen angebbar.

Ein *rein rekursives* IIR-Viertelebenenfilter besitzt die z-Transformierte

$$H(z_1,z_2) = \cfrac{1}{1 - \sum_{\substack{p=0 \ q=0 \\ (p,q)\neq(0,0)}}^{P-1\ Q-1} b(p,q) \cdot z_1^{-p} \cdot z_2^{-q}}, \tag{2.71}$$

Filter, die sowohl einen FIR- als auch einen IIR-Anteil besitzen, können leicht durch Kombination von (2.70) und (2.71) beschrieben werden. Allgemein beschreibt das Zählerpolynom der z-Transformierten den FIR-, das Nennerpolynom den IIR-Anteil.

Beispiel. Die z-Transformierten der Analyse- und Synthesefilter bei linearer Prädiktion aus (2.55) und (2.57) lauten

$$A(z_1,z_2) = 1 - a_1 \cdot z_1^{-1} - a_2 \cdot z_2^{-1} + a_1 \cdot a_2 \cdot z_1^{-1} \cdot z_2^{-1} \tag{2.72}$$

und

$$B(z_1,z_2) = \cfrac{1}{1 - a_1 \cdot z_1^{-1} - a_2 \cdot z_2^{-1} + a_1 \cdot a_2 \cdot z_1^{-1} \cdot z_2^{-1}}. \tag{2.73}$$

Es folgt $A(z_1,z_2) \cdot B(z_1,z_2)=1$, d.h. die Hintereinanderschaltung beider Systeme bewirkt wegen des Faltungstheorems (2.63) die bereits oben beschriebene Möglichkeit zur vollständigen Rekonstruktion des Eingangssignals aus dem Prädiktionsfehlersignal.

Stabilitätsanalyse bei mehrdimensionalen Systemen. Der Betrag der Fouriertransformierten bei einer bestimmten Frequenz (Ω_1,Ω_2) wird unendlich groß, wenn das Signal $x(m,n)$ bei dieser Frequenz eine unendliche Energie besitzt, d.h. zu einer Schwingung mit dieser Frequenz neigt. Die Analyse der Fouriertransformierten (identisch mit z-Transformation bei $r_k=1$) reicht aber noch nicht aus, um an Hand der Impulsantwort eine vollständige Aussage über die Stabilitätseigenschaften eines Systems zu treffen. Sie läßt nur eine Analyse zu, ob die Impulsantwort *konstant* mit einer bestimmten Frequenz schwingt, nicht jedoch, ob eventuell eine *abklingende* oder *anschwellende* Schwingung zu bemerken ist. Die Analyse eines derartigen Verhaltens wird erst durch Variation der r_k in (2.59) möglich. Für den *kausalen Anteil* eines Systems ($m{\geq}0$, $n{\geq}0$) können wir eine exponentiell ansteigende Schwingung bemerken, wenn die z-Transformierte bei irgendeinem $r_k{>}1$ unendlich wird. Das diesem singulären Punkt (Pol) im z-Raum zugeordnete Ω_k, d.h. seine Winkellage, ist dann die Frequenz der Schwingung. Unproblematisch hingegen sind Singularitäten bei $r_k{<}1$, weil sie auf eine abklingende Schwingungsneigung hinweisen. Für den *antikausalen Anteil* ($m{<}0$, $n{<}0$) drehen sich die Verhältnisse dagegen um : Hier sind die Pollagen bei $r_k{<}1$ problematisch. Da z.B. das asymmetrische Halbebenenfilter in Abb. 2.12c antikausale Anteile in *m*-Richtung besitzt, beziehen sich die folgenden Ausführungen wieder ausschließlich auf den Fall des Viertelebenenfilters.

Bei Stabilitätsuntersuchungen mittels der einseitigen z-Transformation ist zu testen, ob das *Nennerpolynom* eines IIR-Systems wie in (2.71) bei irgendwelchen z_k mit $r_k{>}1$ zu Null wird, da an diesen Stellen Pole auftreten würden. Soll jedoch, wie im Fall der linearen Prädiktion, ein reversibles System aufgebaut werden, so können auch unmittelbar die Nullstellen des *Zählerpolynoms* im FIR-Analysefilter überprüft werden, da deren Positionen gemäß (2.70) und (2.71) identisch mit denen der Polstellen bei dem folgenden IIR-Synthesefilter sein werden. Ein FIR-Filter, dessen Nullstellen alle bei $r_k{<}1$ liegen, wird *minimalphasig* genannt. Ein Prädiktionsfehlerfilter muß diese Eigenschaft erfüllen.

Separierbare Filter sind immer stabil, wenn ihre beiden 1D-Einzelkomponenten stabil sind, denn die Multiplikation zweier endlicher Wertefolgen gemäß (2.46) kann kein unendlich hohes Ergebnis hervorbringen. Hier kann also durch Auffinden der Nullstellen des Nennerpolynoms der Filterübertragungsfunktion, unabhängig voneinander in den einzelnen Dimensionen, ein einfacher Stabilitätstest erfolgen.

Beispiel. Bei dem Filter in (2.73) ergeben sich Pole bei $z_1{=}a_1$ und $z_2{=}a_2$. Da sie positiv und reell sind, liegen die Pole bei den Frequenzen $\Omega_1{=}0$ und $\Omega_2{=}0$. Im metastabilen Fall von Abb. 2.17b, wo beide Pole exakt bei $r{=}1$ liegen, ergibt sich eine konstante Fortpflanzung der falschen Grundhelligkeit. Im instabilen Fall von Abb. 2.17c ($r_1{=}2$) wächst dagegen die Verfälschung der Grundhelligkeit in horizontaler Richtung exponentiell an.

Für *nichtseparierbare* Filter ist die Analyse im 2- und mehrdimensionalen Fall problematisch, weil bereits bei 2 Dimensionen des Signals die komplexe z-Ebene vierdimensional wird (es ist also eher ein z-*Raum* mit 2 reellen und 2 imaginären Koordinatenachsen). Die Pole bilden keine singulären Punkte mehr, sondern zweidimensionale Ebenen. Ein Stabilitätstest kann durch separate Analyse sogenannter *Polkarten* in z_1 und z_2 erfolgen. Die Polkarte in der z_2-Ebene stellt die Bewegungen der Pollagen dar, wie sie bei Variation von z_1 entlang des Einheitskreises der z_1-Ebene entstehen. Es sind 3 Fälle möglich (sh. Abb. 2.18) : Die Pollagen befinden sich vollständig innerhalb des Einheitskreises der z_2-Ebene, sie schneiden diesen, oder sie befinden sich vollständig außerhalb. Die beiden letzten Fälle zeigen Instabilität an. Hieraus ergibt sich das folgende Stabilitätstheorem.

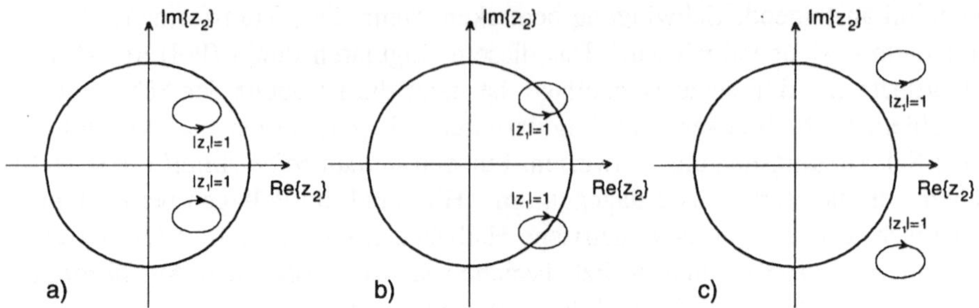

Abb. 2.18. Lage der Polkarten bezüglich des Einheitskreises in der z_2-Ebene. **a** innerhalb **b** schneidend **c** außerhalb

Stabilitätstheorem nach [STRINTZIS 1977].
$H(z_1,z_2) = 1/B(z_1,z_2)$ sei ein rekursives Filter im ersten Quadranten. Dieses Filter ist stabil, wenn gilt

a. $B(z_1,z_2) \neq 0$ für $|z_1| = 1$ und $|z_2| = 1$ (auf den Einheitskreisen beider z-Koordinaten).
b. $B(a,z_2) \neq 0$ für $|z_2| \geq 1$ und irgendein a mit $|a|=1$.
c. $B(z_1,b) \neq 0$ für $|z_1| \geq 1$ und irgendein b mit $|b|=1$.

Bedingung a. kann über die 2D-DFT berechnet werden (identisch mit z-Transformation auf dem Einheitskreis), während b. und c. 1D-Bedingungen sind, die ebenfalls leicht durch Analyse des Nennerpolynoms zu prüfen sind.

Beweis des Stabilitätstheorems : Instabilität anzeigende Polkarten schneiden entweder den Einheitskreis (was mit Bedingung a. analysiert wird), oder sie liegen komplett außerhalb des Einheitskreises (weshalb der Nachweis für einen einzigen Wert von a bzw. b bereits erbracht wäre (Bedingungen b. und c.). Verallgemeinerung des Stabilitätstheorems auf den K-dimensionalen Fall :

a. $B(z_1,z_2,...,z_K) \neq 0$ für $|z_1| = 1$, $|z_2| = 1,...,|z_K| = 1$
b. $B(1,1,...,z_k,...,1,1) \neq 0$ für $|z_k| \geq 1$, $k=1,2,...,K$.

2.3.4 Übertragungsfunktionen mehrdimensionaler Systeme

Aus der z-Übertragungsfunktion eines linearen Systems folgt mit $z_k=e^{j\Omega_k}$ unmittelbar die komplexe Fourier-Übertragungsfunktion $H(j\Omega_1,j\Omega_2)$. Diese läßt sich anschaulicher durch die beiden reellen Größen Amplituden- und Phasengang deuten :

$$H(j\Omega_1, j\Omega_2) = A(\Omega_1, \Omega_2) \cdot e^{j\phi(\Omega_1, \Omega_2)} \tag{2.74}$$

mit

$$A(\Omega_1, \Omega_2) = |H(j\Omega_1, j\Omega_2)| \quad ; \quad \phi(\Omega_1, \Omega_2) = \arctan \frac{\text{Im}\{H(j\Omega_1, j\Omega_2)\}}{\text{Re}\{H(j\Omega_1, j\Omega_2)\}}. \tag{2.75}$$

Eine besondere Bedeutung bei der Filterung von Bildsignalen besitzen Systeme mit *linearer Phase*

$$H(j\Omega_1, j\Omega_2) = A(\Omega_1, \Omega_2) \cdot e^{j(c_1 \cdot \Omega_1 + c_2 \cdot \Omega_2)}, \tag{2.76}$$

die eine konstante, frequenzunabhängige Ortsverschiebung des Filterausgangssignals bewirken. Damit werden Phasenverzerrungen im Bildsignal, gegenüber denen der menschliche Sehsinn besonders empfindlich ist, vermieden. FIR-Filter mit symmetrischen oder antisymmetrischen Impulsantworten erfüllen die Bedingung (2.76).

2.3.5 Filterung örtlich begrenzter Bildsignale als Matrizenoperation

Die FIR-Filterung eines örtlich begrenzten Bildsignals läßt sich auch als Matrizenoperation beschreiben :

$$\mathbf{y} = \mathbf{H} \cdot \mathbf{x}, \tag{2.77}$$

wobei die Vektoren $\mathbf{x}$ des Eingangs- und $\mathbf{y}$ des Ausgangssignals die Dimension $M \cdot N$ besitzen, während die Filtermatrix $\mathbf{H}$ eine quadratische Matrix der Größe $M \cdot N \times M \cdot N$ ist. Die beiden Vektoren enthalten alle Bildpunkte in einer eindimensionalen Anordnung, beispielsweise in aufsteigender Zeilenreihenfolge wie in (2.27). Die Filtermatrix $\mathbf{H}$ erlaubt die Definition beliebiger linearer FIR-Verknüpfungen zwischen Eingangs- und Ausgangsbild, u.a. auch ortsvariante Filterung und die Berücksichtigung der in (2.51)-(2.53) definierten Randbedingungen. Durch Inversion von $\mathbf{H}$ ist (2.77) umkehrbar :

$$\mathbf{x} = \mathbf{H}^{-1} \cdot \mathbf{y}, \tag{2.78}$$

d.h. das Signal $\mathbf{x}$ läßt sich aus $\mathbf{y}$ wieder gewinnen. Voraussetzung hierfür ist natürlich, daß $\mathbf{H}$ überhaupt invertierbar ist; wie wir in Abschn. 2.3.3 gesehen haben, wird dies jedoch immer der Fall sein, wenn das durch $\mathbf{H}$ definierte FIR-System minimalphasig ist.

Nichtkausale Prädiktion bei örtlich begrenzten Bildsignalen. Betrachten wir nochmals das Problem der linearen Prädiktion an Hand von (2.77) und (2.78), so können wir die Prädiktionsanalyse als $\mathbf{e}=\mathbf{H}\cdot\mathbf{x}$ und die Synthese als $\mathbf{y}=\mathbf{H}^{-1}\cdot\mathbf{e}$ durchführen. Das rekursive Synthesefilter wird offensichtlich durch die Filtermatrix $\mathbf{H}^{-1}$ charakterisiert. Tatsächlich beschreibt die invertierte Filtermatrix die - auf Grund der örtlichen Begrenzung des Bildsignals nunmehr ebenfalls nur über ein begrenztes Gebiet anzuwendende - Impulsantwort des Synthesefilters. Das Rekonstruktionssignal **y** wird erzeugt, indem sich viele einzelne Impulsantworten, ausgehend von allen Punkten in **e**, überlagern. Das Synthesefilter wird also eigentlich durch ein FIR-Filter beschrieben. Dies läßt aber auch eine weitergehende Interpretation der "Kausalität" bei der Prädiktionsanalyse und -synthese *örtlich begrenzter* Signale zu : Die Filtermatrix **H** kann durchaus eine Prädiktion definieren, bei der Bildpunkte *aus allen Richtungen*, d.h. auch rechts und unter dem aktuellen Bildpunkt, zur Berechnung des Schätzwertes herangezogen werden. Die Synthese bei einer solchen *nichtkausalen Prädiktion* ist sichergestellt, sofern **H** invertierbar ist.

Allerdings ist der Rechenaufwand sehr hoch, zur Lösung von (2.78) sind selbst dann, wenn die invertierte Matrix schon bekannt ist, $M \cdot N$ Multiplikationen und Additionen pro Bildpunkt erforderlich. Man verliert also den eigentlichen Vorteil rekursiver Systeme, daß mit einer geringen Anzahl an Rechenoperationen Filter mit sehr langen Impulsantworten realisierbar sind. Es ist jedoch auch möglich, ein nichtkausales Prädiktionsfehlerfilter in mehrere Anteile zu *faktorisieren* (zerlegen) [RANGANATH, JAIN 1985], die von verschiedenen Eckpunkten des Bildes aus kausal arbeiten. Nichtkausale Synthesefilter wurden z.B. erfolgreich bei der Textursynthese eingesetzt [CHELAPPA, CHATTERJEE 1985].

2.4 Zwei- und mehrdimensionale lineare Transformationen

Mittels linearer, diskreter Transformationen ist es möglich, eine begrenzte Anzahl von Abtastwerten eines Signals in eine *diskrete Frequenzbereichs-Repräsentation* umzuwandeln. Die Anzahl der Abtastwerte bleibt durch die Transformation unverändert, d.h. man erhält ebenso viele spektrale Stützstellen, wie der ursprüngliche Signalabschnitt Abtastwerte enthielt.

2.4.1 Diskrete Fouriertransformation

Die in (2.8) gegebene Fouriertransformierte des abgetasteten 2D-Signals definiert ein mit den normierten Abtastfrequenzen (Ω_1, Ω_2) *periodisches* Spektrum. Die Summenindizes laufen jedoch von $-\infty$ bis $+\infty$. Daher müssen sich nun im Bereich $-\pi < \Omega_k \leq +\pi$ unendlich viele spektrale Stützstellen ergeben : Das Spektrum ist *kontinuierlich*.

Die diskrete 2D-Fouriertransformation (2D-DFT) analysiert hingegen ein örtlich *begrenztes* Signal, d.h. die Summierung erfolgt über eine endliche Anzahl von Abtastwerten :

$$X(u,v) = \sum_{m=0}^{M-1}\sum_{n=0}^{N-1} x(m,n)\cdot e^{-j2\pi\frac{mu}{M}}\,e^{-j2\pi\frac{nv}{N}}\,. \qquad (2.79)$$

Aus MxN Bildpunkten ergeben sich UxV Spektralkomponenten, wobei $M{=}U$ und $N{=}V$ ist. Die *Auflösungsbandbreite*, d.h der Abstand der diskreten Spektrallinien, ist in Ω_1 und Ω_2 $2\pi/U$ bzw. $2\pi/V$. Bezogen auf die kontinuierlichen Frequenzen ω_1 und ω_2 des ursprünglichen, nicht abgetasteten Signals erhalten wir daher eine Auflösungsbandbreite von ω_R/U bzw. ω_S/V. *Die erzielbare Feinheit der Auflösung im Frequenzbereich ist umgekehrt proportional zur Größe des Meßfensters, d.h. zur Auflösung im Signalbereich.*

Aus den Koeffizienten der 2D-DFT lassen sich durch Umkehrung zur inversen 2D-DFT (2D-IDFT)

$$x(m,n) = \frac{1}{U\cdot V}\sum_{u=0}^{U-1}\sum_{v=0}^{V-1} X(u,v)\cdot e^{j2\pi\frac{mu}{U}}\,e^{j2\pi\frac{nv}{V}} \qquad (2.80)$$

die ursprünglichen Bild-Abtastwerte zurückgewinnen. Eine DFT oder IDFT noch höherer Dimensionenanzahl ergibt sich durch Hinzufügen weiterer Koordinaten, Summen- und Exponentialterme. Die hier gegebene Definition der mehrdimensionalen DFT und IDFT setzt eine *rechteckförmige Abtastung* voraus, und auch die diskreten Spektrallinien sind in einem mehrdimensionalen Rechteckraster positioniert. Bei zwei- und mehrdimensionalen DFTen sind, ebenso wie im 1D-Fall, *sowohl das Originalsignal als auch das Spektrum periodisch fortgesetzt.* So erfolgt bei der 2D-DFT die virtuelle periodische Fortsetzung in beide örtliche Richtungen. Hierbei gilt wie in (2.51) $x(m,n) = x(m{+}M,n) = x(m,n{+}N) = x(m{+}M,n{+}N)$.

Separierbare Ausführung der mehrdimensionalen DFT. Die zwei- und mehrdimensionale DFT läßt sich im Fall der Rechteckabtastung durch separierbare Anwendung eindimensionaler Transformationen entlang der verschiedenen Orts- und Zeitachsen berechnen. Mit

$$X(u,v) = \sum_{m=0}^{M-1}\left[\sum_{n=0}^{N-1} x(m,n)\cdot e^{-j2\pi\frac{nv}{N}}\right] e^{-j2\pi\frac{mu}{M}} \qquad (2.81)$$

und

$$G(m,v) = \sum_{n=0}^{N-1} x(m,n)\cdot e^{-j2\pi\frac{nv}{N}} \qquad (2.82)$$

wird

$$X(u,v) = \sum_{m=0}^{M-1} G(m,v)\cdot e^{-j2\pi\frac{ku}{M}}\,, \qquad (2.83)$$

wobei die Spalten von $G(m,v)$ die eindimensionalen Fouriertransformierten der Spalten des Bildsignals $x(m,n)$ darstellen.

Interpretation der 2D-Spektralinformation. Das 2D-Spektrum läßt Rückschlüsse auf den Verlauf und die Richtungsorientierung von Helligkeitswechseln im analysierten Bildbereich zu. Bei der DFT-Analyse reellwertiger Bildsignale treten jeweils konjugiert-komplexe Spektralkomponentenpaare bei den Frequenzen (u,v) und $(U-u,V-v)$ auf. Ausnahmen ergeben sich bei $u=0$ und $u=U/2$ bzw. $v=0$ und $v=V/2$ (sh. Abb. 2.19a). Ein solches konjugiert-komplexes Spektrallinienpaar weist auf die Existenz einer sinusoidalen Schwingung im Analysebereich hin, welche eine Periodendauer von U/u Abtastwerten in horizontaler und V/v Abtastwerten in vertikaler Richtung besitzt (Abb. 2.19b/c). Amplitude und Phasenlage dieser Schwingung entsprechen den Werten der zugehörigen Spektralkomponente.

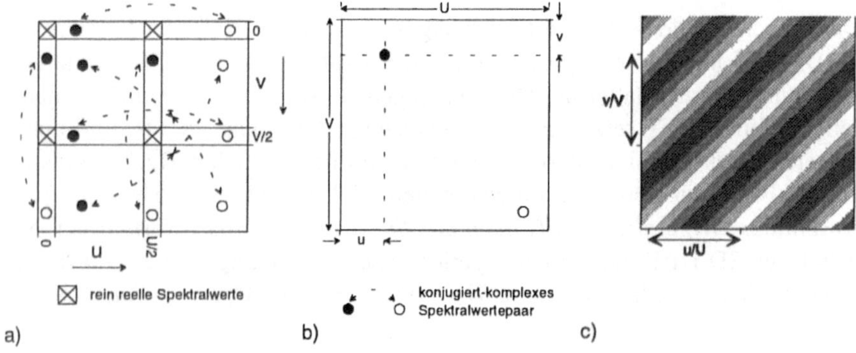

Abb. 2.19. Zur Interpretation des 2D-DFT-Spektrums. **a** konjugiert-komplexe Bereiche **b** einzelnes Spektrallinienpaar und **c** Ausrichtung der zugehörigen 2D-Schwingung

Beliebige Bildsignale lassen sich mittels der 2D-IDFT aus sinusoidalen Schwingungen aller möglichen Frequenzen und Richtungslagen durch Variation der Amplituden- und Phasenwerte synthetisieren. So ist z.B. ein Helligkeitssprung von hell nach dunkel aus sehr vielen Spektralanteilen unterschiedlicher Frequenzen zusammengesetzt, die jedoch alle dieselbe Richtungsorientierung, nämlich senkrecht zur Linie des Helligkeitsüberganges, besitzen. Weist ein Bildsignal einen Helligkeitssprung zwischen dem linken und dem rechten bzw. dem oberen und dem unteren Rand auf, so stellen sich auf Grund der virtuellen periodischen Fortsetzung des Bildsignals starke Spektralkomponenten in u-Richtung bei $v=0$ bzw. in v-Richtung bei $u=0$ ein. Diese haben im Grunde nichts mit dem Bildinhalt zu tun, sondern sind auf eine Meßungenauigkeit, nämlich die Berechnung der Fouriertransformation über ein *begrenztes, virtuell periodisches* Signal, zurückzuführen.

2.4.2 Orthogonale Transformationen als Matrizenoperation

Im folgenden wird zunächst der Fall eindimensionaler Transformationen behandelt, da alle wichtigen mehrdimensionalen Transformationen, ebenso wie die 2D-DFT, separierbar sind.

Die Berechnung einer diskreten Transformation von U Signalwerten läßt sich als Multiplikation $\mathbf{c}=\mathbf{T}\cdot\mathbf{x}$ eines U-dimensionalen Signalvektors $\mathbf{x}$ mit einer Matrix $\mathbf{T}$ der Ausdehnung $U\mathrm{x}U$ beschreiben, wobei sich als Ergebnis wieder ein U-dimensionaler Vektor $\mathbf{c}$ mit Transformationskoeffizienten c_u ergibt :

$$\begin{bmatrix} c_0 \\ c_1 \\ \vdots \\ \vdots \\ c_{U'} \end{bmatrix} = \begin{bmatrix} t_{00} & t_{01} & \cdots & \cdots & t_{0U'} \\ t_{10} & t_{11} & \cdots & \cdots & t_{1U'} \\ \vdots & & \ddots & & \vdots \\ \vdots & & & \ddots & \vdots \\ t_{U'0} & t_{U'1} & \cdots & \cdots & t_{U'U'} \end{bmatrix} \begin{bmatrix} x(0) \\ x(1) \\ \vdots \\ \vdots \\ x(N-1) \end{bmatrix} \quad ; \quad \mathbf{c}=\mathbf{T}\cdot\mathbf{x} \quad ; \quad \mathbf{x}=\mathbf{T}^{-1}\cdot\mathbf{c} \quad ; \quad U'=U-1.$$

$$(2.84)$$

Durch Inversion der Matrix $\mathbf{T}$ lassen sich die Werte $x(n)$ also eindeutig aus den c_u zurückgewinnen. Eine Transformation ist gemäß Definition (2.38) *orthogonal*, wenn für die Elemente der Matrix $\mathbf{T}$ gilt :

$$\sum_{u=0}^{U-1} t_{qu}\cdot t_{pu} = \begin{cases} A \ \textit{für} \ p=q \\ 0 \ \textit{für} \ p\neq q \end{cases} \quad ; p=0,..,U-1\,; q=0,..,U-1. \qquad (2.85)$$

Zusätzlich ist eine Transformation *orthonormal*, wenn $A=1$. In (2.39) wurde gezeigt, daß die Inversion einer Matrix mit orthogonalen Zeilen besonders einfach ist. Die Zeilen der Matrix $\mathbf{T}$ werden als die *Basisvektoren* der Transformation bezeichnet. Sind diese Basisvektoren reellwertig, und ist die Transformation orthonormal, so ergibt sich die inverse Transformation durch einfache Transposition von $\mathbf{T}$. Im Fall der DFT bestehen die Basisvektoren z.B. aus komplexen e-Funktionen, die jeweils in äquidistanten Winkellagen zueinander stehen. Ein orthonormal skaliertes Paar von 1D-DFT und -IDFT lautet in Anpassung an die Schreibweise von (2.84) :

$$c_u = \frac{1}{\sqrt{N}} \sum_{n=0}^{N-1} x(n)\cdot e^{-j2\pi\frac{nu}{N}} \quad ; \quad x(n) = \frac{1}{\sqrt{U}} \sum_{u=0}^{U-1} c_u\cdot e^{j2\pi\frac{nu}{U}}. \qquad (2.86)$$

Die separierbare, zweidimensionale Transformation läßt sich ebenfalls als Matrizenoperation ausdrücken. In einem ersten Schritt werden die Spalten mit Länge V der Matrix $\mathbf{X}$ durch die Multiplikation $\mathbf{G}=\mathbf{T}\cdot\mathbf{X}$ separat transformiert. Die anschließende zeilenweise Transformation der Zwischenergebnismatrix $\mathbf{G}$ muß mit der transponierten Transformationsmatrix durchgeführt werden, um das notwendige Vertauschen von Zeilen und Spalten zu realisieren. Alternativ zur Formulierung in (2.87) könnte der zweite Schritt auch $\mathbf{C}=[\mathbf{T}\cdot\mathbf{G}^{\mathrm{T}}]^{\mathrm{T}}$ lauten. Die Formel für die Rücktransformation ist ebenfalls angegeben :

$$\begin{bmatrix} c_{00} & c_{01} & \cdots & c_{0U'} \\ c_{10} & c_{11} & \cdots & c_{1U'} \\ \vdots & \vdots & \ddots & \vdots \\ c_{V'0} & c_{V'1} & \cdots & c_{V'U'} \end{bmatrix} = \begin{bmatrix} t_{00} & t_{01} & \cdots & t_{0V'} \\ t_{10} & t_{11} & \cdots & t_{1V'} \\ \vdots & \vdots & \ddots & \vdots \\ t_{V'0} & t_{V'1} & \cdots & t_{V'V'} \end{bmatrix} \cdot \begin{bmatrix} x_{00} & x_{01} & \cdots & x_{0U'} \\ x_{10} & x_{11} & \cdots & x_{1U'} \\ \vdots & \vdots & \ddots & \vdots \\ x_{V'0} & x_{V'1} & \cdots & x_{V'U'} \end{bmatrix} \cdot \begin{bmatrix} t_{00} & t_{10} & \cdots & t_{U'0} \\ t_{01} & t_{11} & \cdots & t_{U'1} \\ \vdots & \vdots & \ddots & \vdots \\ t_{0U'} & t_{1U'} & \cdots & t_{U'U'} \end{bmatrix}$$

$$\mathbf{C} = \underbrace{[\mathbf{T} \cdot \mathbf{X}]}_{\mathbf{G}} \cdot \mathbf{T}^{\mathrm{T}} \quad ; \quad \mathbf{X} = [\mathbf{T}^{-1} \cdot \mathbf{C}] \cdot [\mathbf{T}^{-1}]^{\mathrm{T}} \quad ; \quad U' = U - 1 \quad ; \quad V' = V - 1 \quad (2.87)$$

2.4.3 In der Bildcodierung gebräuchliche Transformationen

Die DFT impliziert - wie beschrieben - eine virtuelle periodische Fortsetzung des begrenzten Analyseausschnitts. Dies wirkt sich nachteilig aus, weil die Spektralrepräsentation durch die Sprünge zwischen dem linken und dem rechten Rand des Ausschnitts beeinflußt wird (sh. Abb. 2.20a). Vorteilhafter ist daher eine spiegelsymmetrische Fortsetzung (Abb. 2.20b).

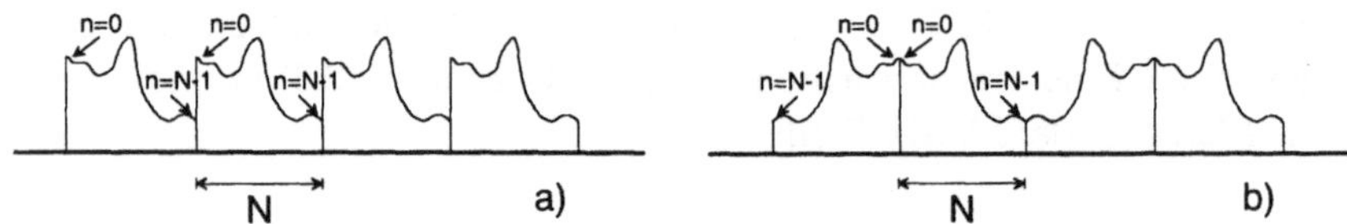

Abb. 2.20. Virtuelle Fortsetzung des Signals außerhalb eines begrenzten Analyseausschnittes. **a** periodisch **b** spiegelsymmetrisch

Die spiegelsymmetrische Fortsetzung ist realisierbar, indem die DFT-Analyse über einen Signalausschnitt der Länge $2N$ durchgeführt wird. Hierzu wird ein Signal $x(n)$ im Bereich zwischen $-N$ und N-1 definiert, wobei dann gilt $x(-1)=x(0)$, $x(-2)=x(1)$ usw. Der Symmetriepunkt liegt also bei $n=-1/2$. Um dies bei der DFT-Analyse zu berücksichtigen, muß eine Phasenverschiebung eingeführt werden, was durch Einsetzen von "$n+1/2$" im Argument der e-Funktion erfolgt :

$$c_u = \frac{1}{\sqrt{2N}} \cdot \sum_{n=-N}^{N-1} x(n) \, e^{-j2\pi \frac{u}{2N} \cdot \left(n + \frac{1}{2}\right)} \quad ; \quad -U \leq u < U . \quad (2.88)$$

Wenn $x(n)$ reell ist, ergibt sich auf Grund der spektralen Symmetrien des DFT-Ergebnisses $c_{-u}=c_{u-1}$; alle Koeffizienten sind rein reell, da das Signal symmetrisch ist. Der Ausdruck (2.88) kann in zwei Summenterme zerlegt werden, in denen jeweils nur noch die tatsächlich vorhandenen positiven n-Koordinaten auftreten, d.h. es werden die $x(n)$ des Analyseausschnitts der Länge N verwendet :

$$c_u = \frac{1}{\sqrt{2N}} \cdot \left[\sum_{n=0}^{N-1} x(n) \, e^{j\pi \frac{u}{N} \cdot \left(n + \frac{1}{2}\right)} + \sum_{n=0}^{N-1} x(n) \, e^{-j\pi \frac{u}{N} \cdot \left(n + \frac{1}{2}\right)} \right] \quad (2.89)$$

Eine Zusammenfassung der e-Funktionen in den beiden Summen führt auf die

Formulierung der derzeit in der Bildcodierung am meisten gebräuchlichen *Diskreten Cosinus-Transformation* (DCT) [AHMED, NATARJAN, RAO 1974]

$$c_u = C_0 \cdot \sqrt{\frac{2}{N}} \cdot \sum_{n=0}^{N-1} x(n) \cdot \cos\left[u\left(n + \frac{1}{2} \right) \frac{\pi}{N} \right]$$

$$C_0 = \frac{1}{\sqrt{2}} \; \textit{für } u = 0 \quad ; \quad C_0 = 1 \; \textit{für } u \neq 0. \tag{2.90}$$

Die DCT ist ebenso wie die DFT eine sinusoidale Transformation, besitzt aber rein reelle Koeffizienten. Durch Umkehrung von (2.88) zur IDFT ergibt sich, daß die IDCT identisch mit der DCT ist. Die virtuelle symmetrische Fortsetzung des Analyseauschnittes ist vorteilhaft bei der in der Bildcodierung oftmals praktizierten Unterteilung des gesamten Bildes in kleine, unabhängige Transformationsblöcke (sh. Abschn. 2.4.4). Die zweidimensionale symmetrische Fortsetzung entspricht dem bereits in Abb. 2.14c gezeigten Prinzip.

Es ist auch möglich, das Signal *antisymmetrisch* fortzusetzen Hierzu wird eine DFT der Länge $2 \cdot (N+1)$ auf ein Signal $[0,-x(N-1),...,-x(0),0,x(0),...x(N-1)]$ angewandt. Der Imaginärteil des Ergebnisses ist das Gegenstück zur DCT, die *Diskrete Sinus-Transformation* (DST) :

$$c_u = \sqrt{\frac{2}{N+1}} \cdot \sum_{n=0}^{N-1} x(n) \cdot \sin\left[(n+1) \cdot (u+1) \cdot \frac{\pi}{N+1} \right]. \tag{2.91}$$

Da jedoch die antisymmetrische Fortsetzung bei mittelwertbehafteten Signalen ebenso einen Amplitudensprung an den Blockrändern aufweist wie die periodische Fortsetzung, besitzt die DST bei der Transformation von Bildsignalen nur eine untergeordnete Bedeutung. Sie kann aber unter bestimmten Voraussetzungen in einem schnellen Algorithmus für die im Sinne der Dekorrelation von Bildsignalen optimale *Karhunen-Loève-Transformation* (KLT) eingesetzt werden (vgl. Abschn. 5.2).

Auch bei der DST sind die Transformationsmatrix und ihre Inverse identisch. Diese Eigenschaft erfüllen auch die beiden im folgenden beschriebenen nicht-sinusoidalen Transformationen, bei denen übrigens die Transformations-Blocklängen stets Potenzen von 2 sein müssen.

Die *Walsh-Hadamard-Transformation* (WHT) ist eine Transformation mit rechteckförmigen Basisfunktionen. Da für ihre Berechnung mit Ausnahme eines Vorfaktors nur Additionen und Subtraktionen erforderlich sind, ist diese Transformation attraktiv, wenn auf rechenintensive Algorithmen verzichtet werden soll. Die Transformation ist ebenfalls orthonormal; die Hadamard-Transformationsmatrix $\mathbf{T}_{\text{WHT}}(U)$ kann jeweils aus $\mathbf{T}_{\text{WHT}}(U/2)$ - $U/2$ ist die nächstniedrigere mögliche Transformationslänge - definiert werden :

$$\mathbf{T}_{\text{WHT}}(1) = [1] \quad ; \quad \mathbf{T}_{\text{WHT}}(U) = \frac{1}{\sqrt{2}} \begin{bmatrix} \mathbf{T}_{\text{WHT}}(U/2) & \mathbf{T}_{\text{WHT}}(U/2) \\ \mathbf{T}_{\text{WHT}}(U/2) & -\mathbf{T}_{\text{WHT}}(U/2) \end{bmatrix} \tag{2.92}$$

Die Matrix $\mathbf{T}_{HT}(U)$ der *Haar-Transformation* (HT) wird hier nur für $U{=}8$ gegeben, da die allgemeine numerische Darstellung (sh. z.B. [CLARKE 1985]) wenig anschaulich ist :

$$
\mathbf{T}_{HT}(8) = \frac{1}{\sqrt{8}}
\begin{bmatrix}
1 & 1 & 1 & 1 & 1 & 1 & 1 & 1 \\
1 & 1 & 1 & 1 & -1 & -1 & -1 & -1 \\
\sqrt{2} & \sqrt{2} & -\sqrt{2} & -\sqrt{2} & 0 & 0 & 0 & 0 \\
0 & 0 & 0 & 0 & \sqrt{2} & \sqrt{2} & -\sqrt{2} & -\sqrt{2} \\
2 & -2 & 0 & 0 & 0 & 0 & 0 & 0 \\
0 & 0 & 2 & -2 & 0 & 0 & 0 & 0 \\
0 & 0 & 0 & 0 & 2 & -2 & 0 & 0 \\
0 & 0 & 0 & 0 & 0 & 0 & 2 & -2
\end{bmatrix}
\tag{2.93}
$$

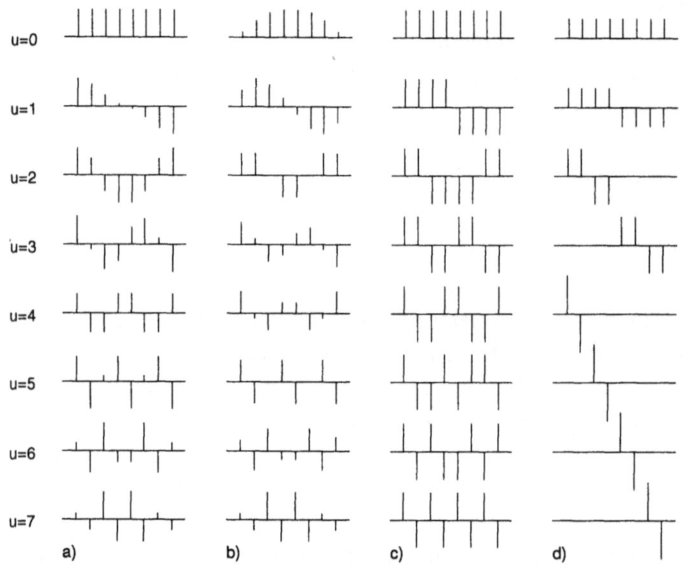

Abb. 2.21. Basisvektoren von 1D-Transformationen. **a** DCT **b** DST **c** WHT **d** HT

Die HT nimmt insofern eine Sonderstellung ein, als im Gegensatz zu allen anderen bisher behandelten Transformationen die Auflösungsbandbreite im Frequenzbereich *nicht gleichförmig* ist. Bei einer Transformationsblocklänge U findet eine Unterteilung in $\log_2 U{+}1$ Frequenzbänder statt, wobei die beiden untersten Bänder jeweils einen Koeffizienten besitzen, mit jedem höheren Band die Anzahl der Koeffizienten sich verdoppelt. Ein allgemeineres Verständnis über Transformationen mit nicht-gleichförmiger Auflösungsbandbreite im Frequenzbereich bietet die Theorie der Wavelet-Transformation (WT), die im Abschn. 2.6.4 noch ausführlicher behandelt wird. Tatsächlich bildet die HT die einfachstmögliche Realisierung einer WT.

Basisvektoren der genannten eindimensionalen Transformationen sind in Abb. 2.21 dargestellt. Abb. 2.22 zeigt die *Basisbilder* der zweidimensionalen DCT,

WHT und HT. Diese ergeben sich bei separierbaren Transformationen, indem sämtliche Kombinationen von Basisvektoren in horizontaler und vertikaler Richtung miteinander multipliziert werden.

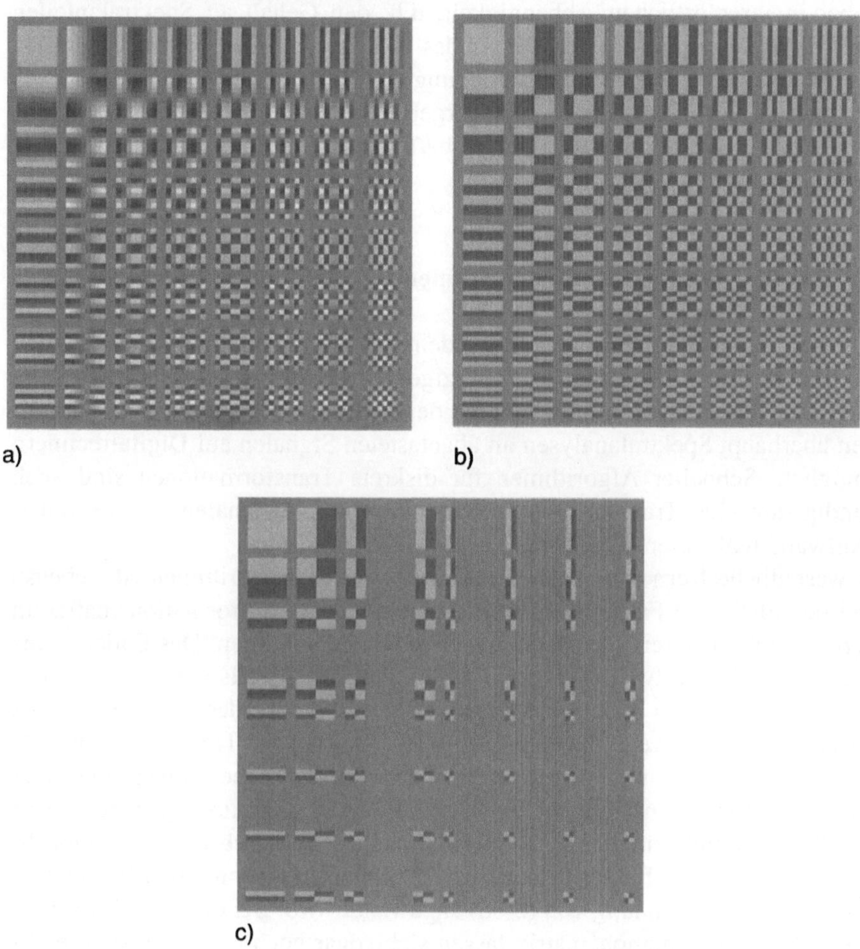

Abb. 2.22. Basisbilder von 2D-Transformationen. **a** DCT **b** WHT **c** HT

2.4.4 Blockweise Durchführung von Transformationen

In vielen Anwendungen werden Transformationen nicht *global* auf das gesamte Bildsignal der Größe MxN, sondern *lokal* auf Teilblöcke der Größe M'xN' angewandt. Ein Analyseblock $\mathbf{X}(m',n')$ läßt sich als Matrix, bestehend aus M'xN' Bildpunkten, interpretieren :

$$\mathbf{X}(m',n') = \left\{ x(m,n) \mid m' \cdot M' \le m < (m'+1) \cdot M' \wedge n' \cdot N' \le n < (n'+1) \cdot N' \right\} \qquad (2.94)$$

Auf $\mathbf{X}(m',n')$ wird gemäß (2.87) die zweidimensionale Transformation angewandt, das Ergebnis ist eine ebenfalls ortsabhängige Koeffizientenmatrix

$C(m',n')$. Ihr gehören Koeffizienten $c_{u,v}(m',n')$ an. Hierdurch ergibt sich innerhalb eines Bildes nicht ein einzelner Koeffizient der Frequenz (u,v), sondern ein Ensemble von $M/M' \times N/N'$ Koeffizienten, welche alle dieselbe Frequenz repräsentieren, aber in ihrer örtlichen Abhängigkeit, d.h. den Gehalt an Spektralanteilen dieser Frequenz in jedem Blockes (m',n') des Bildsignals. Eine wesentlich umfassendere Interpretation der Frequenzzerlegung von Bildsignalen wird sich hier aus der Sichtweise der *Teilbandcodierung* ergeben (Abschn. 2.6.3), durch welche insbesondere ein Bezug zwischen benachbarten Frequenzkomponenten mit gleichem (u,v) hergestellt wird.

2.4.5 Schnelle Transformationsalgorithmen

Es kann mit Recht davon gesprochen werden, daß die Entwicklung der schnellen Fouriertransformation (FFT) in den sechziger Jahren der weiteren Entwicklung der digitalen Signalverarbeitung entscheidende Impulse gegeben hat. Hiermit wurden überhaupt Spektralanalysen an abgetasteten Signalen auf Digitalrechnern erst möglich. Schneller Algorithmen für diskrete Transformationen sind auch notwendig, um eine Transformationscodierung von Bildsignalen mit vertretbarem Aufwand realisieren zu können.

Der wesentliche Kern aller schnellen Transformationsalgorithmen ist - ebenso wie bei der FFT - die Faktorisierung (Zerlegung) der Transformationsmatrix in mehrere Produktmatrizen, die möglichst viele Nullen enthalten. Das Endergebnis wird so über mehrere Zwischenergebnisse erreicht, die jeweils mehrfach zur Berechnung des folgenden Zwischenergebnisses verwendet werden können. Dies ist immer dann möglich, wenn die einzelnen Basisvektoren der Transformationsmatrix harmonische Schwingungen darstellen. Eine ausführliche Abhandlung über schnelle Transformationsalgorithmen wird z.B. in [CLARKE 1985] gegeben. Eine DCT läßt sich mittels eines in [CHEN, SMITH, FRALICK 1977] beschriebenen Algorithmus noch etwa um den Faktor 6 schneller berechnen, als wenn eine FFT doppelter Länge für die Berechnung von (2.88) angewandt wird. Bei direkter Faktorisierung der 2D-Transformationsmatrix lassen sich sogar noch etwas günstigere Ergebnisse erzielen als bei separierbarer Anwendung zweier 1D-Transformationen in horizontaler und vertikaler Richtung.

Es sei jedoch hingewiesen, daß schnelle Algorithmen ihre Leistungsfähigkeit auch auf Kosten der arithmetischen Genauigkeit erzielen. Muß bei den Zwischenergebnissen mehrfach gerundet werden, so ist das Ergebnis ungenauer als bei einmaliger Rundung in der direkten Berechnung. Es ist bei manchen Algorithmen nicht einmal auszuschließen, daß nach der IDCT ein geringfügig anderes Bildsignal resultiert als vor der DCT, und daß verschiedene IDCT-Algorithmen unterschiedliche Ergebnisse produzieren. Dies kann bei einer Transformationscodierung kritisch sein, wenn

–   eine perfekte, verzerrungsfreie Rekonstruktion gefordert ist;

– die Transformation Teil eines rekursiven Systems ist, z.B. in hybriden Interframe-Codierverfahren mit bewegungskompensierter Prädiktion; verwenden
Sender und Empfänger hierbei unterschiedliche IDCT-Berechnungen, können sich fatale Fehlerfortpflanzungen ergeben.

2.5 Dezimation und Interpolation, Pyramidendarstellung

Dezimation (Unterabtastung) und *Interpolation* (Überabtastung) sind die grundlegenden Operationen der Abtastratenkonversion. Eine Dezimation ist stets notwendig, wenn ein Bildsignal geringerer Auflösung erzeugt werden soll. Ebenso
wie bei der Abtastung zeit- und ortskontinuierlicher Signale muß vor der weiteren Unterabtastung eines diskreten Signals eine Bandbreitenbegrenzung vorgenommen werden; die Dezimation ist daher in der Regel mit einem *Informationsverlust* verbunden. Die Interpolation ist die hierzu inverse Operation. Es ist jedoch - zumindest mit linearen Verfahren - nicht möglich, durch Interpolation einen *Informationsgewinn* zu erzielen; zusätzlich entstehende Abtastwerte in einem
Bildsignal höherer Auflösung sind stets redundant zu den bereits vorhandenen.
Der vorliegende Abschnitt behandelt die Probleme der Dezimation und Interpolation ausschließlich im *Basisband*, d.h. es findet keine Frequenzverschiebung
(Modulation) der Signale statt. Wichtige Anwendungen hierfür sind z.B. die *Zwi-
schenwertschätzung* in abgetasteten Bildsignalen und die Erzeugung einer *Pyramidendarstellung* des Bildsignals, welche die Konversion zwischen verschiedenen Bildformaten ermöglicht. Im folgenden Abschnitt 2.6 werden dann auch
die Dezimation und Interpolation höherfrequenterer Signalkomponenten behandelt.

2.5.1 Grundlagen von Dezimation und Interpolation

Abb. 2.23 zeigt die Blockdiagramme eines Dezimators und eines Interpolators für
eindimensionale Signale. Zur Erzeugung des Signals $c(n')$ mit weniger Abtastwerten wird das Signal $x(n)$ zwecks Aliasunterdrückung tiefpaßgefiltert und um
den Faktor U unterabgetastet. Nach Überabtastung und erneuter Tiefpaßfilterung
entsteht das Rekonstruktionssignal $y(n)$.

Abb. 2.24 verdeutlicht die elementaren Operationen von Unterabtastung
(*Dezimation*) und Überabtastung (*Interpolation*) bei einem Unterabtastungsfaktor
$U=2$. Bei der Dezimation werden Abtastwerte aus dem Originalsignal (Abb.
2.24a) durch Nullen ersetzt. Diese werden schließlich aus der Abtastfolge entfernt, wobei eine *Achsenstauchung* stattfindet (Abb. 2.24b). Während der Interpolation kehrt sich der in Abb. 2.24b gezeigte Schritt um, d.h. es wird zunächst
das unterabgetastete Signal mit Nullen aufgefüllt. Durch anschließende *Tiefpaß-*

filterung werden die Sprünge im Signal an den Nullwert-Positionen eliminiert (Abb. 2.24c). Man beachte, daß die Signale in den Abb. 2.24a und 2.24c normalerweise nicht vollständig übereinstimmen, da während der Unterabtastung der Information ein Informationsverlust eintreten kann. Im folgenden wird erläutert, warum sowohl vor der Unterabtastung, als auch nach der Überabtastung jeweils eine Tiefpaßfilterung notwendig ist.

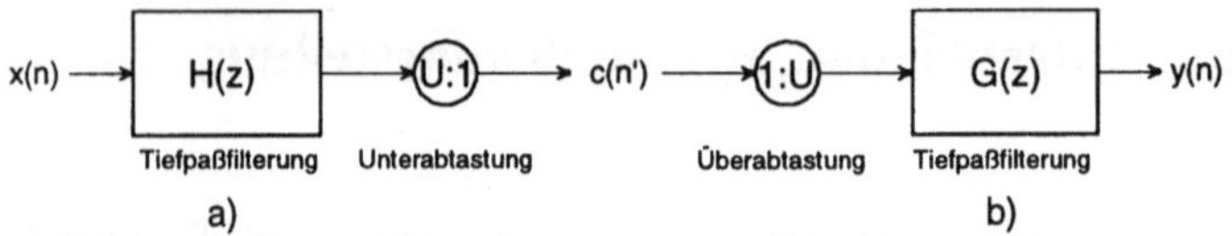

Abb. 2.23. a Dezimator **b** Interpolator

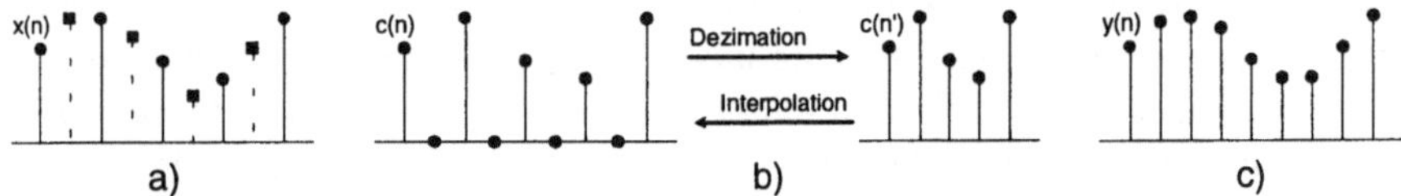

Abb. 2.24. Unterabtastung und Interpolation. **a** Originalsignal
b Unter- und Überabtastung **c** zweiter Interpolationsschritt (Filterung)

Spektrale Interpretation der Dezimation. Die Erzeugung eines um den Faktor U unterabgetasteten Signals $c(n')$ aus einem Signal $x(n)$ erfolgt durch Eliminieren von Abtastwerten :

$$c(n') = x(Un').\qquad(2.95)$$

Der Dezimationsschritt läßt sich, wie in Abb. 2.24b dargestellt, in zwei Schritte aufteilen. Das Nullsetzen von Abtastwerten ist eine Multiplikation (Modulation) mit einem Deltakamm der Periode U. Gemäß (2.68) erhalten wir U modulierte (frequenzverschobene) Spektralanteile bei Vielfachen von $2\pi/U$. Der zweite Schritt, die Signalachsenstauchung, bewirkt nach (2.69) eine Dehnung des Spektrums. Die z-Transformierte $C(z)$ des Signals $c(n')$ läßt sich daher folgendermaßen ausdrücken :

$$C(z) = \frac{1}{U}\sum_{u=0}^{U-1} X\left(e^{-j\frac{2\pi u}{U}} \cdot z^{\frac{1}{U}} \right).\qquad(2.96)$$

Abb. 2.25 zeigt die Leistungsdichtespektren für den Fall $U=2$ während der Unterabtastung. Setzen wir $z=e^{j\Omega}$ in (2.96) ein, so ist zu beachten, daß die normierten Frequenzen vor und nach der Unterabtastung nicht dasselbe ausdrücken. Im folgenden bezeichne daher "Ω" die normierte Abtastfrequenz des Originalsignals, während "Ω^*" diejenige des unterabgetasteten Signals sei. Durch *Überlappung* der modulierten Spektralanteile in (2.96) entsteht Aliasing, wie es in Abb. 2.25b dargestellt ist.

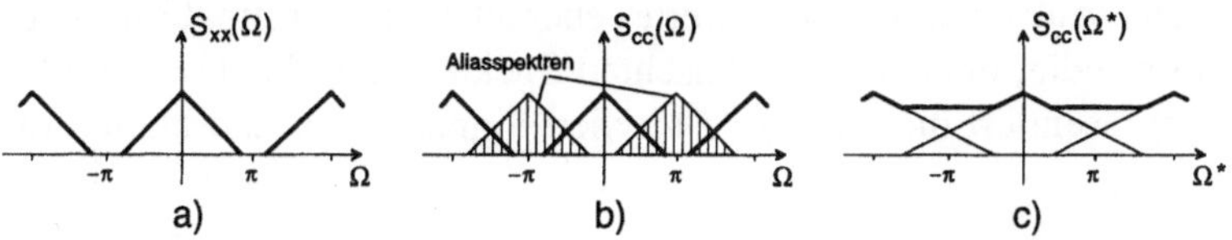

Abb. 2.25. Entstehung von Aliasfehlern durch Unterabtastung 2:1.
a Originalspektrum **b** Spektrum nach Nullsetzen **c** Spektrum nach Unterabtastung

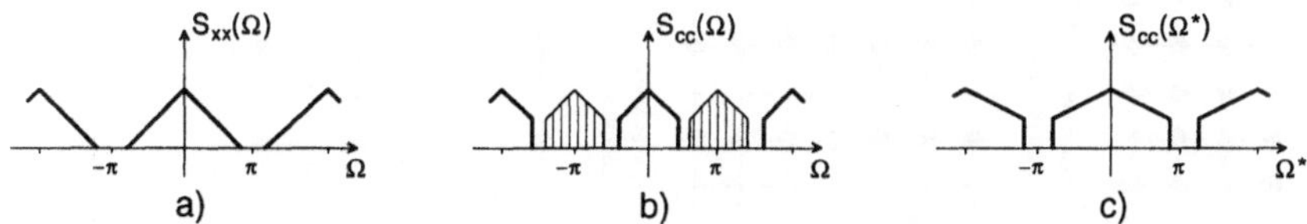

Abb. 2.26. Aliasfreie Unterabtastung 2:1 durch vorherige Tiefpaßfilterung.
a Originalspektrum **b** Spektrum nach Nullsetzen **c** Spektrum nach Unterabtastung

Abb. 2.26 zeigt, daß nach einer Tiefpaßfilterung eine *aliasfreie* Unterabtastung mit $U=2$ möglich ist. Dies führt zwar zu einer Verbesserung der Qualität des unterabgetasteten Signals; die Operation der Unterabtastung bleibt aber auch in diesem Fall stets *irreversibel*, sofern das Nullsetzen von Abtastwerten ohne Filterung eine Überlappung der Spektralanteile bewirken würde.

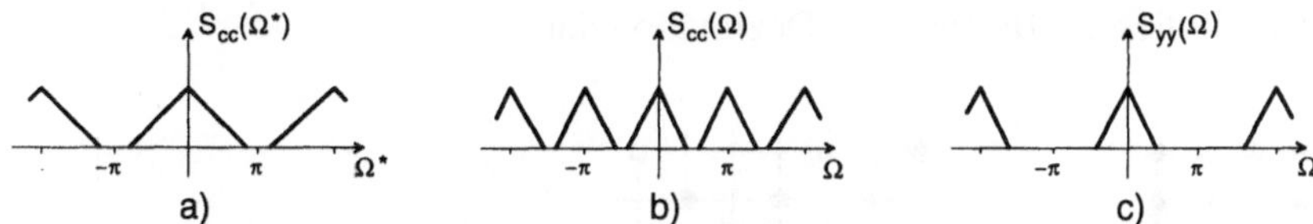

Abb. 2.27. Überabtastung 1:2 mit nachfolgender Interpolation (Tiefpaßfilterung).
a Originalspektrum **b** Spektrum nach Überabtastung (Auffüllen von Nullen)
c Spektrum nach Filterung

Spektrale Interpretation der Interpolation. Die Operation der Überabtastung läßt sich mit

$$y(n) = \begin{cases} c\!\left(\dfrac{n}{U}\right) wenn\ n' = \dfrac{n}{U}\ ganzzahlig \\ 0 \quad sonst \end{cases} \tag{2.97}$$

beschreiben. Die Überabtastung ist grundsätzlich *reversibel*, was anhand der Darstellung in der z-Ebene gemäß (2.69) mit

$$Y(z) = C\!\left(z^U\right) \tag{2.98}$$

deutlich wird. Das Spektrum wird lediglich gestaucht, es können aber *keine Überlappungen* auftreten. Abb. 2.27 verdeutlicht die Wirkung der Überabtastung;

hier ist nach dem Auffüllen der Nullwerte ebenfalls eine Tiefpaßfilterung (Interpolation) notwendig, um den unerwünschten Spektralanteil bei $\Omega=\pi$ zu beseitigen. Dieser repräsentiert die Sprünge zwischen Signalwerten und Nullen in Abb. 2.24b.

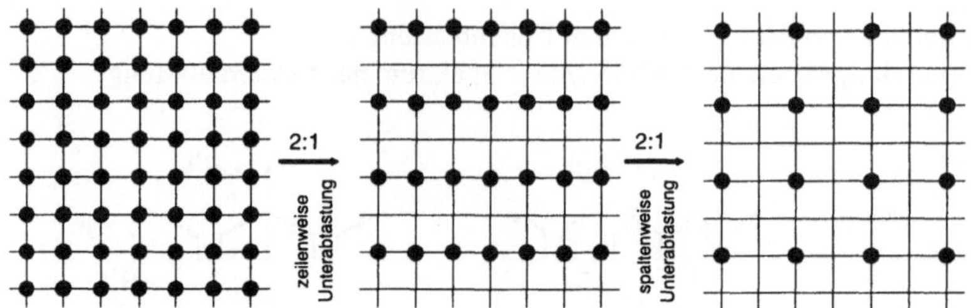

Abb. 2.28. Separierbare Ausführung der 2D-Dezimation

Separierbare zweidimensionale Systeme. Alle mit der Dezimation und Interpolation zusammenhängenden Vorgänge sind *separierbar*, sofern sowohl das Originalsignal als auch das unterabgetastete Signal ein rechteckförmiges Abtastraster besitzen. Insbesondere ist es möglich, mit unterschiedlichen Faktoren U und V in horizontaler bzw. vertikaler Richtung unterabzutasten und zu interpolieren. Hierbei können die Operationen entweder *gleichzeitig* für beide Richtungen oder *sukzessive*, z.B. zuerst in zeilenweise, dann spaltenweise durchgeführt werden. Abb. 2.28 stellt dies am Beispiel der Dezimation dar.

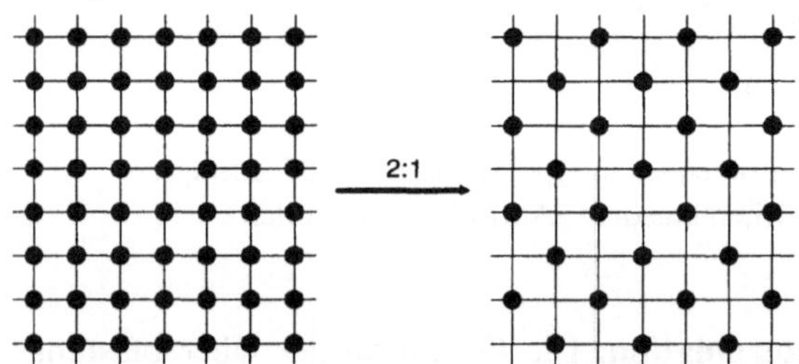

Abb. 2.29. Nichtseparierbares 2D-System mit 2:1-Quincunx-Unterabtastung

Nichtseparierbare zweidimensionale Systeme. In manchen Fällen müssen Dezimatoren und Interpolatoren verwendet werden, die auf einer nicht-separierbaren Arbeitsweise basieren. Abb. 2.29 zeigt das Beispiel einer 2D-Unterabtastung um den Faktor 2, bei der aus einem Signal mit rechteckförmiger Abtastung ein unterabgetastetes mit *Quincunx*-Abtastung erzeugt wird. Mit einem derartigen System läßt sich z.B. aus einer progressiv abgetasteten Videosequenz das Zeilensprungsignal erzeugen.

Allgemein gilt für die Beziehung der Koordinaten, wenn $x(m,n)$ das Originalsignal und $c(m',n')$ das unterabgetastete Signal sind

$$\begin{bmatrix} m \\ n \end{bmatrix} = \begin{bmatrix} d_{00} & d_{01} \\ d_{10} & d_{11} \end{bmatrix} \cdot \begin{bmatrix} m' \\ n' \end{bmatrix} \quad ; \quad \mathbf{n} = \mathbf{D} \cdot \mathbf{n}'. \tag{2.99}$$

Die Matrix $\mathbf{D}_Q$ für den Fall der Quincunx-Unterabtastung besitzt in Analogie zu (2.5) die Werte

$$\mathbf{D}_Q = \begin{bmatrix} 2 & 1 \\ 0 & 1 \end{bmatrix}. \tag{2.100}$$

Der Faktor der 2D-Unterabtastung ergibt sich als

$$U^* = \det[\mathbf{D}] = d_{00} \cdot d_{11} - d_{01} \cdot d_{10}. \tag{2.101}$$

Im Unterschied zu (2.96) erhalten wir eine z-Transformierte der unterabgetasteten Signale

$$C(z_1, z_2) = \frac{1}{U^*} \sum_{u=0}^{d_{00}-1} \sum_{v=0}^{d_{11}-1} X\left(W^{-(d_{11}u - d_{10}v)} \cdot z_1^{\frac{1}{d_{00}}} \cdot z_2^{-\frac{d_{10}}{U^*}} , W^{-(d_{00}v - d_{01}u)} \cdot z_1^{-\frac{d_{01}}{U^*}} \cdot z_2^{\frac{1}{d_{11}}} \right)$$

$$\text{mit } W = e^{-j\frac{2\pi}{U^*}}. \tag{2.102}$$

Eine Überabtastung um den Faktor U^* gemäß $\mathbf{D}$ ergibt

$$Y(z_1, z_2) = C(z_1^{d_{00}} \cdot z_2^{d_{10}}, z_1^{d_{01}} \cdot z_2^{d_{11}}), \tag{2.103}$$

es ergibt sich also eine Wechselwirkung der Frequenzkomponenten in z_1 und z_2. Die spektrale Aufteilung des 2D-Frequenzbereiches bei Quincunx-Unterabtastung bewirkt, daß die Frequenzen, welche die horizontalen und vertikalen örtlichen Richtungen repräsentieren, nicht vorher tiefpaßgefiltert werden müssen (vgl. Abschn. 2.1.2). (2.102) und (2.103) schließen übrigens auch den Fall der rechteckförmigen Unterabtastung ein, hier lautet die Unterabtastungsmatrix

$$\mathbf{D}_R = \begin{bmatrix} U & 0 \\ 0 & V \end{bmatrix}, \tag{2.104}$$

es ergibt sich keine Wechselwirkung, die Frequenzkomponenten in z_1 und z_2 sind separierbar.

2.5.2 Zwischenwertinterpolation in Bildsignalen

In vielen Bildcodierungsanwendungen ist es notwendig, den örtlichen Verlauf des Bildsignals zwischen bekannten Bildpunktpositionen, oder auch den zeitlichen Verlauf zwischen bekannten Bildern einer Sequenz zu schätzen. Dies kann nur durch Interpolation erfolgen. In den folgenden Formeln für die Interpolationsfilter nullter und erster Ordnung wird von dem bereits überabgetasteten (mit Nullen aufgefüllten) Bildsignal ausgegangen, und die Anwendung linearer Filter zur Ermittlung der Schätzwerte an diesen Positionen beschrieben. Die beschriebenen Filter besitzen FIR-Struktur und sind separierbar.

Interpolationsfilter nullter Ordnung : Halteglied. Bei einer Überabtastung um die Faktoren U in horizontaler und V in vertikaler Richtung besitzt ein 2D-Halteglied die Impulsantwort

$$g(m,n) = \begin{cases} 1 & \textit{für} -U/2 \le m < U/2, -V/2 \le n < V/2 \\ 0 & \textit{sonst.} \end{cases} \tag{2.105}$$

Das Halteglied substituiert alle Nullwerte durch den Wert des nächstgelegenen bekannten Abtastwertes. Impulsantwort und Interpolationsergebnis sind für den eindimensionalen Fall in Abb. 2.30a dargestellt.

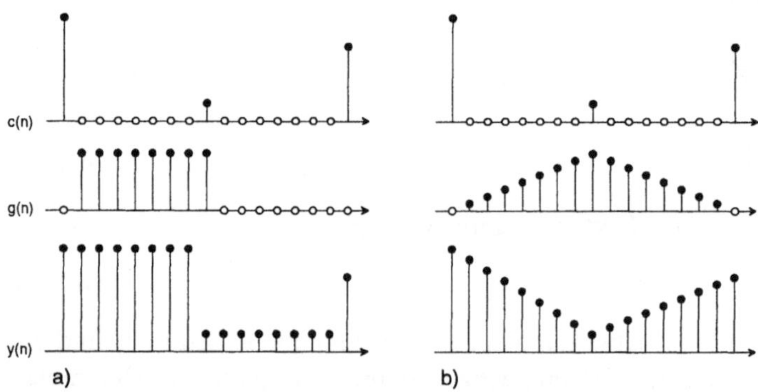

Abb. 2.30. Impulsantworten und Interpolationsergebnisse
a bei Halteglied **b** bei Geradeninterpolator

Interpolationsfilter erster Ordnung : Geradeninterpolator. Die Impulsantwort des 2D-Geradeninterpolators lautet

$$g(m,n) = \begin{cases} \left(1 - \dfrac{|m|}{U}\right) \cdot \left(1 - \dfrac{|n|}{V}\right) & \textit{für} -U < m < U, -V < n < V \\ 0 & \textit{sonst.} \end{cases} \tag{2.106}$$

Schätzwerte an den interpolierten Positionen werden entweder aus 2 oder aus 4 bekannten Abtastwerten gewonnen. Letztere bleiben selbst unverändert. Liegt die interpolierte Position exakt in einer Zeile oder in einer Spalte mit 2 bekannten Werten, so werden nur diese verwendet. Abb. 2.30b zeigt wiederum Impulsantwort und Interpolationsergebnis für den eindimensionalen Fall.

Bilineare Interpolation. Die bilineare Interpolation ist eine häufig eingesetzte Methode zur Interpolation an *beliebigen* Zwischenpositionen (sh. Abb. 2.31), die z.B. in der Bewegungsschätzung notwendig sein kann. Es handelt sich um das Prinzip der Geradeninterpolation für den Fall $U \to \infty$, $V \to \infty$, wobei aber nur der einzelne, gewünschte Wert ermittelt wird. Der Schätzwert an der quasikontinuierlichen Position (r,s) ergibt sich aus den Werten der 4 umliegenden diskreten Positionen mit $m{\cdot}R{\le}r{<}(m{+}1){\cdot}R$, $n{\cdot}S{\le}s{<}(m{+}1){\cdot}S$, und den horizontalen bzw. vertikalen Abständen der Zwischenposition, $h{=}r{-}m{\cdot}R$ und $v{=}s{-}n{\cdot}S$:

$$\hat{x}(r,s) = x(m,n){\cdot}(1-h){\cdot}(1-v) + x(m+1,n){\cdot}h{\cdot}(1-v)$$
$$+ x(m,n+1){\cdot}(1-h){\cdot}v + x(m+1,n+1){\cdot}h{\cdot}v. \tag{2.107}$$

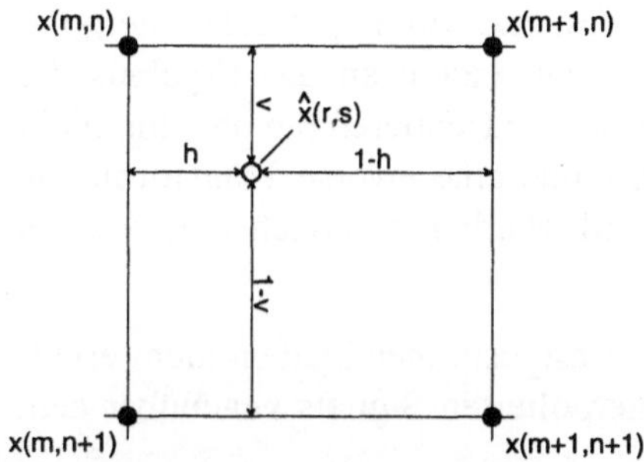

Abb. 2.31. Bilineare Interpolation
nach [ADOLPH, BUSCHMANN 1991]

Interpolationsfilter höherer Ordnung. Aufgabe des Interpolationsfilter ist es, möglichst exakt die Anteile des mit Nullen aufgefüllten Signals oberhalb der Frequenz $\Omega{=}\pi/U$ zu eliminieren, während alle Anteile unterhalb dieser Frequenz möglichst erhalten bleiben sollen. Die mögliche Flankensteilheit eines Filters ist aber unmittelbar abhängig von der Filterordnung, d.h. ein Filter mit wenigen Koeffizienten wird die genannte Aufgabe auch nur schlecht erfüllen können. Die Tiefpaßwirkung ist am größten dort, wo die größte Unsicherheit über die Genauigkeit der Interpolationsschätzung besteht, nämlich genau in der Mitte zwischen zwei Abtastwerten (bei 1D-Interpolation) bzw. vier Abtastwerten (bei 2D-Interpolation).

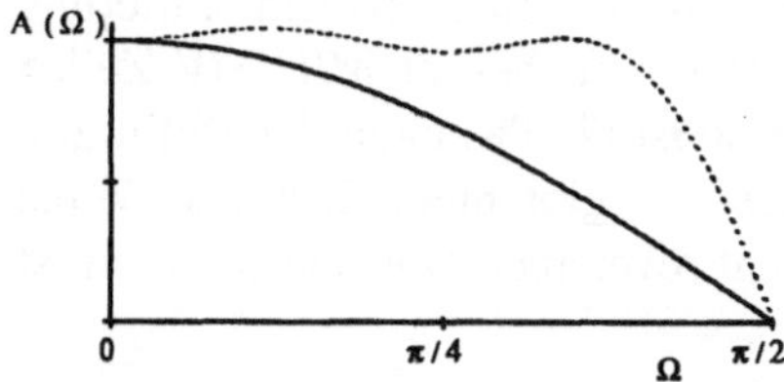

Abb. 2.32. Amplitudengänge von Interpolatoren 1. Ordnung (—) und 7. Ordnung ($\cdots$)

Abb. 2.32 stellt für den 1D-Fall und $U{=}2$ die Frequenzgänge des linearen Interpolators 1. Ordnung (Berechnung des Zwischenwertes aus dem linken und rechten Nachbarn, jeweils mit 0,5 gewichtet) und eines Interpolationsfilters 7. Ordnung (Berechnung aus 4 linken und 4 rechten Nachbarn, gewichtet mit -0,04;

0,08; -0,17; 0,63; 0,63; -0,17; 0,08; -0,04) gegenüber. Der erweiterte Durchlaßbereich, aber auch die größere Welligkeit im Amplitudengang des Filters höherer Ordnung sind deutlich zu erkennen.

Interpolation mittels einer linearen Transformation. Die Koeffizienten einer linearen Transformation repräsentieren das Spektrum eines Signals. Ein interpoliertes Signal besitzt die U-fache Anzahl an Abtastwerten. Die Transformierte des interpolierten Signals muß daher auch die U-fache Blocklänge gegenüber der Transformierten des ursprünglichen Signals besitzen. Eine spektrale Interpolation läßt sich nun auf einfache Weise realisieren, indem an das Ergebnis der Transformation Nullen angehängt werden (diese repräsentieren die ohnehin nicht vorhandenen Spektralanteile oberhalb $\Omega=\pi/U$), und eine inverse Transformation mit der U-fachen Blocklänge durchgeführt wird. Hierbei ist jedoch folgendes zu beachten :

— Die Signalwerte an den ursprünglichen Abtastpositionen bleiben nicht erhalten, vielmehr ist das Abtastraster des interpolierten Signals gegenüber dem ursprünglichen verschoben.

— Die Interpolationsergebnisse in der Nähe der Transformations-Blockgrenzen sind auf Grund der virtuellen periodischen oder spiegelsymmetischen Fortsetzung sehr unsicher, das interpolierte Signal zeigt hier Schwingungsneigungen.

2.5.3 Dezimation und Interpolation als Matrizenoperation

Die Dezimation eines *begrenzten* Signals läßt sich in Analogie zu (2.77) als Matrizenoperation darstellen :

$$\mathbf{c} = \mathbf{H} \cdot \mathbf{x}, \qquad (2.108)$$

wobei die Abtastwerte eines gesamten Bildes sich gemäß (2.27) in einem Vektor $\mathbf{x}$ der Dimension $M{\cdot}N$ anordnen lassen, während $\mathbf{c}$ ein Vektor der Dimension $M/U{\cdot}N/V$ ist. Die Matrix $\mathbf{H}$, welche die Operationen von Anti-Alias-Filterung und Unterabtastung in geschlossener Form beschreibt, besitzt $M/U{\cdot}N/V$ Zeilen und $M{\cdot}N$ Spalten. Kennen wir nur die Werte $\mathbf{c}$, so ist (2.108) nach der Definition in (2.40) ein *überbestimmtes Gleichungssystem*, es gibt möglicherweise keine eindeutige Lösung. Die Dezimation ist also nicht reversibel. Die Interpolation ist dagegen eine Matrizenoperation

$$\mathbf{y} = \mathbf{G} \cdot \mathbf{c}, \qquad (2.109)$$

wobei $\mathbf{G}$ $M{\cdot}N$ Zeilen und $M/U{\cdot}N/V$ Spalten besitzt. Die Interpolation ist hingegen reversibel, sofern die Pseudoinverse von $\mathbf{G}$ existiert.

2.5.4 Pyramidendarstellung von Bildsignalen

Eine Bildsignalrepräsentation in *Vielfachauflösung* (engl. : *multiresolution*) erlaubt die Darstellung oder Verarbeitung eines *Bildsignals* mit unterschiedlichen Formaten oder Abtastgenauigkeiten. Bei digitalen Vielfachauflösungsverfahren ist es praktikabel, mit jeder Auflösungsstufe die Abtastfrequenz und damit die Detailauflösung des Bildsignals zu *verdoppeln*. Wird diese Verdoppelung gleichzeitig auf beide örtliche Dimensionsrichtungen angewandt, so unterscheiden sich die Auflösungsstufen in der Anzahl ihrer Abtastwerte jeweils um den Faktor 4.

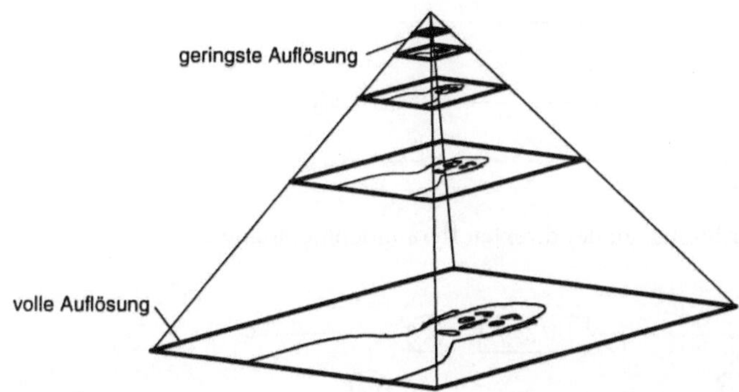

Abb. 2.33. Auflösungsstufen eines Bildsignals bei Pyramidendarstellung

Diese einfache Form einer Vielfachauflösungs-Repräsentation wird *Pyramidendarstellung* genannt. Die geringste Auflösung (kleinste Anzahl an Abtastwerten) findet sich im Bereich der Spitze, während die volle Auflösung an der Basis erreicht wird (sh. Abb. 2.33). Folgende Verfahren können angewandt werden :

– Direktes Verfahren : Alle Auflösungsstufen sind unabhängig voneinander, d.h. eine gröbere Auflösungsstufe wird nicht benutzt, wenn die nächstfeinere betrachtet wird. Die Erzeugung erfolgt durch aliasunterdrückende Tiefpaßfilterung und nachfolgende Dezimation, sequentiell durch alle Pyramidenstufen von der Basis zur Spitze (sh. Abb. 2.34). Tiefpaßfilter mit Impulsantworten in Form einer Gauß-Funktion bewirken, daß trotz Hintereinanderschaltung mehrerer Zerlegungsstufen das Signal geringster Auflösung stets identisch bleibt mit einem direkt erzeugten, d.h. in einer einzigen Stufe nach Gaußfilterung auf dieselbe Größe unterabgetasteten Signal. Werden solche Filter verwendet, spricht man daher auch von einer *Gauß-Pyramide*.

– Differenzverfahren : In jeder Stufe wird das Bildsignal in einen unterabgetasteten Tiefpaßanteil und ein nicht unterabgetastetes Restfehler-Differenzsignal zerlegt. Man beginnt an der Basis der Pyramide bei der vollen Auflösung, bei einer Gesamtanzahl von U Auflösungsstufen müssen U-1 Teilstufen kaskadiert werden (sh. Abb. 2.35). Eine verzerrungsfreie Synthese jeder Auflösungsstufe ist möglich, wenn das Differenzsignal zu einem aus der vorangegangenen Stufe gewonnenen, örtlich interpolierten Signal addiert wird. Werden zur Tiefpaßfilterung bei Dezimation und Interpolation wiederum Gaußfilter verwendet, bilden die Differenzsignale jeweils die zweite Ableitung des Bildsignals in ihrer Auflösungsstufe, wie sie auch durch Anwendung eines *Laplace-Operators* erzeugt werden kann. Uner diesen Randbedingungen wird die differentielle Pyramidenrepräsentation auch als *Laplace-Pyramide* bezeichnet [BURT, ADELSON 1983].

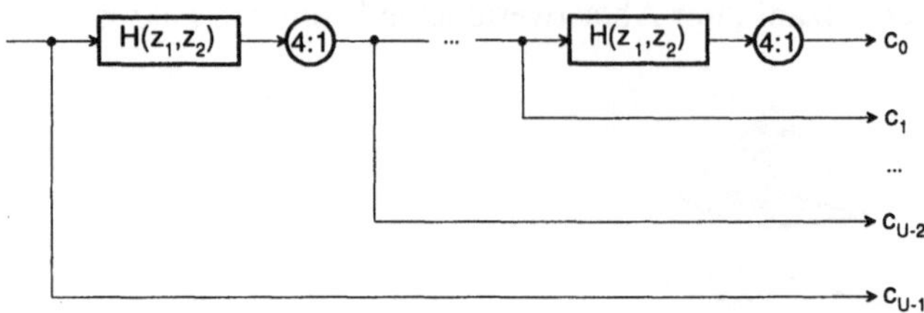

Abb. 2.34. Erzeugung der Signale in der direkten Pyramidenhierarchie

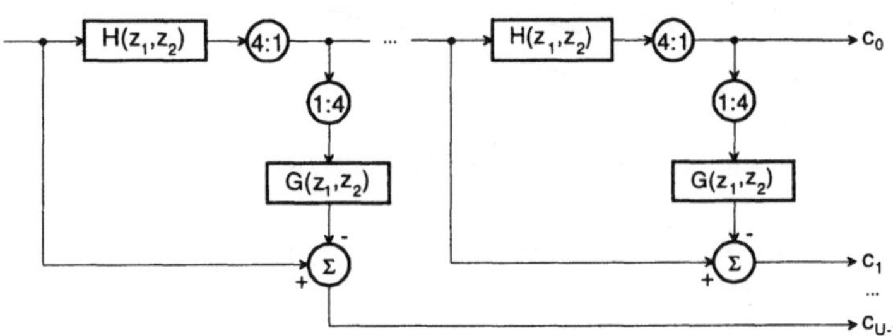

Abb.2.35. Erzeugung der Signale in der differentiellen Pyramidenhierarchie

Die Differenz-Pyramide besitzt folgende Vorteile :

—   Sie wirkt *redundanzmindernd*, sofern das Signal vorrangig aus tieffrequenten Anteilen besteht;
—   Sie erlaubt immer (unabhängig von der Wahl der Tiefpaßfilter) eine perfekte Rekonstruktion des Bildsignals höchster Auflösungsstufe;
—   Bei Wahl geeigneter Filter kann der Tiefpaßanteil weitgehend aliasfrei gehalten werden.

Pyramidenverfahren finden nicht nur in der Bildübertragung und -codierung zur Kompatibilisierung unterschiedlich auflösender Bildformate Anwendung, sondern auch in der Bildanalyse, z.B. bei der effizienten Realisierung zuverlässiger Segmentierungs- und Bewegungsschätzungs-Algorithmen.

2.6 Frequenzanalyse mit Filterbänken

Bisher wurden Dezimation und Interpolation ausschließlich im *Basisband* betrachtet. Abb. 2.36 zeigt nun die Anwendung derselben Prinzipien auf *hochfrequente* Anteile eines Signals. Abb. 2.36a stellt das Originalsignal, 2.36b das Ergebnis einer Hochpaßfilterung bei anschließender Modulation mit einem Deltakamm der Periode $U=2$ dar. Durch die Unterabtastung (Abb. 2.36c) wird der Signalanteil in das Basisband verlagert. Man beachte jedoch, daß eine *Frequenzinversion* stattgefunden hat, d.h. der ursprünglich bei $\Omega=\pi$ liegende Anteil ist nun bei $\Omega=0$ zu finden, während der ursprünglich bei $\Omega=\pi/2$ liegende Anteil bei $\Omega=\pi$ auftaucht.

Sofern die Unterabtastung aliasfrei bleibt, ist es wieder möglich, durch Überabtastung mit nachfolgender erneuter Hochpaßfilterung den ursprünglichen hochfrequenten Anteil zu regenerieren. Hier werden also Dezimation und Interpolation unmittelbar mit einer Frequenzverschiebung (*Modulation*) kombiniert. Das Prinzip läßt sich bei Einsatz von Bandpaßfiltern auch auf beliebige Frequenzanteile eines Signals anwenden. Die parallele Durchführung über mehrere, den gesamten Frequenzbereich abdeckende *Frequenzbänder* ist die Basis der *Teilbandanalyse und -synthese*. Hierzu werden *Filterbänke* eingesetzt, deren einzelne Teilfilter-Impulsantworten häufig durch Modulation ineinander übergeführt werden können.

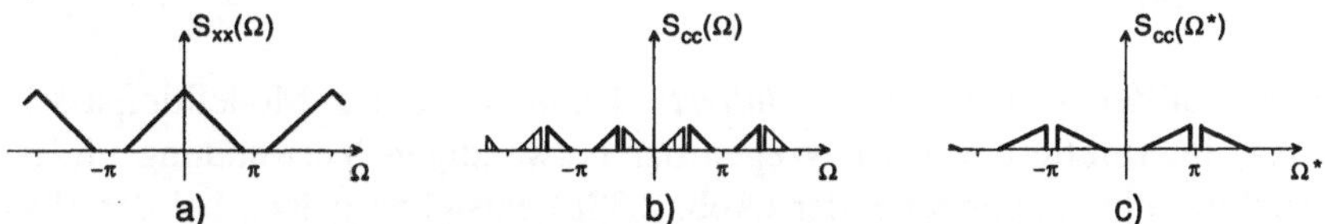

Abb. 2.36. Dezimation einer hochfrequenten Signalkomponente. **a** Signalspektrum **b** Spektrum nach Hochpaßfilterung und Nullsetzen **c** Spektrum nach Unterabtastung

2.6.1 Teilbandanalyse- und -synthesesysteme

Das Blockschaltbild eines Teilbandanalyse- und -synthesesystems ist in Abb. 2.37 dargestellt. Diese beiden Elemente bilden das Kernstück einer *Teilbandcodierung* (*sub band coding*, *SBC*). Die wesentlichen Herleitungen sollen zunächst wieder für den 1D-Fall erfolgen. Die Teilbandanalyse wird mittels einer U-fachen, parallelen *Filterbank von Bandpaßfiltern* durchgeführt. Nach der Filterung wird jedes Bandpaß-Ausgangssignal (*Teilbandsignal*) um den Faktor $U{:}1$ unterabgetastet (*dezimiert*). Ist - wie im gezeigten Fall - der Unterabtastungsfaktor gleich der Anzahl der Teilbandsignale, spricht man von *kritischer Unterabtastung*. Die Unterabtastung bewirkt, wie oben am Beispiel des hochfrequenten Anteils gezeigt, eine Verschiebung der Bandpaßsignale in das Basisband. Hierbei stellt sich die beschriebene Frequenzinversion jeweils bei den Teilbandsignalen mit ungeradem Index u ein.

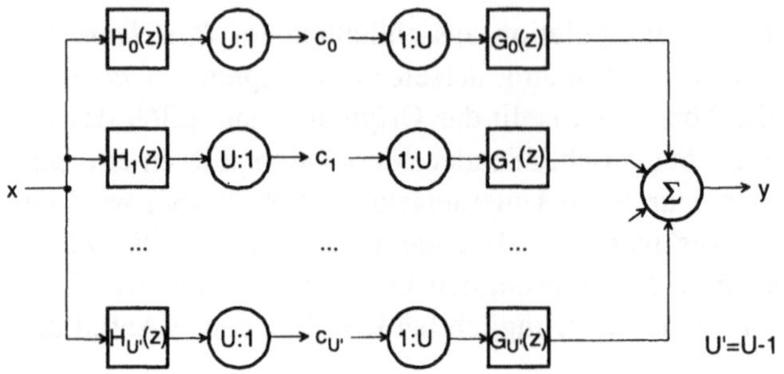

Abb. 2.37. Teilbandanalyse- und -synthesesystem mit U Frequenzbändern

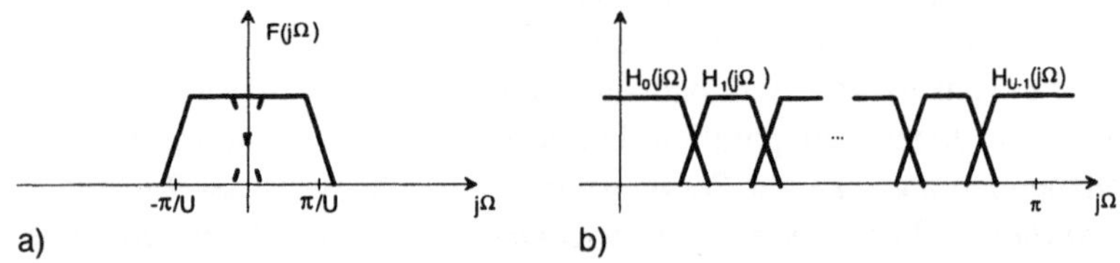

Abb. 2.38. Spektrale Interpretation der Teilband-Filterbank.
a Modell-Tiefpaßfilter **b** überlappende Bandpaßfilter bei kritischer Unterabtastung
nach [VETTERLI 1984]

Die Bandpaßfilter können als *modulierte Versionen* eines Modelltiefpasses (Abb. 2.38a) interpretiert werden. Wegen der notwendigen Verwendung *nicht-idealer*, spektral überlappender Filter (Abb. 2.38b) entstehen jedoch bei der Unterabtastung grundsätzlich *Aliasanteile*. Bei der Synthese werden alle einzelnen Teilbandsignale mittels Einfügen von U-1 Nullwerten zwischen den bekannten Abtastwerten um den Faktor 1:U überabgetastet (*interpoliert*), in einer Synthesefilterbank gefiltert und summiert. Im Idealfall soll das entstehende Rekonstruktionssignal identisch mit dem Eingangssignal sein. In diesem Fall spricht man von einem Teilbandsystem mit *perfekter Rekonstruktion*. Im folgenden sollen die Bedingungen dafür hergeleitet werden.

2.6.2 Eigenschaften von Teilbandfiltern

Eine Unterabtastung im Basisband mit nachfolgender Überabtastung ist immer mit Informationsverlust verbunden, sofern Spektralanteile oberhalb von π/U im Signal vorhanden sind. Dies ist einleuchtend, da ja die Anzahl der Abtastwerte um den Faktor U verringert wird. Eine perfekte Rekonstruktion des Signals ist jedoch prinzipiell gerade noch möglich, wenn eine Filterbank mit *kritischer Un-*

terabtastung eingesetzt wird. Hierbei entstehen U Teilbandsignale $c_u(n')$, deren Abtastwertanzahl jeweils um den Faktor U gegenüber dem Originalsignal verringert ist. Die Gesamtzahl der Abtastwerte bleibt also gleich.

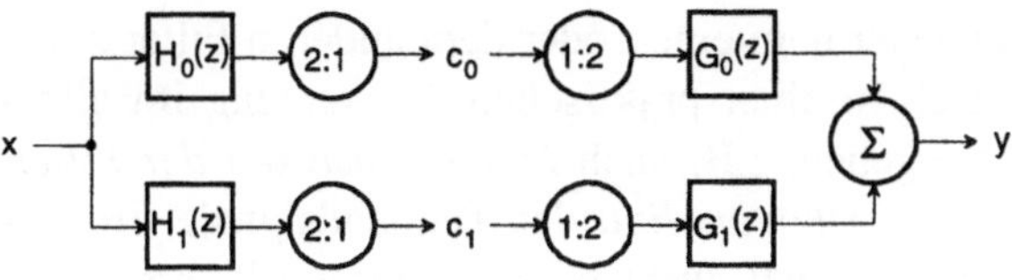

Abb. 2.39. Teilbandsystem mit 2 Teilbändern

System mit 2 Teilbändern. Ein Teilbandsystem für den Fall $U=2$ ist in Abb. 2.39 dargestellt. Gemäß (2.96) ergibt sich dann eine einzige Aliaskomponente des Signals, die mit $X(z{\cdot}e^{j\pi})=X(-z)$ ausgedrückt werden kann. Es ist aber zu beachten, daß die Unterabtastung erst *nach* der Analysefilterung stattfindet, so daß das mit den Übertragungsfunktionen der Analysefilter $H_0(z)$ im Tiefpaß- und $H_1(z)$ im Hochpaßzweig gewichtete Signal spektral gespiegelt wird. Für das rekonstruierte, mit den Synthesefiltern $G_0(z)$ und $G_1(z)$ gefilterte Signalspektrum ergibt sich daher :

$$Y(z) = \frac{1}{2}\Big[H_0(z)\cdot G_0(z)+H_1(z)\cdot G_1(z)\Big]\cdot X(z)$$
$$+ \frac{1}{2}\Big[H_0(-z)\cdot G_0(z)+H_1(-z)\cdot G_1(z)\Big]\cdot X(-z). \tag{2.110}$$

Hierbei repräsentiert der erste Summenterm die *Signalkomponente*, der zweite Term die *Aliaskomponente* im Rekonstruktionssignal. Eine perfekte Rekonstruktion (Gleichheit von $X(z)$ und $Y(z)$) ist demnach möglich, wenn gilt :

$$H_0(z)\cdot G_0(z)+H_1(z)\cdot G_1(z)\overset{!}{=}2$$
$$H_0(-z)\cdot G_0(z)+H_1(-z)\cdot G_1(z)\overset{!}{=}0. \tag{2.111}$$

Die *Unterdrückung der Aliaskomponente* wird offensichtlich erreicht, wenn die Synthesefilter die folgenden Bedingungen erfüllen :

$$G_0(z) = H_1(-z)$$
$$G_1(z) = -H_0(-z). \tag{2.112}$$

Hieraus folgt als verbleibende Bedingung für die perfekte Rekonstruktion :

$$H_0(z)\cdot H_1(-z)-H_1(z)\cdot H_0(-z)= P(z)-P(-z)= 2\cdot z^{-k}. \tag{2.113}$$

(2.112) und (2.113) sind die allgemeinste Formulierung für die Erfüllung der perfekten Rekonstruktionsbedingung in Teilbandsystemen mit $U=2$. Der Term z^{-k} drückt aus, daß das Rekonstruktionssignal sich lediglich durch eine Verzögerung vom Originalsignal unterscheiden darf. Man beachte, daß (2.113) keine expliziten Bedingungen für $H_0(z)$ und $H_1(z)$ formuliert, sondern lediglich für ein Polynom $P(z)=H_0(z){\cdot}H_1(-z)$, welches dann in beliebiger Weise in die Filter des Hochpaß- und Tiefpaßzweiges zerlegt (faktorisiert) werden kann. Hierbei können die Nullstellen des Polynoms entweder dem einen oder dem anderen Filter zugeordnet werden. Jedoch werden sich in einer praktischen Anwendung im allgemeinen zusätzliche Forderungen ergeben, z.B. nach *Linearphasigkeit der Filter*, nach *identischen Bandbreiten* oder *Orthogonalität* der Teilbandsignale. Im folgenden werden einige Filtertypen behandelt, welche die genannten Bedingungen erfüllen.

Quadratur-Spiegelfilter. Bei den sogenannten *Quadratur-Spiegelfiltern* (*quadrature mirror filter*, *QMF*) ergeben sich die einzelnen Filter als *modulierte Versionen* eines Modell-Tiefpaßfilters $F(z)$. Bei einem System mit 2 Teilbändern erzeugen die Hochpaß- und Tiefpaßfilter aus dem Signal zueinander *orthogonale Quadraturkomponenten*. Darüber hinaus besitzen die Analyse- und Synthesefilter jedes einzelnen Zweiges jeweils denselben Amplitudengang. Es gelten die folgenden Beziehungen zwischen den Filtern, aus welchen sich durch Einsetzen in (2.110) unmittelbar die Aliaskompensation ergibt :

$$H_0(z) = F(z) \quad ; \quad H_1(z) = z \cdot F(-z^{-1})$$
$$G_0(z) = H_0(z^{-1}) = F(z^{-1}) \quad ; \quad G_1(z) = H_1(z^{-1}) = z^{-1} \cdot F(-z) \tag{2.114}$$

Dies ist wiederum eine sehr allgemeine Formulierung der QMF-Bedingungen. In der Tat drückt das Argument z^{-1} jeweils ein antikausales (zeitinvertiertes) Filter aus, sofern das ursprüngliche Filter kausal war. In der Praxis wird man bei Bildsignalen nun zum einen mit FIR-Filtern linearer Phase, d. h. mit spiegelsymmetrischen Koeffizienten, arbeiten, zum anderen wird man darauf Wert legen, daß durch die Filterung keine Ortsverschiebung stattfindet. Letzteres wird - wie bereits in Abschn. 2.3.2 beschrieben - dadurch erreicht, daß die Filterimpulsantwort zentriert wird, d.h. $h_0(0)$ liegt in der Mitte der Impulsantwort. Hier ist nun eine Fallunterscheidung zwischen Filtern geraden oder ungeraden Koeffizientenanzahlen P erforderlich.

Teilbandfilter mit gerader Koeffizientenanzahl. Die Mitte der Impulsantwort fällt nicht exakt mit einer Koeffizientenposition zusammen. Wir definieren daher $h_0(0)$ als den Koeffizienten an der Position $P/2$, d.h. $H_0(z)=F(z){\cdot}z^{P/2}$. Damit folgt:

$$H_1(z) = H_0(-z) \quad ; \quad G_0(z) = H_0(z) \cdot z^{-1} \quad ; \quad G_1(z) = -H_1(z) \cdot z^{-1}$$
$$h_1(n) = (-1)^n h_0(n) \quad ; \quad g_0(n) = h_0(n-1) \quad ; \quad g_1(n) = -h_1(n-1). \tag{2.115}$$

Die Modulation der Hochpaßfilter-Impulsantworten wird durch $(-1)^n = \cos(n\pi)$, d.h. durch alternierende Vorzeichen, ausgedrückt. Abb. 2.40a stellt am Beispiel einer Filterlänge $P=4$ dar, welche Signalwerte bei der Teilbandfilterung benutzt werden, welche Abtastwerte der Teilbandsignale eliminiert werden, und wie die

Rekonstruktion an der aktuellen Position mittels der um einen Abtastwert gegenüber den Analysefiltern verschoben wirkenden Synthesefilter erfolgt.

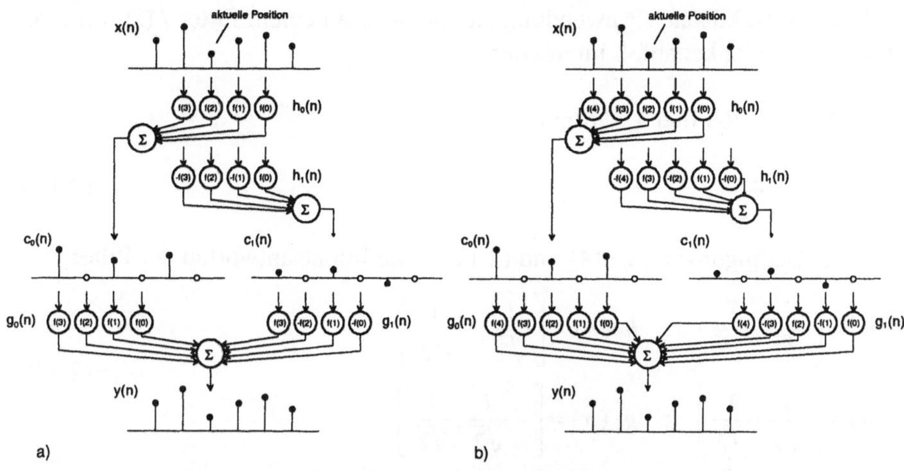

Abb. 2.40. Positionierung von Signalwerten, Filterkoeffizienten und Unterabtastungen **a** bei gerader Koeffizientenanzahl **b** bei ungerader Koeffizientenanzahl

Teilbandfilter mit ungerader Koeffizientenanzahl. Die Mitte der Impulsantwort fällt exakt mit einer Koeffizientenposition zusammen. Der Koeffizient $h(0)$ liegt an der Position $(P-1)/2$, d.h. $H_0(z)=F(z)\cdot z^{(P-1)/2}$. Damit folgt:

$$H_1(z) = H_0(-z)\cdot z \quad ; \quad G_0(z) = H_0(z) \quad ; \quad G_1(z) = -H_1(z)$$
$$h_1(n) = (-1)^{n+1} h_0(n+1) \quad ; \quad g_0(n) = h_0(n) \quad ; \quad g_1(n) = -h_1(n). \tag{2.116}$$

Hier arbeiten also die Hochpaß-Analyse- und -Synthesefilter jeweils um einen Abtastwert versetzt zu den Tiefpaßfiltern. Abb. 2.40b stellt wiederum am Beispiel der Filterlänge $P=5$ die Filterlagen bei Analyse- und Synthesefilterung, sowie die Positionen der Unterabtastungen dar.

Setzen wir $z=e^{j\Omega}$, so ergibt sich für den Signalterm unter der Bedingung

$$\left|H_0(j\Omega)\right|^2 + \left|H_1(j\Omega)\right|^2 = 2 \tag{2.117}$$

eine perfekte Rekonstruktion. Für den verallgemeinerten Fall mit U Teilbändern gilt entsprechend

$$\sum_{u=1}^{U} \left|H_u(j\Omega)\right|^2 \overset{!}{=} U. \tag{2.118}$$

Man beachte, daß nur im rekonstruierten Signal die Aliasanteile eliminiert werden; die einzelnen Teilbandsignale enthalten dagegen bei Verwendung eines nichtidealen Tiefpaß-Modellfilters $F(z)$ immer Aliasenergie. Ein Extremfall wäre z.B. $F(z)=1$, mit dem nach den genannten Bedingungen eine perfekte Rekonstruktion möglich wäre; jedoch wären in diesem Fall alle Filter identisch, und die Abtastwerte würden ohne Modifikation abwechselnd den "Teilbändern" zugeordnet. In einer praktischen Anwendung ist man aber an einem Filter $F(z)$ mit möglichst steilem Flankenabfall interessiert.

Beispiel. Das FIR-Filter 1. Ordnung

$$F(z) = \frac{\sqrt{2}}{2} + \frac{\sqrt{2}}{2} \cdot z^{-1} \tag{2.119}$$

erfüllt die Bedingungen (2.114) und (2.117). Die Impulsantworten der Filter

$$h_0(n) = \left[\frac{1}{\sqrt{2}} ; \frac{1}{\sqrt{2}} \right] \quad ; \quad h_1(n) = \left[\frac{1}{\sqrt{2}} ; -\frac{1}{\sqrt{2}} \right]$$

$$g_0(n) = \left[\frac{1}{\sqrt{2}} ; \frac{1}{\sqrt{2}} \right] \quad ; \quad g_1(n) = \left[-\frac{1}{\sqrt{2}} ; \frac{1}{\sqrt{2}} \right] \tag{2.120}$$

sind im übrigen identisch mit den Basisfunktionen der DCT, Walsh-Hadamard- und Haar-Transformationen bei der Blocklänge $U=2$. Die Analysegleichungen lauten

$$c_0(n') = \frac{\sqrt{2}}{2} \cdot (x(n+1)+x(n)) \quad ; \quad c_1(n') = \frac{\sqrt{2}}{2} \cdot (x(n+1)-x(n)) \quad ; \quad n'=n/2. \tag{2.121}$$

Durch Umformung folgt mit der Bedingung $y(n)=x(n)$ unmittelbar die perfekte Rekonstruktion :

$$y(n) = \frac{\sqrt{2}}{2} \cdot (c_0(n')-c_1(n')) \quad ; \quad y(n+1) = \frac{\sqrt{2}}{2} \cdot (c_0(n')+c_1(n')). \tag{2.122}$$

An der Position $n+1$ trifft der negative Koeffizient in $g(n)$ auf einen Nullwert im interpolierten Hochpaßsignal, an der Position n ist es umgekehrt. In diesem besonderen Fall werden nur 2 Signalwerte zur Berechnung von 2 Teilbandsignalwerten herangezogen; daher ist das Prinzip identisch mit einer *Blocktransformation*, bei der ebenfalls Signalwerte außerhalb des Blockes nicht berücksichtigt werden. Allerdings ist wegen der niedrigen Filterordnung der Amplitudengang extrem flach. Das Tiefpaßfilter besitzt nur eine Nullstelle bei $z=-1$ ($\Omega=\pi$), das Hochpaßfilter bei $z=1$ ($\Omega=0$), weshalb die Teilbandsignale nach der Unterabtastung eine hohe Aliasenergie enthalten.

Linearphasige QM-Filter höherer Ordnung gewährleisten grundsätzlich keine perfekte Rekonstruktion, sie können aber so optimiert werden, daß (2.117) möglichst gut approximiert wird. Die Trennschärfe zwischen den einzelnen Teilbandsignalen ist um so besser, je höher die Filterordnung gewählt wird. Tabellen mit geeigneten Filterkoeffizienten können z.B. [JOHNSTON 1980], [SIMONCELLI, ADEL-

SON 1991] entnommen werden. Abb. 2.41 stellt die Amplitudengänge des Filters aus (2.120) und eines QMF 15. Ordnung gegenüber.

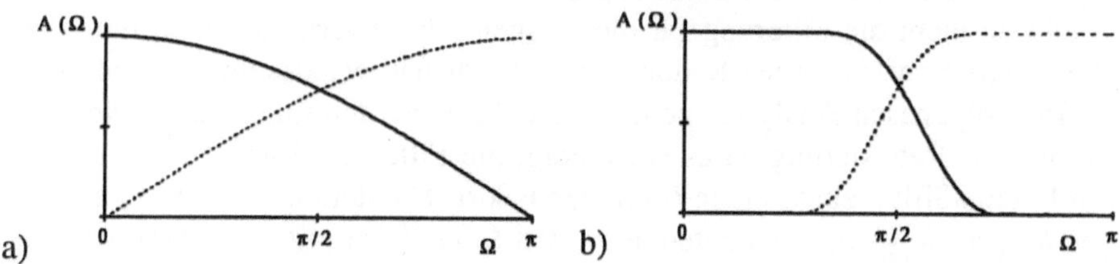

Abb. 2.41. Amplitudengänge (— Tiefpaß, ··· Hochpaß) **a** der Filter aus (2.120) **b** von Filtern 15. Ordnung nach [JOHNSTON 1980]

Perfekte Rekonstruktionsfilter. Filter mit perfekter Rekonstruktion (*perfect reconstruction filter, PRF*), die die allgemeinen Bedingungen (2.112) und (2.113) erfüllen, sind bei einer Filterlänge $P>2$ zwar noch als Filter mit linearer Phase realisierbar; jedoch ist es dann nicht mehr möglich, die Hochpaßfilter als exakt "modulierte Versionen" der Tiefpaßfilter zu realisieren : Hierzu wäre gemäß (2.115) eine alternierende Multiplikation der Hochpaß-Impulsantwort mit "+1" und "-1" notwendig. Es können sich daher mit PRFs unterschiedliche Bandbreiten der einzelnen Frequenzbänder ergeben.

Beispiel. Das folgende Analyse-/Synthese-Filterpaar nach [LE GALL, TABATABAI 1988] wurde auf Grund der Kürze der Impulsantwort, wie auch auf Grund der Koeffizientenwerte (sie sind ganzzahlig, bzw. die Binärmultiplikation ist bei diesen Vorfaktoren in einem Schieberegister durchführbar), für Realisierungen mit niedriger Komplexität vorgeschlagen :

$$H_0(z) = \frac{1}{4}(1+3z^{-1}+3z^{-2}+z^{-3}) \quad ; \quad H_1(z) = \frac{1}{4}(1+3z^{-1}-3z^{-2}-z^{-3})$$
$$G_0(z) = \frac{1}{4}(-1+3z^{-1}+3z^{-2}-z^{-3}) \quad ; \quad G_1(z) = \frac{1}{4}(-1+3z^{-1}-3z^{-2}+z^{-3}). \tag{2.123}$$

Filter dieses Typs werden auch als *short kernel filter* (SKF) bezeichnet. Man beachte, daß weder $H_1(z)$ eine modulierte Version von $H_0(z)$ ist, noch das Synthesefilter $G_0(z)$ denselben Amplitudengang wie $H_0(z)$ besitzt.

Weitere Filtertypen. Das Problem der perfekten Rekonstruktion ist auch für weitere, insbesondere nicht-linearphasige Filter lösbar. Hierzu gehören IIR-Filter [VAIDYANATHAN, REGALIA, MITRA 1987], [SMITH 1991], [HERLEY, VETTERLI 1993] ebenso wie der Typ der *conjugate quadrature filters* (CQF) [VANDENTHORPE 1992]. Eine besondere Aufmerksamkeit ist auch dem Entwurf *modulierter Filterbänke* gewidmet worden [VETTERLI 1991], die einige realisierungstechnische Vorteile aufweisen. In diesem Zusammenhang sei auch auf die *blocküberlappenden Transformationen* [MALVAR 1991] verwiesen, die weiter unten noch ausführlicher behandelt werden.

Polyphasensysteme. Teilbandanalyse- und -synthesefilter können effizient als *Polyphasensysteme* realisiert werden. Da bei der im Analyseteil auf die einzelnen Bandpaßfilter folgenden Unterabtastung ohnehin nur jeder Ute Abtastwert erhalten bleibt, braucht die Filterung für die übrigen Abtastwerte gar nicht durchgeführt zu werden, was zu einer Reduktion des Rechenaufwandes um den Faktor U führt. Im Polyphasen-Analysesystem erfolgt die Unterabtastung bereits *vor* der Filterung. Zur Realisierung ist es notwendig, die Filterimpulsantworten der einzelnen Bandpaßfilter ebenfalls in U um den Faktor U unterabgetastete Impulsantworten $h_{u,A}(n)$, $h_{u,B}(n)$, ... aufzuteilen, so daß U Teilfilter mit den Übertragungsfunktionen $H_{u,A}(z)$, $H_{u,B}(z)$, ... entstehen (vgl. Abb. 2.42, am Beispiel $U=2$). Ebenso braucht im Syntheseteil die Filterung nicht auf die bei der Interpolation aufgefüllten Nullen angewandt zu werden. Durch Verlagerung der Interpolation hinter das Synthesefilter läßt sich dort ebenfalls die Anzahl der arithmetischen Operationen um den Faktor U reduzieren.

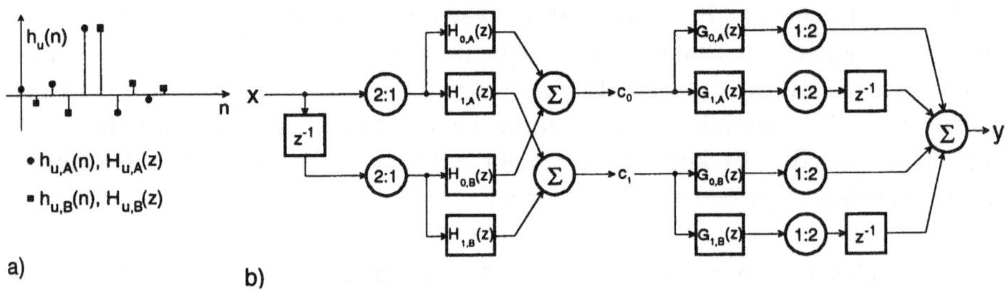

Abb. 2.42. Realisierung der Teilbandanalyse und -synthese als Polyphasensystem, $U=2$
a Aufteilung der Impulsantwort in Teilantworten $h_A(n)$ und $h_B(n)$
b Struktur des Polyphasensystems

Zusätzlich können bei den Filteroperationen noch Multiplikationen eingespart werden, wenn symmetrische Filter linearer Phase verwendet werden, und wenn die Filterkoeffizienten des Tiefpaß- und Hochpaßzweiges identisch sind. So kann z.B. bei den Filtern nach (2.114) der Aufwand an Multiplikationen sowohl bei der Analyse, als auch bei der Synthese nochmals um den Faktor 4 reduziert werden.

Kaskadenstrukturen. In einer *Kaskadenstruktur* kann ein Teilbandsystem mit U Teilbändern *gleicher Bandbreite* ($U=2^T$) durch Hintereinanderschaltung von T Systemen mit je 2 Teilbändern aufgebaut werden, wie es in Abb. 2.43 dargestellt ist. Die Impulsantwort eines Bandpaßfilters im Gesamtsystem ergibt sich also durch Hintereinanderschaltung mehrerer einzelner Tiefpaß- und/oder Hochpaßfilter. Die Rechenintensität ist in einem solchen Kaskadensystem geringer als in einem parallelen System gleicher Zerlegungsbandbreite, da die Zwischensignale der Kaskadenstufen mehrfach verwendet werden, und bereits nach jeder Stufe eine Unterabtastung stattfindet. Kaskadensysteme besitzen damit eine Analogie zu schnellen Algorithmen für lineare Transformationen (vgl. Abschn. 2.4.5). So ist z.B. ein kaskadiertes Teilbandsystem, basierend auf den Filtern aus (2.120), realisiert in Polyphasenstruktur, identisch mit schnellen Algorithmen zur Berechnung der Walsh-Hadamard-Transformation.

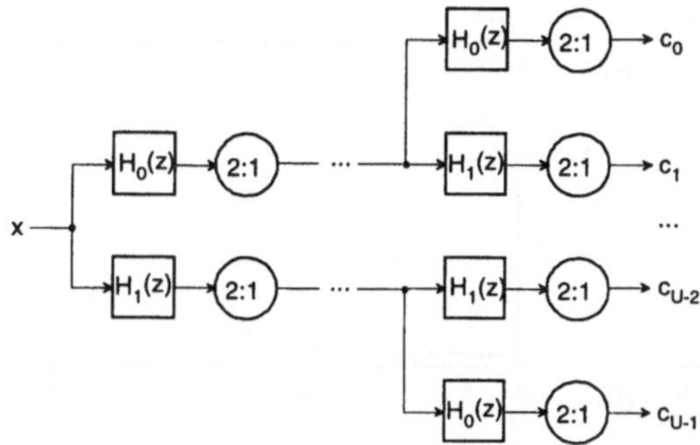

Abb. 2.43. Realisierung der Teilband-Analysefilterung als Kaskadensystem

Man beachte jedoch, daß bei der Unterabtastung und Verschiebung der Hochpaßkomponente in das Basisband eine Frequenzinversion stattfindet (vgl. Abschn. 2.6.1). Um die Frequenzbänder dennoch in aufsteigender Reihenfolge (u=0,1,...,U-1) anzuordnen, wird daher im unteren Zweig das Tiefpaßfilter eingesetzt, um das tatsächlich höherfrequentere Teilbandsignal zu generieren.

2.6.3 Lineare Transformationen und Teilbandzerlegung

Interpretation blockweiser, linearer Transformationen als Teilbandsysteme. Wir wollen nun eine lineare Blocktransformation der Blocklänge U als Teilbandanalyse-System mit U Bändern interpretieren. Hierzu sind die Basisvektoren der Transformation nun als Impulsantworten von Bandpaßfiltern zu begreifen, welche als Besonderheit ebenfalls die Länge U besitzen; das Signal wird parallel mit ihnen gefaltet. Die Ausgangssignale der einzelnen Filter werden um den Faktor $1:U$ unterabgetastet. Diese Unterabtastung findet bereits *vor* der eigentlichen blockweisen Transformation statt, denn die Transformation wird ja nur einmal pro Block der Länge U durchgeführt. Das ist vom Prinzip her nichts anderes als die Polyphasen-Realisierung eines Teilbandsystems. Wir erhalten eine weitere Sichtweise zur Beurteilung blockweiser linearer Transformationen, wenn wir diese - wie bereits in Abschn. 2.4.4 geschehen - als Mittel begreifen, den lokalen Gehalt eines Signals an bestimmten Spektralkomponenten zu analysieren. Nun stellt sich die Frage, wie gut die *Trennschärfe* der hierbei analysierten Spektralkomponenten zueinander ist. Abb. 2.44 zeigt als Beispiel einige Basisvektoren der DCT mit U=16, sowie die Amplitudengänge ihrer Übertragungsfunktionen. Der tieffrequenteste Basisvektor ist eine Rechteckfunktion, welche ein Spektrum des Verlaufes $\sin\Omega/\Omega$ besitzt, welches deutliche Nebenmaxima aufweist. Die Spektren der übrigen Basisvektoren zeigen eine ähnlich schlechte Trennschärfe.

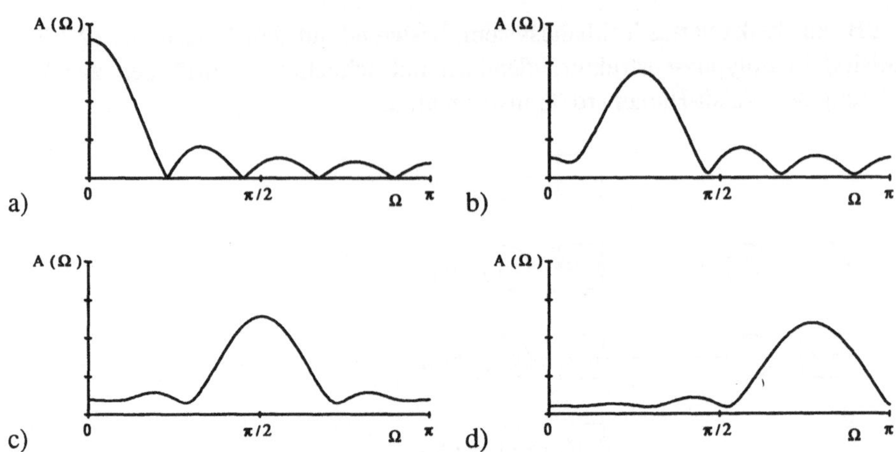

Abb. 2.44. Spektren von DCT-Basisvektoren **a** c_0 **b** c_2 **c** c_4 **d** c_6

Betrachten wir das inverse Problem, die Signalinterpolation während der Synthese, so definieren die tieffrequentesten Basisvektoren der Transformationen aus (2.90), (2.92) und (2.93) offensichtlich das Halteglied nullter Ordnung in (2.105). Die üblichen linearen Transformationen bewirken also die schlechteste "Interpolation", die überhaupt möglich ist.

Teilbandanalyse und -synthese als Matrizenoperationen. Da wir die FIR-Filterung begrenzter Bildsignale sowie die Dezimation und Interpolation als Matrizenoperationen ausdrücken konnten (vgl. Abschn. 2.3.5 und 2.5.3), muß dies auch für Teilband-Filterbänke möglich sein. Das Polyphasen-Analysesystem mit U Teilbändern und kritischer Unterabtastung läßt sich bei der Teilbandzerlegung eines begrenzten Signals der Länge N beschreiben als

$$c_u(n') = \sum_{n=0}^{N-1} x(n) h_u(Un' - n). \qquad (2.124)$$

Hierbei erfolgt zwar die Summierung formal über die gesamte Signallänge N, jedoch werden im Normalfall viele Impulsantwortwerte $h_u(\cdot)$ den Wert Null annehmen. Die $c_u(n')$ können ebenso wie das Signal $x(n)$ in einem Vektor gruppiert werden, und (2.124) lautet dann in Matrizenschreibweise :

$$\mathbf{c} = \mathbf{H} \cdot \mathbf{x} \quad ; \quad \mathbf{c} = \left[c_0(0), c_0(1), \ldots, c_0(N/U-1), c_1(0), \ldots, c_{U-1}(N/U-1) \right]^{\mathrm{T}}. \qquad (2.125)$$

Die Gleichung des Polyphasen-Synthesesystems lautet

$$y(n) = \sum_{u=0}^{U-1} \sum_{n'=0}^{N/U-1} c_u(n') g_u(n - Un'). \qquad (2.126)$$

Hieraus ergibt sich ebenfalls eine Matrizenschreibweise, aus der sofort die Bedingung für eine perfekte Rekonstruktion folgt :

$$y = G \cdot c = G \cdot H \cdot x \quad ; \quad x \overset{!}{=} y \Rightarrow \quad G \cdot H = I \quad \Rightarrow \quad G = H^{-1}. \tag{2.127}$$

(2.125) und (2.127) beschreiben im einfachsten Fall eine lineare Transformation nicht für einen einzelnen Block, sondern für *alle* Blöcke in einem begrenzten Signal. Hierdurch eröffnet sich eine neue Möglichkeit : Die Basisvektoren der Transformation sind in ihrer Länge P nicht mehr automatisch durch den Unterabtastungsfaktor U bestimmt. Auf dieser Basis wurden verschiedene Transformations-Algorithmen entwickelt, die *blocküberlappend* arbeiten. Bezeichnungen dieser Verfahren sind z.B. *TDAC* (*time domain aliasing cancellation*) [PRINCEN, BRADLEY 1986] und *LOT* (*lapped orthogonal transform*) [MALVAR, STAELIN 1989]. Da meist mit von Cosinusfunktionen abgeleiteten Basisvektoren gearbeitet wird, findet neuerdings auch die allgemeinere Bezeichnung *cosine modulated filter banks* [KOILPILLAI, VAIDYANATHAN 1992] Anwendung. Alle diese Systeme lassen sich aber am besten vor dem Hintergrund der Teilbandcodierung interpretieren.

Beispiel. TDAC-Filterbank mit Zerlegung in U Teilbandsignale. Die Analyse- und Synthesefilter des $u$ten Bandes besitzen die Impulsantworten

$$h_u(n) = w(n) \cdot \cos\left[\frac{\pi}{U} \cdot (u+0,5) \cdot (n+0,5-U/2) \right] \tag{2.128}$$

$$g_u(n) = \frac{2}{U} \cdot w(n) \cdot \cos\left[\frac{\pi}{U} \cdot (u+0,5) \cdot (n+0,5-U/2) \right]. \tag{2.129}$$

$w(n)$ ist eine Fensterfunktion der Länge $2 \cdot U$, welche die Eigenschaften

$$\begin{aligned} w(n) &= w(2U-1-n) \\ w^2(n+U) &+ w^2(n) = 1 \end{aligned} \tag{2.130}$$

erfüllen muß. Sinnvoll ist z.B. die Wahl eines Sinusfensters

$$w(n) = \sin\left(\frac{\pi}{2U} \cdot (n+0,5) \right). \tag{2.131}$$

Aus (2.128) und (2.129) ist ersichtlich, daß die Hin- und Rücktransformation bis auf einen Skalierungsfaktor A identische Operationen sind. Bei linearen Transformationen galt in einem solchen Fall $T^{-1} \cong T^T$. Eine Teilband-Transformationsmatrix gemäß (2.127), für die in entsprechender Weise die Bedingung

$$G = H^{-1} \cong H^T \tag{2.132}$$

erfüllt ist, wird *paraunitär* genannt. Offensichtlich garantieren derartige Matrizen stets eine perfekte Rekonstruktion, da eine Invertierbarkeit von H sichergestellt ist. Aus (2.132) können aber noch 2 zusätzliche Folgerungen gezogen werden : Zum einen müssen die Basisvektoren gemäß (2.38) und (2.39) *orthogonal* sein, zum anderen müssen identische Faktoren (Filterkoeffizienten) in unterschiedlichen Basisvektoren auftreten, wodurch sich die Möglichkeit ergibt, *schnelle Berechnungsalgorithmen* zu realisieren. Bei cosinusmodulierten Filterbänken basieren diese im Kern stets auf einem schnellen DCT-Algorithmus. Abb. 2.45 zeigt die Basisvektoren (Länge 32 Abtastwerte) und Basisspektren einer blocküberlappenden Transformation (TDAC) mit $U=16$. Deutlich erkennbar sind bei einem Vergleich mit Abb. 2.44 die gegenüber der DCT wesentlich geringeren Nebenmaxima. Hierdurch ergibt sich sowohl eine verbesserte Trennschärfe bei der Frequenzanalyse, als auch eine auf Grund der längeren Filterimpulsantworten verbesserte Interpolation während der Synthese.

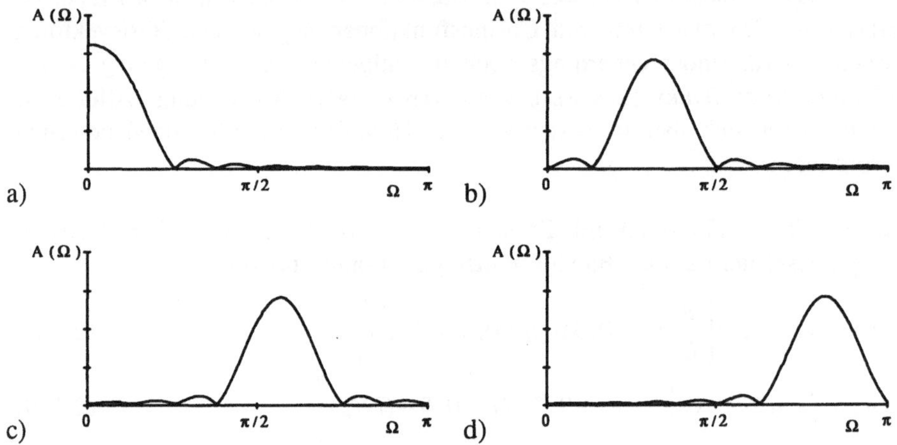

Abb. 2.45. Spektren vonTDAC-Basisvektoren **a** c_0 **b** c_2 **c** c_4 **d** c_6

2.6.4 Wavelet-Transformation

Systeme mit ungleichförmiger Frequenzaufteilung. Es besteht mit kaskadierten Teilbandsystemen auch die Möglichkeit, eine *nicht-gleichförmige* Frequenzaufteilung vorzunehmen. Abb. 2.46 zeigt Struktur und Frequenzaufteilung eines Teilbandsystems zur *Oktavbandanalyse*. In diesem Fall verfeinert sich die Frequenzauflösung mit jeder hinzukommenden Kaskadenstufe um den Faktor 2. Andererseits wird die Länge der gesamten Impulsantwort des Analysefilters in einem einzelnen Frequenzband mit jeder hinzukommenden Stufe um den Faktor 2 größer. Eine feinere Frequenzauflösung ist also nur durch Einführung eines größeren Analysefensters zu erzielen, was wiederum bewirkt, daß die *lokale Feinstruktur* des Signals bei der Frequenzanalyse nur ungenau erfaßt wird. Dieses Phänomen wurde bereits in Zusammenhang mit den Blocktransformationen festgestellt (vgl. Abschn. 2.4.1) : Die Auflösungsgenauigkeit im Signalbereich verhält sich *umgekehrt proportional* zur Auflösungsgenauigkeit im Frequenzbereich. Es stellt sich nun die Frage, ob es denn überhaupt notwendig sei, über alle Frequenzbänder eine gleich große Auflösungsgenauigkeit zu erhalten.

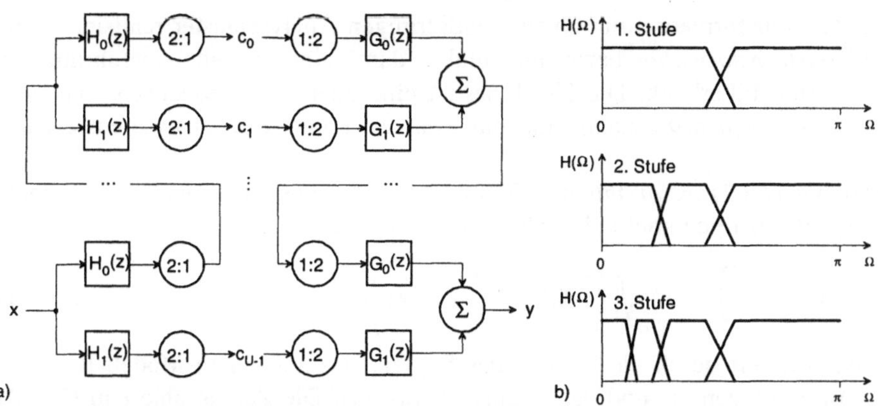

Abb. 2.46. Teilbandsystem mit Oktavbandeinteilung.
a Struktur der Analyse- und Synthesestufen **b** Frequenzbandeinteilung

Beispiel. Ein einzelner Impuls als Bildsignalkomponente besitzt ein *weißes Spektrum*, d.h. alle Frequenzen sind im 2D-Amplitudenspektrum gleichmäßig vertreten. Er unterscheidet sich von einem beliebigen weißen Rauschsignal lediglich bezüglich des Phasenspektrums, welches beim Impuls eine lineare Abhängigkeit von seiner Ortsposition aufweist, während es beim weißen Rauschen zufälliger Natur ist. Bei einer Analyse mit verfeinerter Ortsauflösung könnte man beim Impuls sofort dessen *Position* feststellen, d.h. ortsabhängige, hochfrequente Spektralkomponenten würden *nur dort* auftreten, während sie beim weißen Rauschsignal *überall* präsent wären. Bei natürlichen Bildsignalen können wir zwar keinen Impulscharakter feststellen, jedoch sind plötzliche Amplitudensprünge auch nur an bestimmten lokalen Positionen, vor allem an Objektgrenzen, vorhanden. Andererseits stellt man Flächen mit gleichmäßiger Grundhelligkeit fest, die eine Analyse über einen größeren Bereich rechtfertigen. Es ist also durchaus angebracht, die langsam veränderlichen tieffrequenten Komponenten im Frequenzbereich, die schnell veränderlichen hochfrequenten Komponenten hingegen im Signalbereich mit größerer Auflösungsgenauigkeit zu analysieren.

Kurzzeit-Fouriertransformation und Wavelet-Transformation. Als Beispiele zeit- bzw. ortsabhängiger, diskreter Spektralanalysen können die bereits behandelten Blocktransformationen, wie auch, bei Blocküberlappung, die modulierten Filterbänke (Abschn. 2.6.3) betrachtet werden. Ein zeit- und frequenzkontinuierliches Gegenstück hierzu ist die *Kurzzeit-Fouriertransformation* (*short time Fourier transform, STFT*)

$$ST_x(j\omega,t) = \int\limits_{-\infty}^{\infty} x(\tau)\cdot w(\tau - t)\cdot e^{-j\omega\tau}d\tau. \tag{2.133}$$

Diese analysiert das Frequenzverhalten eines Signals über einen begrenzten Zeitraum unter Zuhilfenahme eines endlichen Analysefensters $w(t)$. Die STFT, als diskrete Transformation mit einem gaußförmigen Analysefenster realisiert, wird als *Gabortransformation* bezeichnet, und ist damit eine spezielle Ausführung der modulierten Filterbank. Die STFT besitzt eine über alle Frequenzen *konstante Zeit- und Frequenzauflösung*, die nur von der Länge des Analysefensters abhängt.

Die *Wavelet-Transformation* (*WT*) ist ebenfalls eine orthogonale, im Signal- und Spektralbereich kontinuierliche Transformation :

$$WT_x^{(\gamma)}(t,f) = \int\limits_{-\infty}^{\infty} x(\tau) \cdot \sqrt{|f / f_0|} \cdot \gamma\left(\frac{f}{f_0}(\tau - t)\right) d\tau. \tag{2.134}$$

Sie ist definiert durch die Faltung des Signals $x(t)$ mit einem Modell-Bandpaß der Mittenfrequenz f_0 und der Impulsantwort $\gamma(t)$. Die Zeitvariable t in (2.133) und (2.134) kann ebenso durch die Ortsvariablen r und s ersetzt, auch können die Gleichungen auf den mehrdimensionalen Fall erweitert werden. Das Ausgangssignal der WT ist - wie bei der STFT - sowohl von der Frequenz, als auch vom Analysezeitpunkt abhängig. Die begrenzte Impulsantwort $\gamma(t)$ des Modellbandpasses wird jedoch mit steigender Analysefrequenz f auf der Zeitachse immer mehr gestaucht. Hierdurch ergibt sich ein Bandpaß mit f als Mittenfrequenz, der aber gleichzeitig eine zu f umgekehrt proportionale Impulsantwortlänge besitzt. Wir erhalten daher bei tiefen Frequenzen eine sehr hohe Auflösung im Frequenzbereich, aber eine geringe Auflösung im Signalbereich, während sich bei hohen Frequenzen eine sehr geringe Auflösung im Frequenzbereich, aber eine hohe Auflösung im Signalbereich ergibt. Die Bandpaß-Modellfunktion der WT, $\gamma(t)$ (als *Wavelet* bezeichnet) soll zu ihren gestauchten Versionen orthogonal sein, ebenso wie bei der Kurzzeit-Fouriertransformation die analysierenden e-Funktionen durch Modulation ineinander überzuführende Komponenten einer orthogonalen Transformation darstellen. Bandpaß-Analysefilter, die durch Modulation eines Modell-Tiefpaßfilters entstehen, führen daher ebenfalls auf orthogonale Teilbandsignale.

Diskrete Wavelet-Transformation. Bei einer *diskreten Wavelet-Transformation* (*DWT*) wird die Analyse nach (2.134) durch eine diskrete Faltung übernommen, die Anzahl der Frequenzbänder wird endlich :

— Die DWT benutzt im Gegensatz zu den klassischen Transformationen keine Basisfunktionen konstanter Länge; die Länge der Impulsantworten verhält sich vielmehr reziprok zur Bandbreite des analysierten Frequenzbereiches.

— Bei tiefen Frequenzen sind die Werte im Signalbereich stark unterabgetastet, während die Bandbreite gering ist; das Produkt von Bandbreite und Unterabtastungsfaktor ist in allen Frequenzbändern konstant.

Das Analyseverhalten (Auflösungsschärfe) von DWT und DFT im Zeit- und Frequenzbereich ist in Abb. 2.47 gegenübergestellt. Die DWT ist in der praktischen Ausführung nichts anderes als die bereits in Abb. 2.46 dargestellte *Teilbandzerlegung in Oktavbänder*. Die *Komplexität* der DWT kann wegen der mit wachsender Frequenz geringer werdenden Filterlängen niemals größer werden als das Doppelte der zur Berechnung des tieffrequentesten Basisbandes notwendigen Komplexität. Teilbandverfahren mit ungleichförmiger Teilbandzerlegung bieten daher eine effizientere Realisierung der Frequenzanalyse als lineare Transformationen, welche unnötigerweise die hochfrequenten Anteile mit hoher Frequenzauflösung darstellen.

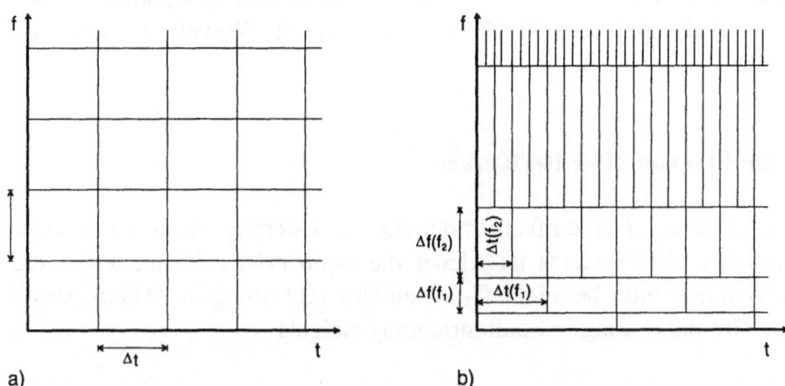

Abb. 2.47. Auflösungsgenauigkeit im Signal- und Frequenzbereich
a bei DFT **b** bei DWT

Die in Abschn. 2.4.3 beschriebene Haar-Transformation wird auch als *Haar-Wavelet-Transformation* bezeichnet, und stellt tatsächlich die einfachstmögliche Realisierung der DWT dar, bei der die Filter aus (2.120) verwendet werden. Realisierungen mit Filtern längerer Impulsantwort - durch andere Wahl der $\gamma(t)$-Funktion - erlauben allerdings eine schärfere spektrale Trennung der Frequenzbänder.

So weit ist die DWT noch keine wesentliche Neuerung gegenüber den bereits eingeführten Teilbandsystemen. Ein interessanter Aspekt ergibt sich aber bezüglich des *Filterentwurfs* für kaskadierte Analysesysteme. In dem in Abschn. 2.6.2 beschriebenen 2-Band-System wurde zwar schon die Orthogonalität der Hochpaß- und Tiefpaßfilter betrachtet. Filter, die in diesem Sinne zu ihren *modulierten Versionen* orthogonal sind, müssen aber noch nicht unbedingt zu *skalierten Versionen* ihrer selbst orthogonal sein. Tatsächlich findet aber in kaskadierten Teilbandsystemen eine mehrfache Hintereinanderschaltung ein und desselben Filters statt, wobei auf Grund der Unter- und Überabtastung die Filterimpulsantwort jeweils skaliert, d.h. um den Faktor 2 gestaucht oder gedehnt wird. Filter, die sowohl gegenüber ihren modulierten, als auch gegenüber ihren skalierten Versionen orthogonal sind, werden als *biorthogonal* bezeichnet. Der Entwurf derartiger Filter wird z.B. in [DAUBECHIES 1988] beschrieben.

Wavelet-Packets. Auch die Vorgabe einer Oktavbandeinteilung stellt noch eine gewisse Einschränkung dar, die nicht für die Frequenzzerlegung jeder Art von

Signal optimal sein muß. Als *Wavelet-Packet*-Analyse [RAMCHANDRAN, VETTERLI 1993] bezeichnet man daher eine Variante der DWT, bei der die Analysebandbreiten in jedem einzelnen Frequenzbereich *nahezu beliebig wählbar* sind, d.h. je nach den Erfordernissen können auch die Hochpaß-Analysezweige in Abb. 2.46 einzeln für sich noch weiter zerlegt werden, jedoch muß man dabei weder eine gleichförmige noch eine Oktavband-Frequenzzerlegung herauskommen. Damit stellen sowohl die STFT (im diskreten Fall : Block- und blocküberlappende Transformationen) als auch die WT/DWT *Sonderfälle* der Wavelet-Packet-Analyse dar.

2.6.5 Eigenschaften von 2D-Filterbänken

Separierbare Systeme. Die einfachstmögliche Realisierung eines zwei- oder mehrdimensionalen SBC-Systems ist wieder die *separierbare* Form, wobei die Analyse- und Synthesefilter bei einer U-fachen Unterabtastung in Zeilen-, sowie einer V-fachen Unterabtastung in Spaltenrichtung sich als

$$h_{u,v}(m,n) = h_u(m) \cdot h_v(n)$$

$$g_{u,v}(m,n) = g_u(m) \cdot g_v(n)$$

$$(2.135)$$

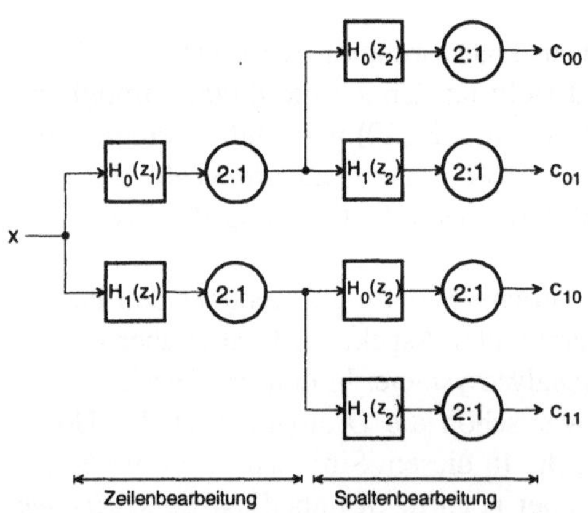

Abb. 2.48. Separierbares 2D-SBC-System

ergeben. Der gesamte Unterabtastungsfaktor werde als $U^*=U \cdot V$ bezeichnet. Bei einem 2D-System mit zweifacher Zerlegung pro Dimension ($U=2$, $V=2$, $U^*=4$) ist es vom Realisierungsaufwand her am sinnvollsten, eine Kaskadenstruktur zu verwenden, bei der zuerst in einer Dimension gefiltert und unterabgetastet wird, sodann die *bereits reduzierte* Anzahl von Abtastwerten der 2. Stufe zugeführt wird. Ein derartiges System ist in Abb. 2.48 gezeigt. Bei einer weiteren Zerlegung ist zu beachten, daß das Teilbandsignal c_{01} in vertikaler Richtung, c_{10} in horizontaler Richtung, und c_{11} in beiden Richtungen frequenzinvertiert sind. In folgenden 2D-Zerlegungsstufen muß daher entsprechend Abb. 2.43 ein Vertauschen von Tiefpaß- und Hochpaßzweigen bei der Zeilen- und/oder Spaltenbearbeitung erfolgen, um eine korrekte, der aufsteigenden Frequenz entsprechende Gruppierung der Teilbandsignale zu erhalten.

Abb. 2.49a zeigt die zum System in Abb. 2.48 gehörige Aufteilung der Frequenzbänder im 2D-Spektralbereich. Abb. 2.49b zeigt eine Unterteilung in 16 Frequenzbänder, wie sie durch Hintereinanderschaltung von zwei horizontalen und zwei vertikalen Zerlegungsstufen erreicht wird.

Die Bilder 2.49c und 2.49d stellen schließlich zwei unterschiedliche Arten von 2D-Oktavbandunterteilungen dar. Hierbei ist das Beispiel in Abb. 2.49c mit 9 Frequenzbändern durch separierbare Oktavbandzerlegung realisierbar. Bei der gebräuchlicheren Zerlegungsart nach Abb. 2.49d in 7 Frequenzbänder (oftmals auch als 2D-DWT bezeichnet) muß dagegen zuerst die zweidimensionale Zerlegung nach Abb. 2.49a erfolgen, wonach dann lediglich die tieffrequenteste Komponente c_{00} nochmals weiter zerlegt wird. Man beachte, daß sich in diesem Fall der gesamte Zerlegungsfaktor U^* nicht mehr als das Produkt der einzelnen Zerlegungsfaktoren in Zeilen- und Spaltenrichtung ergibt. Die Auflösung der tieffrequentesten Spektralbereiche ist bei Abb. 2.49b-d identisch. Abb. 2.50 stellt einige der Zerlegungen entsprechend Abb. 2.49 am Beispiel eines Bildsignals dar.

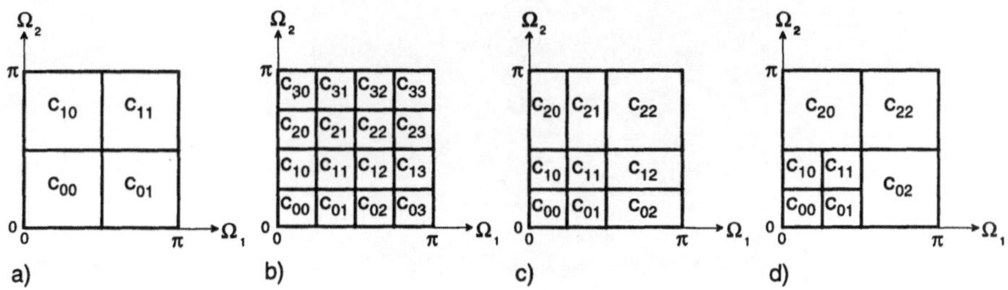

Abb. 2.49. Aufteilungen des 2D-Frequenzbereiches.
a 4 Bänder **b** 16 Bänder **c** Oktavband I, 9 Bänder **d** Oktavband II, 7 Bänder (2D-DWT)

Nichtseparierbare Systeme. Bei nichtseparierbaren 2D-Systemen müssen Analyse- und Synthesefilterung sowie die Unterabtastung direkt zweidimensional vorgenommen werden. Ein Beispiel hierfür ist die Quincunx-Unterabtastung in Abschn. 2.5.1. Es lassen sich QMFs oder auch Filterpaare mit perfekter Rekonstruktionseigenschaft entwerfen, die ein rechteckförmig abgetastetes Bildsignal in jeweils quincunxförmig abgetastete Tiefpaß- und Hochpaßkomponenten zerlegen [KOVACEVIC, VETTERLI 1992].

Vielfachauflösung durch Teilbandzerlegung. Eine interessante Anwendung der 2D-DWT ist wiederum eine Bildsignalrepräsentation in *Vielfachauflösung*. So können alle 4 Teilbänder aus Abb. 2.49a das HDTV-Format, das Teilbandsignal c_{00} allein für sich das TV-Format repräsentieren. Bei weiterer Zerlegung gemäß Abb. 2.49d ergibt sich mit noch geringerer Auflösung c_{00} als SIF-Format. Im Gegensatz zur den Pyramidenrepräsentationen (Abschn. 2.5.4) entsteht aber nun keine größere Anzahl an Abtastwerten als im ursprünglichen Bildsignal.

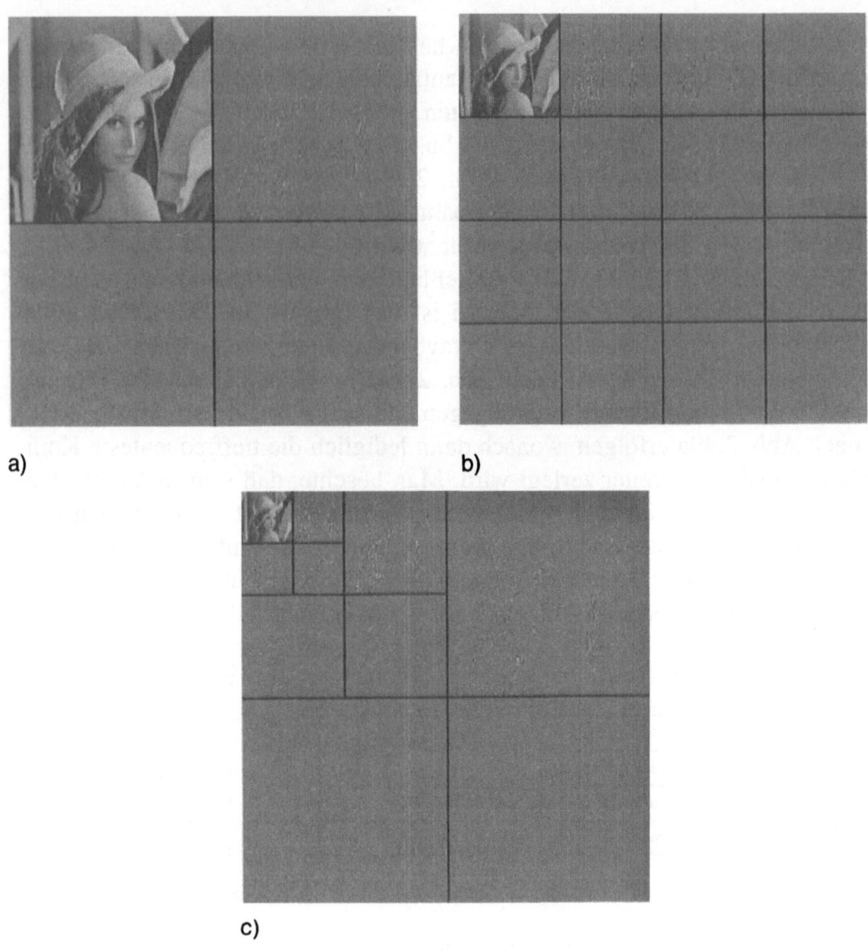

Abb. 2.50. Zerlegungen in Teilbänder (4fach verstärkt, außer c_{00}) **a** entsprechend Abb. 2.49a **b** entsprechend Abb. 2.49b **c** entsprechend Abb. 2.49d, Band c_{00} nochmals zerlegt

Randfortsetzung von Bildsignalen bei Teilbandanalyse und -synthese. Anders als die Blocktransformationen, müssen Teilbandfilter mit längeren Impulsantworten am Bildrand auf Werte außerhalb des Bildsignals zugreifen. Dies gilt sowohl für die Analyse-, als auch für die Synthesefilter. Um zu vermeiden, daß die Teilbandrepräsentation dadurch mehr Abtastwerte als das ursprüngliche Bildsignal enthält (was eigentlich notwendig wäre, um die Synthese an den Bildrändern zu ermöglichen), müssen geeignete Randfortsetzungen definiert werden. Hier eignen sich wieder die Methoden der periodischen (zyklischen) Fortsetzung, der antiperiodischen (spiegelsymmetrischen) Fortsetzung und der wertkonstanten Fortsetzung (sh. Abb. 2.14) [KARLSSON, VETTERLI 1989]. Da alle diese Methoden sich als Matrizenoperation nach (2.125) beschreiben lassen, muß nach (2.127) auch stets eine perfekte Rekonstruktion möglich sein. Allerdings sind die antiperiodischen und die wertkonstanten Fortsetzungen gegenüber der periodischen vorzuziehen, da letztere bei Helligkeitsdifferenzen zwischen den Rändern des Bildsignals starke Anteile in den hochfrequenten Teilbändern produziert.

2.7 Nichtlineare Methoden der Bildverarbeitung

2.7.1 Nichtlineare Filter

Medianfilter und Rank Order Filter. Der *Medianwert* ist der Wert aus einer Anzahl von Meßwerten, für den gilt, daß genau die Hälfte der Meßwerte kleiner oder gleich, die andere Hälfte größer oder gleich ist. Bei der Medianfilterung eines Bildes werden als Meßwerte die Helligkeitswerte aus einer begrenzten Filtermaske benutzt, welche eine ungerade Zahl an Bildpunkten enthalten muß (z.B. 3x3 Bildpunkte, in der Mitte der Originalwert an der Filterposition, wie bei der linearen Filterung in Abb. 2.13). Der Medianwert wird dann als gefilterter Ausgangswert an der Position der Mitte der Filtermaske eingesetzt. Medianfilterung eignet sich zu einer Elimination einzelner Werte, die ungewöhnliche Abweichungen von ihrer Umgebung zeigen. Sie kann aber auch zur Prädiktion eingesetzt werden.

Beispiel : Medianfilter 3x3. Wir betrachten das in (2.136) gegebene Eingangssignal **x**. Zur sinnvollen Ausführung der Medianfilterung werde am Bildrand wieder mit einer wertkonstanten Fortsetzung gerechnet. Exemplarisch soll nun die Filterung mit einer Medianfiltermaske der Größe 3x3 an der Position des zweiten Bildpunktes in der zweiten Zeile (Wert 10) durchgeführt werden. Die Filtermaske liefert die Werte **m**=[10,10,20,20,10,20,10,10,10]. Diese werden nach ihrer Größe umsortiert, um auf diese Weise den Medianwert MED[**m**]=10 zu finden, der (unterstrichen) genau in der Mitte des umsortierten Feldes [10,10,10,10,10,10,20,20,20] steht. Der Bildpunkt bleibt also unverändert. Anders ist es mit dem dritten Bildpunkt in der dritten Zeile (ebenfalls Wert 10), bei dem die Filtermaske die Werte **m**=[10,20,20,10,10,20,10,20,20] und das umsortierte Feld [10,10,10,10,20,20,20,20,20] liefert, womit der Wert auf MED[**m**]=20 geändert wird. Das gesamte Ergebnis ist in (2.136) als Ausgangsbild **y** gegeben. Es ist leicht zu erkennen, daß die Wirkung der Medianfilterung in einer Elimination einzelner, ungewöhnlich von ihrer Umgebung abweichender Bildpunkte sowie in der Begradigung von Kanten besteht.

$$\mathbf{x} = \begin{bmatrix} 10 & 10 & 20 & 20 \\ 20 & 10 & 20 & 20 \\ 10 & 10 & 10 & 20 \\ 10 & 10 & 20 & 20 \end{bmatrix} \quad ; \quad \mathbf{y} = \begin{bmatrix} 10 & 10 & 20 & 20 \\ 10 & 10 & 20 & 20 \\ 10 & 10 & 20 & 20 \\ 10 & 10 & 20 & 20 \end{bmatrix} \qquad (2.136)$$

Varianten von Medianfiltern sind :

– Gewichtete Medianfilter : Jeder Position der Filtermaske wird ein ganzzahliger Gewichtungsfaktor M zugeordnet. In das Umsortierungsfeld wird der Wert des entsprechenden Bildpunktes dann M mal eingetragen. Auf diese Weise kann z.B. der in der Mitte der Maske liegende Bildpunkt eine stärkere

Gewichtung erhalten. Im obigen Beispiel würde schon eine Gewichtung mit $M=3$ für den in der Mitte der Maske liegenden Punkt ausreichen, um den Wert des dritten Bildpunktes in der dritten Zeile zu erhalten. Wichtig ist, daß die Summe der Gewichtungsfaktoren wieder eine ungerade Zahl ergibt.

– Hybride FIR-/Medianfilter : Die Ausgangssignale mehrerer linearer FIR-Filter werden in ein Medianfilter oder auch in ein gewichtetes Medianfilter eingespeist.

Diese verallgemeinerten Formen von Medianfiltern werden auch als "Rangordnungsfilter" (engl. *rank order filter*) bezeichnet.

Volterrafilter. Volterrafilter sind eine Klasse nichtlinearer Filter, die neben den linearen auch quadratische Terme beinhalten. Die Gleichung eines nichtrekursiven 2D-Volterrafilters der Ordnung $P \cdot Q$-1 mit Viertelebenengeometrie lautet

$$y(m,n) = \overline{h}_1[x(m,n)] + \overline{h}_2[x(m,n)], \tag{2.137}$$

wobei der lineare Term $\overline{h}_1$ und der quadratische Term $\overline{h}_2$ als

$$\overline{h}_1[x(m,n)] = \sum_{\substack{p=0 \\ (p,q)\neq(0,0)}}^{P-1} \sum_{q=0}^{Q-1} a(p,q) \cdot x(m-p,n-q) \tag{2.138}$$

bzw.

$$\overline{h}_2[x(m,n)] = \sum_{\substack{p=0 \\ (p,q)\neq(0,0)}}^{P-1} \sum_{q=0}^{Q-1} \sum_{\substack{k=0 \\ (k,l)\neq(0,0)}}^{P-1} \sum_{l=0}^{Q-1} b(p,q,k,l) \cdot x(m-p,n-q) \cdot x(m-k,n-l) \tag{2.139}$$

definiert sind. Volterra-Filter sind sind ebenfalls zur Rauschbefreiung und zur nichtlinearen Prädiktion einsetzbar (vgl. Abschn. 12.1.2)

2.7.2 Künstliche neuronale Netze

Mit künstlichen neuronalen Netzen (*artificial neural network*, *ANN*) läßt sich nahezu beliebiges nichtlineares Verhalten von Signalen erfassen. ANN-Systeme können sich *selbstlernend* an ein derartiges Verhalten anpassen. Die Bezeichnung "neuronale Netze" soll die Ähnlichkeit zur ebenfalls nichtlinearen Funktionsweise der Neuronen (Nervenknoten) im Nervensystem von Menschen und Tieren herausstellen : diese geben einen Reiz nur dann weiter, wenn die Summe der Eingangsreize eine bestimmte Schwelle überschreitet.

Die Arbeitsweise eines einzelnen Knotens in einem ANN ist in Abb. 2.51a dargestellt. M mit Multiplikationsfaktoren α_m gewichtete Eingangssignale werden summiert und die Summe auf eine nichtlineare Ausgangsfunktion gegeben. Als nichtlineare Funktion findet vielfach die *Sigmoid-Funktion* $f(x)=1/(1-e^{-x})$ Anwendung. Die Wirkungsweise eines ANN wird vor allem durch die Art der

Zusammenschaltung mehrerer Knoten beeinflußt. Eine der weitverbreitetsten Topologien ist das *multi layer perceptron* (*MLP*), welches in Abb. 2.51b gezeigt wird. Es ist in der Verschaltung der Knoten ähnlich aufgebaut wie das Nervensystem in der menschlichen Netzhaut (vgl. Abschn. 7.1), und hat sich tatsächlich für Aufgaben der Mustererkennung als sehr geeignet erwiesen. Das MLP besteht aus einer Eingangsstufe mit K Eingängen (dessen Knoten nur eine Verteilfunktion besitzen), einer oder mehreren verborgenen Stufen (*hidden layers*) sowie einer Ausgangsstufe mit J Ausgängen. Die Knoten der beiden letzteren Stufentypen besitzen die Struktur wie in Abb. 2.51a. Jeder Ausgang eines Knotens in dem Netzwerk ist mit je einem Eingang jeden Knotens in der nachfolgenden Schicht verbunden.

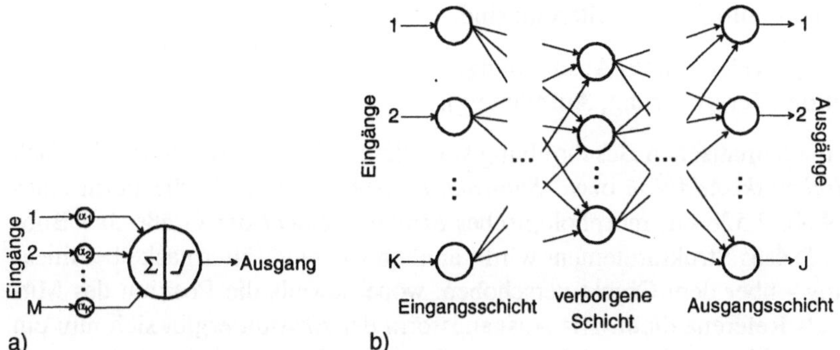

Abb. 2.51. **a** Einzelknoten eines neuronalen Netzes **b** Multi layer perceptron

Neuronale Netze müssen - ähnlich wie Vektorquantisierer - mit typischen Signalen *trainiert* werden. Für das MLP eignet sich z.B. der *back propagation*-Algorithmus [HUSH, HORNE 1993], der die Fehlereinflüsse vom Ausgang zum Eingang hin zurückverfolgt und die Gewichtungsfaktoren so anpaßt, daß ein minimaler Fehler entsteht.

Mögliche Einsatzgebiete für neuronale Netze in der Bildcodierung sind die nichtlineare Prädiktion (vgl. Abschn. 12.1.2), aber auch die Vektorquantisierung und Bewegungsschätzung, die ohnehin viele Analogien zu Problemen der Mustererkennung besitzen. Neben dem beschriebenen MLP können dabei als ANN-Strukturen auch die *learning vector quantization* (LVQ) [KOHONEN 1988], sowie *recurrent networks* [NARENDRA, PARTHASARARTHY 1990], bei denen eine Rückkopplung von Ausgangsdaten auf einen oder mehrere Eingänge erfolgt, eingesetzt werden.

2.7.3 Morphologische Methoden

Der Begriff Morphologie (Formenlehre) wird in der Biologie zur Beschreibung der Formen von Pflanzen und Tieren, insbesondere in Hinblick auf ihre Skelette, verwendet. Es lassen sich aber auch geometrisch-mathematische Operationen angeben, die wieder auf der Anwendung von Filtermasken (wie bei Medianfilterung) basieren, und mittels derer sich eine geometrische Form z.B. auf ihren Kern, ihr *Skelett*, zurückführen bzw. aus diesem weitgehend wieder rekonstruieren läßt. Hiermit bietet sich die Möglichkeit zu einer effizienten Beschreibung von Formen (vgl. Abschn. 18.3.2) In einer Verallgemeinerung sind morphologische Filter aber auch auf Funktionen mit variablen Amplitudenwerten (z.B. Bildsignale) anwendbar, und können dabei zur nichtlinearen Kontrastverstärkung, zur Segmentierung und zur Auffindung von Objektgrenzen in Bildsignalen eingesetzt werden. Es wird hier nur ein sehr kurzer Überblick zur Arbeitsweise morphologischer Methoden gegeben. Eine ausführlichere Beschreibung ist in [SERRA 1982/1988] zu finden.

Grundoperationen : Erosion und Dilatation. Die beiden wichtigsten Operationen in der morphologischen Filterung sind

– Erosion (Verkleinerung, Ausdünnung)
– Dilatation (Vergrößerung, Aufblähung).

In einer mathematischen Beschreibung sind diese beiden Operationen identisch mit der *Minkowski-Addition* bzw. *-Subtraktion*. Abb. 2.52a stellt die Form eines Objektes, Abb. 2.52b ein morphologisches *Strukturelement* der Größe 3x3 Bildpunkte dar. Dieses Strukturelement wird - ähnlich wie eine Filtermaske bei linearer Filterung - über dem Objekt verschoben, wobei jeweils die Position des Mittelpunktes als Referenz dient. Als Ausgangsform der *Erosion* ergibt sich nun ein "ausgedünntes Objekt", bei welchem nur diejenigen Punkte übrigbehalten werden, an denen *alle* Punkte des Strukturelementes mit einem Punkt des ursprünglichen Objektes zusammenfallen (Abb. 2.52c). Umgekehrt ergibt sich durch *Dilatation* ein "aufgeblähtes Objekt", bei dem diejenigen Punkte hinzukommen, an denen *mindestens* ein Punkt des Strukturelementes mit einem Punkt des ursprünglichen Objektes zusammenfiel (Abb. 2.52d).

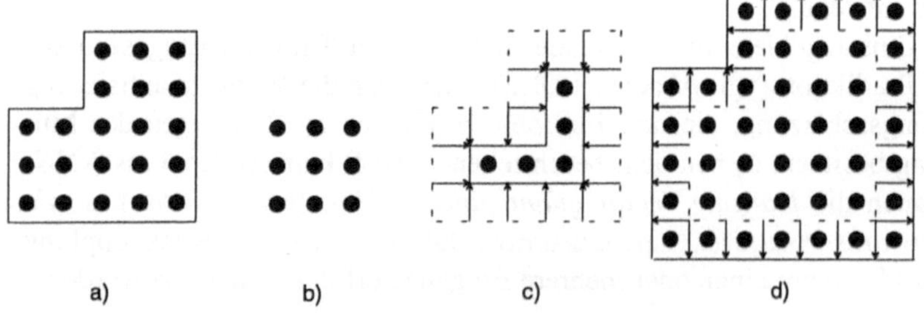

a)   b)   c)   d)

Abb. 2.52. Morphologische Operationen : Erosion und Dilatation

Im gezeigten Beispiel sind die Erosions- und Dilatations-Operationen *reversibel*, d.h. aus dem Bild in Abb. 2.52c läßt sich durch Dilatation, bzw. aus dem Bild in Abb. 2.52d durch Erosion wieder das Ursprungsbild von Abb. 2.52a erzeugen. Diese Reversibilität ist aber nicht garantiert, insbesondere lassen sich einzelne Löcher im Objekt oder Ein- und Ausbuchtungen der Objektgrenzen nicht immer wiedergewinnen. Aus den Grundoperationen Erosion und Dilatation lassen sich nun andere morphologische Merkmale gewinnen, so ist z.B. die innere Objektbegrenzung durch logische *Exklusiv-Oder*-Verknüpfung der Bilder in Abb. 2.52a und 2.52c, die äußere Begrenzung durch logische *Exklusiv-oder*-Verknüpfung der Bilder in Abb. 2.52a und 2.52d gegeben. Durch geeignete Wahl des Strukturelements oder zusätzliche Kriterien (z.B. die Anzahl der übereinstimmenden Punkte) lassen sich auch andere Merkmale, etwa die Eckpunkte eines Objekts, extrahieren.

Zwei weitere wichtige morphologische Operationen sind

- das *Öffnen* (*opening*), welches diejenigen Punkte definiert, die sowohl in der erodierten, als auch in der dilatierten Form enthalten sind (logische *Und*-Verknüpfung der Erosions- und Dilatationsergebnisse) : Hierdurch werden stark konvexe Formen abgerundet und kleine "Nasen" entfernt.
- das *Schließen* (*closing*), welches diejenigen Punkte definiert, die weder in der erodierten, noch in der dilatierten Form enthalten sind (logische *Nicht-Oder*-Verknüpfung der Erosions- und Dilatationsergebnisse) : Dies bewirkt eine Abrundung stark konkaver Formen, und eine Elimination kleiner Löcher, Einbuchtungen und "Kanäle".

Anwendung auf Signale mit variablen Amplitudenwerten. Zur Erläuterung wird ein 1D-Signal (z.B. der Amplitudenverlauf eines Bildsignals in Zeilenrichtung) herangezogen (vgl. Abb. 2.53). Dieses Signal kann man sich aus mehreren *Schichten* zusammengesetzt denken, die jeweils eine bestimmte Form besitzen. Unterhalb eines Bildpunktes der Amplitude A liegen also insgesamt A Schichten. Die Größe der Form in einer einzelnen Schicht mit Amplitude B hängt davon ab, wie viele Bildpunkte in der Umgebung eine Amplitude besitzen, die größer oder gleich B ist.

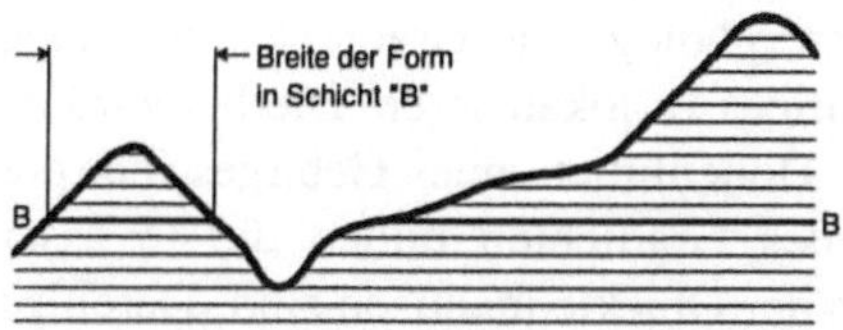

Abb. 2.53. Amplitudensignal, zusammengesetzt aus "Schichten"

Die Operationen der Erosion und Dilatation werden nun *getrennt* für alle Schichten ausgeführt. Die expandierten bzw. geschrumpften Formen bleiben dabei in derselben Weise übereinandergeschichtet, d.h. sie behalten auch dieselben Amplitudenwerte. Der durch diese Schichten beschriebene Amplitudenverlauf wird als Erosion oder Dilatation der ursprünglichen Amplitudenfunktion bezeichnet (Abb. 2.54a).

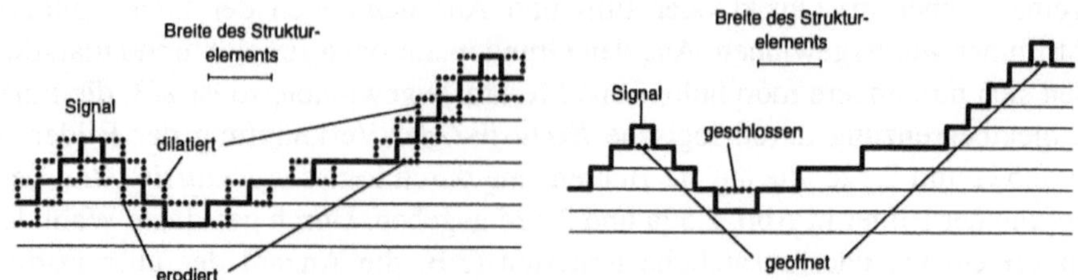

Abb. 2.54. Anwendung morphologischer Operationen auf Amplitudensignale
a Erosion und Dilatation **b** Öffnen und Schließen

Auch das Öffnen und Schließen lassen sich wieder in derselben Weise definieren. Das Öffnen bewirkt eine Elimination von Signalspitzen, die eine kleinere Ausdehnung besitzen als das Strukturelement, während das Schließen eine ebensolche Beseitigung von Signaltälern zur Folge hat. Beide Funktionen bewirken damit eine nichtlineare Glättung des Signals, was eine Trennung (*opening*) bzw. ein Zusammenwachsen (*closing*) der Ebenen benachbarter Formstrukturen zur Folge hat (Abb. 2.54b).

Morphologische Gradienten. Das Ziel einer Gradientenanalyse ist das Auffinden von Konturpunkten. Bei der Formanalyse (s.o.) waren die Konturen durch die Exklusiv-Oder-Verknüpfung der Form mit seiner Dilatation (äußere Kontur) bzw. Erosion (innere Kontur) gegeben. Für Amplitudensignale ergeben sich in entsprechender Weise Gradienten mit ebenfalls variabler Amplitude durch *Subtraktion* der Werte des erodierten bzw. des dilatierten Signals vom Wert des Originalsignals. Diese werden als Erosions- bzw. Dilatations-Gradienten bezeichnet. Darüber hinaus lassen sich auch ein *morphologischer Gradient* als Hälfte des Differenzwertes zwischen dilatiertem und erodiertem Signal, und die morphologische zweite Ableitung (*morphological Laplacian*) als Differenz zwischen den Dilatations- und Erosions-Gradienten definieren.

Beispiel : *Watershed*-Algorithmus. Der morphologische Gradient kann eingesetzt werden, um Objekte innerhalb eines Bildes zu lokalisieren. Hierbei wird der Amplitudenverlauf des Gradienten wie die Höhenlinien eines Gebirges interpretiert (Abb. 2.55). Die lokalen Maxima des Gradienten bilden die "Wasserscheiden", welche mit den Segmentgrenzen der Objekte identisch sind. Deren genaue Position läßt sich herausfinden, indem von den lokalen Minima ausgehend begonnen wird, die Täler mit "Wasser" aufzufüllen. Besteht die Gefahr, daß zwei benachbarte "Seen" zusammenfließen, so muß ein "Damm" errichtet werden. Wird der Wasserstand höher als die höchste Bergspitze, markieren die Positionen aller Dämme die Segmentgrenzen. Sehr hohe Dämme weisen darüber hinaus auf nur schwach ausgebildete lokale Maxima hin, so daß gleichzeitig ein Maß für die Sicherheit der Entscheidungen zur Verfügung steht. Es ergeben sich grundsätzlich *geschlossene Konturverläufe*.

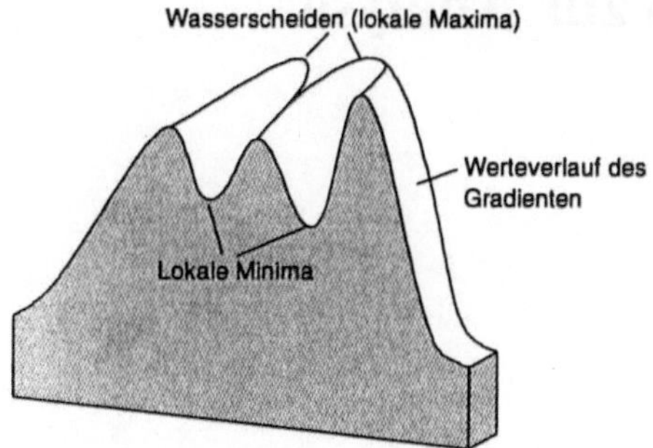

Abb. 2.55. Zur Funktionsweise des *Watershed*-Algorithmus

3 Statistische Methoden zur Analyse

Statistische Analysemethoden sind bei der Optimierung von Bildcodierverfahren unverzichtbar. Besondere Bedeutung besitzen die Analyse der Amplitudendichteverteilung, der Korrelation und der spektralen Eigenschaften von Bildsignalen. Statistische Parameter höherer Ordnung und statistische Tests können eingesetzt werden, um die Übereinstimmung des Bildsignals mit Modellvorgaben zu überprüfen.

3.1 Verteilungsdichtefunktionen

Die Punkte eines digitalisierten Bildes $x(m,n)$ der Größe $M{\times}N$ Bildpunkte können nur J verschiedene amplitudendiskrete Werte q_j annehmen. Bei einer *Histogrammanalyse* wird die Häufigkeit der einzelnen Graustufen gezählt. Eine Approximation für die *Amplitudendichteverteilung* (ADV) $p(x)$, die diskrete ADV $p(q_j)$, erhält man, indem die Histogrammwerte durch $M{\cdot}N$ dividiert werden. Das Beispiel eines Bildhistogramms ist in Abb. 3.1 dargestellt.

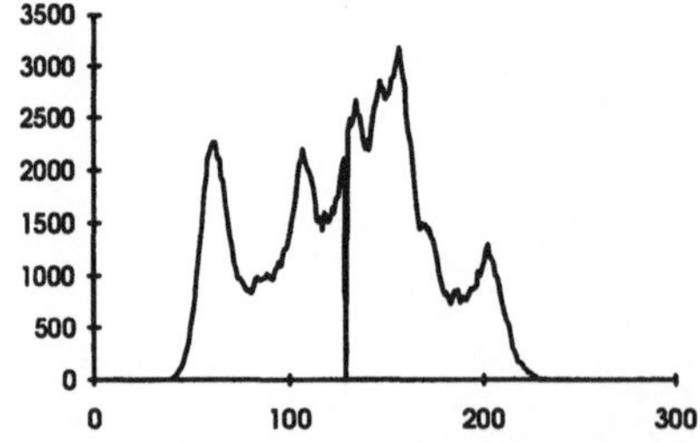

Abb. 3.1. Histogramm eines digitalisierten Bildes

Werden 2 Signale $x(m,n)$ und $y(m,n)$ verglichen, so kann eine Beziehung zwischen ihnen mittels der *Verbundverteilungsdichte* $p(x,y)$ hergestellt werden. Diese ermöglicht eine Aussage darüber, mit welcher Wahrscheinlichkeit eine

Amplitude in $x(m,n)$ und eine andere in $y(m,n)$ im Zusammenhang auftreten. Das Wissen hierüber ist z.B. relevant,

- wenn $y(m,n)$ eine *verzerrte* (gestörte) Form von $x(m,n)$ ist : Aus der Verbundverteilungsdichte läßt sich ersehen, wie groß das Maß der Abweichungen zwischen beiden Signalen ist. Sind beide Signale identisch, so sind alle Werte in $p(x,y)=0$, wenn $x\neq y$; für $x=y$ gilt $p(x,y)=p(x)=p(y)$.
- wenn $y(m,n)$ eine *verschobene* Form von $x(m,n)$ ist : Mit $y(m,n)=x(m+k,n+l)$ läßt sich aus der Verbundverteilungsdichte $p(x,y)$ die Selbstähnlichkeit (Autokorrelation) von x bestimmen.

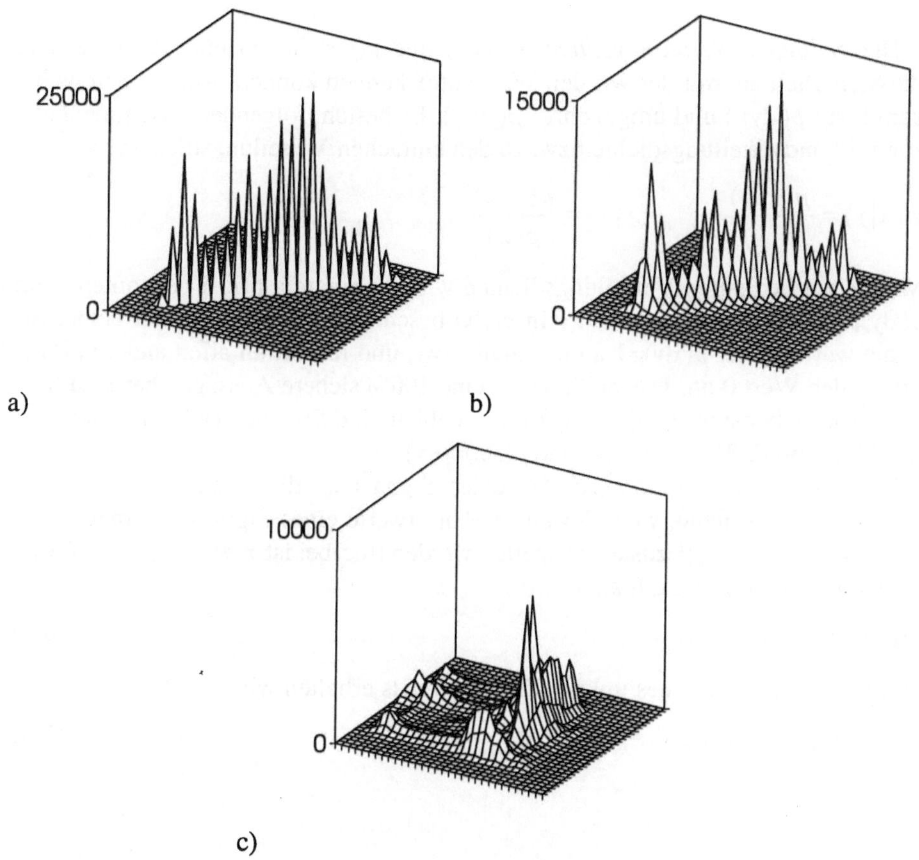

a)　　　　　　　　　　　　　　　　b)

c)

Abb. 3.2. Zweidimensionale Histogramme, erzeugt aus 2 Bildsignalen.
a bei Gleichheit **b** bei Ähnlichkeit **c** bei 2 unterschiedlichen Signalen

Die Verbundverteilungsdichte läßt sich aus dem zweidimensionalen Histogramm approximieren. Zu dessen Ermittlung wird die Häufigkeit der Kombinationen über alle Koordinaten (m,n) - Bildpunkt $x(m,n)$ besitzt den Wert q_i, während $y(m,n)$ den Wert q_j annimmt - gezählt. 2D-Histogramme lassen sich wieder als Bildsignale visualisieren. Hierbei zeigt die Helligkeit die Häufigkeit des Auftretens einer Kombination an. Im Beispiel von Abb. 3.2a liegen alle Punkte auf der Diagonalen $x=y$; offensichtlich sind beide Signale identisch. Die Streuung in Abb. 3.2b zeigt hingegen an, daß y eine verzerrte Version von x ist. In Abb. 3.2c sind die Werte hingegen über den gesamten Bereich gestreut; hier ist keinerlei Ähnlichkeit zwischen x und y erkennbar.

Für die Verbundverteilungsdichte gilt

$$p(x,y) = p(y,x). \tag{3.1}$$

Im Falle statistisch voneinander unabhängiger Signale gilt außerdem

$$p(x,y) = p(x) \cdot p(y). \tag{3.2}$$

Die *bedingten Verteilungsdichten* $p(x|y)$ und $p(y|x)$ lassen eine Aussage über die Sicherheit zu, mit der wir den Wert von x kennen können, wenn y bereits bekannt ist ($p(x|y)$) und umgekehrt ($p(y|x)$). Es besteht folgender Zusammenhang zur Verbundverteilungsdichte bzw. zu den einfachen Verteilungsdichten :

$$p(x|y) = \frac{p(x,y)}{p(y)} \quad ; \quad p(y|x) = \frac{p(y,x)}{p(x)}. \tag{3.3}$$

Mittels der bedingten Verteilungsdichten wird zu einem a priori bekannten y ein $p(x|y)$, bzw. einem bekannten x ein $p(y|x)$ beschrieben. Bei Gleichheit beider Signale würde daher $p(x|y)=1$ an der Stelle $x=y$, und nimmt an allen anderen Positionen den Wert 0 an. Das heißt, es ist eine 100% sichere Aussage über x zu treffen, wenn y bekannt ist. Für statistisch unabhängige Signale ergibt sich dagegen mit (3.2) und (3.3) $p(x|y)=p(x)$ und $p(y|x)=p(y)$.

Die *vektorielle Verteilungsdichte* eines Signals ist die K-dimensionale Verbundverteilungsdichte, wenn jeweils K Abtastwerte eines Signals zu einem Vektor $\mathbf{x}_n = [x_1, x_2, \dots, x_K]^T$ zusammengefaßt werden (hierbei ist $x_1 \equiv x(nK), x_2 \equiv x(nK+1)$, $\dots, x_K \equiv x(nK+K-1)$). Es gilt also

$$p_K(\mathbf{x}) = p(x_1, x_2, \dots, x_K), \tag{3.4}$$

und speziell im Fall eines unkorrelierten Signals erhalten wir

$$p_K(\mathbf{x}) = p(x_1) \cdot p(x_2) \cdot \dots \cdot p(x_K). \tag{3.5}$$

3.2 Statistische Parameter erster und zweiter Ordnung

Aus der diskreten Verteilungsdichte erster Ordnung $p(q_j)$ lassen sich die folgenden statistischen Parameter eines digitalen Bildsignals $x(m,n)$ berechnen :

Mittelwert :

$$\mu_x = \sum_{j=1}^{J} q_j \cdot p(q_j) = \frac{1}{M \cdot N} \sum_{m=0}^{M-1} \sum_{n=0}^{N-1} x(m,n) \tag{3.6}$$

Leistung :

$$P_x = \sum_{j=1}^{J} q_j^{\,2} \cdot p(q_j) = \frac{1}{M \cdot N} \sum_{m=0}^{M-1} \sum_{n=0}^{N-1} x^2(m,n) \tag{3.7}$$

Varianz :

$$\sigma_x^{\,2} = \sum_{j=1}^{J} (q_j - \mu_x)^2 \cdot p(q_j) = \frac{1}{M \cdot N} \sum_{m=0}^{M-1} \sum_{n=0}^{N-1} \left[x(m,n) - \mu_x \right]^2 = P_x - \mu_x^{\,2} \tag{3.8}$$

Man beachte, daß Bilder stets mittelwertbehaftet sind. Die Zerlegung in einen Gleichanteil (Mittelwert) und einen Wechselanteil (Varianz) ist häufig sinnvoll. Leistung und Varianz lassen sich auch aus den Koeffizienten einer orthogonalen Transformation nach (2.84) und (2.85) berechnen, der das Bildsignal als ganzes unterzogen wurde ($U=M$, $V=N$) :

$$P_x = \frac{1}{A} \cdot \frac{1}{U \cdot V} \sum_{u=0}^{U-1} \sum_{v=0}^{V-1} c_{uv}^{\,2} \quad ; \quad \sigma_x^{\,2} = \frac{1}{A} \cdot \frac{1}{U \cdot V} \sum_{\substack{u=0 \\ (u,v) \neq (0,0)}}^{U-1} \sum_{v=0}^{V-1} c_{uv}^{\,2} \tag{3.9}$$

Autokorrelation und Autokovarianz. Aus den bisher beschriebenen Parametern läßt sich noch keine Aussage über eine Ähnlichkeit benachbarter Bildpunkte treffen. Hierzu ist die Kenntnis von Verbundverteilungsdichten notwendig : Wenn ein Bildpunkt den Amplitudenwert q_{j_1} besitzt, wie groß ist die Wahrscheinlichkeit $p_{k,l}(q_{j_1}, q_{j_2})$, daß ein Bildpunkt mit Abstand k in m-Richtung, l in n-Richtung den Grauwert q_{j_2} besitzt ? Das wichtigste Mittel zur Analyse derartiger statistischer Bindungen benachbarter Bildpunkte ist die *Autokorrelationsfunktion*

$$r_{xx}(k,l) = \sum_{j_1=1}^{J} \sum_{j_2=1}^{J} q_{j_1} \cdot q_{j_2} \cdot p_{k,l}(q_{j_1}, q_{j_2}) = \frac{1}{M \cdot N} \sum_{m=0}^{M-1} \sum_{n=0}^{N-1} x(m,n) \cdot x(m+k, n+l),$$

$$\tag{3.10}$$

wobei es wegen des hohen Mittelwertanteils in Bildern häufig aber sinnvoller ist, deren mittelwertbefreite Version, die *Autokovarianzfunktion*, zu verwenden :

$$r'_{xx}(k,l) = \frac{1}{M \cdot N} \sum_{m=0}^{M-1} \sum_{n=0}^{N-1} \left[x(m,n) - \mu_x \right] \cdot \left[x(m+k, n+l) - \mu_x \right] = r_{xx}(k,l) - \mu_x^{\,2}.$$

$$\tag{3.11}$$

Autokorrelations- und Autokovarianzfunktion werden auch in einer normierten Form als *Korrelationskoeffizienten* ausgedrückt, die nur Werte zwischen -1 und +1 annehmen können :

$$\rho_{xx}(k,l) = \frac{r_{xx}(k,l)}{r_{xx}(0,0)} = \frac{r_{xx}(k,l)}{P_x} \quad ; \quad \rho'_{xx}(k,l) = \frac{r'_{xx}(k,l)}{r'_{xx}(0,0)} = \frac{r'_{xx}(k,l)}{\sigma_x^2}. \quad (3.12)$$

Da Bildsignale örtlich begrenzt sind, die Summen $m+k$ und $n+l$ in (3.10) und (3.11) aber Werte kleiner als 0 oder größer als M-1 bzw. N-1 annehmen können, ist die virtuelle Fortsetzung der Werte außerhalb des eigentlichen Bildbereichs ($m<0,m\geq M;n<0,n\geq N$) auch bei den Korrelationsanalysen von Interesse. Da ein Nullsetzen wegen der stets positiven Helligkeit von Bildsignalen nicht sinnvoll ist, bieten sich dieselben Möglichkeiten der Wertfortsetzung an wie bei der Filterung (vgl ((2.51))-((2.53)), Abb. (2.14)). Eine Beschreibung der Autokorrelations- oder Kovarianzfunktionen in einem begrenzten Bereich bis zum Pten Wert erfolgt häufig durch die *Autokorrelations-* oder *Kovarianzmatrix*. Diese besitzt bei 1D-Signalen oder separierbaren Signalen die symmetrische Töplitz-Struktur nach ((2.37)) und lautet

$$\mathbf{R}_{xx} = \begin{bmatrix} r_{xx}(0) & r_{xx}(1) & & \cdots & r_{xx}(P) \\ r_{xx}(1) & r_{xx}(0) & r_{xx}(1) & & \cdots \\ & r_{xx}(1) & r_{xx}(0) & r_{xx}(1) & \\ \cdots & & r_{xx}(1) & r_{xx}(0) & r_{xx}(1) \\ r_{xx}(P) & \cdots & & r_{xx}(1) & r_{xx}(0) \end{bmatrix}. \quad (3.13)$$

Für eine 2D-Autokorrelationsanalyse mit einem Bereich von P Werten in horizontaler und Q Werten in vertikaler Richtung ergibt sich eine *Block-Töplitz-matrix*

$$\mathbf{R}_{xx} = \begin{bmatrix} \phi_0 & \phi_1 & \cdots & \cdots & \phi_{P-1} \\ \phi_1 & \phi_0 & \cdots & \cdots & \phi_{P-2} \\ \vdots & \vdots & \ddots & & \vdots \\ \vdots & \vdots & & \ddots & \vdots \\ \phi_{P-1} & \phi_{P-2} & \cdots & \cdots & \phi_0 \end{bmatrix}, \quad (3.14)$$

wobei die ϕ_p ebenfalls töplitz-strukturierte Untermatrizen der Größe QxQ sind :

$$\phi_p = \begin{bmatrix} r_{xx}(0,p) & r_{xx}(-1,p) & \cdots & \cdots & r_{xx}(-Q+1,p) \\ r_{xx}(1,p) & r_{xx}(0,p) & \cdots & \cdots & r_{xx}(-Q+2,p) \\ \vdots & \vdots & \ddots & & \vdots \\ \vdots & \vdots & & \ddots & \vdots \\ r_{xx}(Q-1,p) & r_{xx}(Q-2,p) & \cdots & \cdots & r_{xx}(0,p) \end{bmatrix}. \quad (3.15)$$

Da jedoch die Indexwerte der Untermatrizen (3.15) in (3.14) nicht nahtlos aneinander anschließen, behält die gesamte 2D-Matrix $\mathbf{R}_{xx}$ keine echte Töplitz-Struktur [DUDGEON, MERSEREAU 1984]. Dies hat seinen Grund u.a. in den *Symmetrieeigenschaften* der 2D-AKF. Deuten wir die AKF-Berechnung ähnlich wie eine Faltung, so erhalten wir das Ergebnis, wenn das Bild dupliziert und gegen das Original verschoben mit diesem multipliziert wird (Abb. 3.3) Für die Symmetrie der 2D-AKF gilt $r_{xx}(k,l)=r_{xx}(-k,-l)$, aber $r_{xx}(k,l)\neq r_{xx}(-k,l)$ und $r_{xx}(k,l)\neq r_{xx}(k,-l)$.

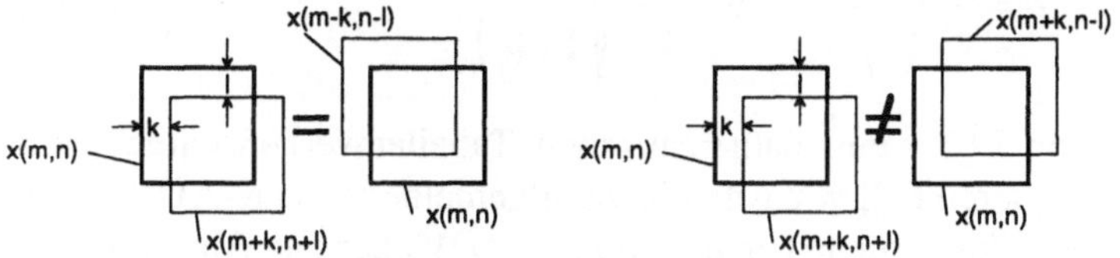

Abb. 3.3. Symmetrieeigenschaften der 2D-AKF

Spektralanalyse. Wichtigstes Mittel zur spektralen Analyse ist die bereits aus (2.79) bekannte zweidimensionale *Diskrete Fouriertransformation* :

$$X(u,v)=\sum_{m=0}^{M-1}\sum_{n=0}^{N-1} x(m,n)\cdot e^{-\frac{2\pi jmu}{M}} e^{-\frac{2\pi jnv}{N}} \quad;\quad x(m,n) \xleftrightarrow{\ DFT\ } X(u,v). \tag{3.16}$$

Wie im 1D-Fall sind bei der 2D-DFT sowohl das Orts- als auch das spektrale Signal periodisch fortgesetzt. Das Betragsquadrat des Fourierspektrums ist das *Leistungsdichtespektrum*, welches nach dem *Parsevaltheorem* die Fouriertransformierte der Autokorrelationsfunktion ist. Sofern bei der Autokorrelationsanalyse eine periodische Signalfortsetzung angewandt wird, gilt dieselbe Beziehung auch für das über einen endlichen Signalausschnitt berechnete Betragsquadrat der DFT :

$$r_{xx}(m,n) \xleftrightarrow{\ DFT\ } |X(u,v)|^2 \quad;\quad r'_{xx}(m,n) \xleftrightarrow{\ DFT\ } |X(u,v)|^2 - |X(0,0)|^2. \tag{3.17}$$

Kreuzkorrelation. Die *Kreuzkorrelation* gibt ein Maß für die Ähnlichkeit 2er Bilder $x(m,n)$ und $y(m,n)$ a n. Diese Analyse ist z.B. sinnvoll, um in einem Bild nach der Position eines bekannten Musters zu suchen oder die Verschiebung zweier aufeinander folgender Bilder einer Videosequenz festzustellen :

$$r_{xy}(k,l) = \frac{1}{M\cdot N}\sum_{m=0}^{M-1}\sum_{n=0}^{N-1} x(m,n)\cdot y(m+k,n+l). \tag{3.18}$$

3.3 Modell-Verteilungsdichten

Beim Entwurf von Bildcodieralgorithmen ist es häufig notwendig, die ADV eines gegebenen Signals zu modellieren. Eine brauchbare Modell-ADV für häufig verwendete Repräsentationen von Bildsignalen (insbesondere Transformationskoeffizienten, Prädiktionsfehlersignale, lokal-mittelwertbefreite Bildsignale, Teilbandsignale) ist die verallgemeinerte Gaußverteilung

$$p(x) = a \cdot e^{-|bx|^\gamma} \quad ; \quad a = \frac{b\gamma}{2\Gamma\left(\frac{1}{\gamma}\right)} \quad ; \quad b = \frac{1}{\sigma_x}\sqrt{\frac{\Gamma\left(\frac{3}{\gamma}\right)}{\Gamma\left(\frac{1}{\gamma}\right)}}. \tag{3.19}$$

Die Gammafunktion $\Gamma(\cdot)$ kann mathematischen Tabellenwerken entnommen werden. Für den besonderen Fall $\gamma=2$ geht die verallgemeinerte Gauß-ADV in die *Gauß'sche Normalverteilung*, für $\gamma=1$ in die *Laplace-ADV* über (sh. Abb. 3.4).

Im Fall korrelierter Signale ist die vektorielle Verteilungsdichte (3.4) nur für stationäre Statistiken analytisch beschreibbar. Die *vektorielle Gaußverteilung*, beschreibt die vektorielle Verteilungsdichte eines korrelierten Signals mit Gauß'scher Statistik als

$$p_K(\mathbf{x}) = \frac{1}{\sqrt{(2\pi)^K \cdot |\mathbf{R'}_{xx}|}} \cdot e^{-\frac{1}{2}(\mathbf{x}-\mu)^T \mathbf{R'}_{xx}^{-1}(\mathbf{x}-\mu)} \tag{3.20}$$

[JAIN 1989]. Der Mittelwertvektor μ besteht aus K Elementen, deren jedes identisch mit dem Mittelwert des Signals ist; die Autokovarianzmatrix $\mathbf{R'}_{xx}$ folgt den Definitionen in (3.11) und (3.13).

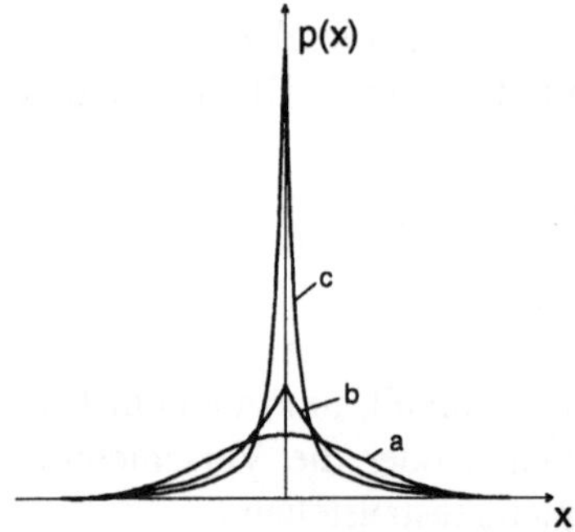

Abb. 3.4. Verallgemeinerte Gauß-ADV mit Parametern $\gamma=2$ (*a*, Gauss-ADV), $\gamma=1$ (*b*, Laplace-ADV), $\gamma=0,5$ (*c*)

3.4 Statistische Merkmale höherer Ordnung

Ausgehend von der allgemeinen Definition des Erwartungswertes

$$E\{f[x(n)]\} = \lim_{N \to \infty} \frac{1}{N} \sum_{n=0}^{N-1} f[x(n)], \tag{3.21}$$

welcher den asymptotischen Mittelwert einer auf das Signal $x(n)$ angewandten Funktion $f[\cdot]$ darstellt, wird das *Moment p*ter Ordnung (hier nur am Beispiel eines 1D-Signals) definiert :

$$m_x^{(p)}(k_1,\ldots,k_{P-1}) = E\{x(n)\cdot x(n+k_1)\cdot\ldots\cdot x(n+k_{P-1})\}.$$
(3.22)

Wir kennen bereits das Moment erster Ordnung, der *Mittelwert* des Signals

$$m_x^{(1)} = \mu_x = E\{x(n)\},$$
(3.23)

sowie das Moment zweiter Ordnung, die *Autokorrelationsfunktion*

$$m_x^{(2)}(k) = r_{xx}(k) = E\{x(n)\cdot x(n+k)\}.$$
(3.24)

Die Momente höherer Ordnung sind vor allem geeignet, um nichtlineares Verhalten von Signalen und Systemen zu beschreiben [NIKIAS, MENDEL 1993]. Häufig werden als Bildmodelle stationäre Signale mit einer Gaußverteilung (z.B. autoregressive Modelle, vgl. Abschn. 4.1.1) verwendet. Für diese lassen sich die Momente höherer Ordnung durch die Momente erster und zweiter Ordnung vollständig beschreiben. So wird z.B. für ein Gaußsignal das Moment 3. Ordnung

$$m_G^{(3)}(k_1,k_2) = m_G^{(1)}\left[m_G^{(2)}(k_1)+m_G^{(2)}(k_2)+m_G^{(2)}(k_1-k_2)\right] - 2\cdot\left[m_G^{(1)}\right]^3.$$
(3.25)

Ein Test, *ob* ein Signal einer Gaußverteilung folgt, läßt sich über die *Kumulanten* herbeiführen. Zu deren Ermittlung wird jeweils vom $p$ten Moment eines Signals das $p$te Moment eines gaußverteilten Signals, welches bis hin zum 2. Moment äquivalente statistische Eigenschaften zeigt wie das untersuchte Signal, subtrahiert (die folgende Definition ist gültig für $p=3$ und $p=4$) :

$$c_x^{(p)}(k_1,\ldots,k_{P-1}) = m_x^{(p)}(k_1,\ldots,k_{P-1}) - m_G^{(p)}(k_1,\ldots,k_{P-1}).$$
(3.26)

Unter den Kumulanten ist es oft nur notwendig, den Zentralwert ($k_p=0$) zu untersuchen. So ergibt sich der zentrale Kumulant zweiter Ordnung als die *Varianz*

$$c_x^{(2)}(0) = \sigma_x^2 = E\{x(n)^2\} - \left[m_x^{(1)}\right]^2.$$
(3.27)

Der zentrale Kumulant dritter Ordnung ist die *Skewness* ("Schiefheit")

$$c_x^{(3)}(0,0) = E\{x(n)^3\} - 3m_x^{(1)}m_x^{(2)}(0) + 2\left[m_x^{(1)}\right]^3.$$
(3.28)

Ist die Skewness eines Signals Null, so besitzt es eine *symmetrische ADV*. Dies ist z.B. auch bei Signalen mit Laplace-ADV der Fall. Allein aus der Skewness ist also auch noch keine Aussage möglich, ob die ADV gaußförmig ist oder nicht. Hierzu ist noch der zentrale Kumulant 4. Ordnung, die *Kurtosis*, zu untersuchen:

$$c_x^{(4)}(0,0,0) = E\left\{x(n)^4\right\} - 3\left[m_x^{(2)}(0)\right]^2 - 4m_x^{(1)}m_x^{(3)}(0,0) + 6\left[m_x^{(1)}\right]^2 m_x^{(2)}(0) - 6\left[m_x^{(1)}\right]^4.$$

$$(3.29)$$

Die Kurtosis ergibt sich ausschließlich bei gaußverteilten Signalen zu Null. Im Fall mittelwertfreier Signale ($\mu_x = 0$) ergeben sich besonders einfache Berechnungsformeln für die zentralen Kumulanten :

Varianz : $$c_x^{(2)}(0) = \sigma_x^2 = E\left\{x(n)^2\right\} \tag{3.30}$$

Skewness : $$c_x^{(3)}(0,0) = E\left\{x(n)^3\right\} \tag{3.31}$$

Kurtosis : $$c_x^{(4)}(0,0,0) = E\left\{x(n)^4\right\} - 3\sigma_x^4. \tag{3.32}$$

3.5 Statistische Tests

Mittels statistischer Tests ist es möglich, die Ähnlichkeit einer an einem Signal gemessenen, diskreten Amplitudendichteverteilung $p_X(q_j)$ mit einer Modellverteilung $p_M(q_j)$ zu messen (beide Verteilungen seien in J gleich breiten Amplituden-Intervallen mit Mittelwert q_j definiert). Der bekannteste Test ist der *Chi-Quadrat-Test*, welcher die quadratische Abweichung der ADVen über alle Intervalle, normiert auf die jeweiligen Intervallhäufigkeiten, mißt.

$$t_{\chi^2} = J\sum_{j=1}^{J} \frac{\left[p_X(q_j) - p_M(q_j)\right]^2}{p_M(q_j)}. \tag{3.33}$$

Die beste Übereinstimmung ist gegeben, wenn der χ^2-Test ein minimales Ergebnis liefert.

Ein weiterer Test, der *Kolmogorov-Smirnov-Test*, untersucht nicht die Verteilungsdichten, sondern die diskreten Verteilungsfunktionen

$$P(q_j) = \sum_{i=1}^{j} p(q_i), \tag{3.34}$$

und bestimmt das Resultat nach der Formel

$$t_{KS} = \sqrt{J}\,\underset{j=1,\dots,J}{\arg\max}\left|P_X(q_j) - P_M(q_j)\right|, \tag{3.35}$$

berechnet also die maximale absolute Abweichung in der Verteilungsfunktion (in der ihrerseits die Verteilungsdichte "aufakkumuliert" ist). Die beste Übereinstimmung zwischen zwei Verteilungsdichten ergibt sich wieder bei minimalem t_{KS}. Abb. 3.5 stellt die Ergebnisse beider Tests dar, wobei eine Signal-ADV mit einer verallgemeinerten Gaußverteilung (3.19) als Modellverteilung verglichen wurde. Der Parameter γ, der die Steilheit der Modellverteilung bestimmt, wurde zwischen 0,3 und 0,9 variiert. Es ergibt sich mit beiden Tests ein Minimum beim Wert $\gamma=0{,}6$, d.h. dies wäre der optimale Parameter, um das Signal mittels der verallgemeinerten Gauß-ADV zu modellieren.

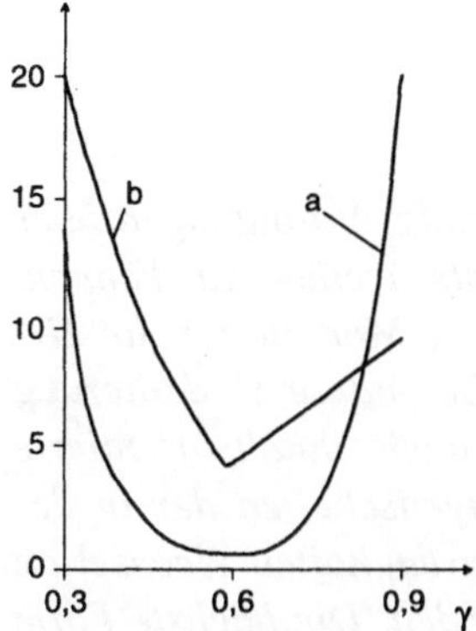

Abb. 3.5. Statistische Tests bei Variation des Parameters γ der verallgemeinerten Gauß-ADV (größte Ähnlichkeit bei $\gamma=0{,}6$) : χ^2-Test (*a*), Kolmogorov-Smirnov-Test (*b*) nach [WESTERINK, BIEMOND, BOEKEE 1991]

Stationarität. Die Modellierung eines Signals setzt im allgemeinen die Eigenschaft der *Stationarität* voraus. Für zu ermittelnde Erwartungswerte soll gelten :

$$E\{f[x(m,n)]\} = E\{f[x(m+k,n+l)]\} \quad \forall\,(k,l),\tag{3.36}$$

d.h. das Ergebnis soll unabhängig vom Analyseort oder -zeitpunkt stets dasselbe sein. Ein Mittel zum Test auf Stationarität ist die *Strukturfunktion*

$$D_x(k,l) = \frac{E\left\{[x(m+k,n+l)-x(m,n)]^2\right\}}{E\left\{x(m,n)^2\right\}}$$

$$= \frac{E\left\{x(m,n)^2\right\} + E\left\{x(m+k,n+l)^2\right\} - 2\cdot E\{x(m,n)\cdot x(m+k,n+l)\}}{E\left\{x(m,n)^2\right\}}.$$

$$\tag{3.37}$$

Der letzte Term im Zähler von (3.37) ist die Autokorrelationsfunktion $r_{xx}(k,l)$. Da diese auf den Wert 0 abklingt, und mittels des Nenners eine Normierung erfolgt, nimmt $D_x(k,l)$ bei stationären Signalen, sofern die Verschiebungen k und l groß genug gewählt werden, den Wert 2 an.

4 Modelle

Um ein Bildcodierverfahren zu optimieren, ist es notwendig, Voraussagen über die Eigenschaften des zu übertragenden Bildmaterials treffen zu können. Klassische Codierverfahren benutzen stationäre statistische Modelle für die 2D-Bildinformation. Für die Bildsequenzcodierung ist eine besondere Modellierung der Bewegung sinnvoll. Immer mehr kommen aber auch inhaltsorientierte Modelle zum Tragen, bei denen die kontinuierlichen Eigenschaften der in der Szene enthaltenen Objekten, aber auch die möglichen sprunghaften Wechsel an den Grenzen zwischen Objekten besondere Beachtung finden. Die höchste Form der semantischen Modellierung basiert schließlich auf der Interpretation des Szeneninhalts. Hierfür sind in der Regel Annahmen über die voraussichtlich in der Szene anzutreffenden Inhalte a priori festzulegen.

4.1 Statistische Bildmodelle

Das örtliche Bildsignal weist eine hohe Korrelation auf, d.h. benachbarte Bildpunkte besitzen meist sehr ähnliche Helligkeitswerte. Zu einer statistischen Modellbeschreibung derartiger Vorgänge wird häufig das lineare, stationäre und ortsinvariante *autoregressive (AR-) Modell* verwendet. Diese Eigenschaften treffen auf natürliche Bildsignale allerdings nicht uneingeschränkt zu. Insbesondere an Objektgrenzen treten Helligkeitssprünge auf, und die statistischen Merkmale ändern sich abrupt. Derartige Instationaritäten lassen sich mittels des Modells der *Markov random fields* modellieren, aus dem sich beispielsweise geeignete Kriterien für die objektbezogene Segmentierung eines Bildsignals ableiten lassen. Die Optimierung und Anpassung der Modelle an ein gegebenes Bildsignal werden in Kap. 5 weiter beschrieben.

4.1.1 Das autoregressive Modell

Das in Abb. 4.1 gezeigte AR-Modell besteht aus einem rekursiven Filter mit der ein- oder mehrdimensionalen Übertragungsfunktion $A(\mathbf{z})=1/(1-H(\mathbf{z}))$, welches durch ein weißes Rauschen $z(m,n)$ mit Gaußverteilung gespeist wird. Das Ausgangssignal $x(m,n)$ erhält damit dieselben spektralen Eigenschaften wie das Filter, besitzt ebenfalls eine gaußverteilte ADV und ist *stationär*, *linear* und *ortsinvariant*.

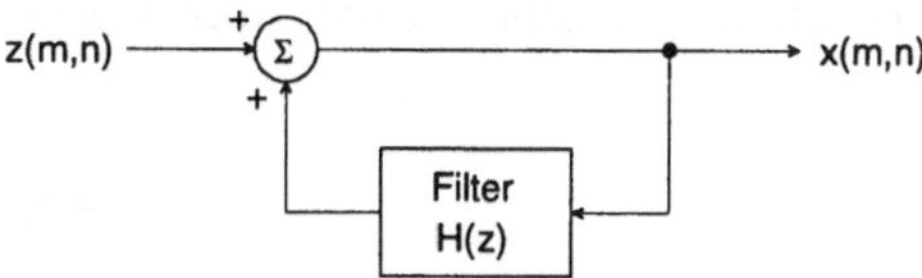

Abb. 4.1. Autoregressives Modell

Behandlung des Mittelwertes in Bildsignalen. Grundsätzlich ist anzumerken, daß das nach Abb. 4.1 erzeugte Modellsignal *mittelwertfrei* ist. Dies scheint zunächst der Eigenschaft von Bildsignalen, die grundsätzlich mittelwertbehaftet sind, zu widersprechen. Jedoch erschwert gerade diese Eigenschaft die Modellierung durch ein stationäres Signal. Bei der Ermittlung der Strukturfunktion erhalten wir bei direkter Anwendung von (3.37) auf Bildsignale Werte in der Größenordnung $D_x \approx 0,2$; wird hingegen das Bild von seinem globalen Mittelwert befreit, ergibt sich bereits $D_x \approx 1,8$; findet bei der Mittelwertbefreiung sogar eine lokale Adaption statt, d.h. wird der zu subtrahierende Mittelwert jeweils in der Umgebung des Bildpunktes ermittelt, erhalten wir sogar $D_x \approx 1,95$. Die *Instationarität eines Bildsignals wird demnach hauptsächlich durch Schwankungen des Mittelwertes verursacht.* Wir werden später sehen, daß dieser Umstand in vielen Bildcodierverfahren berücksichtigt wird, indem eine separate Behandlung der lokalen Mittelwerte vorgenommen wird. Für die im folgenden behandelte autoregressive Modellierung muß daher bei den vorzunehmenden Korrelationsanalysen stets die mittelwertfreie *Autokovarianz* (3.11) herangezogen werden.

Eindimensionales AR-Modell. Bei einem autoregressiven Modell 1. Ordnung (auch als AR(1)-Modell bezeichnet), welches oft zur Beschreibung der *globalen* Statistik von Bildsignalen herangezogen wird, wird ein rekursives Filter mit der Übertragungsfunktion

$$A(z) = \frac{1}{1 - \rho z^{-1}} \tag{4.1}$$

verwendet. Das Modellsignal

$$x(m,n) = \rho x(m-1,n) + z(m,n) \tag{4.2}$$

besitzt in horizontaler Richtung die AKF

$$r_{xx}(k) = \sigma_x^2 \rho^{|k|} \quad ; \quad \sigma_x^2 = \frac{\sigma_z^2}{1-\rho^2} \tag{4.3}$$

und das Leistungsdichtespektrum (LDS)

$$S_{xx}(\Omega) = |X(j\Omega)|^2 = \sigma_z^2 \cdot |A(e^{j\Omega})|^2 = \frac{\sigma_x^2(1-\rho^2)}{1-2\cdot\rho\cdot\cos\Omega+\rho^2}. \tag{4.4}$$

Zweidimensionale Modelle. Das 1D-Modell soll nun für den 2D-Fall verallgemeinert werden. Für ein natürliches, kontinuierliches Bild ist das *isotropische* Modell mit der AKF

$$r_{xx}(k,l) = \sigma_x^2 \rho^{\sqrt{k^2+l^2}} \tag{4.5}$$

am geeignetsten, da hier zu erwarten ist, daß die AKF-Werte von der örtlichen Richtung nahezu unabhängig sind. Es ergeben sich identische AKF- und Spektralwerte in Kreisen gleichen Radius $r = \sqrt{k^2+l^2}$ (sh. Abb. 4.2a).

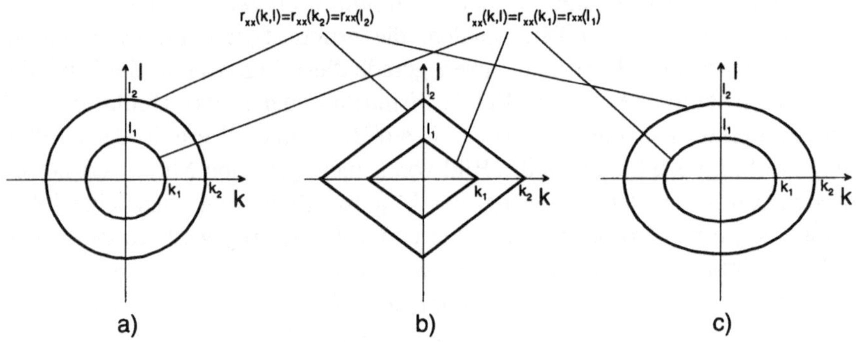

Abb. 4.2. Linien konstanter AKF bei 2D-AR(1)-Modellen.
a isotropisch **b** separierbar **c** elliptisch

Das 2D-LDS des isotropischen AR-Modells ist

$$S_{xx}(\Omega_1,\Omega_2) = \frac{\sigma_x^2(1-\rho^2)}{1-2\cdot\rho\cdot\cos\sqrt{\Omega_1^2+\Omega_2^2}+\rho^2}. \tag{4.6}$$

Bei einer rechteckförmigen Abtastung wird am häufigsten das *separierbare* Modell mit der AKF

$$r_{xx}(k,l) = \sigma_x^2 \cdot \rho_h^{|k|} \cdot \rho_v^{|l|} \quad ; \quad \sigma_x^2 = \frac{\sigma_z^2}{(1-\rho_h^2)\cdot(1-\rho_v^2)} \tag{4.7}$$

verwendet, wobei ρ_h und ρ_v die ersten normierten Autokorrelationskoeffizienten in horizontaler und vertikaler Richtung darstellen. Linien konstanter AKF ergeben sich in Form von Rauten, wobei die Schnittpunkte mit den k- und l-Achsen exakt den Werten $\rho_h^{|k|}$ bzw. $\rho_v^{|l|}$ entsprechen (Abb. 4.2b). Das 2D-Modellsignal

$$x(m,n) = \rho_h x(m-1,n) + \rho_v x(m,n-1) - \rho_h \rho_v x(m-1,n-1) + z(m,n) \qquad (4.8)$$

besitzt das Spektrum

$$S_{xx}(\Omega_1,\Omega_2) = \sigma_x^2 \cdot \frac{1-\rho_h^2}{1-2\cdot\rho_h\cdot\cos\Omega_1+\rho_h^2} \cdot \frac{1-\rho_v^2}{1-2\cdot\rho_v\cdot\cos\Omega_2+\rho_v^2} \qquad (4.9)$$

Das separierbare Modell ist für rechteckförmig abgetastete Bildsignale vor allem deshalb besser geeignet, weil die horizontale und vertikale Richtung separat untersucht werden können. So unterscheidet sich die Statistik abgetasteter Fernsehsignale wegen der Zeilenstruktur erheblich in horizontaler und vertikaler Richtung; die Korrelation in der vertikalen Richtung ist häufig geringer. Geeignete Werte für ρ liegen bei natürlichen Bildern je nach Detailgehalt zwischen 0,90 und 0,98. Abb. 4.3 zeigt die entlang der Zeilenrichtung mittels DFT gemessenen Leistungsdichtespektren zweier natürlicher Bildvorlagen sowie die Spektren des AR(1)-Modells bei 2 verschiedenen ρ-Werten. Die aus den Bildsignalen ermittelten Korrelationskoeffizienten waren $\rho=0{,}70$ (a) bzw. $\rho=0{,}96$ (b).

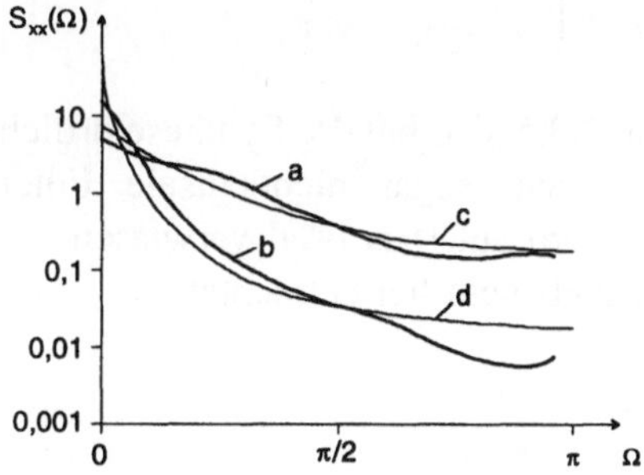

Abb. 4.3. Spektren zweier Bildsignale in Zeilenrichtung (a, b) sowie des AR(1)-Modells bei $\rho=0{,}70$ (c) und $\rho=0{,}96$ (d)
nach [CLARKE 1985]

Auch das *elliptische Modell* mit der AKF

$$r_{xx}(k,l) = \sigma_x^2 \cdot e^{-\sqrt{(\beta_h k)^2 + (\beta_v l)^2}} \quad ; \quad \beta_h = -\ln\rho_h \quad ; \quad \beta_v = -\ln\rho_v \qquad (4.10)$$

erlaubt die separate Berücksichtigung der Korrelationswerte in horizontaler und vertikaler Richtung. Linien konstanter Korrelation sind hier auf einer Ellipse angeordnet (Abb. 4.2c). Wie beim separierbaren Modell entsprechen die Schnittpunkte mit den k- und l-Achsen exakt den Werten $\rho_h^{|k|}$ bzw. $\rho_v^{|l|}$. Für $\beta_h=\beta_v$ wird das elliptische in das isotropische Modell übergeführt. Das LDS des elliptischen Modell ergibt sich als

$$S_{xx}(\Omega_1,\Omega_2) = \frac{2\pi\sigma_x^{\,2}}{\beta_h\beta_v}\cdot\frac{1}{\left[1+\left(\Omega_1/\beta_h\right)^2+\left(\Omega_2/\beta_v\right)^2\right].} \tag{4.11}$$

Für autoregressive Modelle höherer Ordnung kann bei rechteckförmiger Abtastung ein separierbares 2D-Filter $a(p,q)=a_1(p)\cdot a_2(q)$ eingesetzt werden. Eine genauere Modellierung, auch bei beliebigen Abtastgeometrien, ist allerdings mit nicht-separierbaren Filtern möglich. Die allgemeine Synthesegleichung für ein kausales Viertelebenenfilter lautet

$$x(m,n) = \sum_{\substack{p=0 \\ (p,q)\neq(0,0)}}^{P-1}\sum_{q=0}^{Q-1} a(p,q)\cdot x(m-p,n-q)+z(m,n), \tag{4.12}$$

womit sich ein Leistungsdichtespektrum

$$S_{xx}(\Omega_1,\Omega_2) = \frac{\sigma_z^{\,2}}{\left|1-\sum_{\substack{p=0 \\ (p,q)\neq(0,0)}}^{P-1}\sum_{q=0}^{Q-1} a(p,q)\cdot e^{-j(p\Omega_1+q\Omega_2)}\right|^2.} \tag{4.13}$$

ergibt. Auf Grund der Herleitungen in Abschn. 2.3.5 sind bei der Synthese örtlich begrenzter Bildsignale beliebige Filtergeometrien, sogar nichtkausale Filter möglich. Für eine ausführlichere Abhandlung wird auf [JAIN 1989] verwiesen; im vorliegenden Buch werden hauptsächlich Viertelebenenfilter betrachtet.

4.1.2 Markov Random Fields

Die durch Projektion der natürlichen Umgebung in die Bildebene der Kamera entstandenen 2D-Bildsignale stellen großenteils Abbilder der *Oberflächen von Objekten* dar. Auch wenn sich eine solche Oberfläche durch Analyse der statistischen Eigenschaften wie Helligkeit, Farbe, Varianz, Korrelation etc. recht gut beschreiben läßt, so entstehen doch notgedrungen an den Grenzen zwischen Objekten Diskontinuitäten der statistischen Merkmale. Um diese im einzelnen analysieren zu können, ist eine *Segmentierung* des Bildsignals erforderlich, durch welche die Objektgrenzen möglichst genau beschrieben werden.

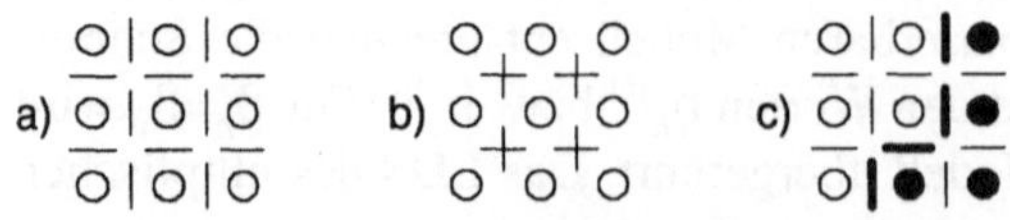

Abb. 4.4. Zur Lage von Bildpunkten und Grenzpositionen in Markov Random Fields

Das Modell der *Markov random fields* (MRF) bietet eine Interpretation für solche *Grenzen* oder *Übergänge* im Abtastraster eines zweidimensionalen Signals. Betrachten wir das Bildpunktraster (o) in Abb. 4.4a, so können Segmentgrenzen an den mit " | " und "—" bezeichneten Positionen definiert sein. In Abb. 4.4b dagegen können Grenzpositionen an den mit "+" gekennzeichneten Positionen auftreten. Beide Positionsdefinitionen sind alternativ verwendbar; man beachte jedoch, daß die in Abb. 4.4a dargestellte Lösung doppelt so viele Grenzpositionen aufweist wie Bildpunkte (d.h. jedem Bildpunkt kann ein " | " *und* ein "—" zugeordnet werden), während in Abb. 4.4b die Anzahl von Grenzpositionen und Bildpunkten gleich ist. Liegt eine Grenze vor, so habe das Feld der Grenzpositionen $t(i,j)$ den Wert "1", ansonsten den Wert "0". Im Beispiel von Abb. 4.4c sind diejenigen Grenzpositionen fett gezeichnet, die den Übergang von einem Segment (helle Bildpunkte) zu einem anderen (dunkle Bildpunkte) markieren.

Markov-Ketten sind stochastische Modelle, mit denen sich Übergänge zwischen Zuständen bei diskreten Vorgängen beschreiben lassen. Bei einer diskreten Markov-Kette ist die Übergangswahrscheinlichkeit von einem Zustand s_1 in einen anderen Zustand s_2 eine bedingte Wahrscheinlichkeit $p(s_2|s_1)$, und das gesamte Modell ist durch die wechselseitigen Übergangswahrscheinlichkeiten zwischen den einzelnen Zuständen vollständig beschrieben. Betrachten wir nur den zeilenweisen Verlauf der Segmente in Abb. 4.4c, so können wir die Wahrscheinlichkeit des Vorhandenseins einer Wechselpositionen " | " durch die entsprechende Übergangswahrscheinlichkeit einer solchen Markov-Kette modellieren. Je geringer die Übergangswahrscheinlichkeiten sind, desto größer werden die sich ergebenden zusammenhängenden Segmente sein.

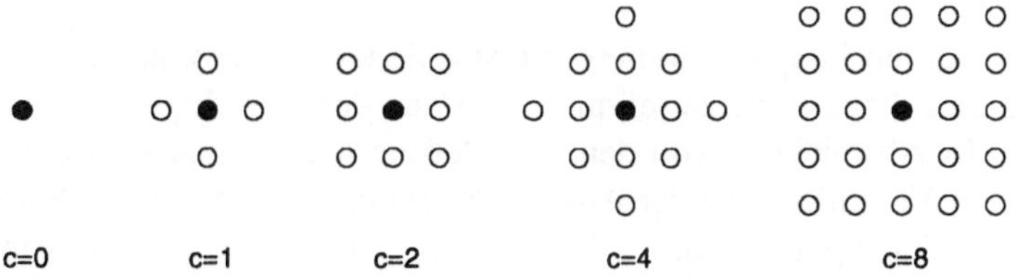

Abb. 4.5. Homogene Nachbarschaftssysteme $\mathcal{N}_c(m,n)$ für verschiedene Werte c

Markov random fields sind eine zweidimensionale Verallgemeinerung der (an sich eindimensionale Vorgänge beschreibenden) Markov-Ketten [GEMAN, GEMAN 1984]. Da die Positionen der Segmentgrenzen sich in mindestens einer der örtlichen Richtungen fortsetzen müssen, muß ein Bezug zu benachbarten Grenzpositionen eingeführt werden. Hierzu ist zunächst ein *Nachbarschaftssystem* zu definieren, welches den Bildpunkt an der Position (m,n) in Bezug zu seiner Umgebung setzt. Eine wesentliche Eigenschaft der MRFs besteht darin, daß statistische Abhängigkeiten ausschließlich innerhalb des Nachbarschaftssystems existieren [JAIN 1989]. Gebräuchlich sind *homogene* Nachbarschaftssysteme, in denen die Bildpunkte an den Koordinaten (i,j) nach folgender Definition die Nachbarschaftsgruppe bilden :

$$\mathcal{N}_c(m,n) = \left\{ (i,j) \mid \ 0 < (i-m)^2 + (j-n)^2 \le c \right\}. \tag{4.14}$$

Der Parameter c legt dabei die Größe des Nachbarschaftssystems fest. Abb. 4.5 stellt Beispiele für $c=0$ (Trivialfall : hier gehört nur der Bildpunkt (m,n) selbst zu seiner Nachbarschaft) sowie $c=1,2,4,8$ dar. Die Position des Bildpunktes (m,n) ist jeweils mit "•" gekennzeichnet.

Gruppen von Bildpunkten, von denen jeder zum Nachbarschaftssystem $\mathcal{N}_c(m,n)$ jedes anderen gehört, werden als *cliques* bezeichnet. Abb. 4.6a stellt die einzige mögliche clique für $c=0$ dar; diese besteht nur aus dem Bildpunkt selbst. Die Bilder 4.6b und 4.6c zeigen die jeweils zusätzlich möglichen cliques für $c=1$ bzw. $c=2$. Die Verbindungen der Bildpunkte innerhalb der cliques werden durch *Graphen* dargestellt. Die Anzahl der möglichen cliques steigt drastisch mit der Größe des Nachbarschaftssystems. So wären beim System $\mathcal{N}_8(m,n)$ bereits cliques mit bis zu 9 Bildpunkten möglich. Die Analyse der Hypothesen für das Vorhandensein einer Grenze wird über ein Cliquenensemble $\mathcal{C}_c(m,n)$ durchgeführt, welches alle möglichen cliques mit ihren *Orientierungen* einschließt, d.h. der Bildpunkt (m,n) kann innerhalb der clique an jeder beliebigen Position liegen. Abb. 4.6d zeigt $\mathcal{C}_c(m,n)$ mit allen möglichen Orientierungen für den Fall $c=1$.

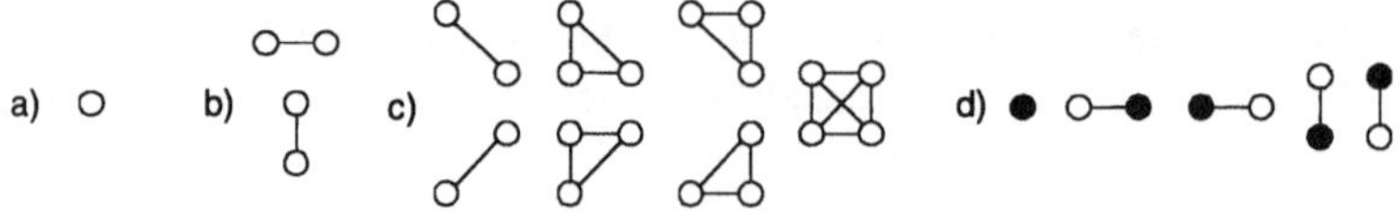

Abb. 4.6. Zur Definition von *cliques* in Markov Random Fields
(Erklärung zu **a-d** sh. Text)

Für den Fall $c=2$ würden in $\mathcal{C}_c(m,n)$ weitere 20 Mitglieder hinzukommen (je 2 Orientierungen aus den diagonalen 2er-cliques, je 3 aus den 3er-cliques, und 4 aus der 4er-clique). In Abweichung von den hier definierten Nachbarschaftssystemen kann daher zur Vereinfachung der Analyse auch ein eingeschränkter Satz von cliques, z.B. alle diejenigen mit nur 2 Bildpunkten, verwendet werden. Ein so modifiziertes Ensemble $\mathcal{C}_2'(m,n)$ mit nur noch 8 Mitgliedern läßt sich beispielsweise als diejenige Gruppe von Bildpunktpaaren definieren, die jeweils aus dem Bildpunkt (m,n) und einem der 8 Elemente aus der Nachbarschaft $\mathcal{N}_2(m,n)$ mit den Koordinaten (i,j) bestehen :

$$\mathcal{C}_2'(m,n) = \left\{ \langle (m,n),(i,j) \rangle : (i,j) \in \mathcal{N}_2(m,n) \right\}. \tag{4.15}$$

Eine wesentliche Eigenschaft, die den cliques aus dem Ensemble $\mathcal{C}_2'(m,n)$ zugeordnet werden kann, sind die Helligkeitsdifferenzen zwischen den ihnen angehörenden Bildpunkten. Aus diesen läßt sich an jeder Bildpunktposition (m,n) ein *Potential* $V(m,n)$ ableiten, welches als Maß für das Vorhandensein einer Segmentgrenze ausgewertet werden kann. In $V(m,n)$ gehen zum einen die Helligkeits-Differenzfunktionen Δ des Bildpunktes $x(m,n)$ mit Bezug zu seinen 8 Nachbarn $x(i,j)$, zum anderen eine a priori geschätzte Segmentierungsentscheidung

$s(m,n)$ für den Bildpunkt und $s(i,j)$ für seine 8 Nachbarn ein. Hierbei geben $s(m,n)$ und $s(i,j)$ an, welchen Segmenten die einzelnen Bildpunkte zugeordnet wurden. Der Wert des Grenzpositions-Feldes $t(i,j)$ ist wie folgt definiert :

$$t(i,j) = \begin{cases} 1 & \textit{wenn } s(m,n) \neq s(i,j) \\ 0 & \textit{wenn } s(m,n) = s(i,j) \end{cases} \;\; ; \;\; (i,j) \in \mathcal{C}_2'(m,n). \tag{4.16}$$

Wir erhalten

$$V(m,n) = \sum_{(i,j)\in\mathcal{C}_2'(m,n)} \lambda_t \cdot t(i,j) + \lambda_\Delta \cdot (1 - t(i,j)) \cdot \Delta(x(m,n), x(i,j)). \tag{4.17}$$

Die Funktion $\Delta(\cdot)$ gibt im einfachsten Fall die absolute oder quadratische Helligkeitsdifferenz zwischen den Bildpunkten wieder; es können aber auch nichtlineare Funktionen mit Schwellwertkriterium verwendet werden, oder aber solche, die eine Anpassung an die mittleren Helligkeitsdifferenzen in der näheren Umgebung vornehmen. Prinzipiell kann aber auch jede andere Merkmalsdifferenz zwischen benachbarten Bildpunkten verwendet werden, z.B. Unterschiede in Varianz, AKF oder Spektrum.

Die Konstanten λ_t und λ_Δ bewirken eine Gewichtung der Einflüsse des Grenzpositions-Feldes - wenn eine Grenze vorliegt, wird $V=\lambda_t$ -, bzw. der lokalen Merkmalsdifferenzen - wenn keine Grenze vorliegt, wird $V=\lambda_\Delta\cdot\Delta(\cdot)$. Zusätzlich besteht die Möglichkeit, ein *Strafpotential* einzuführen, mit dem unmögliche, unwahrscheinliche oder unbeliebte Segmentgrenzverläufe (vgl. Abb. 4.7) mit einem extra hohen Potential belegt werden. In einem solchen Fall würde das Modell also explizit die Eigenschaft glatter Grenzverläufe enthalten.

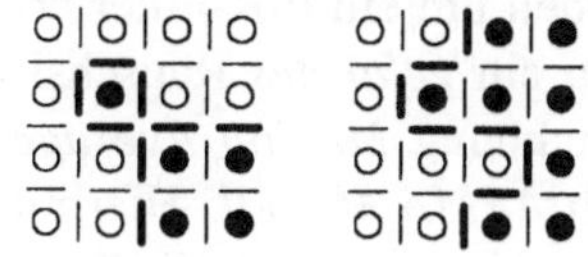

Abb. 4.7. Beispiele unwahrscheinlicher Kantenverläufe

4.2 Inhaltsorientierte Bildmodelle

In Verbindung mit einer inhaltsorientierten Analyse des Bildsignals lassen sich bestimmte lokale Eigenschaften günstiger modellieren. Dies trifft insbesondere auf Objektoberflächen, welche sich oft als *Texturen* beschreiben lassen, und auf Objektgrenzen, die *Kanten* im Bildsignal zu. Die Erkennung geschlossener *Objekte* mit einheitlichen Merkmalen beginnt mit einer *Segmentierung* des Bildsignals. Insbesondere für die Bildsequenzcodierung sind darüber hinaus aber Modelle sehr wirkungsvoll, die von einem kontiunierlichen Vorhandensein einmal erkannter Objekte ausgehen. Diese Modelle können entweder weiterhin auf einer zweidimensionalen, *segmentorientierten Objektbeschreibung* oder auf einer dreidimensionalen, *räumlichen Beschreibung* beruhen, und sind auch nur in Verbindung mit einer *Bewegungsbeschreibung* sinnvoll einsetzbar. Bei einer *semantischen Modellierung* sind schließlich Annahmen über die Bedeutung der abgebildeten Szene notwendig.

4.2.1 Texturmodelle

Als *Texturen* bezeichnet man Feinstrukturen, die sich durch Abbildung der Objektoberflächen und ihre Reflexionseigenschaften ergeben. Neben quasi-periodischen Texturen, die oftmals in von Menschenhand geschaffenen Mustern anzutreffen sind, kommen in natürlichen Bildern am häufigsten zufällige Strukturen vor, die sich mittels ihrer statistischen Merkmale (Mittelwert, Varianz, AKF, LDS, Verteilungsdichte) beschreiben lassen. Eine *Textursynthese* unter Verwendung der durch eine Merkmalsextraktion gewonnenen Parameter könnte in einem zukünftigen Bildcodierverfahren eingesetzt werden, um die Oberflächenstruktur bestimmter Objekte nachzubilden und empfängerseitig synthetisch zu erzeugen, ohne explizit den Verlauf der Bildpunkthelligkeiten übertragen zu müssen.

AR- und ARMA-Modelle. Das autoregressive Modell kann auch zur Texturanalyse und -synthese eingesetzt werden. Hierbei sind die Parameter des Modells an den gegebenen Inhalt anzupassen (vgl. Abschn. 5.1). Sehr natürlich wirkende synthetische Strukturen erhält man auch, wenn das Modell um ein FIR-Filter erweitert wird, d.h. es wird kein spektral weißes, sondern ein *gefärbtes* Rauschsignal in das rekursive Filter eingespeist. Mit der Bezeichnung *Moving Average* (MA) für den FIR-Anteil spricht man dann von einem *ARMA-Modell*. Hiermit lassen sich auch lokale Schwankungen des Mittelwerts erfassen. Auch die Verwendung *nichtkausaler Synthesefilter* (vgl. Abschn. 2.3.5) ist sinnvoll [CHELAPPA, CHATTERJEE 1985], [JAIN 1989].

Spektrale Modelle. Da die AKF, welche die Basis der autoregressiven Modelle ist, und das LDS über das Parsevaltheorem (3.17) miteinander verknüpft sind, hat eine Texturanalyse mittels des Spektrums im Prinzip dieselbe Aussagekraft. Eine *spektrale Synthese* von Texturen ist auch schon mit Filterbankverfahren gelungen, wobei die Synthesefilterbank wieder mit Rauschsignalen angeregt wurde [CHANG, KUO 1993].

Strukturorientierte Modelle. Viele Texturen bestehen aus Mustern, welche in leichter Abwandlung von Form und Größe wiederkehren. Der Ansatz strukturorientierter Verfahren zur Texturanalyse und -synthese besteht darin, Elementarmuster (*primitives* oder *texels*) zu finden, mittels derer sich die Textur charakterisieren läßt [JAIN 1989]. Im Fall nicht-periodischer Texturen ist ein geeignetes Analysekriterium die Verteilung der lokalen Maxima und Minima der Helligkeit, deren Abstände und Ausrichtungen. Die Helligkeitsverläufe zwischen Maxima und Minima werden auf eine einheitliche Größe und Ausrichtung normiert, und mittels eines *Clusterverfahrens* (vgl. Abschn. 5.6) das optimale texel bestimmt.

Fraktale Modelle. Während von Menschenhand geschaffene Muster regelmäßige und oftmals periodische Strukturen aufweisen (sie folgen der seit mehr als 2 Jahrtausenden verwendeten *euklidischen Geometrie*), ist die Unregelmäßigkeit natürlicher Vorgänge besser durch die *fraktale Geometrie* beschreibbar. Grundlage ist die Theorie der *Selbstähnlichkeit*, d.h. man findet Makrostrukturen in der Mikrostruktur wieder : Eine Haarsträhne, die aus vielen Haaren besteht, hat gleiche Farbe und Ausrichtung wie das einzelne Haar, die Äste eines Baumes besitzen Ähnlichkeit mit dem Stamm. Methoden zur Ermittlung fraktaler Parameter aus Bildsignalen werden in Kap. 14 beschrieben.

4.2.2 Kantenmodelle

Wichtige Information über den Bildinhalt wird durch die Begrenzungen oder Kanten der enthaltenen Objekte gegeben. Allerdings wird nicht jede Objektgrenze als Helligkeitssprung zwischen benachbarten Bildpunkten erkennbar sein. Kantenerkennungsfilter, die auf einer *Gradientenanalyse* basieren (eine Beschreibung wird z.B. in [WAHL 1984] gegeben), können daher nur *ein* Kriterium bei der Bestimmung von Kantenpositionen sein; wichtige andere Kriterien sind die *Kontinuität* von Kanten und - in Bildsequenzen - deren *Bewegung*.

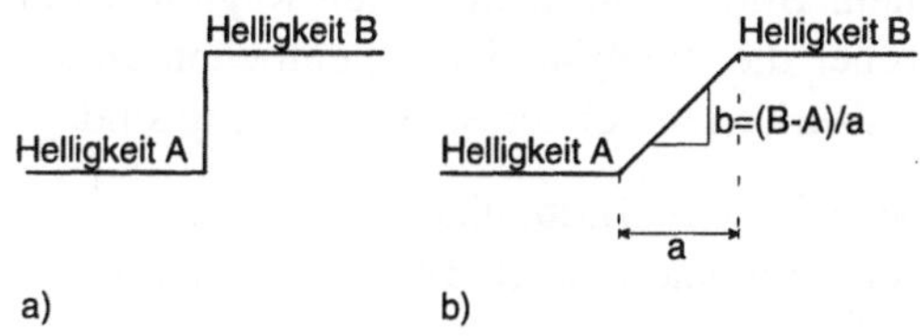

Abb. 4.8. Kantenformen. **a** Sprungkante **b** Rampenkante

Helligkeitsverlauf an Kanten. Eine Kante läßt sich in natürlichen Bildern nur selten durch einen Helligkeitssprung von einem Bildpunkt zum nächsten charakterisieren (Abb. 4.8a). Durch Schattenbildungen und Reflexionen findet sich eher der Typ der Rampenkante (Abb. 4.8b), der zusätzlich durch Kantenbreite a und Kantensteigung b zu charakterisieren ist. Breite und Mittelpunkt einer Rampenkante läßt sich durch Lage der Minima/Maxima und der Nulldurchgänge in der 2. Ableitung des Bildsignals ermitteln.

Kantenorientierung. In Abb. 4.8 wurde ausschließlich der eindimensionale Helligkeitsverlauf betrachtet. In 2D-Bildsignalen ist jedoch die *Kantenrichtung* ebenfalls eine wichtige Information. Einfache Gradientenfilter wie der *Sobeloperator* können z.B. nach 8 unterschiedlichen Orientierungen differenzieren [DAVIS 1975]. Ein einfaches 2D-Modell $k(r,s)$ für das Bildsignal an Sprungkanten (Abb. 4.9) umfaßt sowohl die Helligkeitswerte A und B an den beiden Seiten der Kante, als auch die Kantenposition (r_k,s_k) und die Kantenorientierung (Winkel θ; $\theta=0$ entspricht einer horizontalen Kante, Bereich A oberhalb B) :

$$k(r,s) = \begin{cases} A & wenn\ (r - r_k)\sin\theta \geq (s - s_k)\cos\theta \\ B & sonst \end{cases} \qquad (4.18)$$

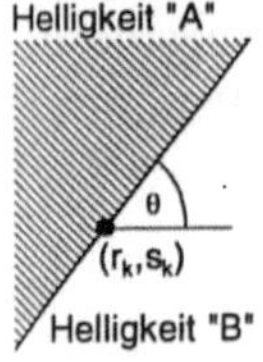

Abb. 4.9. Modell des Helligkeits- und Richtungsverlaufes von Sprungkanten

Mit entsprechend komplizierteren Modellen können auch die Parameter von "Rampenkanten" erfaßt werden.

4.2.3 Objektmodelle und Szenenmodelle

Segmentorientierte Modelle. Mittels einer *Bildsegmentierung* (ausführlichere Behandlung in Kap. 6) werden in einem Bild Grenzen zwischen Regionen mit homogenen Merkmalen festgelegt, wobei die Analyse den eigentlichen Inhalt noch unbeachtet läßt. Wichtige Merkmalskriterien bei der Segmentierung sind

– Differenzen lokaler Helligkeiten benachbarter Bildpunkte
– Differenzen bei lokalen statistischen Parametern, auch Texturparametern
– Objektgröße
– Objektform, d.h. Kontinuität und Geradlinigkeit der Objektgrenzen.
– einheitliche Bewegung geschlossener Objekte (bei der Bildsequenzanalyse)

Die Form der Segmente wird durch den äußeren *Konturverlauf* charakterisiert. Die Segmentierung kann in der beschriebenen Form zunächst nur auf Einzelbilder angewandt werden. Dagegen ist es nahezu unmöglich, die Form eines Objektes exakt zu klassifizieren, welches Oberflächenteile mit verschiedenen Merkmalen aufweist. So besteht der menschliche Kopf beispielsweise aus Gesicht und Haaren, die bei einer Segmentierung mit großer Wahrscheinlichkeit in unterschiedliche Segmente aufgeteilt werden. Bei einer *Intraframe-Codierung* ist aber genau diese Unterteilung erwünscht, da auf diese Weise die Arbeitsweise des

Codierers an die Merkmale der einzelnen Segmente optimal angepaßt werden kann.

Objektorientierte Modelle. Wird eine *Interframe-Codierung* angewandt, kann es nicht mehr gleichgültig sein, ob zwei benachbarte, mittels einer "Intraframe"-Segmentierung bestimmbare Segmente zu einem einzigen Objekt gehören : Das Objekt wird sich voraussichtlich als ganzes bewegen, so daß es unnötig ist, die Bewegung der Segmente einzeln für sich zu erfassen. Darüber hinaus brauchen nun auch nur noch Konturverläufe beschrieben werden, welche *ganze Objekte* charakterisieren, so daß der Anteil der Konturinformation gegenüber den segmentorientierten Modellen reduziert werden kann. Andererseits ist die Bestimmung geschlossener Objekte auch erst durch eine Bewegungsanalyse in einer Bildsequenz möglich (vgl. Abschn. 4.3 und 6.2.5), sofern nicht bekannt ist, welche Arten von Objekten in der Szene voraussichtlich auftreten werden.

Räumliche Modelle. 2D-Bildsignale entstehen durch Abbildung einer räumlichen Szene auf die Bildebene der Kamera. Um das in einer Bildsequenz aufgenommene Geschehen in der Szene zu erfassen, ist daher das genaueste Modell dasjenige, welches auf den Ursprung der Abbildung zurückgeht. Hierbei kann entweder die Bewegung einzelner Objekte vor einem Hintergrund (wie vor einer Leinwand) erfaßt werden, oder auch die gesamte Szene dreidimensional beschrieben werden. Eine *räumliche Analyse* ist andererseits mit Unsicherheiten verbunden, da hierfür eben nur die Abbildung des dreidimensionalen Raumes in die Bildebene zur Verfügung steht. Folgende Merkmale müssen bei der Modellierung und Charakterisierung räumlicher Objekte erfaßt werden :

– Objektform
– Struktur und Reflexionseigenschaften der Oberfläche
– Entfernung des Objektes, woraus sich die Größe und - bei einer Bildsequenzanalyse - die Geschwindigkeit ermitteln lassen.

Die Objektform läßt sich entweder durch die *Oberflächenform* oder durch die *Volumenform* beschreiben. Oberflächenmodelle sind insofern sinnvoll, als ja ohnehin bei der Abbildung in die Bildebene nur die Oberfläche sichtbar wird. Zur Modellierung der Oberflächenform wird am häufigsten das in Abb. 4.10 gezeigte *Netzmodell* (*wire frame model, WFM*) vorgeschlagen. Hierbei wird das Objekt durch die räumlichen Positionen von Knotenpunkten beschrieben, die sich an der Objektoberfläche befinden. Das die Punkte verbindende Netz bildet Dreiecke, die angenähert planare, d.h. zweidimensionale Oberflächenteile beschreiben. Das Modell erlaubt insbesondere eine sehr genaue Charakterisierung von Deformationen, und wird deshalb vielfach auch zur Animation von Objekten in der Computergraphik angewandt. Jedoch sind zur Modellierung der Oberfläche von geometrisch strukturierten Körpern möglicherweise andere Ansätze, z.B. mittels harmonischer Beschreibung der Oberflächenkrümmung, besser geeignet [LI, LUNDMARK, FORCHHEIMER 1994]. Aus der Ausrichtung der Oberflächenelemente relativ zur

Bildebene sowie aus ihrer Oberflächenstruktur läßt sich der in die Bildebene projizierte Helligkeitsverlauf bestimmen. Hierbei muß jedoch auch beachtet werden, daß sich bei Bewegung die *Lichtverhältnisse* ändern können, so daß dieselbe Oberflächenstruktur plötzlich ganz andere Helligkeiten reflektiert [PEARSON 1990].

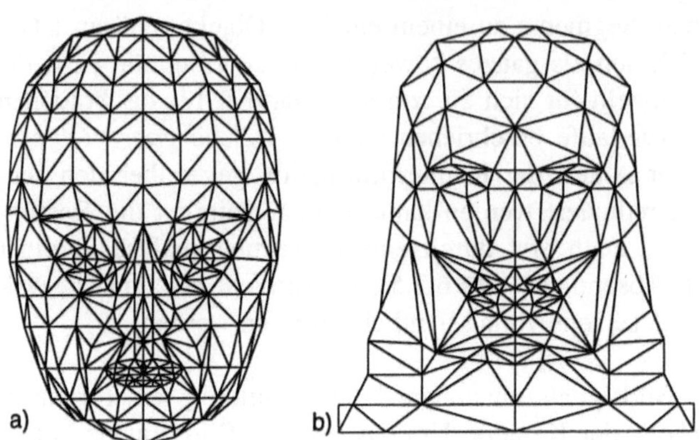

Abb. 4.10. Netzmodelle eines menschlichen Kopfes
a nach [AIZAWA ET. AL. 1993] **b** "Candide" nach [RYDFALK 1987]

Wissensbasierte und semantische Modelle. Die Szenenanalyse aus Bildsignalen steht noch vor vielen ungelösten Problemen. Insbesondere zur räumlichen Modellierung ist es daher heute noch notwendig, bestimmte Annahmen über den voraussichtlichen Szeneninhalt a priori festzulegen. So werden bei Anwendung des Netzmodells Standardstrukturen wie in Abb. 4.10 verwendet und nur noch an den Bildinhalt angepaßt, dort wo sich vermutlich der Kopf befindet. Ist aber gar kein Kopf vorhanden, muß das eingeschränkte Modell notgedrungen versagen. Seine Anwendung ist also nur bei Bildtelefon-Sequenzen sinnvoll.

Ist andererseits erst einmal vorausgesetzt, daß sich überhaupt ein zu modellierender Kopf in der Szene befindet, können weitere Modellparameter definiert werden, da die Bewegungen der Knoten im Netz voraussichtlich den bei Menschen normalerweise üblichen Gesichtsbewegungen folgen werden. So wird die Bewegung einer ganzen Reihe von Knoten bei bestimmten mimischen Gesten immer wieder einen ähnlichen Verlauf besitzen. Eine solche *semantische Modellierung*, bei der tatsächlich versucht wird, den inhaltlichen Sinn einer Szene zu erfassen und zu beschreiben, wird in Abschn. 17.3 noch weiter diskutiert.

4.3 Bewegungsmodelle

Die Bewegung von Objekten im dreidimensionalen Raum wird bei der Bildaufnahme in die 2D-Bildebene projiziert. Sie ist durch das Geschwindigkeitsfeld charakterisiert, dessen orts- und zeitdiskrete Version das *Bewegungsvektorfeld* ist. Dieses weist eine hohe Kontinuität im Innern bewegter Objekte, und Diskontinuitäten an Objektgrenzen auf.

4.3.1 Räumliche und projizierte Bewegung

Freiheitsgrade der räumlichen Bewegung. Allgemeine Beschreibungen der räumlichen Bewegung sind aus der klassischen Kontinuumsmechanik bekannt. Hierbei wird ein Körper in infinitesimale, würfelförmige Volumenelemente $dW=[dW_1,dW_2,dW_3]$ zerlegt, und seine Bewegung innerhalb der Zeit dt durch die differentiellen Änderungen dieser Volumenelemente beschrieben (Abb. 4.11).

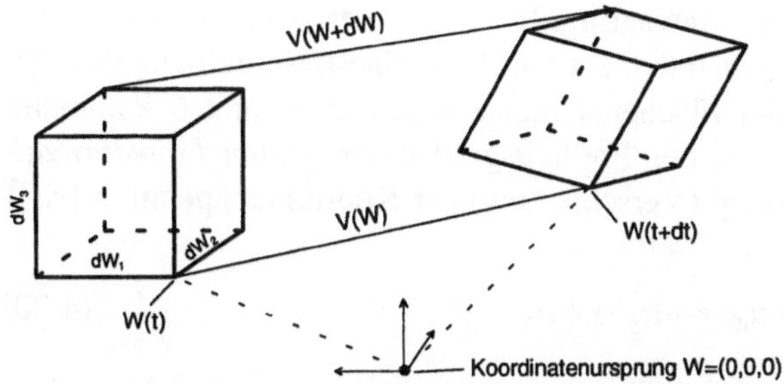

Abb. 4.11. Bewegung eines deformierbaren infinitesimalen Volumenelementes nach [JÄHNE 1991]

Nach dem *Fundamentalsatz der Kinematik* [HELMHOLTZ 1858] läßt sich die Bewegung eines solchen Volumenelementes als Summe aus *Translation, Rotation* und *Deformation* darstellen. Hierbei haben Translation und Rotation jeweils *3 Freiheitsgrade* (entsprechend den 3 räumlichen Koordinaten), während die Deformation *6 Freiheitsgrade* (3 für die Längenänderungen der Würfelkanten, 3 für die Scherung/Änderung der Winkel) besitzt. Man beachte, daß die hier vorausgesetzte Deformation des infinitesimalen Körpers *linear* bleibt, d.h. die Würfelkanten können nicht gekrümmt werden, und parallele Kanten bleiben parallel. Bei *starren Körpern* entfallen die Freiheitsgrade der Deformation, so daß selbst bei nicht infinitesimal-kleinen Gebilden nur noch die 6 Freiheitsgrade für Translation und Rotation übrigbleiben.

Projizierte Bewegung, Geschwindigkeitsfelder und Bewegungsvektorfelder. Bei einer Projektion in die Bildebene werden nur die *Oberflächen* von Objekten sichtbar. Für die Bewegungsschätzung ist eine Analyse mittels infinitesimaler Flächenelemente $dw=[dr,ds]$ möglich. Zunächst ergibt sich eine Beschreibung der Geschwindigkeit $\mathbf{u}(\mathbf{w},t)$ am Ort $\mathbf{w}=[r,s]^{\mathrm{T}}$ zum Zeitpunkt t durch zeitliche Ableitung der Ortsposition gemäß (2.2). Wir wollen hier die zeitliche Abhängigkeit der Geschwindigkeit vernachlässigen, und interessieren uns nur für die Ortsabhängigkeit des *Geschwindigkeitsfeldes* $\mathbf{u(w)}=[u,v]^T$. Diese läßt sich durch dessen differentielle Änderungen zwischen den Positionen $\mathbf{w}$ und $\mathbf{w+dw}$ beschreiben :

$$\mathbf{u(w+dw)=u(w)+Adw} \quad ; \quad \mathbf{A}=\begin{bmatrix} \partial u/\partial r & \partial v/\partial r \\ \partial u/\partial s & \partial v/\partial s \end{bmatrix}. \tag{4.19}$$

Hierbei kennzeichnet $\mathbf{u(w)}$ die *Translation*, d.h. diejenige Bewegung, welche von benachbarten Positionen gleichförmig ausgeführt wird. Die Matrix $\mathbf{A}$, welche die Änderungen charakterisiert, wird in der Mechanik üblicherweise in einen *antisymmetrischen* Anteil $1/2 \cdot [\mathbf{A-A}^T]$ und einen *symmetrischen* Anteil $1/2 \cdot [\mathbf{A+A}^T]$ zerlegt, wobei der erste die *Rotation* des Flächenelementes, der zweite die *Deformation* beschreibt [JÄHNE 1991].

Freiheitsgrade der projizierten Bewegung. Die Parameter $\mathbf{v(w)}$ und $\mathbf{A}$ in (4.19) enthalten 6 unabhängige Komponenten. Demnach ist eine Beschreibung des 2D-Bewegungsfeldes infinitesimaler Flächenelemente durch insgesamt 6 Parameter möglich. Diese entsprechen genau den Freiheitsgraden der *affinen Transformation*, welche eine lineare Abbildung (Verschiebung) der Koordinatenposition $[r,s]^T$ auf $[r',s']^T$ beschreibt :

$$r'=a_1 \cdot r+a_2 \cdot s+a_3 \quad ; \quad s'=a_4 \cdot r+a_5 \cdot s+a_6 \tag{4.20}$$

bzw.

$$\begin{bmatrix} r' \\ s' \end{bmatrix}=\begin{bmatrix} a_1 & a_2 \\ a_4 & a_5 \end{bmatrix} \cdot \begin{bmatrix} r \\ s \end{bmatrix}+\begin{bmatrix} a_3 \\ a_6 \end{bmatrix} \tag{4.21}$$

Abb. 4.12 veranschaulicht die geometrischen Modifikationen, die mittels der affinen Transformation möglich sind.

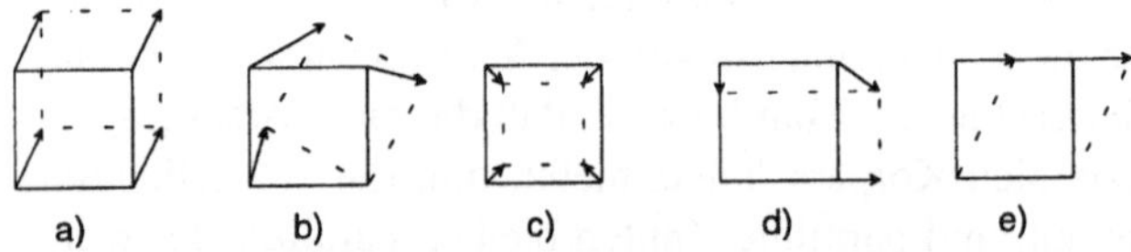

Abb. 4.12. Geometrische Modifikationen einer quadratischen Fläche durch affine Transformation. **a** Translation **b** Rotation **c** Dilatation **d** Dehnung **e** Scherung nach [JÄHNE 1991]

Vergleichen wir diese geometrischen Verzerrungen mit den 6 Freiheitsgraden der 3D-Bewegung eines starren infinitesimalen Volumenelementes, lassen sich folgende Aussagen bezüglich ihrer Auswirkung nach der Projektion treffen :

- Eine 3D-Translation parallel zur Bildebene wird als 2D-Translation interpretiert;
- Eine 3D-Translation senkrecht zur Bildebene (Entfernungsänderung) wird als 2D-Dilatation gesehen;

– Eine 3D-Rotation um die Achse senkrecht zur Bildebene wird als 2D-Rotation erfaßt;

– 3D-Rotationen ausschließlich um *eine* der Achsen parallel zur Bildebene erscheinen als 2D-Dehnung, bei gleichzeitiger 3D-Rotation um *beide* dieser Achsen tritt außerdem eine 2D-Scherung ein.

Bewegung größerer starrer Körper. In der vorangegangenen Beschreibung sind allerdings die 2D-Parameter der Dehnung und Scherung nur im Fall infinitesimaler, punktförmiger Objekte ausreichend. Bei einem um eine der Achsen parallel zur Bildebene rotierten *größeren* starren Körper tritt außerdem der Fall ein, daß ein Teil des Körpers sich *weiter* von der Bildebene entfernt, während ein anderer *näher* herantritt. Die zugehörigen Komponenten der *perspektivischen Verzerrung* sind in Abb. 4.13a dargestellt, und werden zusätzlich zu den affinen Parametern im folgenden 8-Parameter-Modell beschrieben [HÖTTER, THOMA 1988] :

$$r' = \frac{a_1 \cdot r + a_2 \cdot s + a_3}{a_7 \cdot r + a_8 \cdot s + 1} \quad ; \quad s' = \frac{a_4 \cdot r + a_5 \cdot s + a_6}{a_7 \cdot r + a_8 \cdot s + 1}. \tag{4.22}$$

Die perspektivische Verzerrung ist auch über die Parameter b_3 und b_6 im folgenden *parabolischen* Abbildungsmodell enthalten, welches darüber hinaus noch nichtlineare, quadratische Terme einschließt :

$$r' = b_1 \cdot r^2 + b_2 \cdot s^2 + b_3 \cdot rs + a_1 \cdot r + a_2 \cdot s + a_3$$
$$s' = b_4 \cdot r^2 + b_5 \cdot s^2 + b_6 \cdot rs + a_4 \cdot r + a_5 \cdot s + a_6. \tag{4.23}$$

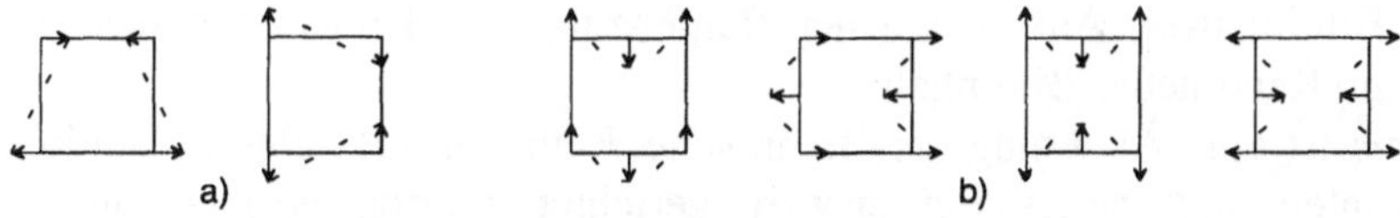

Abb. 4.13. Geometrische Modifikationen einer quadratischen Fläche **a** durch perspektivische Verzerrung **b** durch nichtlineare quadratische Verzerrungskomponenten

Die quadratischen *b*-Parameter erlauben auch Kantenkrümmungen (Abb. 4.13b). Diese nichtlinearen Deformationen können auftreten, wenn ein rotierter, starrer 3D-Körper *gekrümmte Oberflächen* besitzt [BUCK, DIEHL 1993]. Die mit 6 linearen 3D-Parametern beschreibbare Bewegung eines (nicht-infinitesimalen) starren 3D-Körpers benötigt nach der Projektion also selbst bei einer planaren Oberfläche schon acht 2D-Beschreibungsparameter, die räumliche Beschreibung ist also unbedingt effizienter. Andererseits lassen schon die affinen Parameter in der projizierten Bildebene schon die Beschreibung von 3D-Deformationen zu, wobei sich allerdings nicht unterscheiden läßt, ob die Veränderung durch starre Bewegung oder Deformation zustande gekommen ist.

Okklusionen. Auf Grund der Projektion in die Bildebene können Teile von Objekten oder des Hintergrundes vom Kamerastandpunkt aus *verdeckt* sein (Abb. 4.14). Bewegt sich das verdeckende Objekt, so werden ständig Bereiche verdeckt und andere neu aufgedeckt. Dasselbe geschieht, wenn sich ein Objekt dreht, und dadurch seine Rückseite sichtbar wird. Diese *Okklusionseffekte* sind typisch für die projizierte Betrachtung einer Szene, und können bei einer räumlichen 3D-Beschreibung nicht entstehen. Bei der Szenenanalyse lassen sich daher einzelne Bereiche der Projektion in aufeinander folgenden Bildern nicht eindeutig zuordnen. Das ortsabhängige Geschwindigkeitsfeld, das auf Grund der differentiellen Änderungen im Objektinnern gemäß (4.19) eine starke *Kontinuität* aufweist, neigt an den Grenzen unterschiedlich bewegter Objekte zu einem *diskontinuierlichen Verhalten*, d.h. es treten plötzliche Sprünge auf.

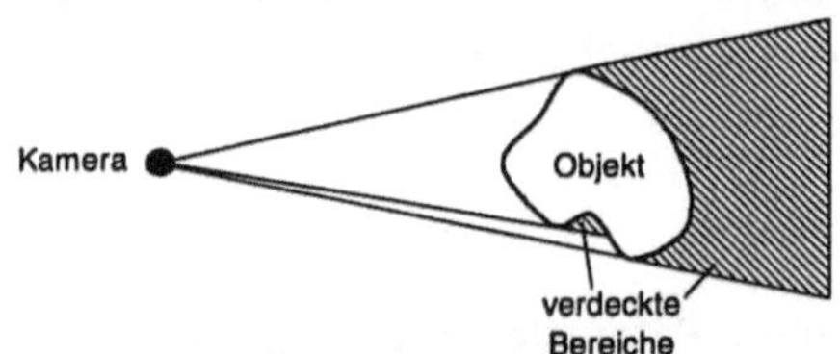

Abb. 4.14. Entstehen von Verdeckungen (Okklusionen)

Bewegungen der Bildebene. Bei Kamerabewegungen können sich *Richtung* oder *Standort* der Bildebene, sowie die *Brennweite* ändern :

- Ein *Kameraschwenk* (*pan*) bewirkt eine translatorische Bewegung des gesamten Bildinhaltes. Auf Grund der Begrenzung des Bildausschnittes erscheint am Rand neuer Bildinhalt.
- Ein *Zoom* ist eine Änderung der Brennweite F und bewirkt eine Dilatation des gesamten Bildinhaltes. Bei auswärts gerichtetem Zoom erscheint neuer Bildinhalt, bei einwärts gerichtetem Zoom erhöht sich die Auflösung.
- Bei *Kamerafahrten* ändert sich der Koordinatenursprung der Bildebene. Für sehr weit entfernte Objekte ist die Änderung der Position nach der Projektion gering, für nahe Objekte hingegen groß; die Stärke der wahrgenommenen Bewegung ist nach (2.2) proportional zum Kehrwert der Entfernung, $1/W_3$. Zudem entstehen Okklusionseffekte, insbesondere bei der *Vorbeifahrt* an Objekten zusätzlich auch geometrische Verzerrungen an den Objektoberflächen.

Zeitliche Kontinuität der Bewegung. Die Bewegung verläuft im allgemeinen nicht ruckartig, sondern mit kontinuierlicher Geschwindigkeit ($du/dt=0$) oder beschleunigt ($du/dt=$const.). Hierdurch ergibt sich eine *Vorhersagbarkeit* der zu einem zukünftigen Analysezeitpunkt zu erwartenden Bewegung. Bei geschlossenen Objekten kann daher eine Kontinuität des Geschwindigkeitsfeldes nicht nur in den beiden örtlichen Richtungen, sondern auch entlang der Zeitachse erwartet werden. Eine Beschleunigung ist dabei grundsätzlich nur durch Analyse von mehr als 2 abgetasteten Einzelbildern feststellbar. Eine *Multiframe*-Bewegungsanalyse ist also nicht nur sicherer, sondern kann darüber hinaus auch eine effizientere Beschreibung von *Bewegungspfaden* (vgl. Abschn. 6.2) ermöglichen.

4.3.2 Bewegungsvektorfelder

Bei einer zeitlich-örtlichen Abtastung der Bildsequenz wird die Bewegung gemäß (2.26) nicht mehr durch das orts- und wertkontinuierliche *Geschwindigkeitsfeld*, sondern durch das ortsdiskrete, aber wertkontinuierliche *Bewegungsvektorfeld*

$$\mathbf{v}(m,n) = \begin{bmatrix} k(m,n) \\ l(m,n) \end{bmatrix} = \begin{bmatrix} u(r,s)\cdot T/R \\ v(r,s)\cdot T/S \end{bmatrix} \quad ; \quad m = \frac{r}{R} \quad ; \quad n = \frac{s}{S} \tag{4.24}$$

charakterisiert, welches die ortsabhängige Verschiebung zwischen Koordinatenpositionen in aufeinander folgenden Bildern um k Bildpunkte in m-Richtung und l Bildpunkte in n-Richtung beschreibt. Das bildpunktweise definierte Bewegungsvektorfeld repräsentiert zunächst ausschließlich die *translatorische Bewegung* an der lokalen Position, d.h. die Verschiebung eines einzelnen Bildpunktes. Die Ermittlung anderer Bewegungsformen kann nach (4.19) nur durch Analyse der örtlichen *Änderungen* des Bewegungsvektorfeldes (Verhältnis benachbarter Bewegungsvektoren zueinander) erfolgen. Hierzu müssen nach einem gewählten Bewegungsmodell - z.B. mit den Parametern der affinen Transformation (4.21) - gemeinsame Parameter für eine ganze Gruppe von Bildpunkten bestimmt werden. Abb. 4.15 stellt dar, wie sich das Bewegungsvektorfeld bei einigen der oben beschriebenen Bewegungen starrer 3D-Objekte verhält.

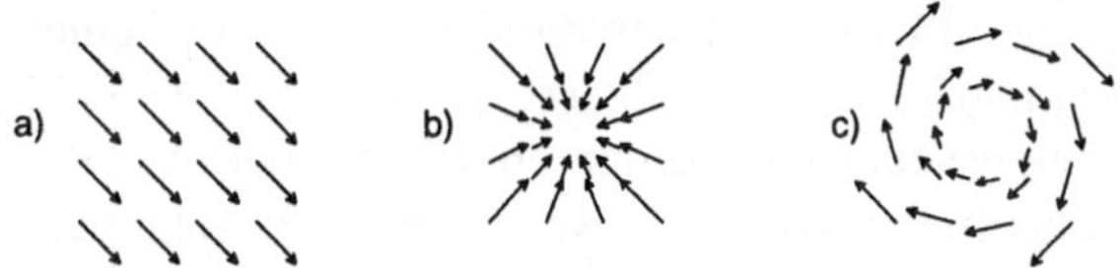

Abb. 4.15. 2D-Bewegungsvektorfelder bei verschiedenen 3D-Objektbewegungen. **a** Translation parallel zur Bildebene **b** Translation senkrecht zur Bildebene **c** Rotation um die Achse senkrecht zur Bildebene

4.3.3 Modellierung von Diskontinuitäten des Bewegungsvektorfeldes

Bewegungsvektorfelder an Objektgrenzen. Grenzen bzw. Sprünge im Bewegungsvektorfeld werden durch mit unterschiedlicher Schnelligkeit bewegte Objekte, bzw. durch die Bewegung eines Objektes vor starrem Hintergrund verursacht. Daher treten an den Grenzpositionen auch immer Okklusionseffekte auf. An diesen Positionen lassen sich aber die Bildinhalte zwischen aufeinander folgenden Bildern nicht zuordnen, d.h. hier sind auch keine sinnvollen Bewegungs-vektoren definierbar. Es ist aus den Bewegungsvektorfeldern allein nicht erkenn-bar, welches von zwei in der Bildebene nebeneinander liegenden Objekten das andere verdeckt. Abb. 4.16 stellt die hierbei möglichen Bewegungsvektorfelder an den Grenzen zweier Objekte mit gegenläufigen Bewegungen dar. In Abb. 4.16a/b findet eine Aufdeckung statt, während Abb. 4.16c/d den Fall der Ver-deckung beschreibt. Hierbei sind - abhängig von der Wanderungsrichtung der sichtbaren Objektgrenze - die aufgedeckten und verdeckten Bereiche entweder Objekt A (Abb. 4.16a/c) oder Objekt B (Abb. 4.16b/d) zuzuordnen.

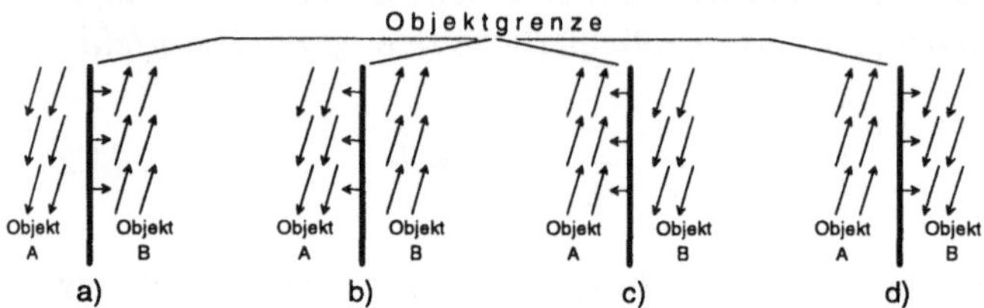

Abb. 4.16. Zur Beschreibung von Aufdeckungen und Verdeckungen an Regionengrenzen (Erklärung zu **a-d** sh. Text)

MRF-Modell für Diskontinuitäten im Bewegungsvektorfeld. Das Modell der Markov random fields (MRF) wurde in Abschn. 4.1.2 zur Modellierung der *In-stationaritäten des Bildsignals* an Objektgrenzen eingeführt. Es wird häufig auch verwendet, um die *Diskontinuitäten des Bewegungsvektorfeldes* zu beschreiben. Mehrere gleichförmig bewegte Segmente oder Objektteile innerhalb einer Szene können dabei als ein geschlossenes Objekt betrachtet werden. Die Bewegungsin-formation gibt also ein zusätzliches Kriterium dafür, ob wir es mit einem oder mehreren Objekten zu tun haben.

In Analogie zu dem Feld $t(i,j)$ aus (4.16), welches das Vorhandensein einer Kante oder Objektgrenze im Luminanzbild hypothetisiert, können wir ein Feld $v(i,j)$ für Objektgrenzen im Bewegungsvektorfeld definieren. Hierbei wird ein Pa-rameter Θ_v benutzt, welcher die maximal zulässige Abweichung der Bewegungs-vektoren $\mathbf{v}=[k,l]$ an benachbarten Positionen angibt, um eine Objektgrenze zu hy-pothetisieren :

$$v(i,j) = \begin{cases} 1 & wenn\ \|\mathbf{v}(i,j) - \mathbf{v}(m,n)\| > \Theta_v \\ 0 & wenn\ \|\mathbf{v}(i,j) - \mathbf{v}(m,n)\| \le \Theta_v \end{cases} \quad ; \quad (i,j) \in \mathcal{C}_2{}'(m,n). \qquad (4.25)$$

Zusätzlich ist ein Feld $u(m,n)$ zu definieren, welches das Auftreten einer Aufdeckung oder Verdeckung anzeigt. Ein sinnvolles Maß hierfür ist das Auftre-ten einer hohen Abweichung zwischen dem aktuellen Bildpunkt und dem um den lokalen Bewegungsvektor verschobenen Bildpunkt des Vorgängerbildes :

$$u(m,n) = \begin{cases} 1 & wenn\ e(m,n) > \Theta_u \\ 0 & wenn\ e(m,n) \le \Theta_u \end{cases} \quad mit\ e(m,n) = |x(m,n,o) - x(m+k,n+l,o-1)|^p\cdot$$

$$(4.26)$$

$e(m,n)$ in (4.26) wird auch als *verschobene Bilddifferenz* (VBD) bezeichnet. Diese stellt ein wichtiges Maß bei der Bewegungsschätzung dar. Häufig wird mit $p=2$ das quadratische Fehlermaß verwendet.

Wir erhalten nun als Potential an der Position (m,n) den Ausdruck

$$V(m,n) = V_1(m,n) + V_2(m,n) + V_3(m,n).\tag{4.27}$$

$V_1(m,n)$ wird durch die VBD bestimmt, wobei verdeckte und aufgedeckte Bereiche ausdrücklich ausgenommen werden; andererseits wird das Vorhandensein einer Okklusionshypothese $(u(m,n)=1)$ mit dem Faktor λ_u "bestraft", so daß bei einem gegebenen Bildsignalverlauf nicht unnötig viele Okklusionen konstatiert werden :

$$V_1(m,n) = \lambda_u \cdot u(m,n) + \lambda_d \cdot (1-u(m,n)) \cdot d(m,n).\tag{4.28}$$

$V_2(m,n)$ ist das übliche Potential der Bewegungsvektor-Segmentierung in Analogie zu (4.17); $\Delta(\cdot)$ drückt wiederum aus, daß die Differenzfunktion eine beliebige sein kann, z.B. die in (4.25) verwendete :

$$V_2(m,n) = \sum_{(i,j)\in\mathcal{C}_2'(m,n)} \lambda_v \cdot v(i,j) + \lambda_\Delta \cdot (1-v(i,j)) \cdot \Delta(\mathbf{v}(m,n),\mathbf{v}(i,j)).\tag{4.29}$$

$V_3(m,n)$ kann schließlich zur Verifizierung eine Hypothese über eine Segmentgrenze im Bewegungsvektorfeld verwendet werden, indem überprüft wird, ob *gleichzeitig* eine Hypothese aus der Luminanzsegmentierung vorliegt :

$$V_3(m,n) = \sum_{(i,j)\in\mathcal{C}_2'(m,n)} \lambda_t \cdot (1-t(i,j)) \cdot v(i,j).\tag{4.30}$$

Modellierung des Bewegungsvektorfeldes im Inneren eines Objektes. Auch im Objektinnern wird ein ermitteltes Bewegungsvektorfeld selten einen vollständig homogenen, z.B. den affinen Parametern folgenden, Verlauf besitzen. Gründe hierfür sind Abtastungenauigkeiten, Rauscheinflüsse, sowie falsche Modellvoraussetzungen, etwa bei der Anwendung des affinen Modells auf gekrümmte Objektoberflächen. Die Gleichung des *optischen Flusses* (Abschn. 6.2.2) läßt sich auch zur Modellierung des Bewegungsvektorfeldes im Objektinneren einsetzen. Geht man davon aus, daß das Bewegungsvektorfeld in einer kleinen Umgebung Π relativ konstant ist, so wird sich an der Position des Bildpunktes $x(r,s,t)$ nur eine geringe Abweichung $z(r,s,t)$ von der optischen Flußbedingung ergeben, wenn die innerhalb einer Umgebung Π ermittelten Parameter $[u^\Pi,v^\Pi]$ eingesetzt werden :

$$\frac{\partial x(r,s,t)}{\partial t} + u^\Pi(r,s,t)\frac{\partial x(r,s,t)}{\partial r} + v^\Pi(r,s,t)\frac{\partial x(r,s,t)}{\partial s} = z(r,s,t) \quad ; \quad (r,s,t)\in\Pi.$$

$$\tag{4.31}$$

Als Modelle sowohl für die Bewegungsparameter $[u,v]$ als auch für die Abweichung $z(r,s,t)$ werden am häufigsten gaußverteilte Zufallssignale verwendet.

5 Optimierungsverfahren

Bei adaptiven Bildcodierverfahren wird der Dekorrelationsalgorithmus an die Eigenschaften des jeweiligen Bildsignals angepaßt. Hierbei sind stets bestimmte Parameter zu optimieren. Normalerweise wird dazu ein Modell herangezogen, d.h. es werden die Modellparameter derartig bestimmt, daß eine möglichst weitgehende Übereinstimmung zwischen Bildsignal und Modell erzielt wird. Besteht ein linearer Zusammenhang zwischen dem Optimierungskriterium und den Modellparametern, kann das Ergebnis gewöhnlich durch Lösung eines linearen Gleichungssystems bestimmt werden. Bei nichtlinearen Abhängigkeiten zwischen Kriterien und Modellparametern, sowie bei mehrdeutigen Optimierungskriterien werden hingegen am häufigsten iterative Lösungsansätze verwendet. Das vorliegende Kapitel beschreibt einige lineare und nichtlineare Optimierungsmethoden, die in Bildcodieralgorithmen Anwendung finden.

5.1 Optimierung linearer Prädiktoren

In (2.55) wurde das Problem der linearen Prädiktion am Beispiel eines separierbaren *Prädiktorfilters* erster Ordnung erläutert. In einer Verallgemeinerung erfolgt die Prädiktion mit einem 2D-FIR-Filter der Übertragungsfunktion $H(z_1,z_2)$. Das *Prädiktionsfehlerfilter* (Analysefilter, Abb. 5.1b) besitzt dann die Übertragungsfunktion

$$A(z_1,z_2) = 1 - H(z_1,z_2). \tag{5.1}$$

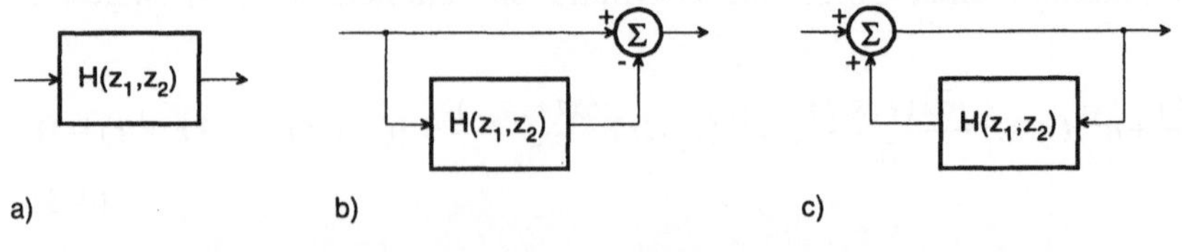

Abb. 5.1. Filter bei linearer Prädiktion in 2D-DPCM-Systemen. **a** Prädiktorfilter $H(z_1,z_2)$ **b** Prädiktionsfehlerfilter $A(z_1,z_2)$ **c** inverses Prädiktionsfehlerfilter $B(z_1,z_2)$

Das *inverse Prädiktionsfehlerfilter* (Synthesefilter, Abb. 5.1c) ist ein rekursives Filter mit der Übertragungsfunktion

$$B(z_1,z_2) = \frac{1}{A(z_1,z_2)} = \frac{1}{1-H(z_1,z_2)}. \tag{5.2}$$

Die Prädiktionsgleichungen lauten bei Verwendung eines Viertelebenenfilters der Ordnung $P{\cdot}Q$-1

$$\hat{x}(m,n) = \sum_{\substack{p=0 \ q=0 \\ (p,q)\neq(0,0)}}^{P-1 \; Q-1} a(p,q)\cdot x(m-p,n-q) \quad ; \quad e(m,n) = x(m,n) - \hat{x}(m,n). \tag{5.3}$$

Die z-Übertragungsfunktion dieses Filters wird

$$H(z_1,z_2) = a(0,1)\cdot z_1^{-1} + \ldots + a(0,Q-1)\cdot z_1^{-Q+1} + a(1,0)\cdot z_2^{-1} + \ldots + a(1,Q-1)\cdot z_1^{-Q+1}\cdot z_2^{-1}$$
$$+ \ldots + a(P-1,0)\cdot z_2^{-P+1} + \ldots + a(P-1,Q-1)\cdot z_1^{-Q+1}\cdot z_2^{-P+1}. \tag{5.4}$$

Das Filter in (5.2) ist identisch mit dem Synthesefilter eines AR-Modells. Die Synthesegleichung ist daher identisch mit (4.12), wobei allerdings $z(m,n)$ durch $e(m,n)$ zu ersetzen ist.

Vorwärtsgesteuerte adaptive Prädiktion. Bei einer *vorwärtsgesteuerten* adaptiven Prädiktion wird für einen Teilbereich des Bildes (im einfachsten Fall für einen Block der Größe *MxN* Bildpunkte, in Zusammenhang mit einer Segmentierung aber auch für die einem Segment angehörenden Bildpunkte) ein Satz optimaler Prädiktorkoeffizienten bestimmt. Im folgenden sollen wieder separierbare und nichtseparierbare Filter mit Viertelebenengeometrie behandelt werden. Die Prädiktion erfolge nach der allgemeinen Form von (5.3).

Der Berechnung optimaler Koeffizienten $a(p,q)$ wird zugrunde gelegt, daß diese identisch mit den Koeffizienten eines 2D-AR-Modellprozesses nach (4.12) sind, der im Bereich $-P<k<P, -Q<l<Q$ dieselben AKF-Werte $r_{xx}(k,l)$ besitzen soll wie das Bildsignal im analysierten Bereich.

Separierbares Prädiktorfilter. Die Koeffizienten eines separierbaren Prädiktorfilters $a(p,q)=a_h(p)\cdot a_v(q)$ können durch zeilen- bzw. spaltenweise AKF-Analyse des Bildsignals $x(m,n)$ innerhalb des Blocks mit *MxN* Bildpunkten bestimmt werden :

$$r_{xx,h}(k) = \frac{1}{M\cdot N} \sum_{m=0}^{M-1} \sum_{n=0}^{N-1} x(m,n)\cdot x(m+k,n) \quad ; \quad -P<k<P \tag{5.5}$$

$$r_{xx,v}(l) = \frac{1}{M\cdot N} \sum_{m=0}^{M-1} \sum_{n=0}^{N-1} x(m,n)\cdot x(m,n+l) \quad ; \quad -Q<l<Q \tag{5.6}$$

Die Optimierung des horizontalen Filters erfolgt durch Minimierung des Prädiktionsfehlers :

$$\sigma_e^2 = E\left\{e(m,n)^2\right\} = E\left\{[x(m,n)-\hat{x}(m,n)]^2\right\} = E\left\{\left[x(m,n)-\sum_{p=1}^{P-1}a_h(p)\cdot x(m-p,n)\right]^2\right\} \overset{!}{=} \min$$

$$= E\left\{x(m,n)^2\right\} - 2\cdot E\left\{\left[x(m,n)\cdot\sum_{p=1}^{P-1}a_h(p)\cdot x(m-p,n)\right]\right\} + E\left\{\left[\sum_{p=1}^{P-1}a_h(p)\cdot x(m-p,n)\right]^2\right\}.$$

$$(5.7)$$

Das Minimum bestimmt sich durch partielles Ableiten nach den einzelnen Koeffizienten :

$$\frac{\partial e(m,n)^2}{\partial a_h(k)} \overset{!}{=} 0 \Rightarrow E\{x(m,n)\cdot x(m-k,n)\} = \sum_{p=1}^{P-1}a_h(p)\cdot E\{x(m-p,n)\cdot x(m-k,n)\}\,; 1 \le k < P.$$

$$(5.8)$$

Dieses aus P-1 Gleichungen bestehende lineare Gleichungssystem wird als *Wiener-Hopf-Gleichung* bezeichnet. Durch deren Lösung können die Modellkoeffizienten gewonnen werden :

$$r_{xx,h}(k) = \sum_{p=1}^{P-1}a_h(p)\cdot r_{xx,h}(k-p) \quad;\quad 1 \le k < P. \tag{5.9}$$

Dieselbe Prozedur ist auch zur Optimierung des vertikalen Filters durchzuführen. Die Wiener-Hopf-Gleichung kann auch in Matrixschreibweise $\mathbf{r}_{xx}=\mathbf{R}_{xx}\cdot\mathbf{a}$ formuliert werden, wobei $\mathbf{R}_{xx}$ die Autokorrelationsmatrix aus (3.9) ist :

$$\begin{bmatrix} r_{xx}(1) \\ r_{xx}(2) \\ \vdots \\ \vdots \\ r_{xx}(P-1) \end{bmatrix} = \begin{bmatrix} r_{xx}(0) & r_{xx}(1) & \cdots & \cdots & r_{xx}(P-2) \\ r_{xx}(1) & r_{xx}(0) & \cdots & \cdots & r_{xx}(P-3) \\ \vdots & \vdots & \ddots & & \vdots \\ \vdots & \vdots & & \ddots & \vdots \\ r_{xx}(P-2) & r_{xx}(P-3) & \cdots & \cdots & r_{xx}(0) \end{bmatrix} \cdot \begin{bmatrix} a(1) \\ a(2) \\ \vdots \\ \vdots \\ a(P-1) \end{bmatrix}. \tag{5.10}$$

Die Lösung erfolgt durch Inversion von $\mathbf{R}_{xx}$:

$$\mathbf{a} = \mathbf{R}_{xx}^{-1}\cdot\mathbf{r}_{xx}. \tag{5.11}$$

Die Varianz des Prädiktionsfehlersignals ergibt sich bei separierbarer adaptiver Prädiktion mit den ermittelten Koeffizienten zu

$$\sigma_{e,h}^2 = r_{xx,h}(0,0) - \sum_{p=1}^{P-1}a_h(p)\cdot r_{xx,h}(p)$$

$$(5.12)$$

$$\sigma_e^2 = \frac{\sigma_{e,h}^2}{r_{xx,h}(0,0)}\cdot\left[r_{xx,v}(0,0) - \sum_{q=1}^{Q-1}a_v(q)\cdot r_{xx,v}(q)\right].$$

Nicht-separierbares 2D-Prädiktorfilter. Das separierbare Modell ermöglicht keine Anpassung an die Diagonalwerte der 2D-AKF (vgl. Abschn. 3.2). Um diese Anpassung zu erreichen, muß ein nicht-separierbares Modell verwendet werden, bei dem die 2D-AKF gemäß (3.10) oder (3.11) berechnet wird. Die Lösung erfolgt über die 2D-Wiener-Hopf-Gleichung [MARAGOS, SCHAFER, MERSEREAU 1984]

$$r_{xx}(k,l) = \sum_{\substack{p=0 \ q=0 \\ (p,q)\neq(0,0)}}^{P-1 \ Q-1} a(p,q) \cdot r_{xx}(k-p,l-q) + \sigma_e^{2}\delta(k,l), \tag{5.13}$$

hierin ist die Gleichung für die minimierte Prädiktionsfehlervarianz (analog zu (5.12)) mit dem Fall $(k,l)=(0,0)$ ebenfalls beschrieben. Wird die 2D-Wiener-Hopf-Gleichung in Matrixschreibweise $\mathbf{R}_{xx} \cdot \mathbf{a} = \mathbf{r}_{xx}$ ausgedrückt, so ist die in (3.14) und (3.15) definierte Block-Töplitzmatrix $\mathbf{R}_{xx}$ zu verwenden. Der Koeffizientenvektor und der Autokorrelationsvektor lauten :

$$\mathbf{a} = \left[1, -a(1,0), ..., -a(Q-1,0), -a(0,1), ..., -a(Q-1,P-1)\right]^{\mathrm{T}} \tag{5.14}$$

$$\mathbf{r}_{xx} = \left[\sigma_e^{2}, 0, 0, ..., 0\right]^{\mathrm{T}}. \tag{5.15}$$

Die Lösung des linearen Gleichungssystems zur Berechnung des Koeffizientensatzes $\mathbf{a}$ erfolgt wie in (5.11) durch Inversion der Autokorrelationsmatrix $\mathbf{R}_{xx}$.

Beispiel. Für den Fall $P=2$, $Q=2$ ergibt sich im separierbaren Fall mit (5.9) und (5.11)

$$r_{xx}(1) = r_{xx}(0) \cdot a(1) \quad \Rightarrow \quad a_{h,opt} = \rho_h \quad ; \quad a_{v,opt} = \rho_v \tag{5.16}$$

Im nicht-separierbaren Fall wird die Matrix $\mathbf{R}_{xx}$

$$\mathbf{R}_{xx} = \begin{bmatrix} r_{xx}(0,0) & r_{xx}(-1,0) & r_{xx}(0,1) & r_{xx}(-1,1) \\ r_{xx}(1,0) & r_{xx}(0,0) & r_{xx}(1,1) & r_{xx}(0,1) \\ r_{xx}(0,1) & r_{xx}(-1,1) & r_{xx}(0,0) & r_{xx}(-1,0) \\ r_{xx}(1,1) & r_{xx}(0,1) & r_{xx}(1,0) & r_{xx}(0,0) \end{bmatrix} \tag{5.17}$$

Die Lösung für die 3 optimalen Filterkoeffizienten erfolgt in einem Gleichungssystem 3. Ordnung, wobei in der folgenden Beziehung alle in der 2D-AKF vorhandenen Symmetrien ausgenutzt werden (vgl. auch Abb. 3.3) :

$$\begin{bmatrix} r_{xx}(1,0) \\ r_{xx}(0,1) \\ r_{xx}(1,1) \end{bmatrix} = \begin{bmatrix} r_{xx}(0,0) & r_{xx}(1,1) & r_{xx}(0,1) \\ r_{xx}(-1,1) & r_{xx}(0,0) & r_{xx}(1,0) \\ r_{xx}(0,1) & r_{xx}(1,0) & r_{xx}(0,0) \end{bmatrix} \cdot \begin{bmatrix} a(1,0) \\ a(0,1) \\ a(1,1) \end{bmatrix}. \tag{5.18}$$

Bei den folgenden Ausdrücken für die optimalen Koeffizienten ist wegen Verwendung der normierten ρ-Autokorrelationswerte keine Abhängigkeit von der Varianz $r_{xx}(0,0)$ mehr vorhanden :

$$a(0,1) = \cfrac{\rho(0,1)-\rho(-1,1)\cdot\rho(1,0)+\left[\rho(-1,1)\cdot\rho(0,1)-\rho(1,0)\right]\cdot\cfrac{\rho(1,1)-\rho(0,1)\cdot\rho(1,0)}{1-\rho(0,1)^2}}{1-\rho(-1,1)\cdot\rho(1,1)-\left[\rho(-1,1)\cdot\rho(0,1)-\rho(1,0)\right]\cdot\cfrac{\rho(0,1)\cdot\rho(1,1)-\rho(1,0)}{1-\rho(0,1)^2}}$$

$$a(1,1) = \frac{\rho(1,1)-\rho(0,1)\cdot\rho(1,0)+\left[\rho(0,1)\cdot\rho(1,1)-\rho(1,0)\right]\cdot a(0,1)}{1-\rho(0,1)^2}$$

$$a(1,0) = \rho(1,0)-\rho(1,1)\cdot a(0,1)-\rho(0,1)\cdot a(1,1)$$

$$(5.19)$$

Rückwärtsgesteuerte adaptive Prädiktion. Methoden der Prädiktoradaption, die eine Optimierung ausschließlich unter Verwendung kausal-zurückliegender Bildsignal- und Prädiktionsfehlerwerte vornehmen, nennt man *rückwärtsgesteuert*. Der hierzu gebräuchliche *LMS-Algorithmus* (*least mean square*) kann auf separierbare oder nicht-separierbare Prädiktoren angewandt werden. Im separierbaren Fall sei $a_{h,m}(p)$ der $p$te horizontale und $a_{v,n}(q)$ der $q$te vertikale Prädiktorkoeffizient an der Bildposition (m,n). Damit ergibt sich die Prädiktionsgleichung

$$\hat{x}(m,n) = \sum_{\substack{p=0 \\ (p,q)\neq(0,0)}}^{P-1}\sum_{q=0}^{Q-1} a_{h,m}(p)\cdot a_{v,n}(q)\cdot x(m-p,n-q) \quad ; \quad e(m,n) = x(m,n)-\hat{x}(m,n)\cdot$$

$$(5.20)$$

Es folgt die Aktualisierung [ALEXANDER, RAJALA 1985] :

$$a_{h,m+1}(p) = a_{h,m}(p)+\varepsilon\cdot e(m,n)\cdot x(m-p,n)$$
$$a_{v,n+1}(q) = a_{v,n}(q)+\varepsilon\cdot e(m,n)\cdot x(m,n-q).$$

$$(5.21)$$

Bei einer zeilensequentiellen Bearbeitung des Bildes läßt sich in entsprechender Weise auch die 2D-Formulierung des LMS-Algorithmus angeben [CHUNG, KANEFSKY 1992], es ist jedoch hierbei notwendig, am Anfang jeder Zeile wieder auf einen Anfangswert zu initialisieren :

$$a_{m+1,n}(p,q) = a_{m,n}(p,q)+\varepsilon\cdot e(m,n)\cdot x(m-p,n-q).$$

$$(5.22)$$

Eine sinnvolle Wahl für den Schritthöhenfaktor ε liegt in der Größenordnung von 10^{-5}. Der Gewinn bei Rückwärtsadaption ist i.a. etwa gleich dem bei Vorwärtsadaption. Jedoch kann die Prädiktion in Kantenregionen vollständig versagen, da die Algorithmen eine Kante aus den zurückliegenden Werten in vielen Fällen nicht vorherbestimmen können.

5.2 Optimale lineare Transformationen

Die folgenden Herleitungen erfolgen wieder ausschließlich für den eindimensionalen Fall, da auch die optimale lineare Transformationen separierbar ist. Jedoch sollte beachtet werden, daß die optimale Dekorrelation in den diagonalen Orts-richtungen nur unter Verwendung der 2D-Autokorrelationswerte erfolgen kann. Hierzu wäre dann die Matrix $\mathbf{R}_{xx}$ nach (3.14) und (3.15) an Stelle der im folgen-den verwendeten Matrix (3.13) zu verwenden.

Optimale Dekorrelation. Das Maß an Korrelation im Bildsignal ist aus den Elementen $r_{xx}(k,l)$ der mit $U{\times}U$ Elementen besetzten Autokorrelationsmatrix $\mathbf{R}_{xx}$ (3.13) ablesbar. Deren Transformierte $\mathbf{R}_{cc}$ ergibt sich bei orthonormalen Trans-formationen in Analogie zu (2.87) :

$$\mathbf{R}_{cc} = \left[\mathbf{T} \cdot \mathbf{R}_{xx}\right] \cdot \left[\mathbf{T}^*\right]^{\mathrm{T}}. \tag{5.23}$$

Hierbei wird die zweite Transformation mit der konjugiert-komplexen Transformationsmatrix durchgeführt, da $\mathbf{R}_{cc}$ nach dem Parseval-Theorem (vgl. Abschn. 3.2) eine Art von Leistungsdichtespektrum repräsentiert und wieder rein reell werden muß. Ist das Ergebnis der Transformation *vollständig dekorreliert*, so wird nur die Hauptdiagonale von $\mathbf{R}_{cc}$ mit Werten besetzt sein, *alle anderen Werte sind Null*. Da die AKF über das Parsevaltheorem (3.17) mit dem LDS verknüpft ist, werden dann die auf der Hauptdiagonalen liegenden Werte die Energieanteile bei den Analysefrequenzen sein :

$$R_{cc,\mathrm{opt}} = \begin{bmatrix} E\{c_0{}^2\} & 0 & \cdots & \cdots & 0 \\ 0 & E\{c_1{}^2\} & \ddots & & \vdots \\ \vdots & \ddots & \ddots & \ddots & \vdots \\ \vdots & & \ddots & \ddots & 0 \\ 0 & \cdots & \cdots & 0 & E\{c_U{}^2\} \end{bmatrix}. \tag{5.24}$$

Karhunen-Loève-Transformation. Die gemäß (5.24) optimale, am besten de-korrelierende Transformation ist die *Karhunen-Loève-Transformation* (KLT), de-ren diskrete Version manchmal auch *Hotelling-Transformation* genannt wird. Die Basisvektoren dieser speziell an die Statistik eines gegebenen stationären Si-gnals anzupassenden Transformation sind die *Eigenvektoren* ϕ_u der Autokorre-lationsmatrix (3.13) des Signals; deren konjugiert komplexe $\phi_u{}^*$ bilden die Zei-len der Transformationsmatrix $\mathbf{T}_{\mathrm{KLT}}$. Mit den Eigenwerten λ_u gilt :

$$\mathbf{R}_{xx} \cdot \phi_u = \lambda_u \cdot \phi_u \quad ; \quad \phi_u = \left[\phi_u(0) \quad \phi_u(1) \quad \cdots \quad \phi_u(U-1)\right]^{\mathrm{T}} \quad ; \quad 0 \le u \le U-1. \tag{5.25}$$

Nach der Definition der Transformationsmatrix in (2.84) gilt also :

$$\mathbf{T}_{KLT} = \left[t_{pq}\right] \quad ; \quad t_{pq} = \phi_q{}^*(p) \quad ; \quad 0 \le q \le U-1 \quad ; \quad 0 \le p \le U-1. \tag{5.26}$$

Wegen der Diagonalsymmetrie von $\mathbf{R}_{xx}$ läßt sich (5.26) auch in Matrixschreib-weise

$$\mathbf{T}_{KLT} \cdot \mathbf{R}_{xx} = \mathbf{T}_{KLT} \cdot \Lambda \quad \Rightarrow \quad \mathbf{T}_{KLT} \cdot \mathbf{R}_{xx} \cdot \left[\mathbf{T}_{KLT}^{\;*}\right]^{\mathrm{T}} = \Lambda = Diag\{\lambda_u\} \qquad (5.27)$$

formulieren (die Folgerung in (5.27) folgt mit (2.39)). Λ ist eine Diagonalmatrix, bei der die Hauptdiagonale mit den Eigenwerten λ_u besetzt ist, alle anderen Werte sind Null. Ein Vergleich mit (5.23) zeigt, daß Λ die Autokorrelationsmatrix $\mathbf{R}_{cc}$ für den Fall der KLT ist. Daher besitzt die KLT stets die Eigenschaft, daß ihre Koeffizienten *unkorreliert* sind.

Beispiel. Für den AR(1)-Prozeß mit der AKF gemäß (4.3) lauten die normierten Eigenwerte

$$\lambda_u = \frac{1-\rho^2}{1-2\cdot\rho\cdot\cos\Omega_u + \rho^2}\,; \qquad (5.28)$$

die Eigenwerte sind also diskrete Werte des LDS aus (4.4), und die Komponenten der Eigenvektoren ergeben sich zu [JAIN 1989] :

$$\phi_u(p) = \left(\frac{2}{U+\lambda_u}\right)^{\!1/2} \cdot \sin\!\left(\Omega_u\!\left(p+1-\frac{U+1}{2}\right)+\frac{(u+1)\cdot\pi}{2}\right) \quad ; \quad 0 \le p \le U-1. \qquad (5.29)$$

Im AR(1)-Fall sind die Eigenvektoren reell, jedoch ist die Transformationsmatrix *nicht diagonalsymmetrisch*. Es bleiben die Frequenzen Ω_u festzulegen. Diese sind die positiven Lösungen des transzendenten Gleichungssystems

$$\tan(U\Omega) = -\frac{(1-\rho^2)\cdot\sin\Omega}{\cos\Omega - 2\rho + \rho^2\cos\Omega}. \qquad (5.30)$$

Selbst im einfachen Fall des AR(1)-Modells führt dies auf eine *nichtharmonische Verteilung* der Analysefrequenzen Ω_u. Aus diesem Grund ist eine Berechnung der Transformation mit einem schnellen Algorithmus ausgeschlossen, da die hierzu notwendige Faktorisierung der Transformationsmatrix stets eine harmonische Frequenzverteilung erfordert (vgl. Abschn. 2.4.5). Für den Fall *periodischer Signale* ist die DFT identisch mit der KLT.

"Schnelle" KLT für AR(1)-Prozesse. Wird ein *begrenzter* AR(1)-Prozeß $x_b(n)$, dessen *Randwerte* Null sind, einer *nichtkausalen Prädiktion*

$$e(n) = x_b(n) - \alpha\cdot x_b(n-1) - \alpha\cdot x_b(n+1) \quad ; \quad \alpha \le 0,5 \qquad (5.31)$$

unterzogen, so ergibt sich die folgende Autokorrelationsmatrix :

$$\mathbf{R}_{ee} = \begin{bmatrix} 1 & -\alpha & 0 & \cdots & 0 \\ -\alpha & 1 & \ddots & \ddots & \vdots \\ 0 & \ddots & \ddots & \ddots & 0 \\ \vdots & \ddots & \ddots & \ddots & -\alpha \\ 0 & \cdots & 0 & -\alpha & 1 \end{bmatrix}, \qquad (5.32)$$

Die Eigenvektoren der Matrix (5.32) sind die Basisvektoren der DST (2.91).
Daraus ergibt sich ein Algorithmus für eine *schnelle KLT* [JAIN 1976]. Man beachte jedoch, daß es sich nicht um eine direkt berechnete KLT des Signals $x(n)$
handelt, sondern um eine solche des äquivalenten Residualsignals $e(n)$. Insbesondere läßt sich daher aus den entstandenen Transformationskoeffizienten nicht
unmittelbar ein Rückschluß auf die spektrale Verteilung des Signals ziehen. Jedoch sind die Koeffizienten, die das Signal repräsentieren, *optimal dekorreliert*.

Der schnelle KLT-Algorithmus. In einem ersten Schritt werden dem Signal
Randwerte entzogen, die in einem äquidistanten Abstand U zueinander liegen.
Die Signalabschnitte von einem Randwert zum nächsten (Länge $U+1$) werden
nun in das äquivalente Signal $x_b(n)$ umgeformt, welches die oben geforderte Eigenschaft der Null-Randwerte besitzt :

$$x_b(n) = x(n) - b(n) \quad ; \quad b(n) = \frac{1-(n-n'\,U)}{U} x(n'\,U) + \frac{n-n'\,U}{U} x(n'\,U+1) \quad ; \quad n' = n/U$$

$$(5.33)$$

Das Signal $b(n)$ entsteht durch *lineare Interpolation* zwischen 2 Randwerten.
Es folgt die Bildung des Residualsignals gemäß (5.31), welches U-1 Werte $\neq 0$
besitzt, und dessen Transformation mit einer DST der Länge U-1. Die inverse
Prozedur erfolgt in der umgekehrten Reihenfolge : Inverse DST, Ermittlung des
Signals $x_b(n)$ aus $e(n)$ durch Umkehrung der nichtkausalen Prädiktion (vgl. Ab-
schn. 2.3.5), Rekonstruktion von $x(n)$ aus $x_b(n)$, wozu wiederum die beiden
Randwerte bekannt sein müssen.

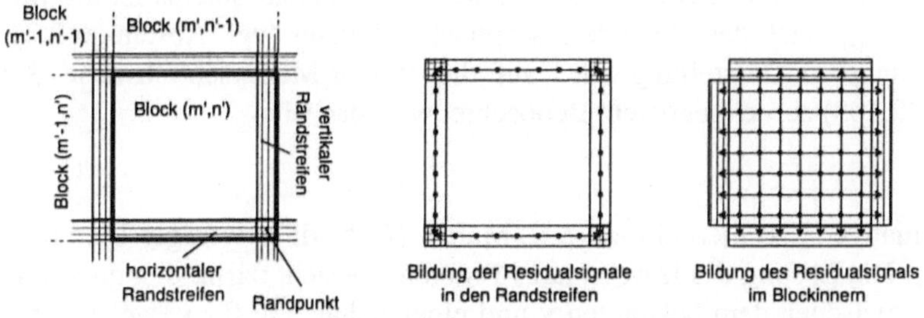

Abb. 5.2. Prinzip der zweidimensionalen "schnellen" KLT

Für eine 2D-Transformation der Blockgröße UxV sind zuerst 4 Randpunkte zu
extrahieren. Zwischen diesen wird viermal der 1D-Algorithmus ausgeführt
(zweimal in Randstreifen mit Blocklänge U-1, zweimal mit V-1) Der separierbare
2D-Algorithmus wird schließlich über den inneren Block der Größe $(U$-1)x$(V$-1)
angewandt. Hierbei werden die Randwerte jeweils in 4 aneinander grenzenden
Blöcken, und die 1D-Randstreifen jeweils in 2 Blöcken benutzt. Jedem Block der
Größe UxV kann daher ein Randwert, je ein 1D-Streifen der Größe U-1 und V-1
sowie der innere 2D-Block zugeordnet werden (sh. Abb. 5.2). Die Gesamtanzahl
der Elemente dieses dekorrelierten Transformationsergebnisses ist wieder $U\cdot V$.

Diese Methode wird auch als *Pinned Sine Transform* (PST) [MEIRI, YUDILEVICH 1981] oder *Recursive Block Coding* (RBC) [FARRELLE, JAIN 1986] bezeichnet.

5.3 "Least Squares"-Optimierung

Der Ansatz bei der Optimierung linearer Prädiktoren bestand darin, die *Fehlerenergie* zwischen den Schätzwerten und den Originalbildpunkten zu minimieren. Dieser Ansatz läßt sich nicht ohne weiteres auf das Problem der *Interpolation*, d.h. der Schätzung unbekannter Werte zwischen bekannten Abtastwerten verallgemeinern. Optimierungsprobleme in Zusammenhang mit Interpolation und Dezimation sind typische Einsatzfälle für *least-squares*-Verfahren [CADZOW 1994] :

- Es sind eine unterabgetastete Signalversion $y(m,n)$ und die Unterabtastungsfunktion (Anti-Alias-Filter $h(m,n)$ und Dezimationsfunktion) bekannt. Zu schätzen ist das Signal $x(m,n)$, aus dem $y(m,n)$ höchstwahrscheinlich entstanden ist.
- Es sind Abtastwerte aus einem Signal $x(m,n)$ gegeben, aus denen nach bestimmten Kriterien Parameter zu schätzen sind. Die Anzahl der Parameter ist jedoch geringer als die Zahl der Abtastwerte. Sie sollen so geschätzt werden, daß das Kriterium für *alle* Abtastwerte so gut wie möglich erfüllt wird.

Die Lösung des zuerst genannten Interpolationsproblems wird im folgenden beschrieben. Eine weitere Anwendung des Parameter-Schätzproblems ist die Bewegungsschätzung nach der Methode des optischen Flusses (vgl. Abschn. 6.2.2). Zur anschaulicheren Darstellung wird auf die Vektor-Matrixschreibweise der Dezimation (2.108) zurückgegriffen. Beobachtet wird das Bild

$$\mathbf{y} = \mathbf{H} \cdot \mathbf{x} \tag{5.34}$$

Die Filtermatrix H ist hierbei eine *KxL*-Matrix ($L<K$, da **y** weniger Elemente als **x** besitzt). Die Lösung des least-squares-Problems besteht darin, den quadratischen Fehler zwischen dem bekannten **y** und einer Schätzung für **x**, welche entsprechend der bekannten Funktion **H** unterabgetastet wird, zu minimieren :

$$\|e\|^2 = \|\mathbf{y} - \mathbf{H} \cdot \hat{\mathbf{x}}\|^2 \overset{!}{=} \min. \tag{5.35}$$

Dies kann gemäß (2.40) durch Bildung der *Pseudoinversen* $\mathbf{H}^g$ erfolgen. Die Pseudoinverse hat die Größe *LxK* und wird zur Lösung des *überbestimmten Gleichungssystems* verwendet, wie es (5.35) darstellt :

$$\hat{\mathbf{x}} = \mathbf{H}^g \cdot \mathbf{y} \quad ; \quad \mathbf{H}^g = (\mathbf{H}^T \cdot \mathbf{H})^{-1} \mathbf{H}^T \quad ; \quad \mathbf{H}^g \cdot \mathbf{H} = \mathbf{I}. \tag{5.36}$$

Da die Anzahl der rekonstruierten Punkte jedoch größer ist als die der beobachteten, sind *mehrere Lösungen* möglich. Es ist daher eine zusätzliche Bedingung notwendig, um die beste Lösung zu finden. Dies kann z.B. die Forderung sein, daß das rekonstruierte $\hat{\mathbf{x}}$ unter allen möglichen die minimale Vektornorm (oder anders ausgedrückt : die geringste Varianz) besitzt. Dieser häufig verwendete Ansatz wird auch als *minimum norm least squares* (MNLS) bezeichnet und führt zu einer Minimierung von Rauscheinflüssen, wobei gleichzeitig die Signalwerte an den Beobachtungspunkten in $\mathbf{y}$ so weit wie möglich erhalten bleiben. Die Lösung erfolgt normalerweise mit *iterativen Gradientenverfahren*, bei denen ausgehend vom Ergebnis $\hat{\mathbf{x}}^{(r)}$ der $r$ten Iteration das $\hat{\mathbf{x}}^{(r+1)}$ der Folgeiteration berechnet wird. Im folgenden ist die häufig verwendete *steepest-descent*-Methode beschrieben :

$$\hat{\mathbf{x}}^{(r+1)} = \hat{\mathbf{x}}^{(r)} - \varepsilon^{(r)}\mathbf{g}^{(r)} \tag{5.37}$$

mit

$$\mathbf{g}^{(r)} = -\mathbf{H}^{T}(\mathbf{y} - \mathbf{H}\cdot\hat{\mathbf{x}}^{(r)}) = \mathbf{g}^{(r-1)} - \varepsilon^{(r-1)}\cdot\mathbf{A}\cdot\mathbf{g}^{(r-1)} \quad ; \quad \mathbf{A} = \mathbf{H}^{T}\mathbf{H} \tag{5.38}$$

und dem Schrittweitenfaktor

$$\varepsilon^{(r)} = \frac{\mathbf{g}^{(r)T}\cdot\mathbf{g}^{(r)}}{\mathbf{g}^{(r)T}\cdot\mathbf{A}\cdot\mathbf{g}^{(r)}}. \tag{5.39}$$

Die Anwendung eines Gradientenverfahrens ist notwendig, weil die Lösung auf Grund der geringeren Anzahl der Beobachtungspunkte nicht eindeutig ist, und sich möglicherweise noch ein besseres Ergebnis ergeben könnte. Aus diesem Grund wird in (5.38) der *Gradient des Fehlers* bestimmt, d.h. die *Verbesserung* oder *Verschlechterung*, die sich ergäbe, wenn $\hat{\mathbf{x}}^{(r)}$ geringfügig modifiziert würde.

5.4 "Maximum a posteriori"-Optimierung

Maximum-a-posteriori-Verfahren (MAP) beruhen auf dem Kriterium der *bedingten Wahrscheinlichkeiten*, und gehören zu den Methoden der statistischen Optimierung. Das Prinzip kann zur Schätzung des Signalvektors $\mathbf{x}$ aus einem durch bekannte Verzerrung degradierten Beobachtungsvektor $\mathbf{y}$ ebenso eingesetzt werden wie zur Schätzung eines Parametersatzes $\mathbf{a}$, z.B. in der Segmentierung von Bildsignalen und der Bewegungsschätzung. Nach (3.3) existiert der folgende Zusammenhang zwischen den beiden bedingten Wahrscheinlichkeiten und den Wahrscheinlichkeiten erster Ordnung $p(\mathbf{x})$ bzw. $p(\mathbf{y})$:

$$p(\mathbf{x}|\mathbf{y})\cdot p(\mathbf{y}) = p(\mathbf{y}|\mathbf{x})\cdot p(\mathbf{x}) \tag{5.40}$$

Hieraus folgt die *Bayes'sche Regel*

$$p(\mathbf{x}|\mathbf{y}) = \frac{p(\mathbf{y}|\mathbf{x}) \cdot p(\mathbf{x})}{p(\mathbf{y})}. \tag{5.41}$$

Ziel bei der MAP-Optimierung ist es, den Vektor $\mathbf{x}$, oder einen ihn beschreibenden Parametersatz $\mathbf{a}$ zu schätzen. Bekannt ist nur $\mathbf{y}$, eine gestörte Version von $\mathbf{x}$, oder eine Approximation, welche durch den Parametersatz $\mathbf{a}$ beschrieben wird; $p(\mathbf{x}|\mathbf{y})$ gibt an, wie groß die Wahrscheinlichkeit ist, daß $\mathbf{y}$ aus einem der möglichen $\mathbf{x}$ entstanden ist. Diese *"a posteriori"-Wahrscheinlichkeit* ist zunächst nicht bekannt. Es ist jedoch eine einleuchtende Annahme, daß der optimale Schätzvektor $\hat{\mathbf{x}}$ bzw. Parametersatz $\mathbf{a}$ derjenige sei, für den bei bekanntem $\mathbf{y}$ $p(\mathbf{x}|\mathbf{y})$ maximal ist. Hierzu müssen *a priori* Modellannahmen über $p(\mathbf{x})$ und $p(\mathbf{y}|\mathbf{x})$ getroffen werden, um den Maximalwert von (5.41) zu finden. Die Wahrscheinlichkeit $p(\mathbf{y})$ bildet bezüglich des Optimierungsproblems eine Konstante und kann letzten Endes unberücksichtigt bleiben.

Beispiel : Bildrestauration. In diesem Fall ist $\mathbf{x}$ ein unbekanntes Bildsignal, dessen gestörte Version $\mathbf{y}$ bekannt ist. Die bedingte Wahrscheinlichkeit $p(\mathbf{y}|\mathbf{x})$ beschreibt die *Störung*, d.h. die Wahrscheinlichkeit, mit der ein gegebenes $\mathbf{x}$ zu einem $\mathbf{y}$ verfälscht wird. Benutzt man ein Modell $\mathbf{y}=g(\mathbf{x})+\mathbf{z}$, wobei $g(\cdot)$ eine lineare oder nichtlineare Degradation und $\mathbf{z}$ eine additive, mit dem Signal nicht korrelierte Rauschkomponente beschreibt; weiterhin als Modell für $\mathbf{x}$ und $\mathbf{z}$ die vektorielle Gaußverteilung (3.20), so ergibt sich nach Einsetzen in (5.41) und Logarithmieren das folgende Optimierungsproblem [JAIN 1989] :

$$\psi(\mathbf{x}) = \tfrac{1}{2}\left[\mathbf{x}-\mathbf{x}_m\right]^{\mathrm{T}} \mathbf{R'}_{xx}^{-1}\left[\mathbf{x}-\mathbf{x}_m\right] + \tfrac{1}{2}\left[\mathbf{y}-g(\mathbf{x})\right]^{\mathrm{T}} \mathbf{R'}_{zz}^{-1}\left[\mathbf{y}-g(\mathbf{x})\right] \overset{!}{=} \min. \tag{5.42}$$

Die Lösung erfolgt *iterativ* in einer linearen Approximation des Schätzwertes :

$$\hat{\mathbf{x}}_{r+1} = \hat{\mathbf{x}}_r + \varepsilon_r \cdot \nabla\psi(\hat{\mathbf{x}}_r). \tag{5.43}$$

Beispiel : Bestimmung von Segmentierungs- und Bewegungsparametern. In diesem Fall ist $\mathbf{x}$ die "echte" Segmentierung oder das "echte" Bewegungsvektorfeld. Geschätzt wird ein Parametersatz, der auf eine Approximation $\mathbf{y}$ führt. Als Modell für $\mathbf{x}$ wird das MRF-Modell verwendet, welches einer Gibbs-Verteilung folgt :

$$p(\mathbf{x}) = \frac{1}{z} \cdot e^{-V(\mathbf{x})} \quad ; \quad z = \sum_{\mathbf{x}} e^{-V(\mathbf{x})}. \tag{5.44}$$

Hierin hängt die Wahrscheinlichkeit einer Segmentierung nur davon ab, wie hoch das gesamte Potential des MRF (die Summe über die einzelnen Bildpunktpotentiale nach (4.17) oder (4.27)) ist. Die Maximierung von $p(\mathbf{x}|\mathbf{y})$ erfolgt demnach, wenn unter Maßgabe des vorhandenen Bildsignalverlaufs das *Potential so gering wie möglich* wird.

Zusätzlich muß aber die *a priori* zu definierende, bedingte Wahrscheinlichkeit $p(\mathbf{y}|\mathbf{x})$ eine Aussage über die Zuverlässigkeit einer getroffenen Segmentierungsentscheidung treffen. Als Kriterien können dabei dienen :

- die Bildpunktdifferenzen im Innern der Segmente bei einer getroffenen Segmentierungsentscheidung;
- die verschobenen Bilddifferenzen überall dort, wo die Bewegungsschätzung keine Aufdeckungs- und Verdeckungseffekte hypothetisiert.

Beides wird häufig mit einer Gaußverteilung oder einer verallgemeinerten Gaußverteilung modelliert. Diese Modellierung kann sinnvollerweise auch *separat* für jedes Segment oder geschlossene, bewegte Objekt erfolgen. So ist die Segmentierungsentscheidung für einen einzelnen Bildpunkt relativ unsicher, wenn die Differenz zu seinen Nachbarn hoch ist, er aber im Widerspruch dazu einem relativ homogenen Gebiet (geringe Varianz der Bildpunktdifferenzen) zugeordnet wurde. Die Berücksichtigung der Wahrscheinlichkeit $p(\mathbf{y}|\mathbf{x})$ kann daher in das gesamte Optimierungsproblem derart eingeschlossen werden, daß die Faktoren λ_Δ in (4.29) bzw. λ_d in (4.28) an die statistischen Parameter des jeweils gewählten Segments adaptiert werden.

Die Parameteroptimierung kann wiederum nur iterativ erfolgen. Beispiele werden in den Abschn. 6.1.3 und 6.2.5 noch gegeben.

5.5 Matching

Mustervergleich (*pattern matching*) ist ein wichtiges Element nicht nur in der Bilderkennung, sondern auch in vielen Bildcodierverfahren. So wird diese Methode z.B. bei Vektorquantisierung, fraktaler Codierung und in der Bewegungsschätzung angewandt. Unter einem Muster (*pattern*) versteht man normalerweise den Helligkeits-Amplitudenverlauf innerhalb einer Gruppe von Bildpunkten. In einer weitergefaßten Definition können aber auch andere Merkmale, wie z.B. Kantenverläufe, Anzahl der Ecken, Geradlinigkeit der Kanten eines Objektes, das Muster charakterisieren.

Mustervorrat und Bildausschnitt. Für den Mustervergleich ist ein Mustervorrat $\mathcal{M}$ zu definieren. Dessen Mitglieder bzw. deren Merkmale werden mit einem zu analysierenden Bildausschnitt $x_a(m_a,n_a)$, der die Geometrie Λ besitzt, verglichen (sh. Abb. 5.3). So gilt z.B. bei einem sogenannten *block matching* mit der Blockgröße $M_b \times N_b$ und den Blockanfangskoordinaten (m_b,n_b) :

$$x_a(m_a,n_a) = x(m_b + m_a, n_b + n_a) \quad ; \quad (m_a,n_a) \in \Lambda \tag{5.45}$$

$$\Lambda = \left\{ (m_a,n_a) \big| (0 \le m_a < M_b) \wedge (0 \le n_a < N_b) \right\} \tag{5.46}$$

Die Herkunft der J Elemente $y_j(m_a,n_a)$ des Mustervorrats $\mathcal{M}$ ist zunächst beliebig. Bei Bewegungsschätzung oder fraktaler Codierung enthält der Mustervorrat z.B. um k Bildpunkte in horizontaler und l Bildpunkte in vertikaler Richtung verschobene Ausschnitte aus einem Vergleichsbild $y(m,n)$, wobei die Verschiebung ebenfalls von den Koordinaten (m_b,n_b) ausgeht, und nur in einem begrenzten Bereich Π stattfinden darf :

$$\mathfrak{M} = \left\{ y_j(m_a,n_a) = y(m_b + m_a + k, n_b + n_a + l) \right\} \quad ; \quad (m_a,n_a) \in \Lambda \, ; (k,l) \in \Pi \quad (5.47)$$

$$\Pi = \left\{ (k,l) \big| (k_{\min} \le k \le k_{\max}) \wedge (l_{\min} \le l \le l_{\max}) \right\}. \tag{5.48}$$

Dasjenige Muster, welches gemäß eines Vergleichskriteriums die größte Merkmalsähnlichkeit zeigt, wird ausgewählt.

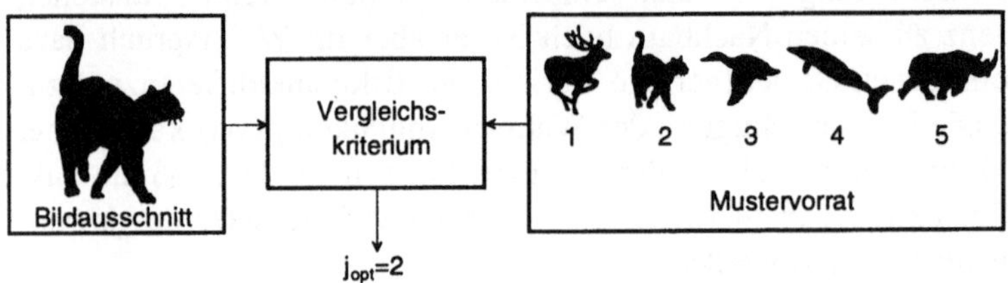

Abb. 5.3. Prinzip des Matching

Lineare Vergleichskriterien : Bilddifferenz und Kreuzkorrelation. Wir betrachten einen Bildausschnitt $x_a(m_a,n_a)$ und ein Muster $y_j(m_a,n_a)$, wobei j den Index des Musters in einem Mustervorrat $\mathfrak{M}$ darstellt. Ein wichtiges Vergleichskriterium ist die *Energie* der entstehenden Bilddifferenz :

$$\sigma_e^{\,2}(j) = \frac{1}{|\Lambda|} \sum_{(m_a,n_a)\in\Lambda} \sum \left[y_j(m_a,n_a) - x_a(m_a,n_a) \right]^2$$

$$= \frac{1}{|\Lambda|} \left[\sum_{(m_a,n_a)\in\Lambda}\sum \left[y_j(m_a,n_a) \right]^2 + \sum_{(m_a,n_a)\in\Lambda}\sum \left[x_a(m_a,n_a) \right]^2 - 2 \sum_{(m_a,n_a)\in\Lambda}\sum y_j(m_a,n_a) \cdot x_a(m_a,n_a) \right].$$
$$\tag{5.49}$$

$|\Lambda|$ ist die Anzahl der Bildpunkte im Muster. Wenn wir das Randproblem zunächst vernachlässigen - die Koordinaten in (5.49) können auf Bildpunkte zeigen, die möglicherweise außerhalb des Bildes $y(m,n)$ liegen - , so können wir davon ausgehen, daß die maximale Ähnlichkeit dort besteht, wo die Energie *minimal* wird :

$$j_{opt} = \arg\min_{y_i \in \mathfrak{M}} \frac{1}{|\Lambda|} \sum_{(m_a,n_a)\in\Lambda} \sum \left[y_j(m_a,n_a) - x_a(m_a,n_a) \right]^2, \tag{5.50}$$

oder dort, wo der letzte ausmultiplizierte Ausdruck in (5.49) *maximal* wird :

$$j_{opt} = \arg\max_{y_j \in \mathfrak{M}} \frac{1}{|\Lambda|} \sum_{(m_a,n_a)\in\Lambda} \sum y_j(m_a,n_a) \cdot x_a(m_a,n_a). \tag{5.51}$$

Normierte Kreuzkorrelation und Kreuzkovarianz. Die Bedingung (5.51) bestimmt den optimalen Wert dort, wo die *Kreuzkorrelation* zwischen Bild und Muster maximal wird. Allerdings ist das Ergebnis von (5.51) nicht unbedingt identisch mit dem von (5.50). So besitzt bei block matching $y_j(m_a,n_a)$ eine Abhängigkeit von der Verschiebung (k,l), d.h. die Analyse erfolgt jeweils über einen geringfügig anderen Vergleichsausschnitt von $y(m,n)$. Ein exakteres Ergebnis wird daher erzielt, wenn eine auf die Energie des jeweiligen Musters *normierte Kreuzkorrelation* verwendet wird :

$$j_{\text{opt}} = \underset{y_j \in \mathfrak{M}}{\arg\max} \frac{\displaystyle\sum_{(m_a,n_a)\in\Lambda}\sum y_j(m_a,n_a)\cdot x_a(m_a,n_a)}{\sqrt{\displaystyle\sum_{(m_a,n_a)\in\Lambda}\sum y_j(m_a,n_a)^2 \cdot \sum_{(m_a,n_a)\in\Lambda}\sum x_a(m_a,n_a)^2}}. \tag{5.52}$$

Die *Cauchy-Schwarz'sche Ungleichung* gibt einen Zusammenhang zwischen den 3 Summentermen in (5.49) an. Aus ihr folgt auch, daß die normierte Kreuzkorrelation in (5.52) stets kleiner oder gleich 1 ist :

$$\sum_{(m_a,n_a)\in\Lambda}\sum y_j(m_a,n_a)\cdot x_a(m_a,n_a) \le \sqrt{\sum_{(m_a,n_a)\in\Lambda}\sum \left[y_j(m_a,n_a)\right]^2 \cdot \sum_{(m_a,n_a)\in\Lambda}\sum \left[x_a(m_a,n_a)\right]^2}. \tag{5.53}$$

Gleichheit in (5.53) wird exakt dann erreicht, wenn $y_j(m_a,n_a)=c\cdot x_a(m_a,n_a)$, wobei c eine beliebige Konstante darstellt. Hieraus folgt, daß das normierte Korrelationsmaß in (5.52) für das Matching-Problem universeller einsetzbar ist als das quadratische Differenzmaß in (5.50) : Wenn eine Beleuchtungsänderung eintritt, d.h. wenn nicht bekannt ist, *wie hell* das gesuchte Muster ist, ergibt sich mit der Korrelationsschätzung stets ein korrektes Ergebnis, während das Differenzkriterium auf Grund der zwischen $y_j(m_a,n_a)$, und $x_a(m_a,n_a)$ differierenden Helligkeiten (Gleichanteile) eine Fehlschätzung verursachen kann. Noch sicherer ist in solchen Fällen die Verwendung der *normierten Kreuzkovarianz*, d.h. der um den Mittelwertanteil befreiten Kreuzkorrelation, als Schätzkriterium :

$$j_{\text{opt}} = \underset{y_j \in \mathfrak{M}}{\arg\max} \frac{\displaystyle\sum_{(m_a,n_a)\in\Lambda}\sum \left[y_j(m_a,n_a)-\mu_y\right]\cdot\left[x_a(m_a,n_a)-\mu_x\right]}{\sqrt{\displaystyle\sum_{(m_a,n_a)\in\Lambda}\sum \left[y_j(m_a,n_a)-\mu_y\right]^2 \cdot \sum_{(m_a,n_a)\in\Lambda}\sum \left[x_a(m_a,n_a)-\mu_x\right]^2}} \tag{5.54}$$

$$= \underset{y_j \in \mathfrak{M}}{\arg\max} \frac{\dfrac{1}{|\Lambda|}\left[\displaystyle\sum_{(m_a,n_a)\in\Lambda}\sum y_j(m_a,n_a)\cdot x_a(m_a,n_a)-\mu_x\cdot\mu_y\right]}{\sigma_x\cdot\sigma_y}.$$

Die μ- und σ-Werte in (5.54) stellen jeweils die Mittelwerte und Standardabweichungen der Signale $x_a(m_a,n_a)$ und $y_j(m_a,n_a)$ dar.

Mehrschrittige Verfahren. Der algorithmische Aufwand bei Matching-Verfahren ist proportional zur Größe des Mustervorrats $\mathfrak{M}$. Um die Komplexität zu verringern, können auch *mehrschrittige Suchmethoden* eingesetzt werden. Hierzu gehört z.B. die *baumstrukturierte Suche*, bei der der Mustervorrat auf Grund von Ähnlichkeitsmerkmalen der Muster so abgelegt ist, daß jeweils nur eine Teilmenge geprüft werden muß; diese Methode wird in Abschn. 10.3.4 über Vektorquantisierung weiter erläutert. Ein anderes Beispiel ist die *hierarchische Suche*, bei der man den Vergleich mit unterabgetasteten Versionen von $x(m,n)$ und $y(m,n)$ beginnt, wodurch derselbe Suchbereich Π weniger Suchpositionen erfordert. In den folgenden Schritten, in denen mit sukzessive wachsender örtlicher Bildauflösung gearbeitet wird, kann auf Grund des gefundenen Zwischenergebnisses der Suchbereich auf wenige Bildpositionen eingeschränkt werden, an denen Muster mit ähnlichen Merkmalen gefunden wurden. Dieses Vorgehen wird z.B. in schnellen Algorithmen zur Bewegungsschätzung (vgl. Abschn. 6.2.3) eingesetzt.

Phasenkorrelation. Die Fouriertransformierte der Kreuzkorrelation $r_{xy}(k)$ ist das Kreuzleistungsdichtespektrum $S_{xy}(j\Omega)=X(j\Omega)^*\cdot Y(j\Omega)$. Da mittels einer DFT die Transformation der Signale in den Frequenzbereich relativ einfach ist, läßt sich der Verlauf der Kreuzkorrelationsfunktion zwischen zwei Signalen durch Rücktransformation des konjugiert-komplexen Produktes ihrer Spektren berechnen. Hierbei ist allerdings wieder das Problem der virtuellen zyklischen Signalfortsetzung zu berücksichtigen (vgl. Abschn. 2.4.1 und 3.2). Der Analysebereich der FFT muß daher je örtlicher Richtung mindestens *doppelt so groß* gewählt werden wie die Summe von Bildausschnitt aus (5.46) und Suchbereich aus (5.48), da die übrigen KKF-Werte durch die Fortsetzungseffekte korrumpiert sind. Bei den sogenannten *Phasenkorrelationsverfahren* wird nur die spektrale Phaseninformation zur Berechnung der Kreuzkorrelation verwendet, d.h. das Amplitudenspektrum wird nach der Multiplikation auf einen konstanten Wert gesetzt. Dies hat zur Folge, daß die hochfrequenten Anteile des Spektrums stärker gewichtet werden, d.h. das Korrelationsmaximum orientiert sich hauptsächlich an den Kanten in den Bildsignalen.

5.6 Clusterbildung und Clusteroptimierung

Abb. 5.4 zeigt das Histogramm (diskrete Verteilungsdichte) von *Merkmalsvektoren* $\mathbf{m}=[m_1,m_2]^T$, die aus jeweils zwei Elementen bestehen. Die Merkmale m_k können z.B. Bildpunkthelligkeiten, -differenzen, -mittelwerte, Bewegungsvektoren o.ä. sein. Im gezeigten Beispiel haben sich drei *Häufungen* (*cluster*) gebildet, so daß man davon ausgehen kann, daß die Merkmalsvektoren innerhalb eines clusters ähnliche Eigenschaften, jedoch mit einer gewissen Streuung, aufweisen.

Unsicher ist die Entscheidung bei denjenigen Merkmalsvektoren, die vom einen wie vom anderen Cluster relativ weit entfernt liegen.

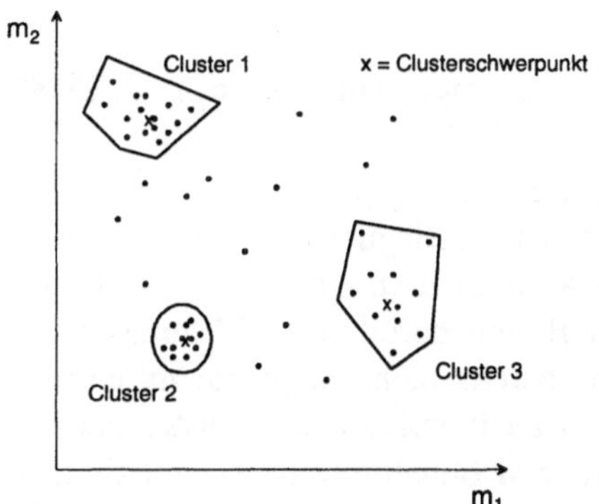

Abb. 5.4. Cluster im zweidimensionalen Merkmalsraum

Geometrisch optimale Zuordnung. Das einfachste Vorgehen besteht darin, die Merkmalsvektoren stets demjenigen cluster zuzuordnen, zu dessen Schwerpunkt der *geometrische Abstand* am kürzesten ist. Hierzu ist jedoch zunächst die Lage der *Clusterschwerpunkte* zu bestimmen. Geometrische Abstände im K-dimensionalen Vektorraum (im Beispiel von Abb. 5.4 ist $K=2$) ergeben sich durch Berechnung der *quadratischen Vektordifferenz-Norm* mittels (2.28). Mit der Bezeichnung $\mathbf{c}_j$ für den Schwerpunkt des Clusters j ergibt sich die folgende Zuordnung des Merkmalsvektors $\mathbf{m}$ zu einem Cluster mit Index i aus der Menge $\mathbf{C}=\{\mathbf{c}_j; j=1,2,...,J\}$:

$$i = \arg\min_{\mathbf{c}_j \in \mathbf{C}}\left[\mathbf{m}-\mathbf{c}_j\right]^{\mathrm{T}}\left[\mathbf{m}-\mathbf{c}_j\right] \tag{5.55}$$

Alle $\mathbf{m}$, die dem Cluster j zugeordnet werden, sollen die Bezeichnung $\mathbf{m}^j$ erhalten. Der Clusterschwerpunkt ist der *Mittelwert* aller $\mathbf{m}^j$:

$$\mathbf{c}_j = E\left\{\mathbf{m}^j\right\}. \tag{5.56}$$

Die *Varianz* innerhalb eines Clusters ist der *mittlere Abstand* vom Clusterschwerpunkt :

$$D_j = E\left\{\left[\mathbf{m}^j-\mathbf{c}_j\right]^{\mathrm{T}}\left[\mathbf{m}^j-\mathbf{c}_j\right]\right\}. \tag{5.57}$$

Der Clusterschwerpunkt liegt dort, wo unter allen möglichen Lagen von $\mathbf{c}_j$ der Wert D_j das *Minimum* erreicht.

Statistisch optimale Zuordnung. Im Sinne der "*a posteriori*"-Statistik ist die Zuordnung von $\mathbf{m}$ zu demjenigen Cluster optimal, für das $p(\mathbf{c}_j|\mathbf{m})$ maximal wird. Besitzt man ein "*a priori*"-Modell, welches eine Aussage darüber zuläßt, wie groß die bedingte Wahrscheinlichkeit $p(\mathbf{m}|\mathbf{c}_j)$ ist, daß der Merkmalsvektor $\mathbf{m}$ dem Cluster mit Schwerpunkt $\mathbf{c}_j$ zugeordnet wird, so ergibt sich die optimale Zuordnung zum cluster i als

$$i = \arg\max_{\mathbf{c}_j \in \mathbf{C}} \; p(\mathbf{c}_j|\mathbf{m}) = \arg\max_{\mathbf{c}_j \in \mathbf{C}} \; \frac{p(\mathbf{m}|\mathbf{c}_j)\,p(\mathbf{c}_j)}{p(\mathbf{m})} = \arg\max_{\mathbf{c}_j \in \mathbf{C}} \; p(\mathbf{m}|\mathbf{c}_j)\,p(\mathbf{c}_j). \qquad (5.58)$$

Der letzte Schluß in (5.58) kann gezogen werden, weil $p(\mathbf{m})$ bei bekanntem $\mathbf{m}$ eine Konstante ist. Ein sehr einfacher Ansatz zur Festlegung von $p(\mathbf{m}|\mathbf{c}_j)$ könnte die geometrischen Abstände des Merkmalsvektors $\mathbf{m}$ zu *allen möglichen* Clusterschwerpunkten in Betracht ziehen. Liegt $\mathbf{m}$ z.B. annähernd in der Mitte zwischen zwei $\mathbf{c}_j$, so würde dasjenige ausgewählt, das bereits mehr Elemente $\mathbf{m}^j$ enthält. Ein weiterer Ansatz könnte auch die *Varianzen* innerhalb der Cluster berücksichtigen. Bei einem Cluster, dessen Mitglieder $\mathbf{m}^j$ ohnehin weit gestreut sind, ist die Wahrscheinlichkeit nämlich höher, daß ihm ein zusätzliches, weit entferntes $\mathbf{m}$ auch noch sinnvoll zugeordnet wird.

Clusteroptimierung. Die Menge der $\mathbf{m}^j$, die den einzelnen Clustern zugeordnet werden, beeinflußt die Lage der Clusterschwerpunkte und umgekehrt. Daher ist bei einer bekannten Verteilung der $\mathbf{m}$ eine Optimierung nur mittels *iterativer Methoden* möglich. Ein derartiger Ansatz wird z.B. bei der Optimierung von *Vektorquantisierern* (Abschn. 10.3.3) angewandt.

5.7 Relaxationsalgorithmen

Relaxationsalgorithmen (engl. *relaxation* = Entspannung) sind eine Lösungsmöglichkeit für die statistische Optimierungen, bei denen sich mehrere oder viele Entscheidungen gegenseitig beeinflussen können. Dies ist z.B. bei Klassifizierungs- und Segmentierungsproblemen der Fall, bei denen die Wahrscheinlichkeit als hoch einzustufen ist, daß Bildpunkte dieselben Merkmale besitzen wie ihre Nachbarn. Im folgenden werden Beispiele aus der Segmentierung beschrieben, ein wichtiger Anwendungsfall ist auch die Bewegungsschätzung.

Stochastische Relaxation und "simulated annealing". Dieser Algorithmus, welcher das globale Optimum der möglichen Segmentierungsentscheidungen durch Anwendung statistischer Methoden erreichen kann, wird als *stochastische Relaxation* bezeichnet [GEMAN, GEMAN 1984]. Ihm liegt ein aus der Thermodynamik entliehenes Modell zugrunde, welches davon ausgeht, daß Elementarteilchen bei hoher Temperatur eine besonders freie Beweglichkeit besitzen. Dies trifft z.B. auf Gasteilchen zu, deren Bewegung einer Boltzmann-Statistik folgt (die nur eine andere Formulierung der Gibbs-Verteilung (5.44), allerdings mit von der Temperatur abhängigem Potential, ist). Dasselbe Prinzip wird auch in der Veredelung von Metallen, z.B. beim Härten von Stahl, angewandt : Durch exaktes Einhalten eines "Temperaturfahrplans" wird das gewünschte Ergebnis, die Ausrichtung der Moleküle, erreicht. Um diese Analogie zu betonen, wird die Parametervariation während der Iterationen auch als *simulated annealing* bezeichnet [VAN LAARHOVEN, AARTS 1987]. Ausgehend von einer *beliebigen* Anfangssegmentierung wird daher zunächst eine große Freiheit zur Veränderung eingeräumt, was durch einen groß gewählten Parameter λ_Δ in (4.17) erfolgt. Diese Freiheit wird mehr und mehr eingeschränkt, je mehr das endgültige Segmentierungsergebnis angenähert wird. Die Methode ist auf Grund der notwendigen hohen Anzahl an Iterationen allerdings recht aufwendig.

Deterministische Relaxation. Um den Optimierungsaufwand zu reduzieren, wird als alternative Lösung die *deterministische Relaxation* angewandt, welche allerdings eine zuverlässige Anfangssegmentierung erfordert. Unter dieser Bezeichnung ist eine ganze Gruppe von Optimierungsverfahren bekannt, die vor allem in der Bildsegmentierung eingesetzt werden [ROSENFELD, KAK 1982]. Im folgenden wird eine Version beschrieben, bei der für jeden Bildpunkt $x(m,n)$ direkt die Wahrscheinlichkeit maximiert wird, daß er dem Segment oder cluster k (von insgesamt K verschiedenen) zuzuordnen sei. In ähnlicher Weise ist es auch möglich, das Potentiale in (4.17) zu minimieren.

Beschreibung eines deterministischen Relaxationsalgorithmus. Die Summe aller Wahrscheinlichkeiten, nach denen der Bildpunkt an der Position (m,n) den möglichen Segmenten mit Index k zugeordnet wird, ist 1 :

$$\sum_{k=1}^{K} p^{(r)}(m,n;k) = 1.$$

(5.59)

Die Wahrscheinlichkeiten werden nun iterativ jeweils um einen Update-Wert $q^{(r)}$ verändert. Der Index r steht dabei für den Iterationsschritt :

$$p^{(r+1)}(i,j;k) = \frac{p^{(r)}(i,j;k) \cdot \left[1 + q^{(r)}(i,j;k)\right]}{\sum_{l=1}^{K} p^{(r)}(i,j;l) \cdot \left[1 + q^{(r)}(i,j;l)\right]}.$$

(5.60)

Zur Bestimmung des Update-Wertes $q^{(r)}$ der $r$ten Iteration werden die Wahrscheinlichkeiten der Nachbarwerte herangezogen. Dies können z.B. die Werte in der Umgebung $\eta_2(m,n)$ sein. Wir definieren das Ensemble $\mathcal{C}_2{'}(m,n)$ der cliques wie bei in (4.15) und erhalten den Update-Wert

$$q^{(r)}(m,n;k) = \frac{1}{8} \cdot \left[\sum_{(i,j)\in\mathcal{C}_2{'}(m,n)} \left(\sum_{l=1}^{K} c(k,l) \cdot p^{(r)}(i,j;l) \right) \right]$$

(5.61)

mit

$$c(k,l) = \begin{cases} 1 & wenn\ k = l \\ -1 & wenn\ k \neq l. \end{cases} \tag{5.62}$$

Wenn die Bildpunkte (i,j) in der Umgebung bereits mit großer Wahrscheinlichkeit demselben Segment angehören wie (m,n), so wird die Wahrscheinlichkeit in der nächsten Iteration weiter erhöht und umgekehrt. Andererseits kann sich bei einer schlechten Anfangssegmentierung, d.h. wenn benachbarte Bildpunkte nicht schon mit einer gewissen Wahrscheinlichkeit demselben Segment angehören, ein *vollkommen willkürliches* Ergebnis einstellen. Schließlich wird nach der Rten Iteration der Bildpunkt $x(m,n)$ demjenigen Segment zugeordnet, für das gilt

$$k = \arg\max_l p^{(R)}(m,n;l). \tag{5.63}$$

Werden deterministische Relaxationsalgorithmen *hierarchisch*, d.h. zunächst von einer Repräsentation des Bildes in gröberer Auflösung ausgehend, durchgeführt, so ergeben sich in der Regel zuverlässige Segmentierungsergebnisse [ROSENFELD, KAK 1982], [GEMAN ET AL. 1990]. Ein ähnliches Prinzip wird auch in dem *iterated conditional modes* (ICM) -Algorithmus [BESAG 1986] angewandt.

6 Inhaltsbezogene Analyse von Bildsignalen

Wichtige Methoden zur Anpassung von Bildcodieralgorithmen an den Bildinhalt sind die Segmentierung des 2D-Bildsignals und die Bewegungsschätzung in Bildfolgen. Die Genauigkeit einer solchen Anpassung hat unmittelbare Auswirkungen auf die Leistungsfähigkeit der nachfolgenden Datenkompression. So werden bei blockorientierten Bewegungsschätzmethoden die Diskontinuitäten des Bewegungsvektorfeldes an den Grenzen bewegter Objekte nicht ausreichend berücksichtigt. Bei einer objektorientierten Bildfolgenanalyse kann dagegen eine simultane Optimierung der Bewegungsvektor- und Segmentierungsfelder erfolgen.

6.1 Segmentierung

Ziel von Bild*segmentierung*salgorithmen ist es, in einem Bild die Grenzen zwischen Objekten oder Objektteilen, d.h. Regionen mit homogenen Merkmalen festzulegen. Wichtige Kriterien bei der Segmentierung sind

– lokale Helligkeiten der Bildpunkte bzw. deren Differenzen;
– lokale statistische Eigenschaften, auch Texturparameter;
– Konfidenzparameter, z.B. Segmentgröße, Form der Segmentgrenzen, zulässige Parameterabweichungen innerhalb geschlossener Objekte;
– Bewegungsparameter (nur bei der Bildsequenzanalyse).

Segmentierungsverfahren zeigen große Unterschiede in ihrer Leistungsfähigkeit. Bei den einfacheren Methoden kann schon die Variation eines einzigen Parameters zu vollständig anderen Ergebnissen führen. Bei der Anwendung von Segmentierungsverfahren als Teilelement einer digitalen Bildübertragungs-Anwendung sollten aber auch die Kosten (Komplexität des Verfahrens) gegen den Nutzen (Verbesserung der Übertragungsqualität durch Anpassung des Codierers an erkannte Objekte) abgewogen werden.

6.1.1 Bildpunktorientierte Verfahren

Clusterverfahren. Jeder Bildpunkt eines Bildsignals wird auf Grund seiner Merkmale (z.B. Helligkeit oder lokaler Kontrast, d.h. Helligkeitsdifferenzen zu seinen Nachbarn) einer Klasse, d.h. einem Objekt oder einem Objekttyp, zugeordnet. Die Segmentmerkmale können, sofern schon bestimmte Annahmen über die zu erwartenden Bildinhalte möglich sind, a priori festgelegt werden (z.B. Eigenschaften und Farbe von Haaren, Gesichtsteilen etc.). Es ist aber auch möglich, eine Gruppierung der Cluster entsprechend der Häufungspunkte im Histogramm der Merkmale vorzunehmen (vgl. Abschn. 5.6). Die Segmentierungsschritte sind dann folgende :

1. Aufnahme der Bildpunktmerkmale in einem zwei- oder mehrdimensionalen Histogramm;
2. Analyse des Histogramms und Festlegung der Klassenanzahl auf Grund signifikanter Häufungen;
3. Zuordnung der Bildpunkte gemäß ihrer Merkmale zur ähnlichsten Klasse.

Bei Zusammenfassung mehrerer Bildpunkte und Bestimmung gemeinsamer Merkmale können Clusterverfahren auch zur Merkmalsklassifizierung über einen Teilausschnitt eingesetzt werden. Dies wird in sogenannten *klassifizierenden* Bildcodierverfahren angewandt, bei denen als Teilausschnitte oftmals quadratische Blöcke fester Größe gewählt, und jeder dieser Blöcke einer bestimmten *Klasse* (z.B. detailreiche oder detailarme Bereiche, Kantenbereiche) zugeordnet wird. Bei größeren Objekten werden viele benachbarte Blöcke identische Merkmale zeigen; an Objektgrenzen ist allerdings keine *bildpunktgenaue*, sondern nur eine *blockgenaue* Segmentierung möglich, was sich bei zu groß gewählten Blockabmessungen negativ auswirken kann.

Kantenorientierte Verfahren. Während bei den oben beschriebenen Clusterverfahren *jeder Bildpunkt* einem bestimmten Regionentyp zugeordnet wurde, wird bei den kantenorientierten Verfahren versucht zu bestimmen, wo die *Regionengrenzen* liegen. Ausgangspunkt kann z.B. das Ergebnis einer gradientenbasierten Kantenerkennungsoperation sein (vgl. Abschn. 4.2.2). Um durchgehende Objektgrenzen zu erhalten, werden Methoden der *Kantenverfolgung* und der *Kantenapproximation* angewandt [ROSENFELD, KAK 1982].

6.1.2 Regionenorientierte Verfahren

Die im folgenden beschriebenen, regionenorientierten Verfahren arbeiten in starkem Maße sequentiell, d.h. das folgende Ergebnis ist vor allem von einer vorher getroffenen Entscheidung abhängig. Daher besteht auch eine besondere Sensibilität gegenüber Parameteränderungen und veränderten Startbedingungen, wie auch allgemein gegenüber der Art des zu segmentierenden Bildmaterials.

Region Growing. Regionenwachstumsverfahren (*region growing*) gehen bei der Segmentierung von einzelnen, zufällig gesetzten Anfangsbildpunkten (*seed pixels*) aus (sh. Abb. 6.1a). An Hand eines Homogenitätskriteriums (dies ist häufig die Übereinstimmung der Bildpunkthelligkeit, jedoch können z.B. auch der lokale Mittelwert, die Varianz oder die örtliche Korrelation in der näheren Bildpunktumgebung herangezogen werden) wird entschieden, ob die Nachbarpunkte zur selben Region gehören. Verletzt ein Nachbarpunkt das Homogenitätskriterium, so wird er selbst seed pixel für eine neue Region. Treffen zwei Regionen zusammen, so können sie, sofern ihre Verbindungsstelle dem Homogenitätskriterium genügt, zu einer einzigen Region zusammengefügt werden (*merge*). Das Merge-Prinzip ist in Abb. 6.1a mittels der gestrichelten Linien angedeutet; die sich ergebenden Regionen sind in Abb. 6.1b dargestellt.

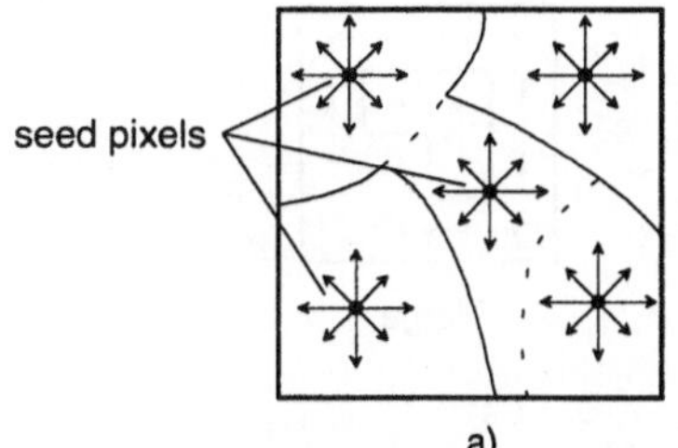

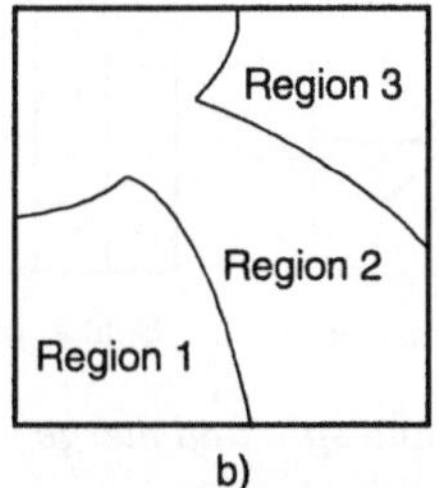

a)   b)

Abb. 6.1. Region Growing. **a** Evolution der Regionen, ausgehend von *seed pixels* **b** Zusammenlegung von Regionen (*merge*)

Für Region-growing-Verfahren sind viele Variationen vorgeschlagen worden, die mehr oder weniger zur Verbesserung des Segmentierungsergebnisses beitragen :

- Das Homogenitätskriterium kann an die Regionengröße angepaßt werden, d.h. bei kleinen Regionen wird die Forderung nach Homogenität weniger rigide gehandhabt. Dies verhindert das Entstehen zu vieler sehr kleiner Regionen in stark strukturierten Bereichen. Auch das Zusammenwachsen mehrerer kleiner Regionen wird erleichtert.
- Nach Abschluß der Segmentierungsprozedur können sehr kleine Regionen (d.h. vor allem einzelne Bildpunkte, die fälschlich als isolierte Region klassifiziert wurden) eliminiert werden, d.h. sie werden einer angrenzenden größeren Region zugeordnet.

Split and merge. Split-and-merge-Verfahren (*split*=teilen, *merge*=zusammenfügen) arbeiten in gewisser Weise konträr zu den Region-growing-Verfahren. Während letztere von einzelnen Bildpunkten ausgehen, und eine Segmentierung bis hinauf zum Gesamtbild durchführen (*bottom up*), gehen erstere vom Gesamtbild aus und unterteilen dieses gegebenenfalls bis zur Bildpunktebene (*top down*). Das Prinzip ist in Abb. 6.2 dargestellt. Ein Block (im ersten Schritt : das ganze Bild) wird in vier Teilblöcke unterteilt (*split*, Abb. 6.2b), und von jedem dieser Teilblöcke werden bestimmte Parameter berechnet. Dies können z.B. der

Mittelwert, die Varianz, die AKF, das Spektrum etc. sein. Stimmen die Werte benachbarter Teilblöcke überein, so werden sie zu einer einheitlichen Region zusammengefügt (*merge*). Im gezeigten Beispiel ist nach dem ersten *split*-Schritt noch kein *merge* möglich. Daher wird ein zweiter *split* durchgeführt (Abb. 6.2c), der anschließende *merge*-Schritt führt auf das endgültige Segmentierungsergebnis (Abb. 6.2d). Es wird deutlich, daß das Zusammenfügen auch über die Grenzen zweier ursprünglich größerer Blöcke hinweg erfolgen kann. Zusammengefügte Blöcke werden in keinem Fall weiter unterteilt. Blöcke, die sich mit keinem andern zusammenfügen ließen, können dagegen weiter unterteilt, und ihre Teilblöcke möglicherweise wieder mit anderen zusammengefügt werden. Das Split-and-merge-Verfahren läßt sich sehr gut mit blockweise arbeitenden Codieralgorithmen kombinieren.

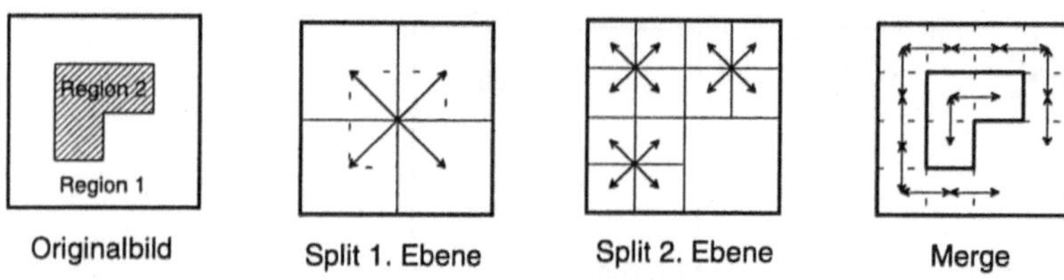

Abb. 6.2. Segmentierung durch *split and merge*

6.1.3 Statistische Methoden

Mittels statistischer Methoden läßt sich die *Sicherheit* einer Segmentierungsentscheidung erhöhen. Prinzipiell sind solche Methoden mit jedem der bisher genannten Verfahren kombinierbar, jedoch werden sie wegen des hohen Aufwandes (im allgemeinen ist eine *iterative* Lösung notwendig) meist nur mit Abwandlungen der pixelorientierten Methoden aus Abschn. 6.1.1 kombiniert. Als Sicherheitskriterien kommen in Frage :

– Ein Bezug zu den Segmentierungsentscheidungen für die benachbarten Bildpunkte, d.h. es werden Entscheidungen als unsicher bewertet, die stark von den umliegenden Entscheidungen abweichen. Dies ist insofern plausibel, als an den Segmentgrenzen einzelne Bildpunkte mit gewisser Beliebigkeit entweder dem einen oder dem anderen Segment zugeordnet sein können.

– Ein Bezug zu der Entfernung vom Schwerpunkt des gewählten Clusters. Gemäß (5.58) können beispielsweise Entscheidungen über diejenigen Bildpunkte als unsicher betrachtet werden, deren Helligkeit weit vom Histogrammaximum entfernt, also nahe am Schwellwert gelegen ist.

Sollen statistische Methoden angewandt werden, so muß auch stets ein statistisches Modell zugrunde liegen, das bei der Optimierung möglichst gut zu approximieren ist. Im Fall der Bezugnahme auf benachbarte Bildpunkte ist das

MRF-Modell (Abschn. 4.1.2) geeignet. Bei Clusterverfahren kann das Histogramm z.B. durch mehrere überlagerte Gaußverteilungen modelliert werden.

"A posteriori"-Optimierung auf der Grundlage des MRF-Modells. Wird eine Optimierungsprozedur mit dem *"maximum a posteriori"*-Kriterium verwendet, so ist das Potential in (4.17) zu minimieren. Ein mit einer bestimmten Segmentierungsprozedur ermitteltes Ergebnis wird also im nachhinein danach beurteilt, wie gut es dem MRF-Modell entspricht, und es wird versucht, daraus ein *besseres Ergebnis* mit geringerem Potential abzuleiten. Hierbei ist es problematisch, daß sich die Segmentierungsentscheidungen für benachbarte Bildpunkte bezüglich der resultierenden Potentiale gegenseitig beeinflussen. Wird ein Bildpunkt dem Segment seines Nachbarn zugeordnet, um das Potential an dieser Stelle zu minimieren, so können sich dafür die Potentiale an den übrigen Nachbarpositionen unverhältnismäßig erhöhen. Die Optimierung müßte daher eigentlich *global,* d.h. für das gesamte Bild gleichzeitig erfolgen. Als Alternative können auch iterative Lösungsmethoden angewandt werden. Besonders geeignet sind hierfür die in Abschn. 5.7 beschriebenen Relaxationsalgorithmen.

6.2 Bewegungsschätzung

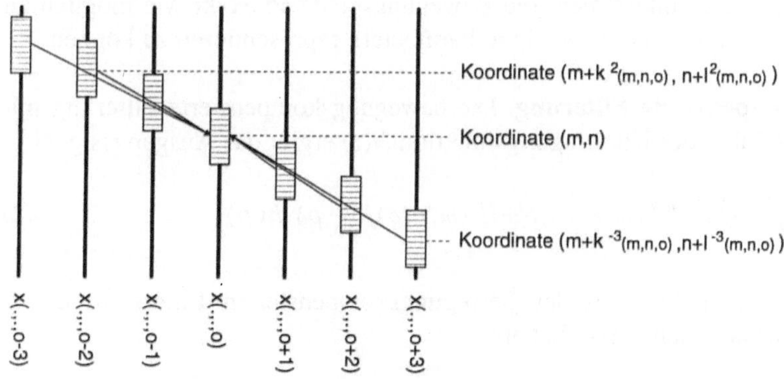

Abb. 6.3. Bewegungspfad eines Objektpunktes in einer Bildsequenz

Die Bewegung des Inhaltes, welchen ein Bildpunkt $x(m,n)$ darstellt, erfolgt innerhalb einer Bildsequenz entlang des in Abb. 6.3 gezeigten *Bewegungspfades.* Definieren wir eine Bezugsposition beim Bild mit dem zeitlichen Index o, so ist der Bewegungspfad relativ zu den übrigen Bildern der Sequenz durch das orts- und zeitabhängige Bewegungsvektorfeld mit den Komponenten $\mathbf{k}(m,n,o)$, $\mathbf{l}(m,n,o)$ definiert :

$$\mathbf{k}(m,n,o)=\left[\ldots,k^{-2}(m,n,o),k^{-1}(m,n,o),0,k^{1}(m,n,o),k^{2}(m,n,o),\ldots\right]$$
$$\mathbf{l}(m,n,o)=\left[\ldots,l^{-2}(m,n,o),l^{-1}(m,n,o),0,l^{1}(m,n,o),l^{2}(m,n,o),\ldots\right].$$

$$(6.1)$$

Wir wollen die auf zeitlich zurückliegende Bilder weisenden Bewegungsvektoren (hochgestellter Index in 6.1 positiv) als *rückwärtsgerichtet*, diejenigen mit negativem Index als *vorwärtsgerichtet* bezeichnen (dies entspricht der Definition der Kausalität in der Impulsantwort eines Filters). Im weiteren Verlauf dieses Kapitels wird ausschließlich auf die Bestimmung der rückwärtsgerichteten Bewegungsvektoren eingegangen. Nahezu identische Prinzipien lassen sich aber auch auf die vorwärtsgerichteten Vektoren anwenden; lediglich die Interpretation von *Auf*deckung und *Ver*deckung kehrt sich in diesem Fall um.

Die Korrelation innerhalb einer Bildsequenz ist am höchsten entlang des Bewegungspfades. Zweck einer Bewegungsanalyse in der Videocodierung ist daher eine *Bewegungskompensation* :

- Die in vielen Codierverfahren angewandte, lineare Analysefilterung (Prädiktion, Transformation, Teilbandfilterung) bewirkt eine bessere Ausnutzung der zeitlichen Redundanz einer Bildsequenz, wenn sie *entlang des Bewegungspfades* ausgeführt wird.
- In objektorientierten und räumlich-modellbasierten Codierverfahren ist es sogar ein Ziel, Veränderungen innerhalb einer Szene *hauptsächlich* durch die Bewegungsparameter zu beschreiben.

Daher muß es darauf ankommen, die Bewegungspfade so exakt wie möglich zu bestimmen, und mit möglichst wenigen Parametern repräsentieren zu können.

Bewegungskompensierte Filterung. Die bewegungskompensierte Filterung mit einem 1D-FIR-Filter der Übertragungsfunktion $H(z)$ ergibt das Ausgangssignal

$$y(m,n,o)=\sum_{p=0}^{P-1} x(m+k^{p}(m,n,o),n+l^{p}(m,n,o),o-p)\cdot h(p).$$

$$(6.2)$$

Die z-Übertragungsfunktion des bewegungskompensierten Filters an dieser Position (m,n,o) läßt sich darstellen als

$$H(z_1,z_2,z_3)^{(m,n,o)}=\sum_{p=0}^{P-1} h(p)\cdot z_1^{k^{p}(m,n,o)}\cdot z_2^{l^{p}(m,n,o)}\cdot z_3^{-p}.$$

$$(6.3)$$

6.2.1 Unsicherheiten bei der Bewegungsschätzung

Bildfensterproblem. Bei der Bewegungsanalyse ist stets ein Ausschnitt oder Analysebereich zu definieren. Eine relative Bewegung des Bildinhaltes zwischen zwei Abtastzeitpunkten ist grundsätzlich nicht feststellbar, wenn die Bildhelligkeit innerhalb dieses Bildfensters homogen ist (Abb. 6.4a). Sind im Bereich des

Bildfensters Helligkeitssprünge nur in *einer Richtung* vorhanden, so bleibt die Bewegungskomponente in der anderen Richtung *mehrdeutig* (Abb. 6.4b). Erst Helligkeitswechsel in beiden örtlichen Richtungen erlauben eine eindeutige Bestimmung der Bewegung (Abb. 6.4c).

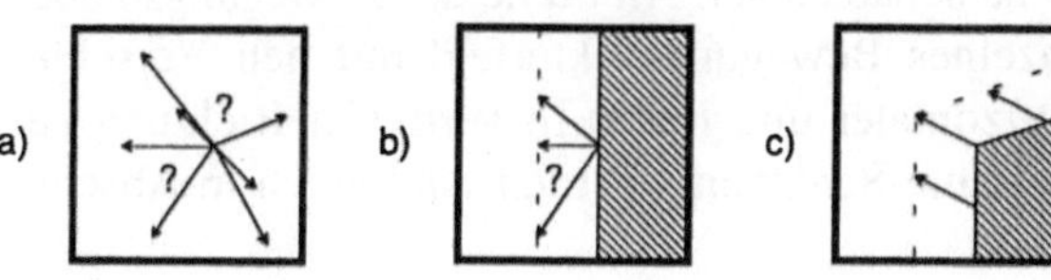

Abb. 6.4. Bildfensterproblem.
a Nicht feststellbare Bewegung bei fehlendem Helligkeitswechsel
b Mehrdeutige Verschiebung bei Helligkeitswechsel in nur einer örtlichen Richtung
c eindeutige Verschiebung bei Helligkeitswechsel in beiden örtlichen Richtungen

Korrespondenzproblem. Wenn mehrere *gleichartige Objekte* oder ein regelmäßiges, *periodisches Muster* auftreten, kann es bei zu geringer zeitlicher Abtastrate zu Zuordnungsschwierigkeiten kommen (Abb. 6.5a). Der Grund liegt im Auftreten von Aliaskomponenten bei $|u|\cdot T/R + |v|\cdot T/S \geq 1$ gemäß (2.24). Eine eindeutige Zuordnung kann auch bei Objektdeformation unmöglich sein (Abb. 6.5b).

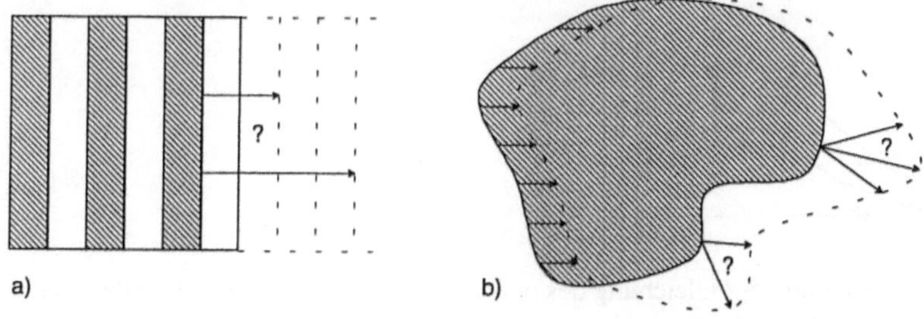

Abb. 6.5. Korrespondenzproblem.
a bei periodischen Strukturen (Gitter) **b** bei Objektdeformation

Okklusionsproblem. Auf Grund der Projektion in die Bildebene können Teile von Objekten oder des Hintergrundes verdeckt werden (vgl. Abschn. 4.3.3). Werden auf Grund einer Bewegung des verdeckenden Objektes diese Bereiche im Folgebild sichtbar, so lassen sie sich bei der Bewegungsschätzung nicht eindeutig zuordnen.

In den beiden folgenden Abschnitten werden die beiden gebräuchlichsten Schätzverfahren

– Bewegungsschätzung nach dem *Differenzprinzip*
– Bewegungsschätzung nach dem *matching*-Prinzip

zunächst am Beispiel einer translatorischen Bewegungsanalyse beschrieben. In Abschn. 6.2.4 folgen schließlich Verfahren zur Schätzung nicht-translatorischer Parameter, in Abschn. 6.2.5 werden Methoden zur objektorientierten Bewegungsschätzung erörtert. Hierbei wird davon ausgegangen, daß die Bewegung jeweils nur zwischen zwei Bildern zu schätzen sei. An Stelle des Bewegungspfades in (6.1) wird daher nur ein einzelnes Bewegungsvektorfeld mit den Verschiebungskomponenten $k(m,n)$ in horizontaler und $l(m,n)$ in vertikaler Richtung betrachtet. Möglichkeiten zur Multiframe-Schätzung werden schließlich in Abschn. 6.2.6 erörtert.

6.2.2 Bewegungsschätzverfahren nach dem Differenzprinzip

Abb. 6.6 zeigt für ein kontinuierliches, ortsabhängiges Signal $x(r)$ den Amplitudenverlauf zu den Analysezeitpunkten t und $t+\mathrm{d}t$. Bei Bewegung entsteht an einem bestimmten Koordinatenwert r die Differenz $\mathrm{d}x=x(r,t)-x(r,t+\mathrm{d}t)$. Wird nur der lineare Anteil berücksichtigt, so ergibt sich die Änderung $\mathrm{d}x$ rechnerisch aus den differentiellen Steigungen $\partial x/\partial r$ oder $\partial x/\partial t$:

$$\mathrm{d}x \cong \frac{\partial x}{\partial r}\cdot \mathrm{d}r \cong -\frac{\partial x}{\partial t}\cdot \mathrm{d}t. \tag{6.4}$$

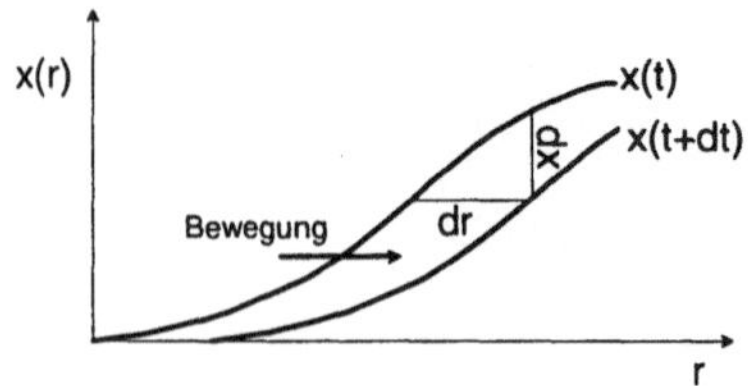

Abb. 6.6. Zur Herleitung der Gleichung des optischen Flusses : Verschiebung $\mathrm{d}r$ eines Signals im Zeitraum $\mathrm{d}t$ und Zusammenhang mit der Amplitudendifferenz $\mathrm{d}x$

Werden beide Ortskoordinaten berücksichtigt, so läßt sich die Verschiebung des orts- und zeitabhängigen Signalwertes $x(r,s,t)$ um $\mathrm{d}r$ und $\mathrm{d}s$ in der Zeit $\mathrm{d}t$ auf folgende Weise ausdrücken :

$$x(r,s,t) = x(r+\mathrm{d}r,s+\mathrm{d}s,t+\mathrm{d}t) \tag{6.5}$$

Eine Taylorreihenentwicklung der rechten Seite von (6.5) liefert

$$x(r,s,t) = x(r,s,t)+\frac{\partial x(r,s,t)}{\partial r}\cdot \mathrm{d}r+\frac{\partial x(r,s,t)}{\partial s}\cdot \mathrm{d}s+\frac{\partial x(r,s,t)}{\partial t}\cdot \mathrm{d}t+\varepsilon, \tag{6.6}$$

wobei ε die nichtlinearen Terme zweiter und höherer Ordnung repräsentiert. Zugleich bestehen die folgenden Zusammenhänge mit der Geschwindigkeit $\mathbf{u}=[u,v]^{\mathrm{T}}$ und der Bewegung $\mathrm{d}\mathbf{w}=[\mathrm{d}r,\mathrm{d}s]^{\mathrm{T}}$:

$$u = \frac{\mathrm{d}\,r}{\mathrm{d}\,t} \Rightarrow \mathrm{d}\,r = u \cdot \mathrm{d}\,t \quad ; \quad v = \frac{\mathrm{d}\,s}{\mathrm{d}\,t} \Rightarrow \mathrm{d}\,s = v \cdot \mathrm{d}\,t. \tag{6.7}$$

Kontinuierliche Formulierung der optischen Flußgleichung. Aus (6.6) und (6.7) ergibt sich bei Vernachlässigung der Terme höherer Ordnung die aus der Hydrodynamik bekannte *Kontinuitätsgleichung* zur Ermittlung der Flußgeschwindigkeiten u und v :

$$\frac{\partial x(r,s,t)}{\partial r} \cdot u(r,s,t) + \frac{\partial x(r,s,t)}{\partial s} \cdot v(r,s,t) + \frac{\partial x(r,s,t)}{\partial t} = 0. \tag{6.8}$$

In Analogie zur Strömungslehre spricht man daher bei der projizierten Bewegung auch vom *optischen Fluß*. Allerdings besteht für diese Gleichung keine eindeutige Lösung, da sie nur *eine* Bedingung für *zwei* gesuchte Parameter u und v formuliert. Dies ist eine Auswirkung des o.g. Bildfensterproblems, die sich nur durch Formulierung von Zusatzbedingungen umgehen läßt. Unter der Annahme, daß das Bewegungsvektorfeld - ähnlich wie ein Strömungsfeld - nahezu kontinuierlich sein muß, läßt sich durch Einführung eines endlichen "Meßfensters" Π und eines quadratischen Fehlerkriteriums das folgende Minimierungsproblem formulieren :

$$\mathbf{u}_{\mathrm{opt}} = [u,v]_{\mathrm{opt}} = \arg\min_{[u,v]} \iint_{\Pi} \left\| \frac{\partial x(r,s,t)}{\partial t} + u(r,s,t)\frac{\partial x(r,s,t)}{\partial r} + v(r,s,t)\frac{\partial x(r,s,t)}{\partial s} \right\|^2$$
$$+ c_1 \cdot \left\| \frac{\partial \mathbf{u}(r,s,t)}{\partial r} + \frac{\partial \mathbf{u}(r,s,t)}{\partial s} \right\|^2 + c_2 \cdot \left\| \frac{\partial \mathbf{u}(r,s,t)}{\partial t} \right\|^2 drds. \tag{6.9}$$

Die Konstanten c_1 und c_2 spielen darin die Rolle von zusätzlichen Gewichtungsfaktoren, durch die starke örtliche (c_1) oder zeitliche (c_2) Änderungen im Bewegungsvektorfeld als unwahrscheinliche Meßergebnisse bewertet werden [CHIN ET AL. 1993]. In (6.9) sind verschiedene Lösungsansätze enthalten, deren diskrete Formulierungen im folgenden diskutiert werden. Hierbei wird zunächst die Forderung nach Kontinuität des Bewegungsvektorfeldes noch nicht mittels der Parameter c_1 und c_2 berücksichtigt, sondern vielmehr konstante Bewegungsparameter über das Meßfenster Π angenommen.

Diskrete Formulierung. Für den Fall einer Abtastung und des daraus resultierenden Signals $x(m,n,o)$ mit diskreten, ganzzahligen Koordinaten $m=r/R$, $n=s/S$, $o=t/T$ gelten die folgenden Approximationen für die Gradienten :

$$\frac{\partial x}{\partial r} \approx \frac{1}{R}\left[x(m,n,o) - x(m-1,n,o) \right] = \frac{1}{R}x_r(m,n)$$

$$\frac{\partial x}{\partial s} \approx \frac{1}{S}\left[x(m,n,o) - x(m,n-1,o) \right] = \frac{1}{S}x_s(m,n) \tag{6.10}$$

$$\frac{\partial x}{\partial t} \approx \frac{1}{T}\left[x(m,n,o) - x(m,n,o-1) \right] = \frac{1}{T}x_t(m,n).$$

Mit den nach (2.26) auf Abtastintervalle normierten Bewegungsvektoren k und l ergibt sich die *diskrete* Formulierung der Kontinuitätsgleichung für einen Punkt $x(m,n,o)$, wobei die Bewegungsparameter nach wie vor *wertkontinuierlich* sind :

$$k(m,n) \cdot x_r(m,n) + l(m,n) \cdot x_s(m,n) + x_t(m,n) = 0. \tag{6.11}$$

Diese Gleichung ist wieder nur dann lösbar, wenn Differenzwerte an den Positionen von mindestens 2 Bildpunkten eingesetzt werden - aus den Werten eines einzelnen Bildpunktes lassen sich keine Bewegungsparameter bestimmen. Da in der Praxis, z.B. durch Kamerarauschen, jedoch immer Fehler bei der Bewegungsschätzung auftreten, sollten stets mehr als 2 Bildpunkte herangezogen werden. Mit einem P Bildpunkte der Koordinaten $(m_1,n_1) \equiv (1),...,(m_P,n_P) \equiv (P)$ umfassenden Referenzbereich, der in der Umgebung der Bildpunktposition liegt, an der der Bewegungsvektor zu bestimmen ist, ergibt sich aus (6.11) ein *überbestimmtes* Gleichungssystem Pter Ordnung zur Ermittlung der 2 Unbekannten, welches in Matrixschreibweise

$$\begin{bmatrix} x_r(1) & x_s(1) \\ x_r(2) & x_s(2) \\ \vdots & \vdots \\ \vdots & \vdots \\ x_r(P) & x_s(P) \end{bmatrix} \cdot \begin{bmatrix} k \\ l \end{bmatrix} = - \begin{bmatrix} x_t(1) \\ x_t(2) \\ \vdots \\ \vdots \\ x_t(P) \end{bmatrix} \quad ; \quad \mathbf{G} \cdot \mathbf{v} = \mathbf{g} \tag{6.12}$$

lautet. Die Lösung dieses least-squares-Problems ist gemäß (5.34)-(5.36)

$$\|e\|^2 = \|\mathbf{g} - \mathbf{G} \cdot \mathbf{v}\|^2 \overset{!}{=} \min, \tag{6.13}$$

woraus folgt

$$\mathbf{v} = \mathbf{G}^{-g} \cdot \mathbf{g} \quad ; \quad \mathbf{G}^{-g} = \left(\mathbf{G}^T \mathbf{G}\right)^{-1} \mathbf{G}^T. \tag{6.14}$$

Die Größe des Fehlers $\|e\|^2$ kann als Kriterium für die Genauigkeit der Bewegungsschätzung herangezogen werden. Allerdings muß beachtet werden, daß - insbesondere bei großen Bewegungen und gleichzeitig starken Änderungen der lokalen Bildhelligkeit - die Schätzung auf Grund der Vernachlässigung nichtlinearer Terme in (6.8) sehr ungenau ist. Das Ergebnis nach (6.14) kann daher zunächst weit von der optimalen Lösung abweichen. Eine Modifikation von (6.11)-(6.14) wird daher zur Verbesserung der Schätzung in *rekursiven* und *iterativen* Bewegungsschätzverfahren [NETRAVALI, ROBBINS 1979] verwendet.

Rekursive Schätzverfahren. Die im Vektor $\mathbf{g}$ enthaltene Bilddifferenz auf den absoluten Bildpositionen wird nun durch die mit einen Schätzvektor $\hat{\mathbf{v}} = [\hat{k}, \hat{l}]^T$ erzeugte, *verschobene Bilddifferenz* (VBD)

$$\mathbf{g}' = \begin{bmatrix} x_t{}'(1) \\ x_t{}'(2) \\ \vdots \\ \vdots \\ x_t{}'(P) \end{bmatrix} \quad ; \quad x_t{}'(m_p,n_p) = x(m_p,n_p,o) - x(m_p+\hat{k},n_p+\hat{l},o-1) \quad ; \quad p=1,..,P$$

$$(6.15)$$

ersetzt. Bei *pixel-rekursiven* Schätzverfahren kann der Schätzvektor $\hat{\mathbf{v}}$ aus den bereits gefundenen Bewegungsvektoren umliegender Bildpunkte in einer kausalen Umgebung der aktuellen Position (z.B. vom links davon liegenden Bildpunkt, aus einer Viertelebene oder asymmetrischen Halbebene) bestimmt werden, bei *frame-rekursiven* Verfahren geschieht dies aus dem bereits geschätzten Vektor an derselben Position des Vorgängerbildes. Die örtliche bzw. zeitliche Kontinuität des Bewegungsvektorfeldes sind hier also explizite Voraussetzungen für das Funktionieren der Schätzung. Es wird nun ein Updatevektor $\mathbf{u}$ bestimmt, um daraus den endgültigen Bewegungsvektor $\mathbf{v}$ zu berechnen :

$$\mathbf{u} = \mathbf{G}^{-g} \cdot \mathbf{g}' \quad ; \quad \mathbf{v} = \hat{\mathbf{v}} + \mathbf{u}. \tag{6.16}$$

Problematisch sind bei den rekursiven Verfahren plötzliche Sprünge im Bewegungsvektorfeld an Objektgrenzen und undefinierte Vektoren bei Okklusionen. Dem kann durch Adaption, Umschaltung bei der Auswahl der zur Schätzung verwendeten Positionen [EFSTRATIADIS, KATSAGGELOS 1993], und durch Einführung einer die Änderung des Bewegungsvektorfeldes gewichtenden Schätzung wie in (6.9), $c_1 \neq 0$ bei pixelrekursiven, $c_2 \neq 0$ bei framerekursiven Verfahren, entgegengewirkt werden. Eine Zuverlässigkeitsanalyse für rekursive Schätzverfahren wurde in [MOORHEAD, RAJALA, COOK 1987] vorgenommen.

Iterative Schätzverfahren. Bei *iterativen* Schätzverfahren ist $\hat{\mathbf{v}}$ der Ergebnisvektor $\mathbf{v}^{(r)} = [k^{(r)}, l^{(r)}]^T$ der $r$ten Schätzungsiteration. Nun wird ein um den Updatevektor $\mathbf{u}^{(r)}$ modifizierter Schätzwert

$$\mathbf{v}^{(r+1)} = \mathbf{v}^{(r)} + \mathbf{u}^{(r)} \tag{6.17}$$

berechnet, wofür ein Gradientenverfahren, das auf der Ableitung der mittleren quadratischen VBD $[\mathbf{g}']^T \cdot [\mathbf{g}']$ und einem positiven Konvergenzfaktor ε beruht, eingesetzt werden kann :

$$\mathbf{u}^{(r)} = -\frac{1}{2}\varepsilon \cdot \frac{\partial}{\partial \mathbf{v}^{(r)}}\left[\left[\mathbf{g}'\right]^T \cdot \left[\mathbf{g}'\right]\right]. \tag{6.18}$$

Abb. 6.7 stellt dar, wie das Verfahren zu einem Minimum konvergiert; die Anzahl notwendiger Iterationen ist von der Wahl des Faktors ε abhängig, der auch - wie bei der in (5.37)-(5.39) beschriebenen *"steepest descent"*-Methode - variabel an den Gradienten angepaßt werden kann.

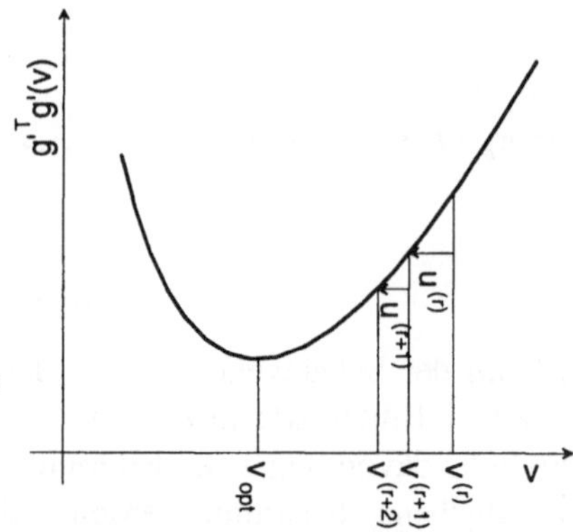

Abb. 6.7. Annäherung an das Minimum bei iterativer Bewegungsschätzung
nach [MUSMANN, PIRSCH, GRALLERT 1985]

Da die Schätzwerte der Bewegungsvektoren wertkontinuierlich sind, muß eine
örtliche Interpolation von Zwischenpixelwerten zur Berechnung von **g'** erfolgen.
Hierzu wird meist die Methode der *bilinearen Interpolation* (2.107) eingesetzt,
welche eine positionsgenaue (quasikontinuierliche) Zwischenwertbestimmung
erlaubt. Mit den auf ganzzahlige Werte abgerundeten Bewegungswerten $\tilde{k}^{(r)}$ und
$\tilde{l}^{(r)}$ ergibt sich nach Ableiten von (6.18) als diskrete Approximation des Update-
Vektors

$$
\mathbf{u}^{(r)} = \varepsilon \cdot \sqrt{\left[\mathbf{g}'\right]^T \cdot \left[\mathbf{g}'\right]} \cdot \left[\begin{array}{c} \dfrac{1}{P}\sum_{p=1}^{P} \dfrac{x(m_p+k^{(r)},n_p+l^{(r)},o-1)-x(m_p+\tilde{k}^{(r)},n_p+l^{(r)},o-1)}{k^{(r)}-\tilde{k}^{(r)}} \\[4mm] \dfrac{1}{P}\sum_{p=1}^{P} \dfrac{x(m_p+k^{(r)},n_p+l^{(r)},o-1)-x(m_p+k^{(r)},n_p+\tilde{l}^{(r)},o-1)}{l^{(r)}-\tilde{l}^{(r)}} \end{array} \right] ;
$$

$$(6.19)$$

in (2.107) ist hierbei zur Berechnung der Zwischenwerte $h=k^{(r)}-\tilde{k}^{(r)}$, $v=l^{(r)}-\tilde{l}^{(r)}$
einzusetzen. Zur iterativen Lösung ist die Bildung der Pseudoinversen nach
(6.16) nicht mehr erforderlich.

Iteratives Schätzverfahren mit "smoothness constraint". Wird als zusätzliche
Bedingung zur Lösung der optischen Flußgleichung die *Kontinuität des Bewe-*
gungsvektorfeldes gefordert, so ist gemäß (6.9) der Gradient der Bewegung zu
minimieren. Dies erfolgt durch Nullsetzen der zweiten Ableitung. Diese kann bei
diskreten Signalen durch den Laplace-Operator $\nabla^2\mathbf{u}=\kappa\cdot(\mathbf{u}-\overline{\mathbf{u}})$ approximiert werden, wobei $\overline{\mathbf{u}}$ die Mittelung der Geschwindigkeitsparameter in der Bildpunktum-
gebung darstellt. Nach [HORN, SCHUNCK 1981] ergibt sich folgender iterativer Lö-
sungsansatz zur Ermittlung der Verschiebung an der Position (m,n) :

$$
k^{(r+1)} = \overline{k}^{(r)} - x_r(m,n)\cdot\beta(m,n) \quad ; \quad l^{(r+1)} = \overline{l}^{(r)} - x_s(m,n)\cdot\beta(m,n) \tag{6.20}
$$

mit

$$\beta(m,n) = \frac{x_r(m,n)\cdot \bar{k}^{(r)} + x_s(m,n)\cdot \bar{l}^{(r)} + x_t{}'(m,n)}{c_1 + x_r(m,n)^2 + x_s(m,n)^2} \qquad (6.21)$$

Man beachte, daß nur noch die Gradientenapproximationen an der Bildpunktposition sowie die örtlichen Mittelwerte der Verschiebungsparameter aus der letzten Iteration das neue Ergebnis bestimmen. Der Parameter c_1 sollte in etwa gleich dem in der Gradientenapproximation $[x_r(m,n)^2 + x_s(m,n)^2]$ auftretenden Fehler sein, welcher durch Rauscheinflüsse verursacht wird. Eine Relevanz besitzt c_1 daher nur in Gebieten, in denen die örtliche Helligkeit nahezu konstant ist.

Bei iterativen Lösungsansätzen können die Gradientenalgorithmen in *lokalen Minima* steckenbleiben. Bei Anwendung auf Bewegungsschätzung mit rein translatorischer Bewegung ist zwar Konvergenz garantiert [MOORHEAD, RAJALA, COOK 1987], jedoch können sowohl bei periodischen Signalen, als auch bei komplexen nichttranslatorischen Bewegungsvorgängen Probleme auftreten. Schließlich blieb bisher unberücksichtigt, daß das Bewegungsvektorfeld an Okklusionspositionen undefiniert ist.

6.2.3 Matching-Verfahren

Die bisher beschriebenen Verfahren zur Bewegungsschätzung benutzen grundsätzlich die *Differenz* zwischen zwei Bildern als Maß für die Bewegungsschätzung. Zum Erkennen der exakten Bewegung ist dies so lange korrekt, wie sich die Helligkeit eines Objektes zwischen zwei Bildern nicht ändert. Diese Annahme ist jedoch nicht immer erfüllt, da zum einen Beleuchtungsänderungen auftreten können (Einschalten einer Lampe, Sonne kommt hinter Wolken hervor), zum anderen sich die Oberflächenreflexionen an bewegten Objekten verändern, oder ein Objekt in den Schatten eines anderen eintreten kann. Die in Abschn. 5.5 beschriebenen *Matching*-Methoden können ebenfalls zur Bewegungsschätzung verwendet werden [JAIN, JAIN 1981]. Findet die Bestimmung von Bewegungsparametern dabei für quadratische oder rechteckförmige Blöcke statt, spricht man auch von einer Bewegungsschätzung nach dem Prinzip des *block matching*.

Parameter von Matching-Verfahren. Die Arbeitsweise von Matching-Verfahren zur Bewegungsschätzung wird durch die im folgenden aufgeführten Parameter beeinflußt.

Ähnlichkeitskriterium. Das Kriterium, nach dem das Matching-Ergebnis optimiert wird, kann relativ beliebig festgelegt werden. Sinnvolle Kriterien sind die *absolute Bilddifferenz*, die *quadratische Bilddifferenz* (5.50), die *Kreuzkorrelation* (5.52) und *-kovarianz* (5.54). Die letzten beiden besitzen insbesondere Vorteile bei Beleuchtungsänderungen und bei der Bewertung von Merkmalsähnlichkeiten (z.B. Kantenstrukturen) anstelle von Bildpunkthelligkeiten. Während bei Verwendung von Differenzmaßen auf eine *Minimierung* der Differenz optimiert wird, muß sich bei der besten Übereinstimmung zweier Bilder ein *Maximalwert* der Kreuzkorrelation ergeben.

Referenzbereich. Dies ist der Bereich im *aktuellen Bild* $x(m,n,o)$, dessen Bildpunkte zur Berechnung des Ähnlichkeitskriteriums herangezogen werden. Wenn gemäß (5.46) rechteckförmige Blöcke der Größe $M_b{\cdot}N_b$ verwendet werden, spricht man von *Block-matching*-Verfahren. Die Größe des Referenzbereichs beeinflußt zum einen die *Zuverlässigkeit* der Bewegungsschätzung - bei zu kleinen Bereichen wirkt sich das Bildfensterproblem aus. Die Abstände benachbarter Referenzbereiche beeinflussen aber zusätzlich die *Auflösungsgenauigkeit* der Bewegungschätzung. Betrachten wir das Bewegungsvektorfeld als eine Art von abgetastetem Signal, so wäre die hierzu korrespondierende Größe die *Abtastrate*.

Suchbereich. Dies ist der Bereich im *Vorgängerbild* $x(m,n,o\text{-}1)$, innerhalb dessen nach der maximalen Ähnlichkeit mit dem Referenzbereich im Bild $x(m,n,o)$ gesucht wird. Bei Block-matching-Verfahren werden hierzu maximal zulässige Verschiebungen $k_{\max}$ und $l_{\max}$ festgelegt. Die Wahl der Größe des Suchbereichs ist stark von den Eigenschaften des Signals abhängig. Bei schnellen Bewegungen beeinflußt ein zu kleiner Suchbereich wieder die *Zuverlässigkeit* der Bewegungsschätzung. Die Größe des Suchbereichs korrespondiert zum *Aussteuerungsbereich* eines Quantisierers bei der Digitalisierung eines Signals.

Suchschrittweite. Es sind Schrittweiten k_s und l_s festzulegen, mit denen die Parameter k und l während der Suche inkrementiert werden. Hieraus ergibt sich das Suchraster von *Verschiebungspositionen*, an denen innerhalb des Suchbereiches ein Vergleich stattfindet. Im Gegensatz zu den aus der Kontinuitätsgleichung ermittelten wertkontinuierlichen Bewegungsparametern erhalten wir nunmehr *wertdiskrete* (aber nicht unbedingt ganzzahlige) Bewegungsvektoren, wobei die begrenzte Anzahl von Verschiebungspositionen wie folgt definiert ist :

$$\Pi = \left\{ [k,l]: -k_{\max} < k < k_{\max} ; -l_{\max} < l < l_{\max} ; k\,/\,k_s \in \mathbf{Z}; l\,/\,l_s \in \mathbf{Z} \right\}. \qquad (6.22)$$

Die Wahl der Suchschrittweite beeinflußt die *numerische Genauigkeit* der Bewegungsschätzung. Die korrespondierende Größe bei der Digitalisierung eines Signals wäre die *Quantisiererstufenhöhe*.

Arbeitsweise von Block-matching-Verfahren. Bei Verwendung von Differenzmaßen ergibt sich der optimale Bewegungsvektor $[k,l]_{\mathrm{opt}}$ im Block mit den Anfangskoordinaten (m_b,n_b) und der Größe $M_b{\times}N_b$ mit (5.46) und (5.50) als

$$[k,l]_{\mathrm{opt}} = \underset{[k,l]\in\Pi}{\arg\min} \sum_{m=m_b}^{m_b+M_b-1} \sum_{n=n_b}^{n_b+N_b-1} \left| x(m,n,o) - \hat{x}(m+k,n+l,o-1) \right|^p . \qquad (6.23)$$

Hierbei ist z.B. $p=1$ das *absolute* und $p=2$ das *quadratische Differenzmaß*. Die *reale Verschiebung* eines Objektes zwischen zwei abgetasteten Bildern einer Sequenz wird selten genau in Pixelschritten erfolgen. Gerade bei stark detaillierten Sequenzen und an Objektkanten ist es bei der Bewegungsschätzung notwendig, mit einer *Sub-pixel-Genauigkeit* ($k_s>1$, $l_s>1$) zu schätzen, da die Position einer Kante sich möglicherweise genau zwischen zwei Abtastwertpositionen verschoben hat. Daher ist es für die Bewegungsschätzung mit Block-matching-Verfahren und auch für die folgende Bewegungskompensation notwendig, im Vorgängerbild $x(m,n,o\text{-}1)$ *Zwischenpixelwerte* $\hat{x}$ durch *Interpolation* zu schätzen (vgl. Abschn. 2.5.2).

Bei der Verwendung des Korrelationskriteriums sollten *normierte Kreuzkorrelationskoeffizienten* gemäß (5.52) verwendet werden :

$$[k,l]_{opt} = \arg\max_{[k,l]\in\Pi} \frac{\displaystyle\sum_{m=m_b}^{m_b+M_b-1}\sum_{n=n_b}^{n_b+N_b-1} x(m,n,o)\cdot\hat{x}(m+k,n+l,o-1)}{\sqrt{\displaystyle\sum_{m=m_b}^{m_b+M_b-1}\sum_{n=n_b}^{n_b+N_b-1} x(m,n,o)^2 \cdot \sum_{m=m_b}^{m_b+M_b-1}\sum_{n=n_b}^{n_b+N_b-1} \hat{x}(m+k,n+l,o-1)^2}} . \quad (6.24)$$

Bei Verwendung *sehr großer* Suchbereiche (z.B. $k_{max}, l_{max} \cong 100$ pixel) läßt sich die Kreuzkorrelation am besten über eine schnelle Fouriertransformation (FFT) berechnen (Transformation beider Bilder, Multiplikation der Spektren, Rücktransformation). Allerdings ergeben sich bei der Anwendung von *Phasenkorrelationsverfahren* zur Bewegungsschätzung (vgl. Abschn. 5.5) häufig mehrere ähnlich signifikante Maxima in der Korrelationsfunktion. Unter diesen kann durch zusätzliche Anwendung eines anderen Matching-Kriteriums (z.B. des Differenzkriteriums) das beste Ergebnis ausgewählt werden.

Abb. 6.8a veranschaulicht nochmals die Begriffe Referenzbereich, Suchbereich und Suchschrittweite. Abb. 6.8b stellt dar, wie sich auf Grund der blockweise-unabhängigen Arbeitsweise *Überlappungen* der zu den einzelnen (nicht-überlappenden) Referenzbereichen gefundenen optimalen Blöcke im Vorgängerbild $x(m,n,o\text{-}1)$ ergeben können. Derartige Überlappungen weisen bei richtiger Schätzung der Bewegung auf das Vorhandensein gegenläufiger Objektbewegungen mit Okklusionseffekten oder auf nicht-translatorische Bewegungsvorgänge hin. Die Blöcke im aktuellen Bild $x(m,n,o)$ sind dagegen stets nicht-überlappend.

Komplexität der Schätzung. Durch die Parameterwahl bei Block-matching-Verfahren wird die Genauigkeit der Bewegungsschätzung beeinflußt. Je kleiner der *Referenzbereich* ist, desto genauer ist die Mikrostruktur der Bewegung erfaßbar. Bei einem zu kleinen Referenzbereich kann allerdings die Bewegung auf Grund des Bildfensterproblems (Abschn. 6.2.1) nicht mehr bestimmt werden. Erfaßt der Referenzbereich Bildpunkte eines einzigen translatorisch bewegten Objektes, sollte er so groß wie möglich gewählt werden, um Rauscheinflüsse gering zu halten. Der *Suchbereich* beeinflußt die maximal mögliche Bewegung, die noch analysiert werden kann. Bei zu klein gewähltem Suchbereich und großen Bewegungen ist kein plausibles Ergebnis erzielbar. Die *Suchschrittweite* beeinflußt die Positionsgenauigkeit der Schätzung. Soll eine möglichst exakte Deckung der beiden Bilder erzielt werden, darf die Schrittweite nicht zu groß sein.

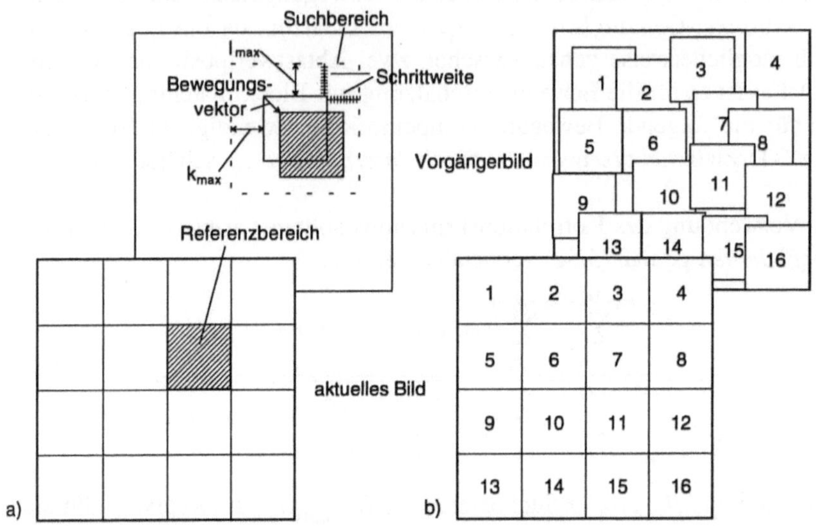

Abb. 6.8. Block-matching-Bewegungsschätzung. **a** Festlegung von Referenzbereich und Suchbereich **b** mögliche Überlappungen von Blöcken im Vorgängerbild

Bei einem Block-matching-Verfahren mit *voller Suche* (*full search, exhaustive search*) werden alle Suchpositionen verglichen. Das garantiert, daß die gefundenen Bewegungsparameter unter Berücksichtigung des vorgegebenen Suchkriteriums im gewählten Suchbereich optimal sind. Die Anzahl der Rechenoperationen wird hierbei nur durch die Größe des Suchbereiches und die Suchschrittweite, jedoch *nicht* durch die Größe des Referenzbereichs beeinflußt. Für jeden Bildpunkt sind bei pixelgenauer Suche $(2 \cdot k_{max}/k_s+1) \cdot (2 \cdot l_{max}/l_s+1)$ Rechenoperationen (Multiplikationen/Additionen bei Korrelations- oder quadratischem Fehlerkriterium, nur Additionen bei absolutem Fehlerkriterium) erforderlich. Wird z.B. $k_{max}=l_{max}=15$ und $k_s=l_s=1$ gewählt, entsteht bei Absuchen aller möglichen Positionen ein Aufwand von $31 \cdot 31 = 961$ Operationen je Abtastwert. Bei Halbpixel-Suchschrittweite ($k_s=l_s=0{,}5$) wird der Aufwand vervierfacht. Der geringste Rechenaufwand ergibt sich bei Verwendung des *absoluten Differenzmaßes* (*MAD, minimum absolute difference*), jedoch sind nur das quadratische Differenzmaß und das Korrelationsmaß optimal im Sinne einer *Minimierung der Differenzenergie*, wie sie z.B. in Anwendungen mit bewegungskompensierter Prädiktion gewünscht ist.

Mit den im folgenden beschriebenen *schnellen Suchalgorithmen* ist das Erreichen des im Suchbereich möglichen Optimums nicht unbedingt garantiert.

Unterabtastung des Referenzbereichs während der Suche. Werden die Summierungskoordinaten m und n in (6.23) und (6.24) mit Schrittweiten $m_s>1$ bzw. $n_s>1$ durchlaufen (Abb. 6.9), ergibt sich eine Reduktion des Rechenaufwandes um den Faktor $m_s\cdot n_s$. Allerdings wird die Schätzung sensibler gegenüber Rauscheinflüssen sein und kann bei zu wenigen Referenzpunkten als unzuverlässig gelten. Insbesondere bei hohem Detailgehalt wirkt sich negativ aus, daß hier Unterabtastungen der Bildsignale ohne vorherige Filterung zur Aliasunterdrückung vorgenommen werden.

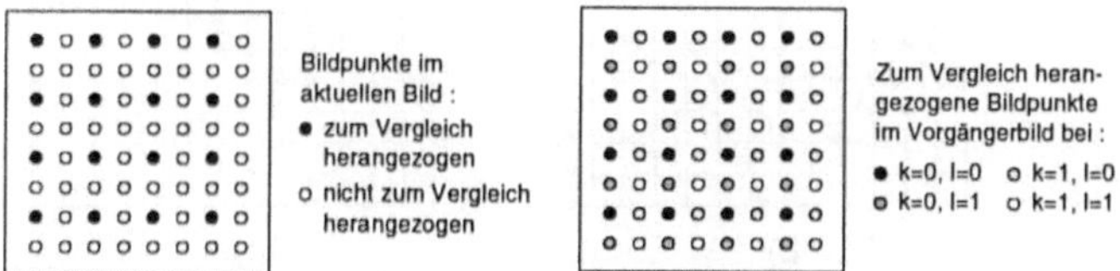

Abb. 6.9. Unterabtastung des Referenzbereiches, $m_s=n_s=2$

Verringerung der Anzahl von Suchpositionen. Die Arbeitsweise zweier schneller Suchalgorithmen, die mit einer Unterabtastung der Suchpositionen arbeiten, ist in Abb. 6.10a/b dargestellt. Die Suche erfolgt in *mehreren Schritten*, wobei in jedem Einzelschritt nur wenige Positionen abgesucht werden, und das beste Ergebnis des vorhergehenden Schrittes jeweils die Ausgangsposition des folgenden darstellt. Dahinter steht ein ähnlicher Ansatz wie bei den iterativen Schätzverfahren, bei denen die weitere Optimierung ausgehend von einem vorher gefundenen Zwischenergebnis erfolgt. Da die ersten Schritte mit großen Suchschrittweiten erfolgen, ist es sinnvoll, die verglichenen Bildbereiche zur Aliasunterdrückung tieffrequent zu filtern, wobei eine weitere Reduktion der Suchkomplexität (auf Kosten der Zuverlässigkeit) sogar noch durch Unterabtastung ereicht werden kann. In Abb. 6.10a/b sind die jeweils möglichen Suchpositionen als schwarze Punkte gekennzeichnet. Die daneben stehenden Zahlen bezeichnen den Suchschritt, das gefundene Optimum jedes Suchschrittes ist eingekreist. Der schließlich gefundene Bewegungsvektor liegt bei $k=-5$, $l=2$:

Mehrschrittsuche. Bei der in Abb. 6.10a dargestellten Mehrschrittsuche werden in jedem Einzelschritt 9 Positionen abgesucht, und die *Suchschrittweite* wird sukzessive verringert. Im gezeigten Beispiel gibt es 3 Einzelschritte mit $k_s=l_s=3;2;1$. Es werden hier nur $9\cdot3=27$ Suchoperationen je Abtastwert benötigt. Der maximal mögliche Suchbereich ist 6 pixel je Richtung, so daß bei einer vollen Suche $13\cdot13=169$ Suchoperationen nötig wären.

Logarithmische Suche. Bei diesem in Abb. 6.10b gezeigten Verfahren werden im ersten Schritt 5 Positionen verglichen, das gefundene Optimum wird anschließend jeweils mit den 3 Positionen verglichen, die *in der Richtung des gefundenen Bewegungsvektors*, sowie rechts und links davon liegen. Zunächst erfolgt die Suche mit $k_s=l_s=2$. In einem letzten Schritt wird schließlich auf $k_s=l_s=1$ umgeschaltet, und alle 9 umliegenden Positionen verglichen. Der letzte Schritt ist erreicht, wenn entweder die optimale Position sich nicht verändert hat oder der Rand des Suchbereiches erreicht wurde. Im gezeigten Beispiel sind 4 Schritte mit $5+2\cdot4+9=22$ Suchoperationen erforderlich.

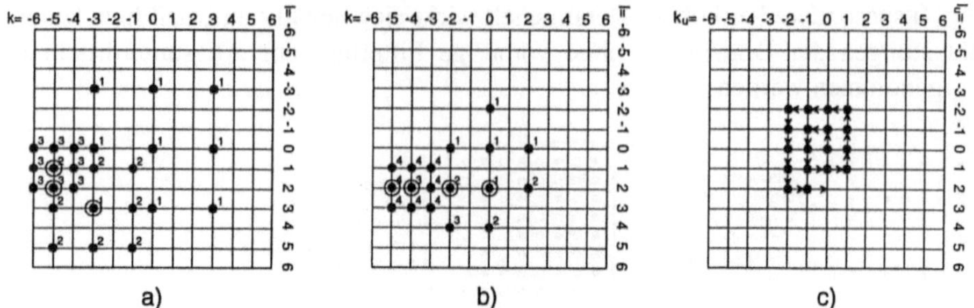

Abb. 6.10. Schnelle Bewegungsschätzverfahren.
a 3-schrittige Suche **b** logarithmische Suche **c** Spiralsuche

Die beiden beschriebenen Algorithmen setzen (ähnlich wie rekursive Schätzverfahren) voraus, daß der Gradient des Bewegungsvektorfeldes sein Vorzeichen nicht wechselt, daß sich also die bewegungskompensierte Differenz zwischen zwei Bildern kontinuierlich mit der Annäherung an das Optimum verringern läßt. Auch hier liegt eine Gefahr darin, bezüglich des Fehlerkriteriums während eines frühen Schrittes in einem *lokalen Optimum* steckenzubleiben, aus dem sich die Algorithmen nie wieder fortbewegen können. Dies wird beispielsweise bei Vorhandensein von periodischen Strukturen und Rauschstörungen vorkommen.

Spiralsuche. Eine Alternative zur beschleunigten Suche von Bewegungsparametern stellt die in Abb. 6.10c gezeigte *Spiralsuche* dar. Bei dieser Methode wird explizit die Korrelation im Bewegungsvektorfeld ausgenutzt, d.h. der Suchaufwand bliebt gering, sofern nur geringe Änderungen von Block zu Block zu beobachten sind, während er sich bei starken Änderungen der Bewegung nicht vom Aufwand bei voller Suche unterscheidet. Als Schätz- oder Anfangswerte $[\hat{k},\hat{l}]$ für die zu suchenden Bewegungsparameter können z.B. die ermittelten Parameter aus den links und über dem aktuellen Block liegenden Blöcken herangezogen werden. Gesucht wird ein Updatevektor $[k',l']$, der zum Schätzwert zu addieren ist; da der Updatevektor mit großer Wahrscheinlichkeit (bei Kontinuität des Bewegungsvektorfeldes) nahe bei Null liegt, wird dort mit der Suche begonnen, und sukzessive zu größeren Abständen übergegangen. Die Suche wird abgebrochen, wenn das vorgegebene Fehlerkriterium *einen Schwellwert unterschreitet.* Der endgültige Bewegungsvektor für den Block ergibt sich als $[\hat{k}+k',\hat{l}+l']$.

Erzeugung kontinuierlicher Bewegungsvektorfelder. Aus der Modellbildung in Abschn. 4.3.2 ging hervor, daß das Bewegungsvektorfeld im Objektinnern kontinuierlich ist. Bei den bisher beschriebenen Block-matching-Verfahren werden allerdings aneinander grenzende Blöcke *unabhängig voneinander* betrachtet. Dies führt zu *Diskontinuitäten*, d.h. zu Sprüngen des geschätzten Bewegungsvektorfeldes an den Blockgrenzen. Eine sehr einfache Methode zur Eliminierung einzelner, von ihrer Umgebung abweichender Block-Bewegungsparameter ist die Anwendung einer *Medianfilterung* auf das Schätzergebnis [GILGE, GUSE, SCHNEIDER 1989]. Da die Korrektur ohne Rücksicht auf das Optimierungskriterium erfolgt, können sich dabei Fehlinterpretationen der Bewegung ergeben. Sinnvoller ist es daher, bereits während der Schätzung Methoden zu verwenden, die so weit wie möglich ein *kontinuierliches Bewegungsvektorfeld* erzeugen.

Hierarchische Schätzverfahren. Als Methode zur hierarchischen Signalrepräsentation wurde bereits in Abschn. 2.5.4 das Verfahren der Pyramidenzerlegung eingeführt. Hierbei erhöht sich die Auflösungsgenauigkeit des Signals von Stufe zu Stufe. Der Begriff *hierarchische Bewegungsschätzung* wird teilweise auch auf die oben beschriebenen mehrschrittigen Methoden zur schnellen Schätzung angewandt, bei denen die Größe des Suchbereiches und die Suchgenauigkeit in mehreren Stufen variiert werden. Wir wollen hier aber nur solche Schätzverfahren als im wirklichen Sinne hierarchisch bezeichnen, bei denen sich auch die Größe des *Referenzbereichs*, also die *Auflösungsgenauigkeit* des Bewegungsvektorfeldes, während des Schätzvorganges verändert. Durch gleichzeitige Verkleinerung von Referenz- und Suchbereich wird während einer mehrstufigen Schätzung bewirkt, daß sich die Endergebnisse benachbarter Referenzbereiche nicht signifikant unterscheiden werden.

Bei einem hierarchischen Block-matching-Verfahren überlappen sich die Referenzbereiche nebeneinander liegender Blöcke in den ersten Suchstufen. So könnte z.B. in einer ersten Stufe die Größe des Referenzbereiches mit 64x64 pixel, die des Suchbereiches mit ±9 pixel je Richtung gewählt werden; in einer zweiten, ausgehend vom optimalen Vektor der ersten Stufe, Referenzbereich 32x32 pixel, Suchbereich ±4 pixel; in einer dritten Stufe folgt ein der Blockgröße entsprechender Referenzbereich von 16x16 pixel und ein Suchbereich von ±2 pixel. Die maximal mögliche Verschiebung wird damit ±15 pixel. Abb. 6.11a stellt die Funktionsweise dar. Hierbei können die Berechnungen der Fehlerkriterien für die Referenzbereiche in den *ersten Stufen* jeweils in mehreren benachbarten Blöcken verwendet werden. Dadurch ergibt sich zwar ein etwas höherer Speicheraufwand für Zwischenergebnisse, aber von der Anzahl der Rechenoperationen her kein höherer Aufwand als bei einem herkömmlichem block matching. Die Kombination mit schnellen Schätzverfahren ist ebenfalls möglich [BIERLING 1988].

Darüber hinaus können aber auch die *Suchschrittweite* und die *Auflösungsgenauigkeit des Bildsignals* während der hierarchischen Suche proportional variiert werden. Für letzteres bietet sich die Verwendung der Gauß-Pyramidenrepräsentation (vgl. Abschn. 2.5.4) an. Die Schätzung beginnt an der Pyramidenspitze, d.h. bei der geringsten Auflösung. Da sich die Anzahl der Bildpunkte mit jeder Pyramidenebene vervierfacht, kann das Schätzergebnis eines Referenzbereichs jeweils als Ausgangspunkt für 4 Referenzbereiche derselben Größe in der nächst-tieferen Ebene verwendet werden, jedoch sind die gefundenen k- und l-Verschiebungen jeweils mit dem Faktor 2 zu skalieren (Abb. 6.11b). Diese Methode kann allerdings bei blockseparater Schätzung in den ersten Stufen und starker Begrenzung der Suchbereiche in den letzten Stufen Bewegungsvektorfelder erzeugen, die zu stark an den Resultaten der ersten Stufen orientiert sind.

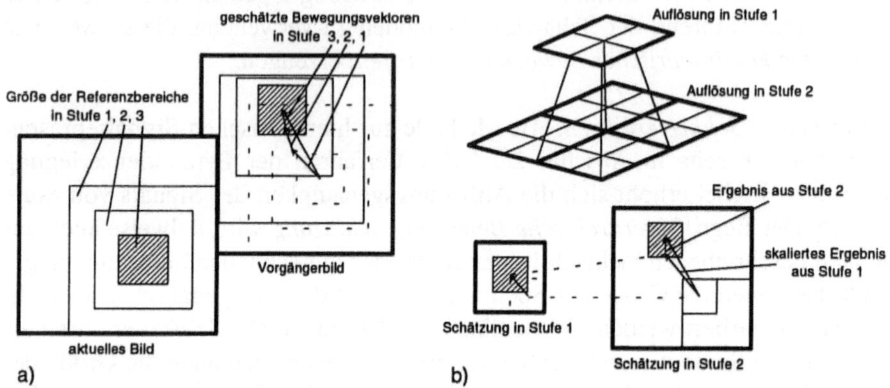

Abb. 6.11. Hierarchische Bewegungsschätzung
a mit variablen Referenz- und Suchbereichen **b** mit variabler Bildauflösung

Bedingte Schätzung. In Analogie zur *smoothness constraint* in den Verfahren des optischen Flusses kann auch beim block matching ein Bezug zu den Schätzergebnissen benachbarter Blöcke hergestellt werden [XIE ET AL. 1993]. Das anzuwendende Optimierungskriterium für den Block mit den Anfangskoordinaten (m_b, n_b) lautet

$$
[k,l]_{opt}^{(m',n')} = \underset{[k,l]\in\Pi}{\arg\min}\left[\frac{1}{M_b \cdot N_b}\sum_{m=m_b}^{m_b+M_b-1}\sum_{n=n_b}^{n_b+N_b-1}\left|x(m,n,o)-\hat{x}(m+k,n+l,o-1)\right|^p\right.
$$

$$
\left.+\frac{c_1}{|\mathfrak{n}_c|}\left(\sum_{(i,j)\in\mathfrak{n}_c(m',n')}\left|k-\hat{k}(i,j)\right|^p+\left|l-\hat{l}(i,j)\right|^p\right)\right],
$$

$$(6.25)$$

wobei (m',n') der Blockindex des aktuellen Referenzbereiches mit $m'=m_b/M_b$, $n'=n_b/N_b$ ist, und $\mathfrak{n}_c(i,j)$ ein hierzu gehöriges Nachbarschaftssystem mit $|\mathfrak{n}_c|$ Elementen beschreibt. Der Parameter c_1 gewichtet wiederum die Glattheitsanforderung an das ermittelte Bewegungsparameterfeld. Ist das Nachbarschaftssystem *kausal*, d.h. enthält es nur solche Blöcke, für die bereits Bewegungsparameter geschätzt wurden, so ergibt sich nur ein geringfügig höherer Realisierungsaufwand als bei dem herkömmlichen Verfahren nach (6.23). In einem solchen Fall könnten die Nachbarn z.B. die links, links-oberhalb, oberhalb und rechts-oberhalb liegenden Blöcke sein. Problematisch ist dagegen die Festlegung der Nachbarschafts-Bewegungsparameter $\hat{k}$ und $\hat{l}$ bei Verwendung nicht-kausaler Nachbarschaftssysteme wie in (4.14), da die Bewegungsvektoren mancher Nachbarn nicht nur unbekannt sind, sondern die Schätzung für den aktuellen Block auch noch die Ergebnisse aller anderen Nachbarn beeinflussen müßte. Eine Lösungsmöglichkeit ist wiederum die iterative Berechnung, wobei in einem ersten Schritt blockunabhängige Parameter $\hat{k}$ und $\hat{l}$ für alle Blöcke des Bildes geschätzt werden müssen, die dann in einer folgenden Iteration in die bedingte Optimierung einbezogen werden. Aus diesem Grund wird das Verfahren in [XIE ET AL. 1993] auch als Optimierung *a posteriori* bezeichnet. An Objektgrenzen ist das Bewegungsvektorfeld *natürlicherweise unstetig* und damit *diskontinuierlich*. Jedoch wird bei Auftreten neuen Bildinhalts auch die verschobene Bilddifferenz, der erste Term in (6.25), einen höheren Wert annehmen. In diesem Fall wird also automatisch weniger Gewicht auf ein kontinuierliches Bewegungsvektorfeld gelegt.

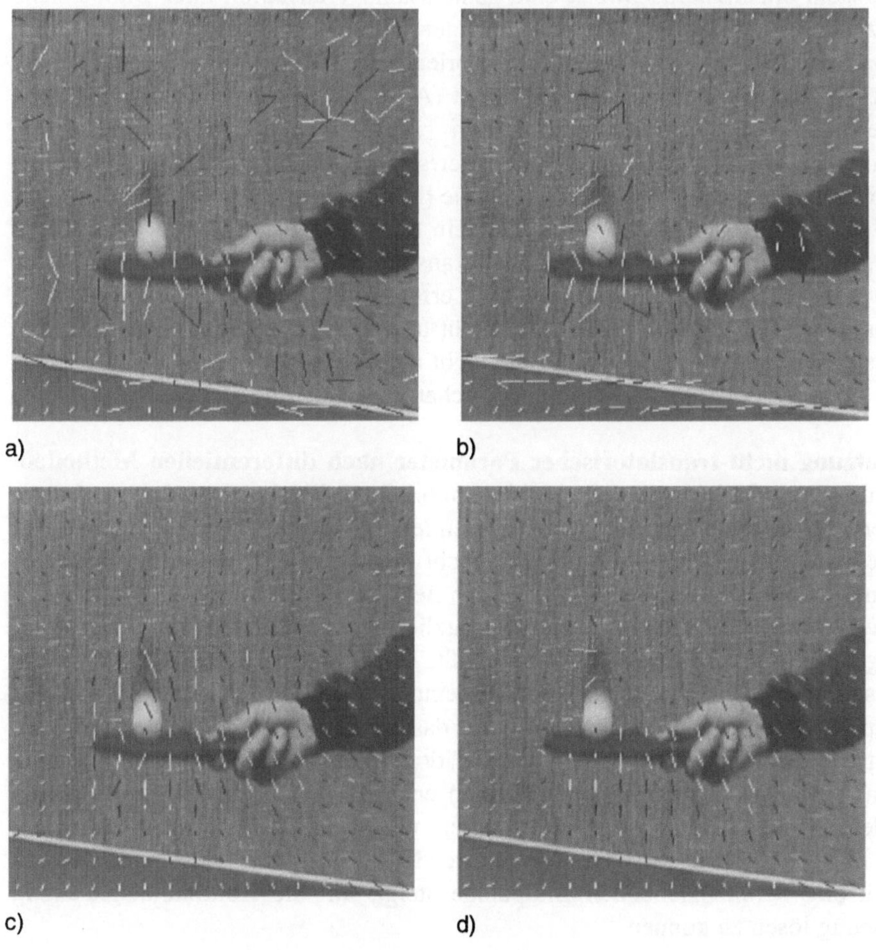

a)   b)
c)   d)

Abb. 6.12. Bewegungsfektorfelder bei block matching **a** mit voller Suche
b mit mehrschrittiger Suche **c** mit hierarchischer Suche **d** mit bedingter Schätzung

Abb. 6.12 stellt Bewegungsvektorfelder dar, welche mit einigen der beschriebenen Verfahren geschätzt wurden. Allerdings sind so extreme Fehlschätzungen wie in Abb. 6.12 a/b auch bei blockseparaten Methoden nur selten zu beobachten.

6.2.4 Schätzung globaler und nicht-translatorischer Bewegungsparameter

Bei der bewegungskompensierten Bildcodierung soll eine möglichst gute Repräsentation der *echten* Bewegung mit *möglichst wenigen* Parametern erreicht werden. Ein Extremfall in dieser Hinsicht sind *globale Bewegungen*, wie sie durch Schwenk oder Zoom der Kamera bewirkt werden. Die Ermittlung *globaler Bewegungsparameter* kann im einfachsten Fall über eine Auswertung des Verhaltens der lokalen (z.B. blockweise ermittelten) Translationsparameter erfolgen. So verursacht ein *Kameraschwenk* eine gemeinsame Translation aller Bildbereiche (Anzeichen : lokale Translationsparameter sind nahezu ortsunabhängig); ein *Zoom* verursacht eine auf die Bildmitte orientierte Translation, deren Stärke mit dem Abstand von der Bildmitte zunimmt (Anzeichen : lokale Translationsparameter sind abhängig von der Position relativ zur Bildmitte). Eine Histogrammauswertung zeigt daher bei Vorherrschen globaler Kamerabewegung signifikante Spitzen in der Verteilungsdichte [HÖTTER 1989].

Während der Kameraschwenk (Pan) rein translatorisch ist, ist der Zoom über das gesamte Bild betrachtet eine nicht-translatorische Bewegung, da eine Größenveränderung (Dilatation) des Inhaltes erfolgt. Wenn Mischformen von globaler und lokaler, translatorischer und nicht-translatorischer Bewegung auftreten, ist es daher sinnvoller, Pan und Zoom nicht auf Grund der lokalen Analyse, sondern über das gesamte Bild simultan zu schätzen [ADOLPH, BUSCHMANN 1991].

Schätzung nicht-translatorischer Parameter nach differentiellen Methoden. Die diskreten Gleichungen, die in Abschn. 6.2.2 zur Bestimmung der translatorischen Bewegungsparameter nach differentiellen Methoden hergeleitet wurden, lassen sich ohne weiteres auf den Fall nicht-translatorischer Parameter verallgemeinern. Dies soll hier am Beispiel einer Bewegungsschätzung mit einem 4-Parameter-Modell geschehen, welches zusätzlich zur *Translation* noch die Bewegungsarten *Rotation* und *Dilatation* zuläßt. Prinzipiell ist es möglich, auf diese Weise Parameter für jedes beliebige Bewegungsmodell zu schätzen (z.B. für das perspektivische Modell nach (4.22) oder das parabolische Modell nach (4.23)); auch die Schätzung der Parameter für dreidimensional-räumliche Bewegung kann nahezu nach dem gleichen Prinzip erfolgen, wenn die Projektion in die Bildebene in die Berechnung einkalkuliert wird. Jedoch muß beachtet werden, daß mit der Anzahl der Parameter notwendigerweise auch die Anzahl der zur Schätzung heranzuziehenden Bildpunkte steigt, um die Kontinuitätsgleichung eindeutig lösen zu können.

Dilatation. Eine Dilatation läßt sich durch den Dehnungsfaktor Θ und die Koordinate des Dilatationszentrums (r_D, s_D) beschreiben. Die Koordinate (r,s) im ersten Bild verschiebt sich im zweiten Bild nach (r',s') (vgl. Abb. 6.13a) :

$$r' = \Theta \cdot (r - r_D) + r_D \quad ; \quad s' = \Theta \cdot (s - s_D) + s_D. \tag{6.26}$$

Speziell für den Fall des *Zoom* ist (r_D, s_D) die Bildmitte, und $\Theta = F_2/F_1$ ergibt sich aus der Änderung der Brennweite (sh. Abb. 2.1); die Brennweite während der Aufnahme des ersten Bildes sei F_1, die beim zweiten F_2.

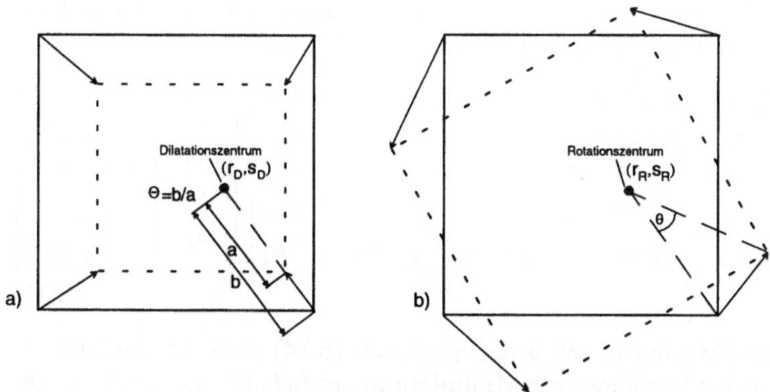

Abb. 6.13. Beispiele nicht-translatorischer Bewegung. **a** Dilatation **b** Rotation

Rotation. Wenn von einem Bild zum nächsten eine Rotation senkrecht zur Bildebene um die Achse (r_R, s_R) mit dem Rotationswinkel θ erfolgt, so wird die Koordinate (r,s) nach (r',s') verschoben (Abb. 6.13b) :

$$r' = \cos\theta(r - r_R) - \sin\theta(s - s_R) + r_R \quad ; \quad s' = \sin\theta(r - r_R) + \cos\theta(s - s_R) + s_R \tag{6.27}$$

Da reale Bewegungen meist nur als eine *Mischform* verschiedener Bewegungsarten modellierbar sind, wobei nicht a priori bekannt ist, welcher Parameter den größten Anteil besitzen wird, muß die Schätzung der verschiedenen Parameter *simultan* erfolgen. Im Fall rein translatorischer Bewegung galt $r'=r+r_T$, $s'=s+s_T$, es bestand also keine wechselseitige Abhängigkeit zwischen r und s ($r_T = u \cdot T = k \cdot R$ und $s_T = v \cdot T = l \cdot S$ sind die Translationsparameter bezogen auf die *ortskontinuierlichen*, aber *zeitdiskreten* Koordinaten). Werden bei der affinen Transfomation (4.20) Rotation und Dilatation als Parameter zusätzlich zur Translation zugelassen, erhalten wir durch Einsetzen von (6.26) und (6.27) :

$$
\begin{aligned}
r' &= \Theta \cdot \cos\theta \cdot r - \Theta \cdot \sin\theta \cdot s - \Theta \cdot (\cos\theta - 1) \cdot r_R + \Theta \cdot \sin\theta \cdot s_R - (\Theta - 1) \cdot r_D + r_T \\
s' &= \Theta \cdot \sin\theta \cdot r + \Theta \cdot \cos\theta \cdot s - \Theta \cdot \sin\theta \cdot r_R - \Theta \cdot (\cos\theta - 1) \cdot s_R - (\Theta - 1) \cdot s_D + s_T
\end{aligned} \tag{6.28}
$$

Dies führt auf ein Bewegungsmodell mit nur noch 4 Parametern :

$$r' = a_1 \cdot r - a_2 \cdot s + a_3$$
$$s' = a_2 \cdot r + a_1 \cdot s + a_4 \tag{6.29}$$

mit

$$a_1 = \Theta \cdot \cos\theta \quad ; \quad a_3 = -\Theta \cdot (\cos\theta - 1) \cdot r_R + \Theta \cdot \sin\theta \cdot s_R - (\Theta - 1) \cdot r_D + r_T$$
$$a_2 = \Theta \cdot \sin\theta \quad ; \quad a_4 = -\Theta \cdot \sin\theta \cdot r_R - \Theta \cdot (\cos\theta - 1) \cdot s_R - (\Theta - 1) \cdot s_D + s_T . \tag{6.30}$$

Die Parameter a_3 und a_4 enthalten damit sowohl die Information über die Dilatations- und Rotationszentren, als auch über die translatorische Verschiebung. Wir erhalten wieder die Lösung eines überbestimmten Gleichungssystems $\mathbf{G} \cdot \mathbf{a} = \mathbf{g}$ aus den Daten von P Bildpunkten (in diesem Fall muß $P \geq 4$ sein)

$$\begin{bmatrix} x_r(1) \cdot r_1 + x_s(1) \cdot s_1 & x_s(1) \cdot r_1 - x_r(1) \cdot s_1 & x_r(1) & x_s(1) \\ x_r(2) \cdot r_2 + x_s(2) \cdot s_2 & x_s(2) \cdot r_2 - x_r(2) \cdot s_2 & x_r(2) & x_s(2) \\ \vdots & \vdots & \vdots & \vdots \\ \vdots & \vdots & \vdots & \vdots \\ x_r(P) \cdot r_P + x_s(P) \cdot s_P & x_s(P) \cdot r_P - x_r(P) \cdot s_P & x_r(P) & x_s(P) \end{bmatrix} \cdot \begin{bmatrix} a_1 - 1 \\ a_2 \\ a_3 \\ a_4 \end{bmatrix} = - \begin{bmatrix} x_t(1) \\ x_t(2) \\ \vdots \\ \vdots \\ x_t(P) \end{bmatrix} \tag{6.31}$$

durch Bildung der Pseudoinversen $\mathbf{a} = \mathbf{G}^{-g} \cdot \mathbf{g}$ gemäß (6.14). Die Anwendung rekursiver oder iterativer Verfahren zur Minimierung des Schätzfehlers, wie in Abschn. 6.2.2 beschrieben, ist auch hier sinnvoll und notwendig.

Block matching mit nicht-translatorischen Parametern. Block-matching-Verfahren sind vom Prinzip her ebenfalls mit nicht-translatorischen Parametern anwendbar. Jedoch ist zu bedenken, daß die einzelnen Parameter, z.B. der affinen Transformation, nicht voneinander unabhängig sind, so daß sich das Optimum *eines* Parameters bei der Block-matching-Suche verschiebt, wenn ein *anderer* Parameter variiert wird. Andererseits ist eine *simultane Schätzung* auf Grund des immensen Rechenaufwandes praktisch unrealisierbar (Beispiel : Werden für jeden Parameter der affinen Transformation nur 20 verschiedene *diskrete* Positionen zugelassen, so sind bei einer vollen Suche $20^6 = 64.000.000$ verschiedene Transformationen für einen Block zu vergleichen. Die Notwendigkeit, bei der Verwendung nicht-translatorischer Parameter Zwischenpixelwerte zu verwenden, erhöht diesen Aufwand noch zusätzlich. Es sind daher wieder nur *iterative Lösungen* anwendbar, bei denen die Parameter sukzessive optimiert werden. Um eine schnelle Konvergenz zu erzielen, und zu verhindern, daß der Optimierungsalgorithmus während der Iterationen in einem lokalen Optimum des Suchkriteriums steckenbleibt, sollte der *gegenseitige Einfluß* der Parameter möglichst gering sein. Einen sinnvollen Kompromiß in dieser Hinsicht stellt die im folgenden beschriebene Methode dar.

Separate Bewegungsparameter für die Blockecken. Die bisher beschriebene translatorische Bewegungsanalyse sucht immer nach einem *unverzerrten* und *nicht gedrehten* Äquivalent des Referenzbereiches im Vorgängerbild, alle Punkte und Ecken im Block bewegen sich in dieselbe Richtung. Lassen wir hingegen eine *separate* translatorische Bewegung der Blockecken zu (Abb. 6.14a), so erhalten wir für den Block 8 unabhängige Bewegungsparameter, welche alle Verformungen der perspektivischen Verzerrung (4.22) erlauben. Da diese geometrischen Verzerrungen linear sind, können die lokalen Werte des Bewegungsvektorfeldes im Blockinneren durch *bilineare Interpolation* (2.107), ausgehend von den Blockecken, berechnet werden (Abb. 6.14b). Die optimalen Verschiebungsparameter für die einzelnen Ecken können *nacheinander* ermittelt werden, jedoch sollten mindestens 2 Iterationen über alle Ecken erfolgen, da sich die einzelnen Optimalwerte gegenseitig beeinflussen (Abb. 6.14c). *Überlappungen* der verformten Blöcke im Vorgängerbild können nach wie vor auftreten (Abb. 6.14d).

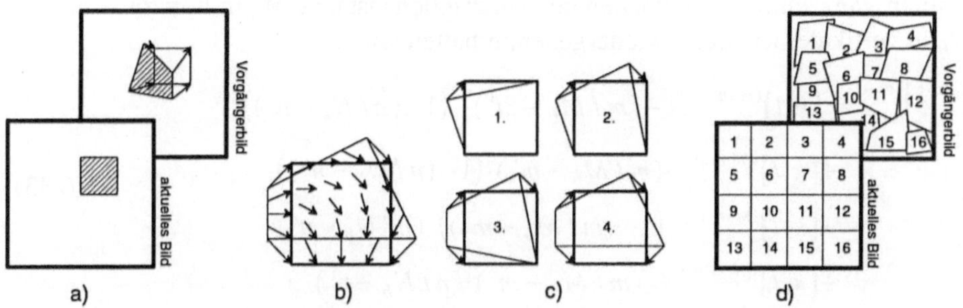

Abb. 6.14. a Separate Blockecken-Verschiebung **b** Interpolation des Bewegungsvektorfeldes im Blockinnern **c** iterative Optimierung **d** Überlappung aneinander grenzender Blöcke

Interpolative Bewegungsbeschreibung. Bei der vorstehend beschriebenen Methode zur separaten Blockeckenverschiebung wird das Bewegungsvektorfeld durch *Stützstellen* beschrieben, zwischen denen die Werte an den übrigen Positionen interpoliert werden. Unnatürlich an diesem Blockecken-Ansatz ist, daß jeweils 4 Stützstellen aneinander grenzender Referenzblöcke an *exakt denselben Positionen* liegen, ihnen jedoch die Freiheit eingeräumt wird, sich im korrespondierenden Bild *unabhängig* voneinander zu verschieben. Hierdurch entstehen auch die oben erwähnten Überlappungen der zu den Referenzbereichen ähnlichsten Bereiche im Vorgängerbild. Werden die 4 ohnehin übereinander liegenden Stützstellen aneinander gekoppelt, entstehen gleichzeitig 2 Vorteile : Die *Anzahl* der Bewegungsparameter wird um den Faktor 4 *reduziert*, und es können *keine Überlappungen* mehr auftreten.

Da die Werte des Bewegungsvektorfeldes an den Positionen zwischen den Stützstellen interpoliert werden, sprechen wir von einer *interpolativen Bewegungsbeschreibung*. In der englischsprachigen Literatur findet auch die Bezeichnungen *control grid interpolation* (CGI) [SULLIVAN, BAKER 1991] oder *quadrangle based motion compensation* (QBMC) Anwendung. Das herkömmliche Blockmatching-Prinzip kann als Sonderfall dieser Methode interpretiert werden, in dem zur Interpolation das Halteglied nullter Ordnung aus (2.105) verwendet wird.

Optimierung der Bewegungsparameter. Im einfachsten Fall wird zur Berechnung der Bewegungsvektoren die bilineare Interpolation (2.107) in einem rechteckförmigen Stützstellenraster verwendet, die pro Bildpunkt jeweils einmal für die beiden translatorischen Verschiebungsparameter $k(m,n)$ und $l(m,n)$ durchzuführen ist. Mit den unterabgetasteten Bewegungsparametern $k(m',n')$ und $l(m',n')$, die die exakte Bewegung an den Positionen

$$(m_b, n_b) = \left\{ (m,n): m' = \frac{m}{M_b} \in \mathbf{Z}; n' = \frac{n}{N_b} \in \mathbf{Z} \right\}, \tag{6.32}$$

also an ganzzahligen Vielfachen der Stützstellenabstände M_b in horizontaler und N_b in vertikaler Richtung wiedergeben, erhalten wir

$$\begin{aligned}
\left[\hat{k}, \hat{l}\right]^{(m,n)} &= [k,l]^{(m',n')} \cdot \left(1-(m/M_b - m')\right) \cdot \left(1-(n/N_b - n')\right) \\
&+ [k,l]^{(m'+1,n')} \cdot (m/M_b - m') \cdot \left(1-(n/N_b - n')\right) \\
&+ [k,l]^{(m',n'+1)} \cdot \left(1-(m/M_b - m')\right) \cdot (n/N_b - n') \\
&+ [k,l]^{(m'+1,n'+1)} \cdot (m/M_b - m') \cdot (n/N_b - n')
\end{aligned} \tag{6.33}$$

mit $m' \cdot M_b \le m \le (m'+1) \cdot M_b$ und $n' \cdot N_b \le n \le (n'+1) \cdot N_b$. Die Optimierung des Parameters an der Position (m',n') mit einem Matching-Kriterium führt auf

$$\begin{aligned}
[k,l]_{opt}^{(m',n')} = \arg\min_{[k,l] \in \Pi} \sum_{m_a = m_b - M_b + 1}^{m_b + M_b - 2} \sum_{n_a = n_b - N_b - 1}^{n_b + N_b - 2} &\Big| x(m_a, n_a, o) \\
&- \hat{x}(m_a + \hat{k}_{(m_a, n_a)}, n_a + \hat{l}_{(m_a, n_a)}, o-1)\Big|^p,
\end{aligned} \tag{6.34}$$

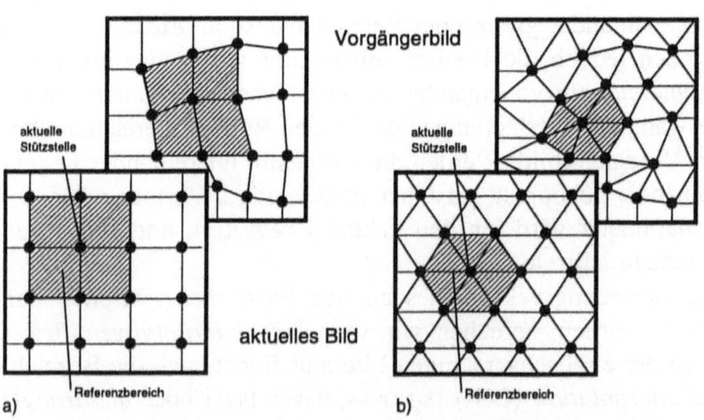

Abb. 6.15. Interpolative Bewegungsbeschreibung
a mit Rechteckraster **b** mit hexagonalem Raster der Stützstellen

wobei die Summierungsgrenzen exakt angeben, bis zu welchen Positionen sich der Einfluß der Parameter auf die Beschreibung des Bewegungsvektorfeldes erstreckt. (6.34) beschreibt die Anordnung der Interpolations-Stützstellen in einem Rechteckraster (Abb. 6.15a). Alternativ dazu können die Stützstellen auch, wie in Abb. 6.15b gezeigt, in einem hexagonalen Raster angeordnet werden. In diesem Fall erfolgt die Interpolation der Zwischenwerte jeweils unter Verwendung der Werte von 3 Stützstellen.

Optimiert wird in jedem Schritt nur die Bewegung einer einzelnen Stützstelle, für die nachfolgenden Optimierungen der benachbarten Stützstellen werden die bereits gefundenen Parameter für schon bearbeitete Stützstellen benutzt. Jedoch beeinflussen sich die Verschiebungsvektoren benachbarter Stützstellen in (6.33) und (6.34) gegenseitig. Am Anfang sind Werte $\hat{k}$ und $\hat{l}$ für die benachbarten Stützstellen noch nicht bekannt. Anstatt mit Null zu beginnen, kann jedoch auch das Ergebnis einer Block-matching-Schätzung verwendet werden. Jedoch sollte, nachdem mit (6.34) für *alle* Stützstellen des Bildes Verschiebungsparameter gefunden wurden, mindestens noch ein weiterer Nachoptimierungsschritt unter Verwendung dieser Ergebnisse für $\hat{k}$ und $\hat{l}$ folgen. Da die interpolative Schätzung blocküberlappend und iterativ durchgeführt wird, entstehen natürlicherweise *kontinuierliche* Bewegungsvektorfelder; die Einführung einer speziellen *Glattheitsbedingung* ist nicht mehr erforderlich.

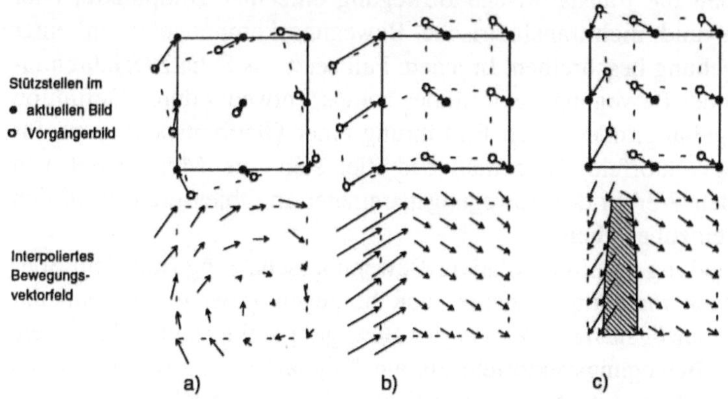

Abb. 6.16. a Beschreibung rotatorischer Bewegung
b Diskontinuierliche Bewegung mit Verdeckung **c** mitAufdeckung

Da pro Stützstelle zwei unabhängige Translationsparameter definiert sind, ist die Anzahl der Freiheitsgrade *doppelt so hoch* wie die Anzahl der Stützstellen, die in die Interpolation eingehen. Der Interpolator 0. Ordnung (block matching) erlaubt nur die 2 Freiheitsgrade der Translation, während der bilineare Interpolator erster Ordnung, bei dem das Bewegungsvektorfeld durch jeweils 2 translatorische Parameter von 4 benachbarten Stützstellen beschrieben wird, im Fall des Rechteckrasters bereits 8 Freiheitsgrade besitzt. Dies entspricht den Parametern des perspektivischen Verzerrungsmodells (4.22). Bei Anwendung des hexagonalen Rasters verbleiben ausschließlich die affinen Freiheitsgrade nach (4.21) [HUANG, HSU 1994], dafür ist der Realisierungsaufwand bei dieser *triangle based motion compensation* (TBMC) etwas geringer. Abb. 6.16a zeigt, wie durch die Interpolation eine rotatorische Bewegung beschrieben werden kann. Es muß jedoch beachtet werden, daß die Interpolation nur sinnvoll ist, so lange das Bewegungsvektorfeld *kontinuierlich* ist, was nur innerhalb geschlossener Objekte der Fall ist. An Objektgrenzen sollte daher eine *Extrapolation* des Bewegungsvektorfeldes, ausgehend von den Stützstellen, die innerhalb des Objektes liegen, vorgenommen werden [OHM 1994B]. Abb. 6.16b zeigt die Extrapolation am Beispiel einer Verdeckung, Abb. 6.16c am Beispiel einer Aufdeckung (schraffiert) von Bildinhalten. Die genaue Bestimmung der aufgedeckten und verdeckten Positionen kann allerdings nur durch *inhaltsorientierte Bewegungsschätzung* erfolgen.

6.2.5 Inhaltsorientierte Bewegungsschätzung

Alle bisher beschriebenen Methoden der Bewegungsschätzung berücksichtigen nicht die *Diskontinuitäten des Bewegungsvektorfeldes*, wie sie an den Grenzen gegenläufig bewegter Objekte auftreten :

– Die Bewegungsparameter, die sich aus den differentiellen Schätzverfahren ergeben, können die translatorische Bewegung einzelner Bildpunkte, oder translatorische und nichttranslatorische Bewegungskomponenten in einer Bildpunktumgebung beschreiben. In jedem Fall setzt das Schätzverfahren eine Kontinuität des Bewegungsvektorfeldes voraus, entweder durch Definition der Schätzumgebung, oder durch Einführung einer Glattheitsbedingung für das Bewegungsvektorfeld. Hier muß das Ziel sein, die Möglichkeit von *Sprüngen* in den Werten der Bewegungsparameter an Objektgrenzen in den Schätzprozeß einzubeziehen.

– Aus der Anwendung von interpolativer Bewegungsschätzung (mit dem Sonderfall des block matching) ergeben sich hingegen Bewegungsparameter, welche eine *unterabgetastete Version* des Bewegungsvektorfeldes darstellen. Sehen wir das Bewegungsvektorfeld als ein "Signal" an, so repräsentieren die Sprünge hochfrequente Anteile. Der Fehler, der durch die Unterabtastung entsteht, ist also im Prinzip ein Aliasfehler. Eine Abhilfe ist nur möglich, indem die Positionen und Abstände der Stützstellen (bei block matching : die Blockgrößen und Blockformen) an die Objektgrenzen angepaßt werden.

Eine *objektorientierte Bewegungsschätzung* kann darüber hinaus die weitgehende Kontinuität des Bewegungsvektorfeldes im Innern eines einmal erkannten Objektes berücksichtigen, mit dem Ziel, die Bewegung eines geschlossenen Objektes mit *so wenig Parametern wie möglich* zu beschreiben [HÖTTER, THOMA 1988].

Optimierung mit einem "maximum a posteriori"-Kriterium. Das Prinzip der MAP-Schätzung läßt sich auch zur Ermittlung inhaltsorientierter Bewegungsvektorfelder verwenden [KONRAD, DUBOIS 1992], [DUBOIS, KONRAD 1993]. Als *Ergebnisse* der inhaltsorientierten Schätzung erwarten wir

- ein Feld $u(m,n)$, welches mit einem Wert "1" Positionen anzeigt, die neu aufgedeckt wurden, und sich dem Vorgängerbild nicht zuordnen lassen;
- ein Segmentierungsfeld $s(m,n)$, welches die Zugehörigkeit eines Bildpunktes (m,n) zu einem Objekt mit Index s anzeigt;
- ein Bewegungsvektorfeld mit den Werten $\mathbf{v}(m,n)=[k(m,n),l(m,n)]$, welches nur an den Stellen definierbar ist, wo $u(m,n)=0$ ist.

Hierbei soll die Anzahl der Segmente so gering wie möglich gehalten werden, d.h. ein größeres Objekt soll nicht in mehrere kleinere aufgeteilt werden. Für die Schätzung stehen die Bildsignale $x(m,n,o)$ und $x(m,n,o\text{-}1)$ zur Verfügung. Die Verknüpfung ihrer Werte mit den Ergebnissen der Schätzung ist vor allem über die *verschobene Bilddifferenz* $d(m,n)=x(m,n,o)\text{-}x(m+k(m,n),n+l(m,n),o\text{-}1)$ gegeben. Es ergeben sich eine Reihe von *Kriterien*, die als Maße für die *Optimierung* der Bewegungsschätzung verwendet werden können :

- Minimierung der Energie von $d(m,n)$, *außer* in den aufgedeckten Bereichen;
- Kontinuität des Bewegungsvektorfeldes, *außer* an den Regionengrenzen;
- Glattheit und Begrenzung der Anzahl der Regionen sowie der Anzahl verdeckter und aufgedeckter Bereiche.

Sieht man von den Ausnahmebedingungen ab, so werden die ersten beiden Kriterien beim optischen Flußverfahren in (6.9), und auch bei den Block-matching-Methoden zur Erzeugung kontinuierlicher Felder berücksichtigt. Beim herkömmlichen block matching (6.23)/(6.24) wird ausschließlich das erste Kriterium verwendet. Da die Ausnahmebedingungen sich gemäß (4.25) und (4.26) aber erst dann formulieren lassen, wenn bereits eine Schätzung *vorliegt*, umgekehrt aber auch direkt das Ergebnis der Schätzung *beeinflussen*, muß ein "*a posteriori*"-Verfahren zur Optimierung eingesetzt werden. Hierfür ist zunächst das "*a priori*"-Modell zu bestimmen. Für das Bewegungsvektorfeld und die Segmentierung des Bildsignals wird am häufigsten das MRF-Modell vorgeschlagen, welches der Gibbs-Verteilung (5.44) folgt, während für die Verteilungsdichte von $d(m,n)$ die generalisierte Gaußverteilung (3.19) verwendet werden kann [STILLER, HÜRTGEN 1993]. Da beide Verteilungen negative Exponentialargumente besitzen, ist wie in (4.27)-(4.30) die Maximierung der A-posteriori-Wahrscheinlichkeit gleichbedeutend mit der Minimierung der folgenden Funktion, bei der als Differenzfunktion der quadratische Fehler verwendet wird :

$$[\mathbf{k},\mathbf{l},\mathbf{s},\mathbf{u}]_{opt} = \underset{[\mathbf{k},\mathbf{l},\mathbf{s},\mathbf{u}]:[\mathbf{t},\mathbf{v}]:[\mathbf{x}(o),\mathbf{x}(o-1)]}{\arg\min} \sum_{m=0}^{M-1}\sum_{n=0}^{N-1}\left[\lambda_u \cdot u(m,n) + \sum_{(i,j)\in\mathcal{C}_2'(m,n)}\lambda_v \cdot v(i,j) \right.$$

$$+\lambda_d \cdot (1-u(m,n))\cdot\left| x(m,n,o)-x(m+k(m,n),n+l(m,n),o-1)\right|^2$$

$$\left. + \sum_{(i,j)\in\mathcal{C}_2'(m,n)}\lambda_\Delta \cdot (1-v(i,j))\cdot\left[\left|k(m,n)-k(i,j)\right|^2 + \left|l(m,n)-l(i,j)\right|^2\right]\right]$$

$$+ \sum_{(i,j)\in\mathcal{C}_2'(m,n)} \lambda_t \cdot (1-t(i,j)) \cdot v(i,j) \qquad (6.35)$$

mit den Definitionen in (4.25), (4.26) sowie

$$s(m,n) = \begin{cases} s(i,j) & \text{wenn} \quad v(i,j) = 0 \\ 0 & \text{wenn} \quad u(m,n) = 1 \end{cases} \qquad (6.36)$$

und

$$t(i,j) = \begin{cases} 1 & \text{wenn} \ \|x(i,j) - x(m,n)\| > \Theta_x \\ 0 & \text{wenn} \ \|x(i,j) - x(m,n)\| \leq \Theta_x \end{cases} \ ; \quad (i,j) \in \mathcal{C}_2'(m,n). \qquad (6.37)$$

Aufgabe der Schätzung in (6.35) ist es, das Potential *über das gesamte Bild* zu minimieren. Hierbei wird im ersten Anteil das Vorhandensein einer Okklusionshypothese ($u(m,n)=1$) mit dem Faktor λ_u belegt, und auf möglichst wenige Segmentgrenzen $v(i,j)$ optimiert. Der zweite Anteil ist die verschobene Bilddifferenz, wobei verdeckte und aufgedeckte Bereiche ausdrücklich ausgenommen werden. Der dritte Anteil ist die Kontinuitätsforderung an das Bewegungsvektorfeld in Analogie zu (6.9), jedoch unter Berücksichtigung der Segmentierung. Der vierte Anteil macht schließlich eine Segmentgrenze im Bewegungsvektorfeld unwahrscheinlich, wenn nicht *gleichzeitig* eine Amplitudendifferenz im Bildsignal vorliegt [HEITZ, BOUTHEMY 1993].

Iterative Optimierung. Die Bewegungsparameter $\mathbf{v}(m,n)$, sowie die Hypothesen über Okklusionen $u(m,n)$ und über Zugehörigkeit zu einem Objekt mit Index $s(m,n)$ sind für alle Bildpunkte simultan zu optimieren. Da die globale Optimierung auf Grund der Vielzahl von Parametern zu komplex ist, müssen iterative Algorithmen angewandt werden. Am häufigsten wird hierfür der deterministische Relaxationsalgorithmus ICM (*iterated conditional modes*) [BESAG 1986] verwendet. Die Brauchbarkeit des endgültigen Ergebnisses hängt jedoch in starkem Maße von der Initialisierung und der Bearbeitungsreihenfolge ab. Eine sinnvolle Initialisierung des Feldes $v(i,j)$ ist seine Gleichsetzung mit $t(i,j)$, welches allein aus dem Bildsignal $x(m,n)$ bestimmbar ist. Das Bewegungsvektorfeld $\mathbf{v}(m,n)$ wird sinnvollerweise überall mit dem Wert Null initialisiert. Es kann nun eine jeweils alternierende Optimierung von $\mathbf{v}(m,n)$ und $t(i,j)/u(m,n)$ erfolgen. Wird ein pixelrekursives Verfahren zur Schätzung (vgl. Abschn. 6.2.2) angewandt, kann auch noch bei jedem Iterationsschritt die Bearbeitungsreihenfolge im Bild umgekehrt werden, z.B. einmal von der linken oberen Bildecke zur rechten unteren, einmal umgekehrt. Eine Sensibilität der Optimierung gegenüber den Gewichtungsparametern ist hauptsächlich für das Verhältnis von λ_t und λ_Δ festzustellen [HEITZ, BOUTHEMY 1993]. Eine schon mit wenigen Iterationen zu guten Schätzergebnissen führende Methode besteht darin, die Schätzung mit einem Bildsignal verringerter Auflösung zu beginnen, welche dann sukzessive vergrößert wird.

Block matching mit Split-and-merge-Ansatz. Ein bedeutender Nachteil der üblichen Block-matching-Bewegungsschätzung besteht in der festen Wahl des Blockrasters, welche keinerlei Rücksicht auf den tatsächlichen Inhalt des Bildsignals nimmt. Tatsächlich werden einheitliche Bewegungsparameter für den ganzen Block festgeschrieben, so daß eine Segmentgrenze bzw. ein Sprung im Bewegungsvektorfeld quer durch den Block niemals korrekt geschätzt werden kann. Das Resultat ist in solchen Fällen stets ein Kompromiß, die Folge sind häufig hohe Energieteile im verschobenen Bilddifferenzsignal. Sinnvoll ist daher der Einsatz von Block-matching-Verfahren mit variablen Blockgrößen [CHAN, YU 1990]. Das Kriterium der Prädiktionsfehlerenergie kann unmittelbar in einem Split-and-merge-Ansatz verwendet werden, um die Homogenität des Bewegungsvektorfeldes innerhalb eines Blockes zu überprüfen. Das Vorgehen ist wie folgt :

— Split : Weist ein Block mit den als optimal gefundenen Bewegungsparametern eine hohe Prädiktionsfehlerenergie auf, so findet eine Unterteilung in 4 Unterblöcke statt. Für jeden der Unterblöcke sind erneut Bewegungsparameter zu schätzen. Hierbei kann von den für den größeren Block gefundenen Bewegungsparametern ausgegangen, und der Suchbereich eingeschränkt werden. Dieses Vorgehen besitzt auch eine gewisse Ähnlichkeit mit den in Abschn. 6.2.3 beschriebenen Verfahren zur hierarchischen Bewegungsschätzung.

— Merge : Werden für benachbarte Blöcke identische oder nahezu identische Bewegungsparameter gefunden, so können diese Blöcke zu einer Region zusammengelegt werden. Dies kann unter Umständen auch dann noch erfolgen, wenn die Bewegungsparameter erheblich voneinander abweichen. So kann z.B. in Regionen monotoner Helligkeit auf Grund des Bildfensterproblems (Abb. 6.4a) die gefundene Bewegungsverschiebung relativ beliebig sein. Kriterium für eine Zusammenlegung ist, daß sich auch bei Verwendung der Bewegungsparameter des anderen Blockes keine wesentliche Änderung der Prädiktionsfehlerenergie ergibt.

Problematisch sind folgende Tatsachen :

— Bei kleinen Blockgrößen (4x4 Bildpunkte und weniger) arbeitet das Block-matching-Verfahren unzuverlässig. Es dürfen daher nur relativ geringe Abweichungen von den Bewegungsparametern des größeren Mutterblockes zugelassen werden, um ein plausibles, der tatsächlichen Bewegung entsprechendes Schätzergebnis zu erhalten. Eine plausible Segmentierung bis zur Pixelebene ist nur möglich, wenn den einzelnen Bildpunkten (ohne weitere Bewegungsschätzung) die Bewegungsparameter benachbarter Segmente zugeordnet werden.

— Bei Auftreten von Aufdeckungs- und Verdeckungseffekten ist der Prädiktionsfehler stets hoch, es lassen sich keine optimalen Bewegungsparameter bestimmen. Hier können zusätzliche Kriterien, z.B. Positionen von Kanten im Luminanzsignal, herangezogen werden, um die exakten Positionen von Okklusionsbereichen zu erhalten.

Algorithmen dieser Art müssen einen Kompromiß finden zwischen einem möglichst guten Segmentierungsergebnis (die Anzahl der Segmente soll gering gehalten werden, kleine Segmente mit starken Bewegungsabweichungen sind nicht plausibel) und einer Minimierung des Prädiktionsfehlers. Dies erfolgt durch geeignete Wahl der Schwellwerte bzw. Ähnlichkeitsmerkmale für die Split- und Merge-Kriterien. Abb. 6.17 zeigt ein Originalbild und ein mit dem beschriebenen Algorithmus erzieltes Segmentierungsergebnis. Man beachte, daß der Baum im Vordergrund sehr schnell an der Kamera vorbeizieht; da es sich um eine Kamerafahrt handelt, wird die Bewegung um so geringer, je größer die Entfernung von der Kamera ist. Dies wird an den Abstufungen im Blumenbeet sichtbar.

a)   b)

Abb. 6.17. a Originalbild und **b** Regionenbild bei "Split-and-Merge"-Matching

Interpolative Bewegungsbeschreibung mit variablem Stützstellenraster. In Analogie zum block matching mit variablen Blockgrößen läßt sich auch eine interpolative, hierarchische Bewegungsbeschreibung mit variablem Stützstellenraster realisieren. Hierbei können enger zusammenliegende Stützstellenpositionen entweder zusätzlich zu den bereits vorhandenen definiert werden [HUANG, HSU 1994], oder aber ein neues Gitter bilden, dessen Werte aus einem Gitter geringerer Auflösung interpoliert werden. [OHM 1994B].

6.2.6 Multiframe-Bewegungsschätzung

Bei den bisher beschriebenen Methoden wurden stets nur zwei Bilder (*frames*) betrachtet, und die Verschiebung des Inhalts zwischen diesen an Hand eines Bewegungsmodells bestimmt. Bei einer objektorientierten Bewegungsschätzung wird dabei zwar angenommen, daß eine Kontinuität der Bewegung von Objekten besteht; daher kann derjenige Satz von Bewegungsparametern bevorzugt ausgewählt werden, welcher die Fortsetzung des bisherigen Bewegungsverlaufes beschreibt. Dies ist z.B. auch bei einer frame-rekursiven Schätzung der Fall. Jedoch wird die eigentliche Schätzung nach wie vor auf Grund der Amplitudenverläufe in nur zwei frames vorgenommen. Bei einer Multiframe-Schätzung werden dagegen von vornherein mindestens drei aufeinander folgende Bilder herangezogen. Mit der dadurch zur Verfügung stehenden zusätzlichen Information kann der *exakte Verlauf des Bewegungspfades* (Abb. 6.3) wesentlich genauer geschätzt werden.

Das wesentliche Problem liegt zunächst wieder in der Formulierung eines *Bewegungsmodells*, welches dann zur Definition eines Satzes von Bewegungsparametern herangezogen wird. Das einfachst mögliche Modell beschränkt sich wieder auf den Fall einer konstanten translatorischen Bewegung, d.h. man würde annehmen, daß sich der Bildinhalt von einem beliebigen Bild zum nächsten immer wieder um dieselbe Strecke verschiebt. Mit diesem Modell wird tatsächlich eine translatorische Bewegung besser schätzbar, insbesondere beeinflußt das Problem der Zwischenwertinterpolation das Schätzergebnis nicht mehr so stark. Jedoch muß die Schätzung vollständig versagen, wenn andere Bewegungsformen vorliegen. Recht einfach erfaßbar ist noch eine Multiframe-Dilatation, wie sie z.B. durch einen konstanten Zoom über mehrere Bilder entsteht. Ein Ansatz zur Multiframe-Schätzung unter Einschluß rotatorischer Bewegungsvorgänge wird in [SHARIAT, PRICE 1990] beschrieben; hier wird jeweils für lokale Bildbereiche die Art der Bewegung klassifiziert, und ein entsprechendes Modell angewandt. Sehr wichtig ist aber auch das Erfassen von *Beschleunigungen*, die eine nichtlineare (quadratische) Komponente im Verlauf des Bewegungspfades darstellen. In [CHAHINE, KONRAD 1994] wird ein Verfahren beschrieben, bei welchem der Bewegungspfad durch ein *vektorielles* MRF modelliert wird, um mittels A-posteriori-Schätzung Geschwindigkeits- und Beschleunigungsparameter zu ermitteln. Auch Methoden zur Bestimmung der *räumlichen* Objektbewegung sind schon unter Ausnutzung der Information aus mehreren aufeinander folgenden Bildern untersucht worden [BROIDA, CHELLAPPA 1991].

Auch bei der Multiframe-Schätzung muß ein *Kriterium* festgelegt werden, nach welchem das Schätzergebnis beurteilt wird. Bei den meisten Methoden wird hierbei angenommen, daß die Bildpunkthelligkeit entlang des Bewegungspfades konstant sei, und es wird entsprechend die absolute oder quadratische Bildpunktdifferenz als Kriterium verwendet. Tritt jedoch ein Objekt in den Schatten eines anderen ein, oder erfolgen Beleuchtungsänderungen, Oberflächenreflexionen etc., so kann ein Korrelationskriterium zu besseren Resultaten in der Schätzung des de facto nicht unterbrochenen Bewegungspfades führen.

Bei der Bewegungsschätzung sind nun die Parameter so festzulegen, daß aus der Gruppe von Bildern, über welche die Analyse vorgenommen wird, für *jedes mögliche Paar* von Bildern eine Optimierung des Kriteriums bewirkt wird. So ist bei einer Analyse mit drei frames $x(m,n,o\text{-}1)$, $x(m,n,o)$ und $x(m,n,o\text{+}1)$ unter Verwendung des quadratischen Fehlerkriteriums und eines Satzes von Bewegungsparametern $\mathbf{v}$, welcher die individuellen Bildpunkt-Bewegungspfade $[\mathbf{k}(\mathbf{v}),\mathbf{l}(\mathbf{v})]$ definiert, für jeden Bildpunkt folgender Ausdruck zu minimieren :

$$e(m,n,o) = \left[x(m,n,o) - x(m+k^1(m,n,o,\mathbf{v}), n+l^1(m,n,o,\mathbf{v}), o-1) \right]^2$$

$$+ \left[x(m,n,o) - x(m+k^{-1}(m,n,o,\mathbf{v}), n+l^{-1}(m,n,o,\mathbf{v}), o+1) \right]^2$$

$$+ \left[x(m+k^{-1}(m,n,o,\mathbf{v}), n+l^{-1}(m,n,o,\mathbf{v}), o+1) \right.$$

$$\left. - x(m+k^1(m,n,o,\mathbf{v}), n+l^1(m,n,o,\mathbf{v}), o-1) \right]^2.$$

$$(6.38)$$

Bei einer Analyse über 4 bzw. 5 frames müßte (6.38) bereits 6 bzw. 10 Differenzbildungen enthalten. Damit ist der Schätzaufwand erheblich höher als bei einer Schätzung zwischen zwei Bildern. Sinnvoll ist daher auch die Anwendung von Verfahren, die zuerst eine Approximation des Bewegungspfades an einer zeitlich-unterabgetasteten Sequenz ermitteln, um dann die endgültige Bestimmung über *alle* Bilder nur mit einem reduzierten Suchbereich zu realisieren.

7 Physiologische und psychologische Grundlagen des Sehens

Bei der Optimierung von Bildübertragungsverfahren, insbesondere wenn auch irrelevante Anteile des Bildsignals zur weiteren Bitrateneinsparung eliminiert werden sollen, ist die Kenntnis der Reaktionen des menschlichen Betrachters notwendig. Diese haben ihre Grundlage in der Physiologie des Gesichtssinnes. Wichtige Eigenschaften sind z.B. die Empfindlichkeit gegenüber örtlichen und zeitlichen Schwankungen des visuellen Signals, sowie die Helligkeits- und Farbempfindung. Bereits während des Sehvorganges findet eine Datenreduktion der an das Gehirn weitergeleiteten Reize statt, die ihrerseits Ursache für optische Täuschungen und die visuelle Irrelevanz bestimmter Bildsignalanteile ist.

7.1 Physiologie des Gesichtssinns

Das in das Auge (Abb. 7.1a) einfallende Licht, das die Reflexion einer natürlichen Szene darstellt, wird mittels einer hinter der Hornhaut befindlichen Linse auf die *Netzhaut* (Retina) abgebildet.

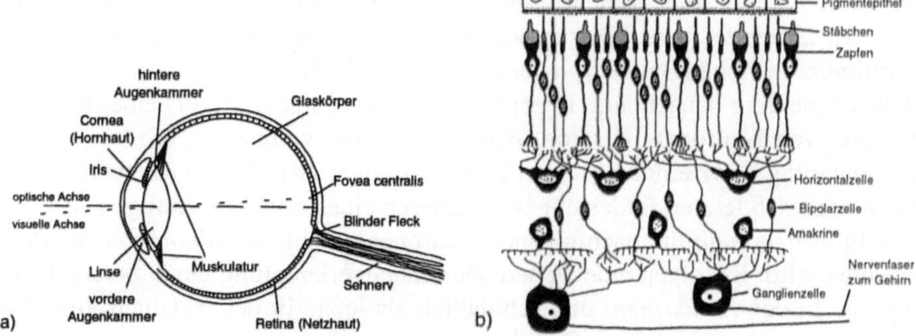

Abb. 7.1. Aufbau **a** des menschlichen Auges **b** der Netzhaut

Funktion von Netzhaut und Sehnerven. Auf der Netzhaut (Abb. 7.1b) befinden sich *Rezeptoren*, die im Prinzip eine zweidimensionale Abtastung durchführen. Die beiden anatomischen Formen von Rezeptoren sind *Zapfen* und *Stäbchen*. Erstere sind in der Lage, Farbe *und* Helligkeit aufzunehmen, und arbeiten vorwiegend bei Tageslicht (photopisches Sehen). Letztere sind *farbunempfindlich*, dafür aber wesentlich helligkeitsempfindlicher, und werden daher zum Sehen bei geringer Beleuchtung aktiviert (skotopisches Sehen). Die physikalische Umwandlung der Lichtintensität erfolgt in beiden Formen von Rezeptoren mittels des *Sehpurpurs*, dessen Moleküle bei Auftreffen von Lichtquanten umgesetzt werden. Die Retina besitzt zwei markante Regionen :

- Die *fovea centralis* ist die Stelle mit der größten Sehschärfe und liegt annähernd in der Mitte der Netzhaut. In ihr befinden sich ausschließlich Zapfen, die in einem näherungsweise hexagonalen Raster angeordnet sind (Abb. 7.2a).
- Der *blinde Fleck* ist die Stelle, an der die Nervenfasern die Netzhaut verlassen. Hierauf fallende Lichtstrahlen werden nicht wahrgenommen.

Zur Peripherie der Netzhaut hin tritt mehr und mehr eine Mischung von Zapfen und Stäbchen ein (Abb. 7.2b), bis schließlich ganz an den äußeren Rändern ausschließlich Stäbchen angeordnet sind. Die Gesamtzahl der Stäbchen beträgt ca. 120 Millionen, während nur ca. 6 Millionen Zapfen vorhanden sind.

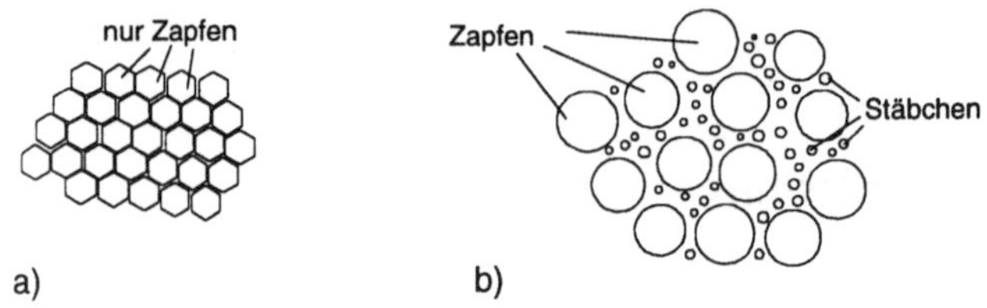

Abb. 7.2. Anordnung von Rezeptorzellen auf der Netzhaut
a in der Mitte (fovea centralis) **b** in Richtung der Peripherie

Bei der Umsetzung des Sehpurpurs wird ein Generatorpotential aufgebaut, welches wie bei allen Sinneszellen in eine Impulsfolge umgesetzt und zu den Nervenfasern abgeleitet wird. Dieses pulsdichtemodulierte Signal zeigt dabei eine logarithmische Abhängigkeit von der einfallenden Lichtintensität.

Jeweils mehrere benachbarte Rezeptoren sind unmittelbar mittels einer speziellen Form von Neuronen, der sog. *Horizontalzellen*, verbunden. Sie sorgen für eine Steuerung der Hemmungs- und Erregungspegel zwischen benachbarten Rezeptoren, so daß letzten Endes nur bei Auftreten eines örtlichen Helligkeitsgradienten Information an die nachfolgende Neuronenschicht, die *Bipolarzellen*, weitergeleitet wird. Es folgen eine weitere Horizontalverknüpfung der Bipolarzellenausgänge in den *Amakrinen*, und schließlich als letzte in der Netzhaut angesiedelte Nervenzellenschicht die *Ganglienzellen*. Die von den einzelnen Ganglienzellen erfaßten und analysierten Netzhautbereiche bilden annähernd kreisförmige *rezeptive Felder*. Nur noch ca. 800.000 Nervenfasern tragen die Information aus der Netzhaut zum Gehirn.

Da das Verhältnis von Rezeptoren zu Nervenfasern ca. 150:1 beträgt, findet also bereits in der Netzhaut eine Codierung der visuellen Information mit einem recht hohen Datenkompressionsfaktor statt. Neben der durch die Horizontalzellen bewirkten Gradientenanalyse wird in den folgenden Neuronenschichten möglicherweise sogar schon eine Voranalyse von Kantenrichtungen, einfachen Mustern, Winkeln etc. vorgenommen. Hier könnte bereits eine Ursache für Mehrdeutigkeiten und optische Täuschungen zu suchen sein.

Helligkeitsadaptation. Die *Iris*, deren Öffnung die *Pupille* ist, führt eine erste Helligkeitsadaptation durch. Das Verhältnis von Blendendurchmesser zu Brennweite variiert dabei etwa im Bereich zwischen 1:2,8 (Dunkelheit) und 1:8,5 (helle Beleuchtung). Dies entspricht einer Variation der Empfindlichkeit gegenüber der einfallenden Lichtintensität etwa um den Faktor 16. Zusätzlich findet in der Netzhaut selbst eine Hell-Dunkel-Adaptation statt. Auch hierbei verhalten sich die beiden Formen von Rezeptoren sehr unterschiedlich : Während die Anpassung der Zapfen ca. 7 Minuten nach Eintreten der Dunkelheit abgeschlossen ist, und die Empfindlichkeit dabei um etwas mehr als eine Zehnerpotenz steigt, kann die Anpassung der Stäbchen mehr als eine Stunde dauern, wobei sich die Empfindlichkeit um mehr als 3 Zehnerpotenzen erhöht.

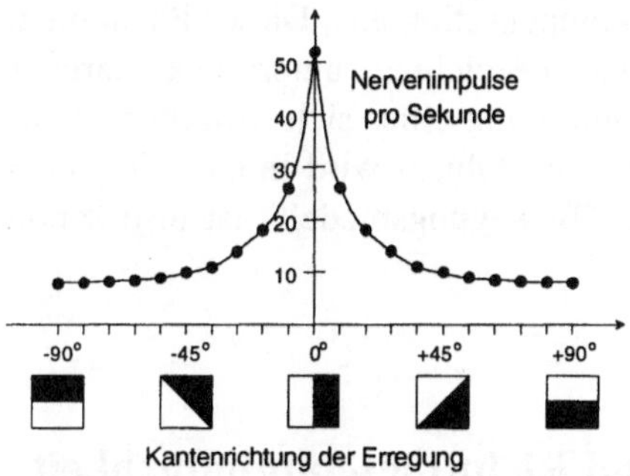

Abb. 7.3. Reaktion eines vertikalen Randdetektors im Gehirn
nach FRISBY

Weiterverarbeitung im Gehirn. Die Sehnerven leiten die visuelle Information zum Sehzentrum in der *gestreiften Hirnrinde* (Cortex) weiter. Zu deren Arbeitsweise gibt es viele Theorien. Die Hyperkolumnentheorie sagt aus, daß einzelne Abschnitte des visuellen Cortex - sog. *Hyperkolumnen* - für die Analyse des Inhaltes einer Netzhautregion verantwortlich sind. Jede Hyperkolumne enthalte eine Anzahl von Detektoren, z.B. Randdetektoren, Schlitzdetektoren, Liniendetektoren für die unterschiedlichsten Richtungen. Die Arbeitsweise dieser Detektoren scheint ähnlich zu sein wie die der in Abschn. 4.2.2 erwähnten Kantenerkennungsoperatoren, wahrscheinlich findet aber zusätzlich eine Art von Frequenz-

gangsanalyse (wie in einer Filterbank von Bandpässen) zur Erkennung der Über-
gangsbreiten statt. Abb. 7.3 stellt die Reaktion der Gehirnnerven eines vertikalen
Randdetektors auf verschiedene Erregungen dar. Derartige Nervenreaktionen
wurden z.B. durch Messungen bei Affen und Katzen nachgewiesen.

Bestimmte Regionen der gestreiften Hirnrinde sind für die getrennt vorliegenden Informationen aus dem linken und rechten Auge verantwortlich. Die unterhalb des visuellen Cortex liegenden Hirnregionen sind für die visuelle Weiterverarbeitung - Erkennung komplexer Formen und Objekte, stereoskopisches Sehen
etc. zuständig. Aus der vorrangigen Bearbeitung visueller Reizdifferenzen wird
erklärbar, daß ein bewegtes Objekt besser wahrgenommen wird als ein ruhendes.

Die - für Tiere und Menschen oftmals lebenswichtige - schnelle Erkennung
und Beurteilung der visuellen Szene ist nur durch eine massive *Parallelbearbeitung* möglich; darüber hinaus kann angenommen werden, daß bestimmte Ein-
drücke - z.B. schnelle Bewegungen, die starke Reize ausüben - andere kurzfristig
vollkommen verdrängen. Die Interpretation der visuellen Information im Gehirn
hat aber auch viel mit *Lernen* zu tun. So sind bestimmte optische Täuschungen,
etwa eine unterschiedliche Einschätzung gleich langer Linien, häufig darauf zurückzuführen, daß sie dem gewohnten Perspektiveindruck widersprechen.

Schließlich fällt dem Gehirn die Aufgabe zu, die gesehene Information mit
Augen-, Körper- und Kopfbewegungen zu koordinieren. Wir sehen ein Objekt als
starr an, auch wenn wir die Augen bewegen oder den Kopf drehen, und sich
folglich der gesehene Inhalt auf der Netzhaut verschiebt. Das Gehirn führt demnach in einem solchen Fall eine Bewegungskompensation aus. Dieses Phänomen,
in der Neurophysiologie als *Reafferenzprinzip* bezeichnet, unterdrückt darüber
hinaus Reize, die durch Vergrößerung/Verkleinerung eines sich nähernden bzw.
entfernenden Objekts hervorgerufen werden : Das Objekt wird immer als gleich
groß interpretiert. Das zu Grunde liegende "Bewegungsmodell" ist also schon
recht komplex.

7.2 Helligkeits-, Frequenzgangs- und Richtungsempfindlichkeit

Helligkeitsempfindlichkeit. Die Amplitudenempfindung des Sehsinns folgt dem
Weberschen Gesetz, welches aussagt, daß die wahrnehmbare Helligkeitsschwankung ΔL zur absoluten Helligkeit annähernd eine Konstante bildet. :

$$\frac{\Delta L}{L} = const. \approx 0,02 \tag{7.1}$$

Es handelt sich hierbei um eine unmittelbare Auswirkung des logarithmischen
Zusammenhanges von Lichtintensität und Rezeptorerregung Diese Eigenschaft
des Sehsinns wird bereits durch die nichtlineare Arbeitsweise von Kameraröhren
und Fernsehschirmen annähernd kompensiert, wodurch Rauschstörungen im

elektrischen Videosignal weniger stark wahrgenommen werden. Bei digitalen Bildcodierverfahren kann jedoch zusätzlich der Umstand ausgenutzt werden, daß das Verhältnis $\Delta L/L$ in Regionen mit *örtlicher Helligkeitsschwankung* höher ist als in gleichmäßig hellen Flächen; es richtet sich gewöhnlich nach den *hellsten* lokal vorhandenen Intensitätsanteilen. Kanten und andere örtlich hochfrequente Anteile besitzen daher einen *Maskierungseffekt* für Rauschstörungen.

Richtungsempfindlichkeit. Das Vorhandensein unterschiedlich empfindlicher Verarbeitungseinheiten für Kantenrichtung, Kantenbreite etc. im Gehirn läßt vermuten, daß die subjektive Wahrnehmung von Kontrasten sowohl von der örtlichen Richtung, als auch von der örtlichen Frequenz abhängt. Abb. 7.4 zeigt die an Versuchspersonen gemessene Kontrastempfindlichkeit in Abhängigkeit von der Kantenrichtung. Die Kontrastempfindlichkeit ist am geringsten bei diagonalen Kantenrichtungen.

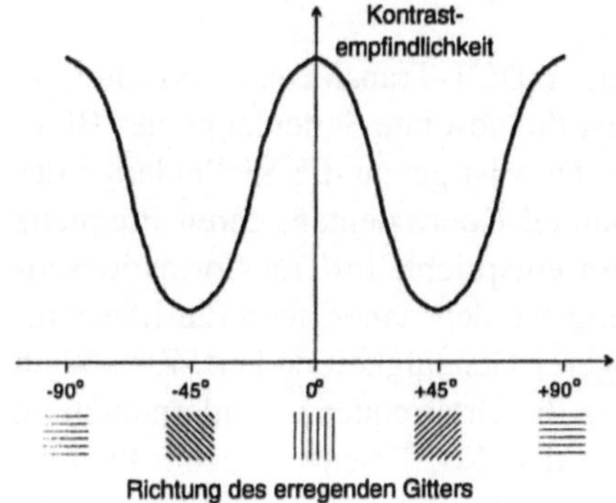

Abb. 7.4. Kontrastempfindlichkeit in Abhängigkeit von der Richtung (schematisiert) nach FRISBY

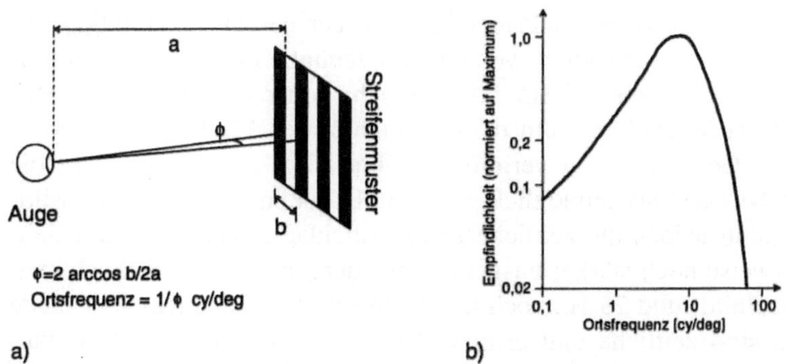

Abb. 7.5. a Zur Definition der Ortsfrequenz **b** Kontrastempfindlichkeit in Abhängigkeit von der Ortsfrequenz

Empfindlichkeit gegenüber örtlichen Amplitudenschwankungen. Die Abhängigkeit von der Ortsfrequenz wird üblicherweise mit Streifenmuster- oder Sinusanregungen gemessen, deren Wiederholfrequenz in Abhängigkeit von den Schwingungen pro Grad (*cy/deg*, cycles/degree) des Blickwinkels angegeben wird (Abb. 7.5a). Die in Abb. 7.5b dargestellte Ortsfrequenz-Empfindlichkeit erreicht hier ein Maximum bei ca. 10 *cy/deg* - andere Untersuchungen belegen, daß das Maximum möglicherweise sogar bei etwas niedrigeren Frequenzen (ca. 3-5 *cy/deg*) liegt. In jedem Fall nimmt die Empfindlichkeit sowohl zu den tieferen, als auch zu den höheren Ortsfrequenzen hin ab.

Das Empfindlichkeitsmaximum entspricht damit in einem Betrachtungsabstand von 2,90 m etwa einer Wellenlänge der Schwingung von 0,5 cm. Dies ist ein optimaler Betrachtungsabstand für einen Bildschirm mit 49 cm Bilddiagonale, dessen (horizontale) Zeilenlänge ca. 39 cm beträgt. Bei einer Bildwiedergabe im CIF-Format (352 Bildpunkte/Zeile) sind hier die Bildpunkte in Abständen von ca. 0,12 cm positioniert, im CCIR-601-Format (720 Bildpunkte/Zeile) in Abständen von ca. 0,06 cm. Hierbei wurde bereits berücksichtigt, daß der Bildschirm normalerweise nicht die volle Zeile eines digitalen Formats darstellt.

Beispiel : Transformationscodierung. Bei einer DCT-Transformationscodierung mit einer Blockgröße von 8x8 Bildpunkten ist die absolute Seitenlänge des Blockes ca. 0,96 cm (SIF) bzw. 0,48 cm (CCIR). Dies ist genau die Wellenlänge des ersten horizontalen und vertikalen Wechselanteil-Koeffizienten, deren Frequenz also in etwa dem Empfindlichkeitsmaximum entspricht. In Transformationscodierverfahren mit psychovisueller Gewichtung werden daher auch die höherfrequenten Koeffizienten mit fortlaufend geringerer Genauigkeit codiert. Zusätzlich kann die zugelassene Verzerrung nicht nur an die Ortsfrequenz, sondern auch an die Kantenrichtung angepaßt werden, da die den Koeffizienten zuzuordnenden Basisbilder bestimmte Richtungspräferenzen zeigen.

Empfindlichkeit gegenüber zeitlichen Schwankungen. Die geringe Empfindlichkeit des Sehsinns gegenüber hochfrequenten zeitlichen Schwankungen des Bildsignals ist eines der frühesten Prinzipien, die bei der Datenreduktion zur Bildsequenzaufzeichnung ausgenutzt werden : Es genügt, Bildsequenzen mit einer Bildwiederholfrequenz von 25 Hz, oder bei sehr hoher Qualität mit 60 Bildern pro Sekunde aufzuzeichnen, um dem Betrachter den Eindruck eines vollkommen flüssigen Geschehens zu vermitteln. Ohne diese Erkenntnis wäre die Entwicklung der Kinotechnik unmöglich gewesen. In zukünftigen digitalen Bildcodierverfahren kann jedoch die zeitliche Empfindlichkeitsabängigkeit des Sehsinnes möglicherweise noch stärker ausgenutzt werden, da auch im Bereich zwischen 0 Hz (Einzelbild) und 25 Hz noch deutliche Empfindlichkeitsunterschiede bestehen. Jedoch sind zeitliche und örtliche Empfindlichkeit nicht separierbar, sondern zeigen komplizierte Wechselwirkungen, die noch wenig erforscht sind. Abb. 7.6 zeigt, daß die zeitliche Empfindlichkeit ein Maximum bei ca. 5-10 Hz erreicht und zu höheren und tieferen Werten der Zeitachsen-Frequenz hin abnimmt. Jedoch ist das Empfindlichkeitsmaximum bei höheren Ortsfrequenzen weniger ausgeprägt, wie auch die Position des örtlichen Empfindlichkeitsmaximums stark von der zeitlichen Frequenz abhängt. Zusätzlich ist zu beachten, daß die Ergebnisse in Abb. 7.6 durch eine *starre Messung* entstanden sind : Ein örtliches Streifenmuster wurde zeitlich moduliert, um so die Empfindlichkeitsschwellen zu ermitteln. Kopf und Augen der Versuchspersonen waren dabei fixiert. Tatsächlich können wir ganz andere Ergebnisse erwarten, wenn der Bild*inhalt* bewegt wird : Dies führt nach (2.23) auf Spektralanteile, deren Position auf der zeitlichen Frequenzachse von der Geschwindigkeit abhängig ist. Nun wird ein Betrachter in der Regel dem Bildinhalt mit den Augen folgen, d.h. er nimmt ihn nach der Verarbeitung im Gehirn in der Tat als starr wahr. Unter diesen realistischeren Randbedingungen wurden ganz andere Empfindlichkeitskurven ermittelt, die einen nicht so drastischen Abfall zu den hohen zeitlichen Frequenzen hin zeigten [GIROD 1993] : Die Versuchspersonen wurden dabei befragt, wann für sie eine - dem bewegten Bild überlagerte - Rauschstörung erkennbar sei. Diese Ergebnisse lassen sich wieder so interpretieren, daß das menschliche Gehirn eine *Bewegungskompensation* durchführt, und dann tatsächlich auch noch (objektiv vorhandene) sehr hohe zeitliche Frequenzen wahrnehmen kann; allerdings waren die Maskierungseffekte stark von der Schnelligkeit der Bewegung abhängig, d.h. bei schneller Bewegung sind auch stärkere überlagerte Rauschstörungen schwerer erkennbar. Darüber hinaus tritt bei neuen Inhalten, die erst noch visuell erfaßt werden müssen, grundsätzlich eine Maskierung ein [SAKRISON 1977].

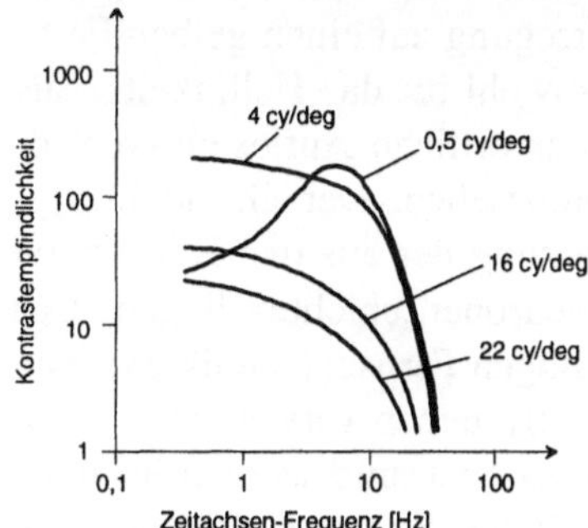

Abb. 7.6. Kontrastempfindlichkeit in Abhängigkeit von Zeit- *und* Ortsfrequenz nach [ROBSON 1966]

7.3 Farbensehen

Während bei Auftreten akustischer Klänge unterschiedlicher Frequenzen ein *Akkord* entsteht, aus dem die einzelnen Töne nach wie vor heraushörbar sind, entsteht bei der Mischung zweier spektraler Komponenten des Lichts eine *neue Farbe*, aus der der Sehsinn die ursprünglichen Erregungsfrequenzen nicht mehr eindeutig identifizieren kann. Die Erklärung hierfür ist das Vorhandensein von 3 unterschiedlichen Zapfentypen in der Netzhaut, die jeweils Empfindlichkeitsmaxima im roten, grünen und blauen Bereich des sichtbaren Farbspektrums aufweisen (Abb. 7.7). Aus diesem Grund sind an sich 3 Primärkomponenten (*R*, *G* und *B*) erforderlich und ausreichend, um für den menschlichen Betrachter Bilder der natürlichen Farbskala wiederzugeben. Die Vielzahl *tatsächlich möglicher* Farbspektren, die in der Natur vorkommen können, läßt sich allerdings mit der *RGB*-Darstellung nur sehr grob approximieren.

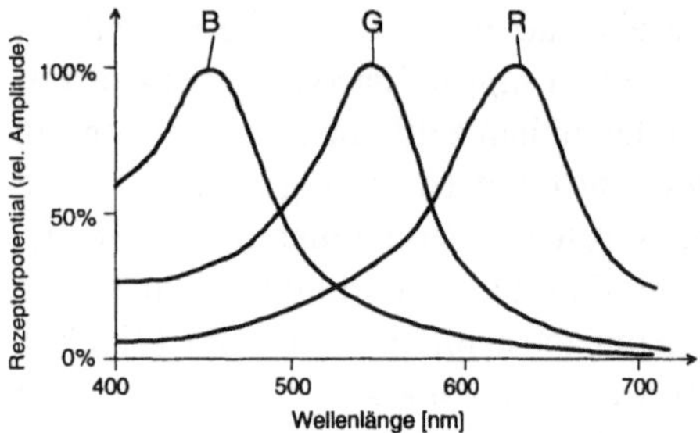

Abb. 7.7. Empfindlichkeitskurven der 3 Zapfentypen (schematisiert)

Bereits in der Netzhaut findet möglicherweise - in bestimmten Horizontal- und Bipolarzellen - eine Vorinterpretation der Farbe statt. So läßt sich z.B. bei geringer Rotstimulation bei gleichzeitiger Blau-Grün-Erregung auf einen gelben Farbton schließen. Obwohl die Zapfen bei Tageslicht sowohl für das Helligkeits-, als auch für das Farbensehen eingesetzt werden, ist das örtliche Auflösungsvermögen beim Farbensehen geringer als beim Helligkeitssehen. Der Grund hierfür kann nur in der spezifischen Art der Zusammenfassung der aus den Rezeptoren gewonnenen Information in den nachfolgenden Neuronenschichten liegen. Das unscharfe Farbsehvermögen wird bereits in der analogen Fernsehtechnik extensiv ausgenutzt. Die in den PAL-, SECAM- und NTSC-Systemen verwendeten Farbdifferenzsignale sind in Zeilenrichtung stark bandbegrenzt, und werden im übrigen nur für jede 2. Zeile übertragen. Auch in digitalen Standard-Bildformaten werden die Farbkomponenten im allgemeinen nur in unterabgetasteter Repräsentation aufgenommen (vgl. Abschn. 1.1.2). Bei den Vorfaktoren zur Umrechnung des RGB- in das YUV-Signal nach (1.1) wird zudem berücksichtigt, daß bei Vorherrschen einer Komponente die anderen beiden übertönt werden können. So ist der grüne Anteil häufig dominant, und weist auch von der Bildinformation die größte Ähnlichkeit mit dem Luminanzsignal auf. Starke Blau-Erregungen sind dagegen ausgesprochen selten; bei den *Chroma-Key*-Verfahren zur Trickmischung wird daher an Stelle eines ursprünglich blauen Hintergrundes ein anderes Signal überblendet.

Es bleibt festzuhalten, daß das Farbensehen derjenige Teil des menschlichen Sehsinnes ist, der sich am leichtesten täuschen läßt. So findet selbst bei Farbverfälschungen in sehr kurzer Zeit eine Gewöhnung statt; der Betrachter neigt dazu, seine Erwartungen und vorherigen Kenntnisse über die "normale" Farbe eines

Gegenstandes einzubringen. Dies trifft insbesondere auf die Farben Braun, Gold und Silber zu, die sich nur schwer aus den Grundfarben Rot, Grün und Blau synthetisieren lassen, und weder von Filmmaterial, noch bei der Videoaufzeichnung naturgetreu erfaßt werden. In diesem Zusammenhang sollte schließlich bedacht werden, daß die Empfindlichkeitskurven - auch bei Nicht-Farbenblinden - von Mensch zu Mensch variieren. Im Interesse einer "physikalisch objektiven" Farbdarstellung könnten daher in Zukunft Aufzeichnungstechniken erforderlich werden, die mehr als die 3 Primärkomponenten des sichtbaren Lichtspektrums verwenden.

Teil B

Quantisierung und Codierung

8 Quantisierung

Die nach der Abtastung orts- und zeitdiskret vorliegenden Bildsignale oder deren dekorrelierte Äquivalente müssen quantisiert werden. Hierdurch werden sie wertdiskret, und ein begrenzter Codesymbolvorrat kann für ihre digitale Repräsentation verwendet werden. Bei der Quantisierung entsteht eine Verzerrung, die von der gewählten Quantisiererstufenhöhe abhängt. Andererseits beeinflußt die Stufenhöhe auch die Anzahl der erforderlichen Codesymbole, und damit die Übertragungsrate.

8.1 Quantisierung

Zu quantisierende Signalarten. Die in den PCM-Standardformaten digitalisierten Bilder und Bildsequenzen wären nur mit sehr hohen Raten zu übertragen (vgl. Tabelle 1.1). Für die datenreduzierte Übertragung interessieren daher hauptsächlich Techniken zur Quantisierung dekorrelierter Äquivalente der Bildrepräsentation, dies sind z.B. *Prädiktionsfehlersignale* bei prädiktiver Codierung, *Transformationskoeffizienten* oder *Teilbandsignale* bei Frequenzbereichscodierung. Weiterhin kann die Quantisierung von *Parametern* wie Aussteuerungsfaktoren, Blockmittelwerten, Filterkoeffizienten, Bewegungsvektoren u.a. notwendig sein.

Codeworte und Codesymbole. Es werden Signalwerte $x(m,n)$ durch einen Quantisierer auf das jeweils ähnlichste *Codewort* y_j aus einem Codewortvorrat $\mathbf{C}=\{y_j; j=1,..,J\}$ abgebildet. Für diese J Codeworte (Rekonstruktionswerte) müssen auch J unterschiedliche *Codesymbole j* zur Verfügung stehen, um die Information an den Decodierer zu übertragen. Bei Verwendung des quadratischen Fehlers als Verzerrungsmaß ergibt sich mit dem Codierungsfehler $q(m,n)$ der Codesymbolindex für das optimale Codewort y_i :

$$i(m,n) = \arg\min_{y_j \in \mathbf{C}}(q(m,n)^2) \quad ; \quad q(m,n) = x(m,n) - y_j. \tag{8.1}$$

Aufzuwendende Bitrate. Durch die Quantisierung ist aus dem ursprünglich wertkontinuierlichen Signal nunmehr ein wertdiskretes geworden. Die Codeworte sind vom Standpunkt der Codierungstheorie das *Alphabet* einer wertdiskreten Quelle, dessen Bedeutung während der digitalen Übertragung beliebig ist. Wir werden im folgenden Kapitel sehen, daß die zur Übertragung minimal aufzuwendende Bitrate vor allem von den *Auftretenswahrscheinlichkeiten* der einzelnen Codeworte abhängt. Hier wollen wir zunächst davon ausgehen, daß alle Codeworte gleich häufig auftreten. In diesem Fall ist für den Binärcode der Codesymbole die Rate $\log_2 J$ bit pro Codewort aufzuwenden. Die Anzahl der letzten Endes benötigten Codeworte hängt zum einen vom *Amplitudenbereich* des Signals, zum anderen von der gewählten *Quantisiererstufenhöhe* ab. Der Amplitudenbereich ist bei der Digitalisierung von analogen Videosignalen durch die Festlegung der Schwarz- und Weißpegel eindeutig begrenzt. Diese Begrenzung bleibt auch nach der Umformung in dekorrelierte Äquivalentsignale erhalten, sofern dabei stabile lineare Systeme eingesetzt werden.

8.1.1 Quantisierung mit gleichförmiger Stufenhöhe

Der Amplitudenbereich digitalisierter Bildsignale ist normalerweise positiv und liegt im Bereich zwischen 0 (dunkel) und A (hell). Bei einer Quantisierung mit *gleichförmiger* Stufenhöhe Δ ergeben sich somit $J=A/\Delta$ Rekonstruktionswerte, welche jeweils in der *Mitte* des Quantisierungsintervalls liegen (sh. Abb. 8.1a). Ist Δ genügend klein, so können wir annehmen, daß die ADV des Eingangssignals innerhalb jedes einzelnen Quantisierungsintervalls annähernd konstant ist. Damit ergibt sich ebenfalls eine Gleichverteilung $p(q)=1/\Delta$ des Quantisierungsfehlers im Intervall $[-\Delta/2, \Delta/2]$. Die Leistung des Quantisierungsfehlers q wird mit (3.7)

$$\sigma_q{}^2 = \int\limits_{-\Delta/2}^{\Delta/2} p(q) \cdot q^2 \, dq = \frac{1}{\Delta} \cdot \int\limits_{-\Delta/2}^{\Delta/2} q^2 \, dq = \frac{\Delta^2}{12}. \tag{8.2}$$

Ist hingegen die Anzahl der Quantisierungsstufen gering, so folgt die Verteilungsdichte des Quantisierungsfehlers abschnittsweise der Verteilung des Signals und ergibt sich insgesamt zu

$$p(q) = \sum_{j=1}^{J} p(q_j) \quad ; \quad p(q_j) = p(x) \quad \text{für} \quad x = y_j + q_j \quad ; \quad -\Delta/2 \le q_j \le \Delta/2, \tag{8.3}$$

die Leistung des Quantisierungsfehlers berechnet sich gemäß der linken Teilgleichung in (8.2).

Realisierung gleichförmiger Quantisierer. Die gleichförmige Quantisierung läßt sich auf Digitalrechnern sehr effizient durch eine *Integerdivision* realisieren :

$$i(m,n) = \text{nint}(x(m,n)/\Delta) \quad ; \quad y_{i(m,n)} = \Delta \cdot i(m,n) \tag{8.4}$$

Für die Quantisierung der dekorrelierten Signalkomponenten werden gleichförmige Quantisierer häufig so ausgelegt, daß ihre Rekonstruktionswerte um den Wert Null symmetrisch sind. In diesem Fall ist zu unterscheiden, ob der Wert Null selbst als Rekonstruktionswert auftritt (Abb. 8.1b) oder nicht (Abb. 8.1c). Im letzteren Fall ist in (8.4) eine zusätzliche Offsetverschiebung um $\Delta/2$ notwendig.

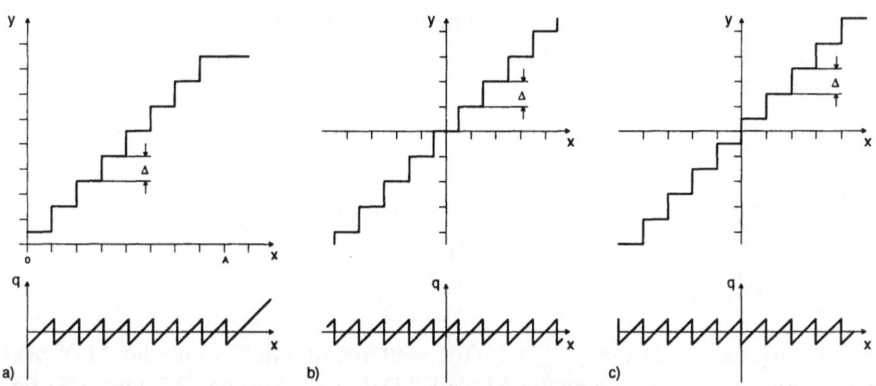

Abb. 8.1. Gleichförmige skalare Quantisiererkennlinien und Amplitude des Quantisierungsfehlers in Abhängigkeit von der Signalamplitude. **a** Quantisierer für rein positives Signal und **b/c** symmetrische Quantisierer (**b** mit, **c** ohne Rekonstruktionswert Null)

8.1.2 Ungleichförmige Quantisierung

Ein Quantisierer mit ungleichförmigen Stufenhöhen kann sinnvoll eingesetzt werden, wenn das Signal selbst eine ungleichförmige ADV besitzt. Hierbei bilden - im Gegensatz zu den gleichförmigen Quantisierern - *die Rekonstruktionswerte nicht mehr die Mitte des Quantisierungsintervalls*; vielmehr liegen die Grenzen zweier Quantisierungsintervalle jeweils in der Mitte zwischen zwei Rekonstruktionswerten (Abb. 8.2a). Es ergibt sich eine Verteilungsdichte des Quantisierungsfehlers in den einzelnen Intervallen

$$p(q_j) = p(x) \quad \text{für} \quad x = y_j + q_j \quad ; \quad y_j - y_{j-1} \leq q_j \leq y_{j+1} - y_j. \tag{8.5}$$

Entwurf optimaler ungleichförmiger Quantisierer. Die Optimierung eines ungleichförmigen Quantisierers besteht in der Minimierung der Varianz des Signals q, wofür als Freiheitsgrade in (8.5) die Werte y_j variiert werden können. Dies ist bei mehr als 2 Rekonstruktionswerten ein nichtlineares Problem. Ein *iteratives Verfahren* zur Optimierung wurde in [LLOYD 1957] und [MAX 1960] vorgeschlagen. Alle $x(m,n)$, die gemäß (8.1) auf das Codesymbol j abgebildet werden, mögen hier die Bezeichnung x^j erhalten. Für diese Werte ergibt sich die mittlere Verzerrung

$$D_j = E\left\{(x^j - y_j)^2\right\} \tag{8.6}$$

Die mittlere Gesamtverzerrung über alle j wird

$$D = \sum_{j=1}^{J} p(j) \cdot D_j \tag{8.7}$$

Beginnt man mit einem gleichförmigen Quantisierer, so wird die Lage der y_j nicht optimal sein, sofern das Signal keine gleichverteilte ADV besitzt. Das Auffinden der Minima für D_j, und damit eines besseren Satzes von y_j, erfolgt durch Ableiten von D_j:

$$D_j = E\left\{(x^j)^2\right\} - 2E\left\{x^j\right\} \cdot y_j + y_j^2$$

$$\Rightarrow \quad \frac{\partial D_j}{\partial y_j} = -2E\left\{x^j\right\} + 2 \cdot y_j \quad und \quad \frac{\partial D_j}{\partial y_j} = 0 \; für \; y_j = y_{j,opt} \tag{8.8}$$

$$\Rightarrow \quad y_{j,opt} = E\left\{x^j\right\}$$

Die Ermittlung von D_j und $y_{j,opt}$ ist ohne weiteres möglich, wenn die ADV $p(x)$ oder eine an das Signal angepaßte Modell-ADV (vgl. Abschn. 3.3 und 3.5) bekannt ist. Hierbei können auch diskrete Approximationen der Verteilungsdichte verwendet werden, sofern deren Intervalle wesentlich kleiner als die zu ermittelnden Quantisiererintervalle sind. Die Lösung erfolgt nach (8.8) für alle y_j; die $y_{j,opt}$ ergeben sich jeweils als *Mittelwerte* aller ihnen zugeordneten x^j, wobei die Intervallgrenzen nach (8.5) gegeben sind. Es sind jedoch in der Regel mehrere Iterationen notwendig, weil sich nach Berechnung eines neuen $y_{j,opt}$-Ensembles die Grenzen zwischen den einzelnen Quantisiererbereichen verschieben. Ein Quantisierer mit endgültig optimierten y_j ist dann erreicht, wenn sich D, die Gesamtverzerrung, gegenüber dem vorhergehenden Iterationsschritt nicht mehr, oder nur noch um einen infinitesimalen Betrag verändert. Dies ist der Fall, wenn die x^j nicht mehr zwischen den einzelnen Intervallen fluktuieren.

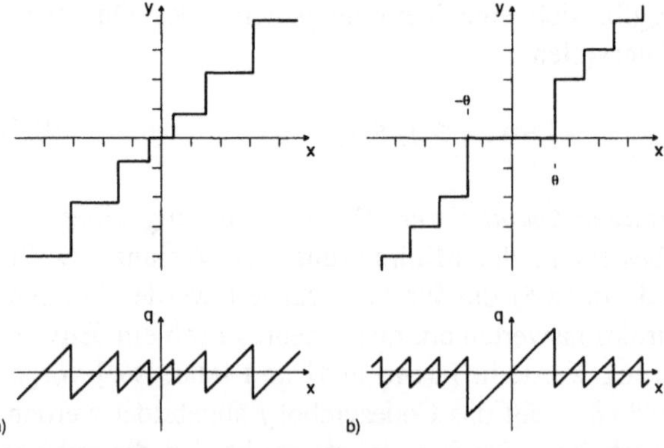

Abb. 8.2. Kennlinien **a** eines ungleichförmigen **b** eines Totzonen-Quantisierers

Realisierung ungleichförmiger Quantisierer. Die Ermittlung des optimalen Rekonstruktionswertes kann nur durch *Schwellwertvergleich* erfolgen, indem überprüft wird, ob der Wert $x(m,n)$ im nach (8.5) definierten Intervall liegt. Die Anzahl der notwendigen Vergleichsoperationen kann daher maximal J betragen, bis das richtige Intervall gefunden ist. Zur Aufwandsminimierung kann auch ein *baumstrukturierter Vergleich* erfolgen. Bei einer binären Baumstruktur sind z.B. auf jeder Ebene 2 Entscheidungen notwendig, und die Gesamtzahl der Entscheidungen beträgt $\log_2 J$ (vgl. hierzu Abschn. 10.3.4).

Quantisierung mit Totzone. Ein Spezialfall des ungleichförmigen Quantisierers ist der in Abb. 8.2b gezeigte *Totzonenquantisierer.* Er ist charakterisiert durch einen Schwellwert Θ, unterhalb dessen alle Eingangssignale $x(m,n)$ auf den Rekonstruktionswert $y=0$ abgebildet werden. Es handelt sich eigentlich um eine Sonderform des gleichförmigen Quantisierers, bei der die beiden kleinsten Quantisiererstufen eine größere oder kleinere Stufenhöhe besitzen als die übrigen. Dementsprechend kann auch eine algorithmische Realisierung nach der Formel

$$i(m,n) = nint\big((|x(m,n)| - \Theta + \tfrac{1}{2}) / \Delta\big) \cdot sgn(x(m,n))$$

$$y_{i(m,n)} = \big(\Delta \cdot |i(m,n)| + \Theta - \tfrac{1}{2}\big) \cdot sgn(i(m,n)) \tag{8.9}$$

erfolgen.

8.1.3 Adaptive Quantisierung

Adaptierbare Quantisiererparameter sind die Quantisiererstufenhöhen und die Anzahl der Rekonstruktionswerte. Bei einer Bildübertragung mit *konstanter Bitrate* ist es grundsätzlich notwendig, die Quantisiererstufenhöhe zu regeln, wenn der Detailgehalt in den zu codierenden Bildsignalen schwankt (vgl. Abschn. 10.1.4).

Auf Grund des instationären Charakters von Bildsignalen kann die Anwendung einer Adaption der Rekonstruktionswerteanzahl bei einer Übertragung mit variabler Bitrate (und konstanter Verzerrung) vorteilhaft sein. So sollten in Bereichen geringen Detailgehalts wenige bits genügen, um ein quantisiertes Prädiktionsfehlersignal oder Transformationskoeffizienten zu übertragen, während in stärker detaillierten Bereichen die Bitanzahl steigt. Dieser Effekt läßt sich zwar auch mittels einer Entropiecodierung herbeiführen (vgl. Abschn. 10.1), jedoch setzen die dabei eingesetzten Methoden stets voraus, daß zuverlässige Vorhersagen über die Auftretenswahrscheinlichkeiten der einzelnen Quantisierer-Ausgangswerte möglich sind. Diese Forderung ist z.B. bei der Quantisierung der Gleichanteilkoeffizienten einer Transformation, in deren Statistik sich der instationäre Charakter des einzelnen Bildsignals am stärksten niederschlägt (vgl. Abschn. 13.1.3), kaum zu erfüllen. Hier kann daher die in Abb. 8.3 dargestellte Adaptionsmethode eingesetzt werden, bei der die Anzahl der Quantisierer-Ausgangswerte (i.a. charakterisiert durch die Anzahl der notwendigen bits in einem Binärcode, z.B. 5 b für 2^5=32 Ausgangswerte) zusätzlich als Nebeninformation zu übertragen ist. Werden maximal 2^8=256 Rekonstruktionswerte zugelassen, sind z.B. maximal 3 b an Nebeninformation notwendig.

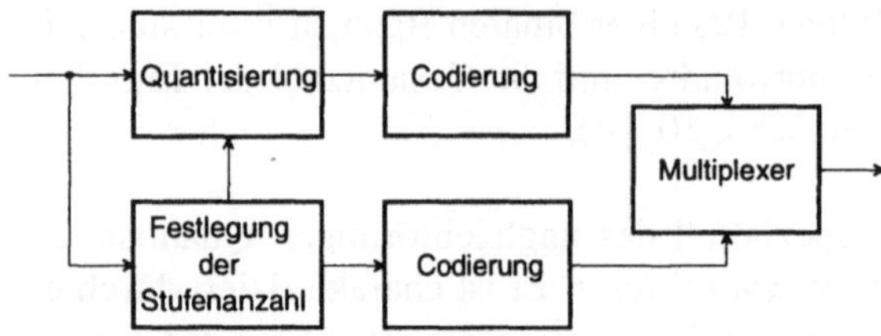

Abb. 8.3. Adaptive Quantisierung mit Regelung der Anzahl von Quantisierer-Ausgangswerten

8.2 Verzerrungsmaße

Als gebräuchliches *Verzerrungsmaß* in der Bildcodierung hat sich das *peak signal to noise ratio* (PSNR)

$$PSNR[dB] = 10 \cdot \log_{10} \frac{M \cdot N \cdot A^2}{\sum_{m=0}^{M} \sum_{n=0}^{N} \left(x(m,n) - y_{i(m,n)} \right)^2} \tag{8.10}$$

etabliert, bei dem die Energie des Fehlers zwischen dem Originalbild x und dem am Decodierer rekonstruierten Bild y zu der maximal möglichen Amplitude A (z.B. A=255 bei 8 bit Auflösung) ins Verhältnis gesetzt wird. Das PSNR läßt damit eine direkte Aussage über den mittleren quadratischen Fehler zu.

Psychovisuelle Kriterien. Das PSNR-Maß erlaubt jedoch keine unmittelbare Aussage über die tatsächliche visuelle Qualität, weil folgende psychovisuelle Faktoren unberücksichtigt bleiben (vgl. hierzu Abschn. 7.2) :

-   In Bildregionen hohen Detailgehalts tritt ein *Verdeckungseffekt* ein, d.h. der Betrachter übersieht angesichts der Informationsfülle im Bild die Quantisierungsverzerrungen. Abhilfe schafft ein Verzerrungsmaß, das eine zur *lokalen Varianz* des Bildsignals umgekehrt proportionale Gewichtung des Quantisierungsfehlers vornimmt.
-   Der visuelle Sinn weist eine Abhängigkeit von der *Ortsfrequenz* auf. Dieser Punkt ist insofern nicht unabhängig vom vorigen zu betrachten, als das Vorhandensein hoher Ortsfrequenzanteile auf einen hohen Detailgehalt hin-

weist. Eine Zerlegung des Bildsignals in Frequenzanteile mit anschließender *frequenzabhängiger Fehlergewichtung* (vgl. Abb. 7.5) kann dieses Problem lösen.

– Bei Auftreten lokal begrenzter, hoher Fehler (z.B. starke Störung durch Übertragungsfehler in einem einzelnen Block) wird der Betrachter von vornherein die Qualität als unbrauchbar beurteilen, auch wenn der Rest des Inhalts wenig oder gar nicht verzerrt ist. Hier kann eine Analyse des *maximalen lokalen Fehlers* oder auch eine Analyse über die ortsabhängige Variation der Fehler im Bildsignal Aufschluß geben.

– Bei der Betrachtung von Bildsequenzen sind Verzerrungen kritisch, die bei an sich *gleichbleibendem Inhalt* auftreten, beispielsweise innerhalb oder am Rand eines kontinuierlich bewegten Objektes. Weniger kritisch sind hingegen Verzerrungen an neu auftauchenden Inhalten, die der Betrachter erst erfassen muß.

Mit dekorrelierenden Codierverfahren (z.B. Transformations- oder prädiktive Codierung) sind grundsätzlich hohe PSNR-Werte zu erzielen bei Einzelbildern und Bildsequenzen mit relativ detailarmen Inhalten (z.B. viel Himmel) bzw. mit wenig Bewegung. Die visuelle Qualität wird deshalb aber nicht unbedingt besser bewertet als bei stärker detailliertem bzw. bewegtem Bildmaterial, bei dem auf Grund der von stärkeren Codierungsfehlern geringere PSNR-Werte erreicht werden. Letztere Art von Bildern enthält *mehr Information,* und der Betrachter wird auf Grund der vielfältigen Verdeckungseffekte weniger auf Codierungsfehler achten können.

Subjektiv gewichtete Verzerrungskriterien. Es gibt verschiedene Ansätze, die eine subjektive Beurteilung durch den menschlichen Betrachter in ein objektiv meßbares Verzerrungskriterium einzubeziehen. Auf Grund der verschiedenartigen psychovisuellen Einflüsse muß hierbei eine *Klassifzierung* der auftretenden Fehler erfolgen. Der Leser sei auf [MIYAHARA 1988], [XU, HAUSKE 1994] verwiesen.

Subjektive Tests. Diese werden im allgemeinen nach einer *mean opinion score* (*MOS*) durchgeführt, wobei die Urteile einer Reihe von Betrachtern ausgewertet werden. Tabelle 8.1 gibt einen Überblick über die gebräuchliche MOS-Skala. Die dabei neben die MOS-Werte gestellten PSNR-Werte können nur eine Richtlinie sein, die unter den genannten Vorbehalten zu bewerten ist.

Kompressionsfaktor. Ein häufig erwähntes Kriterium zur Bewertung eines Codierverfahrens ist schließlich der *Datenreduktions-* oder *Kompressionsfaktor.* Dieser ergibt sich als das Verhältnis der ursprünglichen PCM-Bitrate (z.B. 165 Mbit/s für CCIR 601-Format) zur tatsächlichen Ausgangsdatenrate des Codierers; bei 1,65 Mbit/s würde sich also ein Kompressionsfaktor von 100:1 ergeben. Jedoch ist der erzielbare Kompressionsfaktor in starkem Maße vom verwendeten Bildmaterial und dessen Detailgehalt abhängig; relevant ist hier also wieder nur der Vergleich von unterschiedlich leistungsfähigen Codierverfahren bei Verwendung identischen Bildmaterials.

Tabelle 8.1. MOS-Skala und Approximation der zuzuordnenden PSNR-Werte

	subjektive Kriterien	PSNR-Werte (dB) bei Detailgehalt		
		gering	mittel	hoch
hervorragend (*excellent*)	keine sichtbare Verzerrung zum Original	>40	>37	>35
gut (*good*)	gering sichtbare Verzerrungen	34-40	31-37	29-35
zufriedenstellend (*fair*)	mittlere bis starke Verzerrungen	28-34	25-31	24-29
gering (*poor*)	erkennbarer Bildinhalt, aber schlechte Qualität	22-28	20-25	20-24
schlecht (*bad*)	kaum erkennbarer Bildinhalt	<22	<20	<20

9 Codierungstheorie

Mittels Abtastung und Quantisierung wurde das Bildsignal digitalisiert. Die Frage, welche Bitrate zur Übertragung dieses Signals aufgewandt werden muß, und welche Techniken dabei anzuwenden sind, wird durch die Rate-Distortion-Theorie und das Quellencodierungstheorem beantwortet. Die Rate-Distortion-Funktion gibt für eine gegebene Signalstatistik einen funktionalen Zusammenhang zwischen Übertragungsbitrate und entstehender Verzerrung an. Eine analytische Bestimmung ist allerdings wieder nur für Modellsignale mit stationärer Statistik und bei Verwendung des quadratischen Fehlerkriteriums möglich.

9.1 Statistische Grundlagen der Informationstheorie

Der *Informationsgehalt* eines Ereignisses j ist

$$i(j) = \log_2 \frac{1}{p(j)} = -\log_2 p(j). \tag{9.1}$$

Aus (9.1) folgt, daß der Informationsgehalt *hoch* ist, wenn ein Ereignis *selten* auftritt; dies läßt sich plausibel als "Überraschungseffekt" interpretieren. Wird der Logarithmus mit der Basis 2 verwendet, ergibt sich als Maßeinheit für den Informationsgehalt und alle daraus folgenden Maße die Einheit *bit* (*b*). Die *Entropie* ist der *Mittelwert des Informationsgehalts*, wenn j eines von J möglichen Ereignissen ist :

$$H(j) = -\sum_{j=1}^{J} p(j) \cdot \log_2 p(j). \tag{9.2}$$

In ähnlicher Form läßt sich auch der *bedingte Informationsgehalt* eines Ereignisses definieren : Dieser gibt den Anteil an Information über ein Ereignis j_2 an, der *noch unbekannt* ist, wenn wir über die Information eines Ereignisses j_1 schon verfügen. Es folgt mit der Definition der bedingten Wahrscheinlichkeit aus (3.3) :

$$i(j_2|j_1) = -\log_2 p(j_2|j_1) = -\log_2 \frac{p(j_1,j_2)}{p(j_1)}. \tag{9.3}$$

Man beachte, daß für statistisch unabhängige Ereignisse $p(j_2|j_1)=p(j_2)$ und damit der bedingte Informationsgehalt gleich $i(j_2)$ wird. Als *Transinformationsgehalt* wird die Reduktion an Informationsgehalt bezeichnet, die erfolgt, wenn das Wissen über den statistischen Zusammenhang zwischen j_1 und j_2 beim Auftreten von j_2 ausgenutzt wird (oder, anders formuliert, der *Anteil an Information* über j_2, der in j_1 bereits enthalten ist, abgezogen wird) :

$$i(j_2;j_1) = i(j_2) - i(j_2|j_1) = \log_2 \frac{p(j_2|j_1)}{p(j_2)} = \log_2 \frac{p(j_1,j_2)}{p(j_1) \cdot p(j_2)}. \tag{9.4}$$

Aus dem bedingten Informationsgehalt bestimmt sich dessen Mittelwert, die *bedingte Entropie* eines diskreten Quellensignals :

$$H(j_2|j_1) = -\sum_{j_1=1}^{J_1} \sum_{j_2=1}^{J_2} p(j_1) \cdot p(j_2|j_1) \cdot \log_2 p(j_2|j_1) = -\sum_{j_1=1}^{J_1} \sum_{j_2=1}^{J_2} p(j_1,j_2) \cdot \log_2 p(j_2|j_1).$$
$$\tag{9.5}$$

Der *mittlere Transinformationsgehalt* folgt aus (9.2), (9.4) und (9.5) :

$$H(j_2;j_1) = H(j_1;j_2) = \sum_{j_1=1}^{J_1} \sum_{j_2=1}^{J_2} p(j_1,j_2) \cdot \log_2 \frac{p(j_1,j_2)}{p(j_1) \cdot p(j_2)} = H(j_2) - H(j_2|j_1).$$
$$\tag{9.6}$$

Die Begriffe des bedingten Informationsgehalts und des Transinformationsgehalts werden im folgenden zur Beschreibung der *Rate-Distortion-Funktion* für unkorrelierte, wertdiskrete Quellensignale verwendet.

9.2 Rate-Distortion-Funktion

Eine diskrete Quelle erzeuge Werte $x(n)$ aus einem Alphabet $\mathbf{A}=\{a_1,a_2,...,a_A\}$. Diese sollen durch Rekonstruktionswerte $y(n)$ aus einem anderen Alphabet $\mathbf{B}=\{b_1,b_2,...,b_B\}$ wiedergegeben werden. Die Abbildung erfolgt mittels eines *Codebuches* $\mathbf{C}$. Als praktische Realisierung dieser Abbildung können z.B. *Blockcodes* verwendet werden. Hierbei werden jeweils K Abtastwerte $x(n)$ zu einem Vektor $\mathbf{x}$ zusammengefaßt und auf einen Vektor $\mathbf{y}$ abgebildet, der ebenfalls K Rekonstruktionswerte $y(n)$ enthält.

Der mittlere Transinformationsgehalt zwischen dem Quellenalphabet $\mathbf{A}$ und dem Codealphabet $\mathbf{B}$ bei Verwendung des Codebuches $\mathbf{C}$ ergibt sich als

$$H(\mathbf{A};\mathbf{B})\big|_{\mathbf{C}} = H(\mathbf{A}) - H(\mathbf{A}|\mathbf{B})\big|_{\mathbf{C}}. \tag{9.7}$$

Der mittlere Transinformationsgehalt in (9.7) ist nach den Definitionen in (9.4) und (9.6) ein Maß für die Information, welche zur Beschreibung der Quellenwerte aus **A** durch die Rekonstruktionswerte aus **B** notwendig ist, wenn das Codebuch **C** verwendet wird. Als $\mathcal{C}_D$ werde nun die Menge aller Codes bezeichnet, welche eine Codierung der Quelle mit der Verzerrung D, also mit gleicher Qualität, ermöglichen. Die geringstmögliche Rate bei dieser Verzerrung ist daher für denjenigen Code aus der Menge $\mathcal{C}_D$ aufzuwenden, welcher den *geringsten Transinformationsgehalt* besitzt :

$$R(D) = \min_{\mathbf{C} \in \mathcal{C}_D}\left(H(\mathbf{A};\mathbf{B})\big|_{\mathbf{C}} \right). \tag{9.8}$$

In einer Verallgemeinerung auf wertkontinuierliche und korrelierte Quellen folgt hieraus das in [SHANNON 1959] formulierte Quellencodierungstheorem :

"Für die Codierung eines diskreten Quellensignals existiert, wenn eine Verzerrung kleiner oder gleich D zugelassen wird, ein Blockcode mit der Bitrate $R = R(D) + \varepsilon$, $\varepsilon > 0$, wenn die Blocklänge K des Codes groß genug gewählt wird."

Dieses Theorem besagt

- daß bei der Codierung eines abgetasteten Signals ein *Zusammenhang* zwischen einer gewünschten *Verzerrung* und der dafür minimal notwendigen *Bitrate* existiert;
- daß diese minimal notwendige Bitrate $R(D)$ beliebig nahe approximiert werden kann, wenn eine genügend hohe Anzahl von Abtastwerten nicht separat für sich, sondern mittels eines die Abtastwerte zu *Vektoren* zusammenfassenden Blockcodes codiert wird.

$R(D)$ ist grundsätzlich eine konvexe Funktion. Daher ist auch die inverse Funktion $D(R)$ definierbar, und das Quellencodierungstheorem ist umkehrbar :

"Steht zur Codierung eines diskreten Quellensignals eine Bitrate R zur Verfügung, so kann eine Verzerrung D(R) nicht unterschritten werden."

9.2.1 $R(D)$ für wertkontinuierliche und wertdiskrete Quellen

Abb. 9.1 stellt ein Beispiel für die Funktion $R(D)$ dar. Setzen wir als Fehlermaß der Verzerrung D den quadratischen Fehler an, so wird bei der Rate $R=0$, bei der *nichts* übertragen werden kann, die Verzerrung $D=\sigma^2$, also identisch mit der Varianz des (hier zunächst zur vereinfachten Darstellung mittelwertfreien) Signals sein. Für wertkontinuierliche Quellen wird die Rate prinzipiell *unendlich*, wenn eine verzerrungsfreie Codierung ($D=0$) gefordert ist. Für wertdiskrete Quellen ist eine verzerrungsfreie Codierung hingegen mit der Rate der *Entropie* $H(\mathbf{A})$ möglich. Dies folgt direkt aus (9.7) und (9.8) : Da bei verzerrungsfreier Codierung *alles* über **A** durch **B** bekannt sein muß, wird $H(\mathbf{A}|\mathbf{B})=0$ und folglich $\min[H(\mathbf{A};\mathbf{B})]=H(\mathbf{A})$.

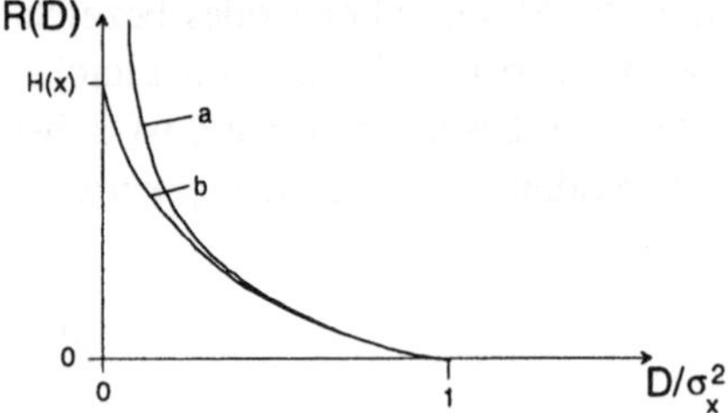

Abb. 9.1. Verlauf von $R(D)$ bei wertkontinuierlichen (a) und wertdiskreten (b) Signalen

Quantisierung und Entropiecodierung. Durch Quantisierung wurde aus dem wertkontinuierlichen Signal ein wertdiskretes, wobei eine Verzerrung D entstand. Man kann aber eine Quantisierung auch auf ein bereits wertdiskretes Signal anwenden, und erhält dadurch ebenfalls eine Verzerrung, weniger Quellensymbole und eine geringere Bitrate (Beispiel : PCM mit 4 b statt mit 8 b). Damit besteht prinzipiell die Möglichkeit, *zuerst* eine Quantisierung durchzuführen, und anschließend das Signal mit der *Entropierate* des wertdiskreten Quantisiererausgangssignals zu codieren. Hierzu wird die Methode der *Entropiecodierung* angewandt (vgl. Abschn. 10.1). Nach dem Quellencodierungstheorem muß jeweils ein möglichst großer Block von Quantisierersymbolen zusammengefaßt, und ein gemeinsames Codesymbol zur Übertragung gefunden werden, um eine Annäherung an $R(D)$ zu erzielen. Wird bei der Optimierung der Codesymbole die *Verbundverteilungsdichte* (3.4) eines korrelierten Quellensignals berücksichtigt, so kann gleichzeitig eine dekorrelierende Wirkung erreicht werden.

Zumindest bei höheren Raten ist es tatsächlich auch gleichgültig, ob die Stufen des Quantisierers gleichförmig oder ungleichförmig sind : Relevant für die Übertragungsrate ist lediglich die *Ausgangsentropie des Quantisierers*. Diese wurde aber bei dem in Abschn. 8.1.2 beschriebenen Entwurf optimaler ungleichförmiger Quantisierer gar nicht berücksichtigt; hier wurde lediglich auf eine Minimierung der Verzerrung D hin optimiert. Würde bei der Quantisiereroptimierung eine zusätzliche, die Entropie erfassende "Kostenfunktion" eingeführt, so könnte eine bessere Approximation von $R(D)$ erreicht werden; solche Methoden werden als *entropy constrained quantization* bezeichnet (vgl. Abschn. 10.3.5).

Blockquantisierung. Bei der Bildcodierung treten vielfach Signalkomponenten auf, welche bei ausreichender Qualität (gemessen an der Verzerrung D) nur eine relativ geringe Anzahl von bits pro Abtastwert benötigen. Dies trifft vor allem auf dekorrelierte Äquivalente des Bildsignals, z.B. Prädiktionsfehlersignale oder hochfrequente Spektralkomponenten einer Frequenzzerlegung, zu. Sind geringe Bitraten gefordert, so läßt sich eine bessere Annäherung an $R(D)$ als mit der Kombination skalare Quantisierung/Entropiecodierung verwirklichen, wenn bereits *während der Quantisierung* eine blockweise Zusammenfassung von Abtastwerten erfolgt. Solche Methoden der Blockquantisierung lassen sich auf wertkontinuierliche oder wertdiskrete Quellen anwenden. Auf diese Weise wird unmittelbar die mehrdimensionale Verteilungsdichte eines Signals ausgenutzt, was auch die direkte Erfassung von Korrelationen einschließt. Es ist möglich, einen solchen *Vektorquantisierer* an Hand einer gegebenen Signalstatistik auf eine gleichzeitige Minimierung der Verzerrung D und der Entropierate des Quantisiererausgangs zu optimieren (vgl. Abschn. 10.3.5).

9.2.2 $R(D)$ für unkorrelierte Signale

Die Bestimmung der Rate-Distortion-Funktion $R(D)$ für Signale mit beliebiger ADV ist generell sehr komplex; eine punktweise Approximation kann für stationäre, wertkontinuierliche oder wertdiskrete Signale mittels des in [BLAHUT 1972] angegebenen Algorithmus erfolgen. Eine analytische Lösung existiert für den wichtigen Fall eines stationären, unkorrelierten (spektral weißen) Signals $z(n)$ der Varianz σ_z^2 mit Gaußverteilung, für das gilt

$$R(D) = \max\left(\frac{1}{2} \log_2 \frac{\sigma_z^2}{D}, 0 \right),$$
(9.9)

wobei D die zugelassene Verzerrung nach dem Kriterium des mittleren quadratischen Fehlers darstellt. Das Modell der Gaußquelle ist von besonderer Bedeutung, weil es für alle unkorrelierten Signale derselben Varianz σ^2, aber mit beliebiger Verteilungsdichte, den *schlechtest möglichen Fall* darstellt, d.h. kein anderes Signal würde eine höhere Rate benötigen. Die Beziehung (9.9) kann daher als *obere Grenze* angesehen werden. Im folgenden wird die analytische Bestimmung von $R(D)$ auf *korrelierte* Signale mit Gaußverteilung verallgemeinert.

9.2.3 $R(D)$ für korrelierte Gaußprozesse

Für einen korrelierten Gaußprozeß gilt

$$R(D_\Theta) = \frac{1}{4\pi} \int\limits_{-\pi}^{\pi} \max\left(0, \log_2 \frac{S_{xx}(\Omega)}{\Theta} \right) d\Omega.$$
(9.10)

Als Interpretation bietet sich an, daß der korrelierte Prozeß in *unendlich viele unkorrelierte Komponenten* (Spektralkoeffizienten) zerlegt wird. Liegt der spektrale Erwartungswert eines dieser Koeffizienten oberhalb des Schwellwertes Θ, so ist die Rate gemäß (9.9) aufzuwenden, ansonsten die Rate Null - die Verzerrung wird dann gleich dem Wert des Koeffizienten. Für die Verzerrung D_Θ gilt

$$D_\Theta = \frac{1}{2\pi} \int_{-\pi}^{\pi} \min[\Theta, S_{xx}(\Omega)] d\Omega. \qquad (9.11)$$

Abb. 9.2a macht deutlich, wie sich die Gesamtverzerrung aus einzelnen spektralen Anteilen zusammensetzt, was auf (9.11) führt. Die Verzerrung darf nirgends größer werden als der entsprechende spektrale Anteil des Signals, die schraffierten Spektralbereiche werden daher auf null gesetzt, und nicht mit übertragen. Dies hat Ähnlichkeit mit dem Auffüllen eines ungleichförmigen Behälters mit Wasser und wird deshalb auch als *water filling procedure* bezeichnet. Abb. 9.2b stellt darüber hinaus den spektralen Verlauf der Verzerrung bei einer *frequenzgewichteten Quantisierung* dar, wie sie z.B. bei einer an psychovisuelle Kriterien angepaßten Codierung Anwendung findet. In beiden Diagrammen sind auch die zugeordneten Bitraten angegeben.

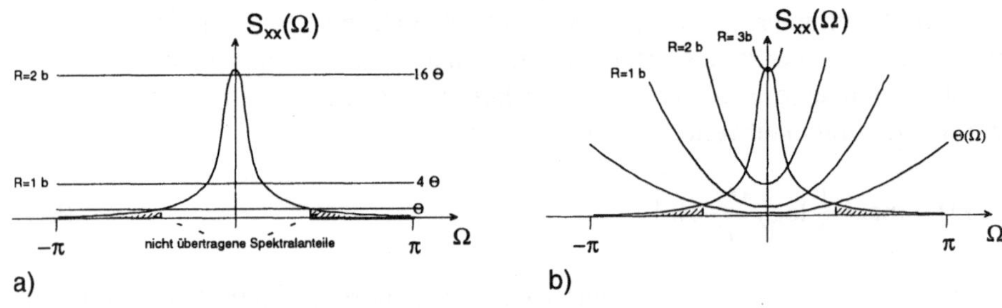

Abb. 9.2. Interpretation der Rate-Distortion-Funktion eines korrelierten Prozesses **a** bei ungewichteter **b** bei spektral gewichteter Quantisierung

Analytische Bestimmung von $R(D)$ für einen AR(1)-Prozeß. Der AR(1)-Prozeß mit dem Korrelationskoeffizienten ρ besitzt das Leistungsdichtespektrum $S_{xx}(\Omega)$ nach (4.4). Hiermit ergibt sich, sofern $S_{xx}(\Omega)$ im Bereich $(-\pi,\pi)$ nirgends kleiner als der Verzerrungsparameter Θ wird, eine Rate-Distortion-Funktion

$$
\begin{aligned}
R(D) &= \frac{1}{4\pi} \int_{-\pi}^{\pi} \log_2 \frac{\sigma_x^2 (1-\rho)^2}{D \cdot (1 - 2\rho \cos\Omega + \rho^2)} d\Omega \\
&= \frac{1}{4\pi} \int_{-\pi}^{\pi} \log_2 \frac{\sigma_x^2 (1-\rho)^2}{D \cdot (1+\rho^2)} d\Omega - \frac{1}{4\pi} \int_{-\pi}^{\pi} \log_2 \left(1 - \frac{2\rho \cos\Omega}{1+\rho^2}\right) d\Omega \\
&= \frac{1}{2} \log_2 \frac{\sigma_x^2 (1-\rho^2)}{D} = \frac{1}{2} \log_2 \frac{\sigma_z^2}{D}.
\end{aligned}
\qquad (9.12)
$$

Das $R(D)$ des AR(1)-Prozesses mit der Varianz σ_x^2 läßt sich in diesem Fall also direkt aus dem $R(D)$ des unkorrelierten Anregungsprozesses mit der Varianz σ_z^2 angeben. Dies ist aber nur für den Fall geringer Verzerrungen D gültig. Da das Spektrum (4.4) bei der halben Abtastfrequenz den geringsten Wert aufweist, ergibt sich durch Einsetzen von $\Omega=\pi$ in (9.12)

$$D \overset{!}{\le} \frac{1-\rho}{1+\rho} \cdot \sigma_x^{2}, \tag{9.13}$$

es gilt also in diesem Fall über den gesamten Frequenzbereich : $D=\Theta$. Für größere D muß das Integral in (9.10) wegen der durch die max($\cdot$)-Funktion verursachten Unstetigkeit in 2 Teile aufgeteilt werden, wobei die Lösung nur durch parametrische Variation von Θ in (9.10) und (9.11) möglich ist. Abb. 9.3 stellt $R(D)$ für den AR(1)-Prozess mit verschiedenen ρ-Werten dar. Oberhalb der gestrichelten Linie, welche die Grenze aus (9.13) andeutet, ergeben sich Geraden parallel zum $R(D)$ des *unkorrelierten* Gaußsignals gleicher Varianz ($\rho=0$).

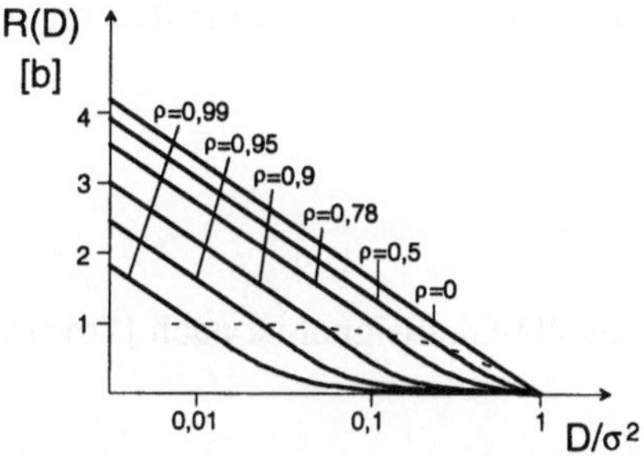

Abb. 9.3. *R(D)* für AR(1)-Prozesse mit verschiedenen Parametern ρ nach [CLARKE 1985]

Aus (4.3) und (9.12) folgt, daß sich bei Einsatz eines Codierverfahrens, welches die statistische Abhängigkeit (Korrelation) benachbarter Abtastwerte ausnutzt, ein maximaler *Codiergewinn*

$$G = \frac{1}{\gamma_x^{2}} = \frac{1}{1-\rho^{2}} = \frac{\sigma_x^{2}}{\sigma_z^{2}} \tag{9.14}$$

erzielen läßt - die Verzerrung läßt sich *bei gleicher Rate* um einen Faktor verringern, der dem Verhältnis der Varianzen des Signals und des unkorrelierten Anregungsprozesses entspricht. Umgekehrt läßt sich durch Vergleich von (9.9) und (9.12) unter Ausnutzung der Beziehung (9.14) auch die für den AR(1)-Prozeß erzielbare Verminderung der Bitrate gegenüber der nicht-dekorrelierenden PCM-Codierung *bei gleicher Verzerrung*

$$R_G = -\frac{1}{2} \cdot \log_2\left(1-\rho^{2}\right) \tag{9.15}$$

bestimmen. Durch Einsetzen von (9.13) und (9.14) in (9.12) folgt weiterhin, daß die Gewinne (9.14) und (9.15) nur für den Fall $R \ge \log_2(1+\rho)$ erreichbar sind. Der Codiergewinn (9.14) ist der Faktor, um den sich die Verzerrung bei Einsatz eines dekorrelierenden Codierverfahrens gegenüber einem PCM-Verfahren mit gleicher Bitrate vermindern läßt. Er ist reziprok zum *Maß der spektralen Konstanz* (MSK)

$$\gamma_x{}^2 = \frac{2^{\left[\frac{1}{2\pi}\int\limits_{-\pi}^{\pi} \log_2 S_{xx}(\Omega)d\Omega\right]}}{\sigma_x{}^2},$$
(9.16)

welches sich aus dem Verhältnis des *geometrischen Mittelwerts* des LDS zur Varianz, dessen *arithmetischem Mittelwert* ergibt [JAYANT, NOLL 1984]. Beide Mittelwerte sind gleich, wenn alle Spektralanteile dieselbe Leistung besitzen, wenn das Spektrum also das eines weißen Rauschens ist. In jedem anderen Fall ist der geometrische Mittelwert geringer als der arithmetische. Man beachte, das das MSK nur definiert ist, wenn im Bereich (-π,π) alle Spektralanteile größer als Null sind, was bei periodischen oder anderen deterministischen Signalen nicht zutrifft.

9.2.4 $R(D)$ für mehrdimensionale Signale

Die Rate-Distortion-Funktion für ein korreliertes 2D-Gaußsignal ist nach [VITERBI, OMURA 1985]

$$R_{2D}(D_\Theta) = \frac{1}{8\pi^2} \int\limits_{-\pi}^{\pi}\int\limits_{-\pi}^{\pi} \max\left(0, \log_2 \frac{S_{xx}(\Omega_1,\Omega_2)}{\Theta}\right) d\Omega_1 d\Omega_2$$
(9.17)

mit

$$D_\Theta = \frac{1}{4\pi^2} \int\limits_{-\pi}^{\pi}\int\limits_{-\pi}^{\pi} \min[\Theta, S_{xx}(\Omega_1,\Omega_2)]d\Omega_1 d\Omega_2.$$
(9.18)

Wenn das Modell (und folglich auch sein Spektrum) separierbar sind, folgt daraus jedoch wegen der Unstetigkeiten in (9.10) *nicht automatisch die Separierbarkeit* von $R(D)$.

Anwendung auf das zweidimensionale AR(1)-Modell. Für den zweidimensionalen, separierbaren AR(1)-Prozeß mit den ersten horizontalen und vertikalen Korrelationskoeffizienten ρ_h und ρ_v ergibt sich

$$R_{2D}(D) = \frac{1}{2}\log_2 \frac{\sigma_x{}^2\left(1-\rho_h{}^2\right)\left(1-\rho_v{}^2\right)}{D} = \frac{1}{2}\log_2 \frac{\sigma_z{}^2}{D}.$$
(9.19)

Die Gültigkeit von (9.19), sowie die Separierbarkeit der Rate-Distortion-Funktion sind nunmehr beschränkt auf den Bereich geringer Verzerrung

$$D \overset{!}{\leq} \frac{\left(1-\rho_h\right)\cdot\left(1-\rho_v\right)}{\left(1+\rho_h\right)\cdot\left(1+\rho_v\right)}\cdot\sigma_x{}^2,$$
(9.20)

was ein kleinerer Wert ist als im 1D-Fall von (9.13). Weiterhin folgt, daß der maximal mögliche Codiergewinn eines Verfahrens, welches die Korrelationen in beiden örtlichen Richtungen (zeilen- und spaltenweise) ausnutzt,

$$G_{2D} = \frac{1}{\left(1-\rho_h{}^2\right)\cdot\left(1-\rho_v{}^2\right)},$$
(9.21)

nur für Raten $R \geq \log_2(1+\rho_h)(1+\rho_v)$ erreichbar ist. Dieser Gewinn entspricht z.B. für $\rho_h=\rho_v=0{,}95$ einer Verringerung der Verzerrung um 10,1 dB oder einer Verringerung der Rate um 1,68 bpp gegenüber einem Codierverfahren, das nur in Zeilenrichtung die Redundanz eines Bildsignals ausnutzt.

Auch die Definition des Maßes spektraler Konstanz aus (9.16) läßt sich auf den zwei- und mehrdimensionalen Fall erweitern. Für ein separierbares, stationäres Signal gilt dann, daß sich die Codiergewinne der einzelnen Dimensionen multiplizieren. Es ergibt sich für den 2D-Fall

$$\gamma^2_{x,2D} = \frac{2^{\left[\frac{1}{8\pi^2}\int\limits_{-\pi}^{\pi}\int\limits_{-\pi}^{\pi} \log_2 S_{xx}(\Omega_1,\Omega_2)d\Omega_1 d\Omega_2\right]}}{\sigma_x{}^2}.$$
(9.22)

10 Methoden der Quantisierung und Codierung

Das Quellencodierungstheorem gibt allgemein die Methode der Blockcodierung an, um tatsächlich eine Übertragung mit einer Rate realisieren zu können, die nur knapp oberhalb von R(D) liegt. Eine Blockcodierung läßt sich z.B. in block-separater Arbeitsweise realisieren. Hierbei werden möglichst viele Quellensymbole bzw. Abtastwerte zu einem Vektor zusammengefaßt, und auf Grund der zu erwartenden Statistik ein Blockcode entworfen. Jeder Block wird unabhängig von allen anderen betrachtet. Diese Methode wird bei der Huffmancodierung (zur Entropiecodierung) und bei der Vektorquantisierung (zur Blockquantisierung) angewandt. Eine Alternative sind gleitende Blockcodes. Zu ihrer Realisierung wird ein Fenster definiert, unter dem möglichst viele Quellensymbole bzw. Abtastwerte liegen. Das Fenster wird mit jedem Schritt des Codierungsprozesses um eine oder mehrere Positionen verschoben, wobei die Verschiebung wesentlich kleiner als die Fensterlänge ist. Hierbei hängt die Komplexität nur von der Verschiebungslänge ab, während die Effizienz des Codes bezüglich R(D) durch die Fensterlänge bestimmt wird. Beispiele gleitender Codes sind die arithmetische Codierung (zur Entropiecodierung), sowie die Tree- und Trelliscodierung (zur Blockquantisierung).

10.1 Entropiecodierung

Unter Entropiecodierung versteht man die *verlustfreie* Codierung eines wertdiskreten Quellensignals $x(n)$ mit dem Quellenalphabet $\mathbf{A}=\{a_1,a_2,..,a_A\}$. Nehmen wir als Beispiel eines Quellenalphabets die Menge der möglichen Ausgangssymbole eines Quantisierers, so wird $A=J$. Jedes Symbol a_j besitzt eine Auftretenswahrscheinlichkeit $p(j)$. Die minimale Rate, mit der das Quellensignal codierbar ist, ist dessen *mittlerer Informationsgehalt*, die *Entropie* $H(\mathbf{A})$. Ziel ist es, annähernd mit der Rate der Entropie zu übertragen, was durch einen *Code variabler Länge* möglich ist. Hierbei wird jedem Element a_j des Codealphabets $\mathbf{A}$ eine Bitanzahl z_j zugeordnet, die möglichst gut den Informationsgehalt (9.1) approximiert :

$$R = \sum_{j=1}^{J} p(j) \cdot z_j \geq H(\mathbf{A}) = -\sum_{j=1}^{J} p(j) \cdot \log_2 p(j) \qquad (10.1)$$

Entropiecodierung ist - mit Ausnahme des trivialen Falls einer annähernd gleichförmigen Verteilungsdichte - immer eine *Codierung mit variabler Datenrate*, d.h. es sind nur wenige bits aufzuwenden, wenn der Informationsgehalt des zu übertragenden Ereignisses gering ist.

Verlustlose Codes variabler Länge müssen eindeutig decodierbar sein. Die bekannteste Klasse von Codes, die diese Forderung erfüllen, sind die *Präfixcodes*. Diese sind so aufgebaut, daß niemals eine gültige Binärsymbolfolge Präfix der Binärsymbolfolge eines anderen Codesymbols sein darf. So ist bei 4 verschiedenen Codesymbolen der Code $\mathbf{C}=[0,10,110,111]$ eindeutig decodierbar, $\mathbf{C}=[0,\underline{10},\underline{10}0,111]$ hingegen nicht.

Werden K Quellenwerte $x(n)$ zu einem Vektor $\mathbf{x}$ zusammengefaßt, so existiert ein Präfixcode, dessen Rate pro Symbol

$$\frac{1}{K} \cdot H(\mathbf{x}) \leq R < \frac{1}{K} \cdot H(\mathbf{x}) + \frac{1}{K} \leq H(\mathbf{A}) + \frac{1}{K} \qquad (10.2)$$

wird. Die Gleichheit im ganz rechten Abschnitt von (10.1) gilt für denFall, daß die Quellenwerte $x(n)$ unkorreliert sind. Dann wird gemäß (3.5) die vektorielle Verteilungsdichte $p(\mathbf{x})=p(x_1)\cdot p(x_2)...\cdot p(x_K)$, woraus folgt : $H(\mathbf{x})=K\cdot H(x)=K\cdot H(\mathbf{A})$. Die Entropierate der Quelle kann mindestens bis auf $1/K$ b angenähert werden, im Fall $K=1$, wenn eine *separate* Entropiecodierung jedes Quellenwertes erfolgt, mindestens auf ein bit genau.

Die Techniken der Entropiecodierung lassen sich am besten mittels eines *Codebaums* interpretieren. Im Fall der binären Codierung ist dies ein binärer Baum, bei dem nur zweifache Verzweigungen vorkommen, welche jeweils die "0"- bzw. "1"-Elemente der das Codesymbol repräsentierenden Binärfolge darstellen. Bei einem Code variabler Länge ergibt sich ein *unsymmetrischer* Codebaum. Die Darstellungsweise des Codebaums gibt eine anschauliche Interpretation eines decodierbaren Codes, da jedes Codesymbol durch einen eindeutigen *Pfad* im Baum repräsentiert ist.

10.1.1 Huffmancodierung

Zwar benutzt schon das Morsealphabet einen Code variabler Länge, jedoch ist die von [HUFFMAN 1952] angegebene Methode das erste *systematische* Verfahren zur Entropiecodierung. Hiermit kann bei bekannter Verteilungsdichtefunktion eines Quellenalphabets $\mathbf{A}$ auf recht einfache Weise ein Präfixcode bestimmt werden. Für den Fall, daß sämtliche diskreten Wahrscheinlichkeiten Potenzen von 1/2 sind, läßt sich sogar *genau* die Entropierate erreichen.

Entwurf eines Huffmancodes. Der Entwurf eines Huffmancodes umfaßt folgende Schritte :

1. Es wird eine Liste **L** aus den Wahrscheinlichkeiten $p(a_1),p(a_2),...,p(a_J)$ der Symbole des Quellenalphabets **A** gebildet. Die Liste enthält weiterhin die Indizes j aller Codesymbole, die mit den jeweiligen Listenplätzen assoziiert sind (dies ist zunächst ein Index pro Listenplatz). Die Bitfolgen für die Codesymbole b_j $(b_1,b_2,...,b_J)$ des Alphabets **B** bestehen am Anfang aus jeweils 0 bit.
2. Es werden die beiden kleinsten Wahrscheinlichkeitswerte in **L** aufgesucht, und den Bitfolgen der jeweils zugehörigen Codesymbole eine "0" bzw. "1" als MSB (most significant bit) hinzugefügt.
3. Die beiden kleinsten Wahrscheinlichkeitswerte werden aus **L** gelöscht, und stattdessen deren Summe in einem neuen Listenplatz eingefügt, der eine neu gefundene Verzweigung des Codebaumes repräsentiert. Dieser Verzweigung werden alle Indizes (nachgeordnete Verzweigungen) assoziiert, die den beiden nunmehr gelöschten Listenplätzen zugeordnet waren.
4. Wenn **L** nur noch einen Listenplatz enthält, ist der Code fertig. Ansonsten wird mit Schritt 2 fortgefahren.

Beispiel. Abb. 10.1 zeigt den Entwurf eines Huffmancodes für 8 unterschiedlich häufige Codeworte anhand des Codebaumes. Jeder Zweig des Baumes ist mit seiner Auftretenswahrscheinlichkeit und dem zugeordneten Codesymbol bezeichnet. Die beschriebene Entwurfsprozedur muß siebenmal durchlaufen werden (in Abb. 10.1 entsprechend der Länge der Baumäste von rechts nach links)

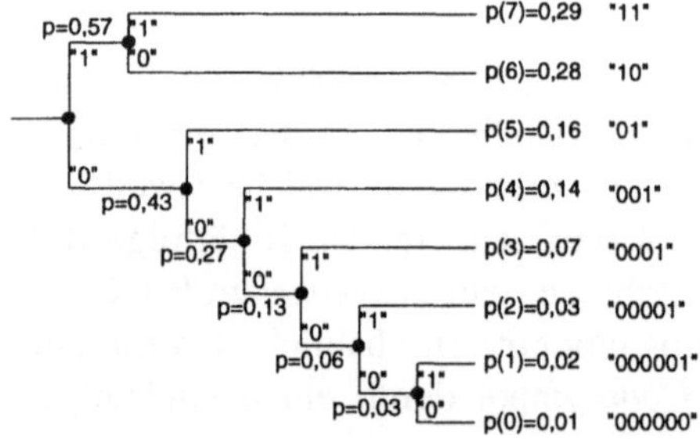

Abb. 10.1. Entwurf eines Huffmancodes mit zugehörigem Codebaum

Bei der (nach dem Quellencodierungstheorem notwendigen) Zusammenfassung von K Quellensymbolen zu einem Vektor **a** wird das Huffman-Verfahren allerdings sehr kompliziert, da die Bitfolgen aus den vektoriellen Verteilungsdichtewerten (3.4) bestimmt werden müssen. Hierdurch nimmt nicht nur die Liste **L** eine sehr große Länge an, sondern es erhöht sich auch die Anzahl der Codesymbole in **B**, was einen hohen Speicheraufwand bei der Codierung und Decodierung verursacht. Darüber hinaus entstehen *extrem lange* Codesymbole für Quellensymbolvektoren geringer Auftretenswahrscheinlichkeit. Schließlich sind Huffmancodes extrem fehleranfällig beim Auftreten von Übertragungsfehlern : wird ein einzelnes bit gestört und dementsprechend das Codewort als eines anderer Länge fehlinterpretiert, so geht die Synchronisation des Codes verloren, d.h. der Decodierer weiß nicht mehr, an welchen Stellen neue Codeworte beginnen. Der letztere Nachteil trifft allerdings auch auf die im folgenden beschriebenen arithmetischen Codes zu.

10.1.2 Arithmetische Codierung

Die blockseparate Arbeitsweise der Huffmancodes, bei der *immer* Blöcke von K Quellensymbolen zusammengefaßt und durch ein Codesymbol variabler Länge repräsentiert werden, wird bei der arithmetischen Codierung [WITTEN, NEAL, CLEARY 1987] [PENNEBAKER ET AL. 1988] aufgegeben. Zur Decodierung werden hier zusätzlich zu einem empfangenen Codesymbol in der Regel noch die vorangegangenen Codesymbole benötigt. Wir haben es daher mit einer Art von *gleitender Codierung* zu tun, wobei es sein kann, daß bei Eintreffen eines Quellensymbols gar keine, eines oder mehrere Codebits zu senden sind, bzw. decodiererseitig bei Eintreffen eines Codebits gar keine, eines oder mehrere Quellensymbole decodiert werden können. Die Arbeitsweise ist damit in gewisser Weise dynamisch, d.h. die häufiger auftretenden Quellensymbole werden automatisch zu Blöcken zusammengefaßt, während die Längen der Codesymbole für Quellensymbole geringerer Häufigkeit trotzdem sehr kurz bleiben können. Daher bleibt der Realisierungsaufwand trotz hoher Leistungsfähigkeit relativ gering.

Beispiel : Eliascode. Arithmetische Codes sind eine verallgemeinerte Form des *Eliascodes*, der zugleich die einfachstmögliche Realisierung eines arithmetischen Codes darstellt. Die Entwicklung eines Eliascodes zur Kompression eines binären Bitstroms (Quellensymbole nur "0" und "1") soll herangezogen werden, um die Wirkungsweise eines arithmetischen Codes zu erläutern.

Es seien p_0 und $p_1=1-p_0$ die Auftretenswahrscheinlichkeiten der Quellensymbole "0" und "1". Für die Folgen "00", "11", "10" und "01" ergeben sich bei unkorrelierten Quellensymbolen die Wahrscheinlichkeiten $p_0{}^2$, $(1-p_0)^2$, $(1-p_0){\cdot}p_0$ bzw. $p_0{\cdot}(1-p_0)$. Für die Konstruktion des Codes werden nun *Wahrscheinlichkeitsintervalle* gebildet. Am Anfang ist nur ein einziges Intervall über den gesamten Wahrscheinlichkeitsbereich $I=[0,1]$ vorhanden. Dieses wird, gemäß der Wahrscheinlichkeiten des Auftretens von Quellensymbolen, fortlaufend verkleinert, wobei die *Intervallbreite* die Wahrscheinlichkeit der gesendeten Quellensymbolfolge angibt. So wird nach dem ersten Quellenbit, sofern es eine "0" ist, ein Intervall $I_0=[0,p_0]$ gebildet; sofern es eine "1" ist, ein Intervall $I_0=[p_0,1]$. Die so gebildeten Intervalle werden mit einem gleichförmig geteilten *Codeintervallraster* verglichen, um zu ermitteln, ob bereits eines oder mehrere Codesymbolbits zu senden sind. Dies ist immer dann der Fall, wenn ein Intervall I_x vollständig in ein Intervall des Codeintervallrasters fällt.

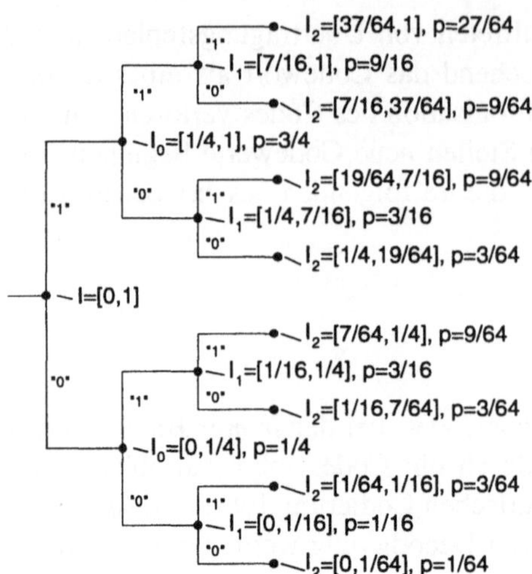

Abb. 10.2. Codebaum bei einer arithmetischen Codierung (Eliascode), $p_0=1/4$ nach [GERSHO, GRAY 1992]

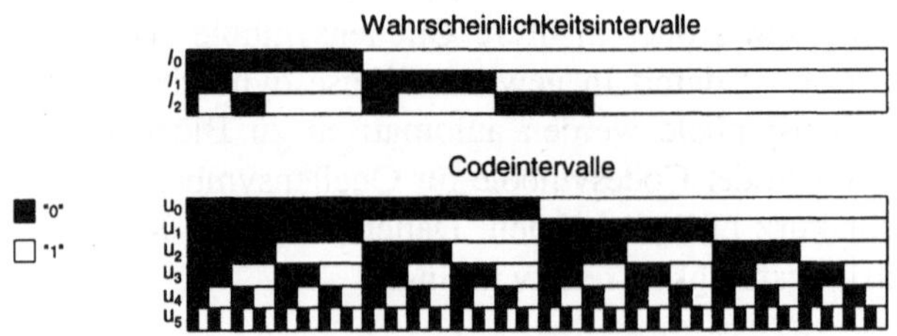

Abb. 10.3. Wahrscheinlichkeitsintervalle und Codeintervalle im erläuterten Beispiel

Abb. 10.2 illustriert die entstehenden Intervallbreiten am Beispiel $p_0=1/4$ anhand des zugehörigen Codebaumes, wobei neben jedem - ein Intervall repräsentierenden - Baumknoten auch die tatsächliche Wahrscheinlichkeit der zugehörigen Quellensymbolfolge aufgeführt ist. Abb. 10.3 stellt für das genannte Beispiel das Codeintervallraster und die Wahrscheinlichkeitsintervalle dar. Wir wollen nun exemplarisch zwei Quellensymbolfolgen betrachten, welche die am seltensten und am häufigsten auftretenden Fälle darstellen :

– Folge "000" : Bereits bei der ersten "0" fällt das Wahrscheinlichkeitsintervall I_0 vollständig in die Codeintervalle $u_0=0$ und $u_1=0$, diese sind also sofort zu senden. Ebenso fällt I_1 vollständig in $u_2=0$ und $u_3=0$ sowie I_2 vollständig in $u_4=0$ und $u_5=0$. Es muß bei dieser Folge für jede "0" im Quellensignal sofort "00" als Code gesendet werden, insgesamt also "000000".

– Folge "111" : Weder I_0 noch I_1 fällt vollständig in ein Codeintervall. Erst I_2 liegt vollständig in $u_0=1$. Bis zur dritten "1" im Quellensignal ist also lediglich eine "1" als Code zu senden.

Es ist offensichtlich so, daß *seltene Ereignisse* (Quellenbits oder -bitfolgen) auf *lange Codebitfolgen* abgebildet werden und umgekehrt. Allerdings sind zu dem Zeitpunkt, zu dem ein bit vom Decodierer empfangen wird, nicht unbedingt die Quellensymbolfolgen eindeutig decodierbar. So läßt sich aus der einen empfangenen "1" noch nicht eindeutig auf die Quellenfolge "111" schließen; je nachdem, was nach der "1" empfangen wird, könnte die Quellenfolge z.B. auch "110" gewesen sein. Aus der empfangenen "000000" läßt sich hingegen sofort die Quellenfolge "000" decodieren, weil hier die Längen von Codeintervall und Wahrscheinlichkeitsintervall exakt gleich sind.

Arithmetische Codierung und Decodierung. Die Anzahl der pro Schritt zu bildenden Wahrscheinlichkeitsintervalle muß nicht, wie beim Eliascode, auf zwei beschränkt sein, sondern hängt von der Anzahl J der Quellensymbole (z.B. Quantisiererstufen) ab. Das binäre Codeintervallraster kann dennoch immer beibehalten werden, bei mehr und entsprechend kleineren Codeintervallen wird lediglich die Wahrscheinlichkeit größer, daß sofort mehrere bits zu übertragen sind. Die gesendeten Codesymbole besitzen auf Grund der gleichförmigen Teilung des Codeintervallrasters stets eine Gleichverteilung, und lassen sich folglich nicht mehr weiter komprimieren.

Der Informationsgehalt (9.1) basiert auf dem reziproken Wert der Intervallbreiten. Wenn ein Wahrscheinlichkeitsintervall vollständig in ein Codeintervall hineinpaßt, so ist sein Informationsgehalt stets noch größer oder gleich dem Informationsgehalt des Codeintervalls. Der arithmetische Codierungsprozeß garantiert also, daß die Anzahl der übertragenen bits niemals größer wird als der Informationsgehalt des Ereignisses. Andererseits ist natürlich ein Ereignis noch nicht decodierbar, wenn sein Informationsgehalt größer ist als die Anzahl der empfangenen bits. Der Decodierer muß daher genau invers zum Codierer arbeiten : Er kann die Decodierung vornehmen, wenn das durch die empfangenen bits charakterisierte Codeintervall vollständig in ein Wahrscheinlichkeitsintervall hineinpaßt. Selbstverständlich brauchen weder der Codierer noch der Decodierer den vollständigen, in Abb. 10.2 dargestellten Codebaum zu speichern; sie arbeiten vielmehr *zustandsabhängig*, d.h. es wird jeweils nur der Pfad des der gesendeten Bitfolge entsprechenden Intervalls weiterverfolgt.

Vorteile und Grenzen der arithmetischen Codierung. Bei arithmetischer Codierung ist es nicht notwendig, eine *Abbildungstabelle* von Quellensymbolen auf Codesymbole (und umgekehrt) zu entwerfen bzw. abzuspeichern. Vielmehr brauchen der Codierer und der Decodierer nur mit identischen *Wahrscheinlichkeitswerten* der Quellensymbole zu arbeiten, um die Intervallbildungen durchzuführen und zu ermitteln, ob eines oder mehrere bits zu senden sind, bzw. ob aus dem aktuell empfangenen Bitstrom ein Quellensymbol eindeutig decodierbar ist. Hierbei können übrigens auch *bedingte Wahrscheinlichkeiten* der Quellensymbole benutzt werden : Bei der Quantisierung eines korrelierten Signals ist die Wahrscheinlichkeit groß, daß dieselben oder nahe beieinanderliegende Quantisierungsstufen mehrmals nacheinander ausgewählt werden. So ließe sich die arithmetische Codierung unmittelbar zur Dekorrelation einsetzen. Allerdings wird meist die einfachere Variante praktiziert, *zuerst* das Signal zu dekorrelieren, das dekorrelierte Äquivalent, z.B. das Prädiktionsfehlersignal, zu quantisieren und die Ausgangssymbole des Quantisierers mittels arithmetischer Codierung nahezu mit ihrer Entropierate zu übertragen.

Prinzipiell können arithmetische Codes mit sehr langen Vektoren von Quellensymbolen arbeiten. Die einzige Einschränkung liegt darin, daß die Wahrscheinlichkeitsintervalle dann auch sehr klein würden. Die Leistungsfähigkeit ist daher durch die arithmetische Genauigkeit des zur Berechnung verwendeten Prozessors begrenzt. In der praktischen Realisierung wird mit einer gleichförmigen Quantisierung der Intervalle I_x gearbeitet, wobei zusätzlich Maßnahmen gegen Rundungsfehler zu ergreifen sind [WITTEN, NEAL, CLEARY 1987]. Daher ist die Entropierate doch nicht genau erreichbar. In Anwendungen übertrifft die Leistung der arithmetischen Codes dennoch die der Huffmancodes. Insbesondere läßt sich mit arithmetischen Codes auf sehr einfache Weise eine *adaptive Entropiecodierung* realisieren, wozu nur die fortlaufende Aktualisierung der zur Codierung und Decodierung verwendeten Wahrscheinlichkeitswerte, entsprechend der Statistik des gesendeten Quellensignals, zu erfolgen braucht.

10.1.3 Adaptive Entropiecodierung

Bei den bisher beschriebenen Verfahren zur verlustfreien Entropiecodierung eines diskreten Quellensignals muß dessen Verteilungsdichte *a priori* bekannt sein, um nahezu die Entropierate zu erreichen. Angesichts der Instationarität von Bild- und Videosignalen kann dies auf stark suboptimale Lösungen führen. Bei ungünstiger Anpassung könnte sich die Rate durch einen Code variabler Länge sogar erhöhen. Dieses Problem kann mittels Verfahren der *adaptiven Entropiecodierung* (manchmal auch als *universal coding* bezeichnet) gelöst werden. Die grundsätzlichen Kompressionsverfahren unterscheiden sich dabei nicht von den bisher beschriebenen. Sowohl Huffman-, als auch arithmetische Codes können an eine gegebene Quellenstatistik angepaßt werden. Hierbei ist es wichtig, daß Codierer und Decodierer *synchron* adaptiert werden, d.h. sie müssen zu jeder Zeit identische Codierungstabellen oder Verteilungsdichteparameter verwenden.

Vorwärtsgesteuerte Adaption. Am Codierer werden für einen Abschnitt des Quellensignals die tatsächlichen Verteilungsdichtewerte ermittelt und dem Decodierer mitgeteilt. Dies hat den Nachteil, daß das Quellensignal (bzw. der Bitstrom) zwischengespeichert werden muß, und eine zusätzliche Verzögerung in der Codierung eingeführt wird. Außerdem erhöht sich die Rate geringfügig durch die notwendige Übertragung der Verteilungsdichteparameter.

Rückwärtsgesteuerte Adaption. Da die Entropiecodierung verlustfrei ist, können sowohl der Codierer als auch der Decodierer die Verteilungsdichteparameter über einen gewissen zurückliegenden Zeitraum ermitteln. Wenn das Quellensignal *quasistationär* ist, kann sich hierdurch eine deutliche Ratenreduktion ergeben. Ein Nachteil besteht darin, daß bei Auftreten von Übertragungsfehlern möglicherweise unterschiedliche Parameter bei Codierung und Decodierung verwendet werden. Notwendig ist daher eine von Zeit zu Zeit erfolgende Resynchronisation, z.B. mit einem vorher festzulegenden Bitmuster, woraufhin die verwendeten Parameter zwischen Codierer und Decodierer verifiziert werden.

10.1.4 Übertragung mit fester Bitrate

Bei den bisher beschriebenen Quantisierungs- und Codierungs-Verfahren wird stets a priori eine Verzerrung festgelegt. Die bei Anwendung einer Entropiecodierung auf das Ausgangssignal eines Quantisierers resultierende Bitrate ist damit gemäß (9.2) von der Verteilungsdichtefunktion des Bildes, oder seines dekorrelierten Äquivalents, abhängig. Eine Entropiecodierung bei *konstanter Verzerrung* des Quantisierers resultiert also grundsätzlich in einer - vom Informationsgehalt des jeweiligen Bildes abhängigen - *variablen Bitrate*. Soll jedoch eine Übertragung mit fester Bitrate erfolgen, so muß die Verzerrung in Abhängigkeit vom Detailgehalt des Bildes variiert werden. Das hierzu am häufigsten angewandte Verfahren benutzt einen Puffer, in dem der resultierende Bitstrom des Codierers vor der Übertragung zunächst zwischengespeichert wird (Abb. 10.4). Droht dieser Puffer überzulaufen oder leerzulaufen (letzteres ist weniger kritisch, weil nicht mit Informationsverlust verbunden), muß ein Regelmechanismus entgegensteuern, in dem die Verzerrung (Quantisiererstufenhöhe) des Codierers erhöht bzw. verringert wird [CHEN, WONG 1993]. Wichtige Parameter für den Regelmechanismus sind

- Puffergröße (ein großer Puffer ist weniger kritisch, verursacht aber Verzögerungen);
- Zeitabstände der Überprüfung des Pufferfüllstandes;
- Faktor der Regelung (sinnvoll ist es, die Erhöhung/Verringerung der Quantisiererstufenhöhe vom Gradienten des Pufferfüllstandes abhängig zu machen, um eine zu starke oder zu geringe Regelung zu vermeiden).

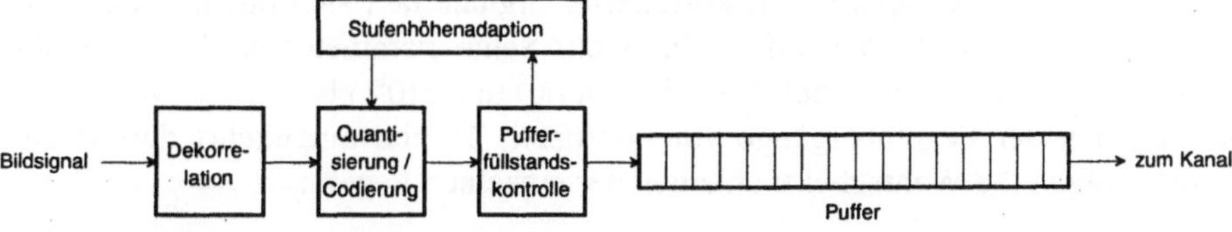

Abb. 10.4. Quantisiereradaption zur Übertragung mit konstanter Bitrate bei Anwendung einer Entropiecodierung

10.2 Lauflängencodierung

Die Lauflängencodierung ist ein spezielles Verfahren zur Entropiecodierung *zweipegeliger* Signale. Sie ist insbesondere dann sehr effizient einsetzbar, wenn das Signal eine *hohe Korrelation* aufweist, d.h. wenn auf einen Abtastwert mit Pegel "0" oder "1" mit großer Wahrscheinlichkeit wieder derselbe Pegel folgt. Die bisher beschriebenen Verfahren der Entropiecodierung wären in diesem Fall sehr aufwendig, da sie mit großen Blocklängen K arbeiten, oder komplizierte bedingte Wahrscheinlichkeiten erfassen müßten, um die Redundanz zu beseitigen. Bei der Lauflängencodierung wird dagegen die *Anzahl der Abtastwerte* gezählt, die denselben Pegel aufweisen. Dies ist eine Transformation des ursprünglich zweipegeligen Signals in ein *Lauflängensignal*, welches weniger Abtastwerte, aber mehr Pegelstufen aufweist (Abb. 10.5). Diese Pegelstufen können nun mit einem der bislang beschriebenen Verfahren entropiecodiert werden, was bei ungleicher Verteilung (kurze Läufe häufiger als die langen) sinnvoll ist.

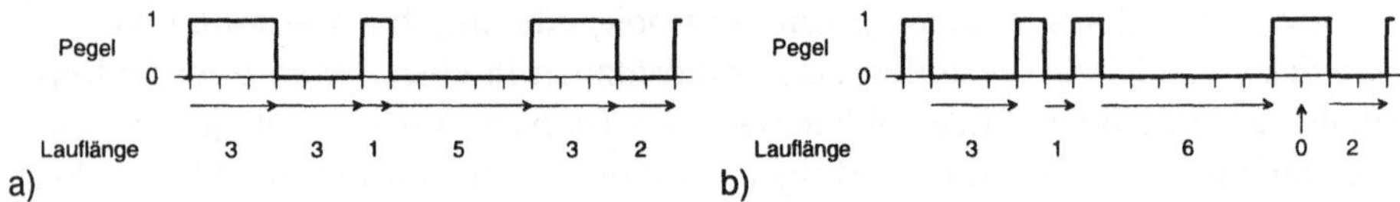

Abb. 10.5. Transformation eines zweipegeligen Signals in ein Lauflängensignal
a Codierung der Pegelwechsel **b** Codierung der Lauflängen des häufigeren Pegels

Wichtige Anwendungsbereiche der Lauflängencodierung in der Bildübertragung sind :

- Datenkompression von 2-Pegel-Bildern (Texte, Zeichnungen, Karten);
- Übertragung der Positionen von Null verschiedener Abtastwerte bei prädiktiven (Kap. 12) oder Frequenzcodierverfahren (Kap. 13);
- Codierung von *Bitebenen* eines Binärcodes, wie er nach der Signalquantisierung vorliegt.

10.2.1 Modellierung zweipegeliger Signale

Zur Modellierung zweipegeliger, korrelierter Signale läßt sich das in Abb. 10.6 dargestellte *Markov-Kettenmodell* einsetzen. Seine Parameter sind vollständig durch die Übergangswahrscheinlichkeiten $p(1|0)$ und $p(0|1)$ bestimmt, welche die Häufigkeiten der Pegelübergänge von "0" nach "1" und umgekehrt definieren. Hieraus folgen die Wahrscheinlichkeiten der einzelnen Pegel :

$$p(0) = \frac{p(0|1)}{p(0|1)+p(1|0)} = 1-p(1) \quad ; \quad p(1) = \frac{p(1|0)}{p(0|1)+p(1|0)} = 1-p(0), \qquad (10.3)$$

sowie die Wahrscheinlichkeiten, daß L aufeinander folgende Werte dieselben Pegel aufweisen :

$$p(0|L) = p(1|0)\cdot(1-p(1|0))^{L-1} \quad : \quad p(1|L) = p(0|1)\cdot(1-p(0|1))^{L-1}. \tag{10.4}$$

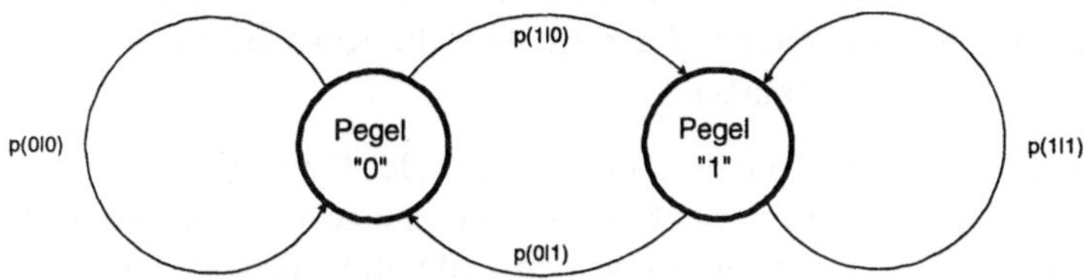

Abb. 10.6. Markov-Kette mit 2 Zuständen

Die Entropien in den Zuständen "0" bzw. "1" ergeben sich aus den Wahrscheinlichkeiten, daß der Zustand bleibt oder verlassen wird [JAYANT, NOLL 1984]:

$$H(0) = p(0|0)\cdot\log_2\frac{1}{p(0|0)} + p(1|0)\cdot\log_2\frac{1}{p(1|0)} \quad ; \quad p(0|0) = 1 - p(1|0) \tag{10.5}$$

$$H(1) = p(1|1)\cdot\log_2\frac{1}{p(1|1)} + p(0|1)\cdot\log_2\frac{1}{p(0|1)} \quad ; \quad p(1|1) = 1 - p(0|1). \tag{10.6}$$

Aus (10.5) und (10.6) ergibt sich die Gesamtentropie, die zur Codierung des Modellsignals notwendige Bitrate :

$$H(x) = p(0)\cdot H(0) + p(1)\cdot H(1). \tag{10.7}$$

10.2.2 Realisierung der Lauflängencodierung

Als Strategien bei der Lauflängencodierung bieten sich an :

- Übertragung der Lauflängen für *beide Pegel* (Abb. 10.5a) : Hierbei ist die kleinste Lauflänge $L=1$. Diese Methode ist immer dann sinnvoll, wenn $p(0) \approx p(1)$.
- Übertragung der Lauflängen nur für den *häufigeren Pegel* (Abb. 10.5b) : Ist z.B. $p(0) \gg p(1)$ und gleichzeitig $p(0|1) \gg p(1|1)$, d.h. der Zustand "1" kehrt in der Regel sofort in den Zustand "0" zurück, so kann es günstiger sein, nur die Lauflängen für den Zustand "0" zu codieren. Der Fall, daß mehrmals die "1" aufeinander folgt, wird dann mit $L=0$ ausgedrückt. Die Anzahl zu codierender Lauflängen wird dann exakt identisch mit der Anzahl der "1"-Ereignisse.

Die Abstände (Lauflängen) werden sinnvollerweise mittels eines Codes variabler Länge (Huffman- oder arithmetischer Code) übertragen. Man beachte, daß dadurch die wegen der relativen Adressierung ohnehin vorhandene Anfälligkeit einer Lauflängencodierung gegen Übertragungsfehler noch vergrößert wird. Sind solche zu erwarten, so muß wieder in regelmäßigen Abständen eine Resynchronisation erfolgen, z.B. durch ein Bitmuster, welches sonst in keinem gültigen Codesymbol als Präfix enthalten sein darf.

Bei der *Lauflängencodierung von 2D-Signalen* erfolgt im einfachsten Fall eine zeilensequentielle Bearbeitung. Hiermit kann jedoch die Redundanz nur in horizontaler Richtung ausgenutzt werden. Mit der zeilensequentiellen Bearbeitung lassen sich aber Methoden kombinieren, die zusätzlich die Korrelation zwischen untereinander liegenden Zeilen ausnutzen :

– Prädiktion : Eine "1" wird nur dann gesendet, wenn der Pegel nicht mit dem vorhergesagten Pegel übereinstimmt. Für die Vorhersage (Prädiktion) können vorangegangene Abtastwerte aus derselben Zeile und solche aus der darüberliegenden Zeile verwendet werden. Hierdurch wird die Häufigkeitsverteilung der "0" sehr hoch, die der "1" sehr niedrig, und es ergibt sich nach (10.7) eine geringere Entropie.

– Relative Adresscodierung (RAC) und READ-Codierung (Relative Element Address Designate) : Die Adresse eines Übergangs ("0"→"1", "1"→"0") wird relativ zu der Adresse eines entsprechenden Übergangs in der vorhergehenden Zeile codiert.

Es besteht aber auch die Möglichkeit, von vornherein die Bildpunkte in zweidimensionaler Reihenfolge aufzusuchen; diese Methode wird u.a. häufig in Kombination mit einer Frequenzcodierung (Abschn. 13.4.3) angewandt. Die bestmögliche "Gleichberechtigung" aller örtlichen Richtungen bietet dabei der *Peano-Hilbert-Scan* (Abb. 13.12c) [ZIV, LEMPEL 1986]

10.2.3 Lauflängencodierung von Bitebenen

Ein mit 2^R Amplitudenstufen der Höhe Δ quantisiertes Signal $x(m,n)$ läßt sich in der Form

$$x(m,n) = \Delta \cdot \sum_{r=0}^{R-1} b(m,n,r) \cdot 2^r - \mu_Q \tag{10.8}$$

darstellen, wobei die $b(m,n,r)$ die Werte "0" und "1" von bits mit der Wertigkeit r an der örtlichen Position (m,n) sind, und μ_Q einen Offsetwert darstellt; z.B. $\mu_Q=0$ bei der Quantisierung ausschließlich positiver, und $\mu_Q=2^{R-1}$ bei der Quantisierung mittelwertfreier Signale.

Alle bits $b(m,n,r)$ mit gleichem r bilden ein sogenanntes *Bitebenensignal* :

– Ist das Signal $x(m,n)$ stark *korreliert*, so weisen insbesondere die höherwertigen Bitebenen ebenfalls eine hohe Korrelation auf, und lassen sich effizient mit einer Lauflängencodierung codieren, wobei pro Bitebene Werte erreicht werden, die deutlich unter 1 *b/p* liegen.

– Ist das Signal hingegen unkorreliert, weist aber eine ungleichförmige Verteilungsdichte auf, so ist der Informationsgehalt einzelner Bitebenen (z.B. der höherwertigen Bitebenen, wenn die Verteilungsdichte eine Konzentration um $x=0$ besitzt) ebenfalls sehr gering. In einem solchen Fall kann eine Lauflängencodierung der Bitebenen als *adaptive Entropiecodierung* eingesetzt werden. Diese Methode wird auch als *universal variable length coding* (*UVLC*) [DELOGNE, MACQ 1991] bezeichnet (vgl. Abschn. 13.4.3).

Abb. 10.7 stellt die 3 höchstwertigen Bitebenen ($r=5,6,7$) eines mit 8 b PCM-quantisierten Bildsignals dar. Es ist deutlich erkennbar, daß die Korrelation innerhalb der Pegel höher ist, und sich damit um so weniger und längere Läufe ergeben werden, je höher die Wertigkeit der Bitebene ist.

a)

b)

c)

Abb. 10.7. Bitebenen eines PCM-quantisierten Bildes **a** $r=7$ **b** $r=6$ **c** $r=5$

10.3 Vektorquantisierung

Die bisher beschriebenen Methoden zur Entropiecodierung arbeiten grundsätzlich *verzerrungsfrei*, bzw. eine Verzerrung wurde bereits durch die vorhergehende Quantisierung eingeführt. Mit der Vektorquantisierung lernen wir nun eine Methode kennen, bei der ein Blockcode auf wertkontinuierliche oder wertdiskrete Quellensignale bereits während der Quantisierung angewandt wird, d.h. dieser Blockcode ist *verzerrungsbehaftet*. Hierbei arbeitet der Quantisierer *vektorweise*, wodurch sich ein größeres Maß an Freiheitsgraden für die Auswahl von Rekonstruktionswerten ergibt als im Fall der abtastwertweisen (skalaren) Quantisierung.

10.3.1 Grundlagen der Vektorquantisierung

Die Struktur eines *Vektorquantisierers* (VQ) ist in Abb. 10.8 gezeigt. Für die Codierung werden jeweils K Abtastwerte $x(n)$ zu einem K-dimensionalen Vektor $\mathbf{x}(n') = [\ x(n'K), x(n'K+1),..,x(n'K+K-1)\ ]^T$ zusammengefaßt. Es steht ein Codewortvorrat $\mathbf{C} = \{\ \mathbf{y}_j\ ;\ j=1,..,J\ \}$, bestehend aus J K-dimensionalen Codeworten (Rekonstruktionsvektoren) $\mathbf{y}_j = [\ y_j(0), y_j(1),...y_j(K-1)\ ]^T$, zur Verfügung. Aufgabe des Codierers ist es, dasjenige Codewort $\mathbf{y}_i$ zu finden, das dem Vektor $\mathbf{x}(n')$ am ähnlichsten ist. Bei Verwendung des quadratischen Fehlers als Verzerrungsmaß ergibt sich :

$$i = \arg\min_{\mathbf{y}_j \in \mathbf{C}} \left[d(\mathbf{x}(n'), \mathbf{y}_j) \right] \quad ; \quad d(\mathbf{x}(n'), \mathbf{y}_j) = \sum_{k=0}^{K-1} (x(n'K+k) - y_j(k))^2 = \left[\mathbf{x}(n') - \mathbf{y}_j\right]^T \left[\mathbf{x}(n') - \mathbf{y}_j\right].$$

$$(10.9)$$

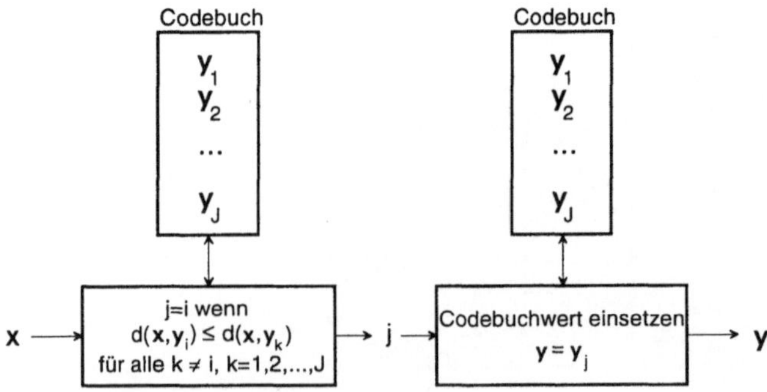

Abb. 10.8. Struktur eines Vektorquantisierers

Interpretation von Verzerrungsmaßen. Die Vektoren $\mathbf{x}$ und $\mathbf{y}$ können als Punkte in einem K-dimensionalen Raum $\mathfrak{R}^K$ interpretiert werden, dessen Koordinatenachsen $k=0...K-1$ senkrecht zueinander stehen. Die Werte der Vektorelemente

x_k, y_k geben den Abstand vom Ursprung des Raumes $\Re^K$ auf den einzelnen Koordinaten an. Der *quadratische Fehler* in (10.9) ist identisch mit dem *geometrischen Abstand* zwischen 2 Punkten in $\Re^K$. Für den Fall $K=2$ wird dies in Abb. 10.9 deutlich, da der Abstand zwischen 2 beliebigen Punkten $\mathbf{x}=[x_1,x_2]$ und $\mathbf{y}=[y_1,y_2]$ die Hypotenuse c eines Dreiecks bildet, dessen beide Katheten $a=|y_1{-}x_1|$ und $b=|y_2{-}x_2|$ die Differenzwerte auf den Einzelkoordinaten sind. Es gilt mit dem Satz des Pythagoras $a^2+b^2=c^2$, und nicht $a+b=c$. Letzteres würde den Absolutwert der Vektordifferenz $|\mathbf{y}{-}\mathbf{x}|=|y_2{-}y_1|+|x_2{-}x_1|$, auch als *city block distance* bezeichnet, beschreiben.

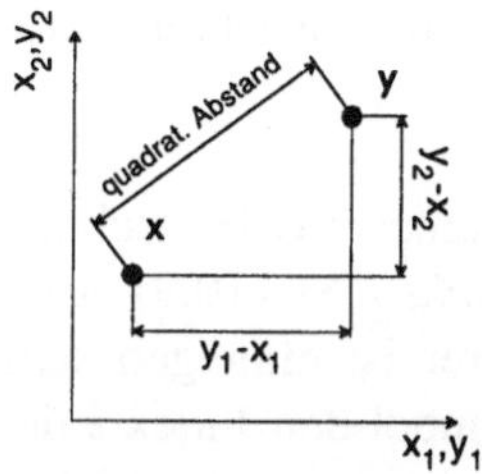

Abb. 10.9. Mittlerer quadratischen Fehlers als geometrischer Abstand in $\Re^2$

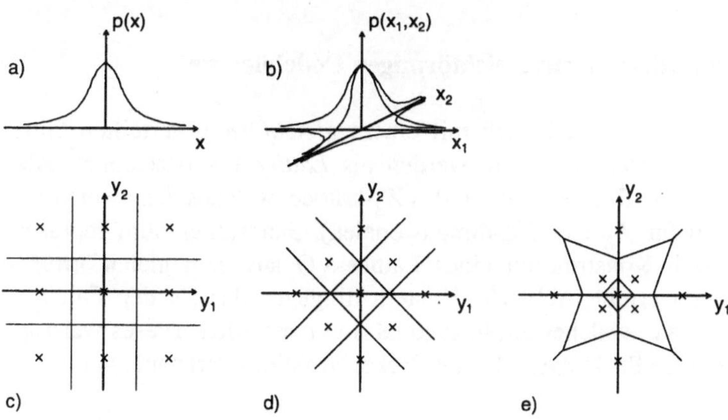

Abb. 10.10. Zur Wirkungsweise der Vektorquantisierung. **a** ADV eines Signals **b** daraus abgeleitete vektorielle ADV **c** mögliche Rekonstruktionswerte eines skalaren Quantisierers, $J=3$ **d** mögliche Rekonstruktionswerte eines gleichförmigen und **e** eines ungleichförmigen Vektorquantisierers

Deutung der mehrdimensionalen Quantisierung. Die Wirkungsweise der Vektorquantisierung wird anhand von Abb. 10.10 erläutert. Hier ist zunächst in Abb. 10.10a die ADV eines Signals $p(x)$ gezeigt. Werden jeweils 2 Werte x_1 und x_2 zu einem Vektor $\mathbf{x}$ zusammengefaßt, ergibt sich unter der Voraussetzung, daß das Signal unkorreliert ist, die in Abb. 10.10b dargestellte vektorielle, zweidimensionale ADV $p(\mathbf{x})=p(x_1,x_2)=p(x_1){\cdot}p(x_2)$. Abb. 10.10c stellt die möglichen Rekonstruktionswerte dar, wenn ein skalarer Quantisierer mit $J=3$ verwendet wird; die zwischen den Achsen liegenden Werte fallen unnötigerweise in einen Bereich geringer Wahrscheinlichkeit der vektoriellen ADV. Abb. 10.10d stellt dem ebensoviele Rekonstruktionswerte eines VQ gegenüber, wobei die Anordnung nach wie vor gleichförmig, d.h. in äquidistantem Abstand, bleibt; dennoch fallen die zwischen den Achsen positionierten Werte bereits in einen Bereich höherer Wahrscheinlichkeit $p(\mathbf{x})$. In Abb. 10.10e sind die Rekonstruktionswerte ungleichförmig angeordnet, wodurch sich eine noch bessere Konzentration um den Ursprung des zweidimensionalen Vektorraumes ergibt. Die Grenzen zwischen den Gebieten der Rekonstruktionswerte sind gestrichelt angedeutet. Diese Gebiete werden als die *Voronoi-Regionen* in $\Re^K$ bezeichnet. Signalvektoren $\mathbf{x}$, die in eine solche Region fallen, werden mit dem zugehörigen Rekonstruktionsvektor quantisiert.

Codebuch. Der Codewortvorrat $\mathbf{C}$ wird als das *Codebuch* eines VQ bezeichnet. Die aufwendigste Aktion im VQ-Codierer ist die *Codebuchsuche* (10.9) nach dem optimalen Rekonstruktionsvektor $\mathbf{y}$. Der VQ-Decodierer ist hingegen sehr einfach aufgebaut, da er nur aus dem übertragenen Codesymbol den Index i decodieren, und diesen zur Adressierung eines Codebuches benutzen muß, welches *mit dem auf der Codiererseite identisch* ist.

10.3.2 Vektorquantisierung mit gleichförmigen Codebüchern

Vektorquantisierer, die ein Codebuch mit einem *gleichförmig* verteilten Gitter von Rekonstruktionswerten benutzen, werden als *Lattice-VQ* bezeichnet. Abb. 10.11a zeigt ein rechteckförmiges Gitter, das $\mathbf{Z}_2$-Lattice, welches den zweidimensionalen (allgemein für $\mathbf{Z}_K$: den K-dimensionalen) Ganzzahlenraum repräsentiert, und sich durch Konstruktion eines Lattice-VQ aus dem gleichförmigen skalaren Quantisierer ergibt. Abb. 10.11b stellt hingegen das für den Fall $K=2$ optimale Lattice $\mathbf{A}_2$ dar, welches ein hexagonales Gitter besitzt. Dieses weist gegenüber $\mathbf{Z}_2$ eine höhere Packungsdichte der Rekonstruktionswerte auf.

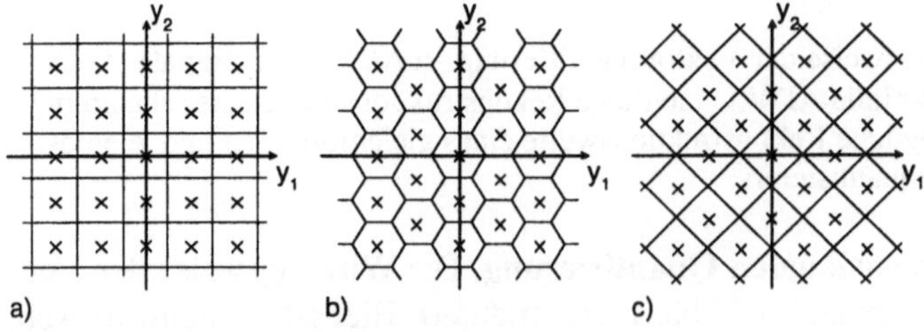

Abb. 10.11. Latticestrukturen für $K=2$.
a $\mathbf{Z}_2$-Lattice **b** hexagonales $\mathbf{A}_2$-Lattice **c** $\mathbf{D}_2$-Lattice

Interpretation durch Abtastung von $\Re^K$. Interessant ist an dieser Stelle die Analogie zur mehrdimensionalen Abtastung (vgl. Abschn. 2.1.2). Das $\mathbf{Z}_2$-Lattice

entspricht der rechteckförmigen Abtastung des - in diesem Fall zweidimensionalen Vektorraumes - $\Re^2$, während das A_2-Lattice eine hexagonale Abtastung vollführt, bei welcher die einzelnen Abtastwerte dichter gepackt sind. Eine weitere
Gruppe ist die der D_K-Lattices, welche aus der Menge aller ganzzahligen Punkte
in $\Re^K$ bestehen, deren Summe gerade ist. Das Lattice D_2 (Abb. 10.11c) läßt sich
als Quincunx-Abtastung deuten.

Abb. 10.12. a Darstellung des D_3*-Lattice als Kugelstapel
b Geometrie der einzelnen Voronoiregion

Optimale Lattices. Das optimale Lattice mit gegebener Dimension K ist jeweils
dasjenige mit der größten Packungsdichte, d.h. mit dem engstmöglichen Abtastraster. Für $K=3$ ist dies z.B. das D_3*-Lattice, welches sich am besten als "Stapel
von Kugeln" (Abb. 10.12a) veranschaulichen läßt - die Kugeln kommen auf
Grund der Schwerkraft so zum Liegen, daß sie mit der größtmöglichen Dichte
zusammengepackt sind. Allerdings sind die Voronoi-Regionen immer noch nicht
exakt kugelförmig, wie aus Abb. 10.12b ersichtlich ist.

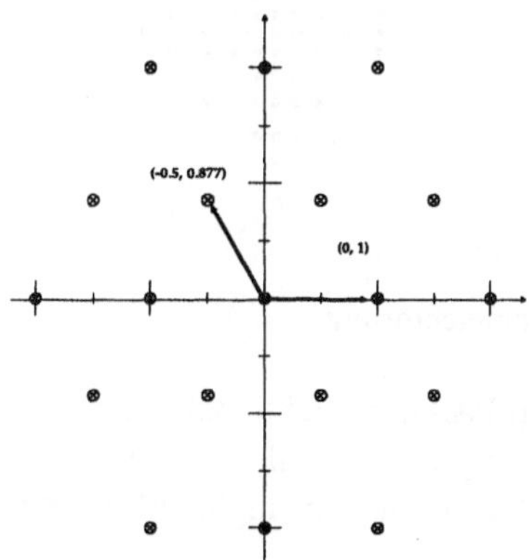

Abb. 10.13. Basissystem des A_2-Lattice

Generatormatrix und Basisvektoren. Die regelmäßige Latticestruktur wird
vollständig durch eine *Generatormatrix* beschrieben, die z.B. für das Lattice A_2

$$M_{A_2} = \begin{bmatrix} 0 & 1 \\ -\dfrac{1}{2} & \dfrac{\sqrt{3}}{2} \end{bmatrix} \tag{10.10}$$

lautet. Die Zeilen dieser Matrix sind die *Basisvektoren* $\mathbf{a}_k$ des Lattice, dessen Gitterpunktmenge sich mit beliebigen ganzzahligen Werten u_k, $k=0...K\text{-}1$ als

$$\Lambda = \left\{ \mathbf{y} : \mathbf{y} = u_0 \mathbf{a}_0 + u_1 \mathbf{a}_1 + ... + u_{K-1} \mathbf{a}_{K-1} \right\} \Rightarrow \mathbf{y} = \mathbf{M} \cdot \mathbf{u} \quad ; \quad \mathbf{u} = \begin{bmatrix} u_0 & u_1 & \cdots & u_{K-1} \end{bmatrix}^{\mathrm{T}} \tag{10.11}$$

ergibt. Abb. 10.13 stellt das hexagonale $\mathbf{A}_2$-Lattice mit seinen Basisvektoren dar. Es ist ersichtlich, daß man durch Kombination der Vektoren mit entsprechenden ganzzahligen Vorfaktoren u_k jeden beliebigen Gitterpunkt beschreiben kann. So wird z.B. für den Punkt (0,5;0,877) $u_0{=}1$ und $u_1{=}1$. Das K-dimensionale Volumen der einzelnen Voronoiregionen ergibt sich als die Determinante von $\mathbf{M}$.

Äußere Begrenzung des Codebuches und Anpassung an Signal-ADV. Da die Anzahl der durch Λ definierten Punkte grundsätzlich unendlich groß ist, ist bei einer Codierung mit begrenzter Bitrate eine Einschränkung des Wertebereichs der u_k notwendig. Damit erhält man ein Codebuch mit begrenzter Anzahl an Rekonstruktionswerten $\mathbf{y}_j$, deren Index j eindeutig an den Decodierer übertragen werden kann.

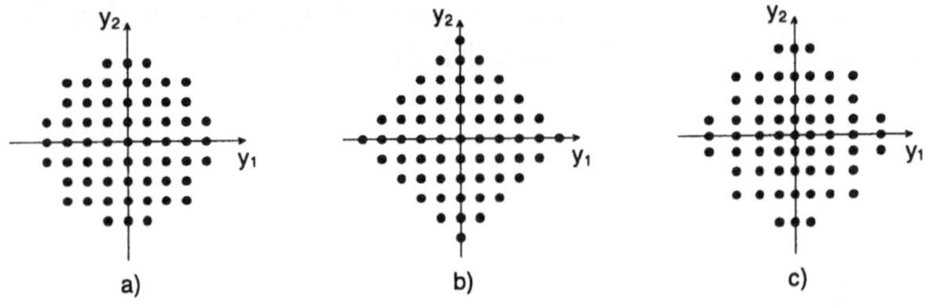

Abb. 10.14. Lattice-Codebuchstrukturen.
a sphärisch **b** pyramidenförmig **c** sphärisch, ungleichförmig

Der Lattice-VQ mit der höchstmöglichen Packungsdichte bei einer bestimmten Vektorlänge K ist optimal für die Codierung von Signalen mit *gleichverteilter ADV*. Es gibt jedoch Möglichkeiten zur Anpassung an ungleichförmige Verteilungen :

– Die äußere Codebuchbegrenzung kann speziell an die Signal-ADV angepaßt werden. Abb. 10.14a zeigt die optimale Begrenzung für den Fall $K{=}2$ bei einer Gaußverteilung (Kreis), Abb. 10.14b bei einer Laplaceverteilung des Signals (Raute). Für den Fall $K{=}3$ werden hieraus eine Kugel bzw. eine doppelte Pyramide. Für noch höhere Dimensionen ergeben sich eine *K-dimensionale Kugel* bzw. eine *K-dimensionale Hyperpyramide* als äußere Codebuchbegrenzungen. Man spricht hier von sphärischen bzw. von pyramidenförmigen Codebüchern. Die Begrenzung eines skalaren Quantisierers wäre übrigens durch einen K-dimensionalen Würfel gegeben, dessen Kantenlänge dem Aussteuerungsbereich entspricht. Da sich bei ungleichförmigen Verteilungsdichten meist eine Wertekonzentration um den Nullpunkt ergibt, ist das Auftreten von Vektoren, bei denen mehrere oder alle Elemente groß sind, weniger wahrscheinlich. Dem kommt die pyramidenförmige Codebuchstruktur entgegen, die eine Konzentration der Rekonstruktionsvektoren $\mathbf{y}$ in der Nähe der Koordinatenachsen des Vektorraumes $\Re^K$ bewirkt.

– Es kann für jedes (skalare) Element des Vektors vor der Vektorquantisierung eine ADV-Transformation (*Kompression*) durchgeführt werden, die nach der Rekonstruktion durch *Expansion* wieder rückgängig gemacht wird [JEONG, GIBSON 1993]. Hierbei ist die Kompanderkennlinie jeweils an die ADV anzupassen. Die eigentliche Durchführung der Lattice-VQ erfolgt nach wie vor mit einem gleichförmigen Codebuch, das "virtuelle" Aussehen des Codebuches ist an einem Beispiel in Abb. 10.14c dargestellt.

Codierungs- und Decodierungsalgorithmen. Zur Codierung muß der dem Eingangsvektor $\mathbf{x}$ ähnlichste *Rekonstruktionsvektor* $\mathbf{y}_i$ gefunden und dessen *Index i* ermittelt werden. Bei der Decodierung ist $\mathbf{y}_i$ aus i zu generieren. Das Auffinden von $\mathbf{y}_i$ ist bei Lattice-VQ sehr einfach, da wegen der regelmäßigen Codebuchstruktur der Optimalwert für jede Dimension von $\Re^K$ *getrennt* ermittelt werden kann. Jedoch sind noch einige Zusatzbedingungen zu überprüfen, z.B. ob bei einem $\mathbf{D}_K$-Lattice tatsächlich die Summe aller Elemente geradzahlig ist. Um tatsächlich den Eingangsvektor $\mathbf{x}$ auf einen gültigen Codebuchvektor $\mathbf{y}_i$ abzubilden, kann daher der bei einigen Lattices der direkte Vergleich mehrerer nahegelegener Rekonstruktionsvektoren unter Anwendung von (10.9) notwendig sein. Diese Vektoren lassen sich jedoch für die meisten Latticestrukturen mittels eines Satzes von *cosets* beschreiben [CONWAY, SLOANE 1988].

Zur eindeutigen Decodierbarkeit muß eine Durchnumerierung der Vektoren erfolgen, um den Index i zu bestimmen. Hierfür sind die im folgenden beschriebenen Algorithmen für die *kugelförmige Begrenzung* von Codebüchern mit beliebiger K-dimensionaler Latticestruktur, sowie für die pyramidenförmige Begrenzung von Codebüchern mit $\mathbf{Z}$-Latticestruktur bekannt.

Abzählen der Schalen konstanter quadratischer Vektornorm. Dieses bei sphärischen Codebüchern anwendbare Verfahren wurde in [CONWAY, SLOANE 1982] beschrieben. Mittels der Theta-Funktion, die in mathematischen Tabellenwerken aufgeführt ist, läßt sich aus dem Basissystem eines beliebigen Lattice die Anzahl von Rekonstruktionsvektoren mit gleicher quadratischer Norm $r=\|\mathbf{y}\|_2$ bestimmen. In Abb. 10.15a ist am Beispiel des $\mathbf{Z}_2$-Lattice gezeigt, daß diese Werte jeweils eine "Kugelschale" (bei $K=2$: konzentrische Kreise) füllen, deren Radius genau r entspricht. Durch Abzählen der Kugelschalen und der Anzahl der auf ihnen liegenden Werte lassen sich die Rekonstruktionsvektoren exakt indizieren.

Abzählen der Schalen konstanter absoluter Vektornorm. Hierdurch ergibt sich eine Indizierung pyramidenförmiger Codebücher [FISCHER 1986]. Bei Verwendung eines Z_K-Lattice liegen genau definierte Anzahlen von Rekonstruktionsvektoren auf Pyramidenschalen mit konstanter absoluter Vektornorm $s=\|y\|_1$ (sh. Abb. 10.15b). Sie sind damit ebenfalls eindeutig abzählbar.

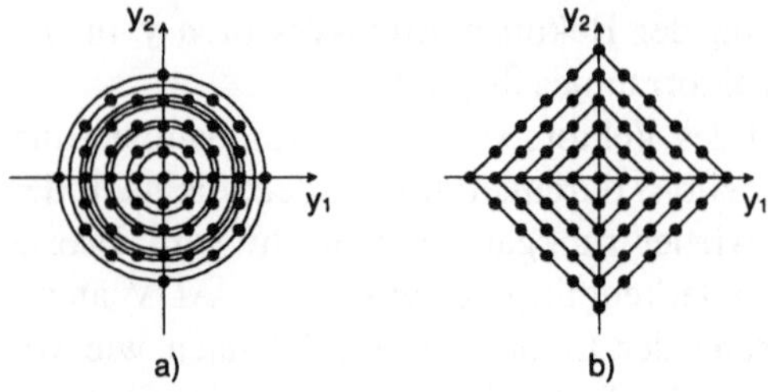

Abb. 10.15. Z_2-Lattice. a Position der Rekonstruktionsvektoren konstanter quadratischer Norm auf Kugelschalen und **b** konstanter absoluter Norm auf Pyramidenschalen

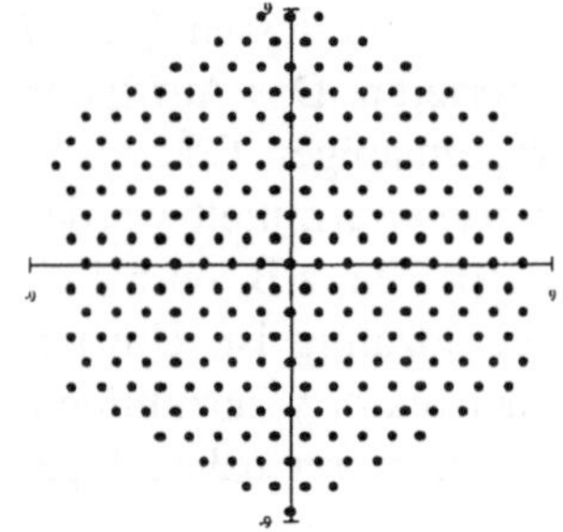

Abb. 10.16. A_2-Lattice mit $J=256$ Rekonstruktionsvektoren, Indexvektor-Adressierung

Verwendung des Indexvektors. Da der Rekonstruktionsvektor **y** nach (10.11) durch den - aus ganzzahligen Werten u_k bestehenden - Indexvektor **u** eindeutig definiert ist, läßt sich durch Umkehrung $\mathbf{u}=\mathbf{y}\cdot\mathbf{M}^{-1}$ der eindeutige Indexvektor finden [CONWAY, SLOANE 1983]. Da jedoch eine Begrenzung des Codebuches stattfinden soll, muß der Wertebereich der u_k eingeschränkt werden. Mit Werten $0\le u_k\le R\text{-}1$ zugelassen, ergibt sich eine Bitrate von $\log_2 R$ bit/Abtastwert. Die geringste mögliche Bitrate ist daher 1 bit/Abtastwert oder K bit/Vektor. Diese Bitrate kann durch *Entropiecodierung der Indexvektorelemente* unter Umständen noch weiter reduziert werden. Zur Decodierung wird wegen der Bitratenbegrenzung aber nicht unmittelbar der gefundene Indexvektor **u**, sondern der Wert $\mathbf{u'}=\mathbf{u}(\mathrm{mod}R)$ verwendet. Stimmen **u** und **u'** nicht überein, so lag der gefundene Rekonstruktionspunkt **y** *außerhalb des Codebuches.* Eine sinnvolle Maßnahme gegen diese "Übersteuerung" des Quantisierers besteht darin, den Vektor **x** in Richtung des Ursprungs von $\mathfrak{R}^K$ zu projizieren, so daß er innerhalb des Codebuches liegt. Die Indexvektor-Methode ist für beliebige Lattice-Basissysteme anwendbar. Hierbei nimmt auf Grund der gleichmäßigen Wertbegrenzung aller u_k das Codebuch eine

Gestalt an, die der aufgeblähten Form einer einzelnen Voronoi-Region entspricht (sh. Abb. 10.16 am Beispiel des A_2-Lattice). Da das optimale Lattice jeweils mit seinen Voronoi-Regionen eine K-dimensionale Kugelform annähert, entsteht hierdurch eine sphärische Codebuchform.

Codierung unkorrelierter Signale. Da das Codebuch bei Lattice-VQ nach allen Richtungen in $\Re^K$ annähernd symmetrisch ist, ist es für die Wirkungsweise der Lattice-VQ wichtig, daß das zu quantisierende Signal *unkorreliert* ist; nur bei unkorrelierten Signalen ist die K-dimensionale vektorielle ADV p($\mathbf{x}$) nach allen Dimensionen symmetrisch (vgl. Abschn. 3.1). Daher ist in der Bildcodierung eine *Kombination mit dekorrelierenden Techniken*, z.B. einer Transformationscodierung, unumgänglich: Die Dekorrelation ist der erste Schritt, in einem zweiten Schritt werden die dekorrelierten Signaläquivalente mittels Lattice-VQ quantisiert. Dabei sollten nur solche Abtastwerte zu einem Vektor zusammengefaßt werden, die eine *nahezu identische Statistik*, d.h. vor allem ähnliche Varianzen, besitzen. Ansonsten würden ebenfalls Teile des Codebuches weitgehend unbenutzt bleiben. In [BLAIN, FISCHER 1991] wird allerdings ein Algorithmus beschrieben, mit dem sich dieses Problem umgehen läßt.

Adaptive Lattice-VQ. Bei instationären Signalen, z.B. Bildsignalen mit örtlich schwankender Varianz, kann eine Adaption erfolgen, indem die verwendete Codebuchgröße für jeden Signalvektor $\mathbf{x}$ *individuell angepaßt* wird. Die Information über die Codebuchgröße ist zwar als Nebeninformation zu übertragen, jedoch kann eine deutliche Einsparung an Bitrate gegenüber einer Methode mit fester Codebuchgröße erzielt werden [OHM 1993]. Theoretisch läßt sich zeigen, daß ein K-dimensionaler Lattice-Vektorquantisierer etwa dieselbe Leistungsfähigkeit bezüglich $R(D)$ besitzt, wie ein gleichförmiger, skalarer Quantisierer, gefolgt von einer K Codesymbole zusammenfassenden Entropiecodierung [GERSHO, GRAY 1992]. Das letzte Verfahren ist bei großem K - vor allem bei Verwendung von Huffmancodes - aber wesentlich aufwendiger und anfälliger gegen Übertragungsfehler als die Lattice-VQ.

10.3.3 Vektorquantisierung mit ungleichförmigen Codebüchern

Erzielbare Datenraten. Prinzipiell läßt sich mit einer Vektorquantisierung, die ein Codebuch mit J Rekonstruktionsvektoren benutzt, auch ohne Entropiecodierung sofort eine Rate von $\log_2 J$ *b*/Vektor oder $(\log_2 J)/K$ *b*/Abtastwert erzielen. Mit Lattice-Vektorquantisierung können zwar im Prinzip *beliebig hohe* Datenraten erzielt werden, ohne daß sich der Codieraufwand gegenüber niedrigeren Raten nennenswert erhöht. Es ist aber mit den benannten Decodieralgorithmen nicht möglich, auf *beliebig geringe* Raten zu kommen. Die untere Grenze liegt auch bei den "Schalen"-Adressierungsalgorithmen in der Größenordnung von 0,5 *b*/Abtastwert.

Komplexität. Im Gegensatz dazu steigt bei der Verwendung von Codebüchern mit *ungleichförmiger Verteilung* und beliebiger Anzahl J der Codeworte der Codieraufwand bei Erhöhung der Datenrate exponentiell an. Ähnlich wie bei ungleichförmiger skalarer Quantisierung muß nach (10.9) die Verzerrung zwischen dem Vektor **x** und *jedem möglichen Codewort* $\mathbf{y}_j$ berechnet werden, um das optimale $\mathbf{y}_i$ zu finden. Es ergibt sich daher bei der Codierung ein Rechenaufwand (Multiplikationen/Additionen) von J Operationen/Abtastwert oder $K \cdot J$ Operationen/Vektor. Die Anwendung derartiger Verfahren ist daher nur bei extrem niedrigen Bitraten R [b/Abtastwert] oder kleinen Vektorlängen K möglich, denn es gilt der Zusammenhang $R=(\log_2 J)/K \Rightarrow J=2^{RK}$.

Der verallgemeinerte Lloyd-Algorithmus. Zur Erzeugung ungleichförmiger VQ-Codebücher wird meist der *verallgemeinerte Lloyd-Algorithmus* [LINDE, BUZO, GRAY 1980] oder eine seiner Abarten verwendet. Er funktioniert vom Prinzip her wie der in (8.6)-(8.8) beschriebene Lloyd-Algorithmus für den ungleichförmigen skalaren Quantisierer. Da sich die mehrdimensionale Verteilungsdichtefunktion von (in der Regel instationären) Bildsignalen kaum durch eine Modell-ADV beschreiben läßt, wird der Quantisierer häufig mittels einer *Trainingsfolge* optimiert. Die hierbei verwendeten beispielhaften Bildsignalkomponenten sollen in ihrer Statistik etwa denen entsprechen, die später codiert werden sollen, die Anzahl der Trainingsvektoren soll mindestens das 100-200fache der Codebuchgröße betragen. Während eines Schrittes des iterativen Algorithmus werden als $\mathbf{x}^j$ diejenigen N_j Signalvektoren bezeichnet, die innerhalb der Partitionsgrenzen des Codewortes $\mathbf{y}_j$ liegen. Es werden dann die Erwartungswerte in (8.6)-(8.8) durch den jeweiligen Mittelwert ausgedrückt, insbesondere wird

$$D_j = \frac{1}{N_j} \sum_{N_j} \sum_{k=1}^{K} (x^j(k) - y_j(k))^2 \quad ; \quad p(j) = \frac{N_j}{\sum_j N_j} \tag{10.12}$$

und die Elemente $y_j(k)$ des optimierten Rekonstruktionsvektors $\mathbf{y}_j$ ergeben sich zu

$$y_{j,opt}(k) = \frac{\sum_{N_j} x^j(k)}{N_j}, \tag{10.13}$$

d.h. $\mathbf{y}_{j,opt}$ ergibt sich als arithmetischer Mittelwert aus allen in der zugehörigen Partition liegenden $\mathbf{x}^j$. Die vorgenommene Partitionierung ist den Clusterverfahren entlehnt. Ein Vergleich mit (5.55)-(5.57) zeigt ebenfalls eine große Ähnlichkeit der Optimierungsprozeduren, und tatsächlich ist der verallgemeinerte Lloyd-Algorithmus eine spezielle Ausführung des *K-means-Algorithmus* zur Clusteroptimierung [GERSHO, GRAY 1992].

Beschreibung des Algorithmus. Gegeben seien ein Anfangs-Codebuch $\mathbf{C}=\{\mathbf{y}_j;$ $j=1,2,...,J\}$, eine Folge von Trainingsvektoren $\mathcal{X}=\{\mathbf{x}(n');n'=0,1,...,N'-1\}$, sowie ein Konvergenzkriterium ε und eine maximale Iterationenanzahl I. Setze $i=1$, $D_0=\infty$.

1. Codierung der Trainingsfolge $\mathcal{X}$ mit dem Codebuch $\mathbf{C}$; Zuordnung jedes Vektors zum Cluster j eines Codebuchvektors und Berechnung der entstehenden Gesamtverzerrung. Setze $D_m=0$.

$$\text{für } j=1,2,...,J : n(j)=0 \; ; \; \mathbf{cen}(j)=\mathbf{0} \; ;$$

$$\text{für } n'=0,1,...,N'-1 : i = \arg\min_{\mathbf{y}_j \in \mathbf{C}} d\big(\mathbf{x}(n'),\mathbf{y}_j\big) \; ; \quad D_m = D_m + d\big(\mathbf{x}(n'),\mathbf{y}_i\big)$$

$$n(i) = n(i)+1 \; ; \quad \mathbf{cen}(i) = \mathbf{cen}(i)+\mathbf{x}(n')$$

2. Optimierung des Codebuches durch Neuberechnung der Clusterschwerpunkte :

$$\text{für } j=1,2,...,J \text{ und } n(j)\neq 0 : \mathbf{y}_j = \frac{\mathbf{cen}(j)}{n(j)}$$

3. Ist $m=I$, oder $D_{m-1}-D_m<\varepsilon$, wird die Iteration abgebrochen. Sonst wird $m=m+1$ gesetzt, und mit Schritt 1 fortgefahren.

Beispiel für K=2. Das Verfahren ist in Abb. 10.17 am Beispiel eines VQ mit $K=2$ angedeutet. Hier wird zunächst in Abb. 10.17a ein Codebuch benutzt, dessen mit "**x**" angedeutete $\mathbf{y}_j$ aus den Rekonstruktionswerten eines zweistufigen skalaren Quantisierers bestehen. Die Grenzen der Partitionen sind die Koordinatenachsen, die $\mathbf{y}_j$ sollen nun so optimiert werden, daß die Trainingswerte "•" möglichst mit geringerer Verzerrung codiert werden. Nach einer Iteration (Abb. 10.17b) haben sich die $\mathbf{y}_j$ verschoben, viele Werte "•" gehören nun anderen Voronoi-Regionen an. Daher wird eine weitere Iteration (Abb. 10.17c) die Verzerrung nochmals verringern. Man beachte, daß der ursprünglich im linken oberen Quadranten gelegene Rekonstruktionswert nun fast an den Koordinatenursprung gewandert ist. Der Algorithmus konvergiert, d.h., es ist in jedem Fall garantiert, daß sich die Gesamtverzerrung D *nicht erhöht.*

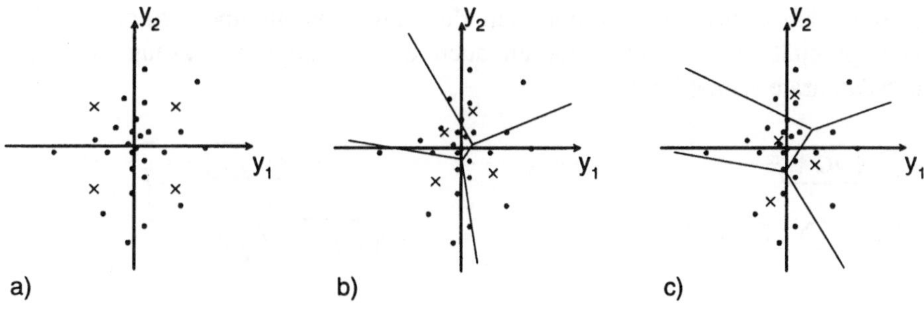

Abb. 10.17. Arbeitsweise des verallgemeinerten Lloyd-Algorithmus für $K=2$.
a Ursprungscodebuch **b** 1. Iteration **c** 2. Iteration

Globale Optimierung. Die mehrdimensionale, von den Positionen der y_j in **C** abhängige Verzerrung weist normalerweise eine Reihe von Minima auf. Damit wird das *globale Verzerrungsminimum* möglicherweise nicht erreicht. Das letzten Endes erreichte Minimum hängt stark von der Wahl des Anfangscodebuches ab. Sinnvolle Anfangscodebücher entstehen entweder durch *zufällige Auswahl* von Trainingsvektoren quer über die gesamte Trainingsfolge, oder durch Anwendung eines *Splitting-Algorithmus* (vgl. Abschn. 10.3.4). Einen Ausweg für das Problem lokaler Minima bietet auch die in Abschn. 5.6 beschriebene Prozedur des *simulated annealing*. Hierbei wird - sofern festgestellt wird, daß die Verzerrung sich nicht mehr nennenswert verbessert - die Position bestimmter Codebuchvektoren zufällig verschoben, und getestet, ob sich dadurch ein besseres Ergebnis erzielen läßt [ZEGER, GERSHO 1989]. Wichtig ist dabei der "Temperaturparameter", welcher die Weite der zulässigen Verschiebungen regelt (vgl. Abschn. 5.7).

Codierung korrelierter Signale. Die Anwendung ungleichförmiger Codebücher ist besonders vorteilhaft, wenn die Signalwerte *innerhalb der Vektoren* korreliert sind oder anderweitige statistische Abhängigkeiten aufweisen. Eine VQ mit ungleichförmigen Codebüchern kann sich an eine *beliebige vektorielle ADV* p(**x**) anpassen und besitzt daher gleichzeitig eine dekorrelierende Wirkung.

10.3.4 Spezielle Codebuchstrukturen

Der bisher beschriebene VQ-Codierungsalgorithmus erfordert eine *volle Suche*, d.h. für jeden Signalvektor sind J Vergleichsoperationen notwendig, um den optimalen Rekonstruktionsvektor zu ermitteln. Jede dieser Vergleichsoperationen besteht z.B. bei Verwendung des quadratischen Fehlermaßes aus K skalaren Multiplikationen und Additionen. Auch die beschriebene Version des verallgemeinerten Lloyd-Algorithmus ist insofern wenig flexibel, als stets die Codebuchgröße J *vorher* festgelegt werden muß; eine *verzerrungsabhängige Anpassung der Datenrate* ist nicht vorgesehen. Daher werden nun VQ-Verfahren mit speziellen Codebuchstrukturen beschrieben, die zum einen auf eine geringere Codiererkomplexität führen, zum anderen auch eine flexible Anpassung der Ausgangsdatenrate ermöglichen.

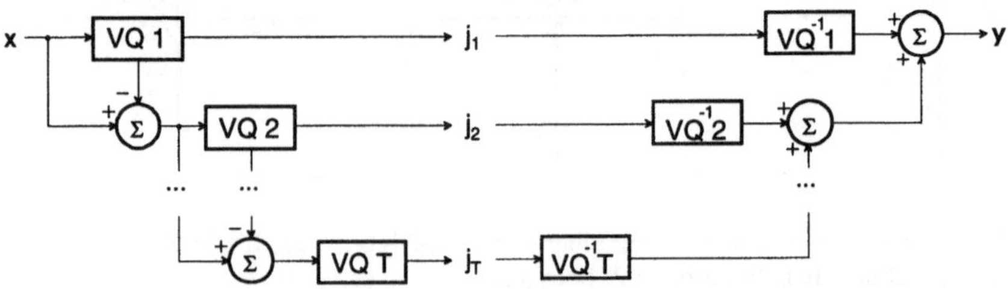

Abb. 10.18. Mehrstufige Vektorquantisierung

Mehrstufige VQ. Das in Abb. 10.18 gezeigte Verfahren arbeitet mit T hintereinandergeschalteten, sequentiell arbeitenden VQ-Stufen, von denen jede die Aufgabe hat, den Restfehler, also den Codierungsfehler der vorhergehenden Stufe nochmals zu reduzieren. Mit den Anfangsbedingungen $\mathbf{y}_0=0$ und $\mathbf{x}_0=\mathbf{x}$ wird das Eingangssignal $\mathbf{x}_t = \mathbf{x}_{t-1} - \mathbf{y}_{t-1}$ für die Quantisiererstufe t berechnet. Für jede Stufe steht ein Codebuch $\mathbf{C}_t$ mit J_t Vektoren zur Verfügung. Zu übertragen sind die Indizes j_t für die einzelnen Teilcodebücher. Die gesamte Datenrate ist

$$R = \frac{1}{K} \sum_{t=1}^{T} \log_2 J_t \quad b/\text{Abtastwert}. \tag{10.14}$$

Der Rekonstruktionsvektor $\mathbf{y}$ ergibt sich als die Summe der einzelnen Vektoren :

$$\mathbf{y} = \sum_{t=1}^{T} \mathbf{y}_{j_t}. \tag{10.15}$$

Codebuchoptimierung. Bei der mehrstufigen VQ wird vorausgesetzt, daß die Statistik der Restfehlersignale in den einzelnen Stufen *unabhängig* sei, damit keine Redundanz zwischen den einzelnen $\mathbf{y}_{j_t}$ existiert. Die einzelnen J_t sind *vor* der Codebuchoptimierung zu wählen. Dann müssen die Codebücher für die einzelnen Stufen, beginnend mit Stufe 1, sukzessive optimiert werden. Man beachte jedoch, daß der Restfehler bei einer Vektorquantisierung im Bereich der Voronoi-Region des jeweils gewählten Rekonstruktionsvektors liegt. Daher wird die mehrstufige VQ gegenüber einer einstufigen immer suboptimal sein, wenn die einzelnen Voronoiregionen unterschiedliche Größen besitzen. Das ist zwar bei Verwendung ungleichförmiger Codebücher grundsätzlich der Fall, wird sich aber extrem auswirken, wenn die Codebuchgrößen J_t in den einzelnen Teilstufen zu klein gewählt werden. Darüber hinaus besteht die Möglichkeit, mit einer *variablen Zahl T* zu arbeiten, wobei nur dann, wenn sich ein gegebenes Signal noch nicht mit einer vorgegebenen Verzerrung codieren ließ, eine weitere Stufe angeschlossen wird.

Baumstrukturierte Codebücher. Die Baumstruktur eines solchen Codebuches ist in Abb. 10.19a dargestellt. Hierbei wird die Codebuchsuche in mehrere Schritte (entsprechend den *Ebenen* des Baumes) aufgeteilt, wobei in jedem Schritt, ausgehend von dem Zwischenergebnis des vorangegangenen Schrittes, weitergesucht wird. Besteht der Baum aus T Ebenen, und verzweigt sich das Zwischenergebnis eines Knotens auf der Ebene t zu I_t unterschiedlichen Knoten der nächsten Ebene, so ist die gesamte Anzahl der notwendigen Suchoperationen

$$M = \sum_{t=1}^{T} I_t, \tag{10.16}$$

während die Anzahl der insgesamt möglichen Rekonstruktionsvektoren auf der Ebene t sich als

$$J_t = \prod_{t'=1}^{t} I_{t'} \qquad\qquad (10.17)$$

ergibt. Die Anzahl an insgesamt möglichen, d.h. eindeutig decodierbaren Rekonstruktionsvektoren ist $J=J_T$, also die Anzahl J_t der letzten Ebene. Im Fall einer *binären Baumstruktur* ist $I_t=2$ konstant über alle Ebenen, und es genügen $M=2\cdot\log_2 J$ Suchoperationen im Codebuch.

Auch die mehrstufige VQ läßt sich als einstufige VQ mit baumstrukturiertem Codebuch interpretieren. Jedoch wären hier die Rekonstruktionsvektoren ab der zweiten Baumebene nicht unabhängig voneinander wählbar, was offensichtlich eine starke Einschränkung darstellt.

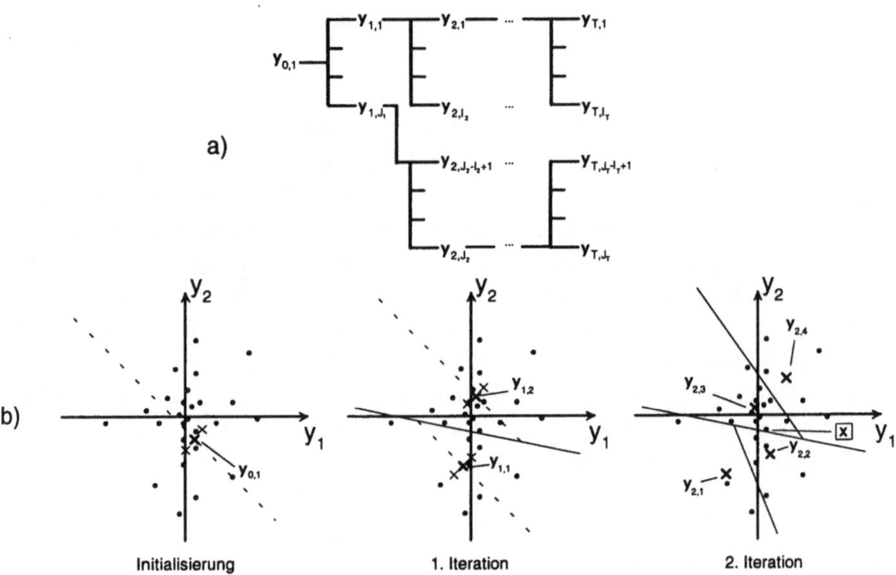

Abb. 10.19. **a** Codebuch in Baumstruktur **b** Erste Iterationsschritte mit Teilung der Codebuchvektoren

Erzeugung von Codebüchern mit symmetrischer Baumstruktur. Codebücher mit symmetrischer Baumstruktur lassen sich mittels eines *Teilungsalgorithmus* (*splitting*) erzeugen (sh. Abb. 10.19b). Hierbei sind vorher die I_t, d.h. die Anzahlen der Knotenverzweigungen auf den einzelnen Stufen, festzulegen. Aus der Folge von Trainingsvektoren $\mathfrak{X}=\{\mathbf{x}(n');n'=0,1,...,N'-1\}$ wird der Rekonstruktionsvektor $\mathbf{y}_{0,1}$ an der Baumwurzel als Clusterschwerpunkt über die gesamte Trainingsfolge berechnet :

$$\mathbf{y}_{0,1} = \frac{\displaystyle\sum_{n'=0}^{N'-1}\mathbf{x}(n')}{N'}; \qquad\qquad (10.18)$$

weiterhin werden t=1, J_0=1 gesetzt, sowie ein Wert D_{max} festgelegt.

1. Teilung aller Codebuchvektoren der vorangehenden Ebene t-1.
    für j'=1,2,...,J_{t-1} ; für i=1,2,...,I_t :
$$j = (j'-1)\cdot I_t + i \quad ; \quad \mathbf{y}_{t,j} = \text{split}(\mathbf{y}_{t-1,j'},i)$$

2. Optimierung des Codebuches durch Neuberechnung der $\mathbf{y}_{t,j}$, j=1,2,...,J_t mittels des verallgemeinerten Lloyd-Algorithmus. Hierbei wird die baumstrukturierte Suche angewandt.

3. Ist t=T, oder D<D_{max}, wird die Codebucherzeugung abgebrochen. Sonst wird t=t+1 gesetzt, und mit Schritt 1 fortgefahren.

Die Funktion "split$(\cdot)$" erzeugt I_t Vektoren, deren Positionen in $\Re^K$ dicht benachbart sind (in Abb. 10.19b als dünne Kreuze dargestellt), und erst durch die Optimierungsprozedur im 2. Schritt auseinanderrücken (fette Kreuze). Beispiele für den Fall I_t=2 sind die gezeigte *additive Teilung* :

$$\text{split}(\mathbf{y},1) = \mathbf{y} - \varepsilon\cdot\mathbf{1} \quad ; \quad \text{split}(\mathbf{y},2) = \mathbf{y} + \varepsilon\cdot\mathbf{1} \quad ; \quad 0 < \varepsilon \ll 1 \qquad (10.19)$$

und die *multiplikative Teilung*

$$\text{split}(\mathbf{y},1) = \mathbf{y}\cdot(1-\varepsilon) \quad ; \quad \text{split}(\mathbf{y},2) = \mathbf{y}\cdot(1+\varepsilon) \quad ; \quad 0 < \varepsilon \ll 1. \qquad (10.20)$$

Soll in mehr als 2 Vektoren geteilt werden, so empfiehlt es sich, zueinander orthogonale Basisfunktionen, z.B. die der Hadamard-Transformation (2.92) anstelle des mit ε gewichteten Einheitsvektors in (10.19) zu verwenden; hierdurch wird bewirkt, daß die nach der Teilung neu definierten Voronoiregionen in $\Re^K$ möglichst senkrecht zueinander stehen. Die genannte Splitprozedur kann auch eingesetzt werden, um ein *Ursprungscodebuch* für ein VQ-Verfahren mit voller Suche zu erzeugen. Weiterhin ist es möglich, nach jeder Teilungsprozedur mehrere Iterationen zur Codebuchoptimierung auf der entsprechenden Baumebene folgen zu lassen.

Bei einer baumstrukturierten Codebuchsuche kann es geschehen, daß auf der letzten Ebene t=T nicht der passendste Vektor im Codebuch gefunden wird. Dies läßt sich dadurch erklären, daß die Grenzen der Voronoiregionen auf den unteren Ebenen maßgeblichen Einfluß auf den weiteren Verlauf der Suche ausüben. So liegt in Abb. 10.19b der Signalvektor ($\boxtimes$) eigentlich näher am Rekonstruktionsvektor $\mathbf{y}_{2,4}$; dennoch wird $\mathbf{y}_{2,2}$ ausgewählt, da auf der ersten Ebene für $\mathbf{y}_{1,1}$ entschieden wurde.

Erzeugung von Codebüchern mit unsymmetrischer Baumstruktur. Bei der beschriebenen Baumsuche mit symmetrischen Codebüchern wird nicht garantiert, daß die Teilung bei allen $\mathbf{y}_{t,j}$ tatsächlich zu einer deutlichen Reduktion der Verzerrung führt : Ist die Voronoiregion um $\mathbf{y}_{t,j}$ z.B. ohnehin relativ klein, so wird auch durch Teilen keine deutliche Verbesserung erzielt; hingegen erhöht sich die zur Übertragung notwendige Bitrate, da nun zwischen mehreren Rekonstruktionsvektoren auf der Ebene t+1 unterschieden werden muß. Eine Lösung dieses

Problems bietet ein Algorithmus, der als *pruned tree-structured VQ* [RISKIN, GRAY 1991] bezeichnet wird. Bei diesem werden nicht alle $\mathbf{y}_{t,j}$ auf einmal geteilt, sondern stets diejenige Teilung vorgenommen, durch welche die *größte Verminderung* ΔD der Gesamtverzerrung bewirkt wird. Es seien $D_{j,t}$ die Verzerrung und $p_t(j)$ die Wahrscheinlichkeit einer Partition auf der Ebene t. Dann ergibt sich die Verminderung der Gesamtverzerrung

$$\Delta D(j) = D_{j,t} - \sum_{i=1}^{I_t} \frac{p_{t+1}(j')}{p_t(j)} \cdot D_{j',t+1} \quad ; \quad j' = (j-1) \cdot I_t + i, \tag{10.21}$$

sofern $\mathbf{y}_{t,j}$ geteilt wird. Man beachte, daß sich auf diese Weise eine *unsymmetrische* Baumstruktur ergibt : So kann ein $\mathbf{y}$ auf der Ebene $t+1$ bereits wieder geteilt werden, wenn andere auf der Ebene t noch darauf warten. Wird zur Repräsentation der Codeworte des Baumpfades ein Binärcode verwendet, so ergibt sich wie bei der Entropiecodierung eine *Übertragung mit variabler Bitrate*.

10.3.5 Vektorquantisierung mit Entropieminimierung

Bei allen bisher beschriebenen Methoden zur Codebucherzeugung wurde allein auf eine Minimierung der *Verzerrung* orientiert. Aus den Herleitungen zur Rate-Distortion-Funktion ist jedoch deren grundlegende Abhängigkeit von der *Rate* bekannt. Die minimal notwendige Übertragungsrate ergibt sich als die Entropie des Codebuches bei Codierung einer gegebenen Trainingsfolge $\mathcal{X}$

$$R_{\min} = H(\mathbf{C})\big|_{\mathcal{X}} = \sum_{j=1}^{J} p(j) \cdot i(j) \quad ; \quad i(j) = -\log_2 p(j). \tag{10.22}$$

Nach den bisher beschriebenen Optimierungsmethoden könnte sich zwar die Verzerrung verringern, dafür aber die Rate derartig erhöhen, daß das Ergebnis nach der Iteration im Sinne der Annäherung an $R(D)$ schlechter ist als vorher. Um dies zu umgehen, muß ein neues Verzerrungsmaß eingeführt werden, welches den Informationsgehalt (9.1), also die zur Übertragung mit den gewählten Codeworten notwendige Rate, als zusätzliche *Kostenfunktion* einführt :

$$d(\mathbf{x}, \mathbf{y}_j) = \left[\mathbf{x} - \mathbf{y}_j\right]^{\mathrm{T}} \left[\mathbf{x} - \mathbf{y}_j\right] + \lambda \cdot i(j) \tag{10.23}$$

Der Parameter λ gibt dabei das Gewicht an, mit dem die Kostenfunktion bewertet wird. Mit $\lambda=0$ ergibt sich wie bisher das quadratische Verzerrungsmaß. In Abb. 10.20a ist dargestellt, wie sich die Grenze der Voronoiregionen zwischen zwei Rekonstruktionsvektoren mit *unterschiedlichen* Informationsgehalten durch Variation des Parameters λ verschiebt. Werte in der Nähe der Grenze werden zunehmend dem Rekonstruktionsvektor zugeschlagen, durch den sie zwar mit etwas höherer Verzerrung, dafür aber mit um so geringerer Rate codiert werden. Im Extremfall $\lambda \to \infty$ wird nur noch der Rekonstruktionsvektor mit dem geringsten Informationsgehalt ausgewählt. Man beachte, daß sich gleichzeitig der Informationsgehalt bei den unwahrscheinlichen Vektoren weiter erhöht, bei den anderen weiter erniedrigt.

Ein auf diesen Prinzipien basierender Algorithmus zur Codebuchoptimierung mit gleichzeitiger Entropieminimierung wird als *entropy constrained VQ* (*ECVQ*) [CHOU, LOOKABAUGH, GRAY 1989] bezeichnet. Wir erhalten mit der Definition der Verzerrung nach (10.12) als "kostenberücksichtigende" Verzerrungsfunktion für das gesamte Codebuch

$$D' = \sum_{j=1}^{J} \left[p(j) \cdot D_j + \lambda \cdot i(j) \right]. \qquad (10.24)$$

Die Wirkungsweise des Algorithmus läßt sich unmittelbar an Hand der Rate-Distortion-Funktion erläutern. Abb. 10.20b zeigt qualitativ einen $R(D)$-Verlauf, und relativ dazu die erreichte Position des Codebuches während der Iteration m, sowie zwei mögliche Positionen bei der $(m+1)$ten Iteration. Hier werden bei der Zuordnung der Trainingsfolgevektoren unterschiedliche Faktoren λ verwendet, und es erfolgen entsprechend unterschiedliche Optimierungen der aktualisierten Codebücher gemäß (10.13). Das rechte Ergebnis liefert offensichtlich eine größere Verzerrung, liegt aber näher an $R(D)$, und ist daher günstiger. Man erzielt das optimale Ergebnis während eines Iterationsschrittes, indem λ variiert, und das Minimum von (10.24) über alle möglichen λ gesucht wird. Im 3. Schritt des verallgemeinerten Lloyd-Algorithmus wird abgebrochen, wenn nach der λ-Optimierung in der Iteration $m+1$ gilt : $(D'_{m+1}-D'_m)/D'_{m+1} < \varepsilon$.

Die Methode schließt mit $\lambda=0$ die Arbeitsweise des herkömmlichen verallgemeinerten Lloyd-Algorithmus nach wie vor ein. Soll auf eine bestimmte Rate hin optimiert werden, so kann dies ebenfalls nur durch Variation des λ-Parameters erfolgen. So ergibt sich z.B. für $\lambda \to \infty$ grundsätzlich eine Rate $R=0$, d.h. alle Vektoren $\mathbf{x}$ werden ausschließlich einem einzigen Codebuchvektor zugeordnet.

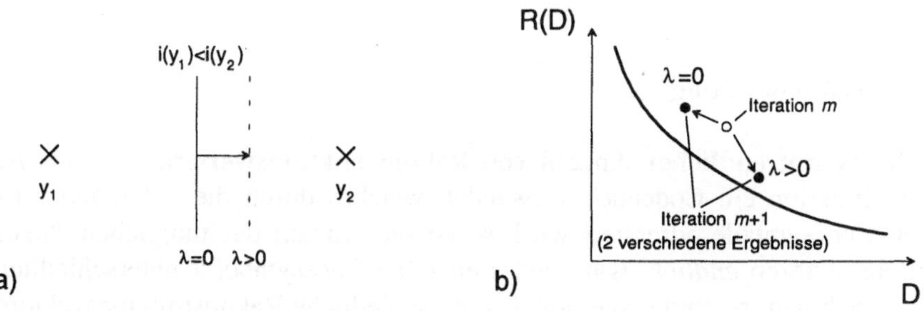

Abb. 10.20. a Lage der Grenze zwischen Voronoiregionen bei Variation von λ
b Zur Arbeitsweise des ECVQ-Algorithmus

10.4 Gleitende Blockcodes

Bei der Vektorquantisierung wird jeder zu codierende Block von Abtastwerten *separat*, d.h unabhängig von seinen Nachbarn, behandelt. Es wird ein Codesymbol erzeugt, welches die vollständige Information zur Decodierung des aktuellen Blockes enthält. Bei *gleitenden Blockcodes* sind dagegen zur Decodierung jedes Abtastwertes *mehrere Codesymbole* erforderlich, die ihrerseits auch Einfluß auf die Decodierung noch weiterer Abtastwerte besitzen. Das Prinzip der Decodierung ist in Abb. 10.21 dargestellt. Jedes Codesymbol $i(n')$ erzeugt, verknüpft mit seinen L-1 Vorgängern $i(n'-1)...i(n'-L+1)$, mittels einer linearen oder nichtlinearen Abbildungsfunktion einen Rekonstruktionsvektor $\mathbf{y}(n')$. Da das aktuelle Codesymbol $i(n')$ auch in den folgenden L Decodierungsschritten noch verwendet wird, besitzt es insgesamt Einfluß auf die Decodierung von L aufeinander folgenden Rekonstruktionsvektoren. Der Parameter L wird als die *Abhängigkeitslänge* (*constraint length*) des gleitenden Blockcodes bezeichnet. Mögliche Realisierungen gleitender Blockcodes zur Quellencodierung sind *Trellis-* und *Treecodierverfahren*.

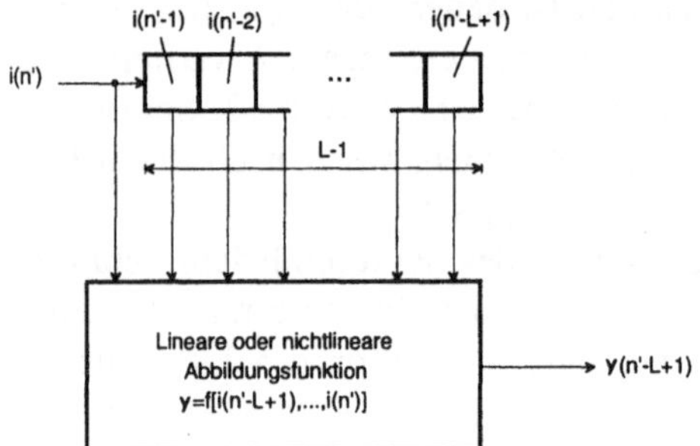

Abb. 10.21. Decodierer bei gleitender Blockcodierung

10.4.1 Trelliscodierung

Decodierer mit endlicher Anzahl von Rekonstruktionswerten. Wird als Abbildungsfunktion ein Codebuch verwendet, welches durch die aufeinander folgenden Codesymbole adressiert wird, so ist die Anzahl der möglichen Rekonstruktionsvektoren *endlich*. Kann jedes einzelne Codesymbol J unterschiedliche Werte annehmen, so sind insgesamt J^L unterschiedliche Rekonstruktionsvektoren $\mathbf{y}(n')=f[i(n'),i(n'-1),...,i(n'-L+1)]$ möglich. Jedes $\mathbf{y}(n')$ besteht aus K Rekonstruktionswerten. Der Verlauf der möglichen Decodiererzustände ist in Abb. 10.22 für das Beispiel $J=2$, $L=2$ in einem *Trellisdiagramm* dargestellt. In jedem Decodierungsschritt n' kann einer von 4 verschiedenen Rekonstruktionsvektoren $\mathbf{y}(n')$ generiert werden, die durch die *Knoten* auf einer *Ebene* des Zustandsdiagramms repräsentiert werden. Die Codesymbole i sind dagegen den *Verzweigungen* zugeordnet, die auf die Knoten hinführen. Das Codesymbol $i(n'\text{-}2)$ übt keinen direkten Einfluß mehr auf $y(n')$ aus, da allein durch die Auswahl von $i(n'\text{-}1)$ und $i(n')$ jeder Knoten auf der Ebene n' von jedem Knoten auf der Ebene $n'\text{-}2$ aus eindeutig erreichbar ist. Da ein Codesymbol Einfluß auf die Decodierung mehrerer Rekonstruktionsvektoren ausübt, ist es Aufgabe des Codierers, bei einem gegebenen Verzerrungskriterium die *optimale Folge* von Codesymbolen auszuwählen.

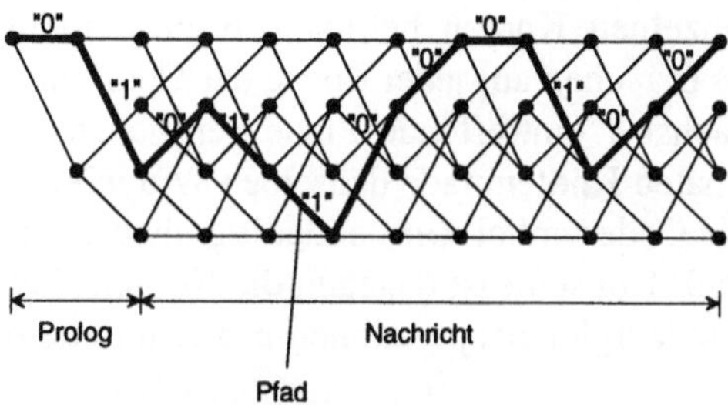

Abb. 10.22. Trellisdiagramm

Arbeitsweise des Trelliscodierers. Die Arbeitsweise des Codierers läßt sich am besten veranschaulichen, wenn wir eine mögliche Folge von Codesymbolen als *Pfad* im Trellisdiagramm betrachten (sh. Abb. 10.22). Aufgabe des Codierers ist es, alle möglichen Pfade miteinander zu vergleichen. Hierzu ist die *entlang der einzelnen Pfade* aufakkumulierte Verzerrung zu analysieren. Im Prinzip läßt man also so viele Decodierer parallel laufen, wie Pfade existieren. In diesem Sinne läßt sich übrigens auch die Arbeitsweise des einfachen VQ-Codierers deuten : Bei einem Codebuch mit J Rekonstruktionsvektoren sind die Ergebnisse von J VQ-Decodierern zu vergleichen, jedoch gilt hier $L=1$. Im Falle der Trelliscodierung sind aber nun J^L Pfade zu vergleichen. Hierdurch wird eine *Entscheidungsverzögerung* eingeführt : Bevor das optimale Codesymbol $i(n')$ ermittelt werden kann, müssen mindestens $L\text{-}1$ weitere Decodierschritte abgewartet werden. Jedoch kann nach diesen $L\text{-}1$ Schritten möglicherweise immer noch nicht die endgültige Entscheidung getroffen werden. Zwar erstreckt sich der *direkte Einfluß* des Codesymbols $i(n')$ auf Grund der Decodiererstruktur lediglich auf L Rekonstruktionsvektoren; indirekt werden aber die folgenden Decodierschritte auch durch den *Anfangszustand* beeinflußt. Eine endgültige Entscheidung über das optimale Codesymbol ist daher erst dann möglich, wenn $i(n')$ dasjenige Codesymbol $i(n^*)$ ist, welches auf den *Wurzelknoten* für alle Pfade führt (Abb. 10.23). Wir werden im folgenden sehen, daß die Anzahl der zu vergleichenden Pfadverzerrungen bei Trelliscodierung auf $J\cdot M$ ($M=J^L$) beschränkt ist, obwohl ein Codesymbol noch indirekten Einfluß auf $L^*\gg L$ Rekonstruktionsvektoren ausüben kann. Hierin liegt der wesentliche Vorteil der Trelliscodierung gegenüber einer blockseparaten Vektorquantisierung : Die scheinbare Blocklänge des Codes erstreckt sich über $K\cdot L^*$ Abtastwerte, während die Suchkomplexität nur der eines Vektorquantisierers mit der Blocklänge $K^*=K\cdot L$ entspricht.

Viterbi-Algorithmus. Im Trellisdiagramm (Abb. 10.22 und 10.23) treffen sich in jedem der J^L Knoten J unterschiedliche Pfade. Jeder dieser Pfade erhält, ausgehend vom Knoten, ebenfalls J Fortsetzungen. Da aber jede dieser Fortsetzungen jedem der eintreffenden Pfade *dieselbe* Verzerrung hinzufügen wird, ist derjenige eintreffende Pfad, der bis zu dem aktuellen Knoten die geringste Verzerrung liefert, unter den J eintreffenden Pfaden der optimale. Nur er braucht in Zukunft noch weiter fortgesetzt zu werden, und der global optimale Pfad muß sich unter den optimalen Pfaden der J^L einzelnen Knoten befinden. Nach dem in [VITERBI 1967] beschriebenen Algorithmus brauchen auf jeder Ebene der Codierung daher lediglich an jedem Knoten zunächst J eintreffende Pfade verglichen zu werden. Erst wenn jeder der $M{=}J^L$ optimalen Knotenpfade denselben Wurzelknoten besitzt, steht das auf diesen führende Codesymbol $i(n^*)$ endgültig als das optimale fest. Die *Suchtiefe* ist also variabel. Konstant ist dagegen die Komplexität des Codiervorganges, die sich durch $J{\cdot}M$ Vergleichsoperationen pro ermitteltem Codesymbol ergibt.

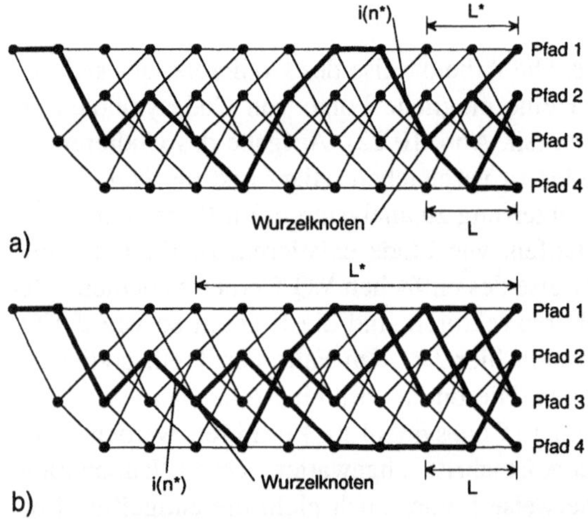

Abb. 10.23. Viterbi-Algorithmus. Verbliebene Pfade im Trellisdiagramm und Lage des Wurzelknotens **a** bei $L^*{=}L$ **b** bei $L^*{>}L$

Codebuchoptimierung. Die Optimierung von Codebüchern für Trelliscodierung kann nach dem in Abschn. 10.3.3 beschriebenen verallgemeinerten Lloyd-Algorithmus erfolgen. Lediglich während des 1. Schrittes, der Clusterzuordnung der Trainingsfolgenvektoren, ist anstelle der VQ-Codebuchsuche der Viterbi-Algorithmus zu verwenden [STEWART, GRAY, LINDE 1982], [AYANOGLU, GRAY 1986]. Ohne wesentliche Modifikationen des in Abschn. 10.3.5 beschriebenen Algorithmus ist auch eine Trelliscodierung möglich, bei der das Codebuch mit dem zusätzlichen Kriterium der *Entropieminimierung* optimiert wird [FISCHER, WANG 1992].

10.4.2 Treecodierung

Decodierer mit unbegrenzter Anzahl an Rekonstruktionswerten. Wird dem oben beschriebenen Faltungsdecodierer mit endlicher Anzahl an Rekonstruktionswerten ein lineares Filter mit unbegrenzter Impulsantwort nachgeschaltet, so wird die Anzahl der möglichen Rekonstruktionswerte, und damit auch die Abhängigkeitslänge des gleitenden Blockcodes *unendlich*. Das genannte Prinzip wird z.B. bei der *Treecodierung* korrelierter Quellensignale angewandt, wobei als IIR-Filter das Generierungsfilter eines AR-Modellsignals (vgl. Abschn. 4.1.1) verwendet wird, welches mit einem unkorrelierten, dem Codebuch entstammenden Signal angeregt wird. Die Decodiererarbeitsweise läßt sich nun mittels eines *Codebaums* (Abb. 10.24) interpretieren. Dieser unterscheidet sich von dem Trellisdiagramm insofern, als eine *Vermischung von Pfaden*, d.h. das erneute Zusammentreffen spätestens nach L Ebenen des Decodierungsprozesses, *nicht* erfolgt. Es ist daher auch kein Algorithmus mit begrenzter Komplexität möglich, welcher den *optimalen Pfad* ermitteln kann. Ein typisches Beispiel für einen leistungsfähigen suboptimalen Algorithmus ist der im folgenden beschriebene *M-Algorithmus*. Verschiedene andere Algorithmen zur Treecodierung werden in [ANDERSON, MOHAN 1984] verglichen. Alle diese Algorithmen sind auch für Trellisstrukturen sinnvoll einsetzbar, sofern die Anzahl der mit dem Viterbi-Algorithmus zu untersuchenden Pfade sehr hoch wird.

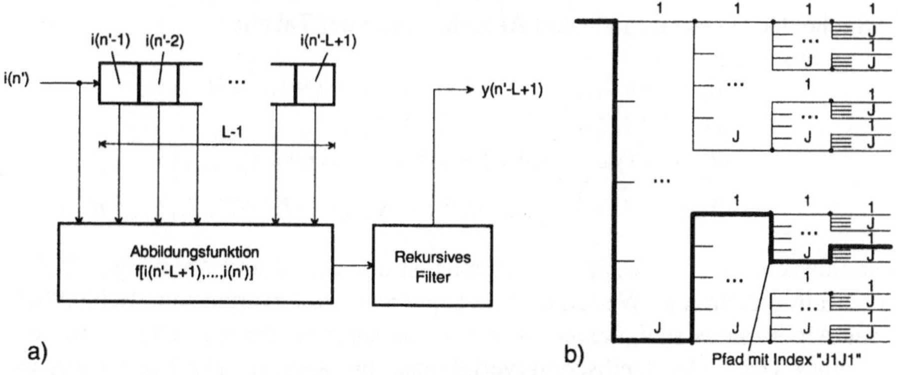

Abb. 10.24. a Decodierer und **b** Codebaum bei Treecodierung

M-Algorithmus. Beschrieben wird die Arbeitsweise des Algorithmus an der Position des eintreffenden Signalvektors $\mathbf{x}(n')$. Die eingeführte Codierverzögerung ist konstant; der Verzögerungsparameter L^* ist als Konstante vorher festzulegen. Er beeinflußt *nicht* die Suchkomplexität des Algorithmus, hat jedoch Einfluß auf die Größe der zur Realisierung erforderlichen Parametertabellen. Diese enthalten an der Position n' für jeden von M existierenden Pfaden mit Index m die Pfadindices $I_m(n')=[i_m(n'-L^*+1),\ i_m(n'-L^*+2),...,\ i_m(n'-1)]$, die Pfadverzerrungen d_m mit $d_1 \leq d_2 \leq ... \leq d_M$, sowie die Rekonstruktionsvektoren $\mathbf{Y}_m(n')=[\mathbf{y}_m(n'-L^*+1),$

$y_m(n'\text{-}L^*\text{+}2),..., y_m(n'\text{-}1)]$. Die Decodierer-Zuordnungsfunktion ist im Pfad m für das Codesymbol j gegeben durch

$$y_{j,m}(n') = f\big[I_m(n'), Y_m(n'), j\big].$$
(10.25)

Hierin wird die Abhängigkeit von den vorangegangenen Rekonstruktionswerten durch das rekursive Filter bewirkt. Der Algorithmus besteht nun aus folgenden Schritten :

1. Festlegung des Index $i(n'\text{-}L^*)=i_1(n'\text{-}L^*)$ für den dem Quellenvektor $x(n'\text{-}L^*)$ zuzuordnenden *Wurzelknoten* des Codebaumes. Hierdurch wird auch der Rekonstruktionswert $y(n'\text{-}L^*)=y_1(n'\text{-}L^*)$ eindeutig bestimmt. Die Werte entstammen dem Tabellenplatz $m=1$, der dem Pfad mit geringster Verzerrung zugeordnet ist.

2. Überprüfung der restlichen M-1 Pfade $(m=2,3,...,M)$ auf Identität des Wurzelknotenindex. Elimination aller Pfade mit $i_m(n'\text{-}L^*)\neq i_1(n'\text{-}L^*)$. Dies kann durch "künstliches" Erhöhen der Pfadverzerrung auf einen Wert $d_m=d_{max}$; $d_{max}>>d_M$ erfolgen.

3. Codierung von $x(n')$ für alle M Pfade mit jeweils J möglichen Rekonstruktionswerten, und Aufsummieren der entstehenden Verzerrung :
   Für $m=1,2,...,M$; $j=1,2,...,J$:
   $$y_{j,m}(n') = f\big[I_m(n'), Y_m(n'), j\big]$$
   $$d_{j,m} = d_m + d\big(y_{j,m}(n'), x(n')\big)$$

4. Suche der M besten Pfade und Aktualisierung der Tabelle :
   Für $k=1,2,...,M$:
   $$d_k = \min d_{j,m} \quad ; \quad j=1,...,J \quad ; \quad m=1,...,M$$
   $$(i,m) = \arg\min d_k \quad ; \quad d_{i,m} = d_{max}$$
   $$I_k(n'+1) = \big[i_m(n'-L^*+1), i_m(n'-L^*+2),...,i\big]$$
   $$Y_k(n'+1) = \big[y_m(n'-L^*+1), y_m(n'-L^*+2),...,y_{i,m}(n')\big]$$

Die Suchkomplexität des M-Algorithmus ist nur von M und J abhängig. Dabei werden mit größeren M-Werten bessere Ergebnisse zu erwarten sein. Schließlich ist der Algorithmus sehr flexibel in der Anpassung an die speziellen Erfordernisse eines Tree- oder Trelliscodierverfahrens, und auch für Hardware-Realisierungen gut geeignet [MOHAN, SOOD 1986].

Teil C

Bildcodierverfahren

11 Vektorquantisierung von Bildsignalen

Eine Vektorquantisierung mit ungleichförmig verteilten Codebuchvektoren zeigt eine dekorrelierende Wirkung bei der Codierung des Ortsbereichs-Signals. Hiermit sind unmittelbar Raten erzielbar, die unterhalb 1 b/p liegen. Mit blockseparaten Methoden wird bei ca. 0,5 b/p allerdings keine gute Rekonstruktionsqualität mehr erzielt. Wird zusätzlich die Redundanz zwischen benachbarten Codierungsblöcken ausgenutzt, läßt sich die Bitrate bei brauchbarer Rekonstruktionsqualität noch bis auf ca. 0,3 b/p senken.

11.1 Blockseparate VQ im Ortsbereich

Bei den in Kap. 10 beschriebenen Methoden zur Vektorquantisierung wurde noch keine Aussage darüber getroffen, *auf welche Weise* jeweils K Abtastwerte zu einem Vektor zusammengefaßt werden sollen. Bei Bildsignalen wird am häufigsten die Methode einer Aufteilung in Blöcke der Größe M'xN' angewandt, wodurch sich Vektoren der Dimension $K=M'{\cdot}N'$

$$
\begin{aligned}
\mathbf{x}(m',n') = \big[\, & x(m'M',n'N'),\, x(m'M'+1,n'N'),\ldots, x(m'M'+M'-1,n'N'),\\
& x(m'M',n'N'+1),\ldots, x(m'M'+M'-1,n'N'+N'-1)\,\big]^{\mathrm{T}}
\end{aligned}
\tag{11.1}
$$

ergeben (sh. Abb. 11.1). Da die Werte des originalen Bildsignals korreliert sind, kommen hier ausschließlich VQ-Verfahren mit ungleichförmigen Codebüchern in Frage (vgl. Abschn. 10.3.3-10.3.5).

Es ergibt sich nun das Problem des Codebuchentwurfs. Bildsignale weisen im Bereich von Objektkanten extreme Helligkeitssprünge auf und sind daher *instationär*. Wird bei der Erzeugung des ungleichförmigen Codebuches eine aus zu wenigen Bildvorlagen bestehende Trainingsfolge verwendet, so besteht die Gefahr, daß das Codebuch sich stark an die Statistik dieser speziellen Bilder anpaßt, es ist dann *übertrainiert*. Abb. 11.2a stellt die Vektoren eines Codebuches für Ortsbereichs-VQ bei $R=0{,}5$ *b/p* ($J=256$ Vektoren mit je $K=4$x$4=16$ Bildpunkten)

dar, welches an einer Gruppe von 15 verschiedenen Bildern trainiert wurde. Abb.
11.2b zeigt dagegen ein Codebuch derselben Größe, trainiert nur am Bild *Lena*.

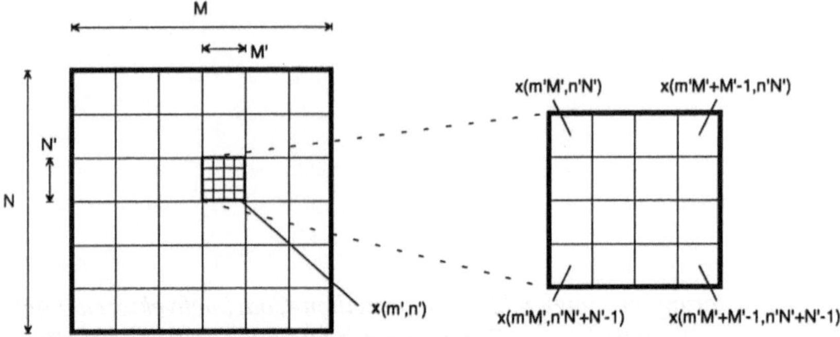

Abb. 11.1. Blockaufteilung bei Ortsbereichs-VQ

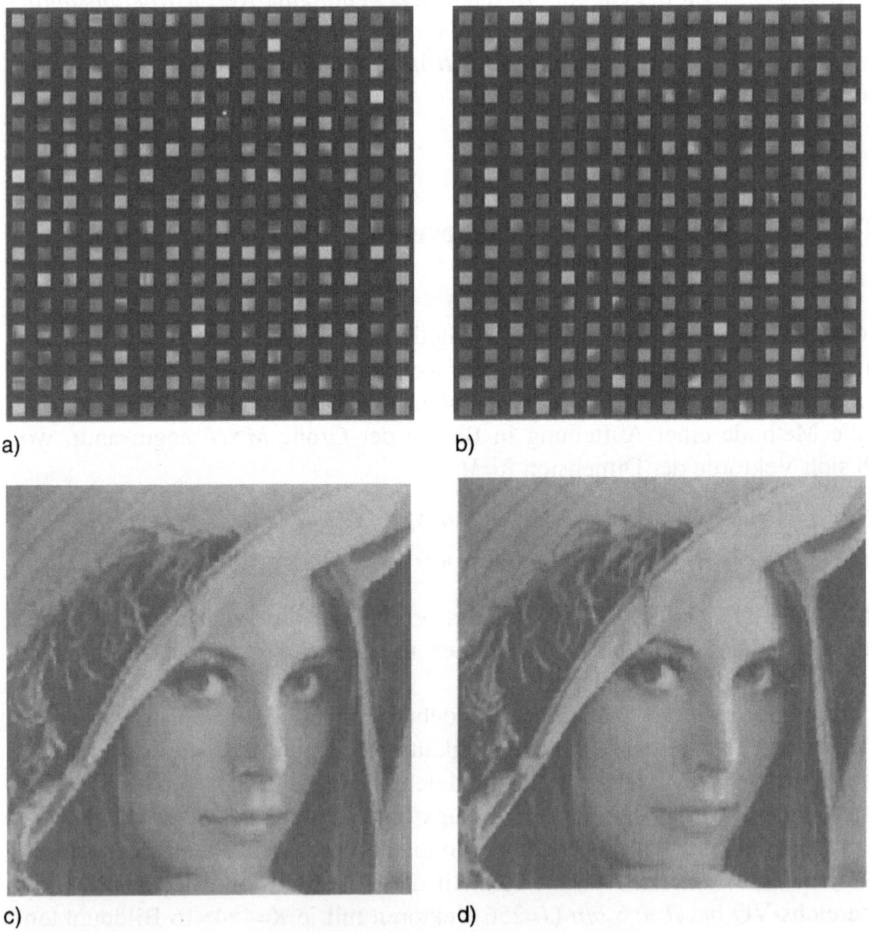

a)

b)

c)

d)

Abb. 11.2. Ortsbereichs-VQ mit J=256, Blockgröße 4x4 Bildpunkte
a Codebuch, trainiert an 15 Bildern **b** Codebuch, trainiert an *Lena*
c Rekonstruktionsergebnis zu a **d** Rekonstruktionsergebnis zu b

Man beachte, daß die Codebücher hier ebenso viele *Vektoren* enthalten, wie eine skalare PCM mit 8 *b* an möglichen Rekonstruktionswerten für *jeden einzelnen Bildpunkt* anbietet. Die Abb. 11.2 c und d zeigen die Rekonstruktionsergebnisse, die mit den beiden Codebüchern erzielt wurden. Offensichtlich ist das am Bild selbst trainierte Codebuch (Abb. 11.2d) besser an die kritischen Bereiche (vor allem die Kanten der Hutkrempe) angepaßt; der Normalfall ist es jedoch, daß bei der Vektorquantisierung ein vorher erzeugtes Codebuch verwendet wird, in dem das zu codierende Bild nicht enthalten ist (Abb. 11.2c).

Codierung und Decodierung. Zur Verbesserung der Rekonstruktionsqualität bietet es sich zunächst an, die Datenrate zu erhöhen, z.B. mit $R=1$ *b/p* statt mit $R=0,5$ *b/p* zu codieren. In diesem Fall wäre also ein Codebuch mit $J=2^{RK}=65.536$ Rekonstruktionsvektoren erforderlich. Bei einer *vollen Codebuchsuche* nach dem quadratischen Fehlerkriterium (10.9) müßten dann aber auch J Multiplikationen und Additionen je Bildpunkt ausgeführt werden. Für eine *Echtzeit-Codierung* ist es daher dringend notwendig, Methoden anzuwenden, bei denen jeweils nur ein Teil des Codebuches abgesucht wird. Einige solcher Methoden wurden bereits in Abschn. 10.3.4 vorgestellt; weitere werden im folgenden beschrieben. Ist jedoch eine Echtzeit-Codierung nicht erforderlich, z.B. beim Abrufen von Information aus einer Bilddatenbank, so ist ein entscheidender Vorteil des VQ-Verfahrens die *extrem einfache Decodiererstruktur*. Die Operation der Decodierung besteht nur aus einer Tabellenadressierung, und kann selbst auf langsamen Rechnern in Echtzeit ausgeführt werden.

Mittelwertseparierende VQ. Helligkeitssprünge in Bildern bewirken einen *lokal schwankenden* Mittelwert. Daher zeigen die vom lokalen Mittelwert befreiten Bildsignalverläufe bereits ein statistisches Verhalten, welches sich durch stationäre Modelle etwas besser charakterisieren läßt (vgl. Abschn. 4.1). Um diese Eigenschaft auszunutzen, kann eine *mittelwertseparierende VQ* (Abb. 11.3a) angewandt werden, bei der vor der Codierung für jeden Vektor x(m',n') der Blockmittelwert

$$\mu(m',n') = \frac{1}{M' \cdot N'} \sum_{m=m'M'}^{(m'+1)M'-1} \sum_{n=n'N}^{(n'+1)N'-1} x(m,n) \tag{11.2}$$

bestimmt, von den Elementen des Vektors abgezogen und am Decodierer wieder den Elementen des Rekonstruktionsvektors hinzuaddiert wird. Eine Alternative zur Blockmittelwert-Methode ist die *interpolative Mittelwertseparation*, bei der der lokale Mittelwert an jeder Bildposition, ausgehend von einer *unterabgetasteten* Version x(m',n') des Bildes, durch bilineare Interpolation geschätzt wird :

$$\mu(m,n) = \hat{x}(m',n') \cdot (1-h) \cdot (1-v) + \hat{x}(m'+1,n)' \cdot h \cdot (1-v) \qquad \qquad h = m - m' M'$$
$$+ \hat{x}(m',n'+1) \cdot (1-h) \cdot v + \hat{x}(m'+1,n'+1) \cdot h \cdot v \qquad \text{mit} \qquad v = n - n' N' .$$
$$\tag{11.3}$$

Die Blockmittelwert-Methode in (11.2) läßt sich auch als Interpolation mit einem Halteglied interpretieren (vgl. Abschn. 2.5.2). Für die Interpolation nach (11.3) werden die $\mu(m,n)$ eines Blockes gemäß (11.1) zu einem Vektor $\mu(m',n')$ zusammengefaßt. Mittels VQ wird dann der Vektor $x(m',n')$-$\mu(m',n')$ codiert. Die Interpolations-Stützstellen $\hat{x}(m',n')$, welche sich am besten durch Tiefpaßfilterung und Unterabtastung ermitteln lassen, müssen ebenso wie die Mittelwerte $\mu(m',n')$ in (11.2) separat codiert und übertragen werden. Hierbei ist pro Mittelwertelement eine Rate R_M aufzuwenden.

Durch die Mittelwertseparation wird nicht nur die Vektorstatistik günstiger, auch der Codierungsaufwand wird deutlich verringert, da nun eine Aufspaltung in 2 Signalkomponenten erfolgt. Gute Rekonstruktionsqualität ist noch möglich, wenn für die Vektorquantisierung des Residualsignals ein Codebuch der Größe $J=256$ verwendet wird.

Klassifizierende VQ. Bei einer klassifizierenden VQ [RAMAMURTHY, GERSHO 1986] wird vor der Quantisierung eine *Merkmalsklassifizierung* der Vektoren vorgenommen (Abb. 11.3b). Sinnvolle Klassifikationskriterien sind z.B. die *Blockvarianz* und vorherrschende *Kantenrichtungen* innerhalb eines Blockes. Auf Grund des Klassifizierungsergebnisses wird jeder Vektor einer Klasse s zugeordnet, die eine von S möglichen Klassen ist. Für jede Klasse existiert ein spezielles *Teilcodebuch* $\mathbf{C}_s$={$y_{js}; j_s=1,2,...,J_s$}; diese Teilcodebücher lassen sich durch Anwendung einer identischen Merkmalsklassifizierung ebenfalls mittels des verallgemeinerten Lloyd-Algorithmus aus einer Trainingsfolge erzeugen. Dem Decodierer müssen der *Codebuchindex* j_s und der *Klassenindex* s bekannt sein. Er erzeugt damit den Rekonstruktionsvektor aus dem *Gesamtcodebuch*

$$\mathbf{C}=\bigcup_{s=1}^{S}\mathbf{C}_s=\left\{y_{j_s}; j_s=1,2,...,J_s; s=1,2,...,S\right\}. \tag{11.4}$$

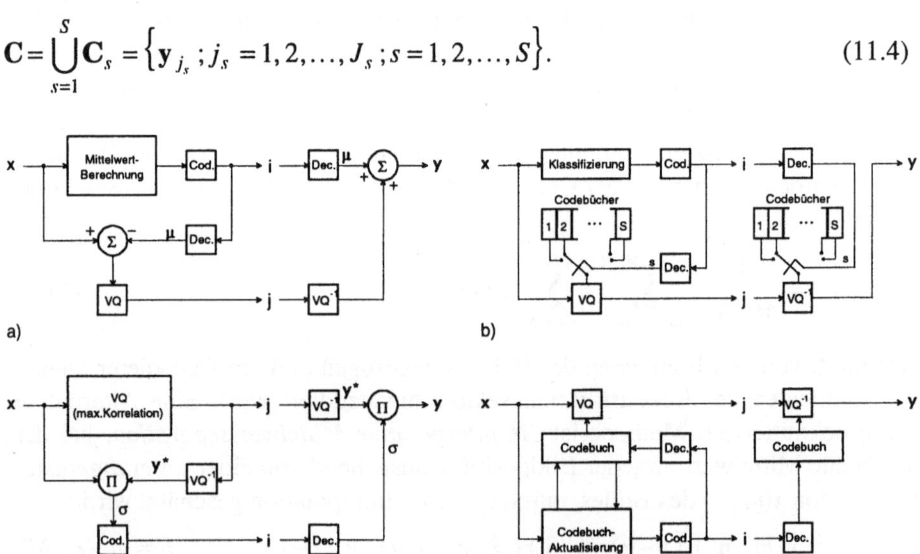

Abb. 11.3. Varianten der Vektorquantisierung. **a** VQ mit Mittelwertseparation **b** Klassifizierende VQ **c** Produkt-VQ **d** VQ mit Codebuchadaption

Die resultierende Gesamtbitrate ergibt sich aus den Auftretenswahrscheinlichkeiten der einzelnen Klassen $p(s)$ und ihrer Codesymbole $p(j_s)$ durch Berechnung der Entropien über alle Klassen :

$$R = -\sum_{s=1}^{S} \frac{p(s)}{K_s} \cdot \left[\log_2 p(s) + \sum_{j_s=1}^{J_s} p(j_s) \cdot \log_2 p(j_s) \right] \leq \sum_{s=1}^{S} \frac{p(s)}{K_s} \cdot \log_2 \frac{J_s}{p(s)}. \quad (11.5)$$

Hierbei ist auch berücksichtigt, daß in den einzelnen Klassen unterschiedliche Vektorlängen K_s verwendet werden können. Entsteht in der Klasse s die Verzerrung D_s, so wird die Gesamtverzerrung über alle Klassen

$$D = \sum_{s=1}^{S} p(s) \cdot D_s . \quad (11.6)$$

Um die Gesamtverzerrung bei einer bestimmten Rate zu minimieren, sollte gelten [RAMAMURTHY, GERSHO 1986] :

$$\frac{p(s) \cdot D_s}{J_s} \approx const. \quad (11.7)$$

Die Approximation in (11.7) berücksichtigt allerdings für die Codesymbole nicht die Entropie gemäß (11.5), sondern nimmt als Bitrate für die Vektorinformation in den einzelnen Klassen $\log_2 J_s$ an.

Produkt-VQ. Bei Produktcodes ergibt sich die Gesamtanzahl möglicher Rekonstruktionswerte durch Bildung des äußeren Produktes aus T Teilcodebüchern :

$$\mathbf{C} = \underset{t=1}{\overset{T}{\times}} \mathbf{C}_t . \quad (11.8)$$

Gelingt es, die Codebuchsuchvorgänge für jedes Teilcodebuch einzeln zu optimieren, d.h. gegenseitige Einflüsse auszuschließen, so ergibt sich hierdurch eine erhebliche Reduktion der Komplexität gegenüber einem Verfahren, bei welchem *alle* Kombinationen verglichen werden müssen. Eine separate Suche ist im allgemeinen dann möglich, wenn die durch die Rekonstruktionsvektoren der Teilcodebücher repräsentierten Signalkomponenten *unkorreliert* sind.

Beispiel : Gain-Shape-VQ. Das Blockschaltbild des Verfahrens ist in Abb. 11.3c dargestellt. Die auf quadratische Vektornorm $\|\mathbf{y}_j{}^*\|_2 = 1$ normierten Codebuchvektoren werden jeweils mit einem skalaren Verstärkungsfaktor σ_i multipliziert und ergeben so die Rekonstruktionsvektoren $\mathbf{y}$. Aufgabe ist es also, das die Verzerrung minimierende Paar $(\sigma_i, \mathbf{y}_j{}^*)$ zu finden. Hierbei stehen *separate Codebücher* für beide Komponenten zur Verfügung. Es gilt bei Verwendung des quadratischen Verzerrungsmaßes :

$$d(\mathbf{x}(m',n'); \mathbf{y}_j{}^*, \sigma_i) = \left\| \mathbf{x}(m',n') - \sigma_i \cdot \mathbf{y}_j{}^* \right\|_2^2 = \mathbf{x}^T\mathbf{x} - 2 \cdot \sigma_i \cdot \mathbf{x}^T\mathbf{y}_j{}^* + \sigma_i{}^2 \cdot \mathbf{y}_j{}^{*T}\mathbf{y}_j{}^* \quad (11.9)$$

Dieser Ausdruck wird zunächst *unabhängig vom Verstärkungsfaktor* minimiert, indem der Term $\mathbf{x}^T\mathbf{y}_j^*$ maximiert wird; dies entspricht der Suche nach demjenigen Codebuchvektor, dessen Kreuzkorrelation mit dem Vektor $\mathbf{x}(m',n')$ maximal ist. Schließlich ergibt sich durch Ableiten von (11.9) nach σ_i wegen $\mathbf{y}_j^{*T}\mathbf{y}_j^*=1$ das optimale $\sigma_i=\mathbf{x}_n^T\mathbf{y}_j^*$. Sinnvoll ist es, etwa ein Drittel der zur Verfügung stehenden Bitrate, die Rate R_G, für den Verstärkungsfaktor aufzuwenden [SABIN, GRAY 1984].

Interessanterweise lassen sich auch die klassifizierende VQ, mehrstufige VQ und baumstrukturierte VQ als spezielle, nichtlineare Formen eines Produktcodes deuten [CHAN, GERSHO 1994]. Eine weitere Form des Produktcodes, die Transformations-Vektorquantisierung, wird in Abschn. 13.4.4 vorgestellt.

VQ mit Codebuchadaption. Bei den bisher beschriebenen Verfahren war stets das Codebuch aus einer Trainingsfolge zu erzeugen, und anschließend zur Codierung eines Bildsignals zu verwenden, welches *nicht* Mitglied dieser Trainingsfolge ist. Wird hingegen ein Codebuch speziell für *ein Bild* optimiert, so ergeben sich normalerweise deutlich bessere Codierergebnisse (vgl. Abb. 11.2 c/d). Ein solches *adaptiertes Codebuch* steht jedoch dem Decodierer nicht zur Verfügung; es muß, wie in Abb. 11.3d gezeigt, als spezielle Nebeninformation übertragen werden [GOLDBERG, BOUCHER, SHLIEN 1986]. Die hierfür aufzuwendende PCM-Bitrate ist

$$R_{CB} = \frac{J \cdot K \cdot \log_2 Q}{M \cdot N} \; b/p, \tag{11.10}$$

wobei Q die Anzahl der skalaren Quantisiererstufen für jeden einzelnen Abtastwert in den Codebuchvektoren und $M{\times}N$ die Bildgröße ist. Mit $J{=}128$, $K{=}4{\times}4$, $Q{=}128$, $M{\times}N{=}720{\times}576$ ergeben sich nur $R_{CB}{=}0{,}035$ b/p zu übertragender Nebeninformation.

Allerdings ist es nicht unbedingt notwendig, das Codebuch *exakt* im in (11.10) vorausgesetzten PCM-Format zu übertragen. Vielmehr kann eine *Datenkompression*, z.B. mittels einer Transformationscodierung, stattfinden, wodurch sich R_{CB} durchaus nochmals um den Faktor 10 reduzieren lassen kann. Jedoch steigt der für die Codebuchübertragung notwendige Anteil stets drastisch an, wenn die Codebuchgröße J erhöht wird, wie es für eine Übertragung mit höherer Qualität erforderlich ist. In solchen Fällen ist es angeraten, nur *einen Teil* der Codebuchvektoren speziell an das Bild zu adaptieren, z.B. für alle Vektoren, die sich mit dem normalen Codebuch nur mit hoher Verzerrung wiedergeben ließen. Generell ist bei adaptiver Vektorquantisierung die notwendige (iterative) Codebucherzeugung der algorithmisch aufwendigste Teil.

Bildbeispiele. Abb. 11.4 stellt Bildbeispiele mit Codierergebnissen von zwei beschriebenen VQ-Varianten bei einer Bitrate von 0,5 b/p dar. In diesen Beispielen war das codierte Bild *nicht* in der Trainingsfolge enthalten. Die Qualitätsverbesserung im Vergleich zu Abb. 11.2c wird deutlich. Bei Verwendung der Mittelwertseparation fand noch eine prädiktive (DPCM-) Codierung des Mittelwertes statt. Hier wurde also im Prinzip schon eine *blockübergreifende* Arbeitsweise verwendet, d.h. die zwischen aneinander grenzenden Blöcken im Mittelwert existierende Redundanz wurde ausgenutzt.

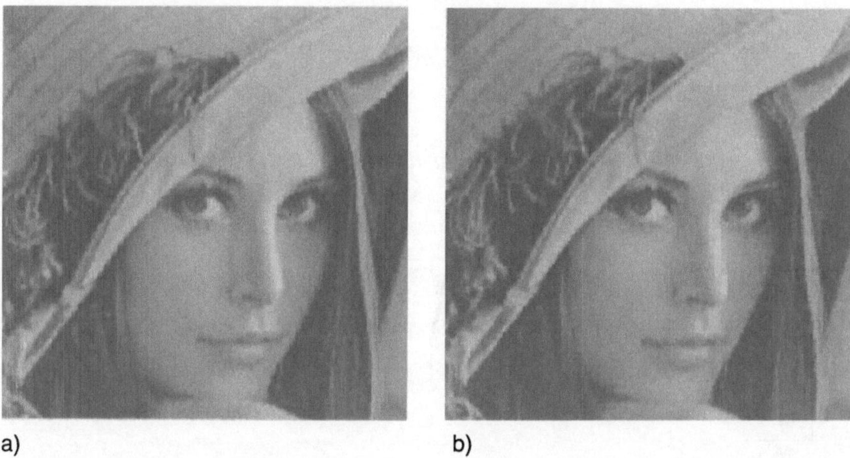

a)   b)

Abb. 11.4. VQ-Codierungsbeispiele bei $R=0{,}5$ *b/p*. **a** Mittelwertseparierende VQ mit DPCM-Codierung des Mittelwertes, $J=32$, $R_M=3$ *b* **b** Klassifizierende VQ, 9 verschiedene Codebücher für Kanten unterschiedlicher Richtungen und kantenfreie Blöcke

11.2 Blockübergreifende VQ

Die bisher beschriebenen, blockseparaten VQ-Methoden besitzen folgende Nachteile :

— Sie können zu *Blockeffekten* im Rekonstruktionssignal, d.h. Helligkeitssprüngen an den Blockgrenzen, führen;
— Auf Grund der relativ kleinen Blockgrößen, zu deren Anwendung man wegen der algorithmischen Komplexität der VQ-Codierung gezwungen ist, besteht möglicherweise eine hohe Redundanz benachbarter Vektoren.

Der vorliegende Abschnitt beschreibt einige Methoden zur Lösung dieser Probleme.

VQ mit Blocküberlappung. Eine Möglichkeit, Blockeffekte zu vermeiden, ist der Einsatz einer Blocküberlappung. Das Prinzip ist in Abb. 11.5a dargestellt. Die Anfangsposition des Blockes mit Index (m',n') liegt bei der Bildkoordinate $(m' \cdot M', n' \cdot N')$, die Blockgröße der Vektoren beträgt dagegen $K=M'' \times N''$. Der Block überlappt sich mit seinen 8 unmittelbaren Nachbarn. Die Blocküberlappung wird hier durch eine separierbare Fensterfunktion $w(m'',n'')$ realisiert, für die gilt

$$w(m'',n'') = w(m'') \cdot w(n'')$$

$$w(m'') = w(M'' - m'' - 1) \quad ; \quad w(m'') + w(m'' + M') = 1 \tag{11.11}$$

mit

$$m'' = m - m'M' \quad ; \quad n'' = n - n'N' \quad ; \quad 0 \le m'' < M'' \quad ; \quad 0 \le n'' < N'' \tag{11.12}$$

und

$$w(m'',n'') = 0 \quad \text{für } m'' < 0\,; m'' \ge M'' \text{ oder } n'' < 0\,; n'' \ge N''. \tag{11.13}$$

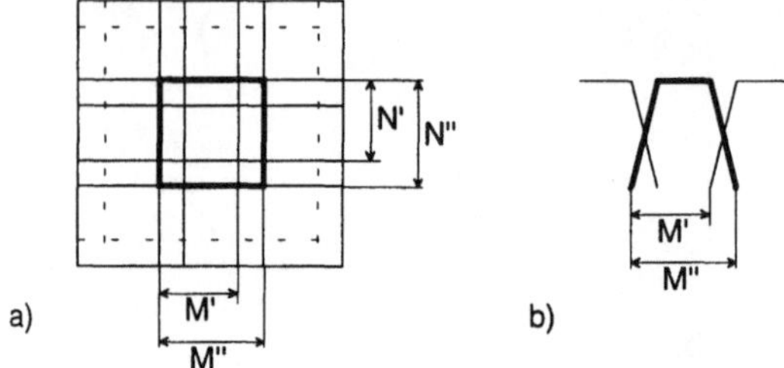

Abb. 11.5. VQ mit Blocküberlappung. **a** Überlappung in der Draufsicht des 2D-Ortsbereichs **b** Seitenansicht einer Fensterfunktion zur gewichteten Addition

Das Beispiel einer trapezförmigen Fensterfunktion ist in Abb. 11.5b dargestellt. Auch nichtseparierbare Fensterfunktionen und vollständige Blocküberlappungen sind realisierbar. Die nach der Decodierung resultierende Verzerrung ergibt sich aus den Anteilen aller an einer Position überlappenden Blöcke. Um dennoch die Blöcke separat codieren zu können, muß der dem Bildsignal entnommene Vektor $\mathbf{x}(m',n')$ mit der Fensterfunktion gewichtet werden :

$$\mathbf{x}(m',n') = \left[x(m'M', n'N') \cdot w(0,0), \ldots, x(m'M' + M'' - 1, n'N' + N'' - 1) \cdot w(M'' - 1, N'' - 1) \right]^{\mathrm{T}}. \tag{11.14}$$

Wird dieselbe Gewichtung bei der Erzeugung des Codebuches aus der Trainingsfolge angewandt, so kann die Suche nach dem optimalen Rekonstruktionsvektor wie bisher erfolgen. Bei der Rekonstruktion des Bildsignals werden dann lediglich die an einer Position überlappenden Rekonstruktionsvektoren aufaddiert. Die bisher betrachtete, blockseparate VQ stellt sich nunmehr als Spezialfall des blocküberlappenden Verfahrens dar, für das $M''=M'$ und $N''=N'$ gilt. Die Codiereffizienz gemäß der Rate-Distortion-Funktion ist weitgehend unabhängig von der Weite der Blocküberlappung, da aus (11.11) folgt

$$\sum_{m''=0}^{M''-1} \sum_{n''=0}^{N''-1} w(m'',n'') = M' \cdot N', \tag{11.15}$$

weshalb die *Energie* des zu codierenden Signals von der Überlappungsweite unabhängig ist. Wir können daher bei einer gegebenen Rate dieselbe Verzerrung erwarten wie im nicht-überlappenden Fall, und brauchen die Codebuchgröße J nicht zu erhöhen. Sind die einzelnen Verzerrungen an den Überlappungspositionen statistisch unabhängig, werden sie auf dieselbe Verzerrungsbilanz führen wie an den nicht-überlappenden Positionen. Dies ist zunächst unabhängig von der spezifischen Wahl der Fensterfunktion. Zum Zweck einer Vermeidung von Blockeffekten, d.h. eines möglichst *weichen Überganges* von einem Block in den nächsten, sind jedoch sinusoidale Funktionen besser geeignet als die linear ansteigende in Abb. 11.5b. Es ergeben sich hier eine Reihe von Analogien zu *Transformationen mit Blocküberlappung* (vgl. Abschn. 2.6.3). Bei dem beschriebenen Blocküberlappungs-Verfahren werden allerdings die überlappenden Vektoren nach wie vor *unabhängig* voneinander codiert. Daher ist es auf diese Weise noch nicht möglich, die *Redundanz zwischen den Vektoren* auszunutzen.

Codebücher mit relativer Adressierung. Der Bildinhalt (strukturierte oder unstrukturierte Objekte, Flächen gleichmäßiger Helligkeit) ändert sich vielfach entlang der örtlichen Koordinaten gegenüber der gewählten VQ-Blockgröße nur relativ langsam. Daher ist die Wahrscheinlichkeit groß, daß identische Rekonstruktionsvektoren in benachbarten Blöcken mehrfach ausgewählt werden. Das Ziel einer Bitratenreduktion wird erreicht, wenn nur relativ wenige bits für die Codesymbole derjenigen Rekonstruktionsvektoren aufgewendet werden, die bereits in der näheren Umgebung einmal benutzt wurden. Hierbei ist eine kausale Bearbeitungsreihenfolge zu beachten, die bei einer zeilensequentiellen Codierung der Blöcke gewährleistet ist. Abb. 11.6a stellt die Funktionsweise des Prinzips dar, wobei der zu codierende Block (schraffiert) durch einen mittels des Codesymbols (j=1,...,J^*) bestimmten Umgebungsblock repliziert wird.

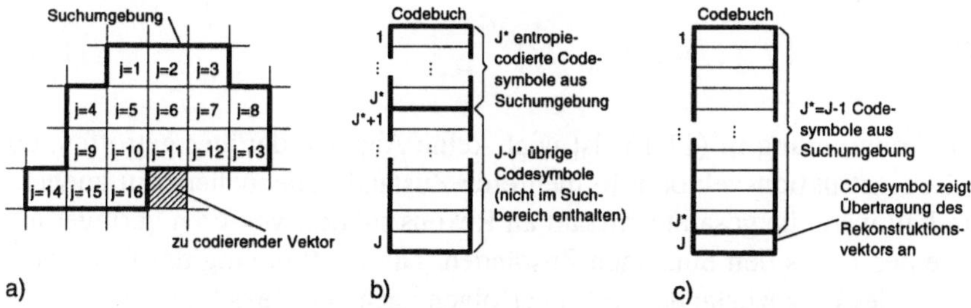

Abb. 11.6. Relative Codebuch-Adressierung. **a** Funktionsprinzip bei kausaler Bearbeitungsreihenfolge mit J^*=16 Codesymbolen **b** Codebuch mit adaptiver Entropiecodierung **c** selbstorgansierendes Codebuch

Adaptive Entropiecodierung der Codebuchadressen. An der Position jedes Blockes kann ein optimaler Entropiecode aus den Häufigkeiten der bereits in der näheren Umgebung übertragenen J^* Codesymbole bestimmt wird. Dies wird besonders wirkungsvoll sein, wenn Rekonstruktionsvektoren mehrfach gewählt werden. Allen J-J^* Rekonstruktionsvektoren, die im Nachbarschaftsgebiet *nicht* ausgewählt wurden, werden Codesymbole mit fester Bitanzahl zugeordnet. Diese müssen sich in ihrem Präfix von den entropiecodierten Symbolen unterscheiden. Die Organisation des Codebuches ist in Abb. 11.6b dargestellt.

Selbstorganisierende Codebücher. Es wird wieder ein kausales Nachbarschaftsgebiet wie in Abb. 11.6b verwendet, welches J^* vorher übertragene Rekonstruktionsvektoren umfaßt. Jeder Position in diesem Gebiet wird ein Codesymbol zugeordnet, welches dem Decodierer anzeigt, daß der dort befindliche Vektor erneut gewählt wurde. Findet der Codierer *keinen* geeigneten Rekonstruktionsvektor innerhalb des Gebietes, so wird ein spezielles zusätzliches Codesymbol übertragen, insgesamt sind also $J=J^*+1$ Codesymbole erforderlich. Das zusätzliche Symbol zeigt an, daß die *Amplitudenwerte* des vorliegenden Vektors separat übertragen werden sollen. Dies kann durch bildpunktweise PCM-Übertragung, oder auch unter Verwendung eines der in den folgenden Kapiteln geschilderten dekorrelierenden Codierverfahren erfolgen. Man beachte, daß der Decodierer am Anfang *kein Codebuch* kennen muß; er erfährt alle notwendige Information im Verlauf des Decodierungsprozesses [NASRABADI, FENG 1990].

Finite State VQ. Codierer und Decodierer befinden sich bei der Bearbeitung des Vektors $\mathbf{x}(n')$ in einem bestimmten *Zustand* $s(n')$; der Zustand läßt sich z.B. durch die Konstellation der in der Nachbarschaft des Vektors gewählten Rekonstruktionsvektoren definieren. Die Anzahl der möglichen Werte s, die $s(n')$ annehmen kann, ist damit auf S begrenzt, also *endlich*; hiervon leitet sich der Begriff *finite state VQ (FSVQ)* her. Hierbei ist im Zustand s nur eine Teilmenge aller möglichen Rekonstruktionsvektoren, zusammengefaßt im *Zustandscodebuch* $\mathbf{C}_s$, adressierbar. Die Gesamtmenge aller Zustandscodebücher bildet das *Supercodebuch*

$$\mathbf{C} = \bigcup_{s=1}^{S} \mathbf{C}_s \quad ; \quad \mathbf{C}_s = \left\{ \mathbf{y}_{j,s} ; j = 1, 2, \ldots, J_s \right\}. \tag{11.16}$$

Mit der Formulierung in (11.16) ist noch keine Aussage darüber getroffen, ob einzelne Rekonstruktionsvektoren in mehreren Zustandscodebüchern auftauchen. In diesem Fall wäre die gesamte Anzahl an Rekonstruktionsvektoren geringer als die Summe der J_s aus den einzelnen Zuständen. Die Bestimmung des Codesymbols $i(n')$ und des Folgezustandes $s(n'+1)$ erfolgen nach den Beziehungen

$$i(n') = \arg\min_{\mathbf{y}_j \in \mathbf{C}_{s(n')}} d(\mathbf{x}(n'), \mathbf{y}_j) \quad ; \quad s(n'+1) = f(i(n'), s(n')). \tag{11.17}$$

Im Zustand s sind also J_s unterschiedliche Codesymbole möglich. Zu ihrer Übertragung wird eine wesentlich geringere Bitrate benötigt, als wenn die Adressmenge des gesamten Supercodebuches $\mathbf{C}$ zu unterscheiden wäre. Von entscheidender Bedeutung für die Wirkungsweise ist jedoch die Definition der *Folgezustandsfunktion f(j,s)*. Mittels dieser Funktion werden - abhängig vom vorausgegangenen Zustand und dem übertragenen Codesymbol - die Zustandscodebücher $\mathbf{C}_S$ definiert. Diese sollen möglichst aus denjenigen Rekonstruktionsvektoren bestehen, die an der jeweiligen Position mit der größten Wahrscheinlichkeit ausgewählt werden. Generelle Methoden zur Optimierung von FSVQ-Codebüchern werden in [DUNHAM, GRAY 1985], [FOSTER, GRAY, DUNHAM 1985] beschrieben.

Das Blockschaltbild eines FSVQ-Codierers und -Decodierers ist in Abb. 11.7a gezeigt. Man beachte die strukturelle Ähnlichkeit zum Prinzip der klassifizierenden VQ (Abb. 11.3b); jedoch wird dort zur Kennzeichnung des gerade ausgewählten Teilcodebuches die Übertragung der Klassifizierungsinformation erforderlich.

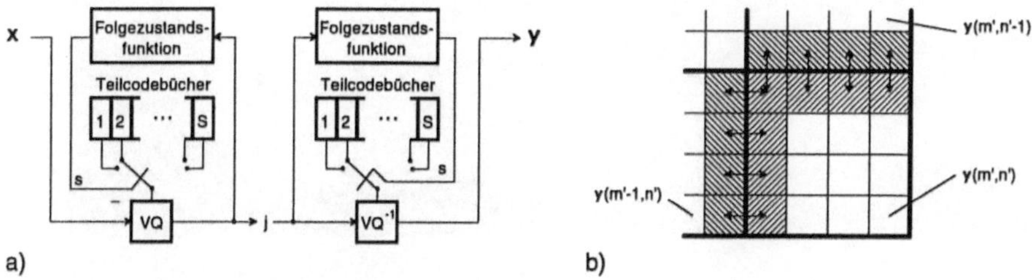

Abb. 11.7. **a** FSVQ-Codierer und -Decodierer
b zur Definition des Folgezustandes bei Side-match-VQ

Side-match-FSVQ. Bei diesem in [KIM 1992] beschriebenen Verfahren wird ein nach herkömmlichem VQ-Verfahren generiertes Supercodebuch mit J Rekonstruktionsvektoren verwendet. Die Anzahl $J_S=J^*$ der Codesymbole ist in allen Zuständen konstant. Ausgewählt werden diejenigen J^* Rekonstruktionsvektoren, bei denen sich *die geringsten Randhelligkeitsdifferenzen* zu den links und oben liegenden, bereits decodierten Rekonstruktionsvektoren ergeben (sh. Pfeile und schraffierte Bereiche in Abb. 11.7b). Die maximal mögliche Zustandsanzahl wird damit JxJ. Die Zustandsfunktion ist hierbei $s(m',n')=f[\mathbf{y}(m'-1,n'),\mathbf{y}(m',n'-1)]$, womit sich die Rekonstruktionsvektoren wiederum als Funktionen der Vorgängerzustände und Codesymbolindices ergeben.

Kombination mit Entropiecodierung. Die Side-match-Methode kann auch einem herkömmlichen VQ-Verfahren nachgeschaltet werden, um die (bedingte) Entropie der Codesymbole zu verringern. Das Rekonstruktionssignal bleibt dabei *exakt dasselbe*. Verwendet wird ein Codebuch der Größe J, zur Übertragung werden (J^*+1)<<J Codesymbole verwendet. Befindet sich der Rekonstruktionsvektor unter den J^* nach dem Side-match-Verfahren ermittelten, wird eine Entropiecodierung verwendet. Die Vektoren werden um so häufiger gewählt, je geringer der Randhelligkeits-Übergang ausfällt. Hierdurch liegt die zur Übertragung aufzuwendende Rate noch deutlich unter $\log_2 J^*$ liegen. Ein weiteres Codesymbol muß anzeigen, wenn sich der Vektor *nicht* unter den J^* Kandidaten befindet. Dies trifft in der Regel auf weniger als 10 Prozent aller Fälle zu. Dann ist zusätzlich der Codewortindex zur Adressierung eines beliebigen der J Vektoren des Supercodebuches zu übertragen. Mit $J=256$ läßt sich auf diese Weise die Übertragungsrate einer Ortsbereichs-VQ von 0,5 *b/p* bis auf ca. 0,25 *b/p* reduzieren. Abb. 11.8 stellt FSVQ-Rekonstruktionsergebnisse bei Raten von 0,31 *b/p* und 0,21 *b/p* dar.

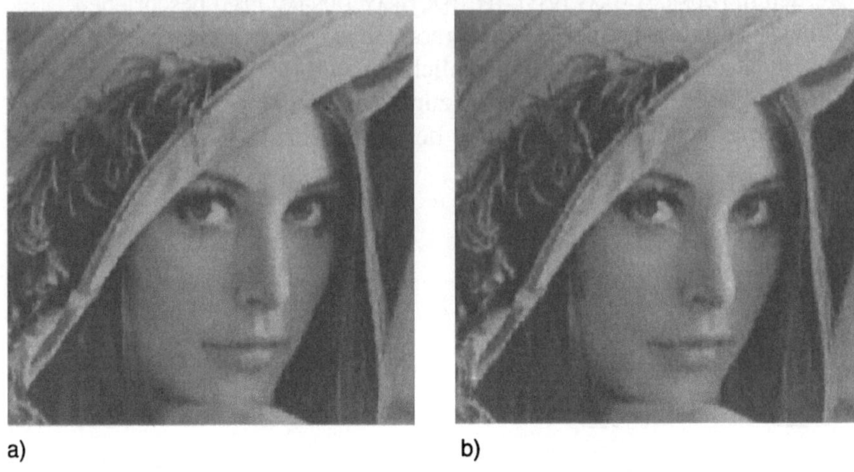

a)   b)

Abb. 11.8. Side-Match-FSVQ
a R=0,31 *b/p* (J=1024, J_s=64) **b** R=0,21 *b/p* (J=256, J_s=16)

Die FSVQ ist ein *nichtlineares Prädiktionsverfahren*. Vektorquantisierung in Kombination mit *linearer Prädiktion* wird in Abschn. 12.2.3 noch weiter behandelt. Andererseits ergeben sich auch Analogien zwischen FSVQ und Trelliscodierung. Im Unterschied zum Trellisdiagramm (Abb. 10.23) ergibt sich mit zunächst beliebigen Folgezustandsfunktionen $f(j,s)$ allerdings keine regelmäßige Diagrammstruktur. Jedoch kann der M-Algorithmus eingesetzt werden, um *mehrere mögliche Pfade* im Zustandsdiagramm zu verfolgen (vgl. Abschn. 10.4.2).

11.3 Geometrische Anpassung an den Bildinhalt

Ein weiterer Weg zur Vermeidung der oben beschriebenen Blockeffekte bei blockseparater VQ besteht in der inhaltsorientierten Anpassung der Vektorgeometrien an den Amplitudenverlauf im Bildsignal.

Blockgrößenadaption. Während in gleichmäßig hellen Bereichen kleine Codebuchgrößen J auch für relativ große M'xN'-Größen der Blockvektoren ausreichend sind, sind in feinstrukturierten Bildbereichen mit hohem Detailgehalt eher große J bei kleinem M'xN' angebracht. Die pro Bildpunkt notwendige Bitrate $R{\approx}\log_2(J)/(M'{\cdot}N')$ läßt sich z.B. auf Grund einer lokalen Varianz- und Korrelationsanalyse nach dem AR(1)-Modell gemäß (9.12) approximieren. Eine *Blockgrößenadaption* ist sinnvoll, damit J (und damit die Komplexität und Leistungsfähigkeit des Codierers) auch bei schwankendem Detailgehalt einigermaßen konstant gehalten werden kann, wobei die Rate nun über den Faktor $M'{\cdot}N'$ geregelt wird. Um die Blöcke passend aneinanderfügen zu können, müssen die Werte M' bzw. N' Potenzen von zwei sein (Abb. 11.9a). Die Blockgrößen-Struktur läßt sich dann in effizienter Weise mittels eines quad-tree codieren (vgl. Abschn. 18.3.2).

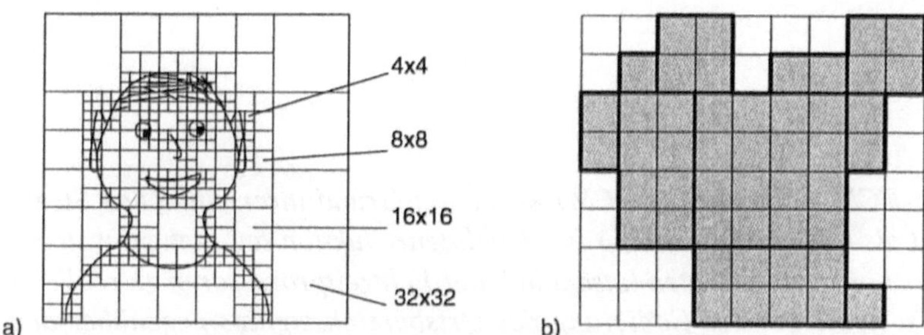

Abb. 11.9. **a** Vektorquantisierung mit Blockgrößenadaption
b Vektorquantisierung eines beliebig geformten 2D-Segmentes

VQ für beliebige Segmentformen. Die Vektorquantisierung kann auch an *beliebige* geometrische Regionenstrukturen angepaßt werden. Hierzu können Vektoren mit unterschiedlichen, auch nichtquadratischen Blockgrößen verwendet werden. Die Optimierung der Teilblockformen, die ein Segment bilden, ist z.B. mittels der Symmetrieachsen-Transformation (Abschn. 18.3.2) zu ermitteln. Bei unsymmetrischen Vektoren ($M'{\neq}N'$) ist eine horizontale oder vertikale Anordnung möglich. Der Nachteil einzelner kleiner Vektoren fällt kaum ins Gewicht, wenn hier zusätzlich eine *Prädiktion* (lineare Vektor-DPCM oder FSVQ) stattfindet. Abb. 11.9b zeigt die Zusammensetzung eines Segments aus einem Vektor der Größe 4x4, je zweien der Größen 4x2 und 2x2, dreien der Größe 2x1 Bildpunkte sowie zwei skalaren Werten.

12 Prädiktive Codierung

Die Differenz-PCM-Codierung (DPCM) wurde auf Grund ihrer einfachen Struktur lange Zeit als das einzige Prinzip zur Bilddatenreduktion angesehen, welches angesichts der hohen Abtastraten tatsächlich auf Echtzeitprozessoren zu realisieren sei. Sie ist heute bei der Codierung des Ortsbereichssignals gegenüber den Frequenzcodierverfahren in den Hintergrund getreten, da mit letzteren bei verzerrungsbehafteter Übertragung höhere Kompressionsraten erzielbar sind. In Kombination mit leistungsfähigen Quantisierungs- und Codierungsmethoden, z.B. einer Vektorquantisierung des Prädiktionsfehlersignals, sind aber auch mit DPCM-Methoden gute Codierungsresultate bei Raten von 0,3-0,5 b/p erzielbar. Eingesetzt wird die DPCM weiterhin zur verlustlosen Redundanzreduktion, und bei der Codierung von Blockmittelwerten in blockweise arbeitenden Codierverfahren. Zur Interframe-Redundanzreduktion wird häufig eine bewegungskompensierte DPCM eingesetzt.

12.1 Funktionsweise von DPCM-Systemen

Das Blockschaltbild eines DPCM-Systems ist in Abb. 12.1 dargestellt. Hierin sind (gestrichelt) auch Komponenten zur vorwärts- und rückwärtsgesteuerten Prädiktoradaption eingezeichnet. Zur adaptiven Prädiktion des Ortsbereichssignals können z.B. die in Abschn. 5.1 beschriebenen Methoden verwendet werden; eine wichtige Maßnahme der Prädiktoradaption bei Bildsequenzcodierung ist weiterhin die Bewegungskompensation (vgl. hierzu auch Abschn. 6.2 und Kap. 15). Bei einer *vorwärtsgesteuerten* Adaption müssen die Adaptionsparameter (z.B. Prädiktorkoeffizienten oder Bewegungsvektoren) codiert und als Nebeninformation übertragen werden.

Im Prädiktor wird ein *Schätzwert* $\hat{x}(m,n)$ für den Bildpunkt $x(m,n)$ berechnet. Die Differenz zwischen beiden, der *Prädiktionsfehler*

$$e(m,n) = x(m,n) - \hat{x}(m,n) \tag{12.1}$$

wird als quantisierter Wert $v(m,n)$ übertragen. Am Decodierer (Empfänger) wird die inverse Operation zur Generierung des Rekonstruktionswertes

$$y(m,n) = v(m,n) + \hat{x}(m,n) \tag{12.2}$$

ausgeführt. Da auf der Codierer- und Decodiererseite *identische Schätzwerte* $\hat{x}(m,n)$ verwendet werden müssen, ist nun - im Gegensatz zur Herleitung der linearen Prädiktionsanalyse und -synthese in Abschn. 2.3.2 - die *Ausführung einer Decodierung auch am Codierer* erforderlich. Dies führt zu einer *Rückkopplung des Codierungsfehlers* in die Prädiktionsschleife. Der Quantisierungsfehler $d[e(m,n),v(m,n)]$ wird gleich dem Codierungsfehler $d[x(m,n),y(m,n)]$:

$$q(m,n) = e(m,n) - v(m,n)$$
$$= \big[x(m,n) - \hat{x}(m,n)\big] - \big[y(m,n) - \hat{x}(m,n)\big] = x(m,n) - y(m,n). \tag{12.3}$$

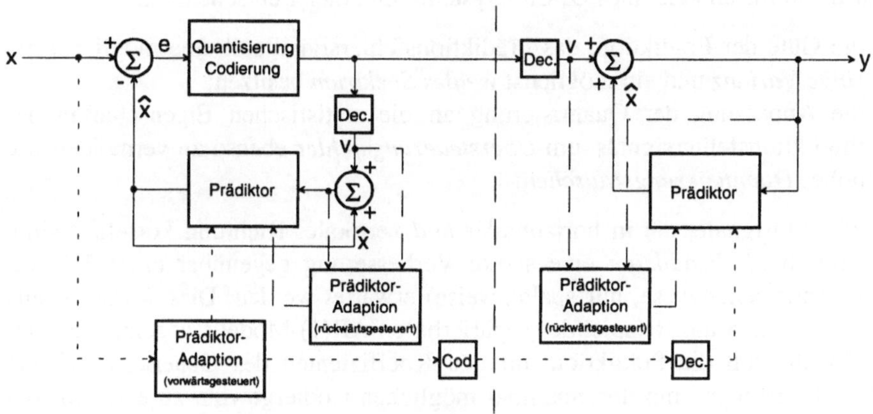

Abb. 12.1. DPCM-System. Codierer und Decodierer mit Komponenten zur Prädiktoradaption (gestrichelt eingezeichnet)

Die Berechnung der Schätzwerte kann im Decodierer aus Kausalitätsgründen nur aus den bereits vorher rekonstruierten Werten erfolgen. Bei örtlicher Prädiktion wird im allgemeinen zeilenweise Verarbeitung von links oben nach rechts unten vorgenommen, bei zeitlicher Prädiktion ist die Abfolge der Bilder ohnehin vorgegeben. Jedoch müssen die Rekonstruktionswerte $y(m,n)$ bei *verzerrungsbehafteter* Codierung ($y(m,n)\neq x(m,n)$) auch auf der Codiererseite berechnet werden, um zu gewährleisten, daß dieselben Schätzwerte generiert werden wie im Decodierer. Die rekursive Struktur des Decodierers hat weiterhin Auswirkungen auf die Anfälligkeit eines DPCM-Systems gegenüber möglichen *Übertragungsfehlern*.

12.1.1 Lineare Verfahren zur örtlichen Prädiktion

Die Prädiktionsgleichung lautet bei Verwendung eines Viertelebenenfilters der Ordnung $P \cdot Q$-1

$$\hat{x}(m,n) = \sum_{\substack{p=0 \\ (p,q)\neq(0,0)}}^{P-1} \sum_{q=0}^{Q-1} a(p,q) \cdot y(m-p,n-q). \tag{12.4}$$

Der *Codiergewinn* (9.14) ist bei einem DPCM-Systems als das Verhältnis

$$G_{\mathrm{DPCM}} = \frac{\sigma_x^{\,2}}{\sigma_e^{\,2}} \tag{12.5}$$

der Varianzen von Originalsignal und Prädiktionsfehlersignal definiert.
  Für die Wirksamkeit eines DPCM-Systems sind daher entscheidend

- die Güte der Prädiktion, das Prädiktionsfehlersignal soll eine möglichst *geringe Varianz* und ein möglichst *weißes Spektrum* besitzen;
- die Anpassung der Quantisierung an die statistischen Eigenschaften des Prädiktionsfehlersignals, um *Übersteuerungsfehler* ebenso zu vermeiden wie hohes *Quantisierungsrauschen*.

Für 2D-Bildsignale, die in horizontaler *und* vertikaler Richtung korreliert sind, kann durch *2D-Prädiktion* eine starke Verbesserung gegenüber einer 1D-Prädiktion (nur zeilenweise, nur spaltenweise) erwartet werden. Dies wurde bereits in Abschn. 9.2.4 am Beispiel des separierbaren AR(1)-Modells gezeigt. Für dieses Modell muß die Prädiktion mit den Koeffizienten des Generierungsfilters nach (4.8) erfolgen, um den maximal möglichen Codiergewinn zu erzielen. Bei natürlichen Bildern kann sich allerdings die lokale Statistik mehr oder weniger stark ändern. Daher ist ein Prädiktor, der mit *fest eingestellten* Koeffizienten über das gesamte Bild arbeitet, suboptimal. Die Korrelation ist z.B. in Kantenregionen geringer als in gleichmäßig hellen Gebieten, sie ist abhängig von der Kantenrichtung. Eine *Anpassung der Prädiktorparameter* ist daher sinnvoll. Hierfür kann eines der in Abschn. 5.1 dargestellten linearen Verfahren verwendet werden. Allerdings ist mit einer vorwärtsgesteuerten Adaption, bei der die Prädiktorparameter als Nebeninformation übertragen werden müssen, bei niedrigen Datenraten kein besonderer Gewinn mehr zu erzielen. Dasselbe gilt aber auch bei rückwärtsgesteuerter Adaption, bei der die Prädiktorparameter aus dem am Decodierer rekonstruierbaren Signal berechnet werden müssen. Ist das Signal bei niedrigen Datenraten zu stark verzerrt, wird diese Bestimmung nicht allzu zuverlässig sein. Eine besondere Art der adaptiven Prädiktion mit nur wenigen Prädiktorvarianten - vorwärts- und rückwärtsgesteuert realisierbar - sind die im folgenden beschriebenen *geschalteten Prädiktoren (switched prediction)*.

Geschaltete Prädiktoren. In rückwärtsgesteuerten geschalteten Prädiktionsverfahren wird der lokale Bildinhalt auf Kantenrichtungen analysiert, um die *Prä-*

diktorgeometrie daran anzupassen [RICHARD, BENVENISTE, KRETZ 1984]. Die prinzipielle Wirkungsweise ist in Abb. 12.2 dargestellt. Der Bildpunkt "X" soll aus den vier bereits decodierten Bildpunkten "A", "B", "C" und "D" vorhergesagt werden. Abhängig von der lokalen Kantenrichtung (Übergang von dunkel nach hell) erfolgt die optimale Prädiktion in 12.2a aus "C" und "D", in 12.2b aus "A", in 12.2c aus "D", in 12.4d aus "B", "C" und "D", in 12.2e aus "A", "C" und "D" sowie in 12.2f aus "A" und "B".

Geschaltete Prädiktoren können aber auch vorwärtsgesteuert betrieben werden. In diesem Fall ist die gewählte Prädiktorgeometrie für Gruppen von Bildpunkten, oder im Extremfall sogar für jeden einzelnen Bildpunkt als Nebeninformation zu übertragen. Eine solche Variante wird z.B. im JPEG-Standard zur verlustlosen Codierung von Einzelbildern angewandt.

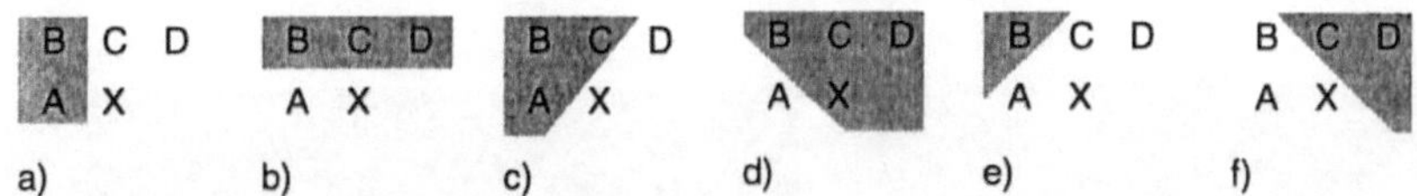

Abb. 12.2. Mögliche Lagen von Kantenpositionen in Zusammenhang mit der Wirkungsweise eines geschalteten Prädiktors

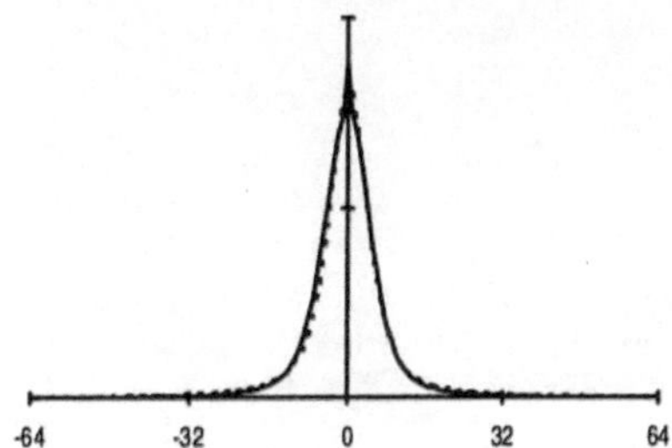

Abb. 12.3. Verteilungsdichte der Prädiktionsfehlersignale bei 2D-Prädiktion (—) und 1D-Prädiktion in Zeilenrichtung (···)

Abb. 12.3 zeigt die Verteilungsdichte von Prädiktionsfehlersignalen bei einem natürlichen Bild. Abb. 12.4 stellt Prädiktionsfehlersignale bei Anwendung horizontaler und vertikaler eindimensionaler sowie zweidimensionaler Prädiktion dar.

12.1.2 Nichtlineare Prädiktionsverfahren

Aus Abb. 12.4 wird deutlich, daß in Kantenregionen von Bildern bei der Verwendung linearer Prädiktoren ein erhöhter Prädiktionsfehler auftreten kann. Das ist auch nicht weiter verwunderlich, da das autoregressive Quellenmodell, auf dem die Optimierung linearer Prädiktoren basiert, das Auftreten von Helligkeits-

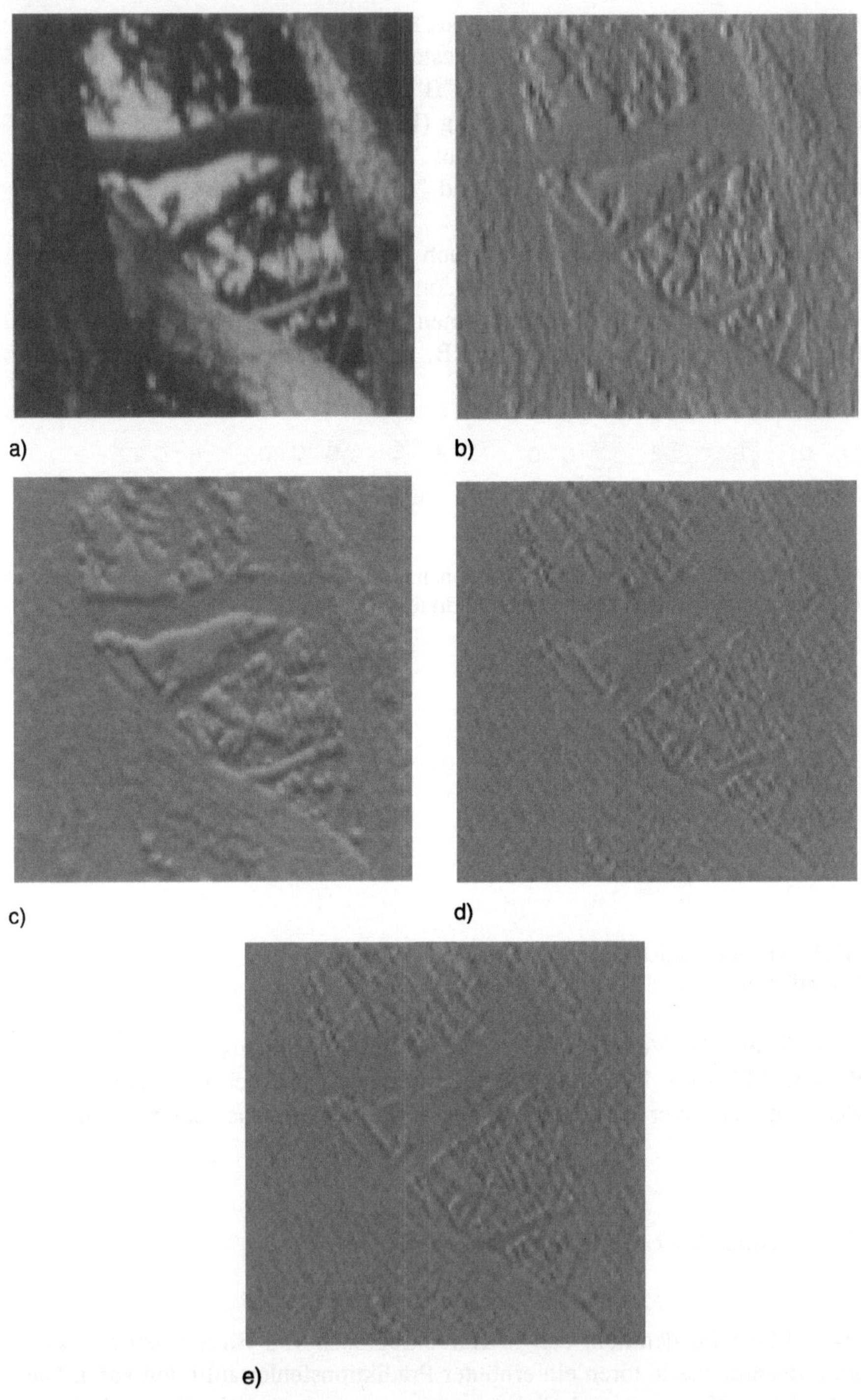

Abb. 12.4. a Originalbild und **b-e** Prädiktionsfehlerbilder : **b** horizontale 1D-Prädiktion, $a_1=0{,}95$ **c** vertikale 1D-Prädiktion, $a_2=0{,}95$ **d** 2D-Prädiktion, separierbarer Prädiktor, $a_1=a_2=0{,}95$ **e** adaptive 2D-Prädiktion, Adaptionsblockgröße 16x16 Bildpunkte

sprüngen nicht vorsieht : Die zugrunde liegende Autokorrelationsanalyse erlaubt keinerlei Aussagen über *Instationarität* und *Nichtlinearität*. Mit nichtlinearen Prädiktionsmethoden kann versucht werden, dieses Problem zu umgehen.

Volterra-Prädiktoren. Die in Abschn. 2.7.1 beschriebenen Volterra-Filter können auch zur Prädiktion eingesetzt werden. Eine Adaption dieser Filter an den Bildinhalt ist dabei unbedingt notwendig. Die vorwärtsgesteuerte Adaption ist allerdings wegen der an Stelle der Autokorrelation zu verwendenden Momente dritter Ordnung (vgl. Abschn. 3.4) sehr rechenaufwendig. Relativ einfach ist hingegen eine rückwärtsgesteuerte Adaption, welche in Analogie zu (5.22) nach den Formeln

$$a_{m+1,n}(p,q) = a_{m,n}(p,q) + \varepsilon_1 \cdot v(m,n) \cdot y(m-p,n-q)$$

$$b_{m+1,n}(p,q,k,l) = b_{m,n}(p,q,k,l) + \varepsilon_2 \cdot v(m,n) \cdot y(m-p,n-q) \cdot y(m-k,n-l)$$

$$(12.6)$$

erfolgen kann [LIN, UNBEHAUEN 1992]. Volterra-Filter ermöglichen eine gegenüber linearen Prädiktoren verbesserte Prädiktion in Kantenregionen.

Künstliche neuronale Netze. Wie bei jedem anderen Prädiktor, können zur Prädiktion die benachbarten Bildpunkte als Eingänge z.B. zu einem *multilayer perceptron* (vgl. Abschn. 2.7.2, Abb. 2.51) verwendet werden. Am Ausgang des Netzes erscheint dann der Schätzwert für den aktuellen Bildpunkt. In diesem Fall wäre also die Anzahl der Eingänge K gleich der Anzahl zur Prädiktion verwendeter Bildpunkte, und die Anzahl der Ausgänge $J=1$. Ein Vorteil neuronaler Netze gegenüber linearen Prädiktoren besteht darin, daß sie unempfindlicher gegen Störungen in dem zur Prädiktion verwendeten Signal sind. Daher ist z.B. die Fehlerfortpflanzung bei Übertragungsstörungen unkritischer [DIANAT ET AL. 1991]. Werden in einem ANN-Prädiktor zusätzlich Ausgangssignale (Schätzwerte) auf einen Eingang zurückgeführt, findet zusätzlich eine nichtlineare Adaption des Prädiktorverhaltens statt. Derartige *recurrent networks* befinden sich allerdings erst in einem Anfangsstadium der Untersuchung [CONNOR, MARTIN, ATLAS 1994].

12.1.3 Dreidimensionale Prädiktion

Der auf dem AR-Modell beruhende separierbare 2D-Prädiktor läßt sich ohne weiteres um eine 3. Dimension, die zeitabhängige Komponente in Bildsequenzen, erweitern. Mit den ersten Autokorrelationskoeffizienten in horizontaler, vertikaler und zeitlicher Richtung ρ_h, ρ_v, ρ_t erhalten wir ein Prädiktorfilter mit der Übertragungsfunktion ($a_h=\rho_h$, $a_v=\rho_v$, $a_t=\rho_t$)

$$A(z_1,z_2,z_3) = A_h(z_1) \cdot A_v(z_2) \cdot A_t(z_3) = \left(1 - a_h z_1^{-1}\right) \cdot \left(1 - a_v z_2^{-1}\right) \cdot \left(1 - a_t z_3^{-1}\right). \quad (12.7)$$

Daraus ergibt sich in einem 3D-DPCM-System die Berechnung des Schätzwertes nach der Formel

$$\hat{x}(m,n,o) = a_h \cdot x(m-1,n,o) + a_v \cdot x(m,n-1,o) + a_t \cdot x(m,n,o-1)$$
$$-a_h \cdot a_v \cdot x(m-1,n-1,o) - a_h \cdot a_t \cdot x(m-1,n,o-1) - a_v \cdot a_t \cdot x(m,n-1,o-1)$$
$$+a_h \cdot a_v \cdot a_t \cdot x(m-1,n-1,o-1).$$

$$(12.8)$$

Allerdings wissen wir bereits aus den Betrachtungen in Kap. 4, daß das AR-Modell für die zeitlichen Änderungen in einer Bildsequenz kaum geeignet ist; hier muß vielmehr zusätzlich eine Analyse der *Bewegung* erfolgen. Daher wird das in (12.8) beschriebene System in bewegten Bildbereichen, oder bei Aufdeckung neuer Inhalte, weniger effizient sein als eine 2D-DPCM. Andererseits wird die örtliche Prädiktion an unbewegten Objektkanten, schnellen Hell-Dunkel-Übergängen, weit weniger leistungsfähig sein als eine zeitliche Prädiktion mit $a_t=1$. Eine 3D-Prädiktion sollte also zumindest ein *schaltbares Verfahren* sein, welches eine Auswahl zwischen den örtlichen und zeitlichen Prädiktorkomponenten erlaubt. Noch wirkungsvoller ist allerdings die Einführung einer *Bewegungskompensation* in der zeitlichen Prädiktion. Nach (6.3) erhält die zeitliche Prädiktorkomponente dann die Übertragungsfunktion

$$A_t(z_1,z_2,z_3) = 1 - a_t \cdot z_1{}^k \cdot z_2{}^l \cdot z_3{}^{-1}, \qquad (12.9)$$

womit sich in (12.8) alle m- und n-Koordinaten im Bild $x(\cdot,\cdot,o\text{-}1)$ zusätzlich um die Beträge des Bewegungsvektors $[k(m,n),l(m,n)]$ verschieben. Verfahren der 3D-Prädiktion sind jedoch gegenüber den *hybriden Codierverfahren* mit Bewegungskompensation (Kap. 15) relativ unbedeutend geblieben. Bei letzteren wird das zeitliche Prädiktorfilter (12.9) mit einer Frequenzbereichscodierung kombiniert, d.h. die DPCM wird nur noch zur Dekorrelation des Bildsignals *entlang der Zeitachse* eingesetzt.

12.1.4 Weitere Anwendungen von DPCM

DPCM-Codierung von Blockmittelwerten. Die DPCM kann auch in Kombination mit anderen Dekorrelationsmethoden eingesetzt werden, die oftmals Formen unterabgetasteter Signalkomponenten erzeugen, welche noch nicht unkorreliert sind. So lassen sich z.B. bei Vektorquantisierung mit Mittelwertseparation die Blockmittelwerte, oder bei Transformationscodierung die Gleichanteilkoeffizienten, welche ebenfalls die mittlere Blockhelligkeit wiedergeben, mittels DPCM codieren; selbst auf blockweise ermittelte Bewegungsvektoren kann auf Grund der meist vorhandenen Kontinuität des Bewegungsvektorfeldes eine DPCM-Codierung angewandt werden. Hierdurch wird die *Korrelation zwischen Blöcken*, die auf Grund der blockseparaten Arbeitsweise mancher Codierverfahren nicht erfaßbar ist, zur weiteren Reduktion der Datenrate ausgenutzt.

DPCM-Codierung von Regionen beliebiger geometrischer Strutur. Da DPCM-Verfahren nicht blockorientiert, sondern *bildpunktweise* arbeiten, eignen sie sich auch zur Codierung der Bildpunktamplituden in Regionen beliebiger geometrischer Struktur, wie sie bei segment- und objektorientierten Codierverfahren auftreten. Auch bei einer Prädiktoradaption muß hier die Optimierung nicht unbedingt blockweise erfolgen.

12.2 Codierung des Prädiktionsfehlersignals

Die Quantisierung des Prädiktionsfehlersignals ist von entscheidender Bedeutung für die Leistung eines DPCM-Systems. Dies gilt um so mehr, weil bei einer schlechten Quantisierung und starken Verzerrung des Signals auch die Güte der Prädiktion abnimmt. Dem liegt der Effekt der *Quantisierungsfehlerrückkopplung* zugrunde.

12.2.1 DPCM mit skalarer Quantisierung

DPCM-Systeme mit skalarer Quantisierung sind effizient anwendbar, wenn *genügend Quantisierungsstufen* zur Verfügung stehen. Auf Grund der ungleichförmigen Verteilung der Amplitudenwerte des Prädiktionsfehlersignals (sh. Abb. 12.3) kann eine Kombination des skalaren Quantisierers mit einer verlustlosen Entropiecodierung wirkungsvoll eingesetzt werden. Voraussetzung dafür ist jedoch, daß die Anzahl der Quantisierungsstufen $J{\geq}3$ beträgt.

Niedrige Bitraten. Da viele Prädiktionsfehlerwerte sehr klein sind, sollte ein Quantisierer verwendet werden, der den Rekonstruktionswert Null einschließt (vgl. Abb. 8.2). Bei niedrigen Bitraten können sich in Regionen gleichmäßiger Helligkeit viele aufeinander folgende Prädiktionsfehlerwerte ergeben, die zu Null quantisiert werden. Die Entropiecodierung dieser Werte kann dann auch mittels einer *Lauflängencodierung* erfolgen. Bei einem Quantisierer mit $J{=}3$ ergeben sich außer dem Null-Rekonstruktionswert noch zwei weitere Werte bei $\pm\Delta$. Die letzten Endes resultierende Entropierate ist nur noch von der Wahl der Stufenhöhe Δ abhängig. Je größer Δ ist, um so geringer wird die Auftretenswahrscheinlichkeit der äußeren Rekonstruktionswerte sein, desto geringer wird die Entropie (9.2), desto größer aber auch die Verzerrung.

Hohe Bitraten. Da ein mit 8 *b/p* PCM-quantisiertes Bildsignal Amplitudenwerte zwischen 0 und 255 aufweisen kann, werden bei stabiler Prädiktion Prädiktionsfehlerwerte mit einem Amplitudenbereich zwischen -255 und +255 auftreten. Zur *verlustlosen* DPCM-Codierung des PCM-Signals ist also ein Quantisierer mit

J=511 Amplitudenstufen notwendig. Auf Grund der extrem ungleichförmigen Verteilungsdichte des Prädiktionsfehlersignals wird allerdings die zur Übertragung notwendige Entropierate deutlich geringer als $\log_2(511)\approx9$ *b/p* sein. So können wir für den separierbaren AR(1)-Modellprozeß mit $\rho_h=\rho_v=0,95$ nach (9.15) die Bitrate von 8 *b/p* (PCM) auf ca. 4,65 *b/p* (DPCM) verringern.

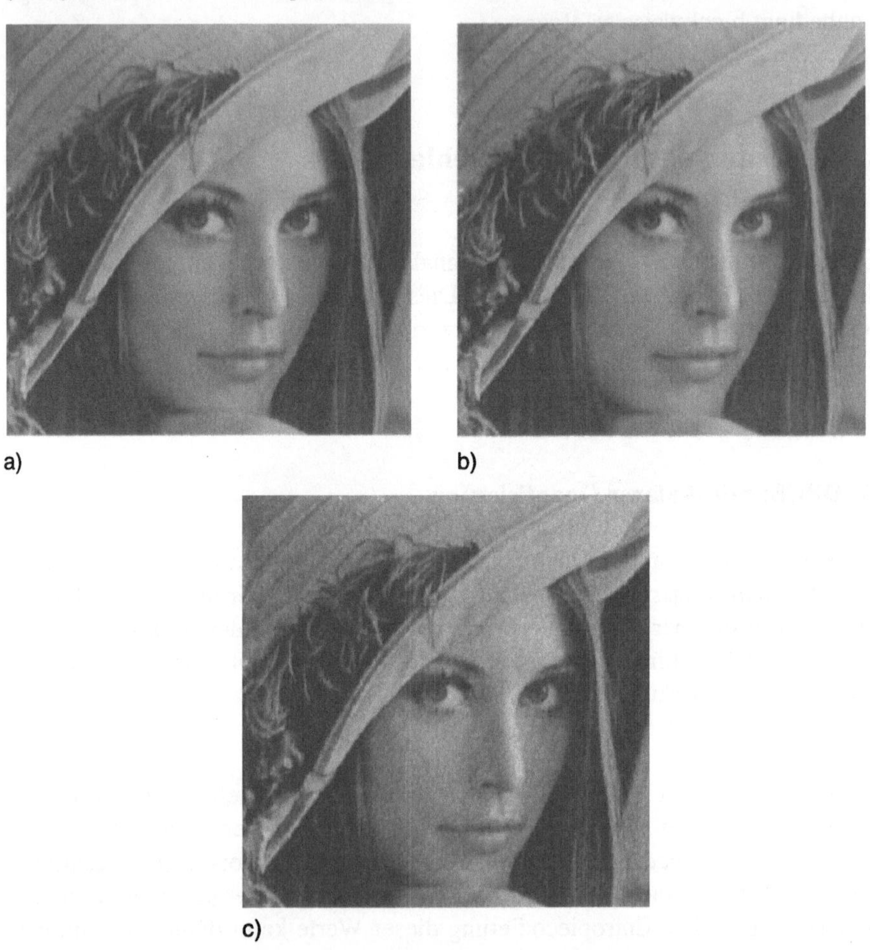

Abb. 12.5. DPCM mit skalarer Quantisierung und Entropiecodierung.
a J=511, R_H=4,79 *b/p* **b** J=15, R_H=1,98 *b/p* **c** J=3, R_H=0,88 *b/p*

Eine verlustlose DPCM-Codierung des PCM-Signals ist auch noch bei Verwendung eines Quantisierers mit 256 Amplitudenstufen möglich. Bei einem bestimmten Prädiktionswert $\hat{x}$ sind nur Prädiktionsfehlerwerte zwischen $-\hat{x}$ und $255-\hat{x}$ möglich. Bei einer sogenannten *gefalteten Quantisierung* [BOSTELMANN 1974] wird der Vorzeichenüberlauf bei Auftreten negativer Werte ignoriert, und im Decodierer der positive Wertebereich oberhalb $255-\hat{x}$ auf die entsprechenden negativen Werte abgebildet. Wird allerdings eine Entropiecodierung der Quantisierer-Ausgangswerte vorgenommen, so hat diese Technik eher negative Auswirkungen, da je nach örtlicher Helligkeit des Bildsignals die Auftretenswahrscheinlichkeiten der einzelnen Quantisiererwerte sehr unterschiedlich sein können. Die Entropierate kann sich daher gegenüber derjenigen bei Verwendung eines Quantisierers mit 511 Amplitudenstufen sogar erhöhen.

Auch bei natürlichen Bildsignalen ist eine Verringerung der Rate auf weniger als die Hälfte der PCM-Rate kaum realistisch, wenn verzerrungsfreie Codierung gefordert ist. Eine sehr gute Qualität läßt sich mit DPCM-Systemen bei Einsatz einer skalaren Quantisierung mit Entropiecodierung aber noch bei Raten von ca. 2 *b/p* erzielen. Abb. 12.5 stellt DPCM-Rekonstruktionsergebnisse bei 3 verschiedenen Entropieraten R_H dar.

12.2.2 Rückkopplung des Quantisierungsfehlers

Die folgenden Ausführungen sind für *jedes* DPCM-System, unabhängig von der Anzahl der örtlichen und zeitlichen Dimensionen, separierbar oder nicht-separierbar, gültig. Die Herleitung wird daher mittels der z-Transformierten $\mathbf{z}=[z_1,z_2,..,z_K]$ mit beliebiger Dimensionenanzahl K vorgenommen.

Die Prädiktion erfolgt bei DPCM aus dem Rekonstruktionssignal $y(\cdot)$. Ist die Codierung nicht verzerrungsfrei, so wird versucht, das ungestörte Signal $x(\cdot)$ aus dem durch den Quantisierungsfehler $q(\cdot)$ verzerrten $y(\cdot)$ zu schätzen. Besonders bei Bildsequenzen mit unverändertem Inhalt ist es einleuchtend, daß diese Prädiktion nicht optimal sein kann : Es entsteht ein Prädiktionsfehlersignal, obwohl eigentlich keine Änderung vorhanden ist. Mit den z-Transformierten des Originalsignals $X(\mathbf{z})$, des Rekonstruktionssignals $Y(\mathbf{z})$, des Prädiktionsfehlersignals $E(\mathbf{z})$, des quantisierten Prädiktionsfehlersignals $V(\mathbf{z})$, des Prädiktorfilters $H(\mathbf{z})$ und des Quantisierungsfehlersignals $Q(\mathbf{z})$ erhalten wir

$$Q(\mathbf{z}) = E(\mathbf{z}) - V(\mathbf{z}) = X(\mathbf{z}) - Y(\mathbf{z})$$

$$Y(\mathbf{z}) = \frac{V(\mathbf{z})}{1 - H(\mathbf{z})}. \tag{12.10}$$

Daraus folgt

$$V(\mathbf{z}) = \left[X(\mathbf{z}) - Q(\mathbf{z}) \right] \cdot \left[1 - H(\mathbf{z}) \right]$$

$$E(\mathbf{z}) = X(\mathbf{z}) \cdot \left[1 - H(\mathbf{z}) \right] + Q(\mathbf{z}) \cdot H(\mathbf{z}). \tag{12.11}$$

Im Prädiktionsfehlersignal ist also bei verzerrungsbehafteter Codierung eine Komponente enthalten, die sich aus der *Faltung des Quantisierungsfehlers mit der Impulsantwort des Prädiktorfilters* ergibt. Daher wird der Prädiktionsgewinn der DPCM mit steigender Codierverzerrung verringert. Gleichzeitig wird das Spektrum des Prädiktionsfehlersignals spektral gefärbt, es wird nicht mehr unkorreliert sein.

12.2.3 DPCM mit Vektorquantisierung

Im Vergleich zwischen der Kombination skalare Quantisierung/Entropiecodierung und Vektorquantisierung wurde bereits betont, daß der letzteren bei niedrigen Bitraten (R<1 b/p) der Vorzug zu geben ist. Bei einer *Vektor-DPCM* oder *prädiktiven Vektorquantisierung* (Abb. 12.6) berechnet ein spezieller *Vektorprädiktor* einen *Prädiktionsfehlervektor*, der dann mittels eines VQ-Verfahrens codiert und übertragen wird.

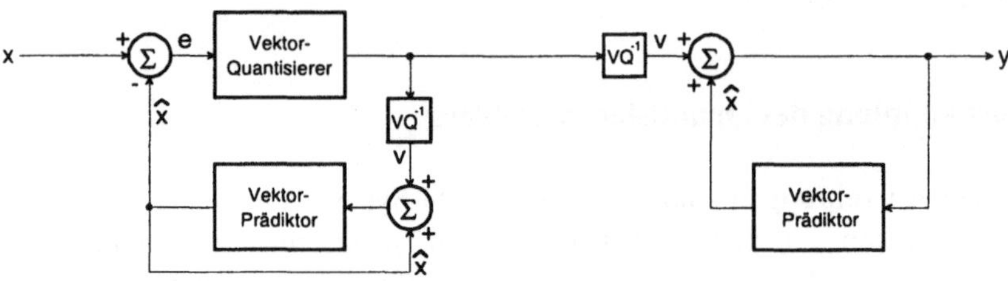

Abb. 12.6. Prädiktive Vektorquantisierung, Codierer und Decodierer

Arbeitsweise des Vektorprädiktors. Wie bei skalarer DPCM, ist auch bei der Vektor-DPCM eine kausale Arbeitsreihenfolge im Codierer und Decodierer einzuhalten. Der Schätzwert für einen zu codierenden Vektor darf nur aus der Information berechnet werden, die in den bereits decodierten Vektoren enthalten ist. Jedoch sind unterschiedliche Geometrien in der Vektoranordnung denkbar; zwei Beispiele werden in Abb. 12.7 gezeigt.

Blockanordnung. Die Blockanordnung entspricht der bereits in (11.1) beschriebenen Anordnung bei herkömmlicher Vektorquantisierung. Zur Prädiktion der im Vektor $\mathbf{x}(m',n')$ zusammengefaßten Abtastwerte werden Rekonstruktionswerte aus den Vektoren $\mathbf{y}(m'-1,n')$, $\mathbf{y}(m',n'-1)$ und $\mathbf{y}(m'-1,n'-1)$ verwendet. Ein Prädiktionsschema mit einigen Koeffizientenwerten für den Vektorprädiktor nach [BHASKARAN 1987] ist in Abb. 12.7a dargestellt. Die Genauigkeit der Schätzergebnisse wird um so schlechter sein, je näher ein Bildpunkt an der rechten unteren Ecke des Blockes liegt.

Diagonale Anordnung. Bei der diagonalen Anordnung wird das Bildsignal in horizontale Streifen der Höhe K aufgeteilt. Jedem Vektor der Länge K werden die Bildpunkte

$$\mathbf{x}(m',n') = \left[x(m',n'K), x(m'-1,n'K+1), \ldots, x(m'-K+1,n'K+K-1) \right]^T \quad (12.12)$$

zugeordnet (Abb. 12.7b). Zur Prädiktion werden K Viertelebenen-Prädiktoren verwendet. Diese Prädiktion ist sehr exakt, da sie stets wie bei skalarer DPCM aus unmittelbaren Nachbarn des vorherzusagenden Bildpunktes berechnet wird. Mit der diagonalen Anordnung muß dennoch keine im Vektor enthaltene Bildpunktposition zur Prädiktion einer anderen im gleichen Vektor verwendet werden. Als Nachteil treten jedoch bei diagonalen Kanten im Bildsignal, die parallel zur Vektorrichtung verlaufen, sehr hohe Prädiktionsfehlerwerte auf.

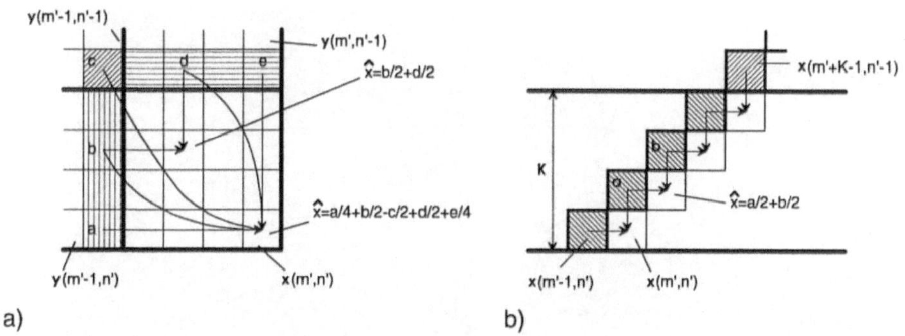

Abb. 12.7. Vektoranordnungen bei prädiktiver VQ.
a Blockanordnung **b** Diagonale Anordnung

Vektor-DPCM und Quantisierungsfehlerrückkopplung. Nach (12.11) bewirkt die Quantisierungsfehlerrückkopplung, daß das Prädiktionsfehlersignal kein weißes Spektrum mehr besitzt, sondern selbst - wenn auch weniger stark als das originale Bildsignal - *korreliert* ist. Nun ist bereits aus den Kap. 10 und 11 bekannt, daß eine Vektorquantisierung eine *dekorrelierende Wirkung* besitzt. Zwar wird - zumindest bei der blockweisen Vektoranordnung - die Korrelation durch die schlechte Prädiktion der rechten unteren Blockecke eher noch verstärkt; jedoch ergibt sich daraus keinerlei Nachteil, wenn die zur Codierung verwendeten Rekonstruktionsvektoren *dieselbe* Eigenschaft besitzen. Die Vektor-DPCM besitzt also gegenüber skalarer DPCM den Vorteil, daß sich der Effekt der Quantisierungsfehlerrückkopplung weniger gravierend auswirkt, da zumindest noch eine Dekorrelation des Anteils $Q(z)\cdot H(z)$ in (12.11) erreicht werden kann.

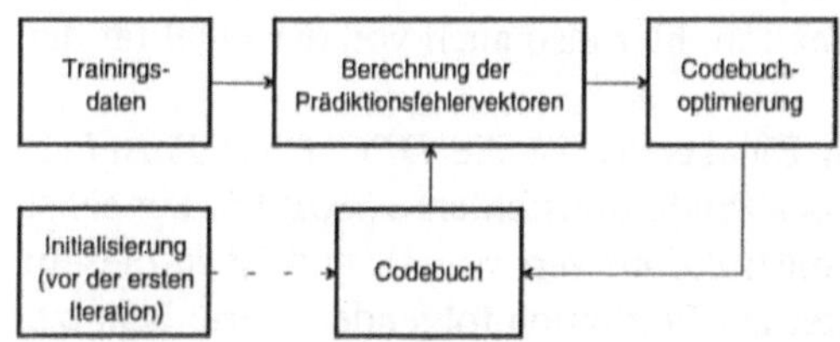

Abb. 12.8. Codebuchentwurf für Vektor-DPCM

Codebuchentwurf. Ein Codebuch kann wieder mittels einer Trainingsfolge von Bildsignalen entworfen werden. Um eine exakte Anpassung der Codebuchstatistik an das zu codierende Prädiktionsfehlersignal, insbesondere an den Rückkopplungseffekt, zu erreichen, muß der in Abb. 12.8 gezeigte *Schleifenentwurf* angewandt werden. Die Umwandlung der originalen Bildwerte in Prädiktionsfehlervektoren erfolgt hierbei für jede Iteration des Codebuchentwurfes neu, und zwar unter Verwendung des in der vorangegangenen Iteration optimierten Codebuches. Hierdurch wird eine Anpassung der Codebuchvektoren an die Statistik der zu erwartenden Quantisierungsfehlerrückkopplung erzielt.

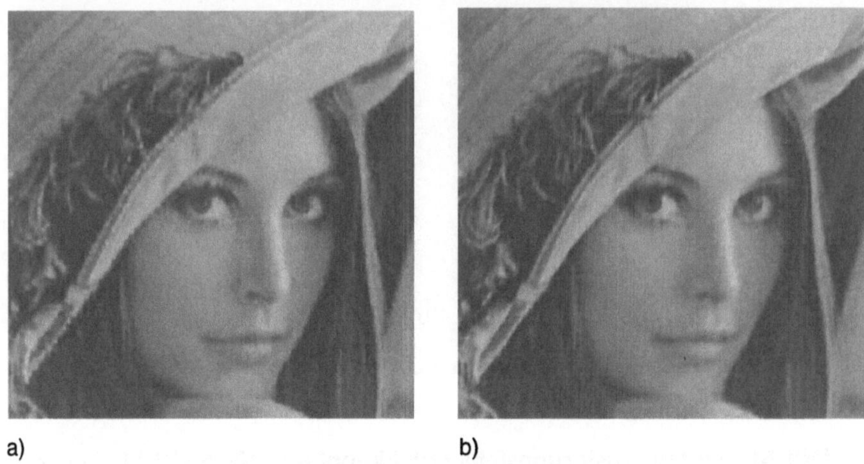

a)   b)

Abb. 12.9. Vektor-DPCM **a** mit Block-Vektoranordnung, $R=0{,}5$ *b/p*
b mit diagonaler Vektoranordnung und Entscheidungsverzögerung, $R=0{,}3$ *b/p*

12.2.4 DPCM mit Entscheidungsverzögerung

An Stelle der herkömmlichen Vektorquantisierung kann auch ein *gleitender Blockcode* (vgl. Abschn. 10.4) zur Quantisierung des Prädiktionsfehlersignals verwendet werden [HANG, WOODS 1985]. Bei Einsatz eines *entropieminimierenden* Codebuchentwurfs (vgl. Abschn. 10.3.5) ergibt sich - wie bei allen Entropiecodierungsverfahren - eine Übertragung mit variabler Bitrate [COHEN, WOODS 1989]. Die letzten Endes notwendige Rate hängt bei Anwendung eines Dekorrelationsverfahrens vom Gehalt an *neuer* Information, hier also auch von der Qualität der Prädiktion ab.

Eine besondere Form des gleitenden Blockcodes ist die *DPCM mit Entscheidungsverzögerung*. Die Quantisierung des Prädiktionsfehlers $v(m,n)$ hat zunächst unmittelbare Auswirkung auf den Rekonstruktionswert $y(m,n)$, und ist in diesem Sinne optimal. Jedoch wird $y(m,n)$ weiter zur Prädiktion folgender Werte benutzt, und es stellt sich die Frage, ob nicht ein anderes $v(m,n)$ eine bessere Wahl in Hinblick auf *zukünftige* Schätzwerte sei. Wir können den DPCM-Decodierer auf Grund seiner rekursiven Struktur wie einen Decodierer mit *unbegrenzter Anzahl an Rekonstruktionswerten* in einer Treecodierung (vgl. Abschn. 10.4.2) interpretieren. Es geht nun darum, den optimalen Pfad, d.h. die für mehrere benachbarte Rekonstruktionswerte $y(\cdot)$ *optimale Folge* von codierten Prädiktionsfehlerwerten $v(\cdot)$ zu bestimmen. Hierfür ist sowohl bei skalarer DPCM [MODESTINO, BHASKARAN 1981] als auch bei Vektor-DPCM [OHM, NOLL 1989] der M-Algorithmus erfolgreich eingesetzt worden. Der SNR-Gewinn gegenüber den nicht-entscheidungsverzögerten Verfahren liegt in beiden Fällen in der Größenordnung von ca. 4 dB. Die Entscheidungsverzögerung wirkt hier - wie schon die Vektor-DPCM - dem Effekt der Quantisierungsfehlerrückkopplung entgegen, da die Prädiktionsfehlerenergie jeweils über *mehrere Werte* minimiert wird.

Abb. 12.9 stellt Codierbeispiele einer blockweise arbeitenden Vektor-DPCM, sowie einer Vektor-DPCM mit diagonaler Vektoranordnung und Entscheidungs- verzögerung dar. Die Rekonstruktionsqualität ist hier ähnlich der des Beispiels aus Abb. 12.5c, obwohl die Rate auf weniger als die Hälfte reduziert werden konnte.

12.3 Fortpflanzung von Übertragungsfehlern

Wir haben bereits gesehen, daß die rekursive Struktur des DPCM-Decodierers eine Rückkopplung des *Codierungsfehlers* in die Prädiktionsschleife bewirkt. Bei der Übertragung über einen Kanal kann es nun vorkommen, daß Codesymbole gestört werden. In diesem Fall würde der Decodierer eine andere Rekonstrukion $v(\cdot)$ des Prädiktionsfehlersignals verwenden als der Codierer. Folglich wird auch ein anderes Bildsignal $y(\cdot)$ rekonstruiert. Dieses wird aber zur Prädiktion ver- wendet, d.h. am Codierer und Decodierer werden *unterschiedliche Schätzwerte* $\hat{x}(\cdot)$ erzeugt. Da die Decodiererstruktur rekursiv ist, werden alle nachfolgenden Rekonstruktionswerte am Decodierer falsch berechnet. Unter der vereinfachen- den Annahme, daß eine verzerrungsfreie Codierung des Prädiktionsfehlersignals erfolge, wird im Fall einer fehlerfreien Übertragung $E(z)=V(z)$ und $X(z)=Y(z)$. Bei einer durch Codesymbolstörung verursachten Komponente $K(z)$ erfolgen auf der Decodiererseite die Rekonstruktionen

$$V(z) = E(z) + K(z)$$

$$Y(z) = \frac{E(z)}{1-H(z)} + \frac{K(z)}{1-H(z)} = X(z) + \frac{K(z)}{1-H(z)}. \tag{12.13}$$

Dem Rekonstruktionssignal ist also eine *mit der Impulsantwort des rekursiven Synthesefilters gefaltete Störkomponente* überlagert. Da $K(z)$ oftmals Impulscha- rakter besitzt (einzelne Bitstörungen), erscheinen als Überlagerung im Bildsignal Impulsantworten des Synthesefilters, welche von den Störungspositionen ausge- hen. Abb. 12.10a stellt die Störungen in den Rekonstruktionsbildern bei Verwen- dung der horizontal-eindimensionalen Prädiktion nach (2.54) dar (a_h=0,95). Die Fehler klingen mit $a_h{}^{m-m_k}$ in Richtung zu den Zeilenenden ab, wobei m_k die je- weilige Fehlerposition ist. Abb. 12.10b ist das entsprechende Beispiel mit einer Prädiktion in Spaltenrichtung, hier erfolgt eine senkrechte Fehlerfortpflanzung. Die Abb. 12.10c und 12.10d zeigen Fehlerfortpflanzungen mit den zweidimensi- onalen Prädiktoren nach (2.55) mit $a_1=a_2$=0,95 und nach (2.56) mit $a_1=a_2$=0,5. Auf Grund der 2D-Prädiktion ist hier auch die Fortpflanzung zweidimensional.

Daher erfolgen nun Überlagerungen von Fehlern, die sich teilweise gegenseitig verstärken können. Jedoch ist insbesondere bei dem nicht-separierbaren Prädiktor auf Grund der geringen Koeffizientenwerte ein sehr schnelles örtliches Abklingen der Fehler zu bemerken. Bei allen Beispielen sind die Bitstörungen statistisch unabhängig, die Fehlerrate ist $00{,}1\%$ ($p=10^{-3}$) bei einer Datenrate von 3 b/p. Weitere Beispiele zur Fehlerfortpflanzung auf Grund der DPCM-Struktur in der hybriden Bildsequenzcodierung werden in Abschn. 15.2.2 gegeben.

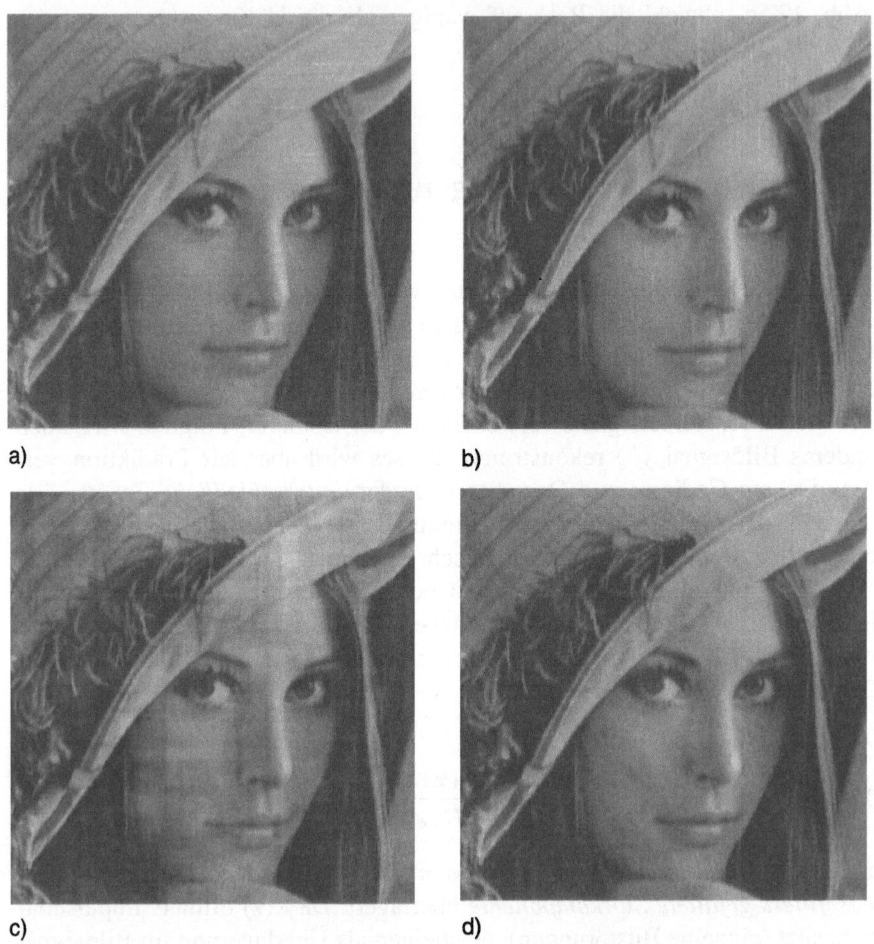

a)   b)

c)   d)

Abb. 12.10. Fehlerfortpflanzung bei DPCM, Fehlerrate $p=10^{-3}$
a und **b** eindimensionale Prädiktion (**a** in Zeilenrichtung, **b** in Spaltenrichtung)
c und **d** zweidimensionale Prädiktion (**c** separierbar, **d** nicht-separierbar)

Möglichkeiten zum Fehlerschutz. Bei Übertragungsfehlern ergibt sich nach (12.13) im Rekonstruktionssignal eine Fehlerkomponente, die sich als die Faltung des Fehlersignals $k(m,n)$ mit dem rekursiven Synthesefilter interpretieren läßt. Hierdurch wird die Fehlervarianz gegenüber der Varianz der eigentlich aufgetretenen Störung um den Faktor $G_{\mathrm{DPCM}}=\sigma_x^2/\sigma_e^2$, also den Codiergewinn aus (12.5), *verstärkt*. Allerdings ist die tatsächlich entstehende Fehlervarianz auch stark von der Art des verwendeten Codes abhängig. So kann bei Störung eines einzelnen bits in Entropie- und Lauflängencodes eine katastrophale Fehlinterpretation sehr vieler folgender Codesymbole erfolgen. Werden natürliche Binär- oder Zweierkomplementcodes verwendet, so besitzt mit gleicher Bitfehlerrate das Fehlersignal bei DPCM bereits eine etwa um den Faktor G_{DPCM} geringere Varianz als bei PCM, da weniger bits zur Übertragung benutzt werden, und die mögliche Fehlervarianz ganz maßgeblich durch den Wertebereich des Quantisierers beeinflußt wird (der Fehler ist am größten, wenn die höherwertigen bits gestört sind). Wird auch nur ein Teil der durch die Dekorrelation eingesparten bits zusätzlich zur Fehlerkorrektur verwendet, so läßt sich bei derselben Kanalstörung mit der DPCM grundsätzlich ein besseres Rekonstruktionsergebnis erzielen als mit der PCM [MODESTINO, DAUT 1979]. Jedoch muß ein Fehlerschutz stets *bei allen Abtastwerten* des DPCM-Prädiktionsfehlersignals in gleicher Weise angesetzt werden. Dies ist ein wesentlicher Nachteil gegenüber den im folgenden Kapitel behandelten Frequenzcodierverfahren, bei denen sich ein Fehlerschutz *ganz gezielt* auf einzelne Signalkomponenten anwenden läßt, welche die besonders relevanten Informationsanteile repräsentieren.

13 Frequenzbereichscodierung

Bei Frequenzcodierverfahren wird aus dem Bildsignal durch eine lineare Transformation oder lineare Filterung eine dekorrelierte spektrale Repräsentation gewonnen, die einer anschließenden Codierung unterzogen wird. Bei einer Transformationscodierung erfolgt dies durch eine blockseparat arbeitende, zweidimensionale orthogonale Transformation. Das bereits in Abschn. 2.6 eingeführte Prinzip der Teilbandcodierung läßt die linearen Transformationen als Spezialfall eines weit umfangreicheren Gebietes der Signalverarbeitung erscheinen, welches generell die Frequenzanalyse in Zusammenhang mit den Problemen der Interpolation und Dezimation stellt. Die Quantisierung von Frequenzbereichskomponenten wird im vorliegenden Kapitel unabhängig von der gewählten Art der Frequenzzerlegung behandelt. Es wird gezeigt, daß die Frequenzkomponenten als eine hierarchische Bildsignalrepräsentation interpretiert werden können, die sich auch effizient gegen Übertragungsfehler schützen läßt. Nahezu identische Prinzipien der Frequenzbereichscodierung werden auch in hybriden Verfahren zur Bildsequenzcodierung (Kap. 15) angewandt. Allerdings unterscheidet sich die Statistik des dort zu codierenden, bewegungskompensierten Prädiktionsfehlersignals von der Statistik der Einzelbilder, an deren Beispiel die Prinzipien der Transformations- und Teilbandcodierung im vorliegenden Kapitel zunächst erläutert werden.

13.1 Transformationscodierung

Bei einer 2D-Transformationscodierung wird das örtliche Bildsignal üblicherweise in Blöcke der Größe $M' \mathrm{x} N'$ aufgeteilt (Abb. 13.1a). Der Block mit Index (m',n') besitzt im Bild die Anfangskoordinate $(m' \cdot M', n' \cdot N')$. Mittels einer linearen Transformation (vgl. Abschn. 2.4) wird jeder Block in einen Satz von $U \mathrm{x} V$ zweidimensionalen Frequenzkomponenten transformiert; auf Grund der Transformationseigenschaften gilt $U = M'$, $V = N'$. Sinnvolle Blockgrößen liegen in Größenordnungen zwischen 4x4 und 32x32 Bildpunkten. Es gilt hier Kompromisse zu finden : Bei zu kleiner Blockgröße ist die Dekorrelation für gering detaillierte

Teile des Bildes unbefriedigend, während sich zu groß gewählte Blockgrößen bei hohem Detailgehalt als ungünstig erweisen. Abb. 13.1b stellt das typische Schema eines Transformationscodierverfahrens dar. Nach der Transformation werden die Koeffizienten quantisiert und die Quantisiererinformation codiert; im Empfänger findet die Decodierung der Koeffizienten statt, an die sich eine inverse Transformation anschließt.

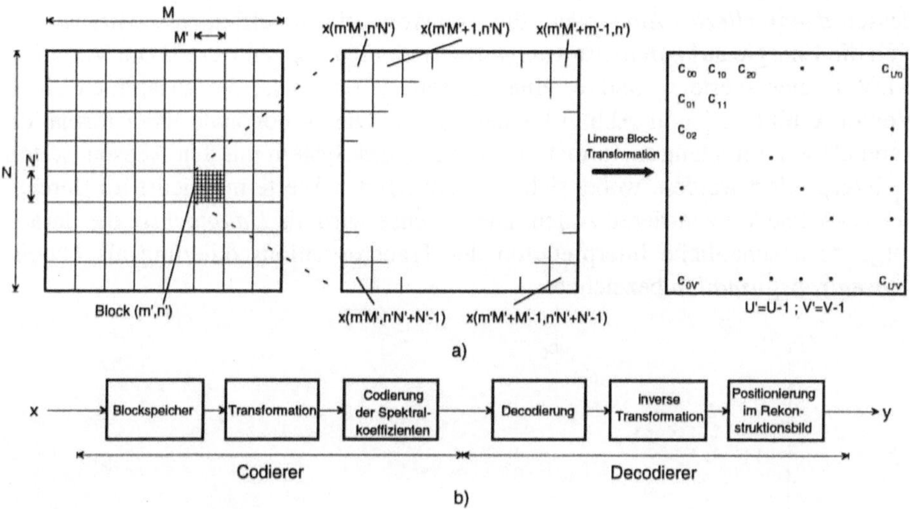

Abb. 13.1. a Prinzip einer blockweisen Transformation
b Schema einer Transformationscodierung

13.1.1 Dekorrelierende Wirkung einer Transformation

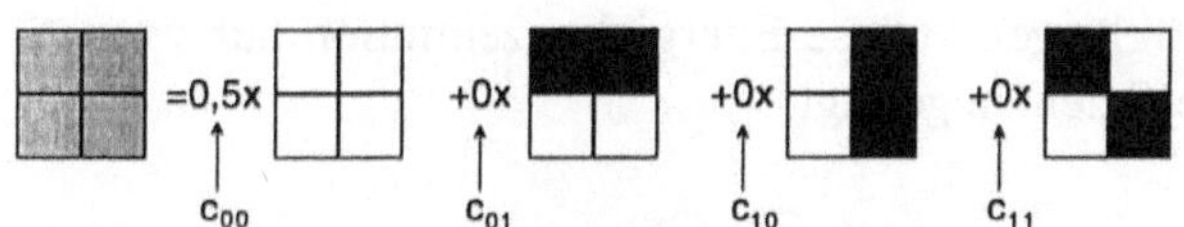

Abb. 13.2. Rekonstruktion eines Blockes gleichmäßiger Helligkeit mit 2x2 Bildpunkten aus den Basisbildern einer orthogonalen Transformation

Die dekorrelierende Wirkungsweise einer Transformationscodierung wird in Abb. 13.2 am Beispiel der Rekonstruktion eines Blockes gleichmäßiger Helligkeit aus den Basisbildern einer Transformation mit Blockgröße 2x2 verdeutlicht. Man beachte, daß für diese Blockgröße die reellen, orthonormalen Transformationen - DCT, WHT, HT - identische Basisbilder besitzen. Die Transformationskoeffizienten sind die *Gewichtungsfaktoren*, mit denen die Basisbilder beaufschlagt und schließlich zueinander addiert werden. Besitzen alle Bildpunkte eines Blocks der Größe 2x2 dieselbe Helligkeit (was in den hoch korrelierten Bildsignalen häufig der Fall ist), so genügt die Kenntnis eines einzigen Koeffizienten (c_{00}), um die vollständige Information über den Block zu besitzen. Dieser *Gleichanteil-Koeffizient* repräsentiert den Mittelwert des Blockes, während die übrigen *Wechselanteil-Koeffizienten* Helligkeitsänderungen unterschiedlicher Frequenz und Richtung repräsentieren.

Hauptachsen-Transformation. Die lineare Transformation erzeugt für die Quantisierung und Codierung an Stelle des hoch korrelierten Originalsignals dessen *dekorreliertes Äquivalent*, die Transformationskoeffizienten. Hierbei soll sich die Energie auf *möglichst wenige* Koeffizienten konzentrieren. Die Verbund-ADV zweier Werte x_1 und x_2 eines korrelierten Signals, die zusammen einen Vektor **x** bilden, ist in Abb. 13.3 dargestellt. Die orthogonale Transformation kann als Koordinatentransformation auf ein neues System mit den Achsen c_0 und c_1 interpretiert werden, wobei sich die auftretenden Werte möglichst im Bereich der c_0-Achse konzentrieren sollen. Diese Achse wird als *Hauptachse*, die daraus folgende anschauliche Interpretation der Transformationscodierung als *Hauptachsentransformation* bezeichnet.

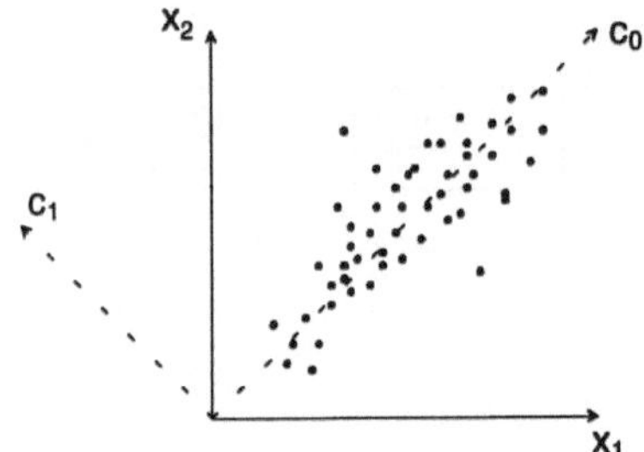

Abb. 13.3. Interpretation der Transformationscodierung als Hauptachsentransformation

Entscheidend für die Effizienz einer Transformation ist es, wie gut - auch bei größeren Transformationsblocklängen - diese Energiekonzentration auf wenige, weitgehend dekorrelierte Koeffizienten gelingt.

13.1.2 Effizienz von Transformationen

Die *Energiepackungseffizienz* η_e einer Transformation ist als der relative Anteil von Energie definiert, der in den ersten T von insgesamt U Transformationskoeffizienten enthalten ist :

$$\eta_e(T) = \frac{\sum_{t=0}^{T-1} E\{c_t^2\}}{\sum_{u=0}^{U-1} E\{c_u^2\}} \tag{13.1}$$

Die *Dekorrelationseffizienz* η_c ist aus den Elementen $r_{xx}(p)$ der mit $U \times U$

Elementen besetzten Autokorrelationsmatrix $\mathbf{R}_{xx}$ des Originalsignals (3.13) bzw. deren Transformierter $\mathbf{R}_{cc}$ (5.23) bestimmbar :

$$\eta_c = 1 - \frac{\displaystyle\sum_{\substack{k=0 \\ (k\neq l)}}^{U-1}\sum_{l=0}^{U-1}\left|r_{cc}(k,l)\right|}{\displaystyle\sum_{\substack{k=0 \\ (k\neq l)}}^{U-1}\sum_{l=0}^{U-1}\left|r_{xx}(k,l)\right|}. \tag{13.2}$$

Bei optimaler Dekorrelation ($\eta_c=1$) sind alle Elemente von $\mathbf{R}_{cc}$, die *nicht* auf der Hauptdiagonalen liegen, Null. Dies ist per Definition durch die KLT (5.27) erfüllt, die deshalb die optimal dekorrelierende lineare Transformation mit $\eta_c=1$ ist. Gleichzeitig wird ihre Energiepackungseffizienz optimal.

Die Elemente der Hauptdiagonalen von $\mathbf{R}_{cc}$ sind die *Energien* der Transformationskoeffizienten. Die einzelnen Koeffizienten sind zwar im Optimalfall untereinander vollständig dekorreliert. Ihre Erwartungswerte (*Energien*) können dagegen noch statistische Bindungen aufweisen : So ist bei stationären Signalen mit stetig verlaufenden Leistungsdichtespektren zu erwarten, daß bei Auftreten tieffrequenter Koeffizienten mit hoher Energie auch bestimmte hochfrequentere Anteile noch relevant sein werden; es wird jedoch nicht möglich sein, Rückschlüsse auf deren tatsächliche Größe oder ihr Vorzeichen zu ziehen.

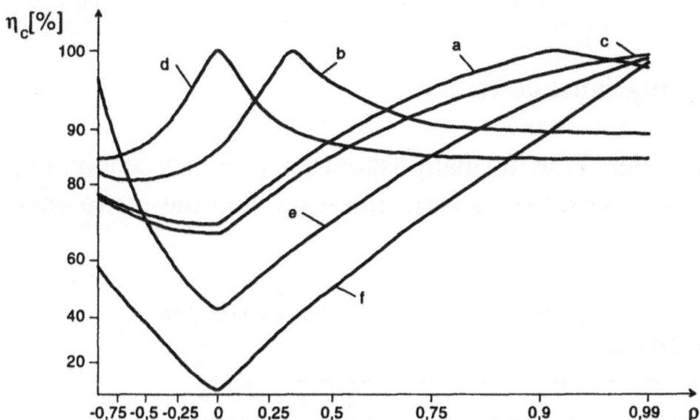

Abb. 13.4. Dekorrelationseffizienz η_c als Funktion des Koeffizienten ρ eines AR(1)-Signals, Transformationsblockgröße $U=8$
(*a*) KLT mit $\rho=0{,}91$, (*b*) KLT mit $\rho=0{,}36$, (*c*) DCT, (*d*) DST, (*e*) WHT, (*f*) HT
nach [CLARKE 1985]

Abb. 13.4 stellt η_c in Abhängigkeit vom Korrelationsparameter ρ eines AR(1)-Modellprozesses für einige der in Abschn. 2.4.3 beschriebenen Transformationen dar. Abb. 13.5a zeigt die Dekorrelationseffizienzen, Abb. 13.5b die Energiepackungseffizienzen in Abhängigkeit von der Transformationsblocklänge U. Die KLT wurde in beiden Fällen einmal für $\rho=0{,}91$, einmal für $\rho=0{,}36$ optimiert.

Die Graphiken machen deutlich, *warum* die DCT die wichtigste in der Bildcodierung angewandte Transformation geworden ist. Sie besitzt, sofern das Signal *hoch korreliert* ist ($\rho>0{,}9$), Dekorrelations- und Energiepackungseffizienzen, die denen der KLT kaum nachstehen. Die Basisvektoren unterscheiden sich zwar visuell kaum von denen der KLT, beruhen aber auf *harmonischen* Analysefrequenzen. Es existieren daher *schnelle Algorithmen* zur Berechnung der DCT.

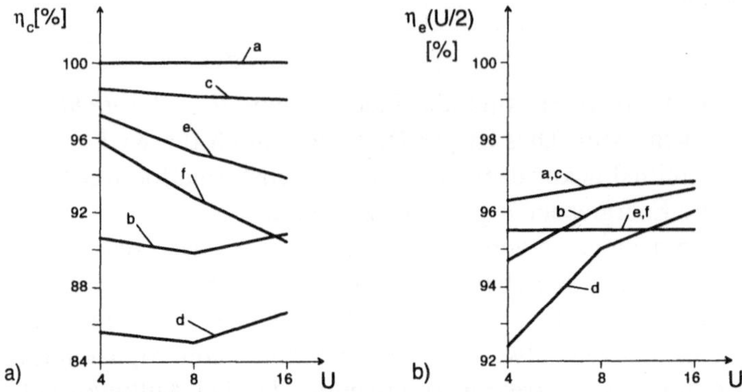

Abb. 13.5. Transformationseffizienzen in Abhängigkeit von der Blocklänge U für einen AR(1)-Prozeß, $\rho=0{,}91$. **a** Dekorrelationseffizienz η_c **b** Energiepackungseffizienz η_e (*a*) KLT mit $\rho=0{,}91$, (*b*) KLT mit $\rho=0{,}36$, (*c*) DCT, (*d*) DST, (*e*) WHT, (*f*) HT nach [CLARKE 1985]

13.1.3 Statistik von Transformationskoeffizienten

Um eine effiziente Codierung der Transformationskoeffizienten vorzunehmen, muß deren Statistik bekannt sein. Von besonderem Interesse sind die im folgenden behandelten Parameter.

Tabelle 13.1. Standardabweichungen von DCT-Transformationskoeffizienten c_{uv}, Transformationsblockgröße 8x8 Bildpunkte

$v=$	$u=$ 0	1	2	3	4	5	6	7
0	345,9	78,9	40,7	26,1	17,5	11,7	8,9	7,0
1	72,1	37,8	25,3	16,9	12,1	8,9	6,9	5,6
2	39,5	25,3	18,4	13,5	10,2	7,7	6,0	5,0
3	25,7	17,2	13,4	10,3	8,3	6,8	5,4	4,5
4	18,2	12,7	10,3	8,5	7,0	5,7	4,9	4,1
5	12,7	9,5	8,1	6,9	5,8	5,0	4,4	4,0
6	9,6	7,2	6,6	5,7	5,1	4,6	4,3	3,9
7	7,1	6,1	5,5	4,9	4,5	4,2	4,0	3,7

Spektrale Verteilung der Energie und Standardabweichungen der Koeffizienten. Aus der spektralen Verteilung der Energie läßt sich unmittelbar die Energiekonzentration auf die tieffrequenten Koeffizienten ablesen. Bezüglich ihres Wertebereiches überschaubarer sind allerdings die in Tabelle 13.1 dargestellten Standardabweichungen von DCT-Transformationskoeffizienten bei einer Blockgröße von $U{\times}V{=}8{\times}8$ Bildpunkten. Diese wurden hier über eine größere Anzahl von Bildern unterschiedlichen Detailgehalts gemittelt. Der Gleichanteil-Koeffizient c_{00} weist also nicht nur die bei weitem höchste Energie, sondern auch die größte Streuung der Werte auf.

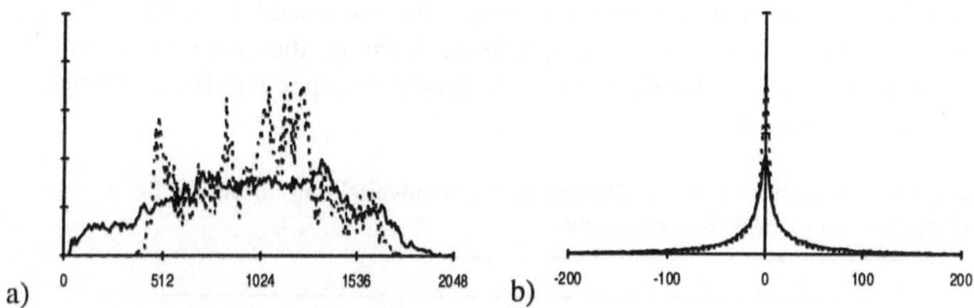

Abb. 13.6. Verteilungsdichten **a** des DCT-Gleichanteilkoeffizienten c_{00} eines Bildsignals ($\cdots$) und ermittelt über eine größere Anzahl von Bildern (—)
b der DCT-Wechselanteil-Koeffizienten c_{10} (—) und c_{20} ($\cdots$)

Amplitudenbereich und Amplitudendichteverteilung der Koeffizienten. Bildsignale besitzen grundsätzlich *positive* Amplituden. Besitzt das zu transformierende Bildsignal einen Wertebereich von 0 bis A, so können sich z.B. bei der orthonormalen 2D-DCT nach (2.90) Wertebereiche

$$0 \le c_{uv} \le A \cdot \sqrt{U \cdot V} \qquad \text{für } u = 0 \wedge v = 0$$
$$-A \cdot \sqrt{U \cdot V} \le c_{uv} \le A \cdot \sqrt{U \cdot V} \qquad \text{für } u \ne 0 \vee v \ne 0 \tag{13.3}$$

für die einzelnen Koeffizienten ergeben. Im Fall $U{=}V{=}8$ und $A{=}255$ erhalten wir also Wertebereiche von $0{\le}c_{00}{\le}2040$ für den Gleichanteil- und $-2040{\le}c_{uv}{\le}2040$ für die Wechselanteil-Koeffizienten. Jedoch unterscheiden sich Gleichanteil- und Wechselanteil-Koeffizienten sehr stark bezüglich ihrer Verteilungsdichte. Abb. 13.6a stellt die ADV der Gleichanteil-Koeffizienten *eines* Bildes, sowie die ADV desselben Koeffizienten, ermittelt über eine größere Anzahl von Bildern dar. Bis auf den Skalierungsfaktor aus (13.3) ist im ersten Fall kein wesentlicher Unterschied zu den üblichen Eigenschaften eines Bildsignal-Histogramms (Abb. 3.1) zu erkennen. Hingegen ergeben sich bei den Wechselanteil-Koeffizienten, welche beispielhaft in Abb. 13.6b gezeigt sind, bereits für ein einzelnes Bild Verteilungsdichten, die eine sehr starke Konzentration um den Nullpunkt aufweisen. Tabelle 13.2 zeigt hierzu die Parameter γ der verallgemeinerten Gaußverteilung (3.19), welche für die einzelnen Koeffizienten wiederum über eine größere Anzahl von Bildern mittels des χ^2-Tests (3.33) ermittelt wurden. Der Wert für den

Gleichanteil-Koeffizienten ist in Klammern gesetzt, da selbst für die beste Annäherung bei $\gamma=0{,}75$ der χ^2-Test eine erhebliche Abweichung von der Modell-ADV ausweist. Für die Wechselanteil-Koeffizienten ist eine Modellierung mit $\gamma\approx0{,}5$ sinnvoll; dies deckt sich insbesondere mit den Testergebnissen bei den tief- und mittelfrequenten Koeffizienten, welche bei der Codierung noch die höchste Relevanz besitzen.

Die plötzlichen lokalen Helligkeitswechsel, welche hauptsächlich für die instationäre Statistik eines Bildsignals verantwortlich sind, spiegeln sich also großenteils in der Statistik des Gleichanteil-Koeffizienten wider. Die Verteilungsdichten der Wechselanteil-Koeffizienten sind bereits für ein einzelnes Bild recht gut durch Modellverteilungen zu charakterisieren, während dies beim Gleichanteil-Koeffizienten erst nach Mittelung über eine größere Gruppe von Bildern möglich ist [REININGER, GIBSON 1983].

Tabelle 13.2. Parameter γ der verallgemeinerten Gaußverteilung für die DCT-Koeffizienten, Blockgröße 8x8 Bildpunkte

$v=$	$u=$ 0	1	2	3	4	5	6	7
0	(0,75)	0,45	0,45	0,50	0,55	0,55	0,65	0,70
1	0,50	0,45	0,45	0,50	0,55	0,70	0,75	0,75
2	0,40	0,45	0,50	0,50	0,55	0,70	0,70	0,80
3	0,40	0,50	0,50	0,55	0,60	0,70	0,75	0,75
4	0,40	0,60	0,55	0,55	0,65	0,65	0,70	0,85
5	0,40	0,50	0,50	0,50	0,60	0,65	0,80	0,80
6	0,45	0,50	0,55	0,60	0,65	0,70	0,75	0,75
7	0,55	0,55	0,60	0,60	0,60	0,65	0,70	0,75

Behandlung der Gleichanteils. Der Gleichanteil erfordert auf Grund seiner statistischen Merkmale eine besondere Behandlung bei der Codierung. Dies kann durch spezielle Wahl des Quantisierers erfolgen, wie auch durch zusätzliche Anwendung einer DPCM-Codierung auf die Gleichanteil-Koeffizienten, um die Korrelation zwischen den Grundhelligkeiten benachbarter, zunächst unabhängig voneinander transformierter Blöcke weitgehend zu beseitigen. Die Festlegung einer sinnvollen *Blockgröße* der Transformation ist hauptsächlich von der lokalen Stationarität der Signalstatistik abhängig. Innerhalb eines Gebietes mit ähnlichen Strukturen, z.B. gleichbleibender Textur und gleichmäßiger Helligkeit, sollten die Transformationsblöcke möglichst groß sein. Fällt hingegen eine Objektkante, d.h. ein Helligkeitssprung, in die Mitte eines Transformationsblockes, so wird möglicherweise die gesamte Energie der Wechselanteilkoeffizienten höher, als wenn der Block in mehrere kleine aufgespalten würde.

13.2 Teilbandcodierung

In Abschn. 2.6.3 wurde dargestellt, daß lineare Transformationen auch als Spezialfall einer Teilbandanalyse mittels Filterbänken interpretierbar sind. Hierbei werden die *Basisvektoren* der Transformation als *Filterimpulsantworten* von Teilbandanalyse- bzw. -synthesefiltern aufgefaßt. Die Teilbandzerlegung mit Filtern begrenzter Impulsantwort stellt damit gegenüber den linearen Transformationen eine Generalisierung dar, da hierbei auch eine *blocküberlappende Frequenzanalyse* erfolgen kann. Dabei werden die Spektralkoeffizienten an benachbarten Positionen nicht mehr separat betrachtet, sondern alle Spektralkoeffizienten einer Frequenz als einheitliches, *unterabgetastetes Teilbandsignal* interpretiert. Damit werden die Auswirkungen auf das gesamte Bild berücksichtigt, die sich sich durch die Codierung der - bei linearen Transformationen *innerhalb eines einzelnen Blockes* dekorrelierten - Spektralkoeffizienten ergeben. Abb. 13.7 stellt die Arten der Zerlegung eines Bildsignals bei linearen Transformationen und bei Teilbandzerlegung - im ersten Fall unabhängige Betrachtung der M/UxN/V Transformationsblöcke, im zweiten Fall Zerlegung in unterabgetastete Spektralkomponenten-Bilder der Größe M/UxN/V - dar.

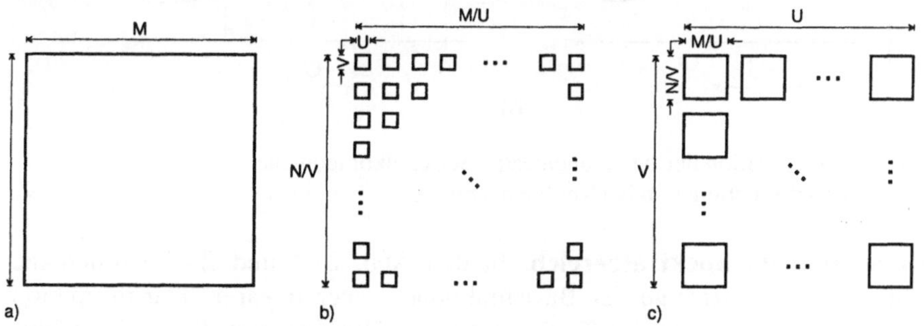

Abb. 13.7. **a** Bildsignal der Größe MxN und Zerlegung **b** in M'xN' Transformationsblöcke der Größe UxV **c** in UxV Teilbandbilder der Größe M'xN'

13.2.1 Blockeffekte und Interpolation

Interpretation im Signalbereich. Abb. 13.8 stellt den Amplitudenverlauf eines Signals dar, wie er sich entlang der Zeile eines Bildes ergeben kann. Das Signal ist stark korreliert, zeigt jedoch auch gewisse Schwankungen in der Amplitude. In Abb. 13.8a ist gestrichelt angedeutet, welches Signal sich nach der Rekonstruktion ergibt, wenn *ausschließlich* der Koeffizient c_{00} bei einer linearen Transformationssynthese verwendet wird. Das Interpolationsfilter ist hierbei ein Halteglied, welches für jeden einzelnen Bildpunkt über einen Block der Länge U den Blockmittelwert einsetzt. Hierdurch ergeben sich die typischen *Blockeffekte*, d.h. Sprünge an den Blockgrenzen, die eigentlich im Bildsignal nicht enthalten sind. Dafür wird an der Grenze des zweiten Blocküberganges der *Amplitudensprung* im Signal recht gut wiedergegeben. Allerdings ist es eher zufällig, wenn tatsächlich eine Blockgrenze mit einem solchen Amplitudensprung zusammenfällt. Liegt dagegen der Amplitudensprung in der Blockmitte, so würde sich ein extrem unangenehmer Blockeffekt ergeben.

In Abb. 13.8b sind zusätzlich die Abtastwerte des tieffrequentesten Teilbandes bei einer Teilbandzerlegung gezeigt. Ebenfalls gestrichelt ist das Rekonstruktionssignal dargestellt. Die Blockrand-Sprünge werden vermieden, da bei der Synthese zwischen benachbarten Teilband-Abtastwerten interpoliert wird. Andererseits wird der Amplitudensprung im Signal nur sehr abgeflacht wiedergegeben, da hier die hohen Frequenzanteile bei der Rekonstruktion fehlen. Tatsächlich ergeben sich bei einer Teilbandsynthese ausschließlich aus tieffrequenter Information typischerweise leichte *Schwingungseffekte* an Amplitudensprüngen, die sich im Bildsignal wie Wellenstrukturen parallel zur Kante des Helligkeitsüberganges ausnehmen.

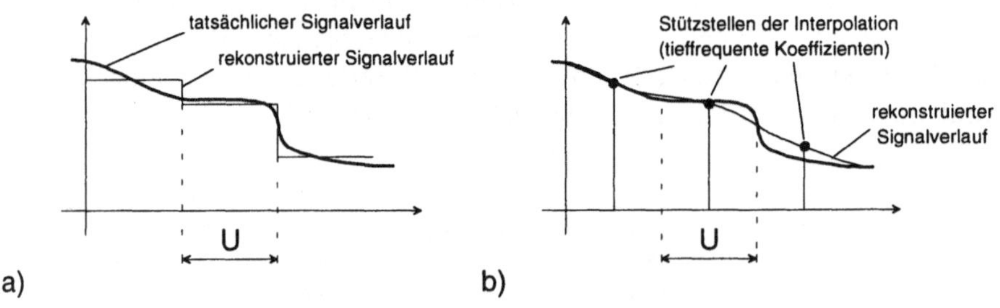

Abb. 13.8. Interpolation der tieffrequentesten Spektralkomponente
a bei Blocktransformationen **b** bei Teilbandsynthese

Interpretation im Spektralbereich. In den Abb. 2.44 und 2.45 wurden die Amplituden-Frequenzgänge der Basisfunktionen einer linearen Transformation und eines blockübergreifenden Teilband-Analysefilters gezeigt. Durch die nichtideale Filterung verbleiben im Basisband c_{00} in beiden Fällen Spektralanteile aus höherfrequenten Bereichen. Diese werden zunächst mit der nachfolgenden kritischen Unterabtastung als Aliasanteile in das Basisband-Signal gespiegelt. Während der Synthese wird das Basisbandsignal nach der Überabtastung (Auffüllen von Nullen) zusätzlich an U-1 höherfrequenten Positionen des Spektrums auftreten. Diese sollen durch die nachfolgende Tiefpaßfilterung eliminiert werden; weist jedoch das Tiefpaßfilter die in Abb. 2.44 sichtbaren Nebenmaxima auf, ist eine vollständige Elimination unmöglich. In Abschn. 2.6.2 wurde gezeigt, daß die während der Analyse und Synthese entstehenden Aliasanteile nur dann kompensiert werden, wenn tatsächlich *alle* Teilbandsignale zusammenkommen. Da im gezeigten Beispiel aber alle höheren Frequenzen eliminiert wurden, können wir offensichtlich sowohl die Blockeffekte bei der linearen Transformation, als auch die Schwingungseffekte bei der Teilbandsynthese als verbleibende *Aliasfehler* interpretieren.

Visuelle Bewertung. An der besseren Rekonstruktion des schnellen Helligkeits-überganges sehen wir, daß die Interpolation bei der Teilbandcodierung nicht *in jedem Fall* eine bessere Rekonstruktionsqualität verspricht als die blockseparate Arbeitsweise der Transformationscodierung. So wird auf den ersten Blick vielfach das Rekonstruktionsbild der Transformationscodierung als "schärfer" beurteilt. Bei genauerem Hinsehen stellt man aber fest, daß es sich hierbei um hohe Frequenzen handelt, die zwar einen Reiz auf das visuelle System ausüben, aber mit dem eigentlichen Bildinhalt nicht viel zu tun haben. Der *echte Detailgehalt* wird bei Teilbandverfahren im allgemeinen genauer rekonstruiert - insbesondere bei niedrigen Bitraten, bei denen es häufig vorkommt, daß ein Transformationsblock ausschließlich aus dem Gleichanteil-Koeffizienten zu rekonstruieren ist. Dies hat auch objektive Ursachen : Die *spektrale Trennungsschärfe* ist bei Teilbandzerlegung auf Grund der längeren Analysefilter in jedem Fall besser als bei linearen Transformationen. Daher entstehen trotz der kritischen Unterabtastung weniger Aliaskomponenten, wenn nur eines oder wenige Teilbänder zur Synthese verwendet werden.

13.2.2 Ungleichförmige Frequenzzerlegung in kaskadierten Teilbandsystemen

Die klassischen linearen Transformationen arbeiten meist mit einer *gleichförmigen Bandbreite* der Spektralanalyse. Eine Ausnahme bildet die Haar-Transformation (2.93), welche ihre anschaulichste Interpretation ohnehin als Oktav-Teilbandsystem mit den Filtern (2.120) findet. Im Gegensatz dazu läßt sich die Hadamard-Transformation (2.92) als Teilbandzerlegung mit denselben Filtern, jedoch mit gleichförmiger Zerlegungsbandbreite interpretieren. Wir wollen daher diese beiden Transformationen heranziehen, um die dekorrelierende Wirkungsweise bei Vorhandensein von Amplitudensprüngen im Signal zu vergleichen. Das Signal nehme den in Abb. 13.9a gegebenen Helligkeitsverlauf an. Abb. 13.9b stellt die Signalsynthese aus den Basisfunktionen der Hadamard-, Abb. 13.9c die aus den Basisfunktionen der Haartransformation bei einer Transformationsblocklänge $U=4$ dar.

Während alle 4 Basisfunktionen der Hadamard-Transformation zur vollständigen Repräsentation des Signals erforderlich sind, läßt sich das Signal bei Verwendung der Haar-Transformation bereits aus 3 Basisfunktionen zusammensetzen. In der Interpretation als Teilbandsystem analysieren die unteren beiden Basisfunktionen der Haar-Transformation *dasselbe Teilband*, aber an unterschiedlichen Positionen. Dieses hochfrequenteste Teilband wird also bei einer Oktavbandzerlegung zwar mit einer weniger genauen Frequenzauflösung, dafür aber mit einer *genaueren Auflösung im Signalbereich* analysiert (vgl. Abschn. 2.6.4). Hier liegt der wesentliche Vorteil der ungleichförmigen Zerlegung : Die Position von Amplitudensprüngen, wie sie auf Grund der Instationaritäten im Bildsignal immer wieder auftreten, wird hochgenau mittels *einzelner* hochfrequenter Koeffizienten mitgeteilt, anstatt sich bei schmalbandiger Frequenzanalyse auf viele Koeffizienten zu verteilen.

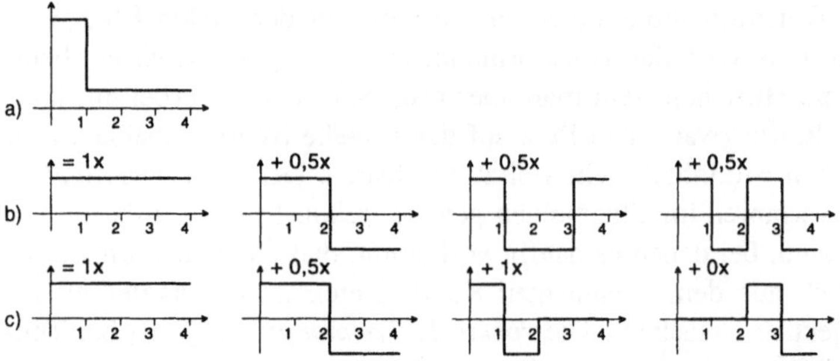

Abb. 13.9. **a** Signalverlauf und Spektralzerlegung **b** mit Hadamard-Transformation (gleichförmige Zerlegungsbandbreiten) **c** mit Haar-Transformation (Oktavbandzerlegung)

Darüber hinaus ist die ungleichförmige Teilbandanalyse und -synthese auch mit weniger algorithmischem Aufwand realisierbar als bei einem gleichförmig zerlegenden System mit gleicher Bandbreite des Basisbandes.

13.2.3 Statistik von Teilbandkoeffizienten

Die Statistik der Teilbandkoeffizienten unterscheidet sich nicht maßgeblich von derjenigen der Transformationskoeffizienten, so weit es um die spektrale Energieverteilung und die Verteilungsdichten in den verschiedenen Frequenzanteilen geht. Auf Grund der besseren Aliasunterdrückung bei der Unterabtastung gilt insbesondere, daß sich die statistischen Eigenschaften des Bildsignals noch besser mit denen des tieffrequentesten Basisbandes in Verbindung bringen lassen. So gilt z.B. für die horizontalen und vertikalen Korrelationskoeffizienten zwischen den einzelnen Abtastwerten $c_{00}(m',n')$, wenn ρ_h bzw. ρ_v diejenigen des Originalbildsignals sind :

$$\rho_{h,c_{00}} \approx \rho_h{}^U \quad ; \quad \rho_{v,c_{00}} \approx \rho_v{}^V . \tag{13.4}$$

Daher ist eine weitere Dekorrelation des Basisbandsignals, z.B. durch eine DPCM-Codierung, wiederum sinnvoll, insbesondere dann, wenn mit relativ kleinen Unterabtastungsfaktoren U und V gearbeitet wird. Jedoch weisen auch die übrigen Teilbandsignale, insbesondere in den Teilbändern mit $u=0$ in der vertikalen Richtung und mit $v=0$ in der horizontalen Richtung eine erhebliche Korrelation auf. Tabelle 13.3 zeigt horizontale und vertikale Korrelationskoeffizienten ρ_h bzw. ρ_v, die sich in den einzelnen Teilbandsignalen bei Teilbandzerlegungen mit $U=V=2$ und $U=V=4$ ergeben. Man beachte die teilweise *negativen* Korrelationskoeffizienten in den hochfrequenten Teilbändern ergeben. Diese entstehen durch die Frequenzinversion, die sich jeweils bei der Unterabtastung des hochfrequenten Signalanteils in das Basisband ergibt (vgl. Abschn. 2.6.1). Es handelt sich also eigentlich um positive Korrelationen bei den Frequenzen an den entgegengesetzten Bandgrenzen der Teilbandsignale.

Die statistische Abhängigkeit *zwischen* Teilbändern ist nicht mit dem Kriterium der Korrelation erfaßbar, da die Teilbandsignale untereinander nahezu dekorreliert sein sollen. Allerdings gibt es eine höhere Wahrscheinlichkeit, daß *überhaupt* relevante höherfrequente Spektralanteile vorhanden sind, wenn solche bereits in tieferen Frequenzbändern an derselben Position auftreten und umgekehrt.

Tabelle 13.3. Horizontale und vertikale Korrelationskoeffizienten (ρ_h / ρ_v) bei Teilbandsignalen

$U=V=2$	Teilband			
	c_{00}	c_{01}	c_{10}	c_{11}
	0,92 / 0,92	-0,42 / 0,43	0,34 / -0,44	-0,10 / -0,21
$U=V=4$	Teilband c_{uv}			
	$u=0$	$u=1$	$u=2$	$u=3$
$v=0$	0,87 / 0,89	-0,38 /0,38	0,26 / 0,29	-0,19 / 0,32
$v=1$	0,27 / -0,44	-0,26 / -0,33	0,21 / -0,24	-0,12 / -0,13
$v=2$	0,20 / 0,28	-0,18 / 0,26	0,12 / 0,19	0,03 / -0,12
$v=3$	0,21 / -0,18	-0,09 / -0,16	-0,06 / 0,06	-0,03 / -0,09

13.3 Inhaltsangepaßte Frequenzzerlegung

Es wurde bereits erwähnt, daß bei sprunghaft wechselnden Bildinhalten *kleine Transformationsblockgrößen* oder *ungleichförmige Frequenzzerlegungen* bei Teilbandcodierung im allgemeinen bessere Dekorrelationsergebnisse ergeben. Hingegen erscheinen in größeren Bereichen, die eine relativ stationäre Statistik aufweisen, eher *große Blöcke* bzw. eine *hochgenaue Spektralanalyse* sinnvoll. Um stets optimal zu dekorrelieren, kann eine inhaltsangepaßte Frequenzzerlegung angewandt werden.

13.3.1 Inhaltsorientierte Transformationen

Einige Prinzipien, die wir schon in Zusammenhang mit einer inhaltsorientierten Arbeitsweise von Block-VQ-Methoden kennengelent haben, lassen sich auch auf die ebenfalls blockorientierte Transformationscodierung anwenden.

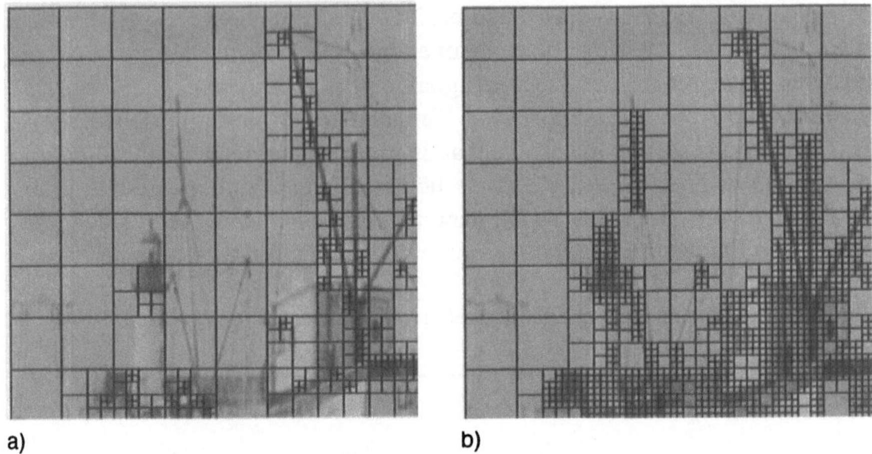

Abb. 13.10. Blockaufteilung bei einer Transformationscodierung mit
variablen Blockgrößen **a** nach dem Gleichanteil **b** nach dem Wechselanteil

Transformationscodierung mit variabler Blockgröße. Bei einer Transformationscodierung mit variablen Blockgrößen sollten diese als Potenzen von 2 gewählt
werden. Dies ist Voraussetzung für die Anwendung schneller Algorithmen, wie
auch für eine lückenlose Zusammensetzung des gesamten Bildes aus den Teil-
blöcken. Ein derartiges Verfahren wird in [VAISEY, GERSHO 1992] beschrieben. Auf
Grund der sehr unterschiedlichen statistischen Eigenschaften von Gleichanteil-
und Wechselanteil-Koeffizienten ist es notwendig, *separate Blockgrößenauftei-
lungen* für beide Komponenten vorzunehmen. Kriterium ist jeweils die bessere
Energiepackungseffizienz (13.1), d.h. die Energiekonzentration auf nur wenige
Koeffizienten. Die Information über die Blockaufteilung läßt sich sehr effizient
mittels eines *Quad-tree-Codes* darstellen (vgl. Abschn. 18.3.2). Abb. 13.10 stellt
ein Beispiel für die optimale Blockaufteilung der Wechselanteil-Information in
einem Bildsignal dar, wobei Transformationsblockgrößen zwischen 4x4 und
32x32 Bildpunkten zugelassen waren.

Transformation mit beliebiger Geometrie der Basisbilder. In [GILGE, EN-
GELHARDT, MEHLAN 1989] wird eine orthogonale, DCT-ähnliche 2D-Transformation
mit *beliebiger Geometrie* der Basisbilder beschrieben. Hiermit lassen sich die
Blockgrenzen der Transformation exakt an den Verlauf von Segment- oder Objektgrenzen anpassen. Die Methode ist damit vor allem in Verbindung mit einer
objektorientierten Codierung geeignet, bei der die Segmentierungsinformation
ohnehin mit übertragen wird. Jedoch sind die Berechnung sowohl der Basisbilder
für einen gegebenen Segmentumriß, die im Codierer *und* im Decodierer erfolgen
muß, als auch die Berechnung der Transformationskoeffizienten recht aufwendig.
Die Basisbilder repräsentieren nicht-harmonische Frequenzanteile und sind nicht
separierbar. Daher existiert kein schneller Transformationsalgorithmus, der
Aufwand steigt mit der Segmentgröße. In einer vereinfachten Variante kann auch
mittels eindimensionaler DCT-Berechnungen mit variablen Längen, nacheinan-

der in den horizontalen und vertikalen Richtungen ausgeführt, nahezu dieselbe Wirkung erzielt werden [SIKORA, MAKAI 1994].

13.3.2 Inhaltsorientierte Teilbandzerlegung

Bei der Transformationssynthese findet eine Interpolation nullter Ordnung statt. Jeder Koeffizient wird als Impuls in ein Halteglied bzw. (bei den Wechselanteil-Koeffizienten) in ein moduliertes Halteglied gespeist, und hat damit Auswirkung ausschließlich auf die Rekonstruktion eines *begrenzten Blockes*. Bei der Teilbandsynthese wird hingegen eine Interpolation zwischen mehreren Koeffizienten durchgeführt. Da zur Rekonstruktion auch jeweils die benachbarten Koeffizienten derselben Spektralkomponente erforderlich sind, muß die Art der Teilbandzerlegung, d.h. die verwendeten Koeffizienten und die Auflösung der Frequenzzerlegung, *über das gesamte Bild* einheitlich sein. Eine Teilbandzerlegung mit örtlich an den Bildinhalt angepaßter Frequenzzerlegung, die der oben beschriebenen Transformation mit variabler Blockgröße entsprechen würde, ist nicht ohne weiteres durchführbar.

Wavelet-Packet-Analyse. Wir haben bereits gesehen, daß man mit einer *ungleichförmigen Zerlegung* möglicherweise eine bessere Dekorrelation erreicht als mit einer gleichförmigen. Nun muß die ungleichförmige Zerlegung nicht unbedingt die in Abschn. 2.6.4 beschriebene Oktavband-Zerlegung sein, die der Zerlegung der *Wavelet-Transformation* entspricht. Bei einer *Wavelet-Packet*-Analyse kann die optimale Zerlegungsstruktur an ein Bild angepaßt werden. Hierbei ist jeweils zu überprüfen, ob sich durch weitere Zerlegung einzelner Teilbänder (d.h. in dem jeweiligen Frequenzbereich verfeinerte Frequenzauflösung, aber gröbere Ortsauflösung) eine *bessere Dekorrelation* erzielen läßt [RAMCHANDRAN, VETTERLI 1993]. Dies wird immer dann der Fall sein, wenn eines der beiden resultierenden, feiner aufgelösten Frequenzbänder signifikant höhere Energieanteile besitzt als sein Gegenstück. Die optimale Zerlegungsstruktur ist damit stark vom gesamten Detailgehalt eines Bildsignals abhängig : Bei gering detaillierten Bildern ist eine *feinere Frequenzauflösung*, bei grob detaillierten eher eine *feinere örtliche Auflösung* vorteilhaft.

Adaption der Filter. In Abschn. 2.6.2 wurde gezeigt, daß Filter mit unterschiedlichsten Übertragungsfunktionen die Eigenschaft der perfekten Rekonstruktion erfüllen. Hier ist noch nicht einmal vorausgesetzt, daß die Übertragungsfunktionen der Filter in den Hoch- und Tiefpaßzweigen symmetrisch sind. Durch Anpassung der Filter an die spektralen Eigenschaften des Bildsignals läßt sich eine bessere Energiekonzentration in wenigen Teilbandsignalen erreichen [GREINER, EBERLE, PANDIT 1992], [VANDENTHORPE 1992].

13.4 Prinzipien der spektralen Quantisierung und Codierung

Bei der Frequenzbereichscodierung müssen die durch lineare Transformation oder Teilbandzerlegung resultierenden Spektralkoeffizienten quantisiert und codiert werden. Es stellt sich hierbei zunächst die Frage, welche Beziehung der Codierungsfehler $\mathbf{q_c}$ im Spektralbereich zum Rekonstruktionsfehler $\mathbf{q}$ des Signals besitzt. Hierzu wird die Matrixschreibweise einer orthogonalen Transformation verwendet; in Abschn. 2.6.3 wurde formal gezeigt, daß sich auch Teilbandanalyse und -synthese in einer ähnlichen Matrixschreibweise ausdrücken lassen. Mit

$$\mathbf{x} = \mathbf{T}^{-1} \cdot \mathbf{c} \quad ; \quad \mathbf{y} = \mathbf{T}^{-1} \cdot \mathbf{c}_Q \quad ; \quad \mathbf{q} = \mathbf{x} - \mathbf{y} \quad ; \quad \mathbf{q_c} = \mathbf{c} - \mathbf{c}_Q \tag{13.5}$$

folgt

$$E\{\mathbf{q}^2\} = E\{(\mathbf{x}-\mathbf{y})^T \cdot (\mathbf{x}-\mathbf{y})\} = E\{(\mathbf{T}^{-1}\mathbf{c} - \mathbf{T}^{-1}\mathbf{c}_Q)^T \cdot (\mathbf{T}^{-1}\mathbf{c} - \mathbf{T}^{-1}\mathbf{c}_Q)\}$$

$$= E\{(\mathbf{c}-\mathbf{c}_Q)^T \cdot [(\mathbf{T}^{-1})^T \cdot \mathbf{T}^{-1}] \cdot (\mathbf{c}-\mathbf{c}_Q)\} = \frac{1}{A} \cdot E\{\mathbf{q_c}^2\} \quad wenn \quad \mathbf{T}^{-1} = \frac{1}{A}\mathbf{T}^T.$$

$$\tag{13.6}$$

Der letzte Schluß in (13.6) folgt mit $\mathbf{A}\cdot\mathbf{A}^{-1}=\mathbf{I}$ und $\mathbf{a}^T\cdot\mathbf{I}\cdot\mathbf{a}=\mathbf{a}^T\mathbf{a}$. Speziell für den Fall *orthonormaler* Frequenzzerlegungen, für die nach (2.39) $A=1$ ist, ergibt sich also eine identische Energie des Quantisierungsfehlers im Spektralbereich und des Codierungsfehlers im daraus rekonstruierten Signal. Damit ist insbesondere die Wahl der notwendigen Quantisiererstufenhöhe *unabhängig* davon, ob eine Ortsbereichs- oder eine spektrale Codierung stattfindet; jedoch ist zu beachten, daß nach (13.3) der Wertebereich der Spektralkoeffizienten größer wird, so daß mehr Quantisierungsstufen zur Verfügung stehen müssen.

13.4.1 Codiergewinn und spektrale Bitzuordnung

Werden die einzelnen Frequenzbandsignale als unkorreliert angesehen, so läßt sich die notwendige Bitanzahl zu ihrer Codierung durch die Formel für Signale mit gaußförmiger ADV (9.9) annähern. Bei gleicher Verzerrung in allen Frequenzbändern ergibt sich damit als mittlere Bitrate über alle Spektralkoeffizienten :

$$R_{FC} = \frac{1}{U \cdot V} \sum_{u=0}^{U-1} \sum_{v=0}^{V-1} \left[\frac{1}{2} \log_2 \frac{E\{c_{uv}^2\}}{D_{FC}} \right] = \frac{1}{U \cdot V} \cdot \frac{1}{2} \log_2 \left[\prod_{u=0}^{U-1} \prod_{v=0}^{V-1} \frac{E\{c_{uv}^2\}}{D_{FC}} \right]. \tag{13.7}$$

Mit einer PCM, d.h. abtastwertweisen Codierung des Signals ergibt sich nach (9.9) bei einer Rate R_{PCM} die Verzerrung

$$D_{PCM} = \frac{\sigma_x^2}{2^{2R_{PCM}}}. \tag{13.8}$$

Gewinn gegenüber PCM. Welche Verzerrung ergibt sich bei einer Frequenzbereichscodierung, wenn die Rate $R_{FC}=R_{PCM}$ verwendet wird ? Durch Einsetzen von (13.7) in (13.8) erhalten wir

$$D_{PCM} = \frac{\sigma_x^2}{2^{\frac{1}{U \cdot V} \log_2 \left(\prod_{u=0}^{U-1} \prod_{v=0}^{V-1} \frac{E\{c_{uv}^2\}}{D_{FC}} \right)}}.$$
(13.9)

Hieraus folgt duch Umformen der *Codiergewinn*, welcher angibt, um welchen Faktor sich die Verzerrung bei gleicher Rate durch Anwendung der Frequenzbereichscodierung gegenüber der PCM verringern läßt :

$$G_{FC} = \frac{D_{PCM}}{D_{FC}} = \frac{\sigma_x^2}{\left[\prod_{u=0}^{U-1} \prod_{v=0}^{V-1} E\{c_{uv}^2\} \right]^{1/U \cdot V}} = \frac{\frac{1}{U \cdot V} \sum_{u=0}^{U-1} \sum_{v=0}^{V-1} E\{c_{uv}^2\}}{\left[\prod_{u=0}^{U-1} \prod_{v=0}^{V-1} E\{c_{uv}^2\} \right]^{1/U \cdot V}}.$$
(13.10)

Interpretation des Codiergewinns. Der arithmetische Mittelwert der Spektralkoeffizienten-Erwartungswerte ist bei orthonormalen Frequenzzerlegungen identisch mit der *Energie* des Signals. Bei anderen orthogonalen Zerlegungen ist gemäß (3.9) der Vorfaktor A zu berücksichtigen, um die Energien im Signal- und Frequenzbereich ins Verhältnis zu setzen. Der Codiergewinn errechnet sich aus dem Verhältnis der *arithmetischen* und *geometrischen* Mittelwerte der Koeffizientenenergien. (13.10) ist die diskrete Formulierung des Codiergewinns und des Maßes spektraler Konstanz, wobei die Integration in (9.22) durch eine Summenoperation ersetzt wird.

Die hier ausgeführte Herleitung des Codiergewinns ist jedoch nicht unumschränkt gültig. Nach der Rate-Distortion-Funktion für korrelierte Signale (9.10) ergibt sich bei einer zugelassenen quadratischen Verzerrung D die notwendige Bitanzahl für die Codierung des Spektralkoeffizienten c_{uv}

$$R_{uv} = \max\left(0, \frac{1}{2} \cdot \log_2 \frac{E\{c_{uv}^2\}}{D} \right),$$
(13.11)

bei Koeffizienten geringer Energie wird also die Rate Null. Daher *verringert sich der Codiergewinn*, sobald einzelne Koeffizienten zu Null gesetzt werden, wie es bei niedrigen Bitraten üblich ist. Gleichzeitig wird in diesen Spektralbereichen der Fehler *identisch mit dem Signal*, d.h. der Codierungsfehler enthält - normalerweise hochfrequente - Komponenten, die mit dem Bildsignal korreliert sind.

Die notwendige Bitanzahl in (13.11) hängt *logarithmisch* von den Energien der Koeffizienten ab, während deren Energiesumme gleich der Energie des Signals ist. Daher ist der Gewinn um so größer, je ungleichmäßiger die Verteilung der Energie auf die einzelnen Koeffizienten ist, je höher also die *Energiekonzentration* auf wenige Koeffizienten ausfällt.

Tabelle 13.4. Verteilung der spektralen Energie auf 2 Koeffizienten und daraus resultierende Bitraten

	$E\{c_0{}^2\}$	$E\{c_1{}^2\}$	$R\ [b/p]$
Koeffizientenenergien	$2 \cdot \sigma_x{}^2$	0	1,25
	$1{,}9 \cdot \sigma_x{}^2$	$0{,}1 \cdot \sigma_x{}^2$	1,40
	$1{,}8 \cdot \sigma_x{}^2$	$0{,}2 \cdot \sigma_x{}^2$	1,63
	$1{,}5 \cdot \sigma_x{}^2$	$1{,}5 \cdot \sigma_x{}^2$	1,90
	$\sigma_x{}^2$	$\sigma_x{}^2$	2

Beispiel. Die Signalvektoren sollen aus 2 Elementen **x** bestehen, die beide denselben quadratischen Erwartungswert $\sigma_x{}^2$ besitzen. Zur Codierung mit der Verzerrung $D=\sigma_x{}^2/16$ sind nach (9.9) 2 b/p notwendig. Tabelle 13.4 stellt die sich gemäß (13.11) ergebenden Bitraten dar, wenn die Signalvektoren mittels orthonormaler Frequenzanalyse in 2 Frequenzkomponenten c_0 und c_1 zerlegt, und diese bei gleicher Verzerrung D codiert werden. Da die gesamte Energie erhalten bleibt, ist der ungünstigste Fall (identische Rate wie bei PCM) dann erreicht, wenn beide Koeffizienten-Energien gleich sind. Der beste Fall stellt sich dagegen ein, wenn die gesamte Energie in einem einzigen Koeffizienten enthalten ist.

Ermittlung der Bitrate für einen einzelnen Koeffizienten. Bisher wurde stets die Verzerrung als Konstante angenommen, aus der sich auf Grund der statistischen Eigenschaften eines Bildsignals die mittlere Bitrate ergibt. Dies ist typisch für eine Bildcodierung und -übertragung mit *variabler Rate*. Es kann jedoch auch vorkommen, daß die *mittlere Bitrate* als Konstante vorgegeben ist, wenn beispielsweise über einen Kanal mit fester Bitrate zu übertragen ist. Hier muß dann die Verzerrung je nach Bildinhalt angepaßt werden. Berücksichtigen wir nur den Bereich höherer Raten, d.h., R_{uv} in (13.11) sei für alle Koeffizienten größer als Null, so ergibt sich

$$R_{uv} = \frac{1}{2}\log_2\frac{E\{c_{uv}{}^2\}}{D} + \bar{R} - \frac{1}{2}\cdot\frac{1}{U\cdot V}\log_2\left[\prod_{k=0}^{U-1}\prod_{l=0}^{V-1}\frac{E\{c_{kl}{}^2\}}{D}\right] \tag{13.12}$$

Hierbei sind die mittlere Rate $\bar{R}$ und der ganz rechte Term nach (13.7) identisch. Zusammenfassen der logarithmischen Terme in (13.12) führt auf

$$R_{uv} = \bar{R} + \frac{1}{2}\log_2\frac{E\{c_{uv}{}^2\}}{\left[\prod_{k=0}^{U-1}\prod_{l=0}^{V-1}E\{c_{kl}{}^2\}\right]^{1/U\cdot V}}. \tag{13.13}$$

Diese Formel gibt scheinbar ein von der Verzerrung D unabhängiges Verhältnis zwischen der mittleren Rate und der Rate für den einzelnen Koeffizienten an. Die exakte Bestimmung der zum Erreichen einer mittleren Rate notwendigen Raten für die einzelnen Koeffizienten ist aber nach (13.13) stets dann nicht mehr möglich, wenn einzelnen Koeffizienten in (13.11) eine Bitrate von 0 bit zugeordnet werden muß, d.h., wenn der rechte Term in (13.13) kleiner werden kann als $-\overline{R}$. In diesem Fall muß die Bitzuordnung für die einzelnen Koeffizienten mit einem Approximationswert $\hat{R}$ beginnen, der normalerweise kleiner sein wird als das letztendlich gewünschte $\overline{R}$:

$$R_{uv} = \max\left(0, \hat{R} + \frac{1}{2}\log_2 \frac{E\left\{c_{uv}^{\,2}\right\}}{\left[\displaystyle\prod_{k=0}^{U-1}\prod_{l=0}^{V-1} E\left\{c_{kl}^{\,2}\right\}\right]^{1/U\cdot V}} \right), \tag{13.14}$$

während sich die exakte Rate erst durch Summierung

$$\overline{R} = \frac{1}{U \cdot V} \sum_{u=0}^{U-1}\sum_{v=0}^{V-1} R_{uv} \tag{13.15}$$

ermitteln läßt. Hier führt nur eine iterative Lösung - wiederholtes Einsetzen des Ergebnisses aus (13.15) als $\hat{R}$ in (13.14) - zum Ziel einer *exakten* mittleren Bitzuordnung [CHEN, SMITH 1977].

13.4.2 Skalare Quantisierung der Spektralkoeffizienten

Skalare Quantisierung. Eine skalare Quantisierung der Spektralkoeffizienten kann mit einem gleichförmigen oder mit einem ungleichförmigen Quantisierer erfolgen. Die Anwendung eines ungleichförmigen Quantisierers erscheint zunächst vorteilhaft, da die ADV der Koeffizienten ungleichförmig ist. Aus den Herleitungen in Abschn. 10.1 ist jedoch bekannt, daß eine gleichförmige Quantisierung in Kombination mit einer Entropiecodierung insbesondere bei Verwendung einer größeren Anzahl an Quantisierungsstufen leistungsfähiger sein kann als eine ungleichförmige Quantisierung. Darüber hinaus besitzt die gleichförmige Quantisierung den Vorteil, daß der maximale Codierungsfehler konstant gehalten werden kann.

Behandlung der zu Null gesetzten Koeffizienten. Da auf Grund ihrer Statistik bei vielen - insbesondere hochfrequenten - Koeffizienten Werte in der Nähe von Null zu erwarten sind, ist der Einsatz eines Quantisierers sinnvoll, der einen Rekonstruktionswert bei Null besitzt. Dieser Rekonstruktionswert wird häufig *vollständig separat* von den anderen behandelt, um die Entropie der Quantisierersymbole so gering wie möglich zu halten. Die Anzahl der zu Null gesetzten Koeffizienten wird in manchen Anwendungen sogar noch künstlich erhöht; dies kann durch Einsatz eines *Totzonenquantisierers* (Abb. 8.3) erfolgen, welcher insbesondere bei der Transformationscodierung des bewegungskompensierten Prädiktionsfehlersignals in Hybridcodierern Anwendung findet.

13.4.3 Codierung der Quantisiererinformation

In frühen Ansätzen zur *Transformationscodierung mit fester Bitzuordnung* wurde auf Grund der Quellensignalstatistik - z.B. auf dem AR(1)-Modell basierend - aus der zu erwartenden Koeffizientenenergie eine Bitzuordnung nach (13.11) oder (13.14) berechnet. Dann wurde ein skalarer Quantisierer verwendet, der in seiner Stufenanzahl möglichst gut den Wert $J_{uv}=2^{R_{uv}}$ approximiert. Wird ein Binärcode zur Übertragung verwendet, ist die resultierende Rate

$$\overline{R} = \frac{1}{U \cdot V} \sum_{u=0}^{U-1} \sum_{v=0}^{V-1} \log_2 J_{uv}, \tag{13.16}$$

und es kann unabhängig von der Bildstatistik eine *konstante Übertragungsrate* realisiert werden. In diesem Ansatz bleibt zunächst unberücksichtigt, daß alle bisher beschriebenen Koeffizienten-Bitzuordnungen nach der Rate-Distortion-Theorie nicht auf den Binärraten, sondern auf den minimal notwendigen *Entropieraten* bei einer gegebenen Verzerrung basieren :

- Höherfrequente Koeffizienten erhalten oft Bitzuordnungen R_{uv}, welche nur wenig größer als Null sind. Eine Übertragung mit dieser Rate ist nur durch Vektorquantisierung der Koeffizienten oder durch Entropiecodierung zu realisieren. Prinzipiell können sogar *sehr viele unterschiedliche* Quantisierer-Rekonstruktionswerte realisiert und die Rate dennoch sehr niedrig gehalten werden, wenn der Rekonstruktionswert Null *extrem häufig* gewählt wird.
- Selbst bei Koeffizienten niedriger und mittlerer Frequenzen bleibt unberücksichtigt, daß ihre Verteilungsdichte ebenfalls eine Konzentration um den Wert Null aufweist. Daher wird die Entropierate normalerweise deutlich geringer als $\log_2 J_{uv}$ sein.

Darüber hinaus wird - sofern eine feste Quantisierer-Bitzuordnung für beliebige Bilder verwendet wird - die Qualität stark schwankend sein, da insbesondere bei Bildern hohen Detailgehalts häufiger Quantisisierer-Übersteuerungen in den höherfrequenten Komponenten stattfinden können. Dieses Problem ist nur durch eine *adaptive Codierung* lösbar.

Entropiecodierung und adaptive Codierung. Werden Bilder unterschiedlichen Detailgehalts codiert, so ergeben sich mit einer Entropiecodierung *variable Bitraten*, wenn eine konstante Quantisiererstufenhöhe gewählt wird. Die Entropiecodierung realisiert also von sich aus eine Rate, die an den Informationsgehalt des Bildes angepaßt ist. Jedoch sind Bildsignale - im Gegensatz etwa zum AR(1)-Modell - *instationär*. Daher kann es vorkommen, daß bestimmte Koeffizienten in einigen Bereichen des Bildes codiert werden müssen, in anderen nicht. Zudem ändert sich die Statistik von Bild zu Bild. Bestimmte Koeffizienten müssen in manchen Bildern grundsätzlich zu Null gesetzt werden müssen, in anderen nicht; auch die Verteilungsdichten der einzelnen Koeffizienten können variieren.

Lauflängencodierung. Die Lauflängencodierung der Positionen relevanter Spektralkoeffizienten hat sich als eines der wichtigsten Verfahren in der adaptiven Frequenzbereichscodierung etabliert. Das Prinzip ist in Abb. 13.11 dargestellt. Der Lauflängencode zeigt die Positionen derjenigen Koeffizienten an, die *nicht* mit dem Quantisiererwert Null rekonstruiert werden. Tritt der Fall der Null-Quantisierung sehr häufig auf, so ist die Lauflängencodierung ein sehr wirkungsvolles Mittel zur Entropiecodierung dieses Ereignisses. Abb. 13.11 stellt die Absolutbeträge einer Reihe von Spektralkoeffizienten dar. Alle Koeffizienten, deren Beträge oberhalb eines *Schwellwertes* (dieser beträgt gewöhnlich $\Delta/2$, die Hälfte der Quantisiererstufenhöhe) liegen, werden nicht mit Null rekonstruiert. Der Lauflängencode zeigt hierbei die *Anzahl der auf Null gesetzten Koeffizienten* an, welche zwischen den relevanten, noch zu quantisierenden, Koeffizienten liegen.

Um die nicht auf Null gesetzten Koeffizienten zu codieren, kann sinnvollerweise eine skalare Quantisierung mit Entropiecodierung (Huffman- oder arithmetische Codierung), oder auch eine Vektorquantisierung angewandt werden.

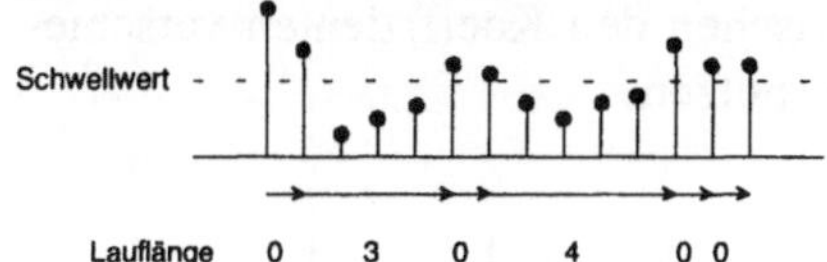

Abb. 13.11. Lauflängencodierung auf Null gesetzter Spektralkoeffizienten

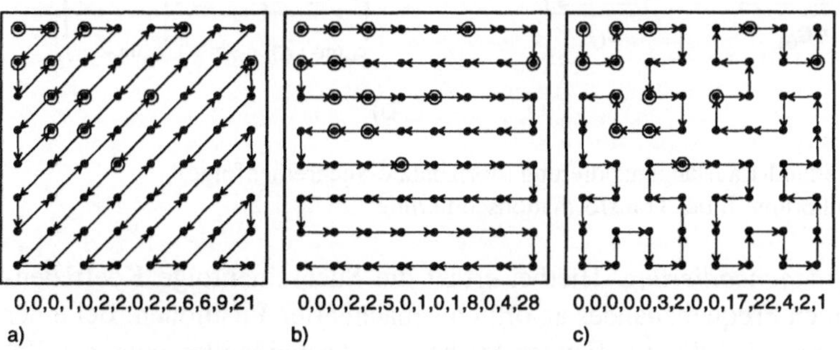

Abb. 13.12. Suchreihenfolgen bei Lauflängencodierung
a zickzack **b** zeilenweise **c** Peano-Hilbert-Scan

Interband-Lauflängencodierung. Die Anwendung des Lauflängencodes quer durch die Frequenzbänder an einer lokalen Position erfolgt gewöhnlich bei der ohnehin blockorientierten Transformationscodierung. Von wesentlicher Bedeutung für die Wirksamkeit ist die *Suchreihenfolge*, in welcher der Lauflängencode die einzelnen Koeffizienten abbildet. Hierdurch wird die 2D-Blockstruktur der

Koeffizienten in eine scheinbar eindimensionale Folge umgeformt. Die Anzahl der durchzuführenden Läufe ist von vornherein durch den Schwellwert festgelegt; jedoch läßt sich die Verteilungsdichte der Lauflängen, die für ihre effiziente Entropiecodierung von Bedeutung ist, beeinflussen. Generell ist hier eine Verteilungsdichte anzustreben, die aus vielen kurzen (durch wenige bits zu codierenden) und wenigen langen Lauflängen besteht. Abb. 13.12 stellt verschiedene Reihenfolgen dar, wobei die Anordnung der Koeffizienten der in Abb. 13.1a entspricht. Die Positionen relevanter Koeffzienten sind eingekreist, die unterhalb der Bilder gegebenen Lauflängen ergeben sich mit der Methode nach Abb. 10.5b, d.h., es wird die Anzahl der auf Null gesetzten Koeffizienten zwischen jeweils zwei relevanten gemessen. Bei Bildsignalen mit lokal stationärer Statistik (z.B. annähernd gleichmäßige Helligkeit, texturierte Bereiche) ist die in Abb. 13.12a gezeigte *Zickzack-Reihenfolge* (*zigzag scan*) am vorteilhaftesten [CHEN, PRATT 1984]. Treten hingegen Kanten auf, so kann eine günstigere Lauflängen-Statistik mittels der *zeilenweisen Reihenfolge* (Abb. 13.12b) bei senkrechten, oder einer um 90° gedrehten *spaltenweisen Reihenfolge* bei waagerechten Kanten erreicht werden. Der in Abb. 13.12c gezeigte *Peano-Hilbert-scan* ist dann sinnvoll einzusetzen, wenn innerhalb des Koeffizientenblockes lokale Frequenzgruppen mit hohen Energien auftreten. Mit Interband-Verfahren und der Wahl der Suchreihenfolge - egal ob auf Transformations- oder Teilband-Koeffizienten angewandt - lassen sich so statistische Abhängigkeiten zwischen den Koeffizienten verschiedener Frequenzen an einer lokalen Position ausnutzen.

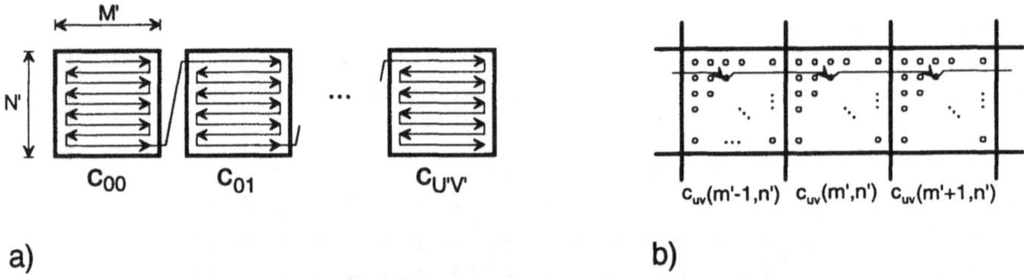

a)   b)

Abb. 13.13. Intraband-Lauflängencodierung (horizontale Suchreihenfolge) **a** bei Teilbandcodierung **b** bei Transformationscodierung

Intraband-Lauflängencodierung. Hierbei erfaßt die Suchreihenfolge Koeffizienten eines einzelnen Frequenzbandes an örtlich benachbarten Positionen. Bei einer Teilbandcodierung wird die Lauflängen-Suche also nacheinander oder parallel auf die einzelnen unterabgetasteten Teilband-Bilder angewandt (Abb. 13.13a). Bei einer Transformationscodierung mit blockweiser Koeffizientenanordnung erfolgt die Suche jeweils von einem Koeffizienten zu dem derselben Frequenz des folgenden Blocks (Abb. 13.13b). Mit dem Intraband-Verfahren läßt sich daher die örtliche Korrelation *innerhalb der einzelnen Frequenzbänder* ausnutzen. Als *örtliche* Suchreihenfolgen kommen wiederum die in Abb. 13.12 gezeigten Reihenfolgen in Frage. Ergibt sich nach der Zerlegung in bestimmten Teilbandsignalen vorrangig eine zeilenorientierte, in anderen eine spaltenorientierte Korrelation, so werden auch die zeilen- bzw. spaltenorientierten Suchreihenfolgen die beste Lauflängenstatistik hervorbringen. Ist dagegen die Korrelation in beiden örtlichen Dimensionen annähernd gleich, so ist der Peano-Hilbert-Scan am geeignetsten, weil er die "dichtest gepackte" Suchreihenfolge an Abtastwerten in einem 2D-Feld darstellt (ZIV, LEMPEL 1986).

Interband-Verfahren sind gewöhnlich leistungsfähiger, wenn eine Zerlegung des Bildsignals in *viele* Frequenzkomponenten stattfindet, während Intraband-Verfahren auf Grund der dann höheren örtlichen Korrelation sich besser bei einer Zerlegung in wenige Frequenzkomponenten, oder auch bei ungleichförmigen Zerlegungsstrukturen anwenden lassen.

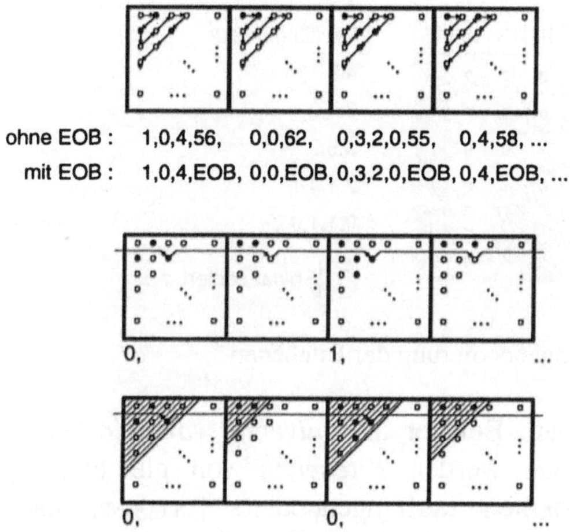

Abb. 13.14. Adaption eines Lauflängencodes **a** durch *EOB*-Zeichen
b durch Markieren der relevanten Frequenzbandgruppen

Adaption der Lauflängencodierung. Eine Adaption des Lauflängencodes kann prinzipiell durch adaptive Entropiecodierung der Lauflängenparameter erfolgen. Sehr wirkungsvoll ist aber auch eine *lokale Adaption*, wobei dem Decodierer mitgeteilt wird, oberhalb welcher Frequenz *überhaupt kein* Spektralkoeffizient mehr übertragen werden muß. Bei dem als blockweise Methode interpretierten Interband-Verfahren erfolgt dies durch Einführung eines *Blockende*-Zeichens (*end of block, EOB*). Dieses kann mit einem Codesymbol sehr geringer Bitanzahl codiert werden, da es in jedem Block einmal auftreten muß, und demnach eine ähnlich große Häufigkeit besitzt wie die kurzen Lauflängen. Es ersetzt den letzten innerhalb eines Blockes notwendigen Lauf, der gewöhnlich sehr lang ist und damit eine hohe Übertragungsrate erfordert (Abb. 13.14a). Bei Interband-Verfahren kann die *Lage* der höchstfrequenten relevanten Koeffizienten an der jeweiligen örtlichen Position zusätzlich codiert werden. Es werden dann alle Koeffizienten höherer Frequenz übersprungen, was zu einer günstigeren Lauflängenstatistik in den höheren Frequenzbändern führt. Der untere Teil von Abb. 13.14b zeigt ein Beispiel, in dem der relevante Frequenzbereich schraffiert dargestellt ist. Hier werden zu Frequenzgruppen jeweils alle auf einer Diagonalen liegenden Koeffizienten zusammengefaßt; die Lauflängencodierung erfaßt nur Frequenzgruppen, in denen nicht alle Koeffizienten auf Null gesetzt werden. Durch Ausnutzen dieser Information kann die gezeigte Lauflänge gegenüber dem oberen Teil der Abb. verkürzt werden. Die Information über die Position der letzten relevanten Frequenzgruppe kann auch differentiell codiert werden, da der Detailgehalt innerhalb eines Bildes sich meist nicht sprunghaft von Block zu Block ändert.

Interband-Lauflängen-Verfahren mit Zickzacksuche und EOB-Zeichen werden in den Bild- und Videocodierstandards JPEG, MPEG und H.261 verwendet, deren Arbeitsweise in Kap. 21 noch in ihrer Gesamtheit beschrieben wird.

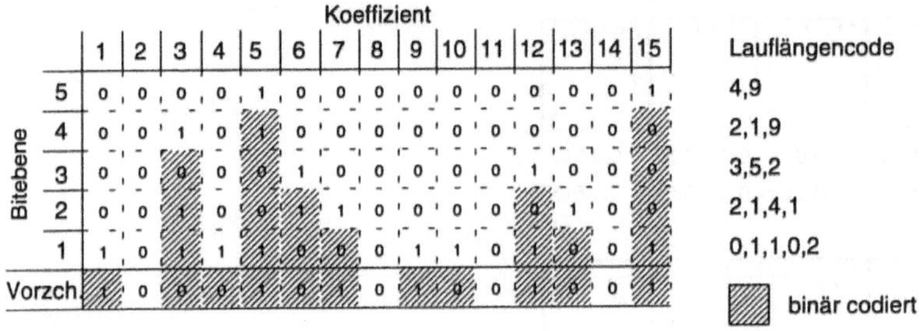

Koeffizient	1	2	3	4	5	6	7	8	9	10	11	12	13	14	15	Lauflängencode
5	0	0	0	0	1	0	0	0	0	0	0	0	0	0	1	4,9
4	0	0	1	0	1	0	0	0	0	0	0	0	0	0	0	2,1,9
3	0	0	0	0	0	1	0	0	0	0	0	1	0	0	0	3,5,2
2	0	0	1	0	0	1	1	0	0	0	0	0	1	0	0	2,1,4,1
1	1	0	1	1	1	0	0	0	1	1	0	1	0	0	1	0,1,1,0,2
Vorzch.	1	0	0	0	1	0	1	0	1	0	0	1	0	0	1	

Abb. 13.15. UVLC-Verfahren zur Lauflängencodierung der Bitebenen

Lauflängencodierung der Bitebenen. Bei der als *universal variable length coding* (*UVLC*) bezeichneten Methode werden *Bitebenen* von gleichförmig quantisierten Transformationskoeffizienten lauflängencodiert [DELOGNE, MACQ 1991]. Hierbei ist keine getrennte Codierung der Lauflängeninformation für die auf Null gesetzten und der Quantisiererinformation für die restlichen Koeffizienten mehr notwendig. Es ist allein mit dem Lauflängenverfahren möglich, eine Entropiecodierung der quantisierten Spektralkoeffizienten zu realisieren. Die Methode ist in Abb. 13.15 dargestellt. Bei der Quantisierung der Koeffizienten ist unbedingt ein Binärcode zu verwenden, bei dem Vorzeichen und Betrag *separat* repräsentiert werden. Auf Grund der Verteilungsdichte der Spektralkoeffizienten lassen sich nun in den oberen Bitebenen der Betragsinformation vorrangig bits der Wertigkeit "0" erwarten. Sobald eine "1" angetroffen wird, werden alle darunter liegenden Bitebenen an der gegenwärtigen Position binär codiert; diese Position wird bei der noch folgenden Lauflängencodierung in den darunter liegenden Bitebenen übersprungen. Mit dem Wert Null werden diejenigen Koeffizienten rekonstruiert, die auf der untersten Bitebene nicht übersprungen werden, und immer noch das bit "0" erhalten. Für alle übrigen Koeffizienten ist zusätzlich das Vorzeichen zu codieren. Die Übertragung der Lauflängeninformation erfolgt mit einem Code variabler Länge. Auch hier gilt es, die Suchreihenfolge bei der Lauflängencodierung so zu organisieren, daß sich möglichst viele kurze und möglichst wenige lange Läufe ergeben. Aus diesem Grund wird in [DELOGNE, MACQ 1991] eine Intraband-Reihenfolge vorgeschlagen. Zuerst werden alle Koeffizienten c_{00} bis zur untersten Bitebene codiert; bei ihnen ist die Wahrscheinlichkeit am größten, daß bereits in den oberen Bitebenen viele "1"-Ereignisse anzutreffen sind. Es folgen die Koeffizienten c_{10}, c_{20}, ... ,$c_{U'0}$, c_{01}, ... , $c_{U'V'}$. In adaptiven Varianten des Verfahrens können mittels zusätzlicher Übertragung der *EOB*-Information (s.o.) sowie durch Adaption des Codes variabler Länge weitere Verbesserungen erzielt werden.

Klassifizierende Codierung. Bei den bisher beschriebenen Methoden zur Entropiecodierung findet eine *exakte Quantisierung* jedes Koeffizienten statt, d.h. bei einer einmal gewählten (möglicherweise auch frequenzabhängigen) Quantisiererstufenhöhe Δ wird der Fehler nicht größer als $\Delta/2$ sein. Auch die Codierung der Information über die auf Null zu setzenden Koeffizienten ist verzerrungsfrei. Bei einer *klassifizierenden* Frequenzcodierung ist dies nicht garantiert. Hierbei werden die Koeffizienten eines Blockes oder einer lokalen Position nach bestimmten Merkmalen einer von mehreren zu definierenden Klassen zugeordnet. Derartige Merkmale können sein :

- Gesamte Energie der Wechselanteil-Koeffizienten, d.h. lokale Varianz;
- Verteilung der Energie innerhalb der Frequenzbänder;
- lokale Kantenrichtung.

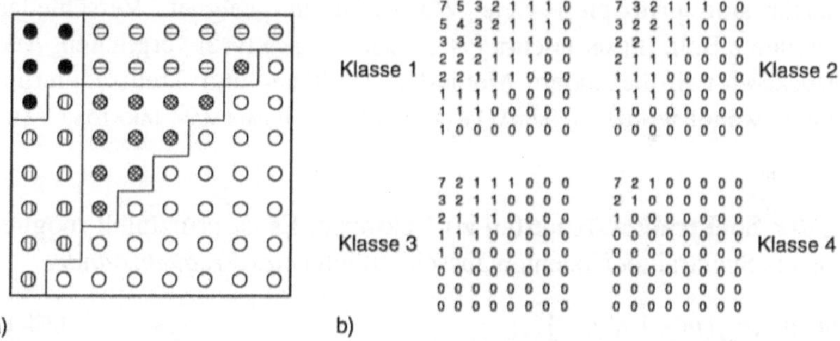

Abb. 13.16. **a** Beispiel einer Unterteilung in Teilblöcke bei klassifizierender Transformationscodierung **b** Beispiel einer Bitzuordnung mit Varianz-Klassifizierung, 4 Klassen, R=0,65 *b/p*

Für die Klassifizierung können die Koeffizienten *aller* Frequenzbänder zusammengefaßt werden, oder es können jeweils mehrere Koeffizienten zu Frequenzgruppen zusammengefaßt werden (sh. Abb. 13.16a). Für jede Klasse werden die auf Null zu setzenden Koeffizienten entweder a priori festgelegt, oder es wird aus den Merkmalen aller der Klasse zugeordneten Koeffizientengruppen eine Optimierung vorgenommen. Eine solche Optimierung erfolgt normalerweise nach einem Clusterverfahren. Ist die Anzahl der Klassen gering, so können mit einem sehr geringen Aufwand an Nebeninformation die Klassenparameter übertragen werden. Wenn die einer Klasse zugeordneten Koeffizientengruppen sich in ihrer

Statistik nicht allzu stark unterscheiden, können bei niedrigen Bitraten mit klassifizierenden Verfahren recht gute Ergebnisse erzielt werden.

Beispiel. Klassifizierendes Verfahren nach [CHEN, SMITH 1977]. Es werden nach der DCT-Transformation der Teilblöcke eines Bildes folgende Schritte ausgeführt :

– Berechnung der Varianz für jeden Block (Energie der Wechselanteil-Koeffizienten);
– Sortierung der Blöcke nach ihrer Varianz;
– Bildung von 4 Klassen, denen jeweils 25 % aller Blöcke (1. Klasse mit höchster Varianz, 4. Klasse mit niedrigster Varianz) zugeordnet werden;
– Berechnung der Bitzuordnung für jede Klasse gemäß (13.14), ein Beispiel ist in Abb. 13.16b gezeigt;
– Quantisierung der Koeffizienten;
– Übertragung von Nebeninformationsparametern (Bitzuordnung jeder Klasse, sowie Klassenzuordnung jedes Blockes) und Hauptinformation (Codesymbole des Quantisierers);

13.4.4 Vektorquantisierung

Die Spektralkoeffizienten können auch mit einer Vektorquantisierung codiert werden. Hierfür sind prinzipiell viele VQ-Verfahren geeignet. Verschiedene Methoden werden z.B. in [BLAIN, FISCHER 1991], [SENOO, GIROD 1992] verglichen. Auch *gleitende Blockcodes*, insbesondere Methoden der Tree- und Trelliscodierung, sind bereits angewandt worden [NANDA, PEARLMAN 1992], [PEARLMAN, JAKATDAR, LEUNG 1992].

Zuordnung der Spektralkoeffizienten zu Vektoren. Es ist prinzipiell möglich, die Vektoren aus Spektralkoeffizienten ausschließlich *eines Frequenzbandes*

$$\mathbf{c}_{uv} = \left[c_{uv}(m',n'), c_{uv}(m'+1,n'),\ldots \right]^T , \qquad (13.17)$$

oder aus den Spektralkoeffizienten *mehrerer Frequenzbänder* an derselben örtlichen Position (m',n')

$$\mathbf{c}(m',n') = \left[c_{u,v}(m',n'), c_{u+1,v}(m',n'),\ldots \right]^T \qquad (13.18)$$

zusammenzusetzen. Wir wollen die Methode nach (13.17) als *Intraband-Verfahren*, und die Methode nach (13.18) als *Interband-Verfahren* bezeichnen.

Intraband-Verfahren. Intraband-VQ-Verfahren lassen sich am besten am Beispiel der Teilbandcodierung erläutern. Hier findet eine Zerlegung des gesamten Bildes der Größe MxN in UxV Teilband-Bilder der Größen M/UxN/V statt (vgl. Abb. 13.17a). Es wird nun eine Ortsbereichs-Vektorquantisierung auf diese einzelnen Teilband-Bilder angewandt. Werden hierzu ungleichförmige Codebücher verwendet, so lassen sich mit dieser Methode verbliebene *örtliche Korrelationen* zwischen Koeffizienten desselben Frequenzbandes ausnutzen. Dies wird auch bei der Anwendung des Intraband-Verfahrens auf eine Transformationscodierung deutlich, die in Abb. 13.17b dargestellt ist. Hierbei werden jeweils Koeffizienten identischer Frequenz aus verschiedenen Blöcken zu einem Vektor zusammengefaßt; das Verfahren ist damit geeignet, statistische Abhängigkeiten *zwischen benachbarten Blöcken* auszunutzen.

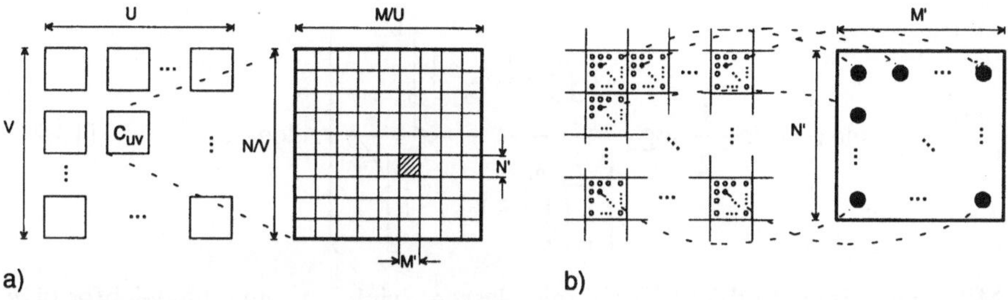

Abb. 13.17. Zusammenstellung der Vektoren
a bei Intraband-SBC/VQ **b** bei Intraband-TC/VQ

Die für die einzelnen Vektoren notwendige Datenrate ergibt sich mit der für das Frequenzband des Koeffizienten c_{uv} gewählten Vektordimension K_{uv} als

$$R_{uv}^{(VQ)} = K_{uv} \cdot R_{uv} \leq \log_2 J_{uv}, \tag{13.19}$$

wobei R_{uv} der Definition in (13.11) folgt. Die in (13.19) angegebene Rate sollte möglichst genau mit der Entropierate des Codebuches übereinstimmen. Gleichzeitig ist es aus Komplexitätsgründen sinnvoll, die Codebuchgröße J_{uv} über alle Frequenzbänder nahezu konstant zu halten. Da R_{uv} zu den hohen Frequenzen hin stark abnimmt, und die Entropierate maximal den Wert $\log_2 J_{uv}$ annehmen kann, werden sich zwangsläufig bei den tiefen Frequenzen kleine, bei den hohen Frequenzen große Vektorlängen K_{uv} ergeben.

Interband-Verfahren. Am häufigsten werden Interband-VQ-Verfahren bei einer Transformationscodierung angewandt. Sie lassen sich als spezielle Form eines *Produktcodes* interpretieren [CUPERMAN 1989], wenn einer oder mehrere Vektoren aus Koeffizienten eines einzigen Transformationsblockes gebildet werden. Der gesamte Transformationsblock der Größe $K = U \cdot V$ bildet einen Blockvektor **x**, welcher zunächst in einen Koeffizientenvektor **c** transformiert wird. Dieser Koeffizientenvektor **c** wird anschließend in einen Satz von T Teilvektoren $\mathbf{c}_1, \mathbf{c}_2, ..., \mathbf{c}_T$ mit den Vektorlängen $K_1, K_2, ..., K_T$ aufgeteilt. Für diese können auf Grund der dekorrelierenden Eigenschaft der Frequenztransformation *unabhängig* voneinander optimale Rekonstruktionsvektoren bestimmt werden. Für jeden Teilvektor steht dabei ein Codebuch $\mathbf{C}_t$ der Größe J_t zur Verfügung. Es gilt dann

$$K = \sum_{t=1}^{T} K_t \quad ; \quad \mathbf{C} = \underset{t=1}{\overset{T}{\mathsf{X}}} \mathbf{C}_t \quad ; \quad R = \frac{1}{K} \sum_{t=1}^{T} ld\, J_t. \tag{13.20}$$

Das Gesamtcodebuch $\mathbf{C}$ für den Block ergibt sich als das *äußere Produkt* der einzelnen Codebücher, d.h. es sind alle nur möglichen Kombinationen von Vektoren aus den Einzelcodebüchern verwendbar. Die mittlere Bitanzahl R des Gesamtblockes ist die Summe der Einzelraten für die Vektoren. Die optimale Bitzuordnung für die Teilvektoren ergibt sich in Analogie zu (13.14) :

$$R_t^{(VQ)} = K_t \cdot \max\left(0, \hat{R} + \frac{1}{2} \cdot \log_2 \frac{\left[\prod_{k=1}^{K_t} E\left\{ c_{t,k}^2 \right\} \right]^{1/K_t}}{\left[\prod_{i=1}^{T} \prod_{k=1}^{K_i} E\left\{ c_{i,k}^2 \right\} \right]^{1/K}} \right) \le \log_2 J_t. \tag{13.21}$$

Mit den Interband-VQ-Verfahren lassen sich, wenn ungleichförmige Codebücher angewandt werden, nichtlineare *statistische Abhängigkeiten zwischen Koeffizienten unterschiedlicher Frequenzbänder* an derselben örtlichen Position ausnutzen. So sind bei Bildteilen mit hohem Detailgehalt in der Regel viele hochfrequente Koeffizienten zu übertragen, d.h., bei Vorhandensein bestimmter Spektralkomponenten wird die Wahrscheinlichkeit erhöht, daß auch andere, im Spektrum benachbarte Komponenten zu übertragen sind. Jedoch können Korrelationen zwischen benachbarten Blöcken, also über den Wirkungsbereich des Produktcodes hinweg, nicht ausgenutzt werden.

Das zu lösende Problem bei Interband-VQ besteht in der richtigen Auswahl der Koeffizienten, die zu einem Vektor zusammengefügt werden sollen. Hierbei sind folgende Aspekte zu beachten :

- Die Raten R_t sollten annähernd gleich sein, um die Codierung mit geringstmöglicher Komplexität durchzuführen;
- Es sollten jeweils Koeffizienten mit *annähernd gleichem Energie-Erwartungswert* zu einem Vektor zusammengefaßt werden, um eine symmetrische Vektor-ADV zu bewirken (dies ist insbesondere bei der Anwendung einer Lattice-VQ wichtig), und zu verhindern, daß bei der Suche nach dem optimalen Codebuchvektor die Auswahl durch einen oder wenige Koeffizienten dominiert wird.

Eine Vektoraufteilung, die sich bei diesen Anforderungen typischerweise ergibt, entspricht etwa der in Abb. 13.16 für den Fall der klassifizierenden Codierung gegebenen Aufteilung. Für den rechten unteren Vektor, der die hochfrequentesten Koeffizienten umfassen würde, läßt sich bei niedrigen Bitraten auch eine Codebuchgröße $J_t=0$ wählen. Das Codebuch besteht dann nur aus einem einzigen Vektor mit Nullelementen, die resultierende Rate ist $R_t=0$.

Bewertung von Frequenzcodier-VQ-Verfahren. Durch Kombination von Frequenzcodierung (FC) mit VQ können *bei niedrigen Bitraten* etwas bessere Codierergebnisse erzielt werden, als bei Anwendung der Kombination einer skalaren Quantisierung mit Entropiecodierung. Neben einer geringeren Anfälligkeit bei gestörter Übertragung besitzen VQ-Verfahren besondere Vorteile bei der Codierung der *nicht zu Null quantisierten Wechselanteil-Koeffizienten*. Die Lauflängencodierung ist dagegen bei einer großen Anzahl auf Null gesetzter Koeffizienten immer noch das wirkungsvollste Mittel, um diese Signalanteile nahezu mit Entropierate übertragen zu können. Sie kann aber auch in Verbindung mit FC/VQ-Verfahren angewandt werden, d.h. dem Vektorquantisierer werden nur diejenigen Koeffizienten zugeführt, deren Absolutwert oberhalb eines Schwellwertes liegt.

Die Gleichanteil-Koeffizienten weisen schließlich eine hohe örtliche Korrelation und instationäres Verhalten auf. Erschwerend kommt noch hinzu, daß sie eine relativ hohe Rate beanspruchen, und ihre VQ-Codierung daher große Codebücher erfordern würde. Zur Codierung der Gleichanteil-Koeffizienten ist die Kombination von DPCM mit skalarer Quantisierung und Entropiecodierung das beste Konzept.

Für die Codierung der verbleibenden Wechselanteil-Koeffizienten können weiterhin folgende Anhaltspunkte gelten :

– Für die tieffrequenten Koeffizienten sind *Intraband*-Verfahren besser geeignet, da hier die örtliche Korrelation zu benachbarten Positionen noch recht hoch sein kann;
– Bei hochfrequenten Koeffizienten lassen sich die statistischen Abhängigkeiten zwischen verschiedenen Frequenzbändern dagegen besser mit *Interband*-Verfahren ausnutzen.

13.4.5 Psychovisuelle Gewichtung bei der Quantisierung

Der menschliche Sehsinn besitzt eine von der Ortsfrequenz abhängige Empfindlichkeit bei der Wahrnehmung von Verzerrungen (vgl. Abschn. 7.2). Diese Eigenschaft kann bei der Frequenzcodierung direkt ausgenutzt werden, indem eine angepaßte Quantisierung der einzelnen Koeffizienten, entsprechend der durch sie repräsentierten Ortsfrequenz, vorgenommen wird [LOHSCHELLER 1984]. Bei höheren Frequenzen kann nach Abb. 7.5 eine größere Verzerrung zugelassen werden als bei niedrigen. Für die Codierung folgt daraus, daß der Verzerrungsparameter D von der Frequenz abhängig wird; dann wird die Rate gemäß (13.11) mit einem für jeden Koeffizienten speziell adaptiertem D_{uv} berechnet.

Skalare Quantisierung. Die Verzerrung ist bei skalarer Quantisierung nach (8.2) proportional zum Quadrat der Quantisiererstufenhöhe Δ. Wird die für den Gleichanteil-Koeffizienten c_{00} gewählte Quantisiererstufenhöhe Δ_{00} als Referenz benutzt, ergibt sich unmittelbar die Quantisiererstufenhöhe für c_{uv} :

$$\Delta_{uv} = \Delta_{00} \cdot \sqrt{\frac{D_{uv}}{D_{00}}} \,. \tag{13.22}$$

Vektorquantisierung. Bei vektorieller Quantisierung der Frequenzkomponenten kann der optimale Rekonstruktionsvektor mit einer *Fehlergewichtung* bestimmt werden. Bei Intraband-Verfahren ergibt sich lediglich eine andere Bitzuordnung nach (13.19). Bei Interband-Verfahren ist dagegen der Fehler zwischen dem Koeffizientenvektor $\mathbf{c}$ und dem Rekonstruktionsvektor $\mathbf{y}_j$ zu gewichten, da sich bei höherer Relevanz eines Frequenzbandes eine andere Auswahl des optimalen Rekonstruktionsvektors ergeben kann. Wir erhalten den gewichteten quadratischen Fehler

$$d_{\mathrm{G}}(\mathbf{c}, \mathbf{c}_{\mathrm{Q}}) = (\mathbf{c} - \mathbf{c}_{\mathrm{Q}})^{\mathrm{T}} \cdot \mathbf{G} \cdot (\mathbf{c} - \mathbf{c}_{\mathrm{Q}}) \tag{13.23}$$

mit

$$\mathbf{G} = \begin{bmatrix} 1/D_{uv} & 0 & \cdots \\ 0 & 1/D_{u+1,v} & \ddots \\ \vdots & \ddots & \ddots \end{bmatrix} \;;\quad \mathbf{c} = \begin{bmatrix} c_{uv}, c_{u+1,v}, \cdots \end{bmatrix}^{\mathrm{T}}. \tag{13.24}$$

Grenzen der Einsetzbarkeit. Auf Grund der Unterabtastung enthalten die Spektralkomponenten bei Transformations- und Teilbandcodierung *Aliasanteile*, die eigentlich Energien aus anderen Frequenzbändern repräsentieren. Diese Anteile werden bei der Transformations- oder Teilbandsynthese wieder benötigt, um sich gegenseitig mit denen anderer Frequenzbänder zu kompensieren. Bei niedrigen Bitraten werden gewöhnlich die mittel- und hochfrequenten Bänder, bei denen ein hohes D_{uv} verwendet wird, eliminiert, weil man annimmt, daß diese Spektralanteile ohnehin visuell irrelevant sind. Hierdurch werden jedoch auch Anteile eliminiert, die eigentlich zur Aliaskompensation in den tieffrequenten Bändern benötigt werden, wo durchaus sichtbare Artefakte verursacht werden können. Hier ist wiederum die Teilbandcodierung der Transformationscodierung überlegen, weil Analysefilter mit *größerer Trennschärfe* realisiert werden können, die von vornherein weniger Aliaseffekte bei der kritischen Unterabtastung verursachen. In einer psychovisuellen Interpretation läßt sich diese Überlegenheit auch derart deuten, daß diese Filter besser an den physiologischen Vorgang des Sehens angepaßt sind, bei dem ebenfalls eine Bandpaßzerlegung des visuellen Signals stattfindet (vgl. Abschn. 7.1).

13.4.6 Bitrate und Codiergewinn bei ungleichförmiger Frequenzbandbreite und ungleichförmiger Quantisierung

Die Möglichkeit einer *ungleichförmigen* spektralen Zerlegung in Frequenzbänder mit unterschiedlichen Bandbreiten macht eine Neuformulierung der Gleichungen für die Bitzuordnung und für den Codiergewinn notwendig, die bisher nur für gleichförmige Zerlegungsschemata beschrieben wurden.

Teilbandindex und Unterabtastungsfaktor. Um eine allgemeine Darstellung für separierbare und nicht-separierbare Zerlegungen zu ermöglichen, muß eine fortlaufende Numerierung der Teilbänder c_{u*} mit einem eindimensionalen Index u^* vorgenommen werden. Die Gesamtzahl der Teilbänder ist U^*; im Fall separierbarer Systeme ist $U^*=U\cdot V$, bei gleichförmiger Frequenzzerlegung gilt zusätzlich $u^*=v\cdot U+u$. Es sei T_{u^*} der individuelle Unterabtastungsfaktor des Teilbandsignals c_{u*}. Bei der Zerlegung nach Abb. 2.49d ist z.B. $T_{u^*}=16$ für die Teilbänder c_{00}, c_{01}, c_{10}, c_{11} und $T_{u^*}=4$ für die Teilbänder c_{02}, c_{20}, c_{22}. Die Einführung dieses Faktors ist notwendig, weil hierdurch bestimmt wird, *wie viele Abtastwerte* des rekonstruierten Bildes durch den Codierungsfehler aus dem Teilband u^* beeinflußt werden. Andererseits treten Teilband-Abtastwerte mit $T_{u^*}=4$ viermal häufiger auf als diejenigen mit $T_{u^*}=16$. Dieser "Häufigkeitsfaktor" geht als $T_{\max}/T_{u^*}$ in die folgenden Gleichungen ein, wobei $T_{\max}$ der höchste auftretende Unterabtastungsfaktor, im Beispiel der Oktavbandzerlegung also der des tieffrequentesten Teilbandes ist.

Normalisierungsfaktor. Bei orthonormaler Frequenzanalyse kann die Energie des Signals durch arithmetische Mittelung der Spektralkomponenten-Energien berechnet werden. Der Normalisierungsfaktor A_{u^*} ist bei nicht-orthonormaler Zerlegung von Bedeutung; bei orthonormaler Zerlegung wird $A_{u^*}=1$. Die Fehlerenergie aus der Codierung einer Frequenzkomponente geht im Mittel in T_{u^*} Rekonstruktionswerte ein. Gleichzeitig wird aber bei orthonormaler Spektralzerlegung auch der maximale Wertebereich der Frequenzbereichskomponenten um den Faktor $\sqrt{T_{u^*}}$, bzw. der Wertebereich der Energie-Erwartungswerte um den Faktor T_{u^*} größer als für das Originalsignal. Daher wird bei Verwendung einer bestimmten Quantisiererstufenhöhe die gleiche mittlere quadratische Fehlerenergie im rekonstruierten Signal erreicht wie bei einer PCM-Codierung des Originalsignals mit derselben Stufenhöhe. In diesem Fall können also - unabhängig vom Unterabtastungsfaktor T_{u^*} - *alle Frequenzkomponenten mit derselben Quantisiererstufenhöhe* quantisiert werden. Im Fall nicht-orthonormaler Analyse- und Synthesefilterkerne gilt, wenn die Zerlegung in einer Kaskadenstruktur orthogonaler 2-Band-Zerlegungen durchgeführt wird :

$$A_{u*} = \frac{T_{u*}}{\left[\sum_{p=0}^{P-1}\sum_{q=0}^{Q-1} h_{00}(p,q)\right]^{2\cdot\log_2 T_{u*}}}, \qquad (13.25)$$

wobei $h_{00}(p,q)$ die Impulsantwort eines Tiefpaß-Modellfilters ist, dessen modulierte Versionen zur Analyse aller Frequenzbänder verwendet werden. Für die ungleichförmige Teilbandunterteilung in Abb. 2.49d ergibt sich mit $T_{u^*}=16$ z.B. $A_{u^*}=1$ für das tieffrequenteste Teilband c_{00} bei Verwendung der orthonormalen

Filterkerne nach (2.120), dagegen $A_{u*}=16$ bei Verwendung anders normierter, nicht-orthonormaler Filterkerne, z.B. $h_0=[0,5;0,5]$ und $h_1=[0,5;-0,5]$. Für das hochfrequenteste Band c_{22} gilt entsprechend $T_{u*}=4$ und damit $A_{u*}=1$ (Filter nach (2.120)) bzw. $A_{u*}=4$ (nicht-orthonormale Filter).

Codiergewinn und optimale Bitratenzuordnung. Der Codiergewinn bei Teilbandzerlegung des Signals $x(m,n)$ in $U*$ Frequenzkomponenten $c_{u*}(m',n')$ wird ergibt sich in Modifikation von (13.10); da jedes Frequenzband bei einer frequenzgewichteten Codierung mit einem individuellen Verzerrungsfaktor D_{u*} codiert werden kann, wird dieser nun ebenfalls berücksichtigt :

$$
G_{\mathrm{FC}} = \cfrac{\cfrac{1}{T_{\max}} \sum_{u*=0}^{U*-1} \cfrac{T_{\max}}{T_{u*}} \cdot \cfrac{A_{u*}}{D_{u*}} \cdot E\left\{c_{u*}(m',n')^2\right\}}{\left[\prod_{u*=0}^{U*-1}\left[A_{u*}\cdot E\left\{c_{u*}(m',n')^2\right\}\right]^{T_{\max}/T_{u*}}\right]^{1/T_{\max}}} = \cfrac{E\left\{x(m,n)^2\right\}}{\prod_{u*=0}^{U*-1}\left[A_{u*}\cdot E\left\{c_{u*}(m',n')^2\right\}\right]^{1/T_{u*}}}
$$

$$(13.26)$$

In Analogie zu (13.14) ergibt sich bei einer mittleren Rate $\hat{R}$ die optimale Bitzuordnung für das Teilbandsignal c_{u*} :

$$
R_{u*} = \max\left(0, \hat{R} + \frac{1}{2}\log_2 \cfrac{\cfrac{A_{u*}}{D_{u*}} \cdot E\left\{c_{u*}(m',n')^2\right\}}{\prod_{u*=0}^{U*-1}\left[\cfrac{A_{u*}}{D_{u*}}\cdot E\left\{c_{u*}(m',n')^2\right\}\right]^{1/T_{u*}}}\right)
$$

$$(13.27)$$

13.5 Vergleich verschiedener Frequenzcodierverfahren

Mit adaptiven Frequenzcodierverfahren ist bei Bitraten um 1 *b/p* eine Rekonstruktionsqualität zu erzielen, die von der des PCM-Originals (8 *b/p* bei Schwarzweiß, bis zu 24 *b/p* bei Farbbildern) kaum unterscheidbar ist. Eine *verlustlose* Codierung (bei der auch geringste Helligkeitsschwankungen, z.B. durch Kamerarauschen, reproduziert werden) ist dagegen mit Frequenzcodierverfahren kaum realisierbar. Hier wären nahezu alle Frequenzkomponenten zu übertragen, und die wesentlichen Vorteile der Entropie- und Lauflängencodierung würden entfallen. Darüber hinaus können sich - insbesondere bei Verwendung sinusoidaler Transformationen - Probleme mit der arithmetischen Genauigkeit ergeben. Unter diesem Aspekt wären für eine verlustlose Codierung am ehesten die mit ganzzahligen Basisfunktionen arbeitenden Hadamard- und Haar-Transformationen geeignet.

Es sollen nun die *unteren Grenzen* der Datenkompression, die mit Frequenz-codierverfahren erreicht werden können, abgesteckt werden. Bei Bitraten zwischen 0,2 und 0,5 *b/p* werden auch tatsächlich erst signifikante Unterschiede zwischen Transformations- und Teilbandverfahren, psychovisuell-gewichteter und ungewichteter Quantisierung, sowie zwischen skalaren und Vektor-Quantisierungsverfahren erkennbar.

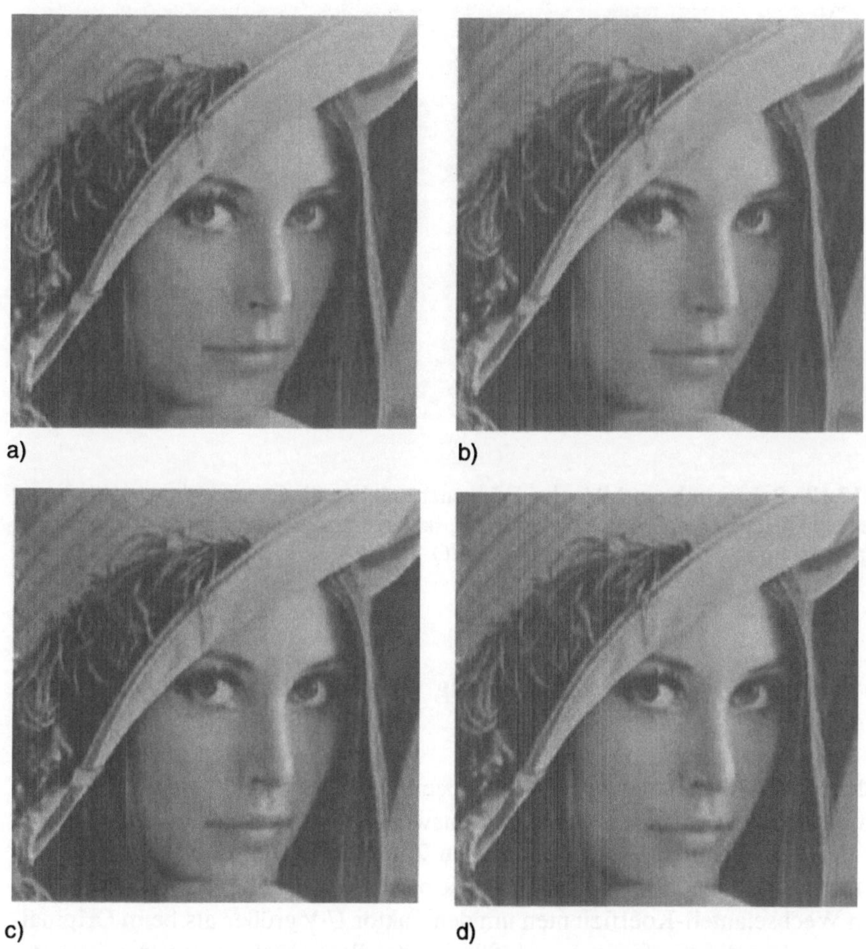

Abb. 13.18. Rekonstruktionsbilder bei Frequenzbereichscodierung, *R*=0,4 *b/p*.
a und **b** DCT mit skalarer Quantisierung und Lauflängen-/Entropiecodierung
(**a** ungewichtete, **b** gewichtete Quantisierung)
c und **d** SBC, adaptive Lattice-VQ (**c** ungewichtete, **d** gewichtete Quantisierung)

Abb. 13.18 stellt Rekonstruktionsbilder einiger FC-Verfahren mit skalarer Quantisierung und Lauflängen-/Entropiecodierung bei einer Bitrate von 0,4 *b/p* dar. Erkennbar ist vor allem die qualitative Überlegenheit der Teilbandcodierung gegenüber der DCT, nicht ganz so deutlich auch die Verbesserung durch psychovisuell-gewichtete Quantisierung gegenüber dem ungewichteten Fall. Bei einer Rate von 0,2 *b/p* ist die Rekonstruktionsqualität mit den in Abb. 13.18

gezeigten Verfahren jedoch nicht mehr befriedigend, obwohl die Teilband-Vektorquantisierung immer noch bessere Ergebnisse produziert (sh. Abb. 13.19). Allenfalls Bilder sehr geringen Detailgehalts lassen sich mit einer Transformationscodierung noch bei Raten um 0,2 *b/p* in ausreichender Qualität codieren, während bei Bildern hohen Detailgehalts eventuell auch 0,5 *b/p* noch keine befriedigende Qualität gewährleisten können.

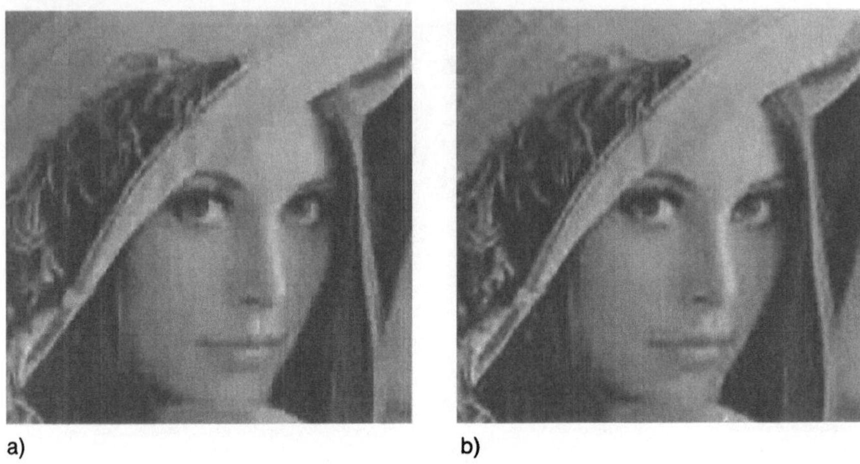

a)   b)

Abb. 13.19. Rekonstruktionsbilder bei Frequenzbereichscodierung, psychovisuell-gewichtete Quantisierung, R=0,2 *b/p*. **a** DCT, skalare Quantisierung mit Lauflängen- und Entropiecodierung **b** SBC, adaptive Lattice-VQ

13.6 Fehlerresistente Übertragung von Frequenzkomponenten

Bei der 2D-Frequenzbereichscodierung beeinflußt die Störung eines einzelnen Spektralkoeffizienten $U \cdot V$ Rekonstruktionswerte. Gleichzeitig ist der Wertebereich der Koeffizienten bei orthonormalen Zerlegungen um den Faktor $\sqrt{U \cdot V}$, die Energie des Gleichanteil-Koeffizienten bzw. die mögliche Varianz eines einzelnen Wechselanteil-Koeffizienten um den Faktor $U \cdot V$ größer als beim Original-Bildsignal. Ein die Koeffizienten verfälschendes Störsignal erzeugt damit in der Bilanz denselben Fehler wie ein Störsignal gleicher Varianz bei Abtastwerten der PCM. Bei digitaler Übertragung sind allerdings auf Grund des erhöhten Wertebereichs mehr bits zur Repräsentation der Spektralkoeffizienten notwendig, so daß bestimmte Bitfehler höhere Fehler zur Folge haben können. Andererseits kann der volle Wertebereich niemals von allen Spektralkoeffizienten *gleichzeitig* ausgeschöpft werden. Kommt z.B. einer der Koeffizienten an die Grenze dieses Wertebereichs, so *müssen* die übrigen nahe an Null liegen, dies ist ein Ergebnis der durch die Spektraltransformation erreichten Energiekonzentration. Bei einer ungeschützten Übertragung ergeben sich also letzten Endes keine Vorteile gegenüber der PCM. Wird jedoch eine *gezielte Fehlerkorrektur* auf die relevanten Spektralkoeffizienten oder eine grobe Approximation derselben angesetzt, so ergibt sich bei gleicher Störung des Übertragungsweges eine wesentlich günstigere Fehlerbilanz als bei PCM und auch bei DPCM. Ein effizienter Fehlerschutz (durch Kanalcodierung mit Fehlerprüf- und -korrekturverfahren) kann also dadurch erfolgen, daß wichtige bits, deren Verfälschung eine hohe spektrale Fehlerenergie verursachen würde, vorrangig geschützt werden.

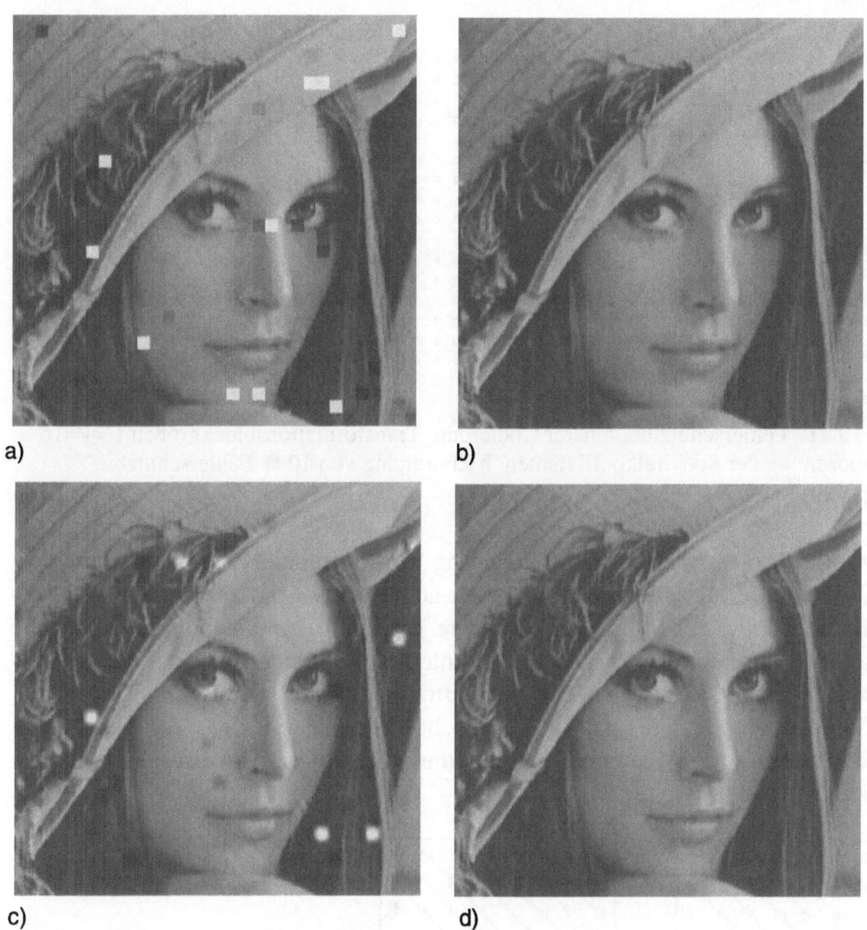

Abb. 13.20. DCT-Codierung und SBC bei $R = 1$ bpp und Fehlerrate $p=10^{-2}$.
a DCT ohne und **b** mit Fehlerschutz **c** SBC ohne und **d** mit Fehlerschutz

Auswirkungen von Übertragungsfehlern. Bei der blockweise arbeitenden Transformationscodierung werden die Basisbilder der Transformation (vgl. Abb. 2.22) blockartig sichtbar. Dies ist besonders auffallend bei einer Störung des Gleichanteil-Koeffizienten, durch die der gesamte Block in seiner Helligkeit verfälscht wird. Abb. 13.20a zeigt ein Rekonstruktionsbild bei gestörter Übertragung mit DCT-Codierung (Bitfehlerrate $p=10^{-2}$), Abb. 13.20b die Rekonstruktion bei derselben Bitfehlerrrate, wobei 20 % der Gesamtbitrate zum Fehlerschutz durch

Kanalcodierung aufgewandt wurden. Die Abb. 13.20c und 13.20d stellen dieselben Fälle bei einer Teilbandcodierung dar. Letztere schneidet schon im ungeschützten Fall (Abb. 13.20c) vom subjektiven Eindruck her etwas günstiger ab als die Transformationscodierung, da die harten Blockeffekte vermieden werden.

Strategien des Fehlerschutzes. Die Anwendung eines effizienten Fehlerschutzes hängt stark von der Art der gewählten Codierung ab. Im folgenden werden einige Beispiele gegeben.

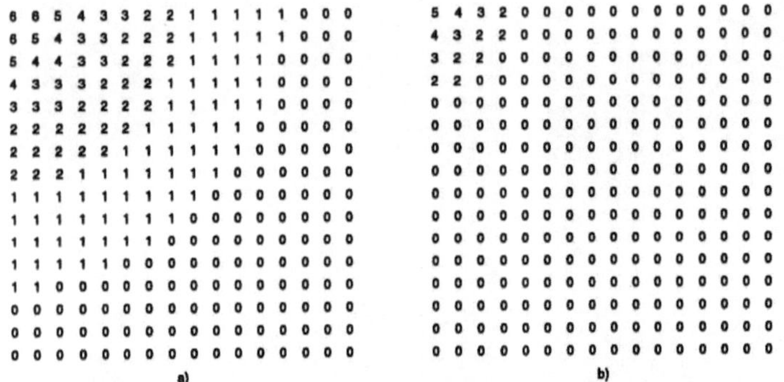

Abb. 13.21. Fehlerschutz bei binärer Codierung, Transformationsblockgrößen $U=V=16$
a Bitzuordnung der Spektralkoeffizienten **b** Zuordnung von 10 % Fehlerschutzbits
nach [JAIN 1989]

Binäre Codierung. Bei binärer Codierung der Quantisierungsinformation läßt sich die Relevanz der einzelnen bits direkt aus ihrer Wertigkeit ablesen. Die Verfälschung höherwertiger bits, insbesondere der signifikanten bits des Gleichanteil- und des Vorzeichenbits der Wechselanteil-Koeffizienten, erzeugt die größten Störungen. Abb. 13.21 stellt neben den Bitzuordnungen zu einzelnen Spektralkoeffizienten eine Zuordnung von Fehlerschutzbits dar. Es wird deutlich, daß die tieffrequentesten Koeffizienten, welche die höchste Signifikanz besitzen, am stärksten geschützt werden müssen.

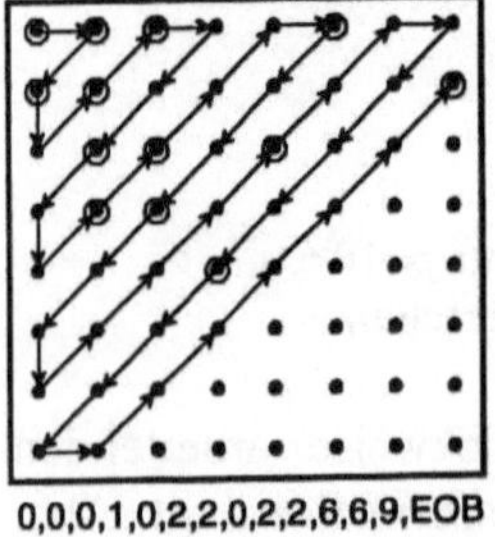

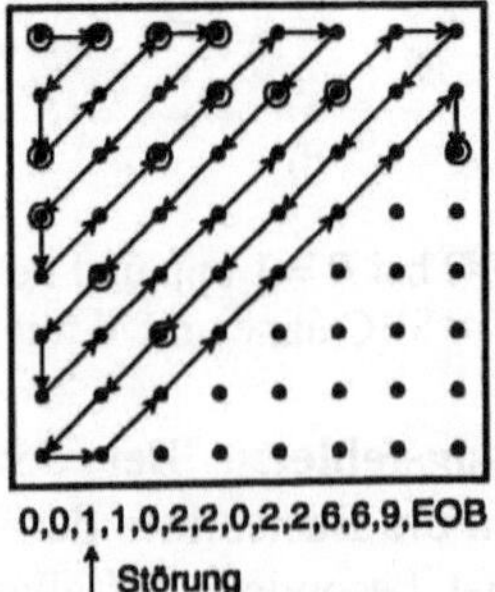

Abb. 13.22. Fehlerfortpflanzung bei Lauflängencodierung im Zickzack-scan

Lauflängencodierung. Bei der Lauflängencodierung kann eine *Fehlerfortpflanzung* eintreten. Eine einmal durch Übertragungsfehler erfolgte Fehlinterpretation hat Auswirkung auf alle nachfolgenden Läufe, die an falschen Positionen beginnen und enden (sh. Beispiel, Abb. 13.22). Hier kann nur die Einführung von *Resynchronisations*-Mechanismen Abhilfe schaffen, z.B. mittels eines charakterisischen Bitmusters, welches am Anfang oder Ende jeder Zeile oder jedes Blockes gesendet wird.

UVLC-Codierung. Die Lauflängencodierung der Bitebenen ist eine Entropiecodierung des vorzeichenbehafteten Binärcodes. Damit läßt sich der Faktor der binären Wertigkeit eines bits direkt in die Fehlerschutzstrategie einbeziehen : Vorrangig zu schützen ist die Lauflängeninformation in den *höheren Bitebenen.* Die Relevanz des binär codierten zugehörigen Vorzeichenbits ist jeweils um eins höher einzustufen als die Anzahl der den Spektralkoeffizienten repräsentierenden bits. Resynchronisations-Maßnahmen werden auf Grund der Fehlerfortpflanzung in der Lauflängencodierung ohnehin erforderlich sein.

Entropiecodierung. Bei Anwendung von Verfahren der Entropiecodierung ist ein bitweise arbeitender Fehlerschutz nicht realisierbar, dieser muß vielmehr auf ganze Codesymbole angewandt werden. Gewisse Rückschlüsse lassen sich aus der Verteilungsdichte der Spektralkoeffizienten ziehen; häufig sind die Werte um Null, die bei der Entropiecodierung kurze Codesymbole zugeordnet bekommen. Ein besonderer Fehlerschutz ist daher bei der typischen Spektralkoeffizienten-Statistik auf die längeren, selteneren Codesymbole anzuwenden. Jedoch ist zusätzlich zu beachten, daß die Verfälschung eines einzelnen bits in einem Präfixcode zur Fehlinterpretation eines kürzeren Codesymbols in ein längeres führen kann. Hiermit ist bei Entropiecodierung - ebenso wie bei der Lauflängencodierung - eine Fehlerfortpflanzung möglich. Dem ist ebenfalls durch Resynchronisation vorzubeugen.

Vektorquantisierung. Sofern die Codesymbole bei der Vektorquantisierung nicht entropiecodiert werden, besitzt diese Methode die geringste Störanfälligkeit gegen Übertragungsfehler. Fehler bleiben stets auf *einen Vektor* beschränkt, es können keine Fehlerfortpflanzungen auftreten. Unter dem Aspekt des Fehlerschutzes ist eine *Intraband-Vektorquantisierung* vorzuziehen, da hiermit eine Störung derjenigen Vektoren, welche die relevantesten Spektralanteile repräsentieren, vermieden werden kann.

Hierarchische Codierung. Bei Anwendung einer hierarchischen Codierung läßt sich auch für schwer schützbare Codeformen noch ein wirksamer Fehlerschutz realisieren. Hierbei wird das Signal bereits während der Spektralzerlegung und Quantisierung in Komponenten unterschiedlicher Relevanz aufgeteilt. Derartige Maßnahmen können z.B. die folgenden sein :

- Aufteilung in Spektralkomponenten niedriger und hoher Frequenz (*Frequenzskalierung*) : Die stark zu schützende Information ist ein Bildsignal geringerer Auflösung, welches mit den tieffrequenten Spektralkoeffizienten repräsentiert ist.
- Mehrstufige Quantisierung (*Quantisiererskalierung*) : Die stark zu schützende Information repräsentiert ein Bildsignal geringerer Qualität, welches bei Quantisierung mit einer größeren Stufenhöhe produziert wird. Durch Requantisierung des Restfehlersignals mit geringerer Stufenhöhe lassen sich weitere Signalanteile codieren, die eine geringere Relevanz besitzen.

Methoden der hierarchischen Codierung werden in Abschn. 20.1.3 noch ausführlicher behandelt. Frequenzcodierverfahren lassen sich ausgezeichnet in hierarchischer Form realisieren, und eignen sich damit auch hervorragend zur Kombination mit Methoden des ungleichen Fehlerschutzes (*unequal error protection*), die bei der Kanalcodierung und in der Übertragungstechnik (Modulation) angewandt werden können. Hierbei sind insgesamt auf Grund der besseren Aliasunterdrückung Teilbandverfahren für eine hierarchische Codierung besser geeignet als die Blocktransformationen.

14 Fraktale Codierung

Die fraktale Theorie basiert auf der Selbstähnlichkeit, die in vielen natürlichen Vorgängen und mit großer Wahrscheinlichkeit auch in Bildsignalen enthalten ist. Um diesen Umstand zur Datenkompression auszunutzen, muß für einzelne Bildbereiche eine fraktale Transformation gefunden werden, die diese Selbstähnlichkeit beschreibt. Das Collage-Theorem gibt die Voraussetzungen an, unter denen ein Bildsignal sich ausreichend genau aus den Parametern einer fraktalen Transformation rekonstruieren läßt. Hierfür ist am Decodierer eine iterative Anwendung der fraktalen Transformation auf ein beliebiges Ursprungsbild notwendig. Die Effizienz einer fraktalen Codierung hängt wesentlich von der Art ab, wie die fraktalen Parameter bestimmt und codiert werden. Zur Bestimmung werden Matching-Verfahren angewandt, die sich entweder als spezielle Form der Vektorquantisierung mit einem dem Bild selbst entnommenem Codebuch, oder als Bewegungsschätzung innerhalb des Bildes selbst deuten lassen. Am Schluß des Kapitels wird diskutiert, wie sich die fraktale Codierung mit schon bisher beschriebenen Ansätzen kombinieren läßt.

14.1 Iterierte Funktionensysteme

Ein Beispiel fraktaler Funktionen sind die *Mandelbrot-Mengen*, die in einer graphischen Darstellung immer neue, scheinbar unerschöpfliche, filigrane Strukturen hervorbringen. Bei fraktalen Funktionen handelt sich um an sich chaotische Prozesse, die aber bis ins Unendliche zu einem eindeutigen Ergebnis konvergieren. Unter dem Aspekt einer Anwendung in der Bildcodierung ist interessant, daß diese Funktionen bei Verwendung extrem weniger Parameter Bilder mit unendlich feiner Auflösung beschreiben können. Hierbei zeigt sich, daß trotz der scheinbaren Unregelmäßigkeit nahezu identische geometrische Formen beobachtet werden, wenn man das Bild und anschließend mit der "Lupe" nur einen Ausschnitt des Bildes in entsprechend feinerer Auflösung betrachtet. Es wird vermutet, daß sich natürliche Vorgänge durch die fraktale Geometrie beschreiben lassen. Tatsächlich wird z.B. der gemessene Erdumfang immer länger, je *genauer* wir ihn betrachten : Wird der Verlauf von Bergen, Tälern, Wasserwellen oder (in noch höherer Auflösung) die Rundung jedes Sandkorns mitgemessen, so erhalten wir ein ganz anderes Ergebnis als bei der euklidischen Approximation durch eine Kugel. Andererseits besitzt das einzelne Sandkorn auch wieder nahezu die Form einer Kugel, es ist also eine Selbstähnlichkeit in dem Vorgang enthalten. Warum sollte sich also diese Selbstähnlichkeit nicht auch in Bildsignalen finden lassen, die eine Projektion derartiger natürlicher Vorgänge wiedergeben ?

Die Theorie der *iterierten Funktionensysteme*, auf der die als *fraktal* bezeichneten Bildcodierverfahren beruhen, hat allerdings bis auf den Begriff der Selbstähnlichkeit wenig mit der Theorie komplexer Fraktale gemein. Vielmehr wird versucht, durch lineare oder nichtlineare Parameter einer Transformation $f(\cdot)$ die möglicherweise in einem Bild vorhandene Selbstähnlichkeit zu beschreiben.

14.1.1 Prinzipien fraktaler Transformationen

Wir betrachten einen bestimmten Codierungsbereich (z.B. einen Block) eines Bildes. Es soll nun versucht werden, diesen Bereich durch einen *anderen* Ursprungsbereich desselben Bildes zu beschreiben. Der Ursprungsbereich darf dabei

– in seiner Geometrie verändert werden;
– in Helligkeit und Kontrast modifiziert werden.

Wichtig ist zunächst, daß überhaupt *irgendeine* Veränderung stattfindet, d.h. es ist nicht zulässig, den Codierungsbereich als Ursprungsbereich unverändert auf sich selbst abzubilden.

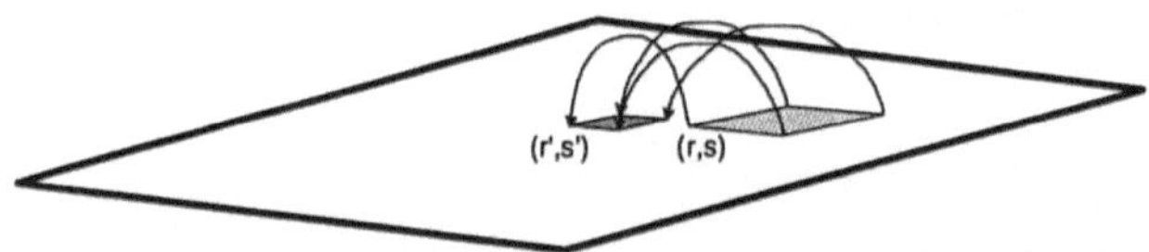

Abb. 14.1. Prinzip der fraktalen Transformation

Das Prinzip ist in Abb. 14.1 gezeigt. In diesem Fall wird ein Bereich des Bildes mit den Koordinaten (r,s) mittels der *geometrischen Transformation* $\gamma(\cdot)$ auf den Codierungsbereich mit den Koordinaten (r',s') abgebildet. Die geometrische Transformation besteht hier nur aus einer Verschiebung (Translation) und einer Verkleinerung (Dilatation). Generell kann z.B. die affine Transformation (4.20) eingesetzt werden, die alle möglichen linearen geometrischen Verformungen beschreibt. Zusätzlich findet eine *Luminanztransformation* $\lambda(\cdot)$ statt, mit welcher der Mittelwert oder die Varianz des abgebildeten Ursprungsbereichs an den Codierungsbereich angepaßt werden. Die gesamte fraktale Transformation für den Codierungsbereich ergibt sich hierbei als kombinatorisches Produkt der geometrischen und der Luminanz-Transformation, $f(\cdot)=\gamma(\cdot)\circ\lambda(\cdot)$.

14.1.2 Collage-Theorem

Kontraktivität der geometrischen Transformation $\gamma(\cdot)$. Die geometrische Transformation vollführt die Abbildung der Koordinaten (r,s) des Ursprungsbereichs auf das System (r',s') des Codierungsbereichs. Diese Abbildung ist *kontraktiv*, wenn kein geometrischer Abstand zwischen zwei Punkten im abgebildeten Codierungs-Koordinatensytem (r',s') größer ist als im Ursprungs-System (r,s). Dabei ist k der sogenannte Kontraktivitätsfaktor :

$$(r,s)\xrightarrow{\ \gamma(\cdot)\ }(r',s')$$

$$d\big((r_1',s_1'),(r_2',s_2')\big)\leq k\cdot d\big((r_1,s_1),(r_2,s_2)\big)\quad;\quad k\overset{!}{<}1 \tag{14.1}$$

Betrachten wir die Freiheitsgrade der affinen Transformation in Abb. 4.12, so wird durch Translation und Rotation keine geometrische Verformung, also auch keine Änderung des Abstandes bewirkt. Hingegen wird die Dilatation grundsätzlich eine Verkleinerung herbeiführen, sofern der Dilatationsfaktor kleiner als 1 ist. Finden zusätzlich Dehnung und Scherung Anwendung, so darf der Dilatationsfaktor höchstens 0,5 betragen, damit auch der Abstand der in einem Quadrat des Ursprungssystems diagonal liegenden Eckpunkte kleiner wird als vorher.

Kontraktivität der Luminanztransformation $\lambda(\cdot)$. Die Luminanztransformation nimmt mittels des Faktors a eine Varianz- und Vorzeichenverschiebung und mittels b eine Mittelwertverschiebung vor. Sie ist kontraktiv, wenn die Varianz durch die Abbildung nicht größer wird :

$$x(r',s')\xrightarrow{\ \lambda(\cdot)\ }y(r',s')=a\cdot x(r',s')+b\quad;\quad |a|<1 \tag{14.2}$$

Collage-Theorem. Das in [BARNSLEY 1988] formulierte Collage-Theorem sagt aus, daß die *iterative Erzeugung eines Bildes aus einem beliebigen Ursprungsbild* möglich ist, wenn

1. die Beschreibung des Bildes aus sich selbst durch die Transformation $f(\cdot)$ mit genügend geringer Verzerrung möglich ist;
2. die gesamte Transformation $f(\cdot)=\gamma(\cdot)\circ\lambda(\cdot)$ kontraktiv ist.

Herleitung des Collage-Theorems. Es sei $\mathbf{x}$ das Originalbild, und $f(\mathbf{x})$ das Bild, welches sich ergibt, wenn die fraktale Transformation *einmal* auf dieses Bild angewandt wird. Dies ist der optimale Fall, denn die fraktalen Transformationsparameter $f(\mathbf{x})$ sollen ja eben so bestimmt sein, daß sich das Bild so gut wie möglich aus sich selbst beschreiben läßt. Es sei nun $\mathbf{y}=f^{(r)}(\mathbf{z})$ das Rekonstruktionsbild nach der $r$ten Anwendung der fraktalen Transformation auf ein beliebiges Ursprungsbild $\mathbf{z}$. Des weiteren sei $f^{(r)}(\mathbf{x})$ das Ergebnis nach $n$maliger Transformation des Originalbildes $\mathbf{x}$; man beachte, daß $f^{(r)}(\mathbf{x})$ vermutlich eine größere Abweichung vom Original $\mathbf{x}$ zeigen wird als $f(\mathbf{x})$, da in der zweiten bis $r$ten Iteration nicht mehr das Original benutzt wird. Mit der Dreiecksungleichung gilt :

$$d(\mathbf{x},\mathbf{y}) \le d\big(\mathbf{x}, f^{(r)}(\mathbf{x})\big) + d\big(f^{(r)}(\mathbf{x}), f^{(r)}(\mathbf{z})\big). \tag{14.3}$$

Weiterhin erhalten wir

$$d\big(\mathbf{x}, f^{(r)}(\mathbf{x})\big) \le d\big(\mathbf{x}, f^{(1)}(\mathbf{x})\big) + d\big(f^{(1)}(\mathbf{x}), f^{(2)}(\mathbf{x})\big) + \ldots + d\big(f^{(r-1)}(\mathbf{x}), f^{(r)}(\mathbf{x})\big)$$
$$\le (1 + k + \ldots + k^{r-1}) \cdot d\big(\mathbf{x}, f^{(1)}(\mathbf{x})\big) \le (1-k)^{-1} \cdot d(\mathbf{x}, f(\mathbf{x})) \tag{14.4}$$

und

$$d\big(f^{(r)}(\mathbf{x}), f^{(r)}(\mathbf{z})\big) \le k \cdot d\big(f^{(r-1)}(\mathbf{x}), f^{(r-1)}(\mathbf{z})\big) \le \ldots \le k^r \cdot d(\mathbf{x},\mathbf{z}). \tag{14.5}$$

Mit (14.3), (14.4) und (14.5) folgt

$$d\big(\mathbf{x},\mathbf{y}^r\big) \le \underbrace{(1-k)^{-1} \cdot d(\mathbf{x}, f(\mathbf{x}))}_{\varepsilon} + k^r \cdot d(\mathbf{x},\mathbf{z}). \tag{14.6}$$

Da k nach (14.1) immer kleiner als 1 sein muß, bedeutet dies, daß sich nach einer genügend hohen Anzahl an Iterationen der Fehler höchstens den Wert ε annehmen kann. Gleichzeitig wird die Konvergenz um so schneller sein, je kleiner k ist. Man beachte, daß auf Grund der Vielzahl der in der Herleitung enthaltenen Ungleichungen das decodierte Signal in der Regel eine Verzerrung besitzen wird, die *wesentlich geringer* ist als die in (14.6) angegebene Grenze.

14.1.3 Fraktale Decodierung

An Abb. 14.1 werde nun die Wirkung der Aussage des Collagetheorems bei der fraktalen Decodierung erläutert. Das gesamte Bild sei in Codierungsbereiche aufgeteilt, und für jeden seien die Parameter der fraktalen Transformation gegeben. Es braucht nun am Anfang nicht vorausgesetzt zu werden, daß die zur Erzeugung der Codierungsbereiche verwendeten Ursprungsbereiche überhaupt etwas mit dem Bild zu tun haben; vielmehr kann die fraktale Abbildung zunächst auf ein beliebiges Ursprungsbild angewandt werden. Sofern die Transformation *kontraktiv* ist, wird nach (14.6) bei einmaliger Transformation das Ergebnis dem Originalbild schon etwas ähnlicher sein. Damit stehen nun aktualisierte Ursprungsbereiche zur Verfügung, aus denen sich durch erneute Transformation eine noch bessere Wiedergabe der Codierungsbereiche erzeugen läßt. So wird fortgefahren, bis das Ergebnis nach einer Reihe iterativer Schritte konvergiert, d.h. bis sich durch weitere Iterationen keine signifikanten Änderungen des Bildinhalts mehr einstellen. Die *Parameter der fraktalen Transformation* stellen daher einen *Code für das Bild* dar. Der Decodierer kann die Transformation auf ein *beliebiges Ursprungsbild* anwenden und so ein Rekonstruktionsbild erzeugen. Der Codierer hingegen braucht lediglich die optimalen Transformationsparameter aus dem *Originalbild* zu bestimmen, wobei das Ergebnis der Rekonstruktion des Decodierers allerdings nie besser werden kann, als wenn die Transformation *einmalig* auf das Original angewandt wird.

Die Konvergenz einer fraktalen Decodierung wird in Abb. 14.2 verdeutlicht. Hier wurde als Anfangsbild der Decodierungs-Iterationen in einem fraktalen Blockcodierverfahren einmal ein gleichmäßig graues Bild verwendet, einmal ein beliebiges anderes Bildsignal. Bei Verwendung identischer Transformationsparameter ist bereits nach wenigen Iterationsschritten kein wesentlicher Unterschied mehr zu erkennen.

Abb. 14.2. Konvergenz der fraktalen Decodierung bis zur 3. Iteration.
a Erzeugung aus gleichmäßig grauem Bild **b** Erzeugung aus Fremdbild

14.2 Fraktale Blockcodierung

Das fraktale Blockcodierverfahren, wie es in [JACQUIN 1992] beschrieben wurde, stellt eine einfache Realisierungsmöglichkeit zur Ermittlung und Codierung der Transformationsparameter dar. Das Prinzip ist in Abb. 14.3 dargestellt. Der geometrischen Transformation werden hierbei von vornherein gewisse Einschränkungen auferlegt :

- Die Codierungsbereiche sind Blöcke (in [JACQUIN 1992] : *range blocks*) der Größe $M' \mathrm{x} N'$;
- Kontraktivität und Verkleinerung werden mit einem festen Dilatationsfaktor $\Theta = 0,5$ definiert;
- Es sind nur translatorische Verschiebungen von bestimmten Positionen aus, und Rotationen der Blöcke um 0°, 90°, 180° und 270°, sowie horizontale und vertikale Spiegelungen erlaubt.

Die Ursprungsblöcke (in [JACQUIN 1992] : *domain blocks*) besitzen also die Größe $2 \cdot M' \times 2 \cdot N'$. Diese müssen zur Erfüllung der Kontraktivitätsbedingung (wie auch zur Vermeidung von Aliaseffekten) tiefpaßgefiltert und je örtlicher Richtung um den Faktor 2 unterabgetastet werden, um auf die Codierungsblöcke der Größe $M' \times N'$ abgebildet zu werden. Es ist nur eine begrenzte Anzahl J an Ursprungsblöcken definiert; J ist das Produkt der erlaubten Translations- und Rotationspositionen.

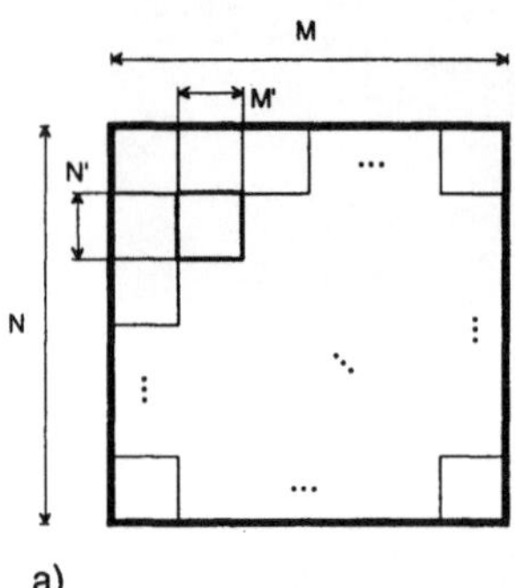
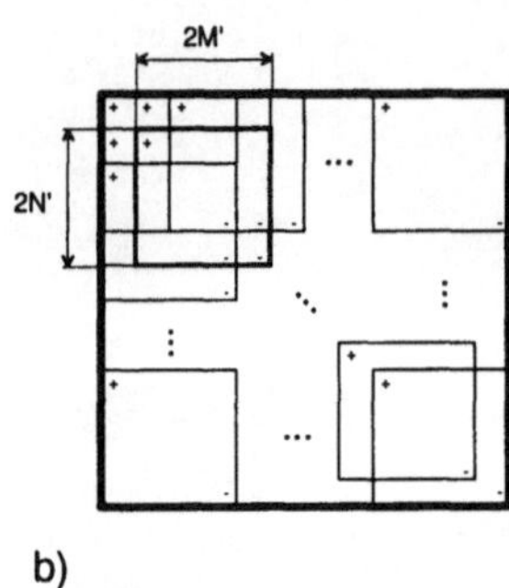

a)   b)

Abb. 14.3. Fraktale Blockcodierung **a** Lage der Codierungsblöcke (nicht überlappend) **b** Beispiel für mögliche Positionen von Ursprungsblöcken (überlappend)

14.2.1 Arbeitsweise des fraktalen Blockcodierers

Bestimmung der optimalen geometrischen Transformation. Es sei $\mathbf{x}$ der Codierungsblock im Originalbild, $\mathbf{y}_j{}^*$ bezeichne die für die geometrische Transformation heranziehbaren, bereits auf die Größe $M' \times N'$ unterabgetasteten Ursprungsblöcke ($j = 1, 2, \ldots, J$). Der Parameter a der Luminanztransformation, welcher die Varianzanpassung vornimmt, soll allerdings auf die von ihrem Mittelwert $\mu_{\mathbf{y}_j{}^*}$ befreiten Ursprungsblöcke angewandt werden. Bei Wahl des Ursprungsblockes mit Index j ergibt sich daher nach geometrischer und Luminanztransformation der Rekonstruktionswert

$$\mathbf{y}_j = a \cdot (\mathbf{y}_j{}^* - \mu_{\mathbf{y}_j{}^*}) + \mathbf{b} \quad ; \quad \mu_{\mathbf{y}_j{}^*} = \mu_{\mathbf{y}_j{}^*} \cdot \mathbf{1} \quad ; \quad \mathbf{b} = b \cdot \mathbf{1}. \tag{14.7}$$

Zusätzlich besteht noch die Möglichkeit, einen konstanten *Offsetwert* a_0 einzuführen. Dieser kann bewirken, daß bei *gleicher Helligkeit* von $\mathbf{x}$ und $\mathbf{y}_j{}^*$ als Parameter b der Luminanztransformation ein geringerer Wert zu übertragen ist :

$$\mathbf{y}_j = a \cdot (\mathbf{y}_j{}^* - \mu_{\mathbf{y}_j{}^*}) + a_0 \cdot \mu_{\mathbf{y}_j{}^*} + \mathbf{b}. \tag{14.8}$$

Der zur Charakterisierung des Codierungsblockes optimale Ursprungsblock ist derjenige, für den die Kreuzkovarianz

$$r_{xy_j{}^*}{}' = \mathbf{x}^{\mathrm{T}} \mathbf{y}_j{}^* - M' \cdot N' \cdot \mu_{\mathbf{x}} \cdot \mu_{\mathbf{y}_j{}^*} \tag{14.9}$$

maximal wird. Dies ist dasselbe Kriterium wie bei der Gain/Shape-VQ nach (11.9), allerdings wird in (14.9) wegen der Mittelwertwertbefreiung von $\mathbf{y}_j{}^*$ die gleichanteilfreie Kovarianz herangezogen.

Bestimmung der optimalen Luminanztransformation. Die optimalen Parameter a und b der Luminanztransformation ergeben sich wie in (11.9), unter zusätzlicher Berücksichtigung des Gleichanteils, nach folgenden Formeln :

$$a_{opt} = \frac{r'_{xy_j*}}{\sigma_{y_j*}^2} = \frac{\mathbf{x}^T\mathbf{y}_j*-K\cdot L\cdot \mu_x\cdot \mu_{y_j*}}{\left[\mathbf{y}_j*\right]^T\mathbf{y}_j*-K\cdot L\cdot \mu_{y_j*}^2} \quad ; \quad b_{opt} = \mu_x - a_0\cdot \mu_{y_j*}. \tag{14.10}$$

Da der mit (14.10) gefundene Parameter a_{opt} möglicherweise die Bedingung der Kontraktivität verletzen kann, muß er gegebenenfalls auf einen Wert $|a_{opt}|<1$ reduziert werden. Die im Codierer durchzuführende Suche nach dem optimalen Ursprungsblock ist ein Matching-Problem.

Interpretation als "Vektorquantisierung mit virtuellem Codebuch". Die Menge der erlaubten, unterabgetasteten Ursprungsblöcke bildet ein Codebuch, in dem nach dem Kriterium der Kreuzkorrelation der optimale Rekonstruktionsvektor $\mathbf{y}_j$ gesucht wird. Allerdings sind die im Codebuch enthaltenen Vektoren vom Bildinhalt abhängig, und verändern sich auch während der Iterationsschritte der Decodierung. Dies wird mit dem Begriff *virtuelles Codebuch* ausgedrückt (Abb. 14.4).

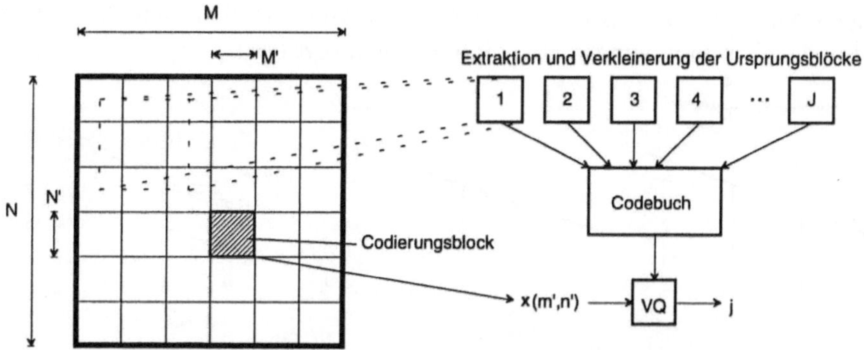

Abb. 14.4. Fraktale Codierung als "Vektorquantisierung mit virtuellem Codebuch"

Interpretation als "Bewegungskompensation im Bild". Eine andere Interpretation des fraktalen Blockcodierprinzips ist in Abb. 14.5 gegeben. Hierbei wird zunächst das aus Codierungsblöcken bestehende Bild der unteren, vollen Auflösungsstufe unterabgetastet. In der oberen Stufe mit verringerter Auflösung sind die unterabgetasteten Ursprungsblöcke enthalten. Nun kann die Suche nach dem optimalen Ursprungsblock wie bei einem Block-matching-Verfahren mit dem Kreuzkovarianzkriterium (14.9) durchgeführt werden.

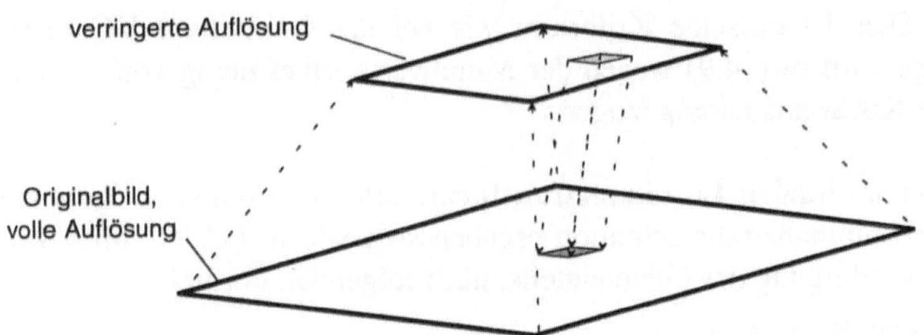

Abb. 14.5. Fraktale Blockcodierung als "Bewegungskompensation im Bild"

Wahl des Parameters a_0. Ein Fall, der bei der fraktalen Blocktransformation sehr häufig vorkommt, ist die geometrische Transformation mit dem Ursprungsblock *unmittelbar* über oder in der Nähe der Position des Codierungsblockes. In diesem Fall besitzen also **x** und $\mathbf{y}_j{}^*$ nahezu identische Mittelwerte. Der Parameter a_0 erlaubt hierbei das Ausnutzen der fraktalen Ähnlichkeit bei der Codierung des *Mittelwertparameters b*. Hierzu wollen wir annehmen, daß das Bildsignal aus einem Bild konstanter Helligkeit c erzeugt werden soll. Wird $a_0=0$ gewählt, so ist der Mittelwert bereits nach einer Iteration der Decodierung rekonstruiert, jedoch muß $b=\mu_x$ zusätzlich übertragen werden. Mit $a_0>0$ ist nach (14.10) $b=\mu_x-a_0\cdot\mu_{yj}{}^*$ zu übertragen. Der rekonstruierte Mittelwert μ_y wird nach einer Iteration $b+a_0\cdot c$, nach der 2. Iteration $b(1+a_0)+a_0{}^2\cdot c$, nach der $r$ten Iteration (vgl. hierzu (14.4))

$$\mu_y = b\cdot(1+a_0+...+a_0{}^{r-1})+a_0{}^r\cdot c \tag{14.11}$$

betragen. Mit $a_0=1$ wäre also gar keine Rekonstruktion möglich; sinnvoll ist eine Wahl in der Größenordnung $a_0=0{,}5...0{,}6$ [BARTHEL, VOYÉ 1994].

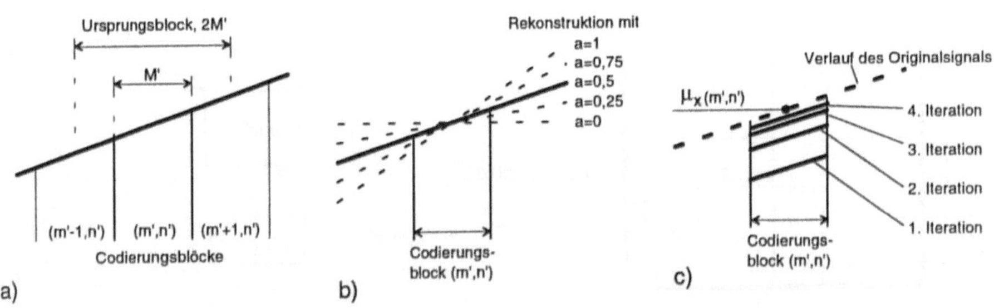

Abb. 14.6. a Bildsignal mit konstantem Helligkeitsanstieg **b** Wirkung des Parameters a **c** Iterationen der fraktalen Decodierung mit $a=0{,}5$, $a_0=0{,}5$, $b=\mu_x/2$

Beispiel : Konstanter Helligkeitsanstieg. Abb. 14.6b stellt die Wirkungsweise der fraktalen Transformation bei einen konstanten Helligkeitsanstieg im Bildsignal (Abb. 14.6a) dar. Als optimaler Varianzparameter wird sich offensichtlich bei einer geometrischen Transformation der Kontraktivität $k=0{,}5$ ebenfalls $a=0{,}5$ ergeben; die Kontraktivitätsbedingung ist also auch für die Luminanztransformation erfüllt. Man beachte, daß der ansteigende Verlauf der Helligkeitsfunktion erst dadurch rekonstruierbar wird, daß die nebeneinander liegenden Blöcke unterschiedliche Mittelwerte besitzen; mittels der geometrischen Kontraktion wird hier also implizit die Redundanz zwischen benachbarten Blöcken ausgenutzt. Abb. 14.6c stellt die ersten 4 Iterationen der fraktalen Decodierung dar; die Konvergenz gegen den Signalwert ist klar ersichtlich.

Vergleich mit Transformationscodierung. Im Vergleich mit einer DCT-Transformationscodierung ist die fraktale Codierung hier offensichtlich leistungsfähiger, da im Vergleich zu dem den Blockmittelwert repräsentierenden Gleichanteilkoeffizienten c_{00} der *halbe Wertebereich* für den Parameter b genügt, und außerdem an Stelle beliebiger Werte der Koeffizienten c_{01}, c_{10} und c_{11}, durch deren Kombinationen hauptsächlich die linearen Helligkeitsanstiege in beliebigen örtlichen Richtungen repräsentiert sind, ein *einziger* Parameter a=0,5 ausreicht.

Beispiel : Sprung- und Rampenkanten. Auch bei Sprung- und Rampenkanten kann der Ursprungsblock gewöhnlich in der unmittelbaren Umgebung des Codierungsblockes gefunden werden. Liegt die Kantenposition in der Mitte des Codierungsblockes, erfolgt sogar eine geometrische Transformation mit der Verschiebung Null (sh. Abb. 14.7). Allerdings wird der Luminanztransformations-Parameter a nun eher nahe am Wert 1 liegen; es sind daher auch mehr Decodierungsiterationen zur Rekonstruktion erforderlich. Auch hier wird der Vorteil der fraktalen Codierung gegenüber der Transformationscodierung deutlich, bei welcher Kantenstrukturen gewöhnlich nur mit einer Vielzahl an Koeffizienten wiedergegeben werden können.

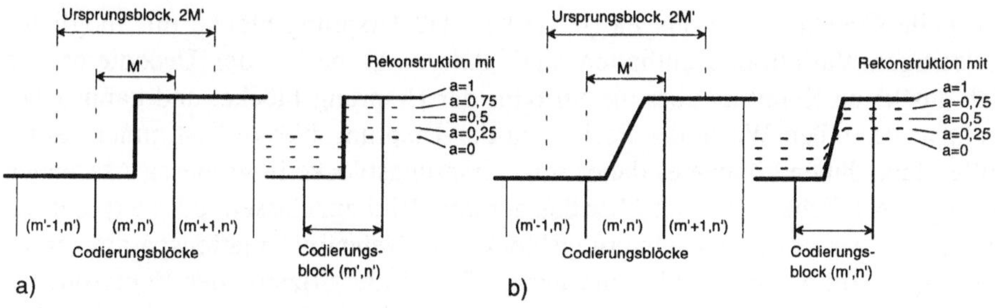

Abb. 14.7. Wirkung der fraktalen Blocktransformation **a** bei einer Sprungkante **b** bei einer Rampenkante

14.2.2 Codierung der Transformationsparameter

Die Datenreduktionsfähigkeit einer fraktalen Codierung hängt hauptsächlich von der effizienten Auswahl und Codierung der Transformationsparameter ab.

Codierung der geometrischen Transformationsparameter. Je größer die Anzahl J der zugelassenen geometrischen Transformationen ist, desto höher wird die resultierende Datenrate, um die verschiedenen möglichen Parameter zu codieren. Es ist daher sinnvoll, die Auswahl auf bestimmte Positionen zu beschränken.

Spiralförmige Suche. In [BARTHEL, VOYÉ, NOLL 1993] wurde gezeigt, daß tatsächlich - wie im vohergehenden Abschnitt am Beispiel von Modellsignalen beschrieben - in vielen Fällen in der unmittelbaren Umgebung des Codierungsblockes ein passender Ursprungsblock gefunden wird. Daher wurde vorgeschlagen, die Suche bei dem direkt über dem Codierungsblock liegenden Ursprungsblock zu beginnen und, von dort ausgehend, spiralförmig in die nähere Umgebung auszudehnen (vgl. Bewegungsschätzung, Abb. 6.10c). Wird ein Schwellwertkriterium angewandt, kann die Suche schon nach der ersten oder wenigen weiteren Positionen abgebrochen werden. Hierdurch wird die Häufigkeit der kleinen Suchschrittweiten sehr stark erhöht, so daß deren Entropiecodierung eine große Wirksamkeit erzielt. So ergibt sich z.B. in Blöcken gleichmäßiger Helligkeit oder gleichförmigen Helligkeitsanstiegs fast immer das optimale Ergebnis mit dem ersten Suchschritt.

Weitere Suchstrategien. Bei unregelmäßig strukturiertem Bildinhalt wird es oftmals nicht möglich sein, die geometrische Transformation in der unmittelbaren Umgebung des Codierungsblockes zu finden. Hier ist die richtige Auswahl der Ursprungsblöcke von großer Bedeutung. Ähneln sich mehrere Ursprungsblöcke, wie es im allgemeinen bei größeren Bildflächen mit gleicher Struktur und Helligkeit der Fall sein wird, so wird nur die Datenrate unnötig erhöht, wenn zwischen ihnen ausgewählt werden kann. Auf der Codiererseite kann daher das "virtuelle Codebuch" so ausgelegt werden, daß Ursprungsblöcke mit möglichst vielseitigen Variationen enthalten sind. Allerdings besitzt der Decodierer von sich aus keine Kenntnis über die Struktur der Ursprungsblöcke, und kann daher nicht in derselben Weise die Positionen der Ursprungsblöcke bestimmen. Sinnvolle Maßnahmen können es daher sein, Ursprungsblöcke in größeren Abständen (weniger Ähnlichkeit !) quer über das gesamte Bild zuzulassen, oder explizit die Positionen der gewählten Ursprungsblöcke als Nebeninformationsparameter zu übertragen. Im letzteren Fall kann auch, wie bei klassifizierender Vektorquantisierung (vgl. Abschn. 11.1), zwischen verschiedenen Typen von Codierungsblöcken, entsprechend der in ihnen wiedergegebenen Bildstrukturen, unterschieden werden.

Klassifikation der Codierungsblöcke. Die zur Wiedergabe des Bildinhalts notwendige Datenrate ist stark vom lokalen Detailgehalt abhängig. So genügen in Bereichen gleichmäßiger Helligkeit oder gleichmäßigen Helligkeitsanstieges allein die Luminanztransformationsparameter a und b, um eine ausreichend genaue Rekonstruktion des Codierungsblockes zu erhalten. In unregelmäßig strukturierten Regionen ist dagegen die geometrische Transformation von größerer Bedeutung. Daher kann das fraktale Blockverfahren sehr gut um *adaptive* oder *klassifizierende* Komponenten erweitert werden. Verschiedene Ansätze hierzu wurden ebenfalls in [BARTHEL, VOYÉ 1994] vorgeschlagen. So kann vor allem die Weite des Suchbereichs für die zu verwendenden Ursprungsblöcke an den lokalen Bildinhalt angepaßt werden, weil hierdurch die resultierende Bitrate maßgeblich beeinflußt wird. Gleichzeitig kann auch die *Blockgröße* (wie bei Vektorquantisierung mit variablen Blockgrößen, Abschn. 11.3) an den lokalen Detailgehalt angepaßt werden. In vielen Fällen lassen sich mehrere benachbarte Blöcke in einer gleichmäßig hellen Region zusammenfassen, und mit einem einzigen Luminanz-Transformationsparameter charakterisieren. Für alle diese Klassifikations- und Adaptionsmaßnahmen wird jedoch wieder die Übertragung von Nebeninformationsparametern erforderlich.

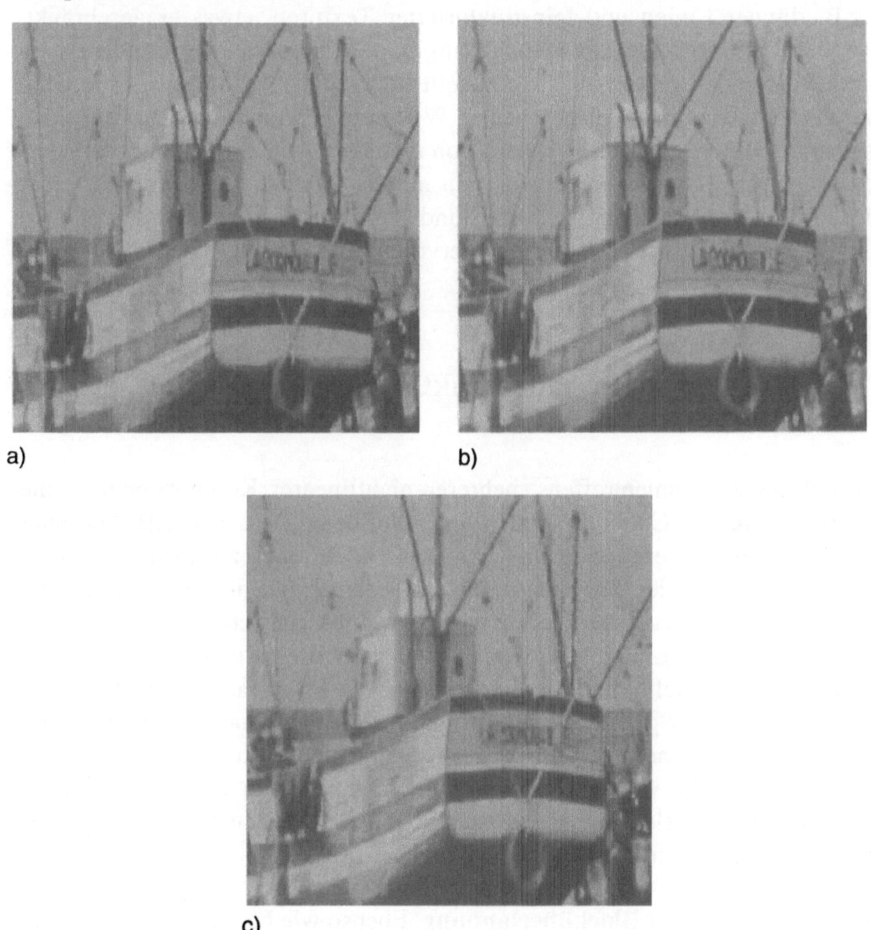

Abb. 14.8. Rekonstruktionsbilder bei fraktaler Codierung.
a Methode nach [JACQUIN 1992], $R=0,4$ *b/p* **b** Methode unter Anwendung der in Abschn. 14.2 beschriebenen Prinzipien, $R=0,4$ *b/p* **c** wie b, $R=0,22$ *b/p*

Codierung der Luminanz-Transformationsparameter. Statistische Abhängigkeiten zwischen den Parametern a und b der Luminanztransformation sind nicht durch eine lineare Funktion beschreibbar. Daher ist eine Vektorquantisierung mit ungleichförmigen Codebüchern eine wirkungsvolle Methode zur Codierung der Luminanz-Transformationsparameter.

Insbesondere die *b*-Parameter benachbarter Blöcke können, wie aus Abb. 14.6b ersichtlich, noch Redundanz aufweisen. Diese kann mittels einer DPCM-Codierung zur weiteren Reduktion der Datenrate ausgenutzt werden.

Ergebnisse mit fraktaler Blockcodierung. Fraktal codierte Bilder zeigen nicht so harte Blockeffekte wie TC- und Ortsbereichs-VQ-Verfahren. Kanten werden selbst bei niedrigen Bitraten (0,2 bpp und darunter) noch sehr scharf wiedergegeben, dagegen ist die Wiedergabequalität bestimmter anderer hochfrequenter Anteile, z.B. dünner Linien und feinstrukturierter Texturen, etwas eingeschränkt. Dies ist aber stark von den Strategien abhängig, die bei der geometrischen Transformation verwendet werden. Abb. 14.8 stellt Rekonstruktionsbilder des fraktalen Verfahrens von Jacquin, wie auch seiner Weiterentwicklung dar. Die Resultate sind selbst bei Bitraten um 0,2 *b/p* noch von recht guter Qualität. Dagegen ist eine Codierung mit *perfekter Rekonstruktion* mittels fraktaler Verfahren gar nicht möglich. Bereits bei Raten zwischen 0,5 und 1 *b/p* sind die Ergebnisse daher in der Regel schlechter als mit Frequenzcodierverfahren.

14.3 Weitere Perspektiven des fraktalen Codierprinzips

Auf Grund des Zusammentreffens mehrerer nichtlinearer Komponenten ist die Optimierung fraktaler Codierer kein triviales Problem. Dies trifft z.B. bei einer Anwendung aufwendigerer geometrischer Transformationen zu. Prinzipiell können hierzu alle Methoden zur nicht-translatorischen Bewegungsschätzung (vgl. Abschn. 6.2.4) eingesetzt werden; so ist etwa eine schärfere Wiedergabe von Kanten und schmalen Linien zu erwarten, wenn der Freiheitsgrad der Dehnung zugelassen wird. Es stellt sich allerdings immer die Frage, auf wie viele Codierungsblöcke derartige Spezialfälle überhaupt zutreffen, und ob die durch zusätzliche geometrische Transformationsparameter verursachte Bitratenerhöhung sich auch an anderer Stelle wieder einsparen läßt. Es sollen nun einige Ansätze besprochen werden, mittels derer Effizienz und Einsatzbereiche fraktaler Codierer erweitert werden können.

Fraktale Codierung mit Blocküberlappung. Ebenso wie bei der Frequenzcodierung (Abschn. 2.6.3) und Vektorquantisierung (Abschn. 11.2) ist es bei fraktaler Codierung möglich, vergrößerte, überlappende Codierungsbereiche zu benutzen, ohne die Bitrate erhöhen zu müssen; allerdings wird sich der Suchaufwand bei der Codierung erhöhen.

Hybride fraktale Codierung. Die fraktale Codierung erlaubt eine Bildcodierung mit hoher Qualität bei sehr niedrigen Bitraten, während Frequenzcodierverfahren sich eher für höhere Raten eignen. Wenn daher eine Kombination von fraktaler Codierung und Frequenzcodierverfahren realisiert wird, können sehr gute Codierergebnisse sowohl bei niedrigen, als auch bei höheren Bitraten erzielt werden.

In der einfachsten Lösung kommt hierbei dem Frequenzcodierverfahren die Aufgabe zu, den bei der fraktalen Codierung verbleibenden *Restfehler* zu kompensieren [MURPHY 1993]. Ein wesentlicher Nachteil der fraktalen Codierung wird hiermit überbrückt; es war nicht möglich - wie bei den Frequenzcodierverfahren - zu garantieren, daß *überall* im Bild der Codierungsfehler relativ gering bleibt. Dieses Prinzip entspricht im übrigen genau dem des hybriden Bildsequenzcodierers mit Bewegungskompensation (sh. folgendes Kap.), nur daß bei der fraktalen Hybridcodierung die Bewegungskompensation *innerhalb* eines Bildes erfolgt. Die Wirkungsweise läßt sich offensichtlich so deuten, daß mit dem fraktalen Verfahren *Ähnlichkeiten* zwischen verschiedenen Auflösungsstufen (die bei linearen Frequenzcodierverfahren gemeinhin ignoriert werden) ausgenutzt werden können. Wo *keine* Selbstähnlichkeit vorhanden ist, kann hingegen der Frequenzcodierer eine bessere Wirkungsweise erzielen. Ebenso wird bei einem hybriden Sequenzcodierer die bewegungskompensierte Prädiktion für einen "Intraframe"-Modus ausgeschaltet, wenn neue Inhalte auftauchen, also keine Ähnlichkeit zum Vorgängerbild festzustellen ist.

a)   b)

Abb. 14.9. Rekonstruktionsbilder bei hybrider fraktaler Codierung nach [BARTHEL ET AL. 1994] **a** R=0,22 *b/p* **b** R=0,12 *b/p*

In einem noch weiter gehenden Ansatz [BARTHEL ET AL. 1994] werden der Codierungsblock **x** und der Ursprungsblock **y** aus (14.8) in den DCT-Frequenzbereich transformiert (dies erfolgt *nach* der geometrischen Transformation). Der Aussteuerungsparameter a und der Offsetparameter b können dann als a_{uv} bzw. b_{uv} individuell an jede Frequenzkomponente angepaßt werden. Man beachte, daß eine Zerlegung des Aussteuerungsparameters in *Gleichanteil* a_0 und *Wechselanteil* a bereits bei der Modifikation von (14.7) nach (14.8) stattgefunden hat. In vielen Fällen reicht selbstverständlich ein *konstantes* a_{uv} für alle Spektralkomponenten aus, dies entspricht dann wegen der linearen Eigenschaften der DCT genau dem bisherigen fraktalen Codierprinzip. Der andere Extremfall wäre, daß *alle* a_{uv} auf Null gesetzt werden. Die b_{uv}, welche dann die gesamte Information über den Codierungsblock **x** enthalten, sind also nichts als seine DCT-Transformationskoeffizienten. Interessant sind aber vor allem die Fälle, die dazwischen liegen : a_{uv} weicht nur für eine oder wenige Spektralkomponenten vom gemeinsamen a ab, oder wird nur für einzelne Spektralanteile auf Null gesetzt. Hierdurch läßt sich für jede einzelne Frequenzkomponente festlegen, welche Beschreibung die günstigste ist. Die Untersuchungen zeigen, daß nunmehr auch Codierungsblöcke, die bisher nur schwer oder durch aufwendige geometrische Transformation fraktal beschreibbar waren, durch wenige zusätzliche a_{uv}- oder b_{uv}-Transformationsparameter sehr gut wiedergegeben werden können. Die resultierende Rekonstruktionsqualität ist über einen weiten Bitratenbereich deutlich höher sowohl als die des fraktalen Codierers, als auch die eines Frequenzcodierers, jeweils für sich genommen. Die Komplexität des Verfahrens erlaubt allerdings höchstens eine Codierung mit etwa 1 *b/p*. Abb. 14.9 zeigt Codierungsbeispiele des Hybridverfahrens bei Raten von 0,22 *b/p* und 0,12 *b/p*. Auch das Beispiel in Abb. 1.5d, bei einer Datenrate von 0,13 *b/p*, wurde mit diesem Verfahren erzeugt.

Beliebige Skalierbarkeit. Mit ein und denselben Transformationsparametern kann ein Rekonstruktionsbild *beliebiger Größe* erzeugt werden, indem eine lineare Größenanpassung der Codierungsbereiche stattfindet. Während sich bei Teilband- und Pyramidencodierverfahren die möglichen Skalierungsstufen systembedingt jeweils um den Faktor 2 unterscheiden, ist bei fraktaler Codierung eine nahezu beliebige Skalierbarkeit möglich.

Codierung beliebiger Segmentformen. Die Codierungsbereiche sind in ihrer geometrischen Struktur nicht von vornherein festgelegt. Da die Ursprungsblöcke, aus denen das *virtuelle Codebuch* besteht, sich leicht an beliebige geometrische Formen anpassen lassen, ist eine fraktale Codierung beliebiger Segmentformen, wie sie bei objektorientierten Codierverfahren gefordert ist, noch einfacher realisierbar als bei einer Vektorquantisierung (Abb. 11.10b).

Fraktale Bildsequenzcodierung. Der bisher beschriebene Ansatz zur fraktalen Codierung befaßt sich ausschließlich mit der Datenkompression des *Ortsbereichsbildes*. Soll die Methode der fraktalen Blockcodierung für die Bildsequenzübertragung eingesetzt werden, so können an Stelle der zweidimensionalen Blökke 3-dimensionale Quader behandelt werden (sh. Abb. 14.10a). Die geometrische Kontraktion kann prinzipiell auf den Ortsachsen und/oder auf der Zeitachse erfolgen; letzteres bietet möglicherweise Vorteile beim Auftreten von Szenenwechseln, da hier zeitliche Amplitudensprünge im Signal stattfinden. Bei gleichbleibendem, aber bewegtem Inhalt bietet sich eine Kombination mit Bewegungskompensations-Techniken an. Sofern der Inhalt aufeinander folgender Bilder vollständig mittels der Bewegungsparameter auseinander beschreibbar ist, lassen sich die Bewegungsparameter direkt in die dreidimensionale fraktale Transformation integrieren. Hierbei sind zunächst die Fälle zu unterscheiden, in denen ein unbewegter Inhalt aus einem bewegten, bzw. ein bewegter aus einem unbewegten durch fraktale Transformation beschrieben wird (Abb. 14.10b) : Im ersten Fall folgt die geometrische Verzerrung des Ursprungsquaders *unmittelbar* der Bewegung; im zweiten Fall ist die Verzerrung *entgegengesetzt* der Bewegung des Codierungsquaders. Besonders interessant ist aber wieder der Fall, in dem ein gleichförmig bewegter Inhalt durch zeitliche *und* örtliche Kontraktion aus einem an derselben Position gelegenen, d.h. ebenso bewegten Ursprungsquader generiert wird - hierbei müssen zumindest bei beliebig beschleunigter translatorischer Bewegung *keine Bewegungsparameter* übertragen werden, da die Bewegung gleichzeitig mit dem Bildinhalt skaliert wird (Abb. 14.10c).

Bei inhomogenen Bewegungsvektorfeldern *müssen* jedoch stets Aufdeckungen neuer Inhalte auftreten. Da die fraktale Codierung eine sehr leistungsfähige Methode zur Datenkompression im Ortsbereichssignal ist, läßt sie sich an diesen Positionen aber auch gut zur Intraframe-Codierung einsetzen. Sinnvoll erscheint daher insbesondere die Kombination objektorientierter Bewegungskompensationsmethoden mit fraktaler Intraframe-Codierung. Zur Codierung des bewegungskompensierten Prädiktionsfehlersignals, wie es bei den im folgenden Kapitel besprochenen hybriden Bildsequenzcodierern erzeugt wird, ist der fraktale Ansatz dagegen ungeeignet. Durch Fehlschätzung der Bewegung, insbesondere an Objektgrenzen, enthält die bewegungskompensierte Bilddifferenz in Hybridcodierern viele hochfrequente Anteile, an denen der fraktale Codierer offenbar versagt.

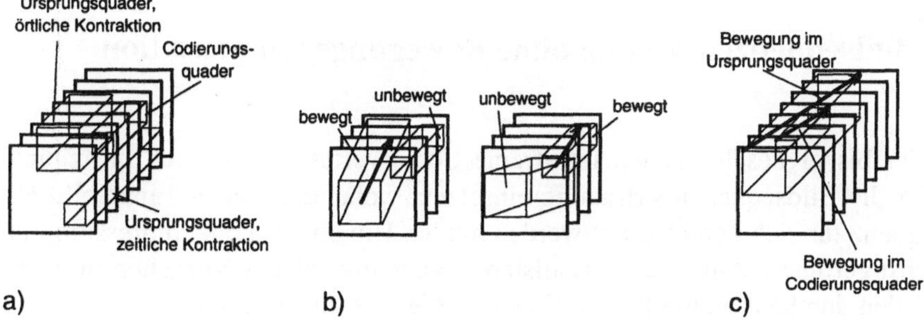

Abb. 14.10. Zum Prinzip einer fraktalen 3D-Bildsequenzcodierung

15 Hybride Codierung von Bildsequenzen

Als hybrid werden in der mehrdimensionalen Bildcodierung Codierverfahren bezeichnet, die unterschiedliche Techniken entlang der einzelnen Signal-Koordinatenachsen einsetzen. Dies kann z.B. eine Kombination von DPCM mit Vektorquantisierung, Teilband- oder Transformationscodierung sein. Das hybride Prinzip hat sich mittlerweile vor allem in der zeitlich-örtlichen Codierung von Bildsequenzen etabliert, wo eine zeitliche, meist bewegungskompensierte DPCM-Datenkompression mit einer Transformationscodierung des örtlichen Prädiktionsfehlersignals kombiniert werden kann. Von wesentlicher Bedeutung ist hierbei die Wirkung der Bewegungskompensation auf die Statistik des Prädiktionsfehlersignals. Die hybride Codierung ermöglicht eine wirkungsvolle Datenkompression bei Bildsequenzen, ohne eine zusätzliche Zeitverzögerung einzuführen. Nachteilig ist die rekursive Struktur des DPCM-Decodierers, die zu Fehlerfortpflanzungen führen kann. Nahezu identische Prinzipien können aber auch in einer "zweiseitigen" Prädiktion, die eigentlich eine bewegungskompensierte Interpolation darstellt, eingesetzt werden.

15.1 Bildsequenzcodierung ohne Bewegungskompensation

Jedes der bisher beschriebenen Intraframe-Codierverfahren läßt sich prinzipiell auch für die Bildsequenzübertragung einsetzen, wobei dann jedes Einzelbild einer Sequenz für sich komprimiert werden müßte. Um eine Datenkompression mit möglichst geringem Aufwand zu realisieren, kann ein solches Vorgehen in manchen Fällen durchaus sinnvoll sein. Hierbei ist jedoch zu beachten :

- Die Redundanz entlang der zeitlichen Koordinatenachse des Videosignals wird nicht ausgenutzt; dies führt insbesondere in unbewegten Bereichen zu einer unnötig hohen Datenrate.
- Findet eine Bewegung statt, so werden die Artefakte in den einzelnen Bildern, z.B. Rauschen oder der Gittereffekt eines feststehenden Blockrasters, in der Bildsequenz ungleich stärker sichtbar als im einzelnen Standbild. Daher

sind von vornherein höhere Anforderungen an die Codierungsqualität zu stellen, niedrige Datenraten sind nicht erreichbar.

Es ist daher notwendig, bei der Datenreduktion einen Bezug zwischen aufeinander folgenden Bildern herzustellen.

Frame Replenishment. Mit diesem Begriff werden Bildcodiertechniken bezeichnet, bei denen nur diejenigen Anteile mittels einer Intraframecodierung übertragen werden, die sich gegenüber dem Vorgängerbild signifikant geändert haben (*replenish* : auffüllen). Das erste Bild in einer Sequenz, auch nach einem Szenenwechsel, muß stets vollständig intraframe-codiert sein. Diese Technik ist mit sehr geringem Aufwand realisierbar - es sind keine Bewegungsschätzung und -kompensation erforderlich -, sie ist aber auch nur bei solchen Bildsequenzen wirkungsvoll, bei denen der *größte Anteil der Bildfläche unbewegt* ist (z.B. fester Hintergrund bei Bildtelefon). Die Positionen der aufzufüllenden Regionen müssen jeweils als Nebeninformation mit übertragen werden, was aber z.B. mittels einer Lauflängencodierung ohne nennenswerten Aufwand realisierbar ist.

Bei im Zeilensprungverfahren abgetasteten Videosequenzen sollten die unveränderten Bildteile dem vorangegangenen Halbbild *gleicher Parität* entnommen werden, da dieses auf der identischen örtlichen Abtastposition liegt.

Jedes Interframe-Codierverfahren sollte im übrigen die Möglichkeit bieten, ein *replenishment*, also eine Intraframe-Codierung ohne Verwendung des Vorgängerbildes vorzunehmen. Dies ist wichtig bei starken, nicht durch Bewegungskompensation erfaßbaren Änderungen des Bildinhaltes (Okklusionen und Szenenwechsel), bei denen die Intraframe-Codierung effizienter sein wird als die Ausnutzung der Redundanz zwischen aufeinander folgenden Bildern. Die Framereplenishment-Methode ist somit eine spezielle Form der Hybridcodierung ohne Bewegungskompensation, bei der immer dann, wenn die Bilddifferenz (der Prädiktionsfehler) zwischen aufeinander folgenden Bildern einen bestimmten Schwellwert überschreitet, auf eine Intraframe-Codierung umgeschaltet wird.

15.2 Hybridcodierung mit Bewegungskompensation

Die Struktur eines hybriden Codierers mit bewegungskompensierter Prädiktion und 2D-Codierung des entstehenden Differenzbildes (Prädiktionsfehlers) ist in Abb. 15.1 dargestellt. Hier wird *zuerst die Prädiktion* ausgeführt, und anschließend die Codierung im Ortsbereich. Für die zweidimensionale Ortsbereichs-Codierung wird am häufigsten eine Frequenzcodierung verwendet, jedoch kann auch jedes beliebige andere Ortsbereichs-Codierverfahren (VQ, 2D-DPCM) eingesetzt werden.

Prinzipiell ist auch die umgekehrte Struktur denkbar : *Zuerst die Frequenzzerlegung*, und anschließend die bewegungskompensierte Prädiktion der einzelnen

Spektralkomponenten. Da jedoch die einzelnen Spektralkomponenten (z.B. Teilbandsignale) eine unterabgetastete Repräsentation des Signals darstellen, wäre in diesem Fall eine Bewegungskompensation mit sehr vielen Zwischenpixel-Interpolationen notwendig. Da die spektralen Teilbandsignale in Folge der Unterabtastung Aliasanteile enthalten, wäre keine vollständige Bewegungskompensation realisierbar, selbst wenn sich der Bildinhalt im Originalsignal um eine exakt ganzzahlige Anzahl von Bildpunkten verschiebt.

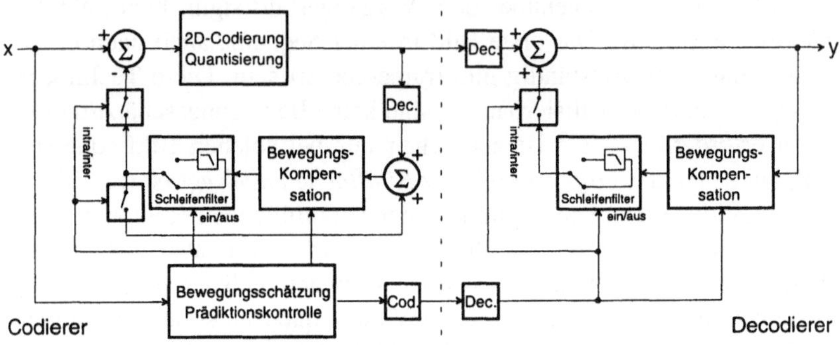

Abb. 15.1. Hybrides Interframe-Codierverfahren mit Bewegungskompensation

Bewegungskompensierte Prädiktion. Zwar lassen sich zur bewegungskompensierten Prädiktion eines Bildes beliebige Vorgängerbilder verwenden; in der Praxis wird in zeitlicher Richtung aber meist eine Prädiktion 1. Ordnung angewandt. Dies hat u.a. seinen Grund darin, daß der *bleibende* Bildinhalt ohnehin zum unmittelbaren Vorgängerbild die größte Ähnlichkeit besitzt, während *neu hinzukommende* Inhalte auch aus weiter zurückliegenden Bildern nicht prädizierbar sind. Zusätzlich zur Prädiktion mit dem zeitlichen Prädiktorkoeffizienten a_t wird in einigen Fällen eine *örtliche Filterung* angewandt. Als Beispiel werde hier ein FIR-Filter $A(z_1,z_2)$ der Ordnung $P \cdot Q-1$ verwendet. Die bezüglich der Orts- und Zeitkoordinaten separierbare Prädiktionsgleichung lautet dann

$$\hat{x}(m,n,o) = a_t \cdot \sum_{p=0}^{P-1}\sum_{q=0}^{Q-1} a(p,q) \cdot y\left[m+k(m,n)-p+\frac{P}{2}, n+l(m,n)-q+\frac{Q}{2}, o-1\right].$$

$$(15.1)$$

Der zeitliche Prädiktorkoeffizient wird meist auf den Wert $a_t=1$ gesetzt, wodurch die Grundhelligkeit gegenüber dem vorhergehenden Rekonstruktionsbild erhalten bleibt. Ein symmetrisches örtliches FIR-Filter $A(z_1,z_2)$ bewirkt bei geradem P eine Verschiebung um 1/2 Bildpunkt in Zeilenrichtung, bei geradem Q eine Verschiebung um 1/2 Bildpunkt in Spaltenrichtung. Ein solches Filter kann daher auch zur Bewegungskompensation mit Halbpixel-Genauigkeit eingesetzt werden. Bei Filtern mit ungeradzahliger Länge findet dagegen keine Verschiebung statt. Die z-Übertragungsfunktion des bewegungskompensierten Prädiktorfilters - welches auf Grund der Inhomogenität des Bewegungsvektorfeldes im allgemeinen ortsvariant ist - lautet an der Position (m,n)

$$H^{(m,n)}(z_1,z_2,z_3) = a_t \cdot A^{(m,n)}(z_1,z_2) \cdot z_1^{\,k(m,n)} \cdot z_2^{\,l(m,n)} \cdot z_3^{\,-1}. \tag{15.2}$$

Hierbei sind $[k,l]$ ganzzahlige Verschiebungsparameter; bei einer subpixelgenauen Bewegungskompensation ist das Filter $A(z_1,z_2)$ an der Position (m,n) in (15.2) als örtliches Interpolationsfilter auszulegen. In Abschn. 15.2.2 wird weiter darauf eingegangen, daß die Tiefpaßfilterung des bewegungskompensierten Prädiktionsfehlersignals auch zur weiterren Optimierung der Datenkompression beitragen kann.

Betriebsarten des Hybridcodierers. Die Bestimmung der - als Nebeninformation zu übertragenden - Bewegungsparameter erfolgt entweder durch Vergleich des aktuellen Bildes mit dem vorhergehenden Originalbild oder mit dem vorhergehenden decodierten Bild. Der *Codierung* dieser Parameter ist ein eigener Abschnitt in Kap. 18 gewidmet. Die in Abb. 15.1 in Kombination mit der Bewegungsschätzung gezeigte Funktion *Prädiktionskontrolle* dient der Ein- und Ausschaltung des örtlichen Filters oder der gesamten Prädiktion und wählt so das der 2D-Codierung zugeführte Signal :

- Orignalbild minus bewegungskompensiertem Vorgängerbild (untere Schalterstellung);
- Originalbild minus bewegungskompensiertem Vorgängerbild, örtlich tiefpaßgefiltert (obere Schalterstellung);
- Nur Originalbild (mittlere Schalterstellung); in diesem Fall wird eine reine Intraframe-Codierung vorgenommen.

Die hybride Codierung besitzt eine *geringe Zeitverzögerung*. Da nur zurückliegende, bereits decodierte Bilder zur Interframe-Datenkompression des aktuellen Bildes benutzt werden, entsteht nahezu keine zusätzliche Verzögerung gegenüber einer Intraframe-Codierung.

15.2.1 Auswirkung der Bewegungskompensation auf das zweidimensionale Prädiktionsfehlersignal

Der durch Bewegungskompensation erzielbare Codiergewinn soll hier unter Annahme einiger Vereinfachungen hergeleitet werden :

- Es werde kein örtliches Filter $A(z_1,z_2)$ verwendet.
- Es entstehe kein Codierungsfehler, d.h. das Rekonstruktionssignal $y(m,n,o)$ ist identisch mit dem Originalsignal $x(m,n,o)$.
- Das Bild $x(m,n,o)$ sei durch translatorische Verschiebung $[k,l]$=const. über den gesamten Bildinhalt aus $x(m,n,o-1)$ entstanden. Zusätzlich enthalte jedoch $x(m,n,o)$ eine Komponente $z(m,n,o)$, welche die entstandenen Auf-

deckungs- und Verdeckungseffekte (im Fall der translatorischen Verschiebung des gesamten Bildinhalts nur an den Bildrändern), sowie Rauscheinflüsse charakterisiert.

Das Modell ist damit zutreffend für einen häufig in Videosequenzen anzutreffenden translatorischen Bewegungsablauf, nämlich die Schwenkbewegung der Kamera. Bei optimaler bewegungskompensierter Prädiktion ergibt sich als Prädiktionsfehlersignal

$$e(m,n) = x(m,n,o) - x(m+k,n+l,o-1) = z(m,n,o).$$
(15.3)

Ohne Bewegungskompensation erhalten wir dagegen

$$e(m,n) = x(m,n,o) - x(m,n,o-1) = z(m,n,o) + x(m,n,o) - x(m-k,n-l,o).$$
(15.4)

Bestimmung des Interframe-Codiergewinns. Es soll nun im 2D-Ortsbereich zusätzlich eine Redundanzreduktion auf das Prädiktionsfehlersignal angewandt werden. Bei typischen hybriden Codierverfahren wird hierfür z.B. eine 2D-Transformationscodierung eingesetzt. Hierbei wäre es möglich, daß sich auf Grund der spektralen Statistik des bewegungskompensierten Prädiktionsfehlersignals keine signifikante Dekorrelation erzielen läßt. Zur analytischen Bestimmung des Interframe-Codiergewinns gegenüber einer reinen Intraframe-Codierung ist es daher notwendig, die Leistungsdichtespektren des Originalbildes und der bewegungskompensierten bzw. der nicht-bewegungskompensierten Prädiktionsfehlersignale im Ortsbereich zu bestimmen, um daraus über das Maß spektraler Konstanz (9.22) den Codiergewinn zu ermitteln. Für den Fall der *idealen* Bewegungskompensation ergibt sich ein Prädiktionsfehlerspektrum

$$E(j\Omega_1, j\Omega_2) = Z(j\Omega_1, j\Omega_2, o)$$
(15.5)

bzw. das Leistungsdichtespektrum

$$S_{ee,k}(\Omega_1, \Omega_2) = S_{zz}(\Omega_1, \Omega_2).$$
(15.6)

Wird hingegen keine Bewegungskompensation durchgeführt, erhalten wird auf Grund der translatorischen Ortsverschiebung

$$E(j\Omega_1, j\Omega_2) = X(j\Omega_1, j\Omega_2, o) - X(j\Omega_1, j\Omega_2, o) \cdot e^{-jk\Omega_1} \cdot e^{-jl\Omega_2} + Z(j\Omega_1, j\Omega_2, o)$$
(15.7)

woraus sich durch Ausklammern der e-Funktionen

$$E(j\Omega_1, j\Omega_2) = X(j\Omega_1, j\Omega_2, o) \cdot (1 - e^{-j(k\Omega_1 + l\Omega_2)}) + Z(j\Omega_1, j\Omega_2, o)$$

$$= X(j\Omega_1, j\Omega_2, o) \cdot 2j \cdot e^{-j\frac{k\Omega_1 + l\Omega_2}{2}} \cdot \sin\left(\frac{k\Omega_1 + l\Omega_2}{2}\right) + Z(j\Omega_1, j\Omega_2, o)$$
(15.8)

bzw. das Leistungsdichtespektrum

$$S_{ee,u}(\Omega_1,\Omega_2) = S_{xx}(\Omega_1,\Omega_2)\cdot 4\cdot\left[\sin\!\left(\frac{k\Omega_1 + l\Omega_2}{2}\right)\right]^2 + S_{zz}(\Omega_1,\Omega_2)$$

$$= 2\cdot S_{xx}(\Omega_1,\Omega_2)\cdot\left[1 - \cos(k\Omega_1 + l\Omega_2)\right] + S_{zz}(\Omega_1,\Omega_2)$$

(15.9)

bestimmen läßt. Das Differenzspektrum im nicht-bewegungskompensierten Fall weist also eine *mit dem Signalspektrum korrelierte* Komponente, sowie eine aus der zeitlichen Änderung resultierende, mit dem Signalspektrum nicht korrelierte Komponente auf. Die korrelierte Komponente läßt sich als Modulation des Signalspektrums mit einer von der translatorischen Bewegung abhängigen Sinus-Quadrat-Funktion charakterisieren.

Die Interframe-Codiergewinne hybrider Codierverfahren mit idealer Bewegungskompensation $G_{\mathrm{Hy},k}$ und ohne Bewegungskompensation $G_{\mathrm{Hy},u}$ ergeben sich wie folgt. Aus den Differenzspektren nach (15.8), (15.9) werden die *Varianzen* $\sigma^2_{e,k}$ und $\sigma^2_{e,u}$ sowie die *Maße spektraler Konstanz* $\gamma^2_{e,k}$ und $\gamma^2_{e,u}$ gemäß (9.22) bestimmt, und zu den entsprechenden Werten der Intraframe-Codierung ins Verhältnis gesetzt :

$$G_{\mathrm{Hy},k} = \frac{\sigma_x^{\,2}}{\sigma_{e,k}^{\,2}}\cdot\frac{\gamma^2_x}{\gamma^2_{e,k}} \quad ; \quad G_{\mathrm{Hy},u} = \frac{\sigma_x^{\,2}}{\sigma_{e,u}^{\,2}}\cdot\frac{\gamma^2_x}{\gamma^2_{e,u}}.$$

(15.10)

Nach (15.9) kann sich im schlimmstem Fall die Energie bestimmter Ortsfrequenzen gegenüber der Intraframe-Codierung vervierfachen. Wird dies nicht durch den zusätzlichen Gewinn bei tieferen Frequenzen aufgefangen, kann sich bei Hybridcodierung *ohne* Bewegungskompensation also eine schlechtere Wirkung als mit reiner Intraframe-Codierung ergeben. Dies wird besonders bei Bildern mit hohem Detailgehalt (geringer spektraler Abfall zu den hohen Ortsfrequenzen hin) und starken Bewegungen zutreffen. Hier ist nun die Begründung dafür zu finden, warum bei den in Abschn. 15.1 beschriebenen *Replenishment*-Verfahren lieber ganz auf die Codierung von Differenzsignalen verzichtet wird.

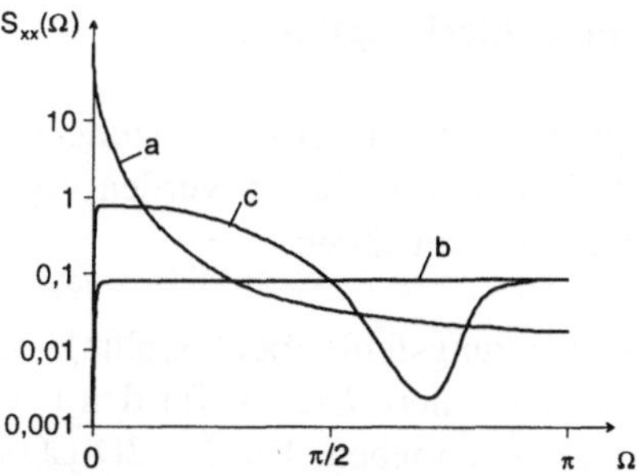

Abb. 15.2. Zeilenspektrum eines AR(1)-Modellsignals, ρ=0,96 (*a*) sowie dessen unkompensierte Prädiktionsfehlerspektren bei k=1 (*b*) und k=3 (*c*)

Abb. 15.2 stellt den zeilenweise analysierten Spektralverlauf eines AR(1)-Modellsignals und die daraus gemäß (15.9) resultierenden Prädiktionsfehlerspektren bei $k=1$ und $k=3$ dar. Es wird deutlich, daß die Interframe-Codierung nur bei den örtlich-tieffrequenten Spektralanteilen einen Vorteil bietet.

Genauigkeit der Bewegungskompensation. Der Gewinn bei bewegungskompensierter Hybridcodierung ist *unabhängig* von der Größe der Verschiebung. Es ist jedoch zu berücksichtigen, daß im Normalfall auch die bewegungskompensierte Codierung nur mit *begrenzter Genauigkeit* der Bewegungskompensation arbeiten wird. So ist auf Grund des Bewegungskompensationsfehlers $[k_e, l_e]$ auch im nicht ideal bewegungskompensierten Differenzsignal eine Komponente vorhanden, die mit dem originalen Ortsbereichssignal korreliert ist. Es wird in Analogie zu (15.9)

$$S_{ee,k}(\Omega_1, \Omega_2) = 2 \cdot S_{xx}(\Omega_1, \Omega_2) \cdot \left[1 - \cos\left(k_e \Omega_1 + l_e \Omega_2\right)\right] + S_{zz}(\Omega_1, \Omega_2). \qquad (15.11)$$

Da im Normalfall der Kompensationsfehler nicht überall im Bild - wie in (15.11) zunächst angenommen - konstant ist, ergibt sich eine Überlagerung *verschiedener* Cosinusgewichtungen im Spektrum, deren Stärken sich aus der Verteilungsdichte $p(k_e, l_e)$ des Kompensationsfehlers über deren Fouriertransformierte $\mathcal{F}$ ergeben [GIROD 1987] :

$$S_{ee,k}(\Omega_1, \Omega_2) = 2 \cdot S_{xx}(\Omega_1, \Omega_2) \cdot \left[1 - \mathrm{Re}\left\{\mathcal{F}\left(p(k_e, l_e)\right)\right\}\right] + S_{zz}(\Omega_1, \Omega_2). \qquad (15.12)$$

Die Verteilung der Schätzfehler kann dabei durch eine Gaußverteilung beschrieben werden. Wir können generell feststellen, daß das bewegungskompensierte Prädiktionsfehlersignal eine spektrale Statistik aufweisen wird, die einen größeren Anteil an *hochfrequenten* und einen geringeren Anteil an *tieffrequenten* Komponenten enthalten kann, als das Spektrum des zugehörigen Originalbildsignals.

15.2.2 Quantisierungsfehlerrückkopplung und Fehlerfortpflanzung

Die Effekte von Quantisierungsfehlerrückkopplung und Fehlerfortpflanzung im Decodierer, die bereits anhand der 2D-DPCM-Verfahren erläutert wurden (vgl. Abschn. 12.2.2 und 12.3), entstehen auch im hybriden Verfahren.

Quantisierungsfehlerrückkopplung. Die Quantisierungsfehlerrückkopplung ist durch die Komponente $Q(\mathbf{z}) \cdot H(\mathbf{z})$ aus (12.11) charakterisiert. $H(\mathbf{z})$ ist für den Fall der bewegungkompensierten Prädiktion in (15.2) beschrieben. Da das 2D-LDS gegen Verschiebungen im Ortsbereich (um den Bewegungsvektor $[k, l]$) invariant ist, folgt die spektrale Verteilung des 2D-Quantisierungsfehlers im vorhergehenden Bild dem Argument des Integrals in (9.18) :

$$S_{qq}(\Omega_1,\Omega_2) = \min\left[\Theta, S_{xx}(\Omega_1,\Omega_2)\right].$$
(15.13)

Dieses Spektrum überlagert sich wegen $|H(\mathbf{z})|=1$ unmittelbar dem Spektrum des Prädiktionsfehlers. Der Parameter Θ ist z.B. bei skalarer, gleichförmiger Quantisierung proportional zur Quantisiererstufenhöhe, bei einer Frequenzgewichtung ist Θ außerdem frequenzabhängig. Das rückgekoppelte Quantisierungsfehlerspektrum ist also bei verzerrungsbehafteter Codierung nicht weiß, sondern vor allem zu den höheren Frequenzen hin mit dem Signalspektrum S_{xx} identisch. Das Prädiktionsfehlerspektrum der verzerrungsbehafteten hybriden Codierung ergibt sich damit durch Kombination von (15.12) und (15.13). Zusätzlich wird nun auch das optionale Schleifen-Tiefpaßfilter $A(z_1,z_2)$ berücksichtigt :

$$S_{ee}(\Omega_1,\Omega_2) = S_{xx}(\Omega_1,\Omega_2) \cdot \left[1 + |A(j\Omega_1,j\Omega_2)|^2 - 2 \cdot |A(j\Omega_1,j\Omega_2)|^2 \cdot \mathrm{Re}\{\mathcal{F}(p(k_e,l_e))\}\right]$$
$$+ \min\left[\Theta, S_{xx}(\Omega_1,\Omega_2)\right] \cdot |A(j\Omega_1,j\Omega_2)|^2 + S_{zz}(\Omega_1,\Omega_2).$$
(15.14)

Da dieses Spektrum bei hohem Bewegungsschätzfehler (Pixelgenauigkeit) und bei starker Verzerrung vor allem in den hochfrequenten Anteilen nach wie vor eine höhere Energie besitzen kann als das Spektrum des Originalsignals, sollte für eine optimale Codierung eine örtliche Filterung des Originalsignals stattfinden. Ziel ist es, nur diejenigen Spektralanteile zur Prädiktion zu verwenden, die im Originalsignal eine *größere* Energie besitzen als im Prädiktionsfehlersignal. Optimal wäre hier ein Filter mit der Übertragungsfunktion

$$|A(j\Omega_1,j\Omega_2)| = \begin{cases} 0 & \text{wenn} \quad S_{xx}(\Omega_1,\Omega_2) < S_{ee}(\Omega_1,\Omega_2) \\ 1 & \text{wenn} \quad S_{xx}(\Omega_1,\Omega_2) \geq S_{ee}(\Omega_1,\Omega_2). \end{cases}$$
(15.15)

Da ein solches ideales Filter mit unendlich steilem Frequenzabfall ist nicht realisierbar. In [PANG, TAN 1994] wird die Leistungsfähigkeit einiger praktisch einsetzbarer Filter verglichen. Im Videocodier-Standard H.261 wird z.B. ein extrem einfaches, separierbares FIR-Filter mit den Koeffizienten [0,25;0,5;0.25] benutzt, welches dem Prädiktor optional zugeschaltet werden kann. Bei einer Bewegungsschätzung mit Subpixel-Genauigkeit wird am häufigsten die *bilineare Interpolation* verwendet, die bereits eine recht ausgeprägte Tiefpaßwirkung besitzt (vgl. Abschn. 2.5.2).

Tabelle 15.1. Interframe-Codiergewinne, gemessen an der Testsequenz *Mobile&Calendar*

Genauigkeit	1 pixel		1/2 pixel
	ohne Filter	mit Filter	
$G_{\mathrm{Hy,k}}$ ohne Codierung	2,18	2,76	4,74
$G_{\mathrm{Hy,k}}$ mit Codierung, PSNR≈29 dB	1,36	1,92	3,77

Beispiel. In Tabelle 15.1 sind die an der Testsequenz *Mobile&Calendar* gemessenen Interframe-Codiergewinne eines hybriden Codierers bei 1-pixel-Suchgenauigkeit (ohne und mit Schleifenfilter) sowie bei 1/2-pixel-Genauigkeit gegenübergestellt. Der große Detailgehalt dieser Sequenz bewirkt einen recht geringen Gewinn durch Interframe-Codierung. Die starken Einflüsse sowohl der Bewegungskompensations-Genauigkeit, als auch der Quantisierungsfehlerrückkopplung werden deutlich.

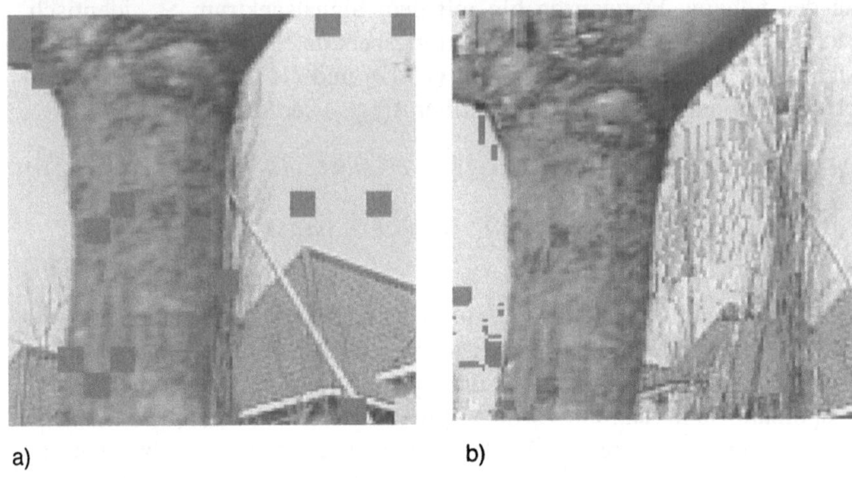

a)   b)

Abb. 15.3. Fehlerfortpflanzung bei bewegungskompensierter Prädiktion.
a Fehler zum Zeitpunkt der Störung **b** Fehler nach 10 weiteren Bildern

Übertragungsfehler-Fortpflanzung. Bei Auftreten von *Kanalfehlern* wird dem Spektrum des Rekonstruktionssignals eine Komponente hinzugefügt, die sich gemäß (12.13) als $K(\mathbf{z})/(1-H(\mathbf{z}))$ ergibt. Die Auswirkungen sollen nun für den Fall einer Prädiktion mit beliebigen *zeitlichen Prädiktorkoeffizienten* $a_t\leq1$ und *örtlichen Filtern* $A(z_1,z_2)$ gezeigt werden. Erfolgt im Bild o_K eine Störung, die dort ein örtliches Fehlerspektrum $S_{kk}(\Omega_1,\Omega_2)$ zur Folge hat, so wird dem Rekonstruktionssignal in den folgenden Bildern eine Störkomponente

$$S_{kk}(\Omega_1,\Omega_2,o) = S_{kk}(\Omega_1,\Omega_2)\cdot\left[a_t\cdot\left|A(j\Omega_1,j\Omega_2)\right|\right]^{2\cdot(o-o_K)} \tag{15.16}$$

überlagert; Wechselwirkungen mit Quantisierungseffekten bleiben hier unberücksichtigt. Mit $a_t=1$ bzw. ohne örtliche Filterung kommt es also zu einer *unendlichen Fehlerfortpflanzung*, es sei denn, der gestörte Bildinhalt verschwindet aus dem Bildfenster und wird weiterhin nicht mehr zur bewegungskompensierten Prädiktion verwendet. Im übrigen sagt das Leistungsdichtespektrum in (15.16) nichts über die *Phasenlage* des Fehlers aus. Man beachte, daß auf Grund der örtlichen Verschiebungen um k und l in der Prädiktorbeziehung (15.2) der fortgepflanzte Fehler an örtlich verschobener Position auftritt. Im Rekonstruktionssignal ergeben sich dadurch an starken Helligkeitsübergängen (Objektkanten) *Schatten-* oder *Echoeffekte.* Abb. 15.3 stellt das Beispiel einer Störung in einem

Bild, sowie die Auswirkungen der Fehlerfortpflanzung nach 10 weiteren Bildern dar.

Maßnahmen gegen Übertragungsfehler. Eine Prädiktion mit örtlicher oder zeitlicher Filterung in der Prädiktionsschleife wird in der englischsprachigen Literatur auch als *leaky prediction* bezeichnet. Hierbei spricht man bei $a_t<1$ von einem *DC leak*, weil der Gleichanteil modifiziert wird. Das inverse Prädiktionsfehlerfilter im Decodierer besitzt in diesem Fall eine Polstelle bei $z_3=-a_t$. Wird hingegen nur eine örtliche Filterung verwendet ($a_t=1$), so wird der Fehler nach einigen Folgebildern fast nur noch auf den Gleichanteil Auswirkung haben. Dieser sollte daher mit einem besonders effizienten Fehlerschutz versehen werden, sofern eine Übertragung über nicht-störungsfreie Kanäle vorgesehen ist. Die Schleifenfilterung besitzt also noch den weiteren Vorteil, daß Übertragungsfehler sich am Decodierer nicht mehr unendlich fortsetzen können, sondern mit $o-o_K$ exponentiell abklingen.

15.2.3 Codierung des bewegungskompensierten Prädiktionsfehlersignals

Es wurde bereits festgestellt, daß sich das bewegungskompensierte Prädiktionsfehlersignal im wesentlichen aus 3 Komponenten zusammensetzt :

- Anteile, die durch ungenaue Bewegungsschätzung verursacht werden;
- Anteile, die durch Rückkopplung des Codierungsfehlers verursacht werden;
- Anteile, die durch Auftauchen neuer Inhalte entstehen.

Zwar sind auch die spektralen Eigenschaften der ersten beiden Anteile nicht unabhängig vom Spektrum der Bildinformation; bisher bekannte Modelle (z.B. das AR(1)-Modell) lassen sich ohne weiteres aber nur auf den letzten Anteil anwenden. Die wesentlichen Herleitungen bezüglich der Effizienz linearer Transformationen bei der Dekorrelation des Ortsbereichssignals (vgl. Abschn. 13.1.2) lassen sich daher nicht ohne weiteres für das bewegungskompensierte Prädiktionsfehlersignal verallgemeinern. In Bereichen neu aufgedeckten Inhalts ist eine hohe örtliche Korrelation vorhanden (überwiegend tieffrequente Spektralanteile); in den übrigen Bereichen, wo Energieanteile im Prädiktionsfehlersignal vor allem durch Schätzfehler hervorgerufen werden, ist die Korrelation hingegen gering (überwiegend hochfrequente Spektralanteile). Das statistische Verhalten des Prädiktionsfehlersignals kann daher - im Vergleich zum Bildsignal selbst - als in noch stärkerem Maße instationär charakterisiert werden. Bei einer Modellierung kann versucht werden, das Prädiktionsfehlersignal in die beiden - hoch und gering korrelierten - Komponenten zu zerlegen [SHISHIKUI 1992]. Demzufolge müssen auch unterschiedliche Codierungsstrategien verfolgt werden. Diese haben zum Ziel

- Bereiche mit neu aufgedeckten Inhalten nach einem Intraframe-Verfahren zu codieren;

–   in den übrigen Bereichen, wo das bewegungskompensierte Prädiktionsfeh-
    lersignal übertragen werden soll, dieses so gut wie möglich örtlich zu dekor-
    relieren.

Ermittlung neu aufgedeckter Inhalte. Um eine Aussage über die Zuverlässigkeit der bewegungskompensierten Prädiktion zu treffen, kann im einfachsten Fall
die *Varianz* des Prädiktionsfehlersignals mit der des Bildsignals selbst verglichen
werden. Dieser Parameter kann entweder unmittelbar aus dem Signal, oder aus
der Energiesumme der Wechselanteil-Koeffizienten nach einer linearen Transformation ermittelt werden. Wenn jedoch das originale Bildsignal eine bessere
spektrale Energiekonzentration aufweist, würde es sich trotz höherer Varianz
noch mit einer geringeren Rate übertragen lassen als das Prädiktionsfehlersignal.
Es kommt demnach darauf an, die *spektrale Verteilung* zu überprüfen, die sich
nicht im arithmetischen (Varianz), sondern im geometrischen Mittelwert der
Spektralkoeffizienten niederschlägt. Darüber hinaus stellen die nachfolgende
Quantisierung und Codierung nichtlineare Zusammenhänge zwischen der Energie der Spektralkoeffizienten und der resultierenden Bitrate her. Um *immer* die
günstigste Wahl zu treffen, wäre es daher erforderlich, sowohl das Originalsignal
als auch das Prädiktionsfehlersignal zu transformieren, und die Koeffizienten mit
gleicher Verzerrung zu codieren. Es wäre dann diejenige Signalrepräsentation zu
übertragen, welche die niedrigere Bitrate produziert. Diese Methode wäre allerdings recht aufwendig; daher wird bei vielen Realisierungen eine Intraframe-
Codierung immer dann vorgenommen, wenn die Varianz des Bildsignals
geringer ist als die Varianz des bewegungskompensierten Prädiktionsfehlersignals.

Zur *Szenenwechselanalyse* eignet sich auch ein einfacher Kreuzkorrelationstest
2er aufeinander folgender Bilder. Ein normierter Kreuzkorrelationskoeffizient,
berechnet nach (3.18) weist mit einem Wert $\rho_{xy} < 0,85$ eindeutig darauf hin, daß
der Inhalt beider Bilder weitgehend verschieden ist. In einem solchen Fall sollte
dann *auf das gesamte Bild* eine Intraframe-Codierung angewandt werden.

Codierung der neu aufgedeckten Bereiche. Hier ergeben sich keine wesentlichen Neuerungen, verglichen etwa mit der in Kap. 13 beschriebenen Frequenzbereichscodierung des Bildsignals selbst. Es ist ebenfalls sinnvoll, eine *psychovisuelle Gewichtung* bei der Quantisierung der Frequenzkomponenten vorzunehmen. Ein deutlicher Unterschied liegt jedoch darin, daß die neu aufgedeckten Bereiche in der Regel *örtlich begrenzt* sind, sofern nicht das gesamte Bild nach einem Szenenwechsel intraframe-codiert übertragen wird. So kann bei blockorientierten Verfahren für jeden Block einzeln entschieden werden, ob er sich günstiger mittels Intraframe- oder Interframe-Codierung übertragen läßt. Die Anwendung blocküberlappender Transformationen oder von Teilbandcodierverfahren ist
hier nachteilig, weil die *Signalkontinuität* zum Nachbarblock hin unterbrochen
ist. Die beste Wahl zur Frequenzzerlegung ist in einem solchen Fall eine block-

separat arbeitende Transformation, auf Grund der hohen örtlichen Korrelation in neu aufgedeckten Bereichen ist vor allem die DCT geeignet.

Codierung des Prädiktionsfehlersignals. Zur Codierung der durch Schätzfehler entstehenden Komponenten im Prädiktionsfehlersignal ist die DCT dagegen weniger gut geeignet. Typische erste Autokorrelationskoeffizienten ρ_h und ρ_v des bewegungskompensierten Prädiktionsfehlersignals liegen nur noch in der Größenordnung von 0,4...0,7. Hier weicht die DCT bereits erheblich von der Dekorrelationseffizienz der optimalen KLT ab (vgl. Abschn. 13.1.2). Für diese Signalkomponenten kann sowohl der Einsatz von Teilbandcodierverfahren mit ihrer größeren spektralen Trennungsschärfe, als auch die Anwendung ganz anderer Methoden (Ortsbereichs-Lauflängencodierung, Vektorquantisierung) leistungsfähiger sein. Jedoch sollte der durch verbesserte örtliche Dekorrelation des bewegungskompensierten Prädiktionsfehlersignals mögliche Gewinn nicht überschätzt werden : Die beste Methode zur Leistungssteigerung des Hybridcodierers liegt immer in der *Verbesserung der Bewegungskompensation*, um den Prädiktionsfehler von vornherein so gering wie möglich zu halten.

Eine *Ortsfrequenz-Gewichtung* bei der Quantisierung der Spektralkomponenten des Prädiktionsfehlersignals ist nicht sinnvoll. Der Prädiktionsfehler repräsentiert schnelle zeitliche Änderungen im Videosignal. Bei hohen zeitlichen Frequenzen existiert aber im Gegensatz zu unbewegten Bereichen kein ausgeprägtes psychovisuelles Empfindlichkeitsmaximum bezüglich der Ortsfrequenz (vgl. Abschn. 7.2). Hingegen ist grundsätzlich eine etwas verringerte Wahrnehmbarkeit *aller* Ortsfrequenzen bei schnellen zeitlichen Änderungen zu bemerken. Dem kann durch Einsatz der im folgenden genannten Maßnahmen entsprochen werden, die zur weiteren Einsparung an Übertragungsrate beitragen können.

Anwendung einer Totzonen-Quantisierung. Die breitere spektrale Verteilung des Prädiktionsfehlersignals bewirkt, daß sehr viele Spektralkoeffizienten geringer Energie entstehen. Diese sind für die visuelle Wahrnehmung weitgehend irrelevant, und können mittels Totzonenquantisierung (vgl. Abschn. 8.1.2) von der Übertragung ausgenommen werden. Empfehlenswert ist ein Verhältnis von Totzone zu normaler Quantisiererstufenhöhe von etwa 1,5 : 1.

Vergrößerte Quantisiererstufenhöhe. Auf Grund der geringeren psychovisuellen Wahrnehmbarkeit schneller zeitlicher Änderungen können die aus dem Prädiktionsfehlersignal generierten Spektralkoeffizienten mit größerer Stufenhöhe quantisiert werden als die Koeffizienten bei Intraframe-Codierung. Dies ist aber insofern zu relativieren, als das bewegungskompensierte Prädiktionsfehlersignal auf Grund von Schätzfehlern durchaus wichtige Information über Bereiche enthalten kann, die dem Betrachter *unverändert* erscheinen. Hier führt eine zu grobe Quantisierung zu dem sogenannten *Moskito-Effekt*, einer unnatürlichen, stark mit der Zeit variierenden Rauschstörung, die sich vor allem an den Grenzen bewegter Objekte einstellt. Das Stufenhöhenverhältnis zwischen Intra- und Inter-frame-Quantisierung sollte nicht geringer als 0,7 : 1 gewählt werden.

Bewegungsschätzung und Codierung. Die Bestimmung der optimalen Bewegungsparameter führt nach den häufig verwendeten Methoden - block matching oder optischer Fluß - zu einer Minimierung der Prädiktionsfehlervarianz. Dies wird zwar in den meisten Bereichen das korrekte Schätzergebnis sein; insbesondere bei blockbasierter Schätzung kann aber an den Randbereichen bewegter Objekte das Ergebnis recht willkürlich sein. Hier ist es denkbar, daß eine Minimierung der Fehlervarianz nicht unbedingt zu einer Minimierung der bei der Übertragung aufzuwendenden Bitrate führt. Die *spektrale Verteilung* der Energieen unter den Wechselanteil-Koeffizienten bleibt vollständig unberücksichtigt. Diese ist aber gemäß (13.10) von ausschlaggebender Bedeutung für die Effizienz einer Frequenzbereichscodierung des örtlichen Prädiktionsfehlersignals. Allerdings wäre es zu aufwendig, während der Schätzung die spektrale Verteilung *aller* möglichen Prädiktionsfehlersignale zu untersuchen. Hierfür müßte, etwa bei Anwendung einer Block-matching-Schätzung, für jede Suchposition eine Frequenztransformation durchgeführt werden. Eine Alternative könnte es sein, zusätzlich für diejenigen Suchpositionen, deren Prädiktionsfehlerenergien von der des Optimalergebnisses nicht signifikant abweicht, eine Frequenztransformation durchzuführen. Die resultierende Bitrate ist bei Frequenzcodierverfahren nämlich im wesentlichen durch die *Anzahl* der zu übertragenden Spektralkoeffizienten bestimmt. Mit einem derartigen Ansatz läßt sich in der Bewegungsschätzung ein zusätzliches Kriterium einführen, um dem gewünschten Ziel - Minimierung der *insgesamt* bei der Übertragung aufzuwendenden Bitrate - näherzukommen.

Simultane Minimierung der Raten für Bild- und Bewegungsinformation. Die gesamte Bitrate setzt sich bei dem Hybridverfahren aus den Bitraten für die *Bild*information (intraframe-codierte Bereiche und Prädiktionsfehlersignal) und für die *Bewegungs*information zusammen. Durch eine genauere Bewegungskompensation würde sich der Ratenanteil der Bildinformation verringern, während sich andererseits der Anteil der Bewegungsinformation erhöht. Das Problem einer *gesamten Optimierung* der Rate, u.a. die Antwort auf die Frage, wie genau die Bewegungskompensation sein muß, um den optimalen Kompressionseffekt zu erreichen, ist bisher erst ansatzweise untersucht worden [GIROD 1994A].

15.3 Bewegungskompensierte Interpolation

Eine bessere Codiereffizienz - auf Kosten einer erhöhten Codierverzögerung und eines erhöhten Rechenaufwandes - läßt sich in einem hybriden Verfahren erzielen, wenn auch zukünftige Bilder zur Prädiktion benutzt werden [PURI ET AL. 1990]. Dies ist unmittelbar einleuchtend, wenn neue Inhalte aufgedeckt werden : Diese sind im folgenden Bild bereits vorhanden, im vorangegangenen jedoch nicht, weshalb die Prädiktion aus dem folgenden günstiger sein wird. Jedoch wäre die Arbeitsweise eines Hybridcodierers, bei dem *jedes* Bild auch aus seinem Nachfolger prädiziert werden dürfte, antikausal (vgl. Abschn. 2.3.1). Dieses Problem wird bei dem in Abb. 15.4 dargestellten Prinzip umgangen. Hierbei wird zunächst eine *zeitlich unterabgetastete* Videosequenz von Stützbildern mit normaler bewegungskompensierter Prädiktion (Bezeichung *P* wie *p*rädiktiv) verarbeitet. Zur Prädiktion der ausgelassenen Bilder (Bezeichnung *B* wie *b*idirektional) können nun beliebige, vorliegende oder nachfolgende Bilder verwendet werden, sofern sie nicht selbst *B*-Bilder sind.

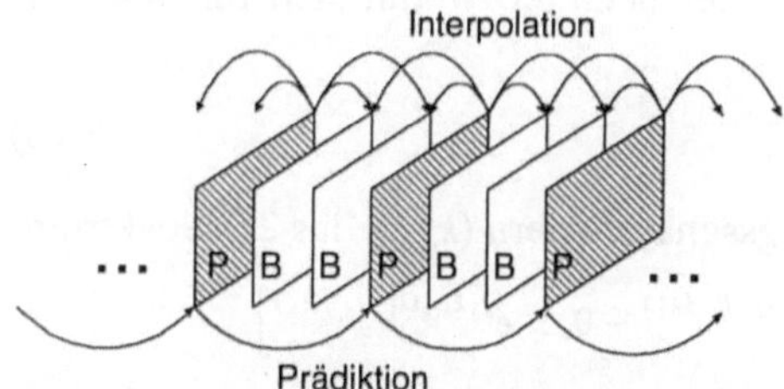

Abb. 15.4. Bewegungskompensierte Interpolation

Betriebsarten bei bidirektionaler Prädiktion. Die Bezeichnung *bidirektionale Prädiktion* drückt bereits aus, welche Betriebsarten der Hybridcodierer bei den *B*-Bildern zulassen kann :

- Prädiktion nur aus dem Vorgängerbild;
- Prädiktion nur aus dem nachfolgenden Bild;
- Prädiktion aus Vorgänger- und nachfolgendem Bild.

Hinzu kommt - wie schon bei der unidirektionalen Prädiktion - die Möglichkeit, den prädiktiven Modus ganz auszuschalten, d.h. eine Intraframe-Codierung vorzunehmen. Plausibel ist dieser Modus jedoch nur, wenn ein Inhalt des *B*-Bildes im Vorgänger- *und* im nachfolgendem Bild verdeckt ist. In jedem Fall ist es notwendig, *zwei* Sätze von Bewegungsparametern (vorwärts- und rückwärtsgerichtet) zu schätzen, um die Entscheidung über den besten Modus treffen zu können.

Funktionsweise der bewegungskompensierte Interpolation. Wird eine Prädiktion aus Vorgänger- *und* nachfolgenden Bild vorgenommen, so entsteht das Schätzbild nicht mehr durch - im strengen Sinne extrapolative - Prädiktion, sondern durch Interpolation. Werden nur 2 Bilder zur Interpolation verwendet, so handelt es sich um eine Interpolation 1. Ordnung nach (2.106). Damit wird ein Schätzbild

$$\hat{x}(m,n,o) = 0,5 \cdot x(m + k_r(m,n), n + l_r(m,n), o - 1) + 0,5 \cdot x(m + k_v(m,n), n + l_v(m,n), o + 1)$$

$$(15.17)$$

erzeugt. Hierbei zeigt der Index "r" die zeitlich rückwärtsgerichtete, der Index "v" die vorwärtsgerichtete Bewegungskompensation an (vgl. Einleitung zu Abschn. 6.2)

15.3.1 Codierung des bidirektionalen Prädiktionsfehlersignals

Zur Herleitung der gegenüber unidirektionaler Prädiktion besseren Wirkungsweise einer zweiseitigen Prädiktion wird im folgenden angenommen, daß jeweils ein einzelnes B-Bild zwischen 2 P-Bildern interpolativ codiert werde. *Beide* Kompensationen sind dann mit einem Fehler behaftet, womit sich für das bidirektionale Prädiktionsfehlersignal

$$e_b(m,n,o) = x(m,n,o) - \hat{x}(m,n,o) \tag{15.18}$$

in Analogie zu (15.11) mit den Bewegungsschätzfehlern (k_e, l_e) das 2D-Spektrum

$$E_b(j\Omega_1, j\Omega_2) = X(j\Omega_1, j\Omega_2) \cdot \left[1 - 0,5 \cdot e^{-j(k_{e,r}\Omega_1 + l_{e,r}\Omega_2)} - 0,5 \cdot e^{j(k_{e,v}\Omega_1 + l_{e,v}\Omega_2)} \right]$$

$$= X(j\Omega_1, j\Omega_2)$$

$$\cdot \left[j \cdot e^{-j\frac{k_{e,r}\Omega_1 + l_{e,r}\Omega_2}{2}} \cdot \sin\left(\frac{k_{e,r}\Omega_1 + l_{e,r}\Omega_2}{2} \right) - j \cdot e^{j\frac{k_{e,v}\Omega_1 + l_{e,v}\Omega_2}{2}} \cdot \sin\left(\frac{k_{e,v}\Omega_1 + l_{e,v}\Omega_2}{2} \right) \right]$$

$$(15.19)$$

ergibt. Das resultierende Leistungsdichtespektrum

$$S_{ee,b}(\Omega_1, \Omega_2) = S_{xx}(\Omega_1, \Omega_2) \cdot \left[\sin\left(\frac{k_{e,r}\Omega_1 + l_{e,r}\Omega_2}{2} \right) - \sin\left(\frac{k_{e,v}\Omega_1 + l_{e,v}\Omega_2}{2} \right) \right]^2 \tag{15.20}$$

wird genau gleich der durch Bewegungsschätzfehler verursachten Komponente in (15.11), wenn $k_{e,v} = -k_{e,r}$ und $l_{e,v} = -l_{e,r}$ ist; es kann im Extremfall sogar Null werden, wenn $k_{e,v} = k_{e,r}$ und $l_{e,v} = l_{e,r}$ ist. Allgemein gilt daher im Vergleich mit dem Prädiktionsfehlersignal e_p bei unidirektionaler Prädiktion

$$E\left\{ e_b(m,n,o)^2 \right\} \le E\left\{ e_p(m,n,o)^2 \right\}. \tag{15.21}$$

Geringere Prädiktionsfehlerenergie als bei unidirektionaler Prädiktion. Da die vorwärts- und rückwärtsgerichteten Bewegungsschätzfehler normalerweise unkorreliert sind, wird die Energie des bidirektionalen Prädiktionsfehlers stets *geringer* sein als die des unidirektionalen Prädiktionsfehlers. Die Schätzfehler besitzen unterschiedliche *Phasenlagen* und können sich im Idealfall sogar auslöschen. Man kann dies aber auch so interpretieren, daß eine zeitliche Tiefpaßfilterung des örtlichen Prädiktionsfehlersignals stattfindet, durch welche die Komponente der unkorrelierten (zeitlich-hochfrequenten) Schätzfehler verringert wird.

Eine ähnliche Wirkung ließe sich daher auch erzielen, wenn zwei oder mehr *vorhergehende* Bilder zur unidirektionalen Prädiktion verwendet werden. Bei Okklusionen kann der Inhalt eines Bildes allerdings immer am besten einem *unmittelbar* vorhergehenden oder nachfolgenden Bild zugeordnet werden.

Der Effekt der *Quantisierungsfehlerrückkopplung* gemäß (15.14) tritt allerdings auch bei bidirektionaler Prädiktion ein. Die in die Energie des bidirektionalen Prädiktionsfehlersignals eingehenden Quantisierungsfehlerkomponenten aus dem vorausgehenden und dem nachfolgenden Bild sind untereinander unkorreliert und *addieren* sich, weshalb sich der Erwartungswert der Rückkopplungsenergie gegenüber unidirektionaler Prädiktion nicht verringert. Ein Vorteil liegt darin, daß die *B*-Bilder nicht mehr zur Prädiktion anderer Bilder verwendet werden, und von ihnen keine weitere Rückkopplung des Quantisierungsfehlers mehr ausgeht.

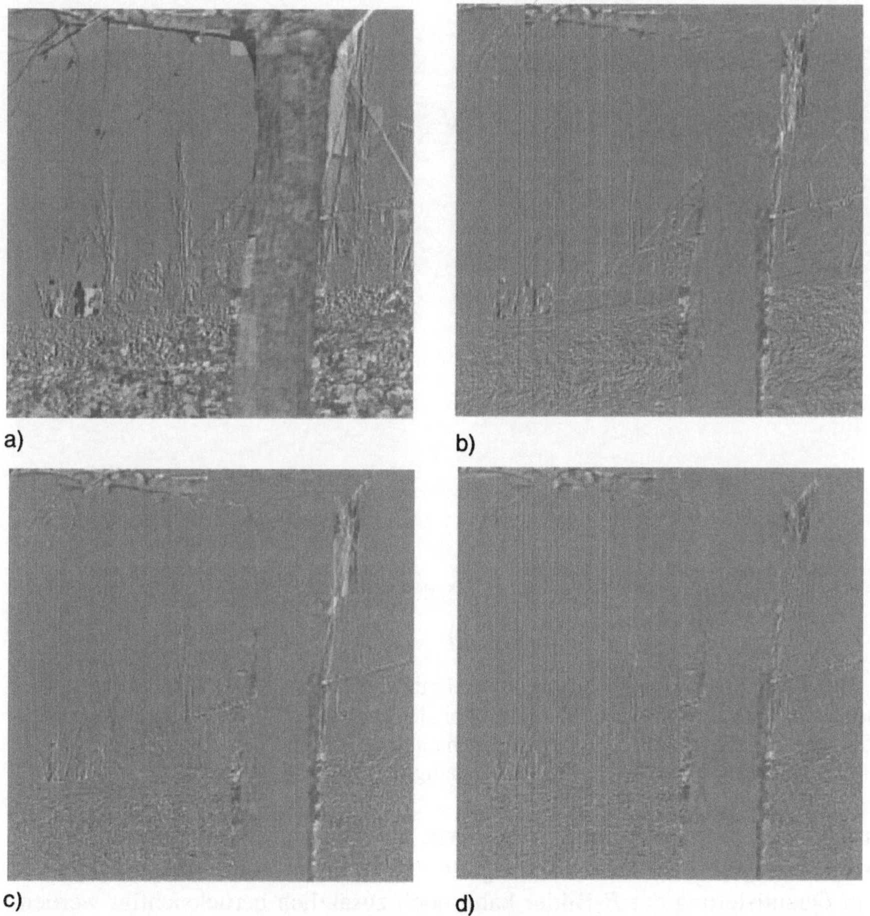

a)

b)

c)

d)

Abb. 15.5. Prädiktionsfehlersignale **a** ohne Bewegungskompensation **b** mit unidirektionaler Prädiktion, 1 pixel Suchgenauigkeit **c** mit unidirektionaler Prädiktion, 1/2 pixel Suchgenauigkeit **d** mit bidirektionaler Prädiktion, 1/2 pixel Suchgenauigkeit

Ebenso erfolgt die Fortpflanzung von Übertragungsfehlern jetzt nur noch aus den P-Bildern. Damit wird zwar auch die Rekonstruktion der B-Bilder beeinflußt, jedoch wird zum einen die Fortpflanzung abgemildert, zum anderen kann durch die interpolative Mittelung eine Reduktion der Sichtbarkeit von Fehlern erreicht werden.

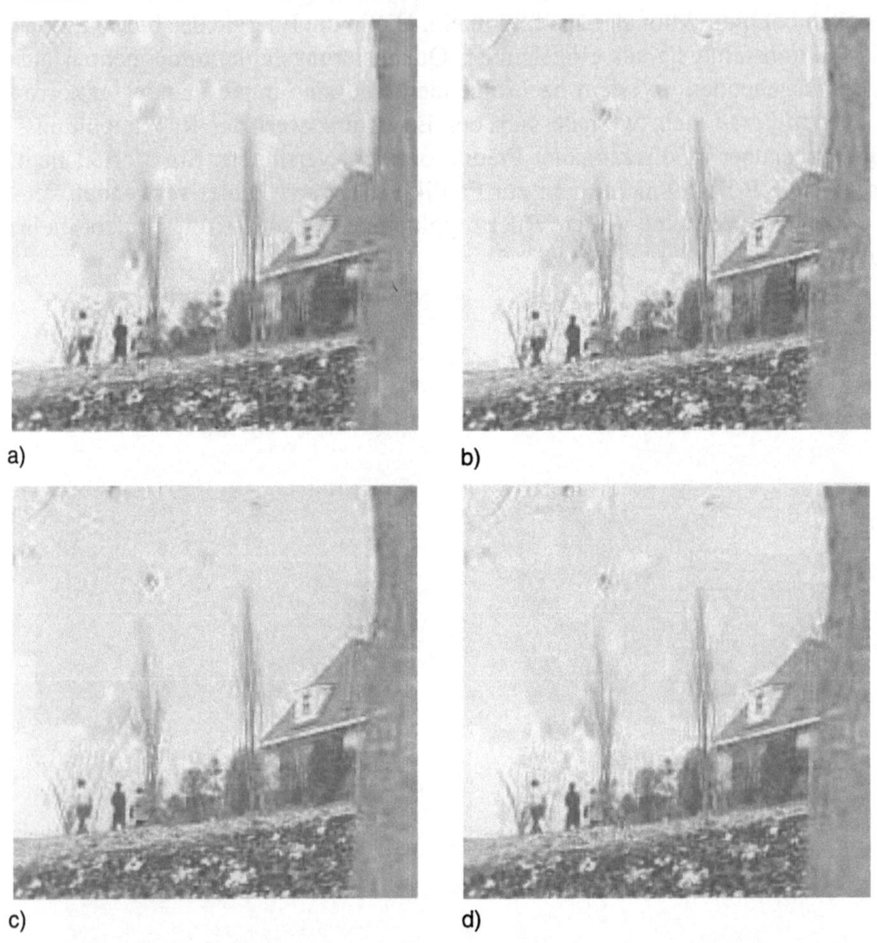

a)

b)

c)

d)

Abb. 15.6. Codierungsbeispiele bei einer Datenrate von 1 Mb/s, SIF, Kompression 1:32
a ohne Bewegungskompensation **b** unidirektionale Prädiktion, 1 pixel Suchgenauigkeit
c unidirektionale Prädiktion, 1/2 pixel Suchgenauigkeit
d bidirektionale Prädiktion, 1/2 pixel Suchgenauigkeit

Quantisierung von I-, P- und B-Bildern. In Abschn. 15.2.3 wurden bereits Hinweise bezüglich der Quantisierungsstrategien für I- und P-Bilder gegeben. Bei der Quantisierung der B-Bilder kann noch zusätzlich berücksichtigt werden, daß sie *nicht* zur Prädiktion weiterer Bilder verwendet werden. Es findet also keine weitere Rückkopplung des Quantisierungsfehlers statt, und es kann durchaus sinnvoll sein, die I- und P-Bilder genauer zu quantisieren, um auf diese Weise eine genauere Prädiktion der B-Bilder zu erreichen. Jedoch ist der Vorgang der Quantisierungsfehlerrückkopplung grundsätzlich nichtlinear, und die Optimierung der für die einzelnen Bildtypen zu wählenden Quantisiererstufenhöhen nur durch aufwendige Verfahren zu erreichen [ORTEGA, RAMCHANDRAN, VETTERLI 1994]. Um eine konstante Betrachtungsqualität sicherzustellen, sollte die Quantisiererstufenhöhe bei den B-Bildern aber in der Regel nicht mehr als doppelt so groß gewählt werden wie die der I-Bilder.

Abb. 15.5 stellt Interframe-Prädiktionsfehlersignale bei bewegungskompensierter Prädiktion mit verschiedenen Suchgenauigkeiten, sowie bei bewegungskompensierter Interpolation dar. Abb. 15.6 zeigt die hieraus resultierenden Rekonstruktionsbilder, alle bei einer Übertragungsrate von 3 Mb/s.

15.3.2 Interpolation von Zwischenbildern

Bleibt der Interpolationsfehler *uncodiert*, so wird das Schätzbild unverändert in die Sequenz eingefügt. So kann bei einer Übertragung mit verminderter Bildwiederholfrequenz (z.B. 10 Hz bei Bildtelefon-Anwendungen mit extrem niedrigen Datenraten) durch Zwischenbildinterpolation eine weniger ruckhafte Wiedergabe erzielt werden. Es können auch die für die prädiktive Codierung der P-Bilder bestimmten Bewegungsparameter zur Interpolation verwendet werden; dies ist zwar nicht optimal, jedoch kann dann die Interpolation optional als empfängerseitige Maßnahme zur Verbesserung der Qualität vorgesehen werden, ohne daß zusätzliche Bewegungsparameter zu übertragen sind. Es ist hierbei aber sinnvoll, Aufdeckungs- und Verdeckungseffekte zu analysieren und zu berücksichtigen, da sich sonst unerwünschte Artefakte ergeben können [THOMA, BIERLING 1989].

Bei bewegungskompensierter Interpolation sollten die vorwärts- und rückwärtsgerichteten Bewegungsvektorfelder möglichst genau der echten Bewegung entsprechen : Die bei der Interpolation erfolgende Mittelung führt zu wenig plausiblen Resultaten, wenn *unterschiedliche Inhalte* im Vorgänger- und nachfolgenden Bild verwendet werden. Gute Resultate werden hier mit hierarchischen Schätzverfahren (sh. Abschn. 6.2.3) erreicht [TUBARO, ROCCA 1993].

15.4 Berücksichtigung unterschiedlicher Bildformate

Das digitalisierte Videosignal liegt in einem bestimmten, anwendungsspezifischen Bildformat am Eingang eines Hybridcodierers. So wurde in den bisherigen Erläuterungen stets von *progressiv* abgetasteten Videosignalen ausgegangen. Besondere zusätzliche Maßnahmen sind bei der Hybridcodierung von Zeilensprungsignalen erforderlich. Ist darüber hinaus am Empfänger ein anderes Darstellungsformat gewünscht als es der Sender produziert, oder erfordern bei Mehrpunktverbindungen die Empfänger unterschiedliche Darstellungsformate, so ist eine *Skalierbarkeit* des hybrid codierten Videosignals notwendig.

15.4.1 Hybridcodierung von Zeilensprungsignalen

Auf Grund der zeitlich/vertikalen Quincunx-Abtastung (sh. Abschn. 2.1.3) ergeben sich bei Zeilensprungsignalen folgende Besonderheiten :

– Bei Bewegungslosigkeit kann die örtliche Korrelation in vertikaler Richtung am besten ausgenutzt werden, wenn beide Halbbilder (*fields*) zu einem Vollbild (*frame*) zusammengefügt werden. Bei schnellen Änderungen kann dagegen auf Grund des zeitlichen Versatzes zwischen geradzahligen und ungeradzahligen Zeilen eine bessere vertikale Dekorrelation möglicherweise durch unabhängige Behandlung beider Halbbilder erreicht werden.
– Bei gleichförmigen translatorischen Bewegungen erfahren die Inhalte beider Halbbilder dieselbe Verschiebung. In diesem Fall ist auch ein einziger Satz von Bewegungsparametern für das Vollbild ausreichend. Bei schnellen Änderungen kann es dagegen sinnvoller sein, die Bewegungskompensation separat auf beide Halbbilder anzuwenden.

Field/frame-Frequenztransformation. Bei blockbasierten Transformationen, etwa der DCT, läßt sich die Frequenztransformation durch einfaches Umsortieren der Zeilen im Originalbildsignal *für jeden einzelnen Block* entweder halbbild- oder vollbildweise durchführen (Abb. 15.7). Blocküberlappende Transformationen und Teilbandverfahren besitzen hier wieder einen Nachteil, weil nur *für ein ganzes Bild* in gleicher Weise entweder eine halbbild- oder eine vollbildweise Frequenzzerlegung angewandt werden kann.

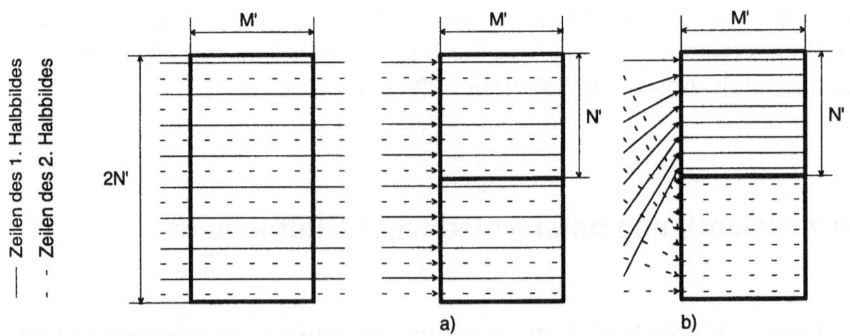

Abb. 15.7. **a** DCT im Vollbild **b** separate DCT in den Halbbildern

Die *Anzahl* der Frequenzbänder ist in Abb. 15.7 bei Vollbild- und Halbbildzerlegung gleich; jedoch ist zu beachten, daß bei Halbbildzerlegung die Spektralanalyse auf ein unterabgetastetes - bei hohem Detailgehalt in vertikaler Richtung aliasbehaftetes - Signal angewandt wird, und einen größeren örtlichen Analysebereich erfaßt. Die *physikalischen* Ortsfrequenzen, welche durch die Koeffizienten repräsentiert werden, sind daher in der vertikalen Richtung nur noch halb so groß wie bei Vollbildzerlegung. Dieser Umstand sollte bei einer psychovisuell-gewichteten Quantisierung berücksichtigt werden.

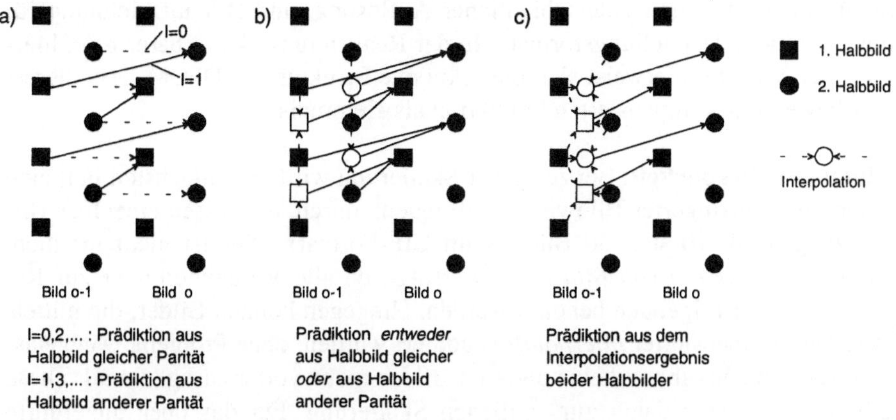

Abb. 15.8. Bewegungskompensation bei Zeilensprung-Abtastung.
a Vollbild-Kompensation **b** Halbbild-Kompensation **c** Dual-prime-Kompensation

Field/frame-Bewegungskompensation. Bei Anpassung der Bewegungskompensation an die Halbbildstruktur sind mehrere Varianten denkbar :

- Bewegungskompensation im Vollbild : Für beide Halbbilder werden identische Bewegungsparameter verwendet (Abb. 15.7a);
- Bewegungskompensation in den Halbbildern : Für beide Halbbilder werden unterschiedliche Bewegungsparameter verwendet und ausgewählt, ob aus dem Halbbild gleicher oder entgegengesetzter Parität kompensiert wird (Abb. 15.7b);
- Bewegungskompensation aus beiden Halbbildern (*dual prime*) : Aus den Halbbildern wird zunächst (unter Verwendung der Bewegungsparameter) ein Vollbild interpoliert. Hierbei können auch für jedes Halbbild individuelle Vektoren benutzt werden. Das interpolierte Vollbild wird dann zur Bewegungskompensation in beiden Halbbildern verwendet (Abb. 15.7c).

Die erste Methode ist am besten bei Bewegungslosigkeit und gleichförmigen, translatorischen Bewegungsvorgängen, die zweite bei schnellen Änderungen und Aufdeckungseffekten, die dritte bei nicht-translatorischen Bewegungen geeignet. Bei der zweiten Methode erhöht sich entweder die Anzahl der Bewegungsparameter, oder die Bewegungsparameter müssen in der vertikalen Richtung einen größeren Bereich erfassen und verlieren damit an Genauigkeit.

15.4.2 Skalierbarkeit hybrid codierter Signale

Bei einer *kompatiblen Übertragung* mit unterschiedlichen Bildformaten entsteht die Anforderung, daß das Videosignal einmal mit reduzierter, einmal mit voller Auflösung decodierbar sein muß. Anwendungsbeispiele sind Mehrpunktverbindungen mit Endgeräten unterschiedlicher Auflösung, und Bildaufzeichnung für unterschiedliche Darstellungsformate. In der Realisierung skalierbarer bzw. hierarchischer Verfahren erweist sich die rekursive Struktur des DPCM-Decodierers in der bewegungskompensierten Prädiktion als Hemmnis.

Zeitliche Skalierbarkeit. Bei zeitlicher Skalierung wird im einfachsten Fall eine Sequenz mit verringerter Bildwiederholfrequenz durch Weglassen einzelner Bilder erzeugt (z.B. 10 statt 30 Bilder/s im CIF-Format). Dies ist nicht möglich, wenn eine *Prädiktion von Bild zu Bild* erfolgt, da alle Vorgängerbilder zur Rekonstruktion der folgenden benötigt werden. Hingegen können Bilder, die mittels bewegungskompensierter *Interpolation* codiert wurden, ohne Probleme weggelassen werden, da aus ihnen keine anderen Bilder mehr vorherzusagen sind. Diese Methode eignet sich daher zur zeitlichen Skalierung. Für das oben angeführte Beispiel müßten wie in Abb. 15.4 jeweils 2 *B*-Bilder zwischen die *P*-Bilder gesetzt werden.

Örtliche Skalierbarkeit. Soll ein Videosignal mit *reduzierter örtlicher Auflösung* decodierbar sein, so steht dem Decodierer auch nur diese Auflösung zur Prädiktion nachfolgender Bilder zur Verfügung. Der *Codierer* soll hingegen optional mehrere Auflösungsstufen zur Verfügung stellen. Da er auf Grund der DPCM-Struktur jedoch dieselbe Prädiktion ausführen muß wie der Decodierer, kann zur Bildung des Schätzwertes nur das Videosignal geringster Auflösung herangezogen werden. Die Prädiktion für alle höheren Auflösungsstufen wird demnach suboptimal.

Skalierung des Quantisierers. Hierbei bezieht sich die verringerte Auflösung auf die *Qualität* des Videosignals. Befindet sich einer der Empfänger an einem Übertragungskanal geringerer Kapazität, so kann die für ihn notwendige Verringerung der Übertragungsrate nur durch Vergrößerung der Quantisiererstufenhöhe erreicht werden. Hier darf die Prädiktion nur aus dem Signal erfolgen, welches die *geringste Qualitätsstufe* besitzt. Der Effekt der Quantisierungsfehlerrückkopplung (vgl. Abschn. 15.2.2) erfaßt dagegen *alle* Auflösungsstufen, wodurch sich auch die für die Übertragung zu den übrigen Empfängern notwendige Bitrate erhöht.

Strukturen skalierbarer Hybridcodierer. Die in Abb. 15.8 gezeigten Codiererstrukturen eignen sich für skalierbare Übertragung mit zwei örtlichen und/oder Qualitäts-Auflösungsstufen. Bei der Struktur in Abb. 15.8a wird in der höheren Auflösungsstufe *keine* bewegungskompensierte Prädiktion ausgeführt, d.h. es wird lediglich das Restfehlersignal für jedes einzelne Bild übertragen. Jedoch kann auch dieses Restfehlersignal noch eine zeitliche Redundanz aufweisen. Daher ist die Struktur in Abb. 15.8b zu bevorzugen, bei der die bewegungskompensierte Prädiktion *in beiden Stufen* ausgeführt wird, jedoch unabhängig voneinander und möglicherweise auch mit in ihrer Auflösungsgenauigkeit unterschiedlichen Bewegungsparametern. Jedoch erhöht sich bei beiden Strukturen die Übertragungsrate im Vergleich zu einer Übertragung mit nur einer einzelnen Auflösungsstufe.

Werden in dem in Abb. 15.8b gezeigten Codierer identische Bewegungsparameter für beide Schichten verwendet, so ist zu beachten, daß *auch die Bewegungsvektoren* örtlich skaliert werden müssen, d.h. bei einer örtlichen Verkleinerung des Bildes verkleinert sich auch die Bewegung um denselben Betrag.

Das Problem der Skalierbarkeit wird in Abschn. 20.1.3 unter dem Begriff *hierarchische Codierung (layered coding)* noch ausführlicher behandelt.

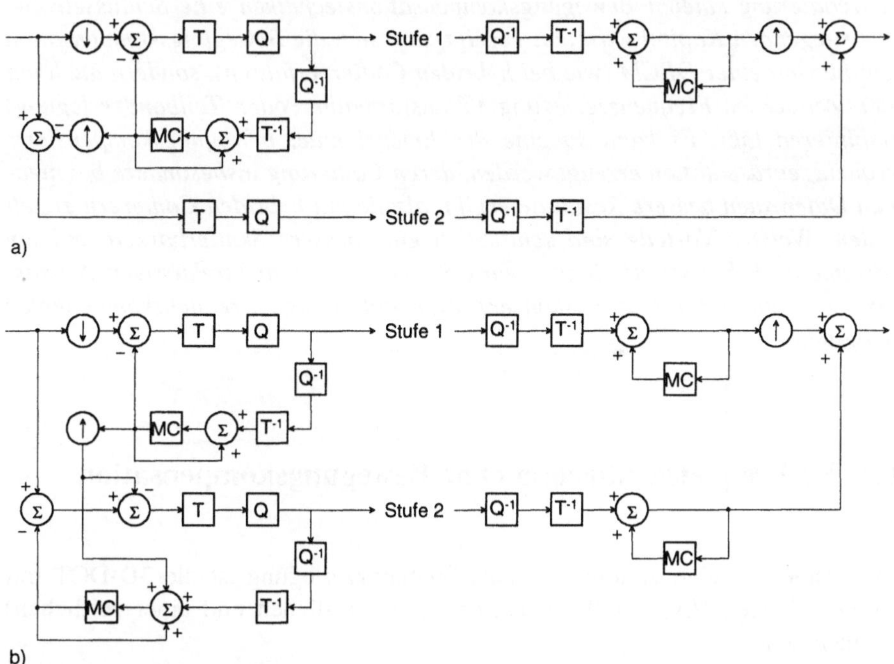

Abb. 15.8. Prinzipien einer hierarchischen Hybridcodierung mit bewegungskompensierter Prädiktion und 2 Skalierungsstufen. **a** Prädiktion nur in der ersten Stufe **b** Prädiktion in beiden Stufen [T: Transformation; Q: Quantisierung; MC: bewegungskompensierte Prädiktion; ↓/↑: Unter-/Überabtastung]

16 Dreidimensionale Frequenzcodierung

In Anwendungen zur zweidimensionalen Ortsbereichscodierung von Bildsignalen hatte sich ergeben, daß die Frequenzbereichsverfahren - zumindest bei niedrigen Datenraten - den prädiktiven Codierverfahren überlegen sind. In der Bildsequenzcodierung spielen Bewegungskompensationstechniken eine Schlüsselrolle. Im vorliegenden Kapitel wird nun gezeigt, daß sich die Bewegungskompensation nicht nur mit einer DPCM (wie bei hybriden Codierverfahren), sondern auch mit einer Zeitachsen-Frequenzzerlegung (Transformation oder Teilbandzerlegung) kombinieren läßt. Es kann so eine dreidimensionale, bewegungskompensierte Frequenzrepräsentation erzeugt werden, deren Codierung insbesondere bei niedrigen Datenraten bessere Resultate ergibt, als sie mit hybriden Codierern erzielt werden. Weitere Vorteile sind schließlich eine bessere Skalierbarkeit und ein wirksamerer Fehlerschutz. Beides wird auf Grund der nichtrekursiven Arbeitsweise und durch Informationskonzentration auf wenige Frequenzkomponenten ermöglicht.

16.1 3D-Frequenzcodierung ohne Bewegungskompensation

Ein Beispiel für eine dreidimensionale Frequenzzerlegung ist die 3D-DCT mit den Blocklängen U,V und W in den drei (zwei örtlichen und einer zeitlichen) Dimensionen :

$$c_{u,v,w} = C_0 \cdot \sqrt{\frac{8}{U \cdot V \cdot W}} \cdot \sum_{m=0}^{U-1}\sum_{n=0}^{V-1}\sum_{o=0}^{W-1} x(m,n,o) \cdot \cos\left[u(m+0{,}5)\frac{\pi}{U}\right] \cdot \cos\left[v(n+0{,}5)\frac{\pi}{V}\right] \cdot \cos\left[w(o+0{,}5)\frac{\pi}{W}\right]$$

$$\text{mit } C_0 = \begin{cases} \sqrt{2}\big/4 & \textit{für } (u,v,w)=(0,0,0) \\ 1\big/2 & \textit{für } (u,v,w)=[(0,0,a)\vee(0,a,0)\vee(a,0,0)] \\ \sqrt{2}\big/2 & \textit{für } (u,v,w)=[(0,a,b)\vee(a,0,b)\vee(a,b,0)] \\ 1 & \textit{für } (u,v,w)=(a,b,c) \end{cases} \quad ; a \neq 0, b \neq 0, c \neq 0 \qquad (16.1)$$

Abb. 16.1 zeigt schematisch eine Frequenzbandeinteilung in der (Ω_2,Ω_3)-Ebene bei $U=V=W=4$, d.h. es wird die 3D-DCT jeweils für 4 aufeinanderfolgende

Bilder berechnet, wobei eine örtliche Zerlegung mit der Blockgröße 4x4 Bildpunkte stattfindet. Abb. 16.1a stellt die Lage der Spektralkomponenten dar, wenn
keine Änderung zwischen den Bildern stattfindet; alle höherfrequenten Zeitach-
sen-Spektralanteile sind Null, die Information ist vollständig in den DCT-Koeffizienten bei $w=0$ enthalten. Abb. 16.1b zeigt dagegen die Lage des Spektrums
bei translatorischer Bewegung in n-Richtung mit $l=2$ (vgl. Abschn. 2.1.3). Die
Anzahl der Frequenzbänder, in denen spektrale Anteile enthalten sind, hat sich
nun verdoppelt, also ist die Energiekonzentration *schlechter* als im unbewegten
Fall. In Abb. 16.1c ist hingegen eine Unterteilung in schmalere Frequenzbänder
vorgenommen. Es ist erkennbar, daß der Anteil derjenigen Frequenzbänder, die
keine spektrale Energie enthalten, sich nun vergrößert hat. Setzt man diese Unterteilung weiter fort, so würde sich für $(U,V,W) \rightarrow \infty$, unabhängig von der Bewegung, eine ebensolche Energiekonzentration ergeben wie im unbewegten Fall.
Sofern keine neuen Inhalte hinzukommen, ändert sich die spektrale Energie des
Signals gemäß (2.23) durch die Bewegung nicht, es findet lediglich eine Verschiebung der Komponenten in (Ω_1,Ω_2) zu anderen Frequenzen Ω_3 statt. Allerdings bedeutet eine verfeinerte Frequenzauflösung automatisch auch eine *erhöhte
Verzögerung* von W Bildern bei der spektralen Zerlegung, was in zeitkritischen
Codieranwendungen (z.B. Dialogdiensten) nicht erwünscht sein kann. Darüber
hinaus ist eine Zeitachsen-Spektralanalyse über Szenenwechsel oder andere neu
aufgedeckte Inhalte hinweg für die Codierung nicht sinnvoll, da hier mit Amplitudensprüngen zu rechnen ist, die auf extrem viele hochfrequente Spektralanteile
führen. Andererseits ist die nichtrekursive Struktur ein wesentlicher Vorteil gegenüber Hybridcodierern, sofern eine Übertragung auf verlustbehafteten Kanälen
stattfindet [KARLSSON, VETTERLI 1987].

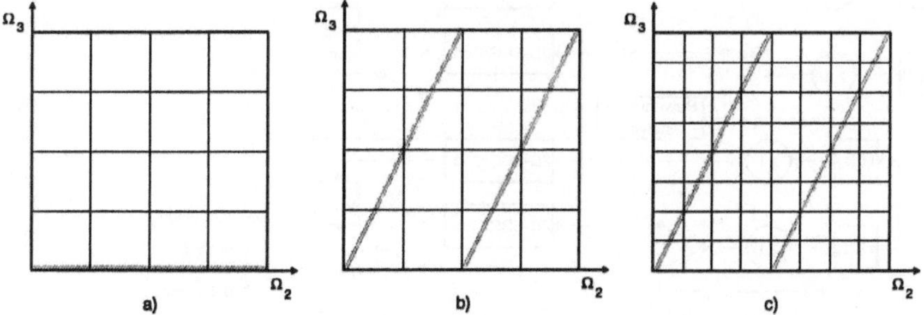

Abb. 16.1. Lage der Spektralanteile bei 3D-Frequenzbereichscodierung
a ohne Bewegung, $V=W=4$ **b** translatorische Bewegung $l=2$, $V=W=4$ **c** $l=2$, $V=W=8$

Im weiteren soll die 3D-Frequenzanalyse generell als *Filterbankverfahren* interpretiert werden. Dies schließt sowohl lineare Transformationen (bei denen die
Basisfunktionen als Impulsantworten einer FIR-Filterbank interpretiert werden
können), als auch Teilbandcodierverfahren ein. In der schematischen Darstellung
von Abb. 16.1 wurde vorausgesetzt, daß *ideale*, nicht überlappende Bandpaßfilter
zur Trennung der Frequenzbänder verwendet werden. Aus Abschn. 2.6 ist jedoch

bekannt, daß sich bei jeder Frequenzanalyse über einen begrenzten Bereich eine endliche Anzahl *überlappender Frequenzbänder* ergibt. Hierdurch kann Aliasenergie selbst in solchen Frequenzbändern entstehen, in denen das Signal gar keine spektralen Anteile aufweist. Lediglich, wenn die Bildsequenz tatsächlich *unbewegt* ist, das Spektrum also bei $\Omega_3=0$ konzentriert wird, enthalten die höherfrequenten Frequenzbänder keinerlei Energieanteile; die höherfrequenten Basisfunktionen der üblichen orthogonalen Transformationen, wie auch die FIR-Analysefilter in SBC-Filterbänken besitzen üblicherweise eine Nullstelle bei $z_3=0$, d.h. die Anteile bei der Frequenz $\Omega_3=0$ werden vollständig eliminiert.

Ist Bewegung im Bildsignal vorhanden, so enthält das tieffrequenteste zeitliche Frequenzband nur die tiefen Ortsfrequenzanteile, oder allenfalls noch einige hochfrequente Anteile, die durch den Aliaseffekt bei zu schneller Bewegung entstehen (sh. Abb. 16.1b; im zeitlich tieffrequentesten Band sind nur Anteile von $\Omega_2=0..\pi/8$ und $\Omega_2=\pi/2..5\pi/8$ enthalten). Die Codierung der Spektralkomponenten kann daher nicht eine solch extreme Energiekonzentration bei tiefen Frequenzen ausnutzen, wie wir sie bei der Frequenzcodierung des Ortsbereichssignals kennengelernt haben. Die alleinige Wiedergabe des zeitlich-tieffrequentesten Bandes würde zu visuellen Verzerrungen führen, und ist daher in keinem Fall sinnvoll. Man beachte, daß z.B. bei linearen Transformationen die Interpolationssynthese durch ein Halteglied ausgeführt wird (vgl. Abschn. 2.5.2 und 2.6.3). Dieses würde lediglich eine mehrfache Wiederholung ein und desselben Bildes aus der tiefrequenten Information bewirken, welches seinerseits nur eine unvollständige Information über die ursprünglichen Bilder enthält.

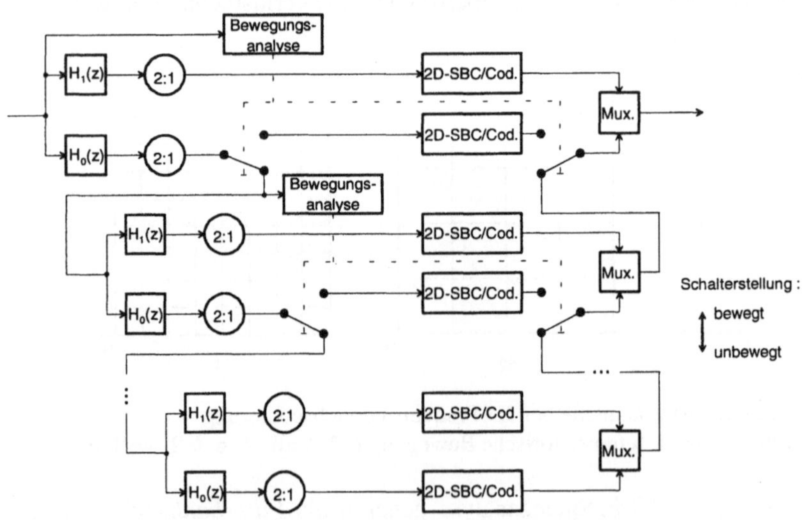

Abb. 16.2. 3D-Teilbandzerlegung mit Bewegungsadaption

Vor Anwendung einer Frequenzcodierung entlang der Zeitachse *muß* darüber hinaus eine Szenenwechselanalyse vorgenommen werden. Fällt ein Szenenwechsel in das zeitliche Analysefenster, so entstehen hohe Frequenzanteile. An Szenenschnitten, aber auch bei schnell wechselndem Inhalt (Auf- und Verdeckungen) sollte daher mit verkürzten zeitlichen Analyselängen gearbeitet werden.

3D-Frequenzcodierverfahren können daher mit einer *lokalen Bewegungsanalyse* kombiniert werden. So kann bei Auftreten neuen Inhalts und bei Verdeckungseffekten in einzelnen lokalen Bereichen des Bildes die zeitliche Spektralzerlegung ausgeschaltet werden [PODILCHUK, JAYANT, NOLL 1990], [QUELUZ 1992]. Eine derartige *Bewegungsadaption* läßt sich besonders gut mit Teilbandanalyseverfahren in Kaskadenstruktur realisieren, da hier die Analysekaskade an jeder beliebigen Position unterbrochen werden kann, d.h. es wird mit einer Variation der zeitlichen Auflösung gearbeitet (sh. Abb. 16.2). Bei Transformationsverfahren kann auch die Blocklänge *W* variiert werden. Diese Bewegungsadaption hat jedoch noch nichts mit einer *Bewegungskompensation* zu tun; bei einer bewegungskompensierten Frequenzzerlegung muß die zeitliche Spektralanalyse entlang des *Pfades* der geschätzten Bewegung durchgeführt werden, d.h. man versucht, die Inhalte der zur Zeitachsen-Analyse herangezogenen Bilder so gut wie möglich zur Deckung zu bringen.

16.2 3D-Blocktransformationen mit Bewegungskompensation

Die bewegungskompensierte Filterung wurde in (6.2) als - auf dem Ergebnis der Bewegungsschätzung basierende - Koordinatenverschiebung im Ortsbereich interpretiert. Sowohl bei Prädiktions-, als auch bei Frequenzzerlegungsverfahren werden Filter zu Dekorrelation verwendet. Die Aktion der Bewegungskompensation erfolgt gleichzeitig mit der eigentlich dekorrelierenden Operation des Filters, es werden die Bereiche maximaler Ähnlichkeit zwischen den aufeinander folgenden Bildern zur Deckung gebracht. Wir betrachten nochmals eine vereinfachte Version des bewegungskompensierten Prädiktorfilters aus (15.2) :

$$H(z_1, z_2, z_3) = z_1{}^k \cdot z_2{}^l \cdot z_3{}^{-1}. \tag{16.2}$$

Dieses Filter beschreibt eine Verschiebung der Koordinaten im Vorgängerbild ($z_3{}^{-1}$) um k Bildpunkte in Zeilenrichtung ($z_1{}^k$) und l Bildpunkte in Spaltenrichtung ($z_2{}^l$). Die dekorrelierende Operation ist die Prädiktionsfehlerfilterung $A(z_1,z_2,z_3)=1-H(z_1,z_2,z_3)$, in diesem Fall also eine einfache Differenzbildung. Häufig wird der Begriff "Bewegungskompensation" mit dieser Bildung der Differenz zum bewegungsverschobenen Vorgängerbild gleichgesetzt.

Beispiel einer bewegungskompensierten Frequenzanalyse. Eine bewegungskompensierte Filterung läßt sich auch bei der Transformations- und Teilbandanalyse einsetzen. Als Beispiel betrachten wir das perfekt rekonstruierende Teilband-Filterpaar aus (2.120). Die Impulsantworten dieser Filter sind identisch mit den beiden Basisfunktionen von DCT, WHT und HT bei einer Transformationsblock-länge $W=2$. Die bewegungskompensierten Versionen dieser Filter besitzen nach (6.3) die z-Transformierten

$$H_0(z) = \frac{\sqrt{2}}{2} + \frac{\sqrt{2}}{2} \cdot z_1^{\ k} \cdot z_2^{\ l} \cdot z_3^{-1}$$

$$H_1(z) = \frac{\sqrt{2}}{2} - \frac{\sqrt{2}}{2} \cdot z_1^{\ k} \cdot z_2^{\ l} \cdot z_3^{-1},$$

(16.3)

es resultieren nach der Unterabtastung um den Faktor $W=2$ das zeitliche Tief-paßsignal $c_0(m,n,o')$, sowie das Hochpaßsignal $c_1(m,n,o')$

$$c_0(m,n,o') = \frac{\sqrt{2}}{2} \cdot x(m,n,2 \cdot o' +1) + \frac{\sqrt{2}}{2} \cdot x(m+k,n+l,2 \cdot o')$$

$$c_1(m,n,o') = \frac{\sqrt{2}}{2} \cdot x(m,n,2 \cdot o' +1) - \frac{\sqrt{2}}{2} \cdot x(m+k,n+l,2 \cdot o').$$

(16.4)

Zunächst wird nur die bewegungskompensierte Zeitachsen-Frequenzzerlegung (in Ω_3) betrachtet. Hierbei entsteht mit einem System kritischer Unterabtastung eine Anzahl von Spektralkomponenten-Bildern, die mit der Anzahl der zur Analyse herangezogenen Bilder der Videosequenz identisch ist. Werden die Spektral-komponenten-Bilder anschließend einer Ortsbereichs-Dekorrelation (in Ω_1 und Ω_2) unterzogen, ist das Ergebnis eine dreidimensionale, bewegungskompensierte Spektralrepräsentation des Videosignals.

16.2.1 3D-Transformationen mit globaler Bewegungskompensation

Zeitinvariante Analyse. Wenn eine unbeschleunigte, globale translatorische Bewegung mit der Verschiebung $[k,l]$ (k und l ganzzahlig) pro frame stattfindet, lautet nach (6.3) die z-Transformierte des bewegungskompensierten Analysefil-ters $H_{w,k}$, das sich aus dem unkompensierten, eindimensionalen Filter im Fre-quenzband w, $H_w(z_3)$ bestimmt :

$$H_{w,k}(z_1,z_2,z_3) = H_w(z_1^{-k} \cdot z_2^{-l} \cdot z_3).$$

(16.5)

Hierbei bleibt zunächst unberücksichtigt, daß Bildsignale eine endliche Ausdehnung besitzen, und daher die Bewegungsvektoren k und l bei Einsatz glo-baler Bewegungskompensation an einzelne Positionen außerhalb des Bildes wei-sen können. Mit (16.5) läßt sich z.B. aus dem Basisvektor der DCT mit Block-länge $W=4$, $h_0=[0,5;0,5;0,5;0,5]$, ein bewegungskompensiertes Analysefilter mit der z-Transformierten

$$H_{0,k}(z_1,z_2,z_3) = 0,5 + 0,5 \cdot z_1^{\ k} z_2^{\ l} z_3^{-1} + 0,5 \cdot z_1^{2k} z_2^{2l} z_3^{-2} + 0,5 \cdot z_1^{3k} z_2^{3l} z_3^{-3}$$

(16.6)

definieren. Da dieses FIR-Filter kausal arbeiten muß, ist das Ergebnis der Operation erst mit einer Zeitverzögerung von W-1 Bildern verfügbar. Die örtlichen Bezugskoordinaten der Bewegungskompensation sind in diesem Fall die Koordinaten des letzten Bildes (in den folgenden Ausführungen als *Bezugsbild* bezeichnet), welches dem Transformationsblock angehört.

Zeitvariante Analyse. In (16.6) wird noch von einer unbeschleunigten translatorischen Bewegung ausgegangen, so daß die Verschiebung von einem Bild zum vorhergehenden $[k,l]$, zu dessen Vorgänger $[2{\cdot}k,2{\cdot}l]$ usw. ist. Bei *zeitvarianter* Bewegung ist es hingegen notwendig, die Bewegungsparameter, ausgehend vom Bezugsbild, zu jedem der in der Filterung verwendeten Bilder *individuell* zu berechnen. Allerdings kann das zeitvariante Filter nicht mehr, wie in (16.5), in der geschlossenen Form der z-Transformation ausgedrückt werden. Mit individuellen Bewegungsparametern $[k(1),l(1)]$, $[k(2),l(2)]$, ... für das erste, zweite usw. Vorgängerbild des Bezugsbildes erhalten wir :

$$H_{0,k}(z_1,z_2,z_3) = 0,5 + 0,5 \cdot z_1^{k(1)} z_2^{l(1)} z_3^{-1} + 0,5 \cdot z_1^{k(2)} z_2^{l(2)} z_3^{-2} + 0,5 \cdot z_1^{k(3)} z_2^{l(3)} z_3^{-3}.$$

$$(16.7)$$

Die Faltung mit einem bewegungskompensierten FIR-Filter $h_w(o)$ der Länge R (bei linearen Blocktransformationen ist $R{=}W$) führt so auf das Signal im Frequenzband w

$$x_w(m,n,o) = \sum_{r=0}^{R-1} x(m + k(r), n + l(r), o - r) \cdot h_w(r),$$

$$(16.8)$$

wobei die Verschiebungen $k(0){=}l(0){=}0$ sind, die übrigen Bewegungsparameter durch Schätzung ermittelt werden müssen.

Das Signal x_w wird nun kritisch um den Faktor W unterabgetastet. Wir erhalten wie in (2.95) die Frequenzkomponenten-Bilder $c_w(m,n,o'){=}x_w(m,n,W{\cdot}o')$. Es kann anschließend eine lineare 2D-Frequenzzerlegung *im Ortsbereich* auf jedes einzelne Frequenzkomponenten-Bild angewandt werden. Mit U bzw. V Frequenzbändern entlang der Koordinaten m und n wird die gesamte Anzahl an Frequenzbändern $c_{u,v,w}(m',n',o')$ bei gleichförmiger Zerlegung in allen 3 Dimensionen $U{\cdot}V{\cdot}W$.

Synthesefilterung und Umkehrung der Bewegungskompensation. Nun ist die inverse Transformation bzw. Synthese der Originalsequenz zu betrachten. Durch inverse 2D-Transformation können in einem ersten Schritt der Synthese die Signale $c_w(m,n,o')$ wieder hergestellt werden. In Umkehrung zu (16.5) kann dann das bewegungskompensierte Zeitachsen-Synthesefilter aus dem entsprechenden unbewegten Filter mit der z-Transformierten $G_w(z)$ als

$$G_{w,k}(z_1,z_2,z_3) = G_w(z_1^{k} \cdot z_2^{l} \cdot z_3)$$

$$(16.9)$$

definiert werden. Man beachte, daß - z.B. gemäß der Definition in (2.114) - die Synthesefilter gegenüber den Analysefiltern eine zeitinvertierte Impulsantwort besitzen müssen, was sich in der Notation der z-Transformation als "$1/z$" beschreiben läßt. Dies drückt sich bezüglich der Bewegungskompensation in der Vorzeichenumkehr der Parameter k und l gegenüber (16.5) aus. Die Umkehrung von (16.8) lautet für den Fall einer blockweisen Transformation (Filterlänge des Synthesefilters $R=W$)

$$y(m,n,o'\,W - r) = \sum_{w=0}^{W-1} c_w(m - k(r), n - l(r), o') \cdot g_w(r) \quad ; \quad 0 \le r < R, \qquad (16.10)$$

oder in anderer Schreibweise, wobei die Umkehrung der Bewegungskompensation erst *nach* der Synthesefilterung erfolgt :

$$y(m + k(r), n + l(r), o'\,W - r) = \sum_{w=0}^{W-1} c_w(m, n, o') \cdot g_w(r). \qquad (16.11)$$

Beispiel : 3D-DCT mit globaler Bewegungskompensation. Ein derartiges Verfahren wird in [AKIYAMA ET AL. 1990] beschrieben. Aus (16.1) ergibt sich unter Verwendung von (16.8)

$$c_{u,v,w} = C_0 \cdot \sqrt{\frac{8}{U \cdot V \cdot W}} \cdot \sum_{m=0}^{U-1} \sum_{n=0}^{V-1} \sum_{o=0}^{W-1} x(m^*, n^*, o) \cdot \cos\left[u(m+0,5)\frac{\pi}{U}\right] \cdot \cos\left[v(n+0,5)\frac{\pi}{V}\right] \cdot \cos\left[w(o+0,5)\frac{\pi}{W}\right].$$

$$\text{mit } m^* = m + k(W\text{-}o) \text{ und } n^* = n + l(W\text{-}o) \qquad (16.12)$$

In (16.12) müssen die bewegungsverschobenen Koordinaten (m^*, n^*) auf Punkte innerhalb des Bilds weisen, d.h. es muß gelten : $0 \le m^* < M$ bzw. $0 \le n^* < N$. Diese Bedingung kann durch eine der im folgenden beschriebenen Maßnahmen erfüllt werden.

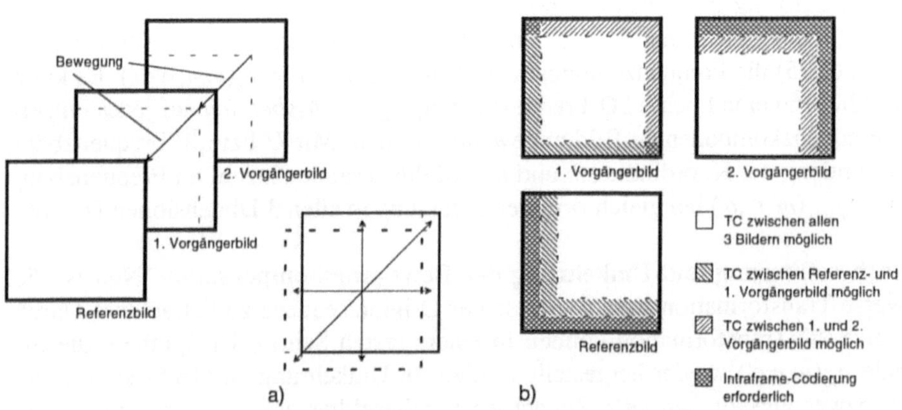

Abb. 16.3. 3D-DCT-Verfahren mit globaler Bewegungskompensation.
a zyklische Fortsetzung des Bildes **b** separate Behandlung der nicht erfaßten Bereiche

Zyklische Fortsetzung des Bildes. Bei zyklischer Fortsetzung gilt :

$$m^* = \left[m + k(W - o)\right](\mathrm{mod}\, M) \quad ; \quad n^* = \left[n + l(W - o)\right](\mathrm{mod}\, N), \qquad (16.13)$$

d.h. der obere Bildrand wird an den unteren, der linke an den rechten angesetzt. Dadurch wird erreicht, daß *jeder Bildpunkt* in die Analyse, und *jeder DCT-Koeffizient* in die Synthese eingeht : Bei globaler, translatorischer Bewegungskompensation zwischen zwei Bildern weisen ebenso viele Bewegungsvektoren des Referenzbildes auf Bildpunkte außerhalb des kompensierten Bildes, wie sie am jeweils anderen Rand unberücksichtigt bleiben (Abb. 16.3a).

Separate Behandlung aufgedeckter und verdeckter Bereiche. Gewöhnlich kann man davon ausgehen, daß der linke und rechte, bzw. der obere und untere Bildrand wenig miteinander zu tun haben, so daß an diesen Positionen bei der zyklischen Fortsetzung hochfrequente Spektralanteile entstehen würden. Daher ist diese Methode tatsächlich auch nur unter dem Aspekt sinnvoll, daß die Anzahl der Koeffizienten nach der Zeitachsen-Spektralanalyse in jedem Frequenzband gleich ist, und auch mit der Anzahl der Bildpunkte in den ursprünglichen Bildern übereinstimmt. Dies kann u.a wichtig sein, wenn im Anschluß eine Ortsbereichs-Frequenzzerlegung vorgenommen werden soll, die bestimmte Randbedingungen stellt, z.B. Aufteilbarkeit des Bildes in Blöcke einer bestimmten Größe.

Eine Alternative ist in Abb. 16.3b dargestellt. Hier können die Bereiche, die zwischen zwei oder mehreren Bildern nicht zugeordnet werden können, jeweils separat mit einem Intraframe-Verfahren codiert werden. Ist innerhalb der Analyselänge von W Bildern nicht über alle Bilder eine Zuordnung möglich, kann die Transformationsblocklänge auch verkürzt werden. Damit werden bei orthonormalen Transformationen jedoch gleichzeitig die Wertebereiche der Koeffizienten verkleinert, sowie Bandbreiten und Mittenfrequenzen der Analyse verändert.

16.2.2 3D-Transformationen mit ortsvarianter Bewegungskompensation

Im Normalfall läßt sich die Bewegung in einer Bildsequenz nicht ausschließlich durch globale Bewegungsparameter beschreiben. Insbesondere bei Bewegungen einzelner Objekte wird das Bewegungsvektorfeld *inhomogen* und seine Parameter $[k(r), l(r)]$ ortsvariant; dies ist in der Regel gleichzeitig mit Aufdeckungs- und Verdeckungseffekten verbunden. In diesem Fall könnte die Abbildung der Frequenzbandsignale auf das Rekonstruktionssignal in (16.11) für einzelne Ortsbereichskoordinaten *mehrdeutig*, für andere *undefiniert* sein. Das hieraus resultierende Problem ist in Abb. 16.4 dargestellt. Die Zeitachsen-Transformation erfolge entlang des durch Bewegungsschätzung ermittelten *Bewegungspfades*.

Ist das Bewegungsvektorfeld homogen (Abb. 16.4a), kann ohne Schwierigkeiten die inverse Transformation entlang dieses Pfades durchgeführt werden, und das Bild kann nach (16.11) durch die folgende inverse Bewegungskompensation eindeutig an allen Punkten rekonstruiert werden. Bei durch eine Objektbewegung verursachten inhomogenen Bewegungsvektorfeldern *verkürzen* sich hingegen einzelne vom Referenzbild ausgehende Bewegungspfade, oder es entstehen in

den anderen Bildern Bereiche, die von *keinem* Bewegungspfad erfaßt werden
(Abb. 16.4b).

Im Fall eines ortsvarianten Bewegungsvektorfeldes ist das bewegungskompensierte 3D-System nach (16.11) also *nicht reversibel*, eine Rekonstruktion kann an
bestimmten Positionen unmöglich sein.

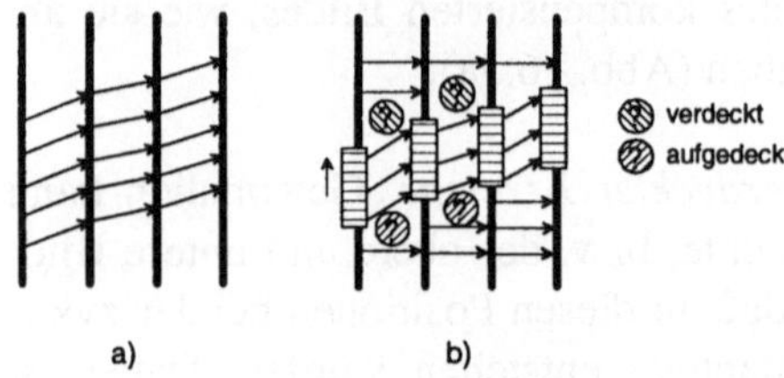

Abb. 16.4. Bewegungspfade bei **a** homogenen **b** inhomogenen Bewegungsvektorfeldern

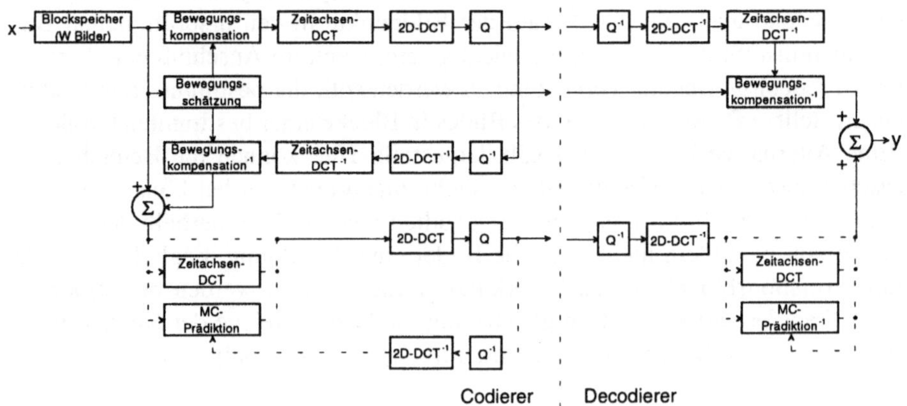

Abb. 16.5. 3D-TC-Verfahren mit ortsvarianter Bewegungskompensation
und Restfehlerübertragung

Im Fall der ortsvarianten Bewegungskompensation kommt daher nur eine separate Behandlung lokal aufgedeckter oder verdeckter Bereiche in Frage. Um die
Analyse nicht zu kompliziert zu gestalten, kann auch der nach der Synthese (wie
(16.11), aber mit ortsvarianten Bewegungsparametern) resultierende *Restfehler*
separat übertragen werden. In vielen Bildsequenzen ist der Anteil von Okklusionen an der gesamten Bildfläche nicht allzu groß. Am günstigsten ist es, bereits
bei der Bewegungsschätzung Verfahren anzuwenden, die ein *kontinuierliches*
Bewegungsvektorfeld bevorzugen (vgl. Abschn. 6.2.2 und 6.2.3). Zudem enthält
auch das Restfehlersignal noch redundante Anteile und kann daher mit einem
örtlich oder örtlich-zeitlich dekorrelierenden Verfahren codiert werden. Ein 3D-
Transformationscodierverfahren nach diesem Prinzip ist in Abb. 16.5 dargestellt.
Zur Dekorrelation des Restfehlers können hier wahlweise (gestrichelt angedeutet)
bewegungskompensierte Prädiktionscodierung, Intraframe-DCT-Codierung oder
eine 3D-DCT ohne Bewegungskompensation verwendet werden. Die letztere

Methode wurde z.B. in [KRONANDER 1989] vorgeschlagen. Nachteilig ist, daß die Leistungsfähigkeit sehr stark von dem Anteil an zusätzlich zu übertragender Information abhängt. Daher wurde in [NICOULIN ET AL. 1993] versucht, das durch den bewegungskompensierten Prädiktionsfehler repräsentierte Restfehlersignal den höheren Frequenzkomponenten zu überlagern. Hierdurch scheinen sich aber für die nachfolgende Ortsbereichs-Frequenzzerlegung ungünstige Eigenschaften zu ergeben.

16.3 Bewegungskompensierte 3D-Teilbandverfahren

Ein Sonderfall von Block-Transformationsverfahren entsteht für den Fall $W=2$. Die Basisfunktionen aller gebräuchlichen orthonormalen Blocktransformationen (z.B. DCT, WHT, HT) sind dann identisch, und bilden gleichzeitig die Teilbandfilter mit kurzer Impulsantwort nach (2.120). Hier muß die Bewegungsschätzung und -kompensation nur zwischen jeweils 2 Bildern durchgeführt werden. Daher kann eindeutig - soweit Unsicherheiten bei der Bewegungsschätzung unberücksichtigt bleiben - zugeordnet werden, welche Inhalte in einem Bild gegenüber dem anderen verdeckt sind und umgekehrt. Auf Grund dieser Eigenschaft konnte ein Verfahren entwickelt werden [OHM 1992, 1993, 1994A], bei dem es auch bei ortsvarianter Bewegungskompensation *nicht* notwendig ist, ein separates Restfehlersignal zu übertragen. Vielmehr wird die Information über die verdeckten und aufgedeckten Bildbereiche derart in die beiden Teilbandsignale integriert, daß deren Signalverläufe im Ortsbereich kontinuierlich bleiben, d.h. keine künstlichen Sprünge aufweisen. Die Methode wird aus zwei Gründen als *bewegungskompensierte Teilbandcodierung* bezeichnet :

- Es sind auch Analyse- und Synthesefilterlängen $R > W$ (Anzahl der Frequenzbänder $W=2$) einsetzbar;
- Das System wird in einer Kaskadenstruktur aufgebaut; dadurch sind beliebig feine - auch ungleichförmige - Frequenzzerlegungen entlang der zeitlichen Achse, und die problemlose Ausführung der Frequenzanalyse über eine große Anzahl aufeinander folgender Bilder realisierbar. Jederzeit ist es aber möglich - wie bei der in Abschn. 16.1 beschriebenen bewegungsadaptiven Methode, die Analyse an das Auftreten von Okklusionseffekten anzupassen.

16.3.1 Bewegungskompensierte "Haar"-Filter

Die sogenannten "Haar"-Filter (2.120) stellen einen Spezialfall der Teilbandanalyse und -synthese dar, weil die Filterlänge $P=W=2$ ist. Hiermit werden - wie bei Blocktransformationen - ausschließlich aus zwei aufeinander folgenden Abtastwerten ein tieffrequenter (L) und ein hochfrequenter (H) Spektralkoeffizient berechnet. Wir teilen daher die Bildsequenz in wechselweise aufeinander folgende Bilder der Typen A und B ein, die Folge ist dann "..*ABABAB*..". Diese Bildsequenz wird jeweils durch paarweise A/B-Analyse in eine zeitliche Tiefpaßsequenz "..*LLL*.." und eine Hochpaßsequenz "..*HHH*.." zerlegt, welche jeweils die *halbe Bildwiederholrate* der Originalsequenz besitzen. Mit den Haar-Filter enthält L die Summen-, H die Differenzinformation über A und B.

Es wird nun verfahren, wie in Abb. 16.6a und 16.6b dargestellt :

– Der *örtliche Inhalt* des Differenzbildes H wird dort positioniert, wo er im zur Berechnung verwendeten Bild A liegt. Ein weiterer örtlicher Koordinatenbezug besteht zwischen Bildern der Typen L und B.

– An denjenigen Positionen des A-Bildes, welche im B-Bild verdeckt sein werden, wird die bewegungskompensierte Bilddifferenz relativ zum *Vorgängerbild E* in das H-Signal eingesetzt. E ist die decodierte Version des vorangegangenen B, die Bewegungsparameter $[\bar{k},\bar{l}]$ stellen den Bezug zu diesem Bild her.

– In B neu aufgedeckte Bereiche werden unverändert in L eingefügt.

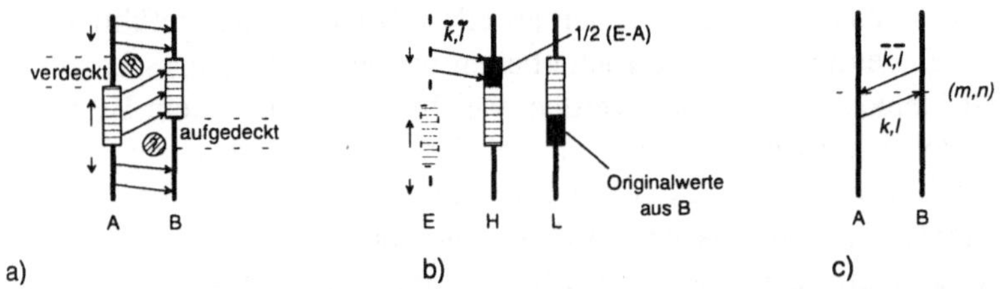

Abb. 16.6. **a** Entstehung verdeckter und aufgedeckter Bereiche **b** Substitution von bewegungskompensierten Bilddifferenzwerten in H und von Originalwerten in L **c** Definition der vorwärts- und rückwärtsgerichteten Bewegungsparameter

Wo die in den letzten beiden Punkten genannten Ausnahmeregelungen für Aufdeckungs- und Verdeckungseffekte nicht zutreffen, läßt sich ein eindeutiger Bezug zwischen den Inhalten in A und B herstellen. Hier wird die Hochpaß- und Tiefpaßfilterung entlang des Bewegungspfades durchgeführt.

Vorwärts- und rückwärtsgerichtete Bewegung. Die in Abb. 16.6c skizzierten Parameter $[k,l]$ charakterisieren die auf B gerichtete Bewegung, während $[\bar{k},\bar{l}]$ für die auf A gerichtete Bewegung stehen. Unter dem Gesichtspunkt der Kausalität (A liegt zeitlich vor B) geben die Parameter $[k,l]$ an, *woher* der Inhalt von B kommt, während $[\bar{k},\bar{l}]$ ausdrücken, *wohin* der Inhalt von A geht. Nach der in Abschn. 6.2 eingeführten Definition wird also zur Erzeugung des L-Bildes eine rückwärtsgerichtete, zur Erzeugung des H-Bildes eine vorwärtsgerichtete Bewegungskompensation verwendet. Beide Bewegungen müssen aber aufeinander bezogen sein, da sie die gleichbleibenden Inhalte zwischen ein und denselben Bildern ausdrücken, und sollten daher nicht unabhängig voneinander geschätzt werden. Wird z.B. eine Schätzung von $[k,l]$ für die einzelnen Koordinatenpositionen (m_B, n_B) des Bildes B vorgenommen, so lassen sich die Parameter $[\bar{k}, \bar{l}]$ eindeutig bestimmen, sofern der Inhalt an einer Position (m_B, n_B) *nicht neu aufgedeckt* ist :

$$\begin{aligned}\bar{k}(m_A, n_A) &= -k(m_B, n_B) \\ \bar{l}(m_A, n_A) &= -l(m_B, n_B)\end{aligned} \quad \text{mit} \quad \begin{cases} m_A = m_B + k(m_B, n_B) \\ n_A = n_B + l(m_B, n_B). \end{cases} \tag{16.14}$$

Sofern die Parameter $[\bar{k}, \bar{l}]$ an einzelnen Positionen (m_B, n_B) nach (16.14) *nicht bestimmbar* sind, wird dieser Teil des Bildes A in B *verdeckt* sein.

Realisierung der Analysefilterung. In Modifikation zu (2.119) wird nun ein *nicht-orthonormales* Teilbandfilterpaar mit den Übertragungsfunktionen $H_0(z)=0{,}5+0{,}5{\cdot}z^{-1}$ und $H_1(z)=0{,}5-0{,}5{\cdot}z^{-1}$ verwendet. Dies erfolgt, um *Helligkeitssprünge* zwischen den in L eingefügten Originalbildpunkten und den aus der bewegungskompensierten Tiefpaßfilterung resultierenden Bildpunkten zu vermeiden. Konsistenterweise werden die in das H-Signal eingesetzten Bilddifferenzkomponenten ebenfalls mit dem Faktor 0,5 multipliziert. Die Analysegleichungen einer Polyphasen-Realisierung lauten für den Fall, daß die Teilbandfilterung durchgeführt wird, d.h. wenn eine Zuordnung zwischen A und B möglich ist :

$$L(m,n) = 0{,}5 \cdot B(m,n) + 0{,}5 \cdot \hat{A}(m+k(m,n), n+l(m,n)) \tag{16.15}$$

$$H(m,n) = 0{,}5 \cdot \hat{B}(m+\bar{k}(m,n), n+\bar{l}(m,n)) - 0{,}5 \cdot A(m,n), \tag{16.16}$$

und in den Fällen der Auf- und Verdeckung :

$$L(m,n) = B(m,n) \tag{16.17}$$

$$H(m,n) = 0{,}5 \cdot \left[\hat{E}(m+\tilde{k}(m,n), n+\tilde{l}(m,n)) - A(m,n) \right]. \tag{16.18}$$

$\hat{A}$, $\hat{B}$, $\hat{E}$ in (16.15)-(16.18) zeigen an, daß es sich um *Schätzungen an Zwischenpositionen* handeln kann, deren Verwendung von der Genauigkeit der Bewegungskompensation abhängt.

Realisierung der Synthesefilterung. Die Synthesefilter müssen auf Grund der nicht-orthonormalen Analyse mit dem Faktor 2 skaliert werden. Die rekonstruierten Bilder C (für A) und D (für B) werden im Fall der Teilbandfilterung nach folgenden Synthesegleichungen berechnet :

$$C(m,n) = \hat{L}(m+\bar{k}(m,n), n+\bar{l}(m,n)) - H(m,n) \tag{16.19}$$

$$D(m,n) = L(m,n) + \hat{H}(m+k(m,n), n+l(m,n)). \tag{16.20}$$

Im Fall der subpixel-genauen Bewegungskompensation werden nun Schätzwerte $\hat{L}$, $\hat{H}$ verwendet. Bei pixelgenauer Kompensation ist $\hat{L}(m,n)=L(m,n)$, $\hat{H}(m,n)=H(m,n)$, und damit $C(m,n)=A(m,n)$, $D(m,n)=B(m,n)$, die ursprünglichen Bilder sind perfekt rekonstruierbar. Im Fall der Ver- bzw. Aufdeckung werden (16.17) und (16.18) in folgender Weise umgekehrt :

$$C(m,n) = \hat{E}(m + \tilde{k}(m,n), n + \tilde{l}(m,n)) - 2 \cdot H(m,n) \qquad (16.21)$$
$$D(m,n) = L(m,n). \qquad (16.22)$$

Sofern derselbe Wert $\hat{E}$ verwendet wird wie bei der Analyse, ist auch hier eine perfekte Rekonstruktion des Inhalts möglich.

Abb. 16.7 stellt die Blockschaltbilder des Analyseteils und des Syntheseteils dar. Das bei der Analyse entstehende Tiefpaßbild kann auch als *bewegungskompensiertes Mittelwertbild*, das Hochpaßbild als *bewegungskompensiertes Differenzbild* aus den beiden Bildern $x(m,n,Wo')$ und $x(m,n,Wo'+1)$ interpretiert werden.

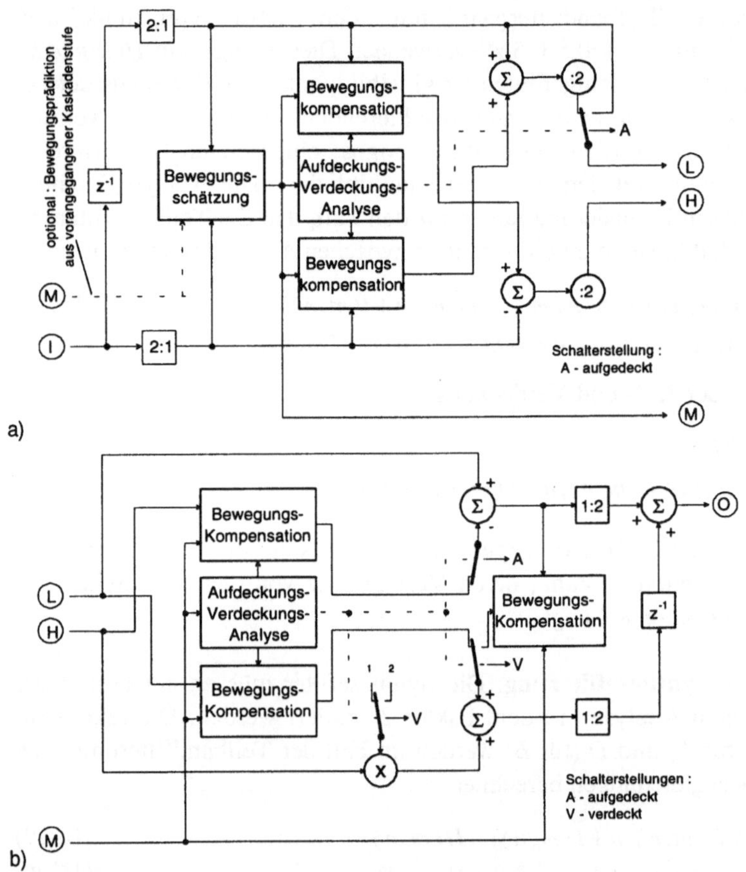

Abb. 16.7. 3D-SBC-Verfahren mit Bewegungskompensation.
a Analysestufe b Synthesestufe

Bewegungskompensation mit Subpixelgenauigkeit. Wird in den beschriebenen Verfahren eine Bewegungskompensation mit *Subpixelgenauigkeit* angewandt, ist keine verzerrungsfreie Rekonstruktion mehr möglich. Sowohl während der Analyse, als auch während der Synthese müssen *Zwischenwertinterpolationen* aus dem Originalsignal bzw. aus den Teilbandsignalen erfolgen. Bei Anwendung eines örtlichen Interpolationsfilters mit der z-Übertragungsfunktion $F(z_1,z_2)$ erhalten wir nun in Abwandlung von (16.5) und (16.9) die Analyse- und Synthesefiltergleichungen

$$H_{w,k}(z_1,z_2,z_3) = F(z_1,z_2) \cdot H_w(z_1^{-k} \cdot z_2^{-l} \cdot z_3)$$
$$G_{w,k}(z_1,z_2,z_3) = F(z_1,z_2) \cdot G_w(z_1^{k} \cdot z_2^{l} \cdot z_3). \tag{16.23}$$

Da Interpolationsfilter grundsätzlich eine *Tiefpaßwirkung* zeigen (vgl. Abschn. 2.5.2), erleiden sowohl die aus der zeitlichen Frequenzzerlegung resultierenden Teilbandsignale, als auch das Rekonstruktionssignal einen *Verlust an hohen Ortsfrequenzen*. Was bei den hybriden Codierverfahren durchaus erwünscht war - die Tiefpaßwirkung der Interpolationsfilter mildert dort den Effekt der Quantisierungsfehlerrückkopplung und wirkt sich bei ungenauer Bewegungsschätzung positiv aus - führt hier also zu einer Verminderung der Qualität des Rekonstruktionssignals. Dennoch führt eine genauere Bewegungskompensation zu einer besseren Energiekonzentration auf das tieffrequente Teilband. Ist die Codierung ohnehin - z.B. bei niedrigen Bitraten - verzerrungsbehaftet, kann der Interpolationseffekt also toleriert werden, zumal in einem solchen Fall die höheren Ortsfrequenzen ohnehin eliminiert werden. Dennoch sollten, besonders bei der Hintereinanderschaltung mehrerer Analyse- und Synthesefilterstufen in einer Kaskadenstruktur, möglichst hochwertige Interpolationsfilter benutzt werden (vgl. Abschn. 2.5.2)

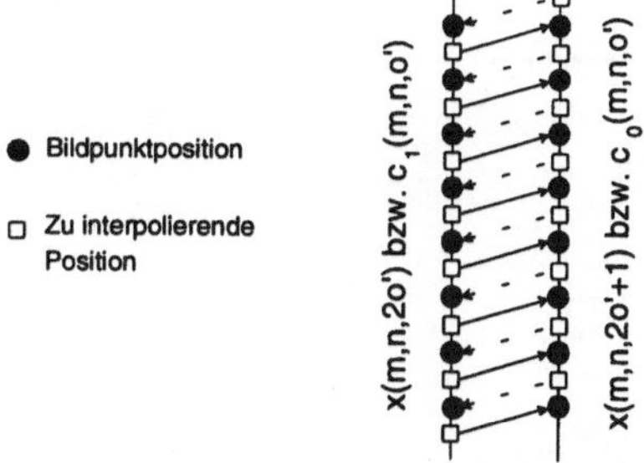

Abb. 16.8. Zur Berechnung der Teilbandanalyse und -synthese bei halbpixelgenauer Bewegungskompensation

Abb. 16.8 verdeutlicht nochmals, wie bei Anwendung einer subpixelgenauen Bewegungskompensation die Teilbandbilder bzw. die Rekonstruktionsbilder berechnet werden. Die Pfeile mit durchgezogenen Linien repräsentieren die Bewegungsvektoren $[k,l]$, während gestrichelt die Bewegungsvektoren $[\bar{k},\bar{l}]$ dargestellt sind. Die vorwärts- und rückwärtsgerichteten Komponenten der Bewegungskompensation treffen nicht mehr exakt an den Bildpunktpositionen aufeinander.

16.3.2 Teilbandfilter höherer Ordnung

Die Filter 1. Ordnung (2.120) bewirken eine relativ schlechte spektrale Trennung, wodurch eine hohe Aliasenergie in den Teilbändern präsent sein kann, und auch nach der Synthese nur eine schlechte Aliaskompensation erfolgt, sofern durch die Codierung eine Elimination des hochfrequenten Anteils bewirkt wird. Zwar läßt sich mit einer wirksamen Bewegungskompensation eine gute *Energiekonzentration* auf das tieffrequente Zeitachsen-Teilbandsignal erreichen; jedoch können sich auf Grund der nicht-überlappenden Arbeitsweise bei hohen Datenreduktionsfaktoren Sprungeffekte, d.h. eine ruckhafte Wiedergabe an den zeitlichen Analyseblockgrenzen, einstellen.

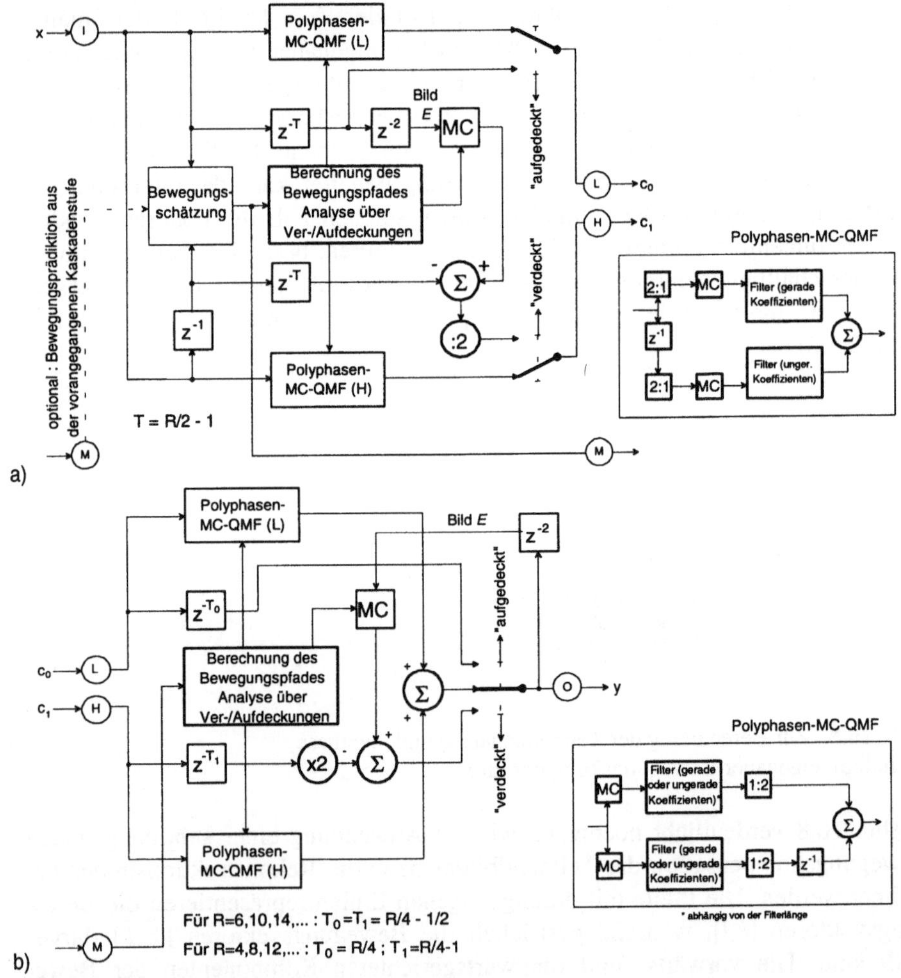

Abb. 16.9. Bewegungskompensierte Teilbandzerlegung mit höherer Filterordnung in Polyphasenstruktur **a** Analysestufe **b** Synthesestufe

Das beschriebene Konzept läßt sich jedoch ohne weiteres auf 2-Band-Zerlegungssysteme mit beliebigen symmetrischen (linearphasigen) Quadratur-Spiegelfiltern (QMF) verallgemeinern. Blockschaltbilder der kompletten Analyse- und Synthesestufen in Polyphasenrealisation sind in Abb. 16.9 dargestellt. Alle Schalter stehen im Modus "teilbandcodiert".

Die Positionen *A/B* charakterisieren nun diejenigen Bilder, die mit den *zentralen Koeffizienten* $h(R/2)$ and $h(R/2-1)$ eines Modellfilters der Impulsantwort $h(r)$ mit *gerader* Koeffizientenanzahl R gefiltert werden. An diesen Positionen wird dieselbe Substitutionstechnik angewandt wie in (16.17) und (16.18), sofern Auf- und Verdeckungseffekte auftreten. Wenn $h_0(r)=h(r)$ die Impulsantwort des Tiefpaß-Analysefilters mit gerader Länge ist, wird das komplementäre QMF-Hochpaßfilter nach (2.115) mit $h_1(r)=(-1)^r\cdot h(r)$ definiert. Bei Modellfiltern mit *ungerader* Koeffizientenanzahl wird nach (2.116) ein Koeffizient $h_0(R)=0$ im Tiefpaßfilter hinzugefügt, und der Hochpaß wird mit $h_1(0)=0$, $h_1(r)=(-1)^{r-1}\cdot h(r-1)$ definiert, um wieder auf gerade Koeffizientenanzahlen zu kommen. Das ebenfalls nicht-orthonormale Modellfilter $h(r)$ muß hier die Koeffizientensumme 1 besitzen, um die örtliche Kontinuität zu den substituierten Originalwerten an den aufgedeckten Positionen zu gewährleisten. Es sei x die Originalbildsequenz, c_0 und c_1 die resultierenden Tief- und Hochpaßbilder mit Bildindex o'. Damit ergeben sich folgende Analysegleichungen :

$$c_0(m,n,o') = h_0(R-1)\cdot \hat{x}(m+k^-(m,n,R/2-1),n+l^-(m,n,R/2-1),2o'-R/2+1) + h_0(R-2)...$$
$$+h_0(R/2)\cdot \hat{x}(m+k^0(m,n),n+l^0(m,n),2o')$$
$$+h_0(R/2-1)\cdot x(m,n,2o'+1) + h_0(R/2-2)...$$
$$+h_0(0)\cdot \hat{x}(m+k^+(m,n,R/2-1),n+l^+(m,n,R/2-1),2o'+R/2)$$

$$(16.24)$$

$$c_1(m,n,o') = h_1(R-1)\cdot \hat{x}(m+\bar{k}^-(m,n,R/2-1),n+\bar{l}^-(m,n,R/2-1),2o'-R/2+1) + h_1(R-2)...$$
$$+h_1(R/2)\cdot x(m,n,2o')$$
$$+h_1(R/2-1)\cdot \hat{x}(m+\bar{k}^0(m,n),n+\bar{l}^0(m,n),2o'+1) + h_1(R/2-2)...$$
$$+h_1(0)\cdot \hat{x}(m+\bar{k}^+(m,n,R/2-1),n+\bar{l}^+(m,n,R/2-1),2o'+R/2).$$

$$(16.25)$$

Wieder wird der Bewegungspfad $[k,l]$ mit Bezug auf das *B*-Bild definiert, während $[\bar{k},\bar{l}]$ sich auf *A* bezieht. Die Bewegungspfade konstituieren sich aus den Zentralwerten $[k,l]^0$ und jeweils $R/2$ Werten $[k,l]^-$ und $[k,l]^+$, die auf zukünftige und vorangegangene Bilder weisen (siehe Abb. 16.10a). Mit den Synthesefilter-Definitionen $g_0(r)=h_0(R-r-1)$ und $g_1(r)=h_1(R-r-1)$ ergibt sich das Rekonstruktionssignal y :

$$y(m,n,2o') = g_0(R-1)\cdot \hat{c}_0(m+\bar{k}^-(m,n,R/2-2),n+\bar{l}^-(m,n,R/2-2),o'-R/4) + ...$$
$$+g_0(R/2)\cdot \hat{c}_0(m+\bar{k}^0(m,n),n+\bar{l}^0(m,n),o') + ...$$
$$+g_0(1)\cdot \hat{c}_0(m+\bar{k}^+(m,n,R/2-3),n+\bar{l}^+(m,n,R/2-3),o'+R/4-1)$$
$$+g_1(R-1)\cdot \hat{c}_1(m+\bar{k}^-(m,n,R/2-1),n+\bar{l}^-(m,n,R/2-1),o'-R/4) + ...$$

$$+ g_1 (R/2) \cdot c_1 (m,n,o') - \ldots$$

$$+ g_1 (1) \cdot \hat{c}_1 (m + \bar{k}^+ (m,n,R/2-4), n + \bar{l}^+ (m,n,R/2-4), o' + R/4-1)$$

$$(16.26)$$

$$y(m,n,2o'+1) = g_0 (R-2) \cdot \hat{c}_0 (m + k^- (m,n,R/2-4), n + l^- (m,n,R/2-4), o' - R/4+1) + \ldots$$

$$+ g_0 (R/2-1) \cdot c_0 (m,n,o') + \ldots$$

$$+ g_0 (0) \cdot \hat{c}_0 (m + k^+ (m,n,R/2-1), n + l^+ (m,n,R/2-1), o' + R/4)$$

$$+ g_1 (R-2) \cdot \hat{c}_1 (m + k^- (m,n,R/2-3), n + l^- (m,n,R/2-3), o' - R/4+1) + \ldots$$

$$+ g_1 (R/2-1) \cdot \hat{c}_1 (m + k^0 (m,n), n + l^0 (m,n), o') + \ldots$$

$$+ g_1 (0) \cdot \hat{c}_1 (m + k^+ (m,n,R/2-2), n + l^+ (m,n,R/2-2), o' + R/4).$$

$$(16.27)$$

An den "weiter außen" liegenden Koeffizientenpositionen in (16.26) und (16.27) muß vermieden werden, daß substituierte Werte zur normalen Teilbandsynthese herangezogen werden. Das könnte immer dann geschehen, wenn Bewegungspfade sich treffen, oder auf Grund von Verdeckungen nicht fortgesetzt werden (Abb. 16.10b). Ein derart unterbrochener Bewegungspfad kann während der Analyse und Synthese so behandelt werden, daß der auf der letzten gültigen Position gelegene Signalwert konstant fortgesetzt wird (Abb. 16.10c). So werden im Filterpfad mit der Bezeichnung "1" die Beziehungen (16.24) und (16.25) modifiziert in $c_u(2o') = x(2o'-1) \cdot [h(R/2+1) + h(R/2+2) + \ldots + h(R-1)] + x(2o') \cdot h(R/2) + \ldots$, während in "2" $c_u(2o') = \ldots + x(2o'+2) \cdot h(R/2-2) + x(2o'+3) \cdot [h(R/2-2) + h(R/2-3) + \ldots + h(0)]$ berechnet wird. Es handelt sich hier um ein ähnliches Problem wie bei der konstanten Randfortsetzung des örtlichen Bildsignals in der 2D-Teilbandanalyse und -synthese (vgl. Abschn. 2.6.5).

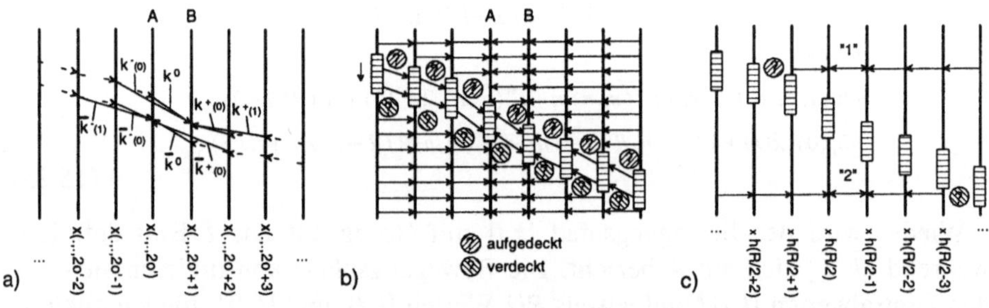

Abb. 16.10. Zur Definition der Bewegungspfade bei Verwendung längerer QMFs

16.3.3 Kaskadenstrukturen

Die beschriebenen 2-Band-Stufen können kaskadiert (hintereinandergeschaltet) werden, um eine Zerlegung in eine größere Anzahl von Frequenzbändern auszuführen. Die Bewegungsschätzung und -kompensation ist hierbei auf jeder Stufe durchzuführen; dabei ist es möglich, eine hierarchische Beziehung der Bewegungsparameter auf den einzelnen Stufen herzustellen.

Beispiel : Oktavbandzerlegung. Für progressiv abgetastete Bildsequenzen ist die in Abb. 16.11 gezeigte Oktavband-Struktur günstig. Hier wird jeweils nur das zeitliche Tiefpaßsignal einer weiteren Zerlegung unterzogen. Die sich aus der Kaskadenzerlegung ergebenden Teilband-Bildsequenzen (in Abb. 16.11a von oben nach unten mit 1:16, 1:16, 1:8, 1:4 und 1:2 gegenüber der ursprünglichen Bildwiederholfrequenz unterabgetastet) werden einer örtlichen Teilbandzerlegung unterzogen, und die entstehenden Abtastwerte der dreidimensionalen Teilbandrepräsentation werden quantisiert. Bei Verwendung der Analyse und Synthese nach (16.15)-(16.22) sind für 16 aufeinander folgende Bilder insgesamt 15 Sätze von Bewegungsparametern zu übertragen.

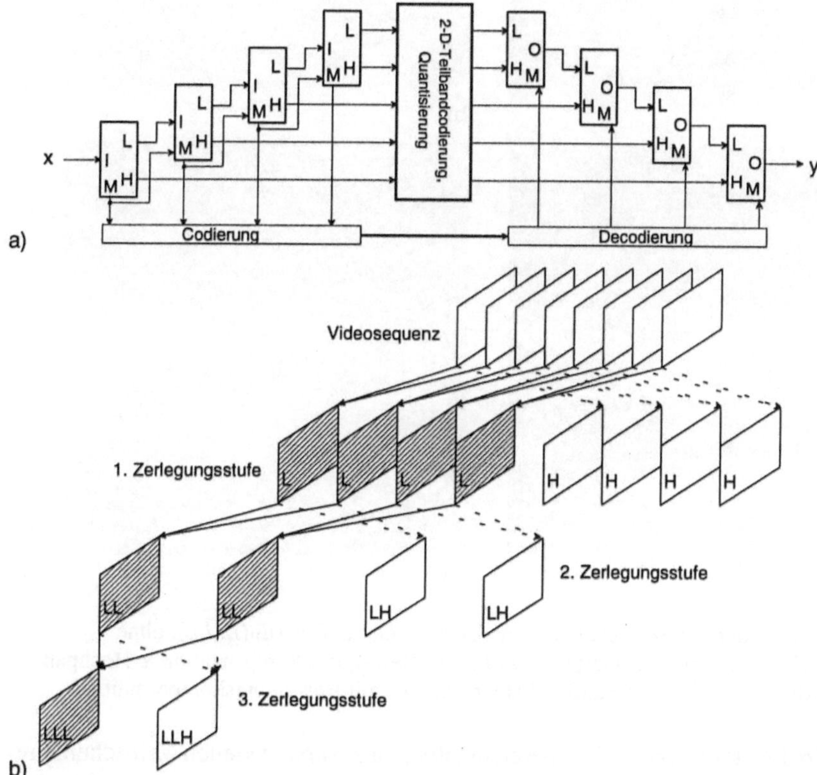

Abb. 16.11. Bewegungskompensierte Oktavbandzerlegung. **a** Blockschaltbild mit Elementen aus Abb. 16.7 (4 Stufen) **b** Zerlegung einer Bildsequenz (3 Stufen)

Abb. 16.11b veranschaulicht dieses Zerlegungsprinzip am Beispiel der Haar-Filter, es handelt sich tatsächlich - bis auf den nicht-orthonormalen Skalierungsfaktor - um eine bewegungskompensierte Haar-Transformation. Es entstehen Frequenzkomponenten unterschiedlicher Relevanz, von denen z.B. die tieffrequenteste *LLLL*-Komponente den bewegungskompensierten *gemeinsamen Inhalt* von insgesamt 16 Bildern repräsentiert, während die häufiger vertretenen hochfrequenten *H*-Bilder jeweils nur die Differenz zwischen zwei benachbarten Bildern wiedergeben.

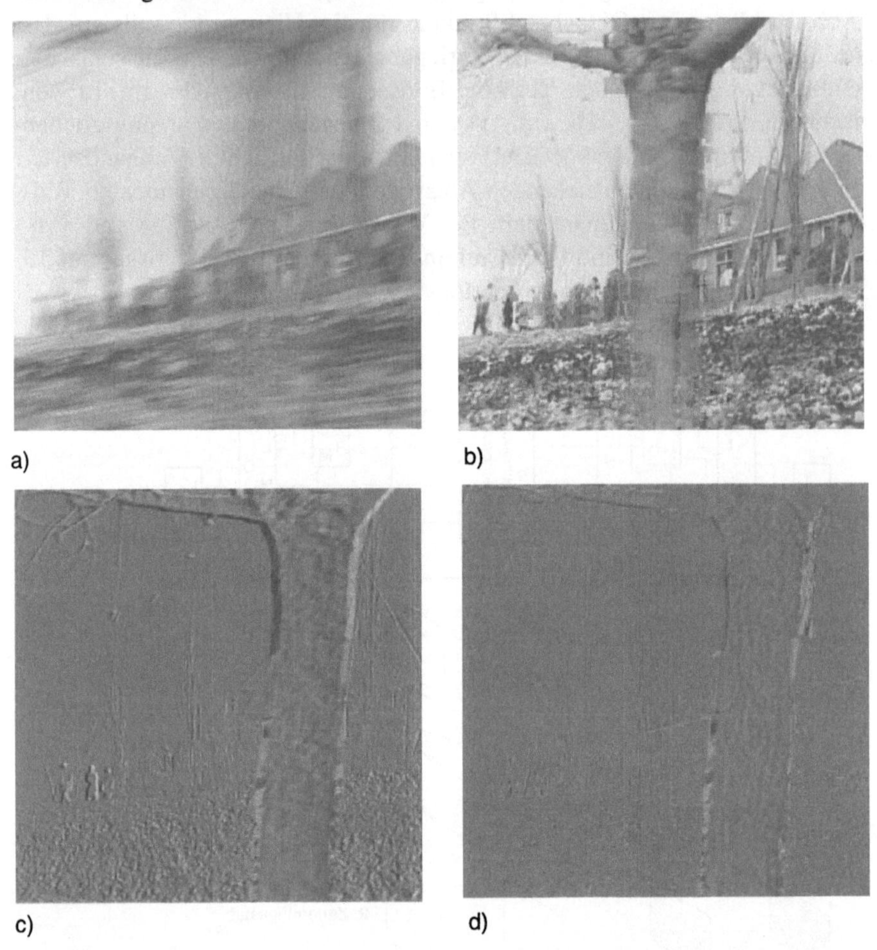

Abb. 16.12. Bilder aus zeitlichen Teilbandsequenzen. **a** Tiefpaß (*LLLL*), ohne Bewegungskompensation **b** Tiefpaß (*LLLL*), mit Bewegungskompensation **c** Hochpaß (*H*), ohne Bewegungskompensation **d** Hochpaß (*H*), mit Bewegungskompensation

Abb. 16.12 stellt solche Ortsbereichsbilder aus verschiedenen zeitlichen Frequenzbandsignalen mit und ohne Bewegungskompensation dar. Man beachte, daß ohne Bewegungskompensation das tieffrequenteste Teilband *LLLL* sehr unscharf wird, während im hochfrequentesten Teilband *H* noch hohe Energie- und Informationsanteile vorhanden sind. Nach den Ausführungen in Abschn. 2.1.3 muß genau dies bei der im Beispielbild vorherrschenden translatorischen Bewegung auch erwartet werden : Tiefe Ortsfrequenzen finden sich nach Abb. 2.8 bei tiefen Zeitachsen-Frequenzen, hohe Ortsfrequenzen bei hohen Zeitachsen-Frequenzen. Im bewegungskompensierten Fall wird das Bild des tieffrequentesten

Teilbandes *LLLL* hingegen scharf; lediglich die schnell oder nicht-translatorisch
bewegten Inhalte erscheinen verzerrt, sie finden sich folgerichtigerweise auch im
bewegungskompensierten hochfrequenten Teilbandbild *H* wieder.

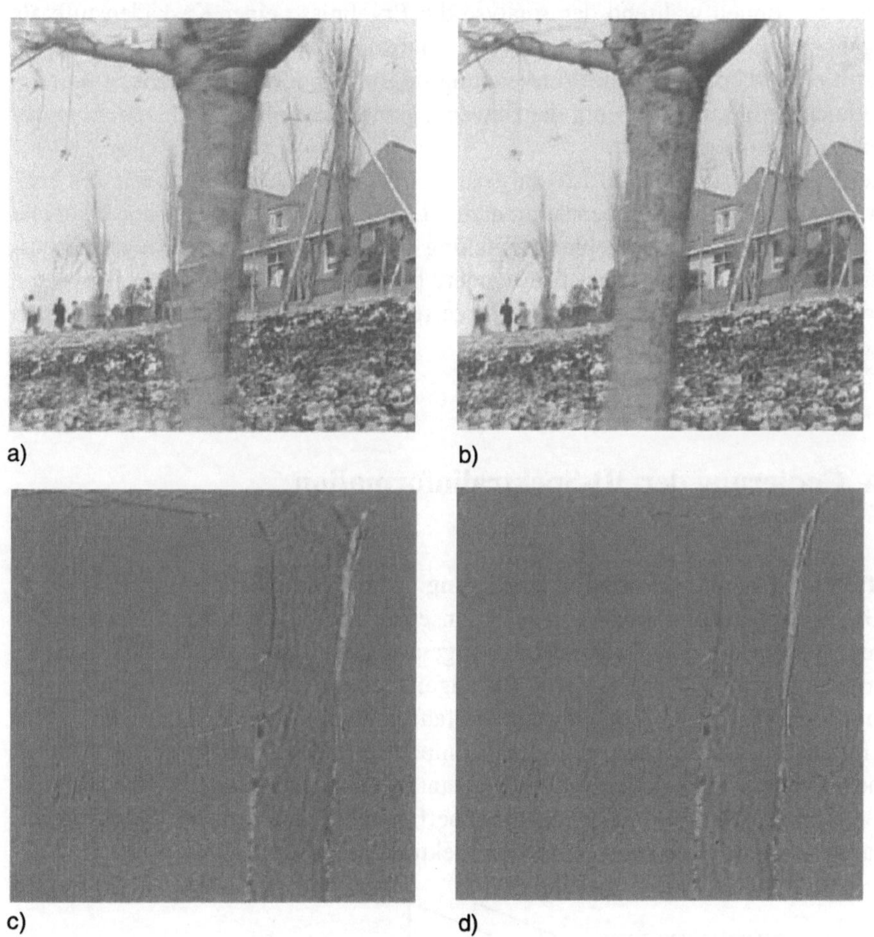

Abb. 16.13. Bilder aus zeitlichen Teilbandsequenzen. **a** Tiefpaß (*LLLL*), hierarch. block
matching **b** Tiefpaß (*LLLL*), interpol. Bewegungskompensation **c** Hochpaß (*H*), hierarch.
block matching **d** Hochpaß (*H*), interpol. Bewegungskompensation

16.3.4 Schätzung von Bewegungsparametern

Die Methode ist in der in (16.15)-(16.22) und (16.24)-(16.27) beschriebenen
Form *unabhängig* von der Art der Bewegungsschätzung. Jedoch sollte berücksichtigt werden, daß die Effizienz direkt davon abhängt, wie häufig Auf- und
Verdeckungen konstatiert werden. Schätzmethoden, die zu besonders inhomogenen Bewegungsvektorfeldern führen, wie z.B. das herkömmliche Block-matching-Verfahren, sind daher eher ungeeignet. Bessere Resultate werden hingegen

mit hierarchischem block matching, und vor allem mit interpolativer Bewegungskompensation (vgl. Abschn. 6.2.3) erzielt.

Gibt die Bewegungsschätzung die tatsächliche Bewegung einigermaßen genau
wieder, so können während der Analyse die Ergebnisse einer Kaskadenstufe als
Ausgangspunkte der Schätzung in der nächsthöheren Stufe benutzt werden.
Hiermit erspart man sich die Verwendung unnötig großer Suchbereiche und erhält gleichzeitig ein Kriterium, die Bewegungsinformation hierarchisch zu struk-
turieren und zu verifizieren.

Die in Abb. 16.12b und 16.12d dargestellten Bildbeispiele wurden mit der üblichen Block-matching-Kompensation erzeugt. Abb. 16.13 stellt dagegen Beispiele
dar, in denen hierarchisches block matching sowie interpolative Bewegungskompensation angewandt wurden. Insbesondere bei der letzteren Methode zeigen die
Tiefpaßbilder weniger geometrische Verzerrungen, und die Hochpaßbilder einen
glatteren örtlichen Verlauf.

16.4 Codierung der 3D-Spektralinformation

Verfahren mit orthonormaler Zerlegung. Die Quantisierung und Codierung
der 3D-Spektralinformation kann nach denselben Prinzipien erfolgen wie bei 2D-
Transformations- oder Teilbandcodierung; am günstigsten ist es, eine skalare
Quantisierung mit Entropie- und Lauflängencodierung, oder eine Vektorquantisierung einzusetzen. Wird bei dem Verfahren nach Abb. 16.5 zusätzlich das
Restfehlersignal durch eine bewegungskompensierte Prädiktion oder durch Intra-
frame-TC übertragen, so kann dessen Quantisierung mit derselben Quantisiererstufenhöhe erfolgen, die auch auf die Koeffizienten der 3D-Transformation angewandt wird, sofern alle verwendeten Spektralzerlegungen *orthonormal* sind.

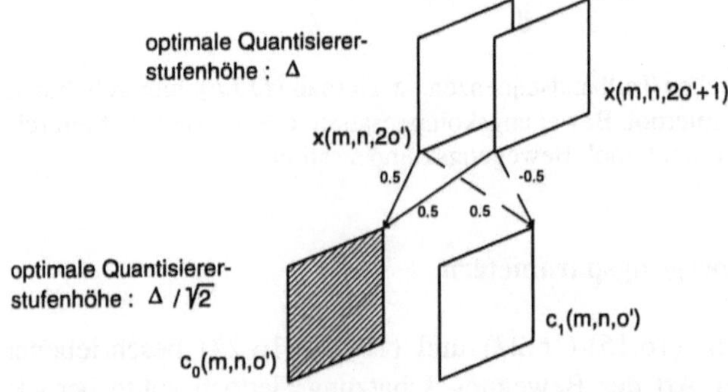

Abb. 16.14. Zerlegung in Frequenzkomponenten bei bewegungskompensierter Teilbandcodierung und optimale Quantisiererstufenhöhen auf den Ebenen der Zerlegungsstufen

Verfahren mit nicht-orthonormaler Zerlegung. Bei den in Abschn. 16.3 beschriebenen Verfahren wurde jedoch auf die Verwendung orthonormaler Analyse- und Synthesefilter verzichtet, um zu vermeiden, daß an den Stellen der Aufdeckung und Verdeckung, an denen Originalwerte bzw. bewegungskompensierte Prädiktionsfehlerwerte in die Tiefpaß- und Hochpaßbilder eingefügt werden, örtliche Diskontinuitäten auftreten, die sich negativ auf die anschließende Ortsbereichs-Frequenzcodierung auswirken würden. Abb. 16.14 stellt hierzu die elementare, auf jeweils zwei Bilder angewandte Frequenzzerlegung, sowie die auf den Stufen der Zerlegung optimalen Quantisiererstufenhöhen dar. Die beiden Teilbandbilder müssen um den Faktor $\sqrt{2}/2$ genauer quantisiert werden als die ursprünglichen Bilder vor der Zerlegung; dies ist genau der Faktor, um den die orthonormalen Filter aus (16.3) in (16.15) und (16.16) modifiziert wurden. Eine anschauliche Interpretation ist dadurch gegeben, daß der Quantisierungsfehler aus diesen Teilbandsignalen jeweils in *zwei* Bilder (A und B) eingeht. In jedem Teilbandsignal darf daher nur die *halbe Fehlerenergie* entstehen, wie sie sich bei direkter Quantisierung der beiden Bilder einstellen würde. Diese Forderung ist genau dann erreicht, wenn eine Quantisiererstufenhöhe mit dem oben genannten Faktor verwendet wird.

Behandlung der substituierten Abtastwerte bei bewegungskompensierter Teilbandzerlegung. Die gemäß (16.17) im Tiefpaßbild substituierten Originalbildpunkte brauchen hingegen lediglich mit der Stufenhöhe Δ quantisiert zu werden, weil der ihnen anhaftende Codierungsfehler ausschließlich das Bild B beeinflußt. An den Stellen einer Substitution bewegungskompensierter Differenzwerte in das Hochpaßbild nach (16.18) ist wiederum die Stufenhöhe $\Delta/2$ zu verwenden, da hier bei der Synthese eine Skalierung mit dem Faktor 2 stattfindet, d.h. der im Bild A generierte Fehler verdoppelt sich gegenüber dem Quantisierungsfehler.

Gewichtete Codierung der 3D-Spektralkoeffizienten. Wie schon bei der 2D-Frequenzcodierung des örtlichen Bildsignals, kann auch bei der 3D-Codierung eine Gewichtung nach psychovisuellen Kriterien erfolgen. Gewichtungstabellen für das Ortsbereichssignal lassen sich z.B. direkt auf die örtliche Spektralzerlegung des zeitlich-tieffrequentesten Bandes *LLLL* anwenden, welches die zeitinvariante Komponente in der Bildsequenz repräsentiert. Hinzu kommen verschiedene zeitliche Spektralkomponenten, welche *unterschiedlich schnelle Wechsel* in der Bildsequenz repräsentieren. Jedoch ist die Anwendbarkeit psychovisueller Kriterien, die die Wahrnehmbarkeit zeitlicher Wechsel ausdrücken, nicht ganz trivial : Ist die Bewegungskompensation zu ungenau, so können auch die höherfrequenten Bänder Anteile enthalten, die zur Rekonstruktion von Bildinhalten erforderlich sind, welche zwar bewegt, aber dennoch über viele aufeinander folgende Bilder vorhanden sind. Dies trifft z.B. auf nicht-translatorisch bewegte Objekte zu, sofern die Bewegungskompensation (wie beim Block-matching-Verfahren) nur unterabgetastete Translationsparameter benutzt. Zeitliche Gewichtungsfunktionen dürfen daher nur bei sehr genauer Bewegungskompensation verwendet werden.

Codierungsbeispiele. Abb. 16.15 stellt die Rekonstruktionsergebnisse des bewegungskompensierten Teilbandverfahrens unter Anwendung zweier verschiedener Bewegungskompensationsmethoden, sowie derselben Teilbandcodierung ohne Bewegungskompensation, jeweils bei einer Gesamtrate von 1 *Mb/s* gegenüber.

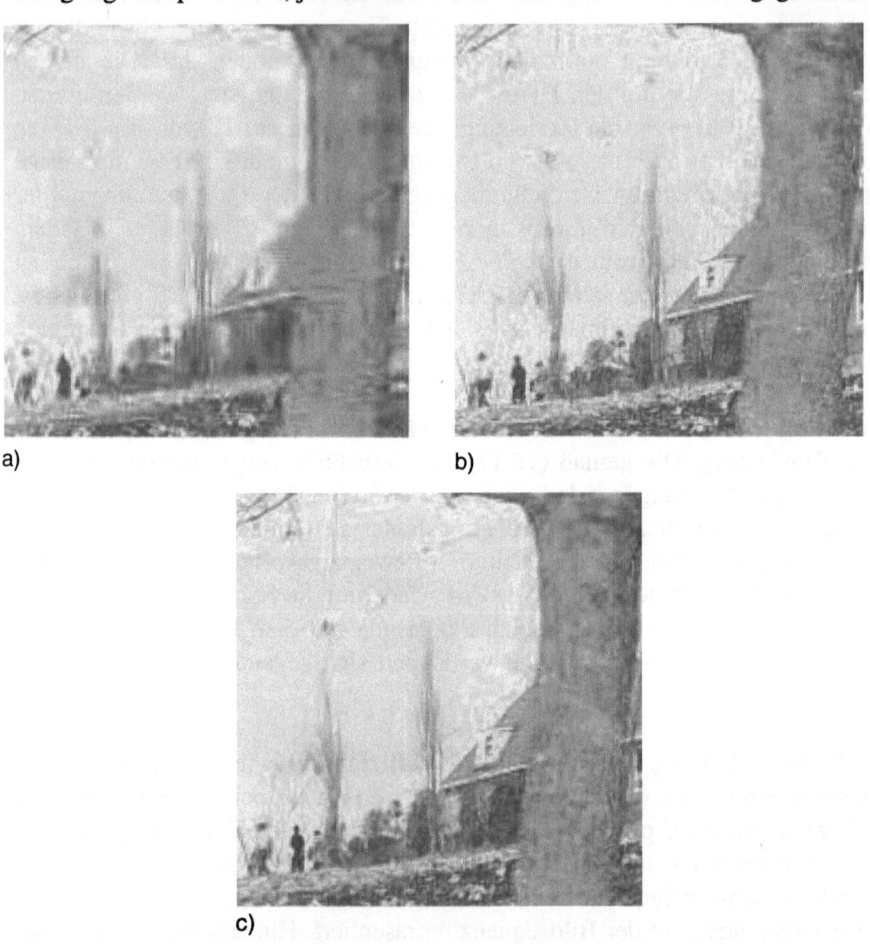

Abb. 16.15. Rekonstruktionsergebnisse bei 3D-Teilbandcodierung, Übertragungsrate 500 *kb/s*, SIF, Kompressionsfaktor 1:65. **a** ohne Bewegungskompensation **b** mit Blockmatching-Bewegungskompensation **c** mit interpolativer Bewegungskompensation

16.5 Vor- und Nachteile der 3D-Frequenzcodierung

Die bewegungskompensierte 3D-Frequenzcodierung besitzt eine Reihe von Vorteilen gegenüber Hybridcodierverfahren. Das vorgestellte Teilbandverfahren läßt sich darüber hinaus auch als Mittel zur Kurzzeit-Spektralanalyse von Videosignalen interpretieren, wobei *beide* Informationskomponenten - Bildinformation und Bewegungsinformation - berücksichtigt werden.

16.5.1 3D-Frequenzcodierung und Hybridcodierung : ein Vergleich

An Abb. 16.14 lassen sich die wesentlichen *Vorteile* der Zeitachsen- Teilbandzerlegung gegenüber der bewegungskompensierten Prädiktion in Hybridcodierern erläutern.

Höhere Energiekonzentration auf tieffrequente Komponenten. Das Hochpaßsignal $c_1(m,n,o')$ ist - bei Verwendung der Haar-Filter - bis auf den Vorfaktor 0,5 mit dem bewegungskompensierten Differenzsignal, welches ein Hybridcodierer erzeugt, identisch. Jedoch soll der Hybridcodierer das Differenzsignal $e(m,n,o)$ mit derselben Stufenhöhe Δ codieren, wie sie auf der Ebene der Originalbilder $x(m,n,o)$ verwendet wird. Im bewegungskompensierten Teilbandcodierer hingegen genügt, obwohl das Signal $c_1(m,n,o')$ eine um den Faktor 0,5 skalierte Version von $e(m,n,o)$ ist, die Stufenhöhe $\Delta/\sqrt{2}$ (und *nicht* $\Delta/2$), um dieselbe Verzerrungsbilanz zu erhalten. Hier enthält das Tiefpaßsignal $c_0(m,n,o')$ bereits *mehr Information* über das Bild $x(m,n,2{\cdot}o'+1)$, als das im Hybridcodierer zu verwendende Vorgängerbild $x(m,n,2{\cdot}o')$. Die Energiekonzentration im zeitlich tieffrequenten Spektralanteil ist bei 3D-Frequenzcodierverfahren also bereits nach einer Zerlegungsstufe höher als in Hybridcodierern. Diese Energiekonzentration verstärkt sich mit jeder weiteren Stufe der Kaskadenstruktur um denselben Faktor.

Nichtrekursive Struktur. Das Hochpaßsignal $c_1(m,n,o')$ wird aus den *Original*bildern $x(m,n,2{\cdot}o')$ und $x(m,n,2{\cdot}o'+1)$ erzeugt, und nicht, wie $e(m,n,o)$ im Hybridverfahren, durch Differenzbildung zwischen einem Originalbild $x(m,n,o)$ und einem Rekonstruktionsbild $y(m,n,o-1)$. Hierdurch *entfällt der Effekt der Quantisierungsfehlerrückkopplung*, d.h. die Leistungsfähigkeit des Codierers ist im wesentlichen unabhängig von Datenrate und Verzerrung.

Geringe Fehleranfälligkeit. Die *extreme Informationskonzentration* auf die zeitlich-örtlich tieffrequentesten Teilbandkomponenten bietet darüber hinaus die Möglichkeit zu einem effizienten Fehlerschutz. Gleichzeitig ist eine geringe Anfälligkeit gegen Übertragungsfehler zu erwarten, weil sowohl die Codierer- als auch die Decodiererstruktur *nichtrekursiv* sind. Es können im Gegensatz zu bewegungskompensierten Hybridcodierern keine unendlichen Fehlerfortpflanzungen auftreten.

Eignung für hierarchische Codierung. Die zeitlich tieffrequenten Anteile repräsentieren Bildsequenzen mit geringeren Wiederholraten, während die tieffrequenten Komponenten im Ortsbereich eine geringere Größenauflösung des Bildsignals wiedergeben. Hierbei ist jedoch die Anwendung einer leistungsfähigen Bewegungskompensation von hoher Bedeutung, d.h. die zeitlichen Tiefpaßbilder *LLL..* müssen den örtlichen Bildinhalt nahezu *unverzerrt* wiedergeben. Die bewegungskompensierte Teilbandcodierung eignet sich dann für eine hierarchische Repräsentation des Videosignals, wobei sowohl örtliche, als auch zeitliche Hierarchieebenen definierbar sind. Darüber hinaus läßt die nichtrekursive Struktur des Decodierers auch eine effiziente Qualitätsskalierung, d.h. Repräsentation in mehreren Ebenen mit unterschiedlichen Quantisiererstufenhöhen, zu. Die in Abschn. 15.4.2 geschilderten Probleme mit Hybridcodierern bei derartigen Anwendungen treten nicht auf.

Psychovisuelle Gewichtung. Mit 3D-Frequenzcodierverfahren ist es möglich, eine *örtlich-zeitlich visuell gewichtete* Codierung zu verwirklichen, die sich an die Empfindlichkeit des Sehsinnes nicht nur gegenüber örtlichen, sondern auch gegenüber zeitlichen Änderungen anpaßt. Trotz der in Abschn. 7.2 genannten Einschränkungen zeigt auf Grund der höheren Energiekonzentration allein schon im zeitlich tieffrequenten Band die spektrale Gewichtung eine größere Wirkung, als dies bei der ausschließlichen Anwendung auf intraframe-codierte Bilder oder Bildbereiche in Hybridcodierern der Fall ist.

Nachteile. Der gravierendste *Nachteil* gegenüber einem Hybridcodierer ist die zusätzliche Zeitverzögerung bei Codierung und Decodierung in der Größenordnung von 200-600 *ms*, je nach Bildwiederholfrequenz und Länge der Analysesegmente. Alle bisher genannten Vorteile können mehr oder weniger darauf zurückgeführt werden, daß die Redundanz in der Videosequenz *über viel mehr aufeinander folgende Bilder ausgenutzt werden kann* als bei Hybridcodierern. Daher sind 3D-Frequenzcodierverfahren *nicht für zeitkritische Übertragungen* (Dialog bei Bildtelefon, sowie Übertragungen, bei denen eine extrem schnelle Interaktion des Betrachters erforderlich ist) geeignet. Zusätzlich entsteht ein Aufwand von mehreren Bildspeichern, was die Kosten bei der Realisierung derartiger Systeme in die Höhe treibt.

Prädiktive Codierung für zeitlich tieffrequentes Band. Muß eine geringere Verzögerungszeit eingehalten werden, so darf die Zeitachsen-Frequenzanalyse nur wenige Bilder erfassen. In diesem Fall können die Bilder des zeitlich tieffrequentesten Teilbandsignals stark korreliert sein. Hier kann eine bewegungskompensierte Prädiktionscodierung angewandt werden, um eine weitere Reduktion der Datenrate zu erzielen. Dies entspricht übrigens von Prinzip und Wirkung her der Anwendung einer DPCM auf den Gleichanteil bei 2D-Frequenzcodierverfahren, und trägt zudem dazu bei, eine bei hohen Kompressionsraten durch Aliaseffekte an den zeitlichen Blockgrenzen auftretende Sprunghaftigkeit im rekonstruierten Videosignal zu beseitigen.

16.5.2 Kurzzeit-Spektralanalyse und Interpolation von Videosignalen

Wie die bewegungskompensierte Hybridcodierung, erfaßt auch die bewegungskompensierte 3D-Frequenzcodierung die Signalkomponenten der *Bildinformation* und der *Bewegungsinformation*. Bei einer 3D-Spektralanalyse bewirkt die Bewegung eine Verlagerung des örtlichen 2D-Bildspektrums hin zu Zeitachsen-Frequenzkomponenten mit $\Omega_3>0$ (vgl. Abschn. 2.1.3). Wird eine bewegungskompensierte Spektralanalyse angewandt, sollte sich wiederum die gesamte Information über den Bildinhalt bei der Frequenz $\Omega_3=0$ wiederfinden, während dessen Bewegung nur noch mittels der Bewegungsparameter charakterisiert wäre. Wir hätten damit tatsächlich eine *Trennung der beiden Komponenten* des Videosignals erreicht. Dieser Idealfall ist jedoch nur dann gegeben, wenn der Bildinhalt sich *nicht verändert*, d.h. solange keine Okklusionen stattfinden.

Bei den hier beschriebenen Verfahren zur 3D-Frequenzzerlegung wird grundsätzlich eine begrenzte Anzahl von Bildern analysiert, d.h. es handelt sich um Methoden der *Kurzzeit-Spektralanalyse* (vgl. Abschn. 2.6.4). Die im bewegungskompensierten Teilbandverfahren verwendete Substitutionstechnik (Einsetzen von neu aufgedeckten Inhalten in *L*, Einsetzen von verdeckten Inhalten als bewegungskompensierte Bilddifferenz in *H*) führt eine *Verkürzung des Analysezeitraums* ein, sofern es auf Grund von Okklusionen notwendig ist (vom Prinzip her wird diese Technik übrigens auch schon im bewegungsadaptiven Verfahren nach Abb. 16.2 und im Verfahren mit globaler Kompensation nach Abb. 16.3b eingesetzt). Wir können damit also nicht nur eine bewegungskompensierte, sondern darüber hinaus eine an Auf- und Verdeckungseffekte adaptierte Kurzzeit-Spektralanalyse von Videosequenzen realisieren. Die zeitlichen Hochpaßkomponenten enthalten lediglich den durch nicht-perfekte Bewegungskompensation verursachten Analysefehler, der gleichzeitig darauf schließen läßt, wie gut die Tiefpaßkomponente den gemeinsamen Bildinhalt des zeitlichen Analysefensters repräsentiert.

In Abschn. 2.6 wurde gezeigt, daß die Probleme von Frequenzanalyse, Interpolation und Dezimation eng verbunden sind. Die während der Teilbandsynthese verwendete bewegungskompensierte Interpolation stellt damit auch eine Generalisierung der in Abschn. 15.3.2 behandelten Zwischenbildinterpolation dar.
Darüber hinaus können auch die Bewegungsparameter als *örtlich-zeitlich korreliertes, dreidimensionales Signal* betrachtet werden. Dies läßt sich sowohl bei der Bewegungsschätzung, als auch bei der Parametercodierung ausnutzen (vgl. Kap. 18).

17 Inhaltsorientierte, objektorientierte und semantische Codierung

Die bisher vorgestellten Konzepte zur Videocodierung beschreiben ein Videosignal durch die Komponenten der Bild- und der Bewegungsinformation. Es wird eine "nicht-perfekte" Bewegungskompensation in Kauf genommen, deren Unzulänglichkeiten durch die zusätzliche Übertragung des Prädiktionsfehlersignals (bei hybriden Codierern) bzw. zeitlich-hochfrequenter Spektralkomponenten (bei 3D-Frequenzcodierung) ausgeglichen werden. Sollen nun die Änderungen im Signal noch genauer durch die Bewegungsinformation beschrieben und Bildinformation möglichst nur noch dort übertragen werden, wo tatsächlich neue Inhalte aufgedeckt sind, so muß als zusätzliche Komponente die Information über Struktur und Umrisse von in der Szene enthaltenen Objekten hinzukommen. Der Ansatz zur objektorientierten Codierung geht dabei von der Kontinuität einzelner im Bild vorhandener Objekte aus, über deren Bedeutung noch nichts bekannt sein muß. Wissen über den Inhalt des Bildes wird zusätzlich in Codierverfahren mit räumlicher 3D-Modellierung und bei semantischer Codierung ausgenutzt. Mit diesen Methoden - die derzeit noch nicht universell für jede Art von Videosequenzen einsetzbar sind - lassen sich die höchsten Kompressionsraten erzielen.

17.1 Von der statistischen zur inhaltsorientierten Codierung

Die bisher behandelten Codierverfahren beruhen zum großen Teil auf *statistischen* Ansätzen, d.h. es wird versucht, durch Bestimmung statistischer Merkmale (z.B. Korrelation und spektrale Eigenschaften) die Redundanz im Bildsignal zur Reduktion der Datenrate auszunutzen. Dies ist insofern problematisch, als die zur Analyse verwendeten Methoden dort versagen, wo das Bildsignal nicht mit einem stationären Modell erfaßt werden kann, nämlich bei Helligkeitssprüngen an Objektgrenzen und bei Auftreten neuer Inhalte. Daher ist die Anwendung statistischer Methoden häufig mit Kompromissen verbunden, die sich etwa in den

Blockstrukturen bei der Anwendung einer Transformationscodierung oder einer Bewegungsschätzung niederschlagen. Hierdurch entstehen bei extrem niedrigen Datenraten Verzerrungen, die beim Betrachter einen subjektiv sehr unangenehmen Eindruck hinterlassen, obwohl der Codierer das *objektive* Merkmal, am häufigsten den quadratischen Fehler, tatsächlich so gut wie möglich minimiert hat.

Wir wollen nun versuchen, einfache Ansätze zur inhaltsorientierten Codierung als Weiterentwicklungen bisher behandelter bewegungskompensierter Verfahren zu beschreiben. Hierbei wird wiederholt von *perfekter Bewegungskompensation* gesprochen. Dies ist insofern unmöglich erreichbar, als z.B. bei Zwischenpixel-Interpolationen immer ein Fehler entsteht. Unter dem Begriff "perfekt" wird deshalb verstanden, daß der verbleibende Fehler irrelevant ist. Einfache Möglichkeiten zur Verbesserung der Bewegungskompensation bestehen z.B. durch Einführung nicht-translatorischer Parameter oder durch Einsatz eines Block-matching-Verfahrens mit variablen Blockgrößen (vgl. Abschn. 6.24 und 6.25). Im letzteren Fall wären zusätzlich zu den Bewegungsparametern bereits Parameter zur Charakterisierung der variablen Blockstruktur, welche auf gewisse inhaltliche Merkmale hinweisen, zu übertragen. Allerdings folgt die Optimierung üblicherweise immer noch einem statistischen Kriterium, der Energieminimierung im bewegungskompensierten Differenzsignal.

Prädiktive Codierung. Bei Hybridcodierung mit perfekter Bewegungskompensation wäre die Übertragung des Prädiktionsfehlersignals überflüssig. Damit handelt es sich eigentlich nicht mehr um eine "Hybrid"codierung, denn die Ortsbereichscodierung entfällt, sofern der Inhalt vollständig vorhersagbar ist. Allerdings müssen neu aufgedeckte Inhalte nach wie vor durch ein Intraframe-Verfahren codiert werden. Zudem bleibt die DPCM-Struktur entlang der Zeitachse erhalten : Am Decodierer wird stets das *Rekonstruktionssignal* des vorangegangenen Bildes verwendet, um ein neues zu generieren. Dies ist bereits problematisch, wenn Zwischenpixel-Werte interpoliert werden müssen, um den Inhalt eines Bildes jeweils aus dem vorhergehenden zu beschreiben : Die rekonstruierten Bilder können in diesem Fall fortlaufend unschärfer werden. Darüber hinaus ist es sinnvoll, auch die Bewegungs- und anderen inhaltsbezogenen Parameter *prädiktiv* zu codieren. In ihnen ist nun wesentlich mehr Information für die Rekonstruktion des Bildsignals enthalten, als etwa in den Parametern bei einfacher Block-matching-Schätzung. Daher wird die zu ihrer Übertragung notwendige Rate sich erhöhen, und es ist gerechtfertigt, die *zeitliche Redundanz* dieser Parameter auszunutzen. Es ergeben sich folgende Konsequenzen :

— Die neu aufgedeckten Inhalte müssen *hochgenau* quantisiert werden, da das Phänomen der Quantisierungsfehlerrückkopplung nach wie vor wirksam ist. Beim üblichen Hybridverfahren wird dagegen neuer Inhalt, etwa nach einem Szenenwechsel, häufig noch etwas verzerrt wiedergegeben, und erst in den folgenden Bildern durch das zusätzlich übertragene Prädiktionsfehlersignal verfeinert. Darüber hinaus sind in der Bewegungskompensation hochwertigere Interpolationsfilter zu verwenden.

– Sofern Bewegungs- und andere Inhaltsparameter *mit Verzerrung* codiert werden (dies war bei den bisher beschriebenen Hybridcodierern nicht der Fall, das Ergebnis der - allerdings ungenaueren - Schätzung wurde immer unverzerrt übertragen !), müssen auch auf der Codiererseite die decodierten Versionen der Parameter verwendet werden.
– Werden Bewegungs- und Inhaltsparameter zeitlich- oder örtlich-prädiktiv codiert, unterliegen sie damit ebenso wie das Bildsignal einer Fehlerfortpflanzung, d.h., sie sind auch extrem anfällig gegen Übertragungsfehler.

Zeitachsen-Frequenzcodierung. Inhaltsorientierte Prinzipien können auch in der bewegungskompensierten Frequenzcodierung eingeführt werden. Als Beispiel sei hier das in Abschn. 16.3 beschriebene, bewegungskompensierte Zeitachsen-Teilbandverfahren angeführt. Bei perfekter Bewegungskompensation dürften nun keine Energieanteile in den hochfrequenten Zeitachsen-Teilbandsignalen mehr entstehen, so daß diese nicht zu übertragen werden brauchen. Bei einem inhaltsorientierten Hybridverfahren dient als "Modell" für die Beschreibung eines Bildes jeweils sein *Vorgängerbild*, während bei einer inhaltsorientierten Frequenzcodierung ein "Modell" zuerst durch den tieffrequenten Anteil der Zeitachsen-Teilbandanalyse *über mehrere* betroffene Bilder bestimmt wird. Die zeitliche Kontinuität gleichbleibender Inhalte ist damit weitestgehend garantiert. Auch Bewegungs- und andere inhaltsorientierte Parameter lassen sich entsprechend der jeweiligen Analysestufe, in der sie verwendet werden, unterschiedlichen Relevanzstufen zuordnen, was weiterhin eine hierarchische Repräsentation dieser Informationskomponenten erlaubt.

Weiterentwicklung inhaltsorientierter Codierungsprinzipien. In den letzten Jahren hat sich der Bereich der Computergraphik rasant weiterentwickelt. Es ist heute möglich, auf Digitalrechnern Bilder synthetisch zu generieren und Bildsequenzen zu animieren, die dem natürlichen Eindruck nahezu vollständig entsprechen. Als Fernziel der Bildcodierung könnten damit Methoden entwickelt werden, die eine so weitgehende Inhaltsanalyse betreiben, daß mit extrem wenigen Parametern eine perfekte Beschreibung von Szenen möglich ist [FORCHHEIMER, KRONANDER 1989]. Ansätze in diese Richtung sind die *objektorientierten, räumlich-modellbasierten* und *semantischen* Codierverfahren, die in den folgenden beiden Abschnitten beschrieben werden. Ihr Entwicklungsstand ist allerdings noch weit davon entfernt, *beliebige* Szenen analysieren und anschließend wieder synthetisieren zu können; eine Erprobung findet bisher fast ausschließlich an Bildtelefon-Sequenzen mit statischem Hintergrund statt.

Die zu lösenden Probleme sind also zunächst eine Inhalts*analyse* und eine Inhalts*beschreibung*, und schließlich die *Synthese* des Bildsignals aus dieser Beschreibung. Sofern die Abbildung zwischen den Analyse, Beschreibung und Synthese mehrdeutig oder nichtlinear ist, muß der inhaltsorientierte Codierer die Analyse unter Einschluß der Synthese vornehmen, um die optimalen Beschreibungsparameter zu ermitteln (*analysis by synthesis*).

Zur Inhaltsanalyse und -beschreibung müssen neue Modellvoraussetzungen eingeführt werden. Ziel ist es, so weit wie möglich die echte Bewegung der in der Szene vorhandenen Objekte zu erfassen, zumindest so weit, daß die verbleibende Ungenauigkeit nicht mehr zu visuell relevanten Verfälschungen des rekonstruierten Bildinhalts führt. Eine wichtige Voraussetzung dabei ist die *Kontinuität* der Objekte. Ist ein Objekt erst einmal erfaßt, soll es so weit wie möglich nur noch durch Bewegungsparameter, ergänzt durch Parameter der Formveränderung, beschrieben werden. Hierdurch werden gleichzeitig die exakten Positionen von Auf- und Verdeckungen beschreibbar, und die in der Szene vorhandene Redundanz kann wesentlich besser ausgenutzt werden : Häufig sind neu aufgedeckte Bildinhalte schon einmal dagewesen, d.h. sie waren früher einmal verdeckt worden. *Vollkommen neu* aufgedeckte Bildinhalte sollten schließlich unter Verwendung eines möglichst leistungsfähigen, nicht-blockorientierten Intraframe-Verfahrens codiert werden.

Bei bestimmten Szenen können zusätzlich Voraussagen über den Inhalt Bestandteil des verwendeten Analyse-Synthese-Modells sein. So ist in Bildtelefon-Sequenzen in der Regel ein menschlicher Kopf zu finden, dessen Form gewissen anatomischen Gesetzmäßigkeiten folgt und sich für eine *räumliche Modellierung* eignet. Werden zusätzliche Voraussetzungen über die inhaltliche Bedeutung des Szeneninhalts getroffen, z.B. Modelle für Köpfe oder Gesichtsausdrücke von Menschen eingeführt, spricht man von *semantischer Codierung*.

Kombination von inhaltsorientierten und herkömmlichen Methoden. Wie weit tatsächlich eine "perfekte" Bewegungskompensation oder eine Erfassung der Objektbewegungen und -veränderungen möglich ist, hängt zum einen von der Leistungsfähigkeit der Analyseverfahren, zu einem großen Teil aber auch von der Komplexität des Szeneninhalts ab. So sind Bildtelefon-Signale, bei denen sich eine Person vor einem festen Hintergrund bewegt, leichter zu beschreiben als Videosequenzen mit vielfältigen Objektdrehungen, -deformationen und -verdeckungen. Ein Hybridcodierer mit Block-matching-Schätzung kann unter Umständen in bestimmten Bildbereichen eine geringere Übertragungsrate benötigen als ein (versagendes) objektorientiertes Verfahren. Es werden daher Methoden vorgeschlagen, bei denen zwei Codierer - inhaltsorientiert und herkömmlich - parallel laufen, und für einen bestimmten Teilbereich jeweils derjenige verwendet wird, der die geringere Übertragungsrate produziert [NAKAYA, CHUAH, HARASHIMA 1991] [CHOWDHURY ET AL. 1994]. Hiermit ist das Problem allerdings nicht vollständig erfaßt, sondern es wird lediglich zwischen zwei Extremen hin- und hergeschaltet. Vielmehr wäre das Problem zu lösen, welcher *Aufwand an Übertragungsrate* und welche *Genauigkeiten* jeweils zur Beschreibung der Bild-, Bewegungs- und Strukturinformationsanteile notwendig sind, um das optimale Ergebnis zu erzielen.

17.2 Objektorientierte Codierung

Bei objektorientierter Codierung sollen Farbe, Struktur und Bewegung der in den Bildern einer Videosequenz enthaltenen Objekte mit möglichst wenigen Parametern beschrieben werden. Der *Inhalt* dieser Objekte ist dabei zunächst nicht relevant; nimmt z.B. eine Person einen Gegenstand auf und behält ihn dann in der Hand, können für eine gewisse Zeit die Hand und der Gegenstand ein einziges "Objekt" bilden. Für die Effizienz der Methode ist es wesentlich, so schnell wie möglich eine Segmentierungshypothese zu treffen, die so gut wie möglich mit der Realität übereinstimmt, um dann nur noch die *Veränderungen* der einzelnen Objekte erfassen zu müssen. Zur Segmentierung können sowohl der Helligkeits- und Farbverlauf, als auch das Ergebnis der Bewegungsanalyse herangezogen werden (vgl. Kap. 6). Hierbei spielt allerdings das zu Grunde liegende Bewegungsmodell die bei weitem wichtigste Rolle. Modelle, die auf der projizierten Bewegung basieren, können ebenso verwendet werden wie solche, die die räumliche Bewegung erfassen; die Objekte können als starr oder als verformbar modelliert werden.

Der Hintergrund oder andere große Bereiche, die entweder unbewegt oder gleichförmig bewegt sind, werden ebenfalls als einheitliche Objekte betrachtet. Ist der Hintergrund vollkommen statisch (z.B. bei Bildtelefon mit fest aufgestellter Kamera), so braucht sein Inhalt nur einmal übertragen zu werden. Bereiche, die nur zeitweilig von anderen Objekten verdeckt werden, können in einem Hintergrundspeicher abgelegt und wieder abgerufen werden [THOMA, BIERLING 1989].

Zu übertragende Parameter. Für die einzelnen Objekte innerhalb eines Bildes sind folgende Parameter zu analysieren und zu übertragen, soweit sie nicht unmittelbar aus den Parametern des Vorgängerbildes determinierbar sind :

- Bewegung;
- Umriß bzw. Veränderung des Umrisses sowie Größenänderungen;
- Position;
- Helligkeit und Farbe.

Ist die Lage eines Objektes und seine Bewegungscharakteristik einmal bekannt, so kann diese Information sowohl bei der Analyse, als auch bei der Parametercodierung für das nächste Bild in der Sequenz verwendet werden. Die Annahme der zeitlichen Kontinuität erhöht dabei die Zuverlässigkeit der Schätzung, und erlaubt gleichzeitig eine Codierung mit geringerer Rate. Bewegungsvektorfeld, Objektform und -helligkeit weisen eine starke Korrelation in zeitlicher Richtung auf, und ein korrekt definiertes Objekt wird nicht plötzlich verschwinden oder sich an einer ganz anderen Position des Bildes befinden. Ein wesentlicher Unterschied zum klassischen Hybridcodierer besteht darüber hinaus in der Behandlung der Helligkeits- und Farbinformation. Diese darf nicht von Bild zu Bild weitergegeben werden, da dies bei Anwendung von Zwischenwert-Interpolationen eine zunehmende Unschärfe bewirken würde [HÖTTER 1994]. Die Bildinformation eines einmal gefundenen Objekts muß daher "eingefroren" und so lange wie möglich verwendet werden. In [MUSMANN, HÖTTER, OSTERMANN 1989] wird zwischen zwei Arten von Segmenten bzw. Objekten unterschieden :

- model compliance : Hier stimmt das Syntheseergebnis weitgehend mit dem Bildsignal überein, d.h. das Synthesemodell hat funktioniert. In diesen Bereichen sind gegebenfalls Bewegungsparameter und Umrißparameter zu übertragen, sofern sie nicht aus dem Vorgängerbild vorhersagbar sind.
- model failure : Hier hat das Synthesemodell versagt. Bildhelligkeit und Farbe in diesen Bereichen muß aktualisiert werden, zusätzlich sind Position und Umrißparameter zu übertragen, da es sich um ein neues Objekt handeln kann.

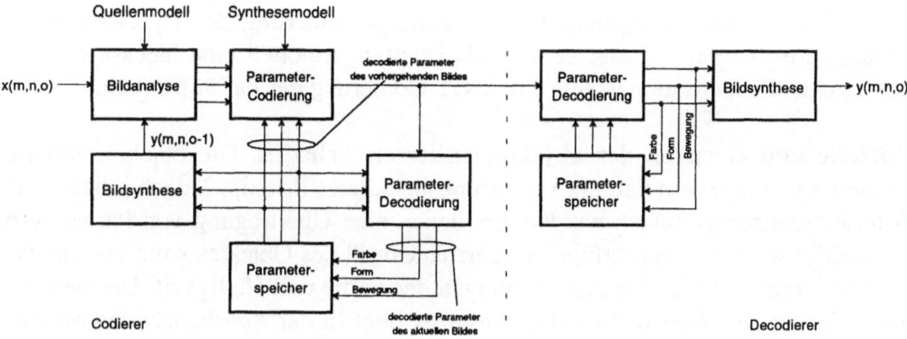

Abb. 17.1. Blockschaltbild eines objektorientierten Codierers und Decodierers nach [MUSMANN, HÖTTER, OSTERMANN 1989]

Arbeitsweise der objektorientierten Codierung. Das Prinzipschaltbild eines objektorientierten Codierers ist in Abb. 17.1 dargestellt. Die Bildsynthese erfolgt hier mittels eines Empfängers, der die Farbe, Form und Bewegung von Objekten interpretiert. Der Codierer benutzt zur Analyse ein bestimmtes Quellenmodell (Objekt- und Bewegungsmodell). Die Struktur des Verfahrens ist wie die des Hybridcodierers rekursiv, da sowohl bei der Analyse auf das vorhergehende rekonstruierte Bild Bezug genommen, als auch die Parameter differentiell codiert werden.

Zur Codierung des Umrisses werden die *Spline-Interpolation* oder die *Polygon-Approximation* (nähere Beschreibung in Abschn. 18.3.1) vorgeschlagen. Beide beruhen auf einer Unterabtastung der Umriß-Kontur, wobei die Positionen von Stützstellen-Parametern zu übertragen sind. Bei Verzerrungen des Umrisses, die nicht durch einheitliche Bewegungsparameter für das ganze Objekt beschreibbar sind, verändert sich oft nur die Position von einer oder wenigen dieser Stützstellen.

Farb- bzw. Helligkeitsinformation muß dann übertragen werden, wenn sich die Änderung eines Objektes nicht durch die Bewegungs- und Umrißparameter beschreiben läßt. Im Idealfall ist dies nur bei Aufdeckung neuen Inhalts der Fall, häufig wird aber auch eine unzureichende Bewegungs- und Objektanalyse die Ursache sein. Bei geänderter Reflexion auf Grund von Drehungen des Objektes relativ zur Lichtquelle kann ebenfalls eine erneute Übertragung der Farb- und Helligkeitsinformation erforderlich werden.

Bei Auftreten vollkommen neuer Inhalte ist eine Intraframe-Codierung der *Model-failure*-Bereiche notwendig. Da hierbei Regionen mit beliebigem Umriß zu codieren sind, ist die Anwendung blockorientierter Verfahren nicht sinnvoll. Mögliche Alternativen sind eine Transformationscodierung für beliebige Geometrien (Abschn. 13.3.1), eine Vektorquantisierung oder fraktale Codierung für beliebige Segmentformen (Abschn. 11.3 und 14.3), aber auch eine einfache DPCM (Abschn. 12.1.4). Bei ungenauer Bewegungskompensation oder Beleuchtungsänderungen kann - wie im Hybridcodierer - die Codierung eines bewegungskompensierten Differenzsignals effizienter sein. Die objektorientierte Codierung nach Abb. 17.1 läßt sich übrigens auch als Verallgemeinerung des Hybridcodierers deuten [HÖTTER 1994] : Dieser benutzt als Empfängermodell eine blockorientierte Bewegungskompensation, sowie eine DCT-Codierung der Farbinformation.

Vorteile und Grenzen des objektorientierten Prinzips. Die objektorientierte Codierung ist in jedem Fall ein verzerrungsbehaftetes Prinzip. Jedoch müssen die Toleranzgrenzen gefunden werden, bei denen eine Übertragung von Parametern notwendig wird. Ein geringfügig verzerrter Umriß des Objektes kann ebenso akzeptiert werden wie leichte Abweichungen der Farbe und Helligkeit. Der wesentliche Vorteil des objektorientierten Ansatzes liegt in der *Kontinuität* des gesehenen Inhalts. So kann z.B. an den Grenzen bewegter Objekte zum Hintergrund kein Moskitorauschen auftreten.

Nach [HÖTTER 1992] muß der Hauptanteil der zur Übertragung aufzuwendenden Bitrate für die *model failures*, d.h. diejenigen Bereiche, in denen das objektorientierte Bewegungsmodell versagt, aufgewandt werden. Dies ist z.B. bei Bildtelefon-Anwendungen hauptsächlich in den Augen- und Mundbereichen, sowie bei Kopfbewegungen und -drehungen der Fall, weil hier ständig Verdeckungen und Aufdeckungen stattfinden.

Objektorientierte Codierer mit den erwähnten Merkmalen werden derzeit hauptsächlich für Bildtelefon-Anwendungen bei niedrigen und extrem niedrigen Datenraten (8 *kb/s* - 64 *kb/s*) untersucht. Für die Codierung *beliebigen Szenenmaterials* steckt die Anwendung objektorientierter Codierverfahren dagegen noch in den Anfängen. So gestaltet sich bei komplexen und schnellen Bewegungsabläufen nicht nur die Analyse als schwieriges Unterfangen, sondern es tritt auch eine drastische Erhöhung der Anzahl von Bewegungs- und Umrißparametern ein. Schließlich treten noch häufiger *model failures* auf. Mit Entwicklung leistungsfähigerer Analysemethoden könnte die Anwendung objektorientierter Verfahren aber auch für die Codierung von Szenen komplexeren Inhalts interessant werden. Einer der Schlüssel zur sichereren Erfassung komplizierterer Objektformen und -bewegungen könnte hierbei die *Multiframe*-Analyse sein.

Einführung weiterer inhaltsbezogener Analysemethoden. Bei dem beschriebenen objektorientierten Konzept muß es darauf ankommen, daß die sogenannten *model failures* so selten wie möglich auftreten zu lassen. Bei ausreichend genauer Bewegungskompensation sind diese allerdings in Bildbereichen mit neu aufgedecktem Inhalt zunächst unvermeidlich. Jedoch treten Verdeckungen nur auf Grund der *Projektion* einer Szene in die Bildebene der Kamera auf (vgl. Abschn. 4.3.1). Bestimmte Teile des Bildes werden nur *zeitweise* verdeckt und tauchen später wieder auf; es ist im Grunde überflüssig, deren Inhalt nochmals zu übertragen, wenn er schon einmal bekannt war. Einige Lösungsmöglichkeiten für dieses Problem werden im folgenden beschrieben.

Hintergrundspeicher. Bei Szenen mit statischem Hintergrund kann ein Hintergrundspeicher eingesetzt werden, aus dem die zeitweilig verdeckten Bildinhalte jederzeit wieder abgerufen werden können. Der Inhalt dieses Speichers muß allerdings erst allmählich aufgebaut werden, d.h. erst durch Bewegungen der vor dem Hintergrund plazierten Objekte wird Wissen über zunächst verdeckte Teile akkumuliert (Abb. 17.2a).

Objektspeicher. Nicht nur der Hintergrund, sondern auch andere Objekte oder Teile von Objekten werden zeitweilig verdeckt. Ein typisches Beispiel hierfür sind Augen- und Mundöffnungen bei Bildtelefon-Sequenzen. Für solche zeitweilig verdeckten Objekte läßt sich ein Objektspeicher anlegen, aus dem neu aufgedeckte Inhalte wieder abgerufen werden können. Entscheidend für die Wirksamkeit eines solchen Systems ist allerdings die richtige Auswahl derjenigen Inhalte, die in den Speicher eingetragen werden sollen. Sind Objekte nicht statisch (z.B. Augen, die nach der Lidöffnung in verschiedene Richtungen blicken können), so ist es sinnvoll, mehrere unterschiedliche Versionen im Speicher zu halten [WOLL-BORN 1994]. Hierbei können die Speicherinhalte auch mittels Bewegungs- und Umrißparametern wieder modifiziert werden (Abb. 17.2b).

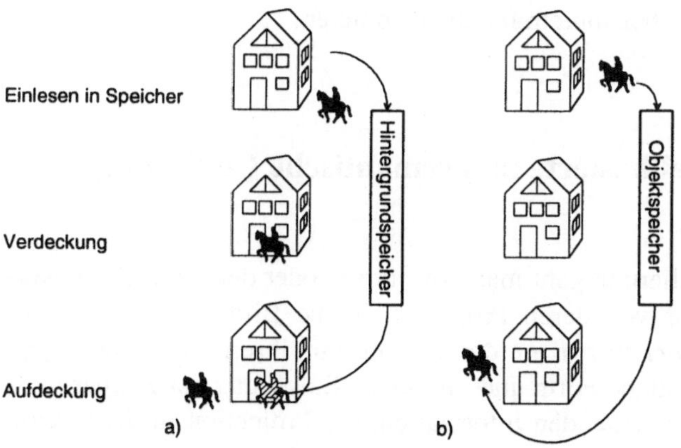

Abb. 17.2. a Hintergrundspeicher **b** Objektspeicher

Oberflächen- und räumliche Objektmodelle. Bei Objekten ist gewöhnlich - außer wenn sie aus durchsichtigem Material sind - nur die Oberfläche sichtbar. Bei Rotationen eines Objektes in den Achsen parallel zur Bildebene werden jedoch Teile dieser Oberfläche verdeckt, und andere aufgedeckt. In solchen Fällen treten bei einem zweidimensionalen Objektmodell immer *model failures* auf. Es ist nun möglich, zu jedem Objekt auch die zeitweilig am Rand verdeckten Bereiche zu speichern. Man denke sich ein Stück Papier, welches auf einen räumlichen Körper aufgeklebt ist. Die Strukturen auf dem Papier bleiben immer dieselben, auch wenn Teile zeitweise nicht sichtbar ist. Da hier nicht die echte dreidimensionale Form, sondern nur deren Oberfläche analysiert wird, wird das Prinzip auch als "zweieinhalb"-dimensionale Objektmodellierung bezeichnet. Der Nachteil von zwei- und zweieinhalb-dimensionalen Objektmodellen besteht darin, daß zur Beschreibung der durch Bewegung erfolgenden Änderungen - vor allem bei gekrümmten Oberflächen (vgl. Abschn. 4.3.1) - mehr Parameter erforderlich sind, als bei einer räumlichen, dreidimensionalen Modellierung [OSTERMANN 1994]. Auch Helligkeits- und Kontraständerungen auf Grund einer relativ zur Lichtquelle geänderten Position lassen sich bei räumlicher Modellierung besser erfassen. Die räumliche Form läßt sich hierbei am günstigsten durch ein Netzmodell (*wire frame*) beschreiben (vgl. Abschn. 4.2.3).

Sowohl die Analyse, als auch die Parametercodierung lassen sich am effizientesten durchführen, wenn bereits a priori Wissen über den Szeneninhalt vorhanden ist. Dies ist beispielsweise der Fall, wenn ausschließlich eine Übertragung von Bildtelefon-Signalen erfolgen soll. Hier kann bei der Anlegung des Objektspeichers besonderes Gewicht auf die besonders relevanten Augen- und Mundpartien gelegt werden. Ein darauf optimierter Codierer wird jedoch versagen, wenn ein anderer Szeneninhalt auftaucht, z.B. ein Auto durch das Bild fährt. Derartige a priori zu treffende Annahmen werden derzeit bei den im folgenden beschriebenen räumlich-modellbasierten Verfahren noch in starkem Maße vorausgesetzt. Mit dem objektorientierten Verfahren wird es dagegen eher möglich sein, Bildmaterial mit beliebigem, unbekanntem Inhalt zu codieren.

17.3 Räumlich-modellbasierte und semantische Codierung

Bei räumlicher 3D-Modellierung geht man von starren oder deformierbaren Körpern aus, und nicht mehr von deren Projektion in die Bildebene. Hierbei ist hauptsächlich die *Oberflächenstruktur* der Körper mit ihren Reflexionseigenschaften interessant. Räumliche Form und räumliche Bewegung der Körper müssen aus der zur Verfügung stehenden Information, der Projektion in die zweidimensionale Bildebene, abgeleitet werden.

Da das Problem der Analyse des Inhalts für *beliebige* räumlicher Szenen sehr kompliziert ist, wird in derartigen Verfahren das Vorhandensein eines passenden Modells vorausgesetzt, d.h., es müssen a priori Annahmen über den vermutlichen Szeneninhalt getroffen werden. Codierverfahren, die auf einer räumlichen Modellierung beruhen, werden daher teilweise auch pauschal als "modellbasierte Codierung" (*model based coding*) bezeichnet. Dieser Begriff ist allerdings etwas unglücklich gewählt, da im Grunde *jedes* Codierverfahren auf einem Modell basiert.

Anwendungsbereiche. Eine räumlich-modellbasierte Codierung wird derzeit vorrangig für Bildtelefon-Anwendungen untersucht, bei denen sich eine Person vor einem unveränderten Hintergrund bewegt. Zukünftig sind jedoch durchaus Anwendungen bei der Codierung von Spielfilmen, Videoclips, Fernsehserien usw. mit komplizierterem Inhalt denkbar. Zum einen tauchen hier dieselben Kulissen oder Schauplätze immer wieder auf, und müssen in ihrer räumlichen Struktur nur einmal analysiert und abgespeichert werden. Zum anderen ist der Szeneninhalt solcher Produkte in gewisser Weise *deterministisch*, und wird heute bereits in Spielfilmen nicht selten mit Methoden der Computergraphik synthetisch erzeugt. Selbst schnelle Szenen- und Schauplatzwechsel sind kein Hindernis für eine effiziente Codierung, wenn die Parameter wiederkehrender Schauplätze einmal bestimmt sind. Für die Codierung *beliebiger, unbekannter Szenen* dürfte dagegen die Anwendung räumlicher Codierung noch in weiter Ferne liegen. Allerdings ist zu erwarten, daß mit weiteren Fortschritten auf den Gebieten der Computer-Bilderkennung und der Computergrafik, wie sie z.B. für *virtual reality* erforderlich sind, leistungsfähigere Methoden zur Modellierung und Erkennung von Räumen und Landschaften entwickelt werden.

Noch stärker als ein objektorientierter muß auch ein räumlich-modellbasierter Codierer *lernfähig* sein, d.h. es kann nur im Verlauf der Übertragung allmählich ein immer genaueres Bild der Szene erfaßt werden.

Vorteile der räumlichen Modellierung. Wir wollen nun das Beispiel einer Übertragung des menschlichen Kopfes betrachten. Dieser ist bei Bildtelefon-Anwendungen von besonderer Wichtigkeit, da er meist vom Betrachter zuerst und hauptsächlich angeschaut wird. Der Kopf kann als ein dreidimensionales Objekt interpretiert werden, welches als ganzes im Raum bewegt wird. Wird er als *näherungsweise starr* aufgefaßt, genügen 6 Parameter (3 Translations- und 3 Rotationsparameter, vgl. Abschn. 4.3.1) zur Charakterisierung seiner gesamten Bewegung. Die sichtbare Oberfläche des Kopfes kann wiederum in kleinere Bereiche mit ähnlichen Helligkeits- und Textureigenschaften (Haare, Backen, Nase etc.) unterteilt werden, deren Bewegungen sich nur differentiell von der globalen Bewegung unterscheiden. Es entstehen lokale Verzerrungen dieser Segmente durch Mimik, Mund- und Augenöffnungen. Wir werden jedoch im folgenden sehen, daß die Vielfalt der möglichen Verzerrungen von vornherein eingegrenzt werden kann, um die Datenrate niedrig zu halten.

Anwendung des Netzmodells. Ein häufig verwendetes räumliches Modell ist das Netzmodell (*wire frame*). Dieses besteht aus planaren Dreieckselementen, welche jeweils mit der zugehörigen Helligkeits- und Farbinformation zu füllen und auf die zweidimensionale Bildebene zu projizieren sind. Hierzu ist zunächst eine Anpassung der Größe und der Umrisse an die darzustellende Person erforderlich. Parameter, die nur durch Seitenansicht exakt hergeleitet werden können (z.B. die Silhouette der Nase, des Kinns usw.) werden erst allmählich nach Kopfdrehungen gewonnen. Abb. 17.3a zeigt die Anpassung des Netzes an die Silhouette eines Körpers, Abb. 17.3b stellt zusätzlich die Positionierung über dem Gesicht dar. In Abb. 17.4 ist gezeigt, wie aus der Verschiebung der Knoten des wire frame die Helligkeits- und Farbinformation für einen innerhalb der Dreiecksfläche liegenden Bildpunkt ermittelt wird. Hierbei bleiben die Verhältnisse der Abstände des Punktes D zu den Knotenpunkten A, B und C unverändert. Dies erfolgt durch Interpolation der Bewegungsparameter, ausgehend von den Knoten.

a)

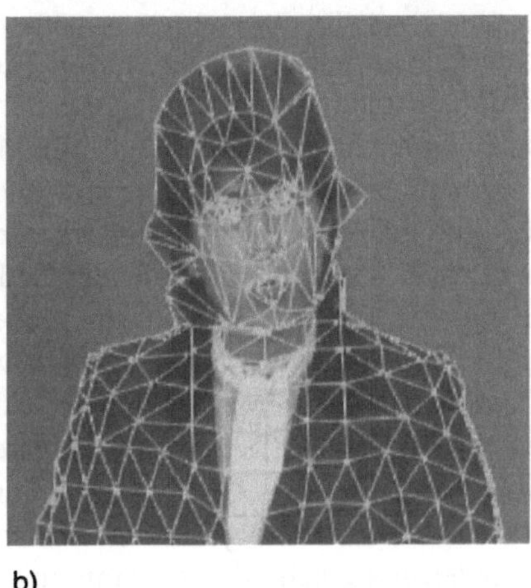

b)

Abb. 17.3. Anpassung des wire frame **a** an den Oberkörper **b** an das Gesicht
(Quelle : KAMPMANN, Universität Hannover)

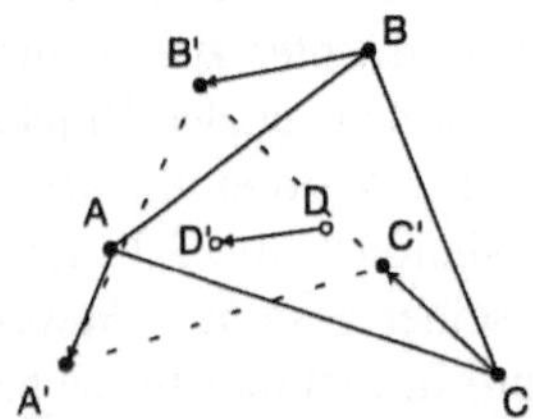

Abb. 17.4. Approximation von Knoten und Bildpunkten im wire frame
nach [AIZAWA ET. AL 1993]

Semantische Codierung. Man beachte, daß bei den Netzmodellen (vgl. Abb. 4.10) die Anzahl der Kontrollpunkte und Dreiecke in den für die Mimik wichtigen Augen- und Mundpartien besonders groß ist. Hierdurch könnte sich eine hohe Übertragungsrate ergeben, durch welche die Effizienz der räumlichen Modellierung wieder in Frage gestellt wird. Allerdings ist eine wesentliche Komponente bereits durch die globale Bewegung des gesamten Kopfes beschreibbar, außerdem sind die Formänderungen benachbarter Dreieckselemente bzw. die Verschiebungen benachbarter Kontrollpunkte nicht unabhängig voneinander. Werden diese Bereiche des Gesichts einer genaueren Analyse unterzogen, so können zusätzlich typische mimische Gesten in das Modell aufgenommen werden. Dies sind - wie bei Strichmännchenzeichnungen - insbesondere Bewegungen

– der Augenpartien;
– des Mundes und der Mundwinkel;
– der Augenbrauen.

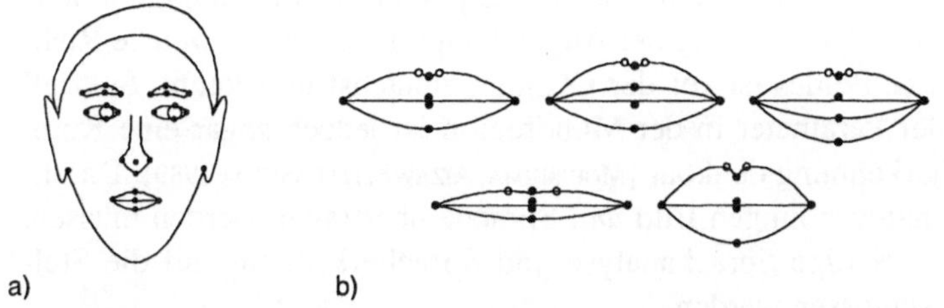

Abb. 17.5. a Kontrollpunkte zur mimischen Charakterisierung
b Kontrollpunkte an Lippen und Beispiele möglicher Lippenbewegungen
nach [AIZAWA ET AL. 1993]

Abb. 17.5a stellt einige Kontrollpunkte dar, deren Lage im Gesicht für die Charakterisierung mimischer Ausdrücke besonders wichtig ist. Abb. 17.5b zeigt einige mögliche Bewegungen am Beispiel der Kontrollpunkte für die Lippen. Mit Hilfe einer Analyse der Bewegungen solcher charakteristischen Kontrollpunkte lassen sich die Änderungen im Netz mittels sogenannter *facial action units* (FAU) mit extrem wenigen Parametern codieren. Ganz charakteristische Gesten, wie Freude, Trauer, Erstaunen, lassen sich auf verblüffende Weise synthetisch erzeugen [AIZAWA ET AL. 1993], [GIROD 1994B]. Daher ist auch nur ein eingeschränkter Parametersatz mit sinnvollen Kombinationen von Kontrollpunktbewegungen ausreichend, um ein relativ breites Spektrum möglicher menschlicher Gesichtsausdrücke zu beschreiben. Allerdings ist nicht garantiert, daß ein Wettbewerb im Grimassenschneiden auf diese Art und Weise per Bildtelefon abgehalten werden könnte : Hier würden die *action units* vermutlich versagen, oder das zur Verfügung stehende Ensemble müßte zumindest stark ergänzt werden.

Bei semantischer Codierung besteht nun allerdings überhaupt keine Garantie mehr, daß der auf der Empfängerseite rekonstruierte Inhalt *tatsächlich den Gegebenheiten* entspricht. Da das Verfahren ein mit graphischen Methoden erzeugtes, und daher visuell hochwertiges Bildsignal rekonstruiert, werden sich Übertragungsfehler nicht in Form von Qualitätsverschlechterungen, sondern als *inhaltliche Verfälschungen* auswirken. So könnte es geschehen, daß bei Ausfall bestimmter Parameter eine Person mit lächelndem Gesichtsausdruck gezeigt wird, obwohl sie in Wirklichkeit gerade weint.

Weitere Maßnahmen zur Verbesserung der Synthesequalität. Von wesentlicher Bedeutung für die Qualität des Synthesebildes ist das Auffüllen der Dreieckselemente im Netz mit Farb- und Helligkeitsinformation. Zur besseren Modellierung des Helligkeitsverlaufes können zusätzlich die Reflexionseigenschaften der Körperoberfläche, beispielsweise der Haut, berücksichtigt werden [PEARSON 1990]. Wird die Person z.B. von einer Lichtquelle hinter der Kamera beleuchtet, so ist die aufgenommene Helligkeit der Wangenpartien eine andere, je nachdem, ob das Gesicht zur Kamera oder seitlich schaut.

Mund- und Augenöffnungen bleiben auch bei räumlicher Modellierung problematisch. So ist die Stellung der Zähne und der Lippen davon abhängig, welche Silbe die Person spricht. Die Stellung der Augen hängt davon ab, in welche Richtung die Person blickt. Beides ist vor der Öffnung zunächst unbekannt. Speziell für die Codierung der Parameter in der Mundregion ist jedoch sogar eine Kombination mit Spracherkennung denkbar [MORISHIMA, AIZAWA, HARASHIMA 1989]. Da ohnehin bei Bildtelefonanwendungen Bild *und* Sprache übertragen werden müssen, kann durch decodiererseitige Sprachanalyse und Spracherkennung auf die Stellung des Mundes geschlossen werden.

Zukünftige Entwicklungen. Die inhaltsorientierte, räumlich-modellbasierte Codierung, angewandt auf Material *beliebigen* Inhalts, wäre schließlich ein Schritt hin zur Verwirklichung interaktiver räumlicher Videopräsentationen, zum Zusammenwachsen von Computerspiel- und Videoanwendungen. Hier ist der Umfang der Entwicklungen, die möglicherweise zu einer vollständigen Integration der Gebiete Bildanalyse, -beschreibung und -synthese, oder anders ausgedrückt, *Computer Vision*, *Bildcodierung* und *Computergrafik* führen könnten, noch gar nicht abzuschätzen. Eine für die räumliche Bilddarstellung notwendige stereoskopische Bildaufzeichnung mit 2 Kameras könnte z.B. von vornherein mehr Information über den räumlichen Inhalt einer Bildszene (etwa über die Entfernung der einzelnen Objekte) liefern, so daß die - auf Grund der Projektion in die Bildebene bestehenden - Unsicherheiten bei der Szenenanalyse weiter verringert werden könnten.

18 Codierung von Adaptions- und Inhaltsparametern

Adaptionsparameter sowie Parameter, die auf den Inhalt eines Bildes oder einer Bildsequenz bezogen sind, müssen bei vielen Codierverfahren als Nebeninformation übertragen werden, und benötigen bei inhaltsorientierter Codierung sogar einen erheblichen Teil der gesamten Datenrate. Ihre Übertragung mit möglichst niedriger Rate ist daher von wesentlicher Bedeutung für die Leistungsfähigkeit dieser Verfahren. Adaptionsparameter sind z.B. Parameter zur Definition von Quantisierereigenschaften, Filterkoeffizienten, Klassifizierungsinformation und Parameter zur Anpassung von Codes variabler Länge. Bewegungsparameter können je nach Komplexität entweder als Adaptionsparameter oder als Inhaltsparameter bezeichnet werden. Weitere wichtige Inhaltsparameter sind Konturparameter und Formparameter.

18.1 Codierung von Adaptionsparametern

Die Codierung von Adaptionsparametern erfolgt meist nach sehr einfachen Prinzipien, z.B. mittels einer an die Häufigkeit der möglichen Parameterwerte angepaßten Entropiecodierung, gegebenenfalls (wenn die Parameter wertkontinuierlich sind) nach einer skalaren Quantisierung. Einige Beispiele sind im folgenden aufgeführt.

Adaption eines skalaren Quantisierers. Die wichtigsten Parameter bei der Adaption eines skalaren Quantisierers sind *Quantisiererstufenhöhe* und *-aussteuerungsbereich*. Bei ungleichförmigen Quantisierern kann noch Information über die Struktur der Stufenhöhen hinzukommen. Mittels der Quantisiererstufenhöhe läßt sich eine variable Verzerrung definieren.

Die Regelung der Stufenhöhe kann z.B. erforderlich sein, wenn Bild- und Videosignale mit einer festen Datenrate übertragen werden müssen. Da in einem solchen Fall im allgemeinen keine abrupte Änderung erfolgt, kann auch eine differentielle Codierung (schrittweise Verkleinerung oder Vergrößerung in einem festgelegten Raster möglicher Stufenhöhen) erfolgen.

Die Regelung des Aussteuerungsbereichs ist sehr wirkungsvoll, wenn Signale mit *schwankendem Detailgehalt* zu übertragen sind. So sind maximal 3 *b* an Nebeninformation erforderlich, um eine Anpassung der Anzahl von Quantisierer-Rekonstruktionswerten zwischen $J=1$ $(=2^0)$ und $J=128$ $(=2^7)$ zu ermöglichen.

Adaption eines Vektorquantisierers. Die Adaption eines Vektorquantisierers kann durch *Umschaltung* innerhalb eines Satzes von vordefinierten Codebüchern (z.B. bei klassifizierender VQ) oder durch *Neudefinition* von Codebüchern erfolgen. Im ersten Fall ist am besten eine Entropiecodierung anzuwenden, sofern die einzelnen Codebücher unterschiedlich häufig gewählt werden; im zweiten Fall kann sogar noch ein Dekorrelationsverfahren, z.B. Transformations- oder prädiktive Codierung, angewandt werden, sofern die im Codebuch enthaltenen Vektoren - wie bei Ortsbereichs-VQ - nicht unkorreliert sind (vgl. Abschn. 11.1).

Adaption von Filtern. Filter werden im allgemeinen in ihrem *spektralen Verhalten* so angepaßt, daß sie für ein gegebenes Bildsignal ihre Aufgabe optimal erfüllen. Ein typisches Beispiel sind Prädiktorfilter, die so adaptiert werden, daß die Übertragungsfunktion des Synthesefilters so gut wie möglich dem Spektrum des Bildsignals ähnelt (vgl. Abschn. 5.1). Eine einfache Quantisierung der einzelnen (wertkontinuierlichen) Filterkoeffizienten ist hier wenig sinnvoll, weil sie kaum Rückschlüsse darauf zuläßt, wie sich die gesamte Übertragungsfunktion verändert. Besser sind Methoden, die aus einem vordefinierten Satz von Modellfiltern dasjenige auswählen, dessen Übertragungsfunktion der des als optimal bestimmten Filter am ähnlichsten ist [VISWANATHAN, MAKHOUL 1975].

Adaption von Codes variabler Länge. Eine Entropiecodierung ist grundsätzlich verlustlos. Da am Codierer und am Decodierer stets derselbe Code verwendet werden muß, ist auch eine verzerrungsfreie Codierung von dessen Parametern erforderlich, die bei einem vorwärtsgesteuerten Adaptionsverfahren als Nebeninformation übertragen werden müssen. Bei Anwendung einer Huffman-Codierung können als Parameter die den einzelnen Quellensymbolen zuzuordnenden Codesymbole bit für bit übertragen werden, wobei für jedes Codesymbol zusätzlich die Länge mitzuteilen ist. Jedoch braucht der adaptierte Code variabler Länge nicht unbedingt der optimal mögliche zu sein. So kann auch der bestgeeignete Code aus einem vorher definierten Satz von Codes ausgewählt werden. Bei adaptiver arithmetischer Codierung müssen die (wertkontinuierlichen) Auftretenswahrscheinlichkeiten der Quellensymbole quantisiert und übertragen werden.

Werden die Adaptionsparameter nicht verzerrungsfrei codiert, ist auch am Codierer eine Verwendung der decodierten Parameterwerte notwendig. In vielen Fällen können auch die Adaptionsparameter noch eine örtliche Korrelation aufweisen. So werden identische Quantisierer häufig über einen größeren Bereich des Bildes benutzt, auch bei einer klassifizierenden Codierung (z.B. mit Varianz- oder Kantenrichtungsklassifikation von Bildblöcken) ergeben sich oft größere zusammenhängende Bereiche, die alle derselben Klasse zugeordnet werden. Hier kann durch Einsatz dekorrelierender Methoden, vor allem mittels einer prädiktiven Codierung oder auch einer Lauflängencodierung, eine weitere Reduktion der Nebeninformationsrate erreicht werden.

18.2 Codierung von Bewegungsparametern

Die Bewegungsinformation ist neben der Bildinformation die zweite wichtige Komponente zur Beschreibung von Bildsequenzen. Die Bewegung ist durch das Bewegungsvektorfeld, welches die translatorische Bewegung jedes einzelnen Bildpunktes beschreibt, *exakt* charakterisiert. Wir können das Bewegungsvektorfeld selbst als *Signal* begreifen, welches sowohl im Ortsbereich, als auch entlang der Zeitachse eine hohe *Korrelation* aufweist : Ein Objekt im Bild bewegt sich als Ganzes, so daß selbst bei komplizierten Bewegungsformen zumindest benachbarte Werte im Bewegungsvektorfeld nur geringfügig voneinander abweichen werden; sie bewegen sich über mehrere abgetastete Folgebilder entweder mit gleichbleibender Geschwindigkeit oder beschleunigt/abgebremst. Daher wäre eine bildpunktweise Codierung des Bewegungsvektorfeldes eine ebensolche Verschwendung von Übertragungskapazität wie die PCM-Repräsentation der Bildinformation.

Bei den in Abschn. 6.2 beschriebenen Methoden zur Bewegungsschätzung werden jeweils die Parameter für *Gruppen von Bildpunkten* gemeinsam geschätzt. Dies erfolgte, um überhaupt eine eindeutige Lösung für das Schätzungsproblem zu erhalten, und um Fehlschätzungen durch Rauscheinflüsse zu vermeiden. Gleichzeitig läßt sich diese Zusammenfassung von Bildpunkten ausnutzen, um eine *Unterabtastung des Bewegungsvektorfeldes* zu realisieren, d.h. mit möglichst wenigen Parametern die Bewegung möglichst vieler Bildpunkte zu erfassen.

Im besten Fall würde es genügen, die Bewegung jedes einzelnen Objektes mit einem einzigen Satz von Bewegungsparametern zu beschreiben; da das Bewegungsvektorfeld nur an den Objektgrenzen diskontinuierlich ist, wäre damit gleichzeitig jegliche *örtliche* Redundanz aus der Bewegungsinformation eliminiert. Dieser Ansatz wird bei inhaltsorientierter Codierung (Kap. 17) verfolgt, erfordert jedoch zusätzlich die Übertragung der Information über Objektpositionen und -formen.

Die Bewegungskompensation läßt sich übrigens auch als Methode zur *Adaption* der Übertragungsfunktion eines dekorrelierenden Filters (Prädiktionsfehlerfilter oder Frequenzanalysefilter) interpretieren. Diese Art der Auslegung ist z.B. bei Block-matching-Verfahren gerechtfertigt, bei denen ohne Rücksicht auf mögliche Kontinuitäten und Diskontinuitäten im Bewegungsvektorfeld eine "blinde" Optimierung hinsichtlich der verschobenen Bilddifferenz stattfindet. Sobald jedoch zusätzliche Voraussetzungen über Eigenschaften des Bewegungsvektorfeldes bei der Bewegungsschätzung und -kompensation berücksichtigt werden, ist es eher angebracht, die Bewegungsparameter als Inhaltsparameter zu bezeichnen.

Bei den im folgenden beschriebenen Methoden wird die *nach* Schätzung der Bewegungsparameter verbliebene Redundanz ausgenutzt, um die Bewegungsinformation mit möglichst geringer Rate zu übertragen. Hierbei sollte berücksichtigt werden, daß die *gleichzeitige* Optimierung von Bewegungsschätzung und Codierung der Bewegungsparameter Vorteile bringen kann : So erzeugen Verfahren, die vorzugsweise ein möglichst kontinuierliches Bewegungsvektorfeld schätzen, nicht nur ein die echte Bewegung besser approximierendes Ergebnis; gleichzeitig wird die Redundanz des Bewegungsvektorfeldes erhöht, so daß sich die Bewegungsparameter mit niedrigerer Rate übertragen lassen.

18.2.1 Codierung des örtlichen Bewegungsvektorfeldes

Prädiktive Codierung. Die einfachste Methode zur Redundanzreduktion im Bewegungsvektorfeld ist wieder die prädiktive Codierung. Sie wird z.B. in den MPEG-Standards zur Codierung der Block-Bewegungsparameter angewandt. Die Bewegungsparameter eines Blockes werden aus den Parametern der örtlich links und/oder oberhalb liegenden Blöcke kausal prädiziert (bei MPEG : ausschließlich aus dem links gelegenen Block), und die Differenz, d.h. der Prädiktionsfehler, wird codiert. In Abb. 18.1 sind verschiedene Prädiktionsstrategien für den mit "D" bezeichneten Block gegenübergestellt. Bei stark gegenläufigen, nicht prädizierbaren Bewegungen könnten sich die Differenzwerte gegenüber dem Wertebereich der ursprünglichen Bewegungsparameter verdoppeln (vgl. hierzu Abschn. 12.2.1). Daher muß unbedingt eine *Entropiecodierung* der Differenzparameter erfolgen. Die Entropiecodierung wird hier auch erst in Verbindung mit der prädiktiven Codierung sinnvoll, da sich nun bei häufiger Kontinuität des Bewegungsvektorfeldes eine Konzentration im Histogramm der Differenzparameter um den Wert Null ergibt. Abb. 18.2 stellt hierzu die Histogramme der k-Parameter eines translatorischen Block-matching-Verfahrens nach (6.23) und eines block matching mit Glattheitsbedingung nach (6.25) dar. Zusätzlich sind jeweils die Histogramme der nach einer Prädiktion berechneten Differenzkomponenten gezeigt. Durch die Differenzbildung erfolgt eine bessere Wertekonzentration um den Wert Null. Der Ansatz mit Glattheitsbedingung, der die Erzeugung kontinuierlicher Bewegungsvektorfelder fördert, trägt ebenfalls sowohl zu einer besseren Ausbildung der die Bewegung charakterisierenden Histogramm-Maxima, als auch zu einer noch etwas besseren Konzentration der Differenzkomponente um den Wert Null bei.

Die prädiktive Codierung wird bei Block-matching-Verfahren häufig getrennt auf die beiden Translationskomponenten angewandt. Bei komplizierteren Bewegungsmodellen, die z.B. eine Rotation einschließen, kann dagegen nicht mehr davon ausgegangen werden, daß die Bewegungskomponenten in horizontaler und vertikaler Richtung unkorreliert sind.

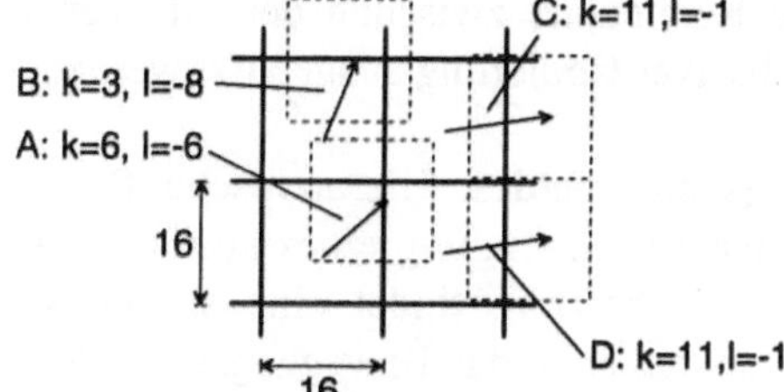

$\hat{D}$	$\Delta D = D - \hat{D}$
A	$\Delta k=5$, $\Delta l=5$
C	$\Delta k=0$, $\Delta l=0$
(A+C)/2	$\Delta k=2{,}5$, $\Delta l=2{,}5$
A+C-B	$\Delta k=-3$, $\Delta l=3$

Abb. 18.1. Prädiktive Codierung translatorischer Bewegungsparameter

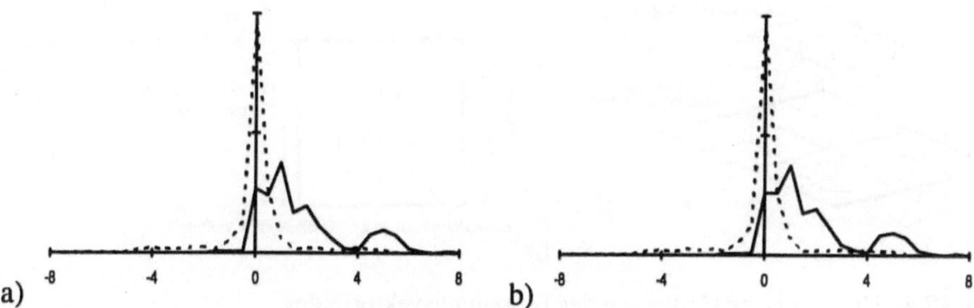

Abb. 18.2. Histogramme der k-Verschiebungskomponenten (—)
und der zugehörigen Differenzkomponenten ($\cdots$)
a bei block matching **b** bei block matching mit Glattheitsbedingung

Bereich	A	B	C
Quad-Tree-Code	1	0(1110(1111))	0(0(1111)10(1111)1)
Bewegungsvektoren	1	7	10

Abb. 18.3. Quad-tree-Codierung mit örtlich variabler Genauigkeit der Bewegungsrepräsentation

Quad-tree-Codierung. Während die Bewegung im Objektinneren kontinuierlich ist, und mit einheitlichen Bewegungsparametern für große Referenzbereiche bereits eine hinreichend gute Schätzung erzielt wird, lassen sich die Diskontinuitäten des Bewegungsvektorfeldes an Objektgrenzen besser mit kleineren Referenzbereichen beschreiben. Soll hierfür ein Block-matching-Verfahren mit variabler Blockgröße oder ein Stützstellen-Interpolationsverfahren mit variabler Stützstellendichte (Abschn. 6.2.5) eingesetzt werden, so läßt sich die notwendige Strukturinformation effizient mittels eines Quad-tree-Codes repräsentieren (vgl. Abschn. 18.3.2). Hierbei kann weiterhin die Redundanz zwischen den Blöcken - auch unterschiedlicher Größe - mittels prädiktiver Codierung ausgenutzt werden.

Hierarchische Codierung des Bewegungsvektorfeldes. Hierarchische Bewegungsschätzverfahren (Abschn. 6.2.3) dienen der Erzeugung eines kontinuierlichen Bewegungsvektorfeldes. Während der Schätzung findet eine sukzessive Verkleinerung des Referenzbereiches statt, so daß auch das Bewegungsvektorfeld immer genauer repräsentiert wird, d.h. der Unterabtastungsfaktor wird fortwährend verkleinert.

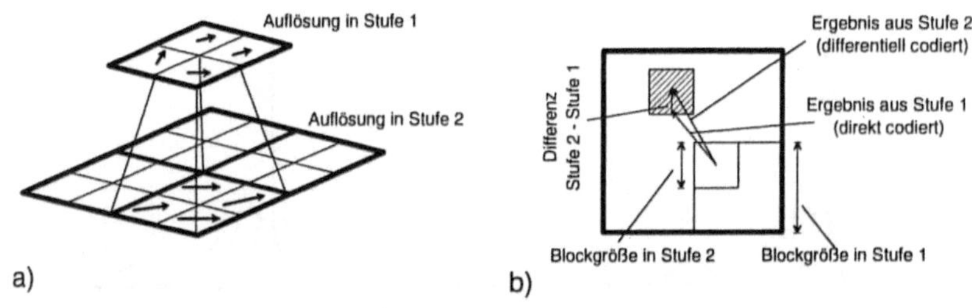

Abb. 18.4. Hierarchische Codierung des Bewegungsvektorfeldes.
a Auflösungsgenauigkeit in den Hierarchieebenen **b** Differenzcodierung

Die hierarchische Bewegungsschätzung läßt sich aber auch zur *hierarchischen Codierung* des Bewegungsvektorfeldes ausnutzen; tatsächlich entspricht das Fortschreiten von der gröberen zur feineren Auflösungsstufe (Abb. 18.4a) exakt einer *Pyramidencodierung*. Die Parameter innerhalb der Pyramidenhierarchie können differentiell codiert werden (Abb. 18.4b). Dies hat drei Vorteile :

- Die differentielle Pyramide wirkt *dekorrelierend* (vgl. Abschn. 2.5.4)
- Die Bewegungsparameter auf den einzelnen Ebenen der Pyramide erhalten eine unterschiedliche *Relevanz*, was für die Anwendung von Fehlerschutzmechanismen von Bedeutung ist
- Die Bewegungsparameter auf den einzelnen Pyramidenebenen lassen sich auf das Bildsignal in verschiedenen örtlichen Auflösungen (z.B. TV-Format und HDTV-Format) anwenden.

Bei Anwendung einer Entropiecodierung auf die Information der Differenz-Pyramide ergibt sich eine geringe Rate dort, wo das Bewegungsvektorfeld kontinuierlich ist; in diesem Fall werden die differentiellen Komponenten in den feineren Auflösungsstufen Null, und können mit einem Codesymbol sehr kurzer Länge repräsentiert werden. Die hierarchische Repräsentation läßt sich aber auch mit der oben erwähnten Methode zur Quad-tree-Parametercodierung mit örtlich variabler Auflösung kombinieren, wobei die hierarchische Schätzung gar nicht mehr bis zur feinsten Auflösungsstufe betrieben wird, sofern sich auf einer gröberen Stufe bereits ein hinreichend genaues Ergebnis einstellt.

18.2.2 Codierung des zeitlichen Bewegungsverlaufes

Prädiktion. Das Bewegungsvektorfeld ist bei den meisten Bewegungsarten auch entlang der zeitlichen Änderungsrichtung korreliert. Jedoch ist bei einer Zeitachsen-Prädiktion der Bewegungsparameter besonders zu beachten, daß diese selbst *die Richtung* beschreiben, entlang derer sich ein Objekt bewegt, und entlang derer die Kontinuität der Bewegung zu erwarten ist; die zeitliche Prädiktion der Bewegungsparameter sollte also auch entlang des Bewegungspfades durchgeführt werden. Schließlich ist zu berücksichtigen, daß nur bei unbeschleunigter Bewegung eine perfekte Vorhersage der zukünftigen lokalen Bewegungsrichtung allein aus dem Bewegungsvektorfeld des Vorgängerbildes überhaupt möglich ist. Ist die Bewegung beschleunigt oder eine Mischform aus translatorischen und nicht-translatorischen Bewegungsvorgängen, so kann eine Prädiktionsanalyse unter Zugrundelegung mehrerer Vorgängerbilder notwendig sein. Ein Beispiel hierfür ist ein rollendes Rad, bei dem sich gleichzeitig mit der Rotation der Außenpunkte das Rotationszentrum translatorisch bewegt. Hier führt ein Punkt, der gerade Bodenberührung hat, für einen Moment keinerlei Bewegung aus, alle Punkte werden entweder gerade beschleunigt oder verlangsamt. Ist das Rad dagegen an einem festen Punkt aufgehängt (reine Rotation), so ist eine perfekte Vorhersage der Bewegung auch aus einem einzelnen Vorgängerbild möglich. Die Erfassung von *Beschleunigungsparametern* kann aber auch zu einer besseren Beschreibung des Bewegungsvektorfeldes beitragen Hierfür ist allerdings eine Multiframe-Bewegungsschätzung notwendig.

Die Anwendung einer zeitlichen Prädiktion ist bei inhalts- und objektorientierter Codierung unumgänglich. Hierbei wird sowohl die *Form* der Objekte eine zeitliche Kontinuität aufweisen, als auch ihre *Bewegung*. Schließlich lassen die Bewegungsparameter des Vorgängerbildes auch Rückschlüsse darüber zu, an welchen Stellen sich voraussichtlich *Aufdeckungs-* und *Verdeckungseffekte* ereignen werden [ORCHARD 1993].

Prädiktion der Bewegungsparameter zwischen Halbbildern. Bei der Bewegungskompensation in Bildsequenzen, die mit einer Zeilensprung-Abtastung aufgezeichnet wurden, ist eine Umschaltung zwischen bildweiser und halbbildweiser Bewegungskompensation, oder auch die "dual prime"-Kompensation sinnvoll (vgl. Abschn. 15.4.1). Bei Methoden, welche getrennte Bewegungsvektoren für beide Halbbilder benutzen, kann wiederum die Redundanz durch differentielle Codierung ausgenutzt werden.

Zeitlich-hierarchische Codierung. Bei einer kontinuierlichen Objektbewegung über mehrere aufeinander folgende Bilder können auch die zeitlich-redundanten

Bewegungsparameter hierarchisch codiert werden. Bewegt sich z.B. ein Objekt um 2 Bildpunkte von einem Bild zum nächsten, so wird es sich bis zum übernächsten um 4 Bildpunkte, dann um 6, 8, ... Bildpunkte bewegen. Eine zeitlich-hierarchische Repräsentation der Bewegungsparameter ist allerdings nur in Verbindung mit Verfahren sinnvoll, bei denen sich auch die Bildinformation zeitlich-hierarchisch definieren läßt. So kann bei der bewegungskompensierten Interpolation (Abschn. 15.3) die Bewegungsinformation für die B-Bilder differentiell unter Verwendung der Information der P-Bilder codiert werden (Abb. 18.5a). Bei der bewegungskompensierten Teilbandcodierung (Abschn. 16.3) sind sogar mehrere Hierarchieebenen für die Bewegungsinformation möglich, wobei jeweils die Parameter für eine Stufe der Teilbandzerlegung differentiell zu denen der nächsthöheren Zerlegungsstufe codiert werden (Abb. 18.5b). Hier wird nochmals deutlich, daß die zeitliche Kontinität in der Codierung der Bewegungsparameter nur dann wirkungsvoll ausgenutzt werden kann, wenn die Bewegung zwischen den Einzelbildern genau genug geschätzt wird.

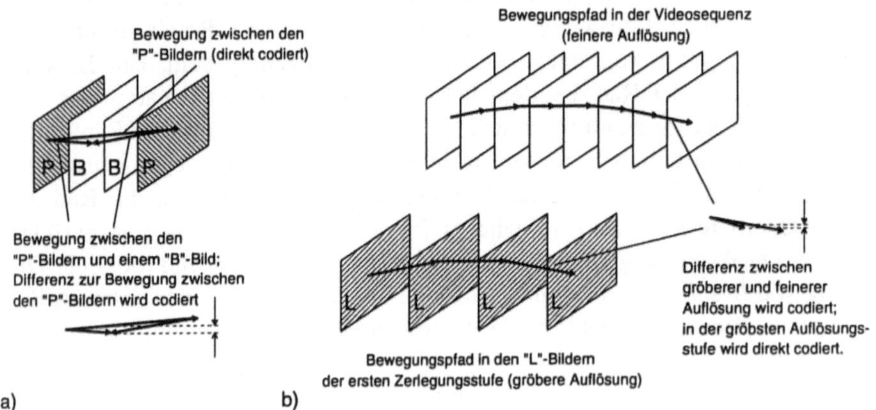

Abb. 18.5. Zeitlich-hierarchische Differenzcodierung der Bewegungsparameter
a bei bewegungskompensierter Interpolation
b bei bewegungskompensierter Teilbandcodierung

18.3 Codierung von Konturen und Formen

Bei Codierverfahren, die sich in ihrer Arbeitsweise an die Gestalt im Bildsignal enthaltener Objekte anpassen, benötigt der Decodierer die Information entweder über die *Kontur* (Umriß) oder über die *Form* dieser Objekte. Die Übertragung von Konturverläufen wird immer dann notwendig sein, wenn ein Codierverfahren kantenadaptiv arbeitet. Abgesehen von der verbleibenden Unsicherheit über die Genauigkeit der erfolgten Objektsegmentierung kann deren Ergebnis entweder unmodifiziert (verzerrungsfrei) oder mit einer verlustbehafteten Codierung übertragen werden. Letzteres wird bei der Forderung nach extrem niedrigen Bitraten unumgänglich sein. Bei verlustbehafteter Übertragung der Umrißparameter kann sich unter Umständen eine erhebliche Verfälschung des decodierten Bildinhalts ergeben. Am häufigsten werden hier Methoden angewandt, die mit einer *Glättung* der Kontur oder der Form arbeiten. Dies entspricht im Prinzip einer Eliminierung der "hochfrequenten" Anteile des Umrisses, so daß eine Unterabtastung, z.B. eine Übertragung mit weniger Konturpunkten, erfolgen kann. Diese Vorgehensweise ist jedoch stets dann problematisch, wenn es sich um Gebilde mit regelmäßiger geometrischer Gestalt (z.B. Quadrate, Dreiecke) handelt, bei denen der Betrachter das Vorhandensein von Ecken unbedingt erwartet. Hier würde die Infomation über die Lage der Eckpunkte genügen, um durch Verbindung derselben die Gestalt vollständig korrekt wiederzugeben. Es kann daher durchaus sinnvoll sein, je nach gegebenem Inhalt zwischen verschiedenen Methoden umzuschalten; so ist z.B. die Kontur ungeradliniger Formen besser durch *Splineinterpolation*, diejenige geradliniger Formen besser durch *Polygonapproximation* wiederzugeben [HÖTTER 1992].

18.3.1 Konturcodierung

Kettencodes. Die verlustfreie Beschreibung eines Konturverlaufes (Abb. 18.6a) kann mittels eines *Kettencodes* [FREEMAN 1970] erfolgen, der die Beschreibung einer ununterbrochenen Kontur von einem Startpunkt bis zu einem Endpunkt ermöglicht. Hierbei zeigt der Kettencode jeweils von einem Konturpunkt auf den nächsten (Abb. 18.6b). Sind Start- und Endpunkt identisch, so ist die Kontur *geschlossen*. Grenzen zwischen 2 Regionen brauchen jedoch nur einmal beschrieben zu werden, so daß sich nicht unbedingt geschlossene Konturen ergeben müssen. Stets ist die Koordinate des Startpunktes zu übertragen, während der Endpunkt sich automatisch ergibt, sobald ein bereits definierter Konturpunkt getroffen wird.

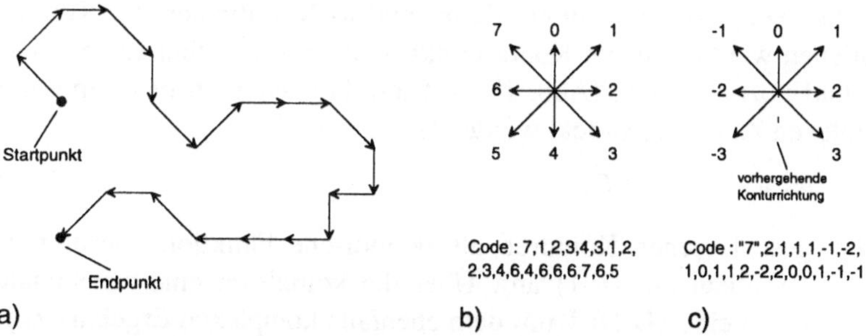

Abb. 18.6. a Konturverlauf und Fortsetzungsrichtungen der Kontur
b bei direkter Kettencodierung **c** bei differentieller Kettencodierung

Zur verzerrungsfreien Wiedergabe der Objektgrenze kann jeder Punkt entweder mit seinen vier unmittelbaren Nachbarn aus dem Nachbarschaftssystem $\mathcal{N}_1(m,n)$, oder mit den acht Nachbarn aus $\mathcal{N}_2(m,n)$ gemäß (4.14) verbunden werden. Nimmt man an, daß alle Konturrichtungen gleich häufig auftreten, so sind im ersten Fall $\log_2(4) = 2$ b/Konturpunkt und im zweiten Fall $\log_2(8) = 3$ b/Konturpunkt für die Übertragung aufzuwenden. Da sich jedoch für $\mathcal{N}_1(m,n)$ die Anzahl zu übertragender Konturpunkte bei diagonalen Konturverläufen verdoppelt, entsteht bei beiden Methoden dieselbe Gesamtrate. Eine zusätzliche *Entropiecodierung* ist allenfalls sinnvoll, wenn bestimmte Konturrichtungen seltener sind, was z.B. bei Bildern mit starker geometrischer Horizontal- oder Vertikalausrichtung der Fall sein kann.

Differentielle Kettencodes. *Differentielle Kettencodes* beschreiben die Richtungsänderung einer Kontur [KANEKO, OKUDAIRA 1985]. Werden keine Kehrtwendungen zugelassen, so muß der differentielle Code im Fall des $\mathcal{N}_1$-Systems 3 Richtungen, im Fall des $\mathcal{N}_2$-Systems 7 Richtungen unterscheiden (Abb. 18.6c). Die Kombination der differentiellen Kontur- mit einer Entropiecodierung ist besonders bei Auftreten glatter Konturen wirkungsvoll, da hier die 0°-Richtung (geradeaus) mit der größten Wahrscheinlichkeit auftritt, die Richtungen "-3" und "3" dagegen extrem selten sind. Bei Verwendung des $\mathcal{N}_2$-Systems genügen gewöhnlich ca. 1,5 b/Konturpunkt für eine verzerrungsfreie Beschreibung.

Durch Begradigung von Konturverläufen kann bei differentieller Kettencodierung eine zusätzliche Reduktion der Bitrate erreicht werden. Jedoch muß hier der Informationsverlust nicht als Nebenprodukt der Codierung, sondern als Ergebnis einer Vorverarbeitung eingeführt werden. Bei den im folgenden beschriebenen Methoden kann dagegen die Codierung selbst verlustbehaftet sein. Dadurch läßt sich auch bei niedrigen Bitraten noch eine gute Approximation der Konturverläufe erzielen, oder es lassen sich hierarchische Repräsentationen der Kontur mit variabler Genauigkeitsauflösung erzeugen.

Fourierbeschreibung. Es sei ein *geschlossener* Konturverlauf mit P Konturpunkten (Index p) gegeben. Dieser kann eindeutig durch die r- und s- Koordinaten, bzw. bei diskreten Konturen durch die m- und n- Koordinaten der Konturpunkte beschrieben werden. Jedem Konturpunkt p lassen sich daher seine Koordinaten $m(p)$ und $n(p)$ zuordnen (Abb. 18.7). Diese können auch in Form einer einzigen komplexen Zahl ausgedrückt werden [JAIN 1989] :

$$t(p) = n(p) + j \cdot m(p) \quad 0 \leq p < P. \tag{18.1}$$

$t(p)$ kann bei geschlossenen Konturen als periodische Funktion interpretiert werden (d.h. $t(0)$ schließt an $t(P\text{-}1)$ an). Über die komplexe, eindimensionale Funktion $t(p)$ läßt sich eine 1D-DFT mit dem ebenfalls komplexen Ergebnis $T(q)$ durchführen, deren inverse Transfomation die Konturlinie rekonstruiert :

$$T(q) = \sum_{p=0}^{P-1} t(p) \cdot e^{-j\frac{2\pi pq}{P}} \qquad (18.2)$$

und

$$t(p) = \frac{1}{P} \sum_{q=0}^{P-1} T(q) \cdot e^{j\frac{2\pi pq}{P}} . \qquad (18.3)$$

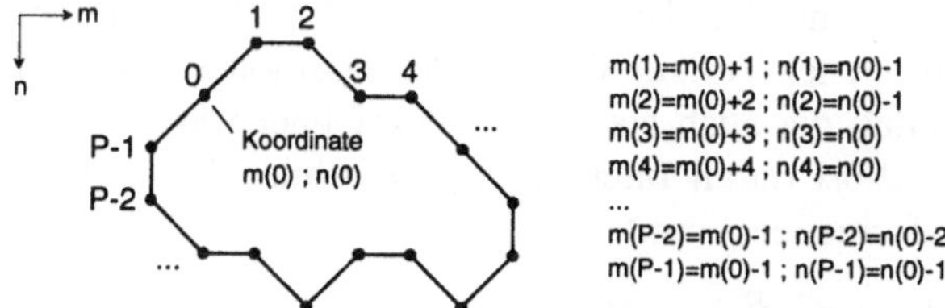

Abb. 18.7. Indizierung des Konturverlaufes bei Fourierbeschreibung

Man beachte, daß auch $T(q)$ periodisch ist; allerdings ergibt sich als Fouriertransformierte eines komplexen Signals nicht mehr (wie bei reellen Signalen) die konjugiert-komplexe Spiegelsymmetrie der Frequenzbereiche um den Wert bei $P/2+1$. Jedoch folgt aus den Eigenschaften der Fouriertransformation :

– Eine Translation (Ortsveränderung) der Kontur in m- oder n-Richtung bewirkt lediglich eine Veränderung des "Gleichanteilkoeffizienten" $T(0)$
– Eine Skalierung (Größenänderung ohne Formänderung) der Kontur bewirkt eine gleichmäßige Skalierung des Betrages aller Koeffizienten $T(q)$
– Eine Rotation der Kontur bewirkt eine Phasendrehung aller Koeffizienten $T(q)$ um denselben Betrag, während das Amplitudenspektrum unverändert bleibt.

Hieraus ergeben sich günstige Eigenschaften für die *Erkennung* bekannter Konturen, unabhängig von deren Lage, Größe und Orientierung. Das Konturspektrum weist, sofern der Konturverlauf relativ "glatt" ist, eine starke Energiekonzentration bei nur wenigen Spektralanteilen auf. Andererseits kann die Kontur auch gezielt geglättet werden, indem hochfrequente Anteile, die einzelne Abweichungen vom glatten Verlauf repräsentieren, auf Null gesetzt werden. Damit wird es möglich, eine 1D-Transformationscodierung des Konturverlaufes vorzunehmen. Bei nicht-geschlossenen Konturen ist die Fourierbeschreibung allerdings wenig effizient, da zwischen dem linken und dem rechten Randwert der begrenzten Funktion $t(p)$ ein Sprung auftritt.

Spline-Interpolation. Die Spline-Interpolation ist eine Methode, um ein an kontinuierlichen Positionen definiertes Signal aus Werten an diskreten Positionen zu bestimmen. Für die Anwendung zur Konturinterpolation sind die kontinuierlichen Werte die r- und s-Koordinaten der Kontur an der (Konturlängen-)Position t. Diese werden zu Vektoren $\mathbf{r}(t)=[r(t),s(t)]$ zusammengefaßt. Die Kontur soll nun durch I Kontrollpunkte $c_i=[r(i),s(i)]$ approximiert werden. Dies erfolgt über die Beziehung

$$r(t) = \sum_{i=0}^{I-1} c_i B_{i,q}(t).$$ (18.4)

Die Funktion $B_{i,q}(t)$ ist eine kontinuierliche Filterimpulsantwort und wird als *B-spline* (*B* wie *b*asis) bezeichnet. Sie spielt eine ähnliche Rolle wie die Basisfunktion einer diskreten Transformation, während die Kontrollpunkte die *Koeffizienten* der Konturrepräsentation sind. Die besondere Eigenschaft der *B*-splines besteht darin, daß ihr kontinuierlicher Verlauf sich aus den Positionen diskreter Punkte t_i auf der Kontur herleitet, die auch als *Knoten* bezeichnet werden, d.h. die spline-Funktionen werden selbst durch Interpolation berechnet. Sie werden nach der folgenden Rekursionsformel bestimmt :

$$B_{i,q}(t) = \frac{(t-t_i) \cdot B_{i,q-1}(t)}{t_{i+q-1} - t_i} + \frac{(t_{i+q} - t) \cdot B_{i+1,q-1}(t)}{(t_{i+q} - t_{i-1})} \quad ; \quad q > 0$$ (18.5)

mit

$$B_{i,0}(t) = \begin{cases} 1 & \text{für } t_i \leq t < t_{i+1} \\ 0 & \text{sonst} \end{cases}.$$ (18.6)

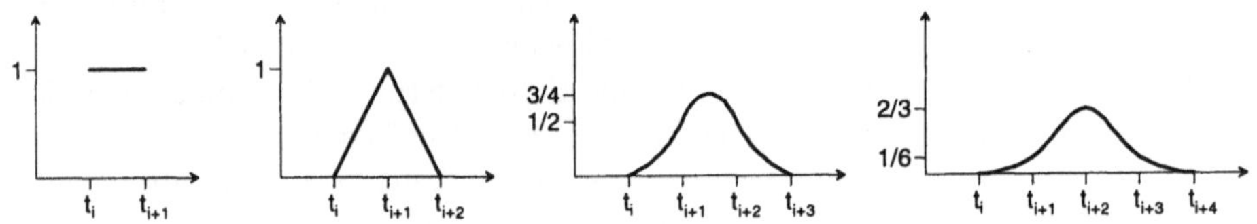

Abb. 18.8. *B*-splines mit q=0, 1, 2, 3

Der Parameter q ist die Ordnung der Spline-Funktion. Mit q=0 ergibt sich ein Halteglied zwischen t_i und t_{i+1}, bei q=1 dessen Faltung mit sich selbst, nämlich ein Filter mit Dreiecks-Impulsantwort (ein linearer Interpolator), bei q=2 wiederum dessen Faltung mit dem Halteglied usw. Die Funktionen mit q=2 bzw. q=3 werden als quadratische und kubische splines bezeichnet; *B*-splines noch höherer Ordnung werden praktisch nicht verwendet. Abb. 18.8 stellt die normalisierten *B*-splines für q=0..3 dar. In diesem Beispiel sind die Knoten t_i an äquidistanten Positionen angeordnet. Dies ist jedoch keine notwendige Voraussetzung, ebenso sind irreguläre Abstände erlaubt. Man beachte weiterhin, daß die *B*-splines eine *begrenzte* Impulsantwort besitzen. Um den Konturwert $r(t)$ zu berechnen, gehen beispielsweise bei den quadratischen splines maximal 3 Kontrollpunkte ein. Bei der Konturcodierung in digitalisierten Bildern ist der Ausgangspunkt nun eine ebenfalls diskrete Kontur mit P Punkten t_p, die es zu approximieren gilt. Daraus folgt die Formel

$$\mathbf{r}(t_p) = \sum_{i=0}^{I-1} \mathbf{c}_i B_{i,q}(t_p) \quad ; \quad 0 \le p < P. \tag{18.7}$$

(18.7) stellt ein Gleichungssystem dar, welches sich auch in einer Matrixnotation als

$$\mathbf{R} = \mathbf{B}_q \cdot \mathbf{C} \tag{18.8}$$

beschreiben läßt. Hierbei besteht $\mathbf{R}$ aus P Wertepaaren $\mathbf{r}(t_p)$ von Konturkoordinaten, $\mathbf{C}$ aus I Wertepaaren $\mathbf{c}_i$ von Kontrollpunktkoordinaten, während $\mathbf{B}_q$ eine Matrix der Größe $I{\times}P$ ist. Wenn $P{>}I$ ist (also die Anzahl der Kontrollpunkte geringer als die der Konturkoordinaten), so handelt es sich um ein *überbestimmtes Gleichungssystem*, wie wir es schon bei der *least squares*-Optimierung (Abschn. 5.3) kennengelernt haben. Die Bestimmung der Kontrollpunktpositionen erfolgt durch Pseudoinversion der Matrix $\mathbf{B}_q$:

$$\mathbf{C} = \mathbf{B}_q{}^g \cdot \mathbf{R}. \tag{18.9}$$

Wenn I ein ganzzahliges Vielfaches von P ist, so wird $\mathbf{B}_q$ eine Zirkularmatrix, für deren Inversion schnelle Algorithmen existieren [JAIN 1989].

Polygon-Approximation. Das Prinzip der Polygonapproximation basiert auf einer *Geradeninterpolation* der Kontur. Mit jedem Approximationsschritt wird ein weiterer Kontrollpunkt gesetzt. Begonnen wird mit einer Geraden, die die beiden Endpunkte A und B der Kontur verbindet. In jedem weiteren Schritt wird nun nach der Position gesucht, an der der *geometrische Abstand* zwischen der Originalkontur und der approximierten Kontur maximal wird. An dieser Stelle wird ein neuer Kontrollpunkt gesetzt (die Abb. 18.9a und 18.9b stellen die ersten beiden Approximationsschritte für die gezeigte Kontur dar, in denen die Punkte C und D gesetzt werden). Die Approximation ist fertig, und die Anzahl der notwendigen Kontrollpunkte ist bestimmt, wenn die approximierte Kontur nirgends um mehr als einen vorgegebenen Maximalabstand $d_{\max}$ von der Originalkontur abweicht (Abb. 18.9c). Bei kantigen Konturen kann die Polygonapproximation schon mit einer geringen Anzahl an Kontrollpunkten die Kontur besser approximieren als die Spline-Interpolation.

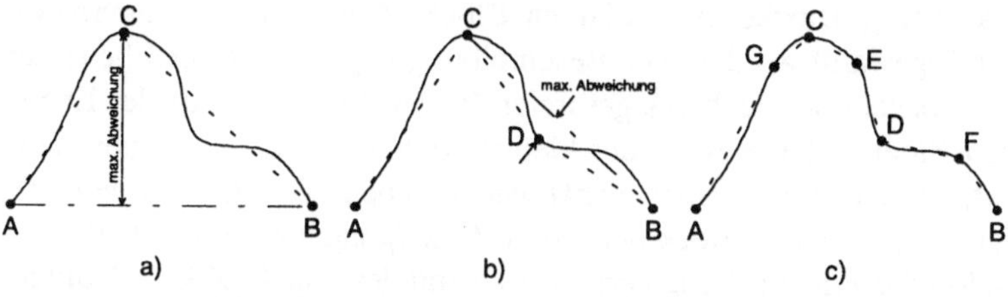

Abb. 18.9. Polygon-Approximation einer Kontur

Generalisierte Kettencodierung. Sind ein Startpunkt und die Länge einer geschlossenen Kontur bekannt, so läßt sich diese vollständig durch die Änderungen des Tangentialwinkels θ entlang der Konturlinie beschreiben (Abb. 18.10a). Die in Abb. 18.10b dargestellte Kurve (Winkel wie bei nicht-differentieller Kettencodierung, in Abhängigkeit von der Position t) nimmt bei geraden Konturen ebenfalls einen sehr glatten Verlauf an. Eine verlustbehaftete Codierung kann z.B. mittels eines Transformationscodierverfahrens realisiert werden.

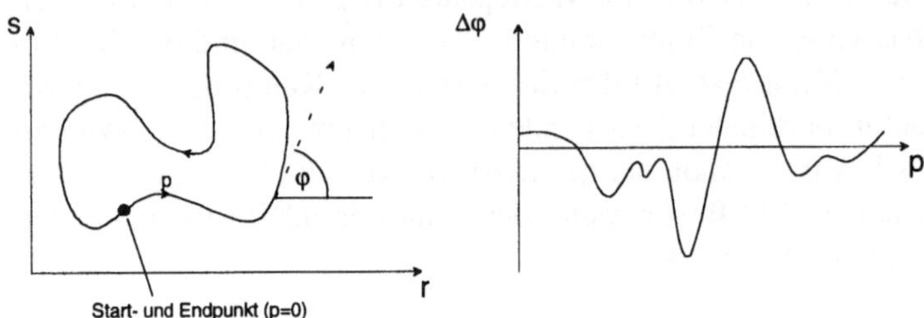

Abb. 18.10. Generalisierte Kettencodierung
nach [JAIN 1989]

18.3.2 Formcodierung

Mit den erwähnten Methoden zur Konturbeschreibung lassen sich die *äußeren Umrisse* von Objekten charakterisieren. Sie eignen sich aber nur indirekt (d.h. in Kombination mit weitergehenden Analysen) zur Beschreibung der *Form* eines Objektes, wozu z.B. gehören :

– Fläche und Umfang
– Breite und Höhe
– Schwerpunkt
– Orientierung
– kleinstes äußeres umschreibendes oder größtes innen hineinpassendes Rechteck.

Quad-tree-Codes. Die Quad-tree-Repräsentation unterteilt das örtliche Bildsignal in rechteckförmige Blöcke mit variablen Blockgrößen, die sinnvollerweise als Potenzen von 2 gewählt werden. Die Beschreibung beginnt auf der Ebene der größtmöglichen Blöcke, oder auch des gesamten Bildes. Sie endet auf der Ebene kleinstmöglichen Blockgröße. Besteht der kleinstmögliche Block aus einem einzigen Bildpunkt, lassen sich Formen *exakt* wiedergeben. Der Quad-tree-Code beschreibt, ob ein existierender Block der Größe $M_B \times N_B$ nach einem festzulegenden Homogenitätskriterium in 4 kleinere Blöcke mit jeweils $M_B/2 \times N_B/2$ unterteilt, oder in seiner vollen Größe belassen wird. Ein Beispiel ist in Abb. 18.11a dargestellt, der zugehörige quad-tree ist in Abb. 18.11b gezeigt. Jeder innere Knoten (□) des Baumes besitzt 4 Verzweigungen, da der durch ihn repräsentierte Block weiter unterteilt wird. Im gezeigten Beispiel werden die inneren Knoten binär mit einer "0", die nicht weiter unterteilten Endknoten (O) mit einer "1" symbolisiert.

Der Code ist eindeutig decodierbar, da auf jede "0" mindestens 4 weitere bits folgen müssen. Der Decodierer würde im gezeigten Beispiel folgende Klammersetzung betreiben : 0(10(1111)10(1110(1111))). Ist zudem die kleinste mögliche Unterteilungsstufe bekannt, können auf der letzten Unterteilungsebene weitere bits eingespart werden, im gezeigten Beispiel wäre die Folge 0101111101110 ausreichend, wenn die Größe der Blöcke "DDA"-"DDD" die kleinstmögliche Einheit darstellt. Soll z.B. ein Bild in Blöcke der maximalen Größe 32x32 Bildpunkte, der minimalen Größe 4x4 Bildpunkte unterteilt werden, so ist mindestens 1 bit erforderlich (eine "1" zeigt an, daß es bei einem Block mit der Größe 32x32 bleibt), und die maximal notwendige Bitanzahl beträgt 21 bit : einmal "0" für die Größe 32x32, viermal "0" für die Größe 16x16, 16 mal "0" für die Größe 8x8; damit wäre angezeigt, daß alle Blöcke bis zur kleinsten Größe 4x4 unterteilt werden. Die entstehende Verzerrung bei der Quad-tree-Repräsentation ist davon abhängig, welche Blockgröße als kleinste zugelassen wird. In der Regel ist noch für jeden Endknoten des Baumes eine spezifische Zusatzinformation - z. B. über die Zugehörigkeit zu einem bestimmten Segment oder Objekt - zu übertragen.

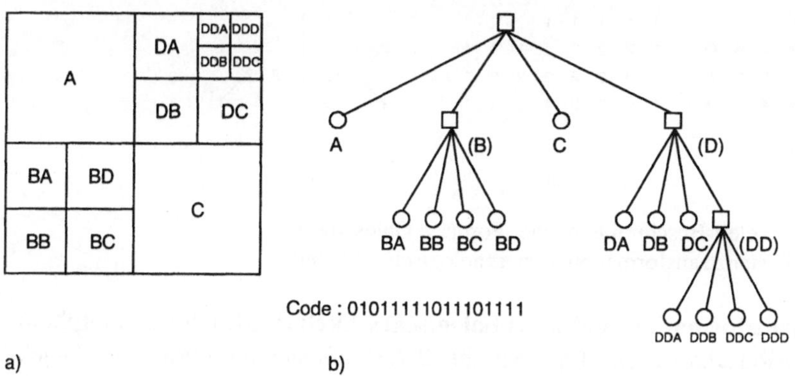

Abb. 18.11. a Quad-tree-Aufteilung eines Bildes **b** zugehöriger quad-tree mit Code

Symmetrieachsen-Transformation. Als Symmetrieachsen-Transformation (*medial axis transfom*, MAT, oder *symmetric axis transform*, SAT) bezeichnet man die Beschreibung einer Objektform durch einzelne Elemente mit bestimmten Symmetrieeigenschaften. Diese Einzelelemente können sich möglicherweise auch überlappen; in einem solchen Fall wäre die Repräsentation noch redundant. Abb. 18.12 stellt ein Beispiel dar, in dem eine Segmentform (fetter Umriß) durch 5 Quadrate unterschiedlicher Größe beschrieben wird. Diese Quadrate überlappen sich teilweise; zur SAT-Repräsentation gehört die Information über die Anzahl der Quadrate, über die Positionen der Quadratzentren (Kreuze) sowie über deren Seitenlängen. Werden an Stelle der Quadrate Rechtecke verwendet, so sind jeweils 2 unterschiedliche Seitenlängen als Parameter notwendig, jedoch wird auch die Redundanz der Repräsentation reduziert, da die Anzahl der Überlappungen sich verringert. Dasselbe gilt, wenn auch Drehungen der Einzelelemente zugelassen werden, um z.B. schräge Segmentgrenzverläufe besser zu erfassen. Die SAT-Repräsentation ist stets sehr effizient, wenn die Segmentgrenzen einen einigermaßen geraden Verlauf zeigen. Es läßt sich aber auch eine verlustbehaftete Repräsentation entwickeln : Die Form wird am wenigsten verfälscht, wenn diejenigen Einzelelemente weggelassen werden, welche die geringste Fläche ohne Überlappung aufweisen.

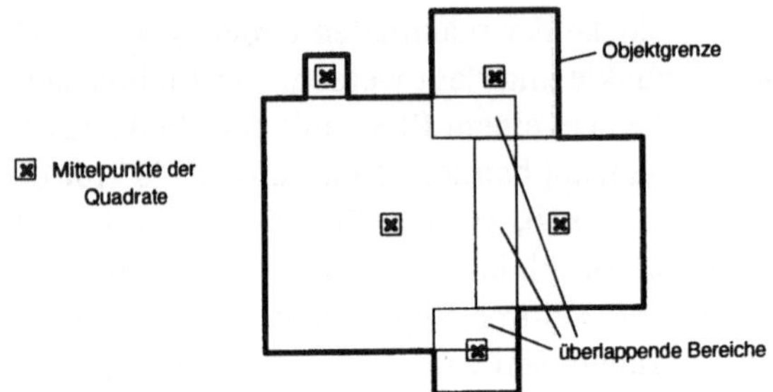

Abb. 18.12. Symmetrieachsen-Transformation

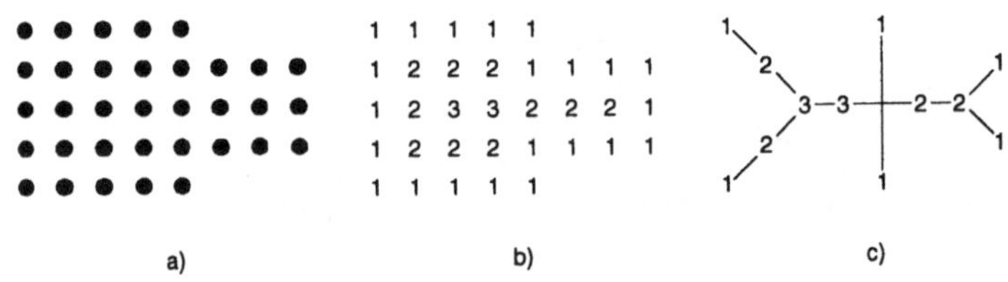

Abb. 18.13. Skelett-Beschreibung einer Form. **a** Objektform
b Werte der Distanztransformation **c** morphologisches Skelett

Distanztransformation und morphologisches Skelett. Mittels des morphologischen Erosionsalgorithmus (vgl. Abschn. 2.7.3) läßt sich die Form eines Objektes prinzipiell so weit *ausdünnen*, daß nur noch eine Linie übrigbleibt. Hierbei ist es nachteilig, daß die Information über die Positionen von Ecken, die für die Beschreibung eines Objektes maßgeblich sind, möglicherweise verlorengeht. Wichtig ist daher zusätzlich die Information, wie weit das resultierende *Skelett* der Objektform von den ursprünglichen Objektgrenzen entfernt ist. Um diese Information zu erhalten, kann eine *Distanztransformation* der Objektform durchgeführt werden, bei der für jeden Punkt der Form (Abb. 18.13a) die kürzeste euklidische Distanz zur Objektgrenze bestimmt wird (Abb. 18.13b). Das morphologische *Skelett* besteht in diesem Beispiel aus denjenigen Punkten, von denen kein Mitglied des Nachbarschaftssystems $\mathcal{N}_1(m,n)$ nach (4.14) einen höheren Distanzwert besitzt (Abb. 18.13c). Die ursprüngliche Form ist aus den Positionen der Skelettpunkte und ihren Distanzinformationen vollständig wieder rekonstruierbar. Ähnlich wie bei der SAT-Repräsentation besitzen die Skelettpunkte mit der höchsten Distanz die größte Priorität. Aus Abb. 18.13c ist weiterhin ersichtlich, daß das Skelett keine durchgehende Punktverbindung besitzen muß, die Beschreibung ist auch mit Unterbrechungen vollständig.

Beschreibung dreidimensionaler Volumenkörper. Bei der räumlichen Szenenmodellierung kommt es darauf an, die dreidimensionale, räumliche Form einzelner Objekte zu beschreiben. Ein elementare Beschreibung kann mittels sogenannter *voxels* (*volume elements*) erfolgen, ist allerdings nicht geeignet, eine Volumenform mittels weniger Parameter zu charakterisieren.

Dreidimensionale Äquivalente zu Konturbeschreibungen sind die *Oberflächenbeschreibungen*. Die am häufigsten angewandte Form der Oberflächenbeschreibung, das sogenannte Netzmodell (*wire frame*), wurde schon wiederholt erläutert (vgl. Abschn. 4.2.3 und 17.3); hierbei wird die Form der Oberfläche durch planare Dreieckselemente angenähert. Gewölbte Oberflächen, die ebenfalls häufig auftreten, lassen sich auch in sehr kompakter Form durch harmonische Ebenen beschreiben [LI, LUNDMARK, FORCHHEIMER 1994].

Darüber hinaus existieren auch Generalisierungen zu den zweidimensionalen Formbeschreibungen. Das voluminöse Äquivalent zum quadtree ist der *octree*, bei dem jeweils ein Würfel in acht kleinere Würfel unterteilt wird. In Analogie zur Symmetrieachsentransformation läßt sich eine Volumenbeschreibung durch Würfel verschiedener Größe, sogenannte *superquadrics*, realisieren. Noch effizienter wird die Beschreibung allerdings, wenn die einzelnen Würfelelemente in ihrer Form linear verzerrt werden können (*deformable superquadrics*) [BARR 1981]. Besitzt ein Körper dagegen gekrümmte Oberflächen, so sind Zylinderelemente für diesen Zweck geeigneter als Würfelelemente [MARR, NISHIHARA 1978]. Auch morphologische Methoden lassen sich adäquat auf Volumenkörper anwenden, wenn 3D-Strukturelemente verwendet werden.

Anwendungen, Übertragungsmedien und Standardisierung

19 Anwendungen

Die Techniken zur digitalen Bildcodierung und -übertragung bieten einerseits Vorteile bei Anwendungen, die bisher mit analogen Lösungen realisiert wurden. So läßt sich bei gleicher Kanalbandbreite die Qualität gegenüber dem analog übertragenen Videosignal verbessern, oder es können bei gleichbleibender Qualität mehr Programme übertragen werden. Die Digitaltechnik ermöglicht aber darüber hinaus vollständig neue Anwendungen. So sind Multimedia-Systeme, bei denen die Darstellung von Bild- und Videosignalen eine zentrale Rolle spielt, mit analogen Techniken undenkbar. Auch eine Bildübertragung über normale Telefonleitungen oder schmalbandige Funkkanäle wird erst durch Einsatz von Bildcodierverfahren ermöglicht. Die Evolution neuer digitaler Übertragungsmedien und die zunehmende Vernetzung von Rechnersystemen liefern daher gleichzeitig Impulse für die Entwicklung und Einführung digitaler Bildübertragungs-Anwendungen.

19.1 Evolution von Anwendungen, Übertragungsmedien und Standards

In der Telekommunikation hat sich die Entwicklung von Anwendungen und der zu ihrer Übertragung notwendigen Netzwerke stets gegenseitig beeinflußt. So wurden die ersten Telephonkabel zunächst gelegt, um *überhaupt* Telephone in Betrieb nehmen zu können - über den Umfang der späteren Anwendungen war man sich möglicherweise gar nicht bewußt. Andererseits wäre die Telephonie gar nicht möglich gewesen, so lange kein Kabel zur Übertragung des elektrischen Nachrichtensignals zur Verfügung stand. Sobald das Telephon dann eine gewisse Akzeptanz gefunden hatte, mußte wiederum das Übertragungssystem durch Schaffung automatischer Vermittlungseinrichtungen, Weitverbindungen etc. weiterentwickelt werden.

Heute stehen wir vor einer Situation, in der auf Grund des Entstehens neuer Netzwerktechnologien, aber auch durch Einführung digitaler Übertragungstechniken in bereits bestehenden Kommunikationsnetzen Bildsignale bald in einer ähnlichen Massenverbreitung übertragen werden können wie Sprachsignale beim herkömmlichen Telephon. Die Akzeptanz solcher neuen Kommunikations- und Übertragungsmöglichkeiten wird von vielen Faktoren abhängen, nicht zuletzt von den Kosten und der Benutzerfreundlichkeit der Geräte. Jedoch ist auf Grund der Wichtigkeit der Bildinformation für die menschliche Kommunikation die zunehmende Einführung neuer Bildübertragungsdienste zu erwarten : *Zeigen* ist als Kommunikationsform mindestens genauso wichtig, und auf jeden Fall eindrücklicher als *Erzählen*.

Die fortschreitende weltweite Vernetzung von Rechnersystemen wird mit der Realisierung größerer Übertragungsbandbreiten auch die zunehmende Anwendung von Bildübertragung und Bildkommunikation zwischen deren Benutzern zur Folge haben. Bei der Distribution in Kabelfernseh-Netzen wird die Einführung digitaler Techniken einherlaufen mit ganz neuen Möglichkeiten zur Benutzer-Interaktion, die ebenfalls am günstigsten durch einen Rechner oder ein rechnerähnliches Gerät realisierbar sind. Wir können daher zum einen eine weitere Verschmelzung von Computer- und Fernsehtechnik erwarten, zum anderen stellt sich aber auch die Anforderung, die digitalen Bildsignale über eine *Vielfalt von Netzen*, bis hin zu Funk-Kommunikationsnetzen, einheitlich und transparent übertragen zu können. Kap. 20 befaßt sich hauptsächlich mit diesen Aspekten.

Auch für die *Speicherung*, d.h. für die Aufzeichnung und das Bereithalten von Bildinformation, werden sich durch die Digitaltechnik ganz neue Impulse ergeben. Zum einen ist hier eine Qualitätsverbesserung gegenüber analoger Aufzeichnung möglich, zudem bieten sich aber auch wesentlich komfortablere Zugriffs-, Modifikations- und Archivierungsmöglichkeiten. In Verbindung mit einer Bildübertragung schließt dies auch die Fernspeicherung und den Fernzugriff ein.
Die digitale Übertragung und Speicherung von Bildinformation muß in einheitlich festgelegten Formaten erfolgen. Dieses Ziel ist derzeit Gegenstand zahlreicher Aktivitäten internationaler Standardisierungsgremien. Kap. 21 gibt einen Überblick über Arbeitsweise und Einsatzbereiche bereits formulierter und zukünftiger Standards zur Bildcodierung.

19.2 Herkömmliche Anwendungen - von der Analog- zur Digitaltechnik

Digitale Techniken können zunächst bei Anwendungen zur Bildübertragung und -aufzeichnung eingeführt werden, die bereits mit analogen Techniken realisiert wurden. Unter "analog" im weitesten Sinne werden hierbei sowohl die elektrische analoge Videotechnik, als auch die Photographie und Film mit ihren photochemischen Aufzeichnungsmedien verstanden. Folgende Vorteile ergeben sich für die digitale Bildaufzeichnung und -übertragung bei Anwendung datenreduzierender Bildcodierverfahren :

- geringere Störanfälligkeit bei Aufzeichnung und Übertragung;
- Kopieren ohne Qualitätsverlust;
- sofortige Verfügbarkeit, einfaches Schneiden und Nachbearbeiten;
- Aufzeichnungsmedien mit wahlfreiem Zugriff können verwendet werden;
- geringerer Bandbreitebedarf bei gleicher Qualität;
- einfache Integration in eine Computerumgebung, die bei der Verbreitung und Bearbeitung von Bildmaterial eine immer größere Rolle spielen wird.

Es entstehen aber auch Nachteile :

- Wenn Störungen *doch* auftreten, ergeben sich unnatürliche Effekte;
- Versehentliches Löschen ist erleichtert;
- Derzeit sind Helligkeitsdynamik und örtliche Auflösung noch geringer als beim Film.

Digitale Photographie. In einem digitalen Photoapparat werden die aufgenommenen Bilder nach Anwendung einer Datenreduktion auf Minidiskette gespeichert. Diese Photos sind sofort verfügbar, löschbar, und das Speichermedium ist billiger als Film. Zur Ausgabe stehen Fernsehgerät, Videodrucker oder auch Projektoren zur Verfügung, die Photos können zudem sofort in Textdokumente integriert oder auf CD überspielt werden. Die derzeit mit *direkter* Aufzeichnung erreichbare Qualität ist allerdings noch nicht mit der Dynamik projizierter Filmdias oder der örtlichen Auflösungsschärfe professioneller Großabzüge vergleichbar. Aus diesem Grund stellt die heute bereits eingeführte Technik zur nachträglichen Digitalisierung von auf Filmmaterial aufgezeichneten Photos eine sinnvolle Ergänzung dar. Hiermit können Bilder in hoher Qualität konserviert, gleichzeitig aber auch mit reduzierter Auflösung auf einem Fernseh- oder Computerbildschirm dargestellt werden.

Bildtelefon- und Videokonferenz-Dienste. Ohne Datenkompression übertragene Bildtelefon- und Videokonferenz-Signale haben einen immens hohen Bandbreitebedarf. Erste Experimentalsysteme, welche speziell zur Verfügung gestellte Breitbandleitungen verwendeten, blieben auf Grund fehlender Übertragungskapazitäten einem exklusiven Publikum vorbehalten. Nur digitale Datenkompressionsmethoden können die charakteristischen Eigenschaften dieser Signale so weit ausnutzen, daß nun eine bandbreiteneffiziente Übertragung - sogar über herkömmliche Telephonleitungen - möglich wird, was erst den Weg zu Massenanwendungen eröffnet.

Fax-Übertragung. Die digitale Telefax-Technik hat den Durchbruch gegenüber den früheren analogen "Fernkopierern" längst geschafft. Nicht nur die Wiedergabequalität ist höher, die digitalen Geräte sind auch billiger und die Übertragungszeiten kürzer. Die Massenverbreitung, welche Faxgeräte mittlerweile erreicht haben, wäre mit der früheren Analogtechnik undenkbar gewesen.

Digitale Film- und Videoaufzeichnung. Bereits die Bandbreite herkömmlicher Videorecorder ermöglicht eine digitale Aufzeichnung mit Datenraten, bei denen eine deutliche Qualitätsverbesserung erzielt wird; mit der Anwendung leistungsfähiger Bildcodierverfahren läßt sich sogar ein Signal in HDTV-Auflösung auf der Videobandbreite herkömmlicher Geräte speichern. Alternativ dazu läßt sich die Spielzeit des Videobandes bei gleichbleibender Qualität drastisch erhöhen. Die digitale Bildcodierung erlaubt aber auch die Erschließung vollkommen neuer Speichermedien zur Videoaufzeichnung, z.B. von CDs, Computerfestplatten oder in Zukunft auch von Chipkarten.

Digitaler Fernsehrundfunk. Für die digitale Fernsehübertragung läßt sich ebenfalls bei gleicher Übertragungsbandbreite die Qualität (z.B. HDTV- statt TV-Auflösung) steigern, oder die Anzahl simultan übertragener Programme erhöhen.

19.3 Zukünftige Anwendungen - multimedial, mobil und interaktiv

Digitale Techniken ermöglichen eine bisher noch nicht übliche Massenverbreitung von Bildübertragungsdiensten. Mit dem Entstehen und immer engeren Zusammenwachsen von Computernetzen und Kommunikationsnetzen zur Übertragung digitaler Daten werden aber auch ganz neue Szenarien denkbar. Der wesentliche Aspekt ist dabei die "freie" Verfügbarkeit von Bildinformation, diese ist nicht mehr ortsgebunden, sondern kann überall hin übertragen und von überall her abgerufen werden. Gleichzeitig wird das Bild mehr und mehr zur Ware, d.h. es wird entweder direkt damit gehandelt, wie bei elektronischen Videotheken (*video on demand*), in denen man sich via Netzwerk einen Film bestellen kann, oder aber es muß zumindest ein Entgelt für die Übertragung entrichtet werden.

Digitale Bild- und Videoübertragungstechniken sind im kommerziellen Bereich von großem Nutzen. So können Graphiker, Werbeagenturen, Verlage und Druckereien ihre Zwischenprodukte praktisch in Echtzeit austauschen. Fernseh- und Filmstudios sowie Journalisten profitieren von Bild- und Videodatenbanken. Im medizinischen, wissenschaftlichen und technischen Bereich können anschauungsgebundene Informationen sofort weitergegeben und Ratschläge von Experten eingeholt werden.

Die physische Mobilität des einzelnen wird eine geringere Rolle spielen, wenn er mittels Bildkommunikation überall in der Welt präsent sein kann. Als mögliche Folgen sind Einschränkungen von Geschäftsreisen, eine Verlagerung von Arbeitsplätzen in den Heimbereich, und soger eine zunehmende berufliche Spezialisierung zu erwarten. Auch das Ausbildungssystem wird nicht unberührt bleiben : Es ist eine "virtuelle Schule" denkbar, in der das Zusammentreffen von Schülern und Lehrern ausschließlich innerhalb der Datennetze erfolgt. Die zukünftige Bildkommunikation wird dabei

- multimedial sein : Eines oder mehrere Bildsignale werden eine herausragende Rolle in einer gesamten Komposition von Informationskomponenten spielen;
- interaktiv sein : Der Teilnehmer soll in das Geschehen eingreifen können, und nicht mehr passiv sein wie beim Fernsehen;
- ortsungebunden sein : Der einzelne Mensch soll von jedem Ort der Welt aus Bildinformation empfangen und senden können.

Mittels mobiler Telephone ist heute schon die Technologie verfügbar, daß ein Mensch nahezu an jedem Ort und zu jeder Zeit erreichbar ist. Die Bild- und Multimedia-Kommunikation wird in Zukunft eine immer bedeutendere Rolle in der Arbeitswelt einnehmen. Eine mobile Bildkommunikation schafft damit die Voraussetzungen, daß ein Mensch auch an jedem beliebigen Ort seiner beruflichen Tätigkeit nachgehen kann.

19.3.1 Multimedia und Hypermedia

Mit den Schlagworten *Multimedia* und *Hypermedia* wird ein Szenario bezeichnet, welches auf der Integration verschiedener Darstellungsarten beruht :

- Texte
- Sprache und Audio
- Graphik und Einzelbilder
- Video
- Bedienungselemente, Fensteroberflächen usw.

Anwendungen hierfür werden zunächst auf kommerziellem Gebiet (elektronischer Versandhauskatalog, *remote shopping*), im Erziehungswesen, und überhaupt bei der Zusammenarbeit einer Gruppe von Personen, z.B. bei der Bearbeitung eines Projektes oder Erstellung eines Dokumentes, entstehen. Zu einem wichtigen Kommunikationsfaktor wird sich auch *multimedia electronic mail*, die Verbreitung von Nachrichten über Rechnernetze mit Integration der o.g. Darstellungsarten, entwickeln. In Multimedia-Anwendungen werden alle bisher definierten digitalen Bildübertragungsdienste, Einzelbild, Bildtelefon/Videokonferenz und Abspielen von Videosequenzen integriert sein. Einen echten Durchbruch in der Einführung von Bildtelefon und Videokonferenz wird es vermutlich überhaupt erst in diesem Zusammenhang geben : Es bietet sich an, einen ohnehin vorhandenen Rechnerarbeitsplatz auch zur Bildkommunikation einzusetzen; die Kosten hierfür amortisieren sich schon bei der Einsparung weniger Geschäftsreisen. Man kann weiterhin davon ausgehen, daß das Zusammenwachsen von Video- und Computertechnik durch Multimedia gefördert und immer mehr auch den Freizeitsektor erfassen wird. Der Computer wird damit gleichzeitig zum universellen Videogerät mit allen Möglichkeiten der Interaktion.

Während die *Multimedia*-Präsentation im allgemeinen von einer Person vorbereitet und einer anderen Person bzw. einer Gruppe übermittelt wird, beinhaltet *Hypermedia* auch interaktive Komponenten. Voraussetzung ist zum einen die Vernetzung der Arbeitsplatzstationen, zum anderen das Vorhandensein von Protokollen, unter deren Verwendung diese Stationen (auch unterschiedlicher Art) miteinander kommunizieren. All dies soll für den Benutzer möglichst unsichtbar und leicht zu bedienen sein. Mit der Standardisierung derartiger Systeme befaßt sich derzeit die *Multimedia and Hypermedia Experts Group* (MHEG). Mittels eines Standards soll die Multimedia-Präsentation eindeutig definierbar werden. Hierzu gehören u.a. :

- Definition der Übertragungsmedien (Netzwerke, Speichermedien)
- Definition der Informationstypen (Einzelbild, Bildsequenz, Text, Grafik, Audio, Benutzermenü)
- Definition der Datenrepräsentation eines Informationstyps (Art des Videocodierstandards)
- Synchronisation verschiedener Informationskomponenten (Bild und Sprache)
- Definition der Darstellungsarten (Positionen, Größen und zeitsynchrone Größenveränderungen von Fenstern mit verschiedenen Informationskomponenten, sowie deren Überlagerungen)
- Definition von Interaktionsmöglichkeiten (Bedingungen für Aktionen, auch mehrerer kommunizierender Benutzer)
- Anpassung an verschiedenste Typen von Ein- und Ausgabegeräten.

Die Formulierung des MHEG-Standards befaßt sich daher in erster Linie mit der syntaktischen Klassifikation und Definition von *Objekten* (Informations- und Interaktionskomponenten), ihrer Herkunft, Zusammenfassung zu Gruppen, ihrer *Synchronisation* und *Projektion*, d.h. Darstellung auf einem Ausgabegerät.

19.3.2 Mobile Videokommunikation

In zukünftigen Mobilfunknetzen sollen neben Sprache auch Text-, Graphik-, Audio-, Video- und andere Dateninformation übertragen werden können. Ein wichtiger Anwendungsfall sind mobile Video- und Multimedia-Dienste, die es dem Anwender ermöglichen, von beliebigen Orten aus in Kommunikation bzw. Interaktion mit anderen Partnern einzutreten, Bildinformation oder Multimedia-Mail abzurufen. Ein wichtiger Vorteil besteht auch darin, daß in Zukunft jeder einzelne *unter einer einzigen Nummer* weltweit erreichbar sein kann, und man mit ihm unter dieser Nummer einen beliebigen Informationsaustausch, vom Telephongespräch über Fax bis hin zur Multimedia-Kommunikation betreiben kann. Sinnvolle Anwendungen hierfür ergeben sich z.B.

- für reisende Geschäftsleute, die auch heute schon häufig im Flugzeug ihren portablen PC benutzen;
- für mobil agierende Bildjournalisten, denen die bisher notwendige, aufwendige Übertragungstechnik ein Hemmschuh ist;
- für Servicetechniker, die zur Lösung eines Problems vor Ort die Rücksprache mit einem Experten benötigen, und diesem auch gleich ein defektes Teil zeigen, oder von ihm weitere Unterlagen, Konstruktionspläne etc. anfordern können.

Private Nutzung schließt nicht nur mobiles Bildtelefon ein; es ist sogar denkbar, eine Kamera ohne Videoband zu benutzen, und die aufgezeichneten Daten direkt auf einen zu Hause vorhandenen Massenspeicher zu spielen.

19.3.3 Hohe Bildqualität und räumliche Darstellung

Mit heutigen HDTV-Röhrenkameras ist noch nicht die Auflösungsgenauigkeit des Kinofilms erreicht. Es kann erwartet werden, daß durch *Super-HDTV-Formate* mit mindestens der doppelten Auflösung der derzeitigen HDTV-Standards [ONO, OHTA, AOYAMA 1992] die herkömmliche Fotografie, wie auch die konventionelle Filmtechnik endgültig veraltet sein werden. Jedoch erfordern die extrem hohen Quellen-Datenraten hochaufgelöster Signale auch entsprechend leistungsfähige Datenreduktionsverfahren.

Ein wesentlicher Hemmschuh für die Entwicklung von hochauflösenden Fernsehdiensten sind allerdings heute noch die hohen Produktionskosten, die das Budget der meisten Sender sprengen würden.

Darüber hinaus werden interaktive und räumliche Videotechniken in Zukunft eine große Bedeutung erlangen. Bei einer räumlichen Darstellung reagiert der menschliche Sehsinn wesentlich unempfindlicher auf örtliche und zeitliche Abtasteffekte; schon in einem räumlich dargestellten Bild mit normaler TV-Auflösung sind Zeilenstrukturen kaum noch sichtbar. Bei räumlicher Darstellung ist allerdings die Darstellungstechnik noch das größte Problem, "*virtual reality*"-Brillen, die den Menschen zu einem von der Außenwelt isolierten Objekt degradieren, sind sicherlich keine akzeptable Lösung. Insbesondere ist hier auf weitere Verbesserungen holographischer Verfahren zu hoffen.

19.3.4 Interaktion

In Verbindung mit Interaktionsmöglichkeiten wird die Illusion des Gesehenen perfekt, ein rein virtueller Ortswechsel findet statt. In einer phantastischen Sichtweise könnte die Menschheit so in eine Lage kommen, in der zwei der wichtigsten Technologien unserer Zeit - die Fortbewegungstechnologie und die Kommunikationstechnologie - zu einer Einheit zusammenwachsen [VIRILIO 1989]. Bei einer perfekten Darstellungstechnik kann es schwer sein, zwischen Simulation und Realität zu unterscheiden - Kinder haben diese Schwierigkeit manchmal schon beim normalen Fernsehen, und nahezu jeder Erwachsene geht in die Knie, wenn er vor einer Rundum-Leinwand auf dem Jahrmarkt eine Achterbahnfahrt mitmacht. Mit einem interaktiven, räumlich-darstellenden Videosystem könnte der Mensch mit seinem Drang in die Ferne den burmesischen Urwald durchwandern - in dem eine entsprechende Anzahl Kameras aufzustellen sind - und einem der letzten Tiger begegnen, ohne seinerseits gefressen zu werden. Passionierte Großwildjäger könnten gegen Aufpreis sogar ein Zielgerät bekommen, um das arme Tier vom sicheren Sofa aus abzuschießen; wer es billiger haben will, muß dagegen mit einem synthetischen Virtual-reality-Abenteuer vorlieb nehmen. Bei Verzicht auf eine leistungsfähige Datenreduktion mittels Bildcodierung besteht allerdings die akute Gefahr, daß der Stau, der sich heute auf dem Weg zu derartigen Unternehmungen auf Autobahnen und Luftstraßen abspielt, zu einer Verstopfung der Übertragungsmedien mutiert.

Die zunächst realisierbaren Möglichkeiten zur Interaktion nehmen sich dagegen noch recht bescheiden aus. So können digitale Datenreduktionsverfahren es ermöglichen, bei einer Sportübertragung die Signale von mehreren Kamerapositionen aus simultan über denselben Kanal zu übertragen. Der Zuschauer entscheidet selbst, von wo aus er sich ein Tennis- oder Fußballspiel ansehen will, und ist nicht mehr der Willkür des Bildregisseurs ausgeliefert. Bei Spielfilm-Programmen kann durch Eingreifen einzelner Zuschauer oder durch Mehrheitsentscheidung die Handlung verändert werden. Derartige interaktive Programmtechniken werde heute bereits bei Videospielen angewandt, die ihrerseits technisch immer perfekter, d.h. von der Bildqualität her einem Videosignal ähnlicher werden.

19.4 Anforderungen an die Bildübertragungstechnik

Eine Reihe von Anforderungen ergeben sich direkt aus der Art der Anwendung. So erfordern dialogorientierte und interaktive Anwendungen - im Gegensatz zur reinen Distribution von Programmen - eine Bildübertragung in Echtzeit, d.h. mit sehr geringer Verzögerungszeit. Generell ist der Anwender an einer möglichst kostengünstigen Lösung interessiert, die für das verwendete Datenreduktionsverfahren notwendige Technologie sollte den Gerätepreis nicht unnötig in die Höhe treiben, gleichzeitig sollte aber eine möglichst hohe Datenreduktion geboten werden, um Übertragungskosten zu sparen.

Weitere Anforderungen ergeben sich aus der Charakteristik des Übertragungs- oder Speichermediums, welches zur Bildübertragung bzw. -aufzeichnung verwendet wird. Kommen häufig Übertragungsfehler vor, so sollte ein Codierverfahren verwendet werden, welches dagegen weitgehend resistent ist oder sich zumindest für einen effizienten Fehlerschutz eignet. Schließlich ist die für die Übertragung zur Verfügung stehende Bitrate immer von der Kapazität des Mediums abhängig. Hieraus folgt zum einen die überhaupt verwendbare Auflösungsgröße, das Bildformat, zum anderen der vom auszuwählenden Codierverfahren mindestens zu fordernde Datenreduktionsfaktor.

20 Übertragungs- und Speichermedien

Die Charakteristik des verwendeten Übertragungs- und Speichermediums ist von entscheidender Bedeutung für die Auswahl und Optimierung eines dafür geeigneten Bildcodierverfahrens. Andererseits kann die Übertragungscharakteristik bei neueren digitalen Netzwerken flexibel an die Anforderungen einer Anwendung angepaßt werden. Damit kommt der Interaktion des Bildcodierers mit dem Netzwerk eine entscheidende Bedeutung bei der Optimierung der digitalen Bildübertragung zu. Im vorliegenden Kapitel werden die Funktionsweisen und Eigenschaften der wichtigsten Netzwerke, Übertragungs- und Speichermedien beschrieben. Besondere Aufmerksamkeit ist der Bildübertragung in einer heterogenen Netzwerkumgebung zu widmen : In Zukunft wird es der Regelfall sein, daß die bei der Bildübertragung verwendeten Endgeräte auf unterschiedliche digitale Netze zugreifen, oder auch Mehrpunktverbindungen zwischen an verschiedene Netze angeschlossenen Stationen realisiert werden müssen.

20.1 Codierung und Übertragung

20.1.1 Eigenschaften von Übertragungskanälen

Die beiden wichtigsten Eigenschaften von Übertragungskanälen, die bei der digitalen Bildübertragung berücksichtigt werden müssen, sind die zur Verfügung gestellte *Datenrate* und die *Fehlercharakteristik*. Beides müssen keine Konstanten sein. So sind bei asynchroner Übertragung *variable Datenraten* realisierbar, wie sie auf Grund des zeitlich und örtlich schwankenden Informationsgehalts für die Übertragung von Videoquellen wünschenswert sind. Bei einer synchronen Übertragung ist dagegen die Datenrate konstant. Die Charakteristik entstehender Übertragungsfehler kann ebenfalls zeitlichen Schwankungen unterliegen und hängt z.B. von der momentanen Netzwerkbelastung, Schwankungen der Empfangsleistung oder atmosphärischen Störungen ab. Fehler können entweder einzeln, d.h. statistisch unabhängig, oder konzentriert als *Bündelfehler* auftreten.

20.1.2 Interaktion von Codierer und Netzwerk

Datenraten und Fehlercharakteristik werden - zumindest in den neuen digitalen Netzen, wie dem Breitband-ISDN oder zukünftigen Mobilfunknetzen - in gewissen Grenzen wählbar. Hierdurch wird eine *Interaktion* zwischen Quellencodierungs- und Übertragungsverfahren möglich und notwendig. Die Komponenten entlang der vom Bildsignal zurückgelegten Übertragungsstrecke sollten dabei so ausgelegt werden und zusammenwirken, daß die Bildqualität für den Benutzer optimal wird. So kann z.B. ein effizienterer Fehlerschutz verwendet werden, wenn der Sender seitens des Netzwerkes oder des Empfängers die Information bekommt, daß die momentane Übertragungsqualität schlecht ist.

Es hängt jedoch auch von der Art des Übertragungsdienstes ab, wie weit diese Interaktion gehen kann. So sind bei Punkt-zu-Punkt-Verbindungen (reiner Dialog zwischen zwei Teilnehmern, oder individuelles Abrufen von Bildinformation) auch Rückmeldungen des Decodierers möglich. In solchen Fällen können im Empfangsteil z.B. Übertragungsverluste analysiert und ein effizienterer Fehlerschutz angefordert werden, oder der empfangende Benutzer kann selbst die Übertragungsqualität erhöhen, sofern er bereit ist, die für eine höhere Übertragungsrate oder fehlergeschütztere Übertragung möglicherweise entstehenden zusätzlichen Kosten zu tragen.

Teilweise ist eine solche Interaktion auch noch bei Mehrpunktverbindungen (Konferenzschaltungen, Broadcast/Distribution von Videosignalen) möglich. Bei diesen Anwendungen wird die Information für mehrere oder viele Benutzer gebündelt. Daher kann der Sender unmöglich auf individuelle Anforderungen der einzelnen Empfänger *direkt* reagieren. Jedoch kann eine Skala unterschiedlicher Bildübertragungs-Qualitäten angeboten werden, unter denen der Benutzer individuell auswählen kann. Für diesen Anwendungszweck eignet sich die Technik der *hierarchischen Codierung*, bei der die Bildinformation in mehrere Teile unterschiedlicher Relevanz und Übertragungsrate aufgeteilt wird.

Auch bei einer netzwerkübergreifenden Bildübertragung ist die Anwendung einer hierarchischen Codierung sinnvoll, wenn bei einer Mehrpunktverbindung z.B. einzelne Teilnehmer am Schmalband-ISDN, andere am Breitband-ISDN, wieder andere an lokalen Netzen oder sogar an Funknetzen angeschlossen sind. Erlauben einzelne dieser Netze nur eingeschränkte Übertragungsraten, so *muß* eine eingeschränkte Qualität bei der Bildübertragung in Kauf genommen werden. In diesem Fall wird sinnvollerweise der in dem Netz mit geringster Übertragungsrate mögliche Informationsanteil die *Basisinformation* bilden, während in breitbandigeren Netzen noch *erweiterte Informationsanteile* zur Qualitätsverbesserung hinzukommen.

20.1.3 Hierarchische Codierung

Hierarchische Codierung und Skalierung des Bildsignals. Das grundlegende Prinzip der mehrstufigen Codierung (*layered coding*) ist in Abb. 20.1 gezeigt. Es handelt sich hierbei um eine universell einsetzbare Form der *hierarchischen Codierung*. Die in der ersten Schicht übertragene *Basisinformation* besitzt die höchste Relevanz und ist zur Decodierung *aller* T-1 Qualitätsstufen der *erweiterten Information* notwendig. Sollen in den einzelnen Qualitätsstufen unterschiedliche Bildformate verwendet werden, sind Unter- und Überabtastungsoperationen notwendig. Zur Skalierung des Bildsignals können folgende Methoden realisiert werden :

- Ortsbereichsskalierung : Die Unterabtastung und Interpolation werden im Ortsbereich am 2D-Bildsignal ausgeführt. Angewandt wird meist das Prinzip der *Pyramidencodierung* (Abschn. 2.5.4). Das Signal der jeweils geringer auflösenden Skalierungsstufe kann aliasfrei gehalten werden, jedoch entsteht grundsätzlich eine höhere Datenrate als bei einstufiger Codierung.
- Zeitachsenskalierung : In der Basisschicht wird mit einer geringeren Bildwiederholfrequenz übertragen. Geschieht dies mittels Weglassens einzelner Bilder, entsteht hierdurch keine höhere Datenrate gegenüber einstufiger Codierung. Jedoch ist z.B. bei Hybridcodierern zu beachten, daß die Kausalität der Rekursionsschleife erhalten bleibt, d.h. in der Basisschicht müssen *alle* Bilder zur Verfügung stehen, die zur Prädiktion weiterer Bilder verwendet werden. Dies kann gewährleistet werden, indem die weggelassenen Bilder interpolativ codiert werden (vgl. Abschn. 15.3.1). Durch die zeitliche Unterabtastung können Aliaseffekte entstehen, welche in Form ruckartiger Bewegungen sichtbar werden.
- Frequenzbereichsskalierung : Wird ein Frequenzcodierverfahren angewandt, so kann die örtliche Skalierung (bei 2D-Verfahren) bzw. die örtlich-zeitliche Skalierung (bei 3D-Verfahren) durch Weglassen hochfrequenter Spektralanteile in der Basisinformation erfolgen. In den erweiterten Informationsanteilen wären keine Spektralkomponenten enthalten, die bereits in einer darunter liegenden Informationsschicht übertragen wurden. Damit wird die gesamte Datenrate grundsätzlich nicht höher als bei einstufiger Übertragung; jedoch besteht die Gefahr des Auftretens von Aliaseffekten auf Grund der unzureichenden Trennschärfe der Frequenzbandfilter (vgl. Abschn. 2.6).

Requantisierung. Bei manchen Anwendungen wird die für die Übertragung der Basisinformation zur Verfügung stehende Datenrate so weit begrenzt sein, daß selbst die tieffrequenten Informationskomponenten nicht mit ausreichender Qualität übertragen werden können. Dies kann z.B. der Fall sein, wenn die Basisinformation denjenigen Anteil des Signals darstellt, welcher über eine Schmalband-ISDN-Verbindung übertragen wird. Die gleichzeitig über das Breitband-ISDN zu übertragende erweiterte Information muß eine höhere Qualität bieten. Daher ist eine *Qualitätsskalierung* (*Requantisierung*) notwendig, d.h. selbst bei

Anwendung einer Formatreduktion kann für die in der Basisschicht übertragenen Anteile eine Restfehlerübertragung notwendig werden. Im Schema nach Abb. 20.1 ist diese Option durch unterschiedliche Quantisiererstufenhöhen $Q_1, Q_2, ..., Q_T$ in den einzelnen Schichten realisiert. Mit Anwendung einer mehrstufigen Quantisierung erhöht sich bei den meisten Verfahren die gesamte Datenrate gegenüber der einer einstufigen Übertragung, da Entropie- oder Vektorcodes nun für jede Stufe separat optimiert werden müssen. Wird als Entropiecode dagegen eine Lauflängencodierung der Bitebenen eingesetzt (vgl. Abschn. 10.2.3), kann eine Qualitätsskalierung ohne Ratenerhöhung realisiert werden.

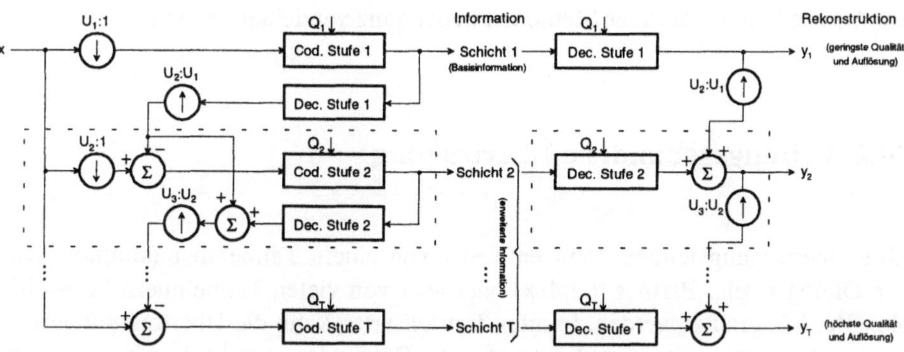

Abb. 20.1. Prinzip der mehrstufigen Codierung mit T Informationsschichten

Kombination verschiedener Skalierungsmethoden. Die beschriebenen Skalierungsmethoden stehen nicht als Alternativen gegeneinander, sondern können auch in der Kombination eine leistungsfähige hierarchische Bildsignalrepräsentation erzeugen. So sind die Methoden der Orts- und Frequenzbereichsskalierung sicherlich in der Kompatibilisierung unterschiedlicher Bildformate vorteilhaft einzusetzen, sehr häufig geht aber die Forderung nach einer besseren Auflösung des Bildsignals mit der Forderung nach höherer Qualität einher, welche nur durch Requantisierung realisierbar ist. Des weiteren wird eine Requantisierung der tieffrequenten Anteile aus der Basisinformation stets dann erforderlich sein, wenn die Basisinformation mit fester Bitrate, d.h. variabler Quantisiererstufenhöhe, übertragen werden soll.

Hierarchische Codierung und Prädiktion. Insbesondere bei der Verwendung von Hybridcodierern zur Dekorrelation entlang der Zeitachse sind Kompromisse notwendig, auf Grund derer eine mehrstufige Codierung suboptimal wird. Hier darf die Prädiktion in der Basisinformation nur aus sich selbst erfolgen, um eine eindeutige Rekonstruierbarkeit zu garantieren. In der Basisschicht ergibt sich damit eine höhere Quantisierungsfehlerrückkopplung und schlechtere Effizienz der Codierung (vgl. Abschn. 15.4.2), es entsteht eine höhere Gesamtbitrate als bei einstufiger Codierung. Für hierarchische Übertragung sind deshalb Zeitachsen-Codierverfahren besser geeignet, bei denen keine Rückkopplung des Quantisierungsfehlers auftritt, insbesondere 3D-Frequenzcodierverfahren, oder prädiktive Methoden bei extensiver Anwendung von bewegungskompensierter Interpolation. Diese Verfahren sind allerdings bei der Forderung nach extrem kurzen Verzögerungszeiten nicht einsetzbar.

Anwendung zum Fehlerschutz. Mehrstufige Codierverfahren lassen sich zum Fehlerschutz bei einer gestörten Übertragung ausnutzen. Die Basisinformation ist hierbei als relevantester Teil vorrangig zu schützen, während der vereinzelte Verlust von Anteilen der erweiterten Information durchaus tolerierbar ist. Sind hohe Fehlerraten in der erweiterten Information zu erwarten, sollte allerdings auf die Anwendung prädiktiver Methoden lieber ganz verzichtet werden.

20.2 Leitungsgebundene Übertragung

Eine Übertragungsleitung kann entweder von einem Teilnehmer (simplex), für den Dialog zweier Partner (duplex) oder aber von vielen Teilnehmern im Multiplex-Betrieb genutzt werden. In allen Betriebsarten kann die Übertragung entweder synchron, d.h. mit einem Bitstrom fester Rate, oder asynchron, d.h. nach dem momentanen Bedarf orientiert, erfolgen.

20.2.1 Synchrone Netze

Schmalband-ISDN. Das Schmalband-ISDN benutzt das in nahezu jedem Haushalt verfügbare Kupferaderpaar des Telephonnetzes und kann damit zwei bidirektionale digitale Kanäle mit je 64 *kb/s*, sowie einen Signalisierungskanal mit 16 *kb/s* zur Verfügung zu stellen. Attraktiv ist daran der geringe Aufwand auf der Netzwerkseite, denn es werden ausschließlich vorhandene Leitungen benutzt. Es handelt sich hier um Kanäle mit konstanter Bitrate, so daß die Bildübertragung je nach Detailgehalt der Bildinformation mit variabler Verzerrung erfolgen muß. Eine Bildsequenzübertragung ist ohne hohe Datenkompressionsraten praktisch unmöglich (vgl. Tabelle 1.1); selbst ein *QCIF*-Videosignal mit seiner relativ geringen örtlichen und zeitlichen Auflösung müßte in der Datenrate noch ca. um den Faktor 40 bis auf 64 *kb/s* reduziert werden. Bei einer unkomprimierten Einzelbildübertragung im *CCIR-601*-Format stünde das gesamte Bild erst nach 103 *s*, d.h. nach nahezu 2 Minuten, zur Verfügung. Derartige Wartezeiten sind dem Benutzer nicht zumutbar, weshalb selbst für die Einzelbildübertragung eine Anwendung von Datenreduktionsverfahren unumgänglich ist.

Synchrone digitale Netzhierarchie. Das CCITT hat in seiner Empfehlung G.702 Datenraten für die synchrone Digitalübertragung festgelegt. Es werden vier Ebenen in einer synchronen Hierarchie gebildet, wobei jeweils eine bestimmte Anzahl von Kanälen zuzüglich von Signalisierungskanälen einen Kanal in der nächsten Hierarchieebene bildet. Die unterste Ebene arbeitet mit einer Rate von 64 *kb/s*, was dem Bedarf eines Kanals zur PCM-Sprachübertragung entspricht. In der nächsten Ebene mit 2,048 *Mb/s* werden 30 dieser Kanäle zusammengefaßt (PCM-30-Multiplex). Die Ebenen 3 und 4 erlauben synchrone Übertragungen mit 34 *Mb/s* (15 x 2,048 *Mb/s*) bzw. 140 *Mb/s* (4 x 34 *Mb/s*). Die Übertragung bei der letzteren Rate erfolgt heute zumeist in dem mit Glasfaserleitungen realisierten *Vorläufer-Breitbandnetz* (VBN). In den Ebenen 3 und 4 kann also - zumindest bei kleineren Bildformaten - sogar eine unkomprimierte Übertragung von Videosignalen erfolgen, es können auch TV- und HDTV-Signale, mit einfachen Methoden (z.B. DPCM) komprimiert, in sehr hoher Qualität übertragen werden.

Die wesentlichen Nachteile sind die begrenzte Verfügbarkeit der derzeit existierenden synchronen Netze, und die außerordentlich ungünstige Tarifstruktur. Aus diesen Gründen ist zu erwarten, daß in Zukunft für Anwendungen der Bildübertragung vorrangig die im folgenden behandelten asynchronen Netzwerke benutzt werden.

20.2.2 Asynchrone Netze

Prinzipien der asynchronen Übertragung. Bei asynchroner Übertragung wird die das Bildsignal repräsentierende digitale Information *nach Bedarf* gesendet. So ist z.B. fast keine Information erforderlich, wenn in einer Bildsequenz keine Änderungen von einem Bild zum nächsten erfolgen, während bei rasch veränderlichen und detailreichen Szenen ein hoher Bedarf an Übertragungsrate entsteht.

Bei asynchroner Übertragung muß der Informationsfluß durch eine besondere Anfangsinformation gekennzeichnet sein. Um diesen Anteil an überschüssiger Information gering zu halten, wird danach jeweils gleich ein ganzes *Bündel* von Nutzinformation gesendet. So folgen bei handelsüblichen Modems jeweils 7 oder 8 *bit* Nutzinformation auf das Startbit. Mittels Modems lassen sich auf normalen Telephonleitungen bis zu ca. 30 *kb/s* übertragen; dieser Übertragungsweg ist weltweit nahezu unbegrenzt verfügbar, und wird daher in Zukunft bei Einsatz einer leistungsfähigen Datenkompression auch für eine Bildübertragung - wenn auch mit eingeschränkter Qualität - ausgenutzt werden können.

Bei einer *paketorientierten Übertragung*, wie sie in *lokalen Netzen* (LAN; z.B. Ethernet oder FDDI), *Datennetzen* (Datex-P), in *metropolitan area networks* (MAN; z.B. DQDB), und auch im Breitband-ISDN Anwendung findet, werden dagegen weit größere Mengen an Nutzinformation zusammengefaßt. Hier müssen auf Grund des *gleichzeitigen Zugriffs* vieler Benutzer die Datenpakete jeweils mit einem Paketkopf versehen werden, der vor allem Adressierungsinformation enthält.

Im folgenden Abschnitt werden die Möglichkeiten und Perspektiven der asynchronen Übertragung am Beispiel des Breitband-ISDN (B-ISDN) erläutert. Die Datenübertragung im B-ISDN wird im *asynchronen Transfer-Modus* (*ATM*) erfolgen. Dieses Schlagwort trifft zwar im Grunde auf alle genannten asynchronen Übertragungsnetze zu; jedoch ist ein modernes ATM-Netz wie das B-ISDN in der Lage, *in Echtzeit*, d.h. mit einer garantierten maximalen Verzögerungszeit, zu übertragen, was eine unabdingbare Voraussetzung für viele Bildübertragungs-Anwendungen ist. Im Gegensatz dazu ist etwa bei Datex-P keine Echtzeitübertragung möglich, beim Ethernet hängt die Übertragungszeit stark von der momentanen Netzwerkauslastung ab.

Eigenschaften des B-ISDN. Das B-ISDN soll als Glasfasernetz das zukünftige Rückgrat der Informationsübertragung mit hohen Datenraten bilden. Es wird geschätzt, daß ca. 90 % des gesamten Datenaufkommens durch Bild- und Videoübertragungen abgedeckt sein werden.

Hierbei werden alle Arten von Daten in Pakete (auch *Zellen* genannt) gepackt, welche neben 5 *byte* (40 *b*) an Kopfinformation jeweils 40 *byte* (392 *b*) an Nutzinformation enthalten (Abb. 20.2a). Der in Abb. 20.2b dargestellte Adreßkopf, der jeder Zelle vorangeht, enthält die Adresse des Empfängers. Jedoch wird diese nicht *absolut* mitgeteilt; so wären die insgesamt zur Verfügung stehenden 24 *bit* bei weitem nicht ausreichend, um sämtliche weltweit möglichen Empfänger zu unterscheiden. Statt dessen existieren für die Verbindungen *virtuelle Pfade* (*VP*, *virtual path*) und *virtuelle Kanäle* (*VC*, *virtual channel*), deren symbolische Adressierung von den Vermittlungsknoten entlang des Übertragungsweges mit den physikalischen Adressen assoziiert ist. Ein *VP* kann aus einem Bündel mehrerer *VC*s bestehen. Hierdurch eröffnet sich auch die Möglichkeit, die gesamte für einen Benutzer bestimmte Bildinformation in mehrere Anteile unterschiedlicher Relevanz aufzuteilen, die alle parallel übertragen oder auch mit anderen Informationsarten kombiniert werden können.

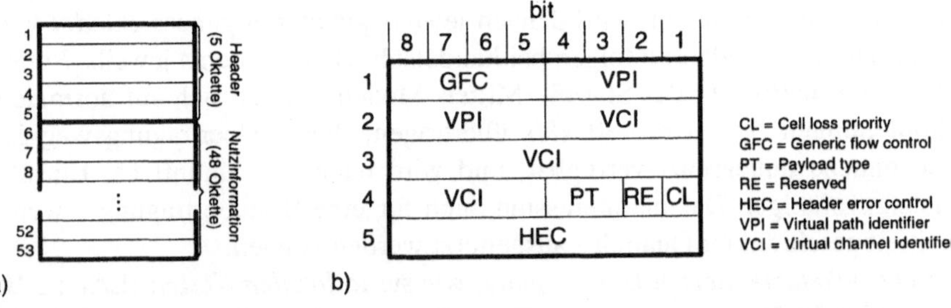

Abb. 20.2. **a** ATM-Zelle **b** Adresskopf

Alle einem *VP/VC* zugeordneten Zellen passieren denselben Weg von Vermittlungsknoten zu Vermittlungsknoten. Daher kann eine später gesendete Zelle nicht eher am Empfänger eintreffen als eine früher gesendete, die richtige Informationsreihenfolge bleibt stets erhalten. Wird jedoch eine Zelle fehlgeleitet oder geht aus anderen Gründen verloren, so muß dies dennoch erkennbar sein. Hierzu dient das Feld *generic flow control* (*GFC*) im Zellenkopf. Zusätzliche Maßnahmen zur Sicherung der Reihenfolge und zum Fehlerschutz können in der Nutzinformation vorgesehen werden. Dies ist eine der wesentlichsten Aufgaben des weiter unten beschreibenen *ATM adaptation layer* (*AAL*).

Gewinn durch asynchronen Multiplex. Bei einer ATM-Bildübertragung mit variabler Rate benutzen viele Teilnehmer denselben Übertragungsweg, wobei es mit hoher Wahrscheinlichkeit so ist, daß der eine wegen geringen Detailgehalts der Szene mit niedriger Rate, ein anderer bei hohem Detailgehalt gleichzeitig mit hoher Rate sendet. Würden alle Teilnehmer separate Leitungen benutzen, so müßte deren Kapazität jeweils an die bei höchstmöglichem Detailgehalt erforderliche Datenrate R_{max} angepaßt sein, um eine konstante Qualität des empfangenen Bildsignals zu garantieren.

Bei asynchroner Übertragung mit N Teilnehmern muß hingegen die gesamte Netzwerkkapazität lediglich an die Summe von deren mittleren Raten $R_m(n)$, $n=1,..,N$, angepaßt werden. Da es jedoch vorkommen kann, daß gleichzeitig viele Teilnehmer mit einer höheren Rate als $R_m(n)$ senden, muß zur Sicherheit noch eine Reservekapazität ΔR vorgesehen werden, um kurzzeitigen Netzwerküberlastungen vorzubeugen. Es ergibt sich der *statistische Multiplex-Gewinn*

$$G_{Mux} = \frac{\overline{R}_{max}}{\overline{R}_m + \Delta R} \quad ; \quad \overline{R}_{max} = \sum_{n=1}^{N} R_{max}(n) \quad ; \quad \overline{R}_m = \sum_{n=1}^{N} R_m(n). \tag{20.1}$$

G_{Mux} liegt bei Video- und Bildtelefonquellen etwa in der Größenordnung von 2...2,5. Die Reserve ΔR ist hierbei auf ca. 25% von $\overline{R}_m$ anzusetzen, d.h. das Netzwerk kann nur mit 80% seiner maximal möglichen Übertragungskapazität ausgelastet werden.

Entstehen und Charakteristik von Zellenverlusten. Der asynchrone Multiplex wird in den Vermittlungsknoten durch *Netzwerkkonzentratoren* realisiert, deren Prinzip in Abb. 20.3 dargestellt ist. Übersteigt das gesamte Datenaufkommen der N Eingangsleitungen die Kapazität des Puffers und der Ausgangsleitung, so muß es zwangsläufig zu Datenverlusten kommen, es werden einzelne Zellen aus dem Datenstrom eliminiert.

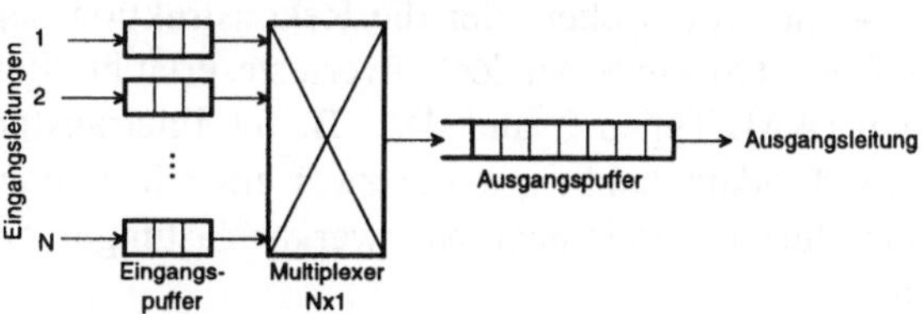

Abb. 20.3. Prinzip des Konzentrators in einer ATM-Vermittlung

Mit dem obengenannten Wert $\Delta R / \overline{R}_m = 0,25$ können sich - je nach den Schwankungen der Verkehrsstatistik - immerhin noch Zellenverlustraten bis zu einer Wahrscheinlichkeit von $p=10^{-3}$ ergeben. Für die Rekonstruktion von Bildsignalen sind dabei folgende Tatsachen besonders unangenehm :

– Bei einem Zellenverlust sind stets 392 aufeinander folgende bits dem Decodierer nicht bekannt. Dadurch werden, z.B. bei einem DCT-Verfahren, stets ganze (oder sogar mehrere nebeneinander liegende) Bildblöcke gestört. Solche Fehler sind extrem sichtbar.

– Die meisten Zellenverluste resultieren aus dem Puffer-Überlauf. Da sich dieser nicht schlagartig wieder normalisiert, ist die Zellenverlust-Charakteristik *burstartig*, d.h. wenn eine Zelle verloren geht, dann ist die Wahrscheinlichkeit groß, daß auch eine der unmittelbar nachfolgenden Zellen gestört wird. Dadurch wird der genannte Effekt extrem erkennbarer Fehler noch weiter verstärkt.

Neben dem Pufferüberlauf sind weitere Verlustursachen das Auftreten einzelner Bitfehler, was zu Fehlleitungen von Zellen führen kann, ein verzögertes Eintreffen (*delay jitter*) bei Netzwerküberlastung, sowie eine Annahmeverweigerung durch das Netzwerk, wenn ein Benutzer die vereinbarten Datenraten überschreitet. Bis auf den Fall der Einzelbitfehler sind also die Verluste ausschließlich von der *Netzwerkauslastung* abhängig.

ATM adaptation layer. Beim Verbindungsaufbau wird für jeden virtuellen Kanal ein spezieller *AAL-Typ* festgelegt, nach dem die Übertragung stattfindet. Die einzelnen AAL-Typen unterscheiden sich z.B. durch Festlegung

– einer Übertragung mit fester oder variabler Datenrate;
– einer zeitkritischen oder nicht-zeitkritischen Übertragung.

Das Netzwerk kann für virtuelle Kanäle des AAL-Typs 1 (*feste* Datenrate, *zeitkritisch*) Kapazität reservieren, um eine korrekte Übertragung weitgehend garantieren zu können. Bei einer *zeitkritischen* Übertragung mit *variabler* Rate (AAL-Typen 2 und 5) wird dagegen nach einem "first come - first served"-Prinzip bedient, d.h., die korrekte Übertragung kann nicht immer garantiert werden. Zusätzlich besteht aber noch die Möglichkeit, bestimmte Zellen mit *hoher Priorität* zu kennzeichnen, die nach Möglichkeit immer an ihrem Zielort ankommen sollten, oder zumindest einen Fehlerschutz vorzusehen, der die Rekonstruktion der Nutzinformation auch noch bei Auftreten einzelner Zellenverluste erlaubt. Bei *nicht-zeitkritischen* Übertragungen (AAL-Typen 3 und 4), z.B. für Filetransfer oder Abrufen von Information aus Bilddatenbanken, sollte zwar ein fehlerfreier Empfang garantiert werden, jedoch dürfen sich je nach Netzwerkauslastung auch einmal Verzögerungen einstellen.

Der Modebegriff "Datenautobahn" wird für das Breitband-ATM-Netz verwendet, um die mögliche Geschwindigkeit bei der Datenübertragung auszudrücken. Hierbei wird leider vergessen, daß es gerade auf Autobahnen immer häufiger zu

Staus kommt. Der Netzwerkkonzentrator läßt sich als eine Auffahrt oder ein Autobahnverteiler deuten, an dem bei zu hohem Verkehrsaufkommen der übliche schnelle Verkehrsfluß gebremst wird. Im Gegensatz zur Autobahn wird es aber nicht zum Stillstand kommen, da der abgehende Verkehrsfluß immer gleich schnell ist. Jedoch kann es erforderlich werden, die Datenautobahn für eintreffende Zellen zeitweilig zu sperren. Diese Maßnahme darf natürlich nicht die vorfahrtberechtigten "Rettungsfahrzeuge" (zeitkritische, hoch priorisierte Zellen) treffen. Würden weniger wichtige, aber trotzdem zeitkritische Zellen hingegen ihr Ziel ohnehin zu spät erreichen, können sie gleich eliminiert werden. Insgesamt ist es wesentlich, für alle diese Maßnahmen die *richtigen* Kandidaten auszuwählen. Die dafür notwendige Interaktion zwischen dem Videocodierer und dem Netzwerk ist eine der wichtigsten Aufgaben des AAL.

Für eine Videoübertragung mit variabler Rate sind besonders die AAL-Typen 2 und 5 geeignet. Mittels des AAL werden zum Zeitpunkt eines Verbindungsaufbaus zwischen dem Videocodierer und dem Netzwerk zwei Arten von Parametern vereinbart :

— Verkehrsparameter (*traffic parameter*) : Hierzu gehören vor allem die *mittlere Datenrate* (*mean rate*), bei Übertragung mit variabler Rate zusätzlich die *Spitzendatenrate* (*peak rate*) sowie die erlaubte *Dauer* einer zeitweiligen Übertragung mit der Spitzenrate (*peak duration*).

— Übertragungsqualität (*quality of service, QOS*) : Hierzu gehören die vom Netzwerk garantierte *mittlere Zellenverlustrate*, die *Charakteristik der Zellenverluste*, z.B. die maximale Dauer eines Zellenverlustbursts, sowie bei zeitkritischen Anwendungen die *maximale Verzögerung*, mit der eine Zelle eintreffen darf.

Damit die vereinbarte Übertragungsqualität eingehalten werden kann, definiert der AAL, welche Art von Fehlerschutz vorzusehen ist. Bei Überschreitung der vereinbarten Verkehrsparameter kann das Netzwerk restriktive Maßnahmen ergreifen; hier muß der Videocodierer selbst gewährleisten, daß er sich an die Vereinbarung hält.

Die vom Teilnehmer zu entrichtenden Tarifkosten werden sich direkt nach dem AAL-Typ, den vereinbarten Verkehrsparametern und der vereinbarten Übertragungsqualität richten. Je höher Datenrate und Qualität sind, desto höhere Kosten werden entstehen. Bei hierarchischer Codierung ergibt sich die Möglichkeit, nur die *Basisinformation*, die einen relativ geringen Anteil der Gesamtinformation bildet, mit hoher Qualität zu senden, während bei der erweiterten Information auch einmal Datenausfälle toleriert werden können. Hierdurch können unter einem Kosten/Nutzen-Gesichtspunkt attraktive Lösungen realisiert werden.

Fehlerschutzmaßnahmen. Bei den Fehlerschutzmaßnahmen ist zwischen den übertragungsseitig, also beispielsweise mittels des AAL, durchgeführten Maßnahmen, und solchen zu unterscheiden, die von vornherein in der Arbeitsweise des Videocodierers und -decodierers vorgesehen werden.

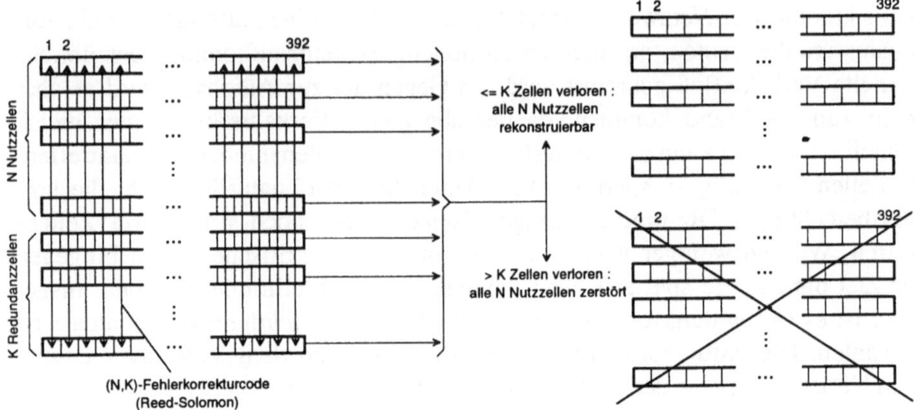

Abb. 20.4. Hinzufügen redundanter Zellen zum Fehlerschutz
bei Auftreten von Burstfehlern

Übertragungsseitige Maßnahmen. Über den AAL kann ein Fehlerschutzmechanismus vereinbart werden, der für jeweils N Zellen K redundante Zellen hinzufügt. Hierbei werden fehlerkorrigierende Codes *quer* zu den ATM-Zellen angewandt (Abb. 20.4). So lassen sich mittels eines *Reed-Solomon-Codes* K verlorene Zellen wieder rekonstruieren, sofern die Positionen der Zellenverluste bekannt sind. Ein gewisser Nachteil dieser Technik besteht allerdings darin, daß alle N Zellen verloren gehen, sofern die Anzahl der Verluste innerhalb des Korrekturblocks größer als K ist.

Darüber hinaus bieten die für das ATM-Netz formulierten Standards die Möglichkeit, durch das *CLP*-flag im Zellenkopf (Abb. 20.2b) zu markieren, ob es sich um eine Zelle mit hoher oder geringer Priorität handelt. Zellen geringer Priorität werden im Fall der Netzwerküberlastung in den Vermittlungsknoten vorrangig eliminiert, so daß die Übertragungschancen für diejenigen mit hoher Priorität erheblich steigen. Allerdings kann es vorkommen, daß das CLP-flag in Zellen hoher Priorität während der Übertragung doch auf "1" gesetzt wird : Dies kann z.B. dem Netzwerk als restriktive Maßnahme vorbehalten sein, wenn sich ein Teilnehmer nicht an die vereinbarten Verkehrsparameter hält.

Codierer- und decodiererseitige Maßnahmen. Bei Auftreten von Bündelfehlern werden viele aufeinander folgende bits des vom Codierer erzeugten Bitstroms zerstört. Als Resultat entsteht bei der Decodierung eine lokale Fehlerkonzentration. Durch *Interleaving* kann der durch einen einzelnen Zellenverlust verursachte Fehler über einen größeren Bereich des Bildes verteilt werden (Abb. 20.5a). Dies ist dann sinnvoll, wenn empfängerseitig Maßnahmen zur *Interpolation der verlorengegangenen Information* aus den umliegenden, korrekt empfangenen Informationsanteilen vorgenommen werden können (Abb. 20.5b).

Besonders kritisch ist bei Auftreten von Übertragungsfehlern die Anwendung von Videocodierverfahren mit bewegungskompensierter Prädiktion, da es hierbei zu einer unendlichen Fehlerfortpflanzung kommen kann (vgl. Abschn. 15.2.2). Als Gegenmaßnahme kann in bestimmten Perioden eine Intraframe-Codierung (*frame refresh*, Abb. 20.6a) ausgeführt werden. Es ist auch möglich, diese Intraframe-Codierung, welche eine höhere Übertragungsrate erfordert als die bewegungskompensierte Prädiktion, jeweils nur auf einen von Bild zu Bild wechselnden Teilbereich anzuwenden (Abb. 20.6b). Schließlich kann auch die Anwendung einer *Prädiktion mit Leak-Faktor* die Auswirkungen der Fehlerfortpflanzung abmildern (vgl. Abschn. 15.2.2).

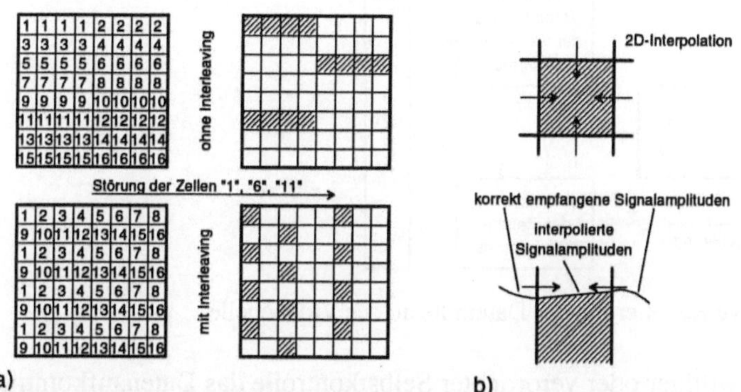

Abb. 20.5. **a** Interleaving zur Vermeidung örtlicher Fehlerkonzentrationen **b** Interpolation verlorengegangener Informationsanteile

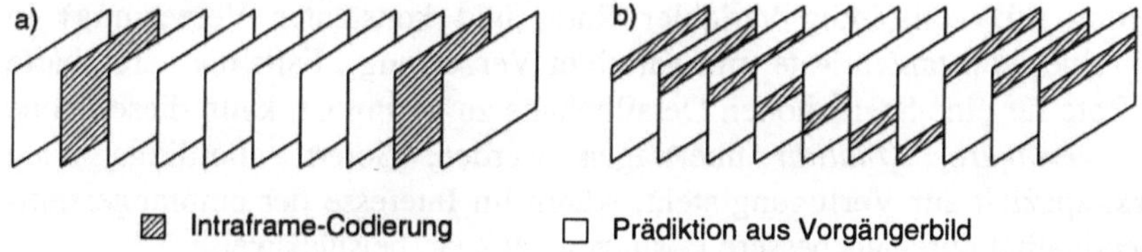

Abb. 20.6. Frame refresh (periodische Intraframe-Codierung) zur Vermeidung unendlicher Fehlerfortpflanzung **a** über einzelne Gesamtbilder **b** über Teilbereich in jedem Bild

Bei der Anwendung von Teilbandcodierverfahren wird während der Teilbandsynthese *automatisch* eine Interpolation ausgeführt. Aus diesem Grunde sind zwei- und dreidimensionale Teilbandverfahren für die Kompensation von Datenverlusten besonders gut geeignet, bzw. es wird eine geringere Sichtbarkeit der Verluste beobachtet.

Kontrolle des Verkehrsflusses. Zur Überwachung, ob eine Videoquelle die vereinbarten Verkehrsparameter einhält, benutzt das Netzwerk sogenannte *policing functions*. Die einfachstmögliche Realisierung einer solchen Überwachungsfunktion ist ein virtueller Pufferspeicher (*leaky bucket*), in dem die Anzahl an ATM-Zellen gezählt wird, welche die Quelle über einen bestimmten Zeitraum, dessen Länge der vereinbarten *peak duration* entspricht, sendet. Überschreitet der Füllstand des *leaky bucket* die vereinbarten Werte, so zeigt dies an, daß entweder die mittlere Rate überschritten wurde, oder länger als erlaubt mit der vereinbarten Spitzenrate gesendet wurde. Dann ist das Netzwerk befugt

– die Annahme von Zellen zu verweigern, bis der Puffer wieder geleert ist;
– Zellen hoher Priorität auf geringe Priorität herabzusetzen, so daß im Falle der Netzwerküberlastung die Wahrscheinlichkeit eines gravierenden Verlustes größer wird.

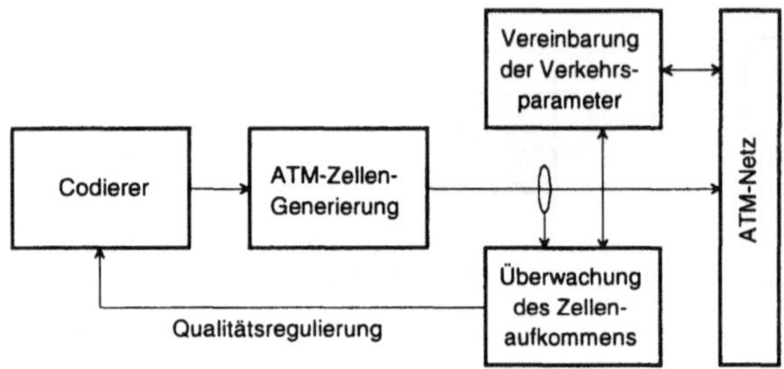

Abb. 20.7. Präventive Regulierung der Datenrate an der Videoquelle

Wird mittels freiwilliger oder verordneter Selbstkontrolle das Datenaufkommen direkt an der Videoquelle reguliert, können derartige Strafmaßnahmen vermieden werden. Das Prinzip dieser präventiven Regulierung (*preventive policing*) ist in Abb. 20.7 dargestellt. Es handelt sich hierbei wieder um einen Schritt von der Übertragung mit vollständig variabler Rate (und konstanter Verzerrung) in Richtung einer konstanten Rate (mit variabler Verzerrung). Falls die vereinbarte mittlere Rate für eine Szene hohen Detailgehalts zu gering ist, kann diese Szene nur *mit geringerer Qualität* übertragen werden. Sofern allerdings noch Netzwerkkapazität zur Verfügung steht, wären im Interesse der empfängerseitigen Videoqualität durchaus bessere Lösungen denkbar, beispielsweise

– eine Neuvereinbarung der Verkehrsparameter während der Verbindung; dies erlaubt auf der Netzwerkseite immer noch eine sehr exakte Kontrolle des Verkehrs. Allerdings muß die verfügbare Kapazität entlang des *gesamten Übertragungsweges* geprüft werden, bevor einer Erhöhung der Rate zugestimmt werden kann. Daher wird der Vereinbarungsmechanismus bei Weitverbindungen nicht so schnell greifen können, daß der Qualitätsabfall unsichtbar bleibt.
– das Senden zusätzlicher Information mit *geringer Priorität*, deren Annahme aber jederzeit vom Netzwerk verweigert werden kann.

Für welche Lösung sich die Netzwerkbetreiber entscheiden, wird sicherlich nicht zuletzt auf wirtschaftlichen Erwägungen beruhen. So läßt sich bei der Neuvereinbarung noch eine sehr exakte, wenn auch aufwendige, Kostenrechnung durchführen, während die erweiterte Information geringer Priorität sicher nur pauschal verrechnet werden könnte. In jedem Fall müssen die Endgeräte standardmäßig so ausgelegt sein, daß sie eine *Selbstdisziplin* gewährleisten, d.h. nicht unnötig das Netzwerk mit Information vollstopfen. Das Netzwerk muß *kontrollierbar* bleiben, was nur dadurch erreicht werden kann, daß die Verkehrsparameter strikt eingehalten werden oder aber eine rigide Elimination überzähliger Zellen erfolgt. Schließlich müßte derjenige Benutzer, der bereit ist, einen entsprechenden Preis für *hoch priorisierte* Übertragung zu zahlen, jede gewünschte Qualität erhalten. Vielleicht könnte irgendwann in der Zukunft die Informationsübertragung einen echten Warencharakter haben : Der Preis dürfte sich dann nicht mehr nach vom Netzwerkbetreiber festgelegten, zeitlich gestaffelten Tarifen richten. Er würde vielmehr (wie an einer Rohstoffbörse) nach dem tatsächlichen momentanen *Angebot* von und der *Nachfrage* nach Übertragungskapazität festgelegt werden, wobei zusätzlich noch die angebotene Qualität der Übertragung zu berücksichtigen wäre.

20.2.3 Analoge Übertragungsnetze

Eines der traditionellen analogen Netze zur Signalübertragung, das Telefonnetz, kann bereits mittels des Schmalband-ISDN oder durch Verwendung von Modems zur digitalen Übertragung genutzt werden. Zusätzlich haben sich jedoch noch die wesentlich breitbandigeren Kabelfernsehnetze in fast jedem Haushalt etabliert. Zwar sind sie in ihrer Infrastruktur als Verteilnetze konzipiert und daher nicht für bidirektionale Anwendungen geeignet; jedoch wird ihre Übertragungskapazität durch Einführung digitaler Techniken um ein vielfaches erweitert werden können. In dieser Hinsicht zeichen sich weltweit bereits Allianzen zwischen Telekommunikationsgesellschaften und Kabelfernsehbetreibern ab, um ganz neue Anwendungen, wie interaktives Video oder *video on demand*, zu realisieren. Den für die Interaktion notwendigen Rückkanal soll hierbei das Telefonnetz bilden. Dies ist ein weiterer Schritt in Richtung einer Individualisierung der Bildübertragung, zum Verlassen festgelegter Programmstrukturen.

20.3 Funkübertragung

Die Funkübertragung von Bildsignalen hebt die Ortsgebundenheit der Leitungsübertragung auf. Andererseits sind Funkkanäle entweder in ihrer Übertragungskapazität oder in ihrer Reichweite beschränkt. Daher war die Funkübertragung von Bildsignalen traditionellerweise dem *Rund*funk, d.h. den Fernsehprogramm-Anbietern vorbehalten. Die Einführung digitaler Übertragungstechniken eröffnet jedoch auch hier die Perspektive, daß in Zukunft für eine breite Öffentlichkeit Funkkanäle zur Bildübertragung bereitgestellt werden können.

20.3.1 Fernsehfunk zur TV- und HDTV-Übertragung

Die Einführung digitaler Bilddatenkompression ermöglicht es, bei gleicher Übertragungsbandbreite in einem analogen Fernsehkanal (terrestrischer Rundfunkkanal, Kabelkanal oder Satellitenkanal)

- die *Anzahl* der übertragenen Programme zu erhöhen
- die *Qualität* der Übertragung zu erhöhen, also z.B. mit HDTV- anstatt mit TV-Auflösung zu senden.

Lange Zeit wurde das Ziel verfolgt, HDTV-Programme parallel zu den bisher angebotenen TV-Programmen zu senden, und dafür neue Übertragungsmedien (z.B. Satellitenkanäle) zu erschließen. Beispiele hierfür sind die bisher realisierten, auf Mischung analoger und digitaler Übertragungstechniken basierenden HDTV-Verfahren *HD-MAC* in Europa und *MUSE* in Japan.

Bei Verwendung digitaler Techniken kann dagegen eine weitgehende Abwärts- und Aufwärtskompatibilität der Übertragung zwischen TV- und HDTV-Format (oder später sogar zu Formaten noch höherer Auflösung) erreicht werden. Hierfür eignet sich insbesondere die in Abschn. 20.1.3 beschriebene Technik der hierarchischen Codierung, bei der die Basisinformation das TV-Signal repräsentieren, eine zweite Schicht die für HDTV notwendige erweiterte Information enthalten kann.

Bei Verwendung bewegungskompensierter Hybridverfahren (z.B. nach dem *MPEG-2*-Standard) kann für die Distribution von HDTV-Signalen bei Datenraten von ca. 20 Mbit/s bereits eine ausreichend hohe Qualität erreicht werden. Um jedoch 20 Mbit/s über einem herkömmlichen TV-Kanal (Bandbreite 5,5 *MHz*, Nyquistrate maximal 11 *Mb/s*) übertragen zu können, muß die digitale Quellencodierung mit dem Einsatz spezieller Modulations- und Fehlerschutzmechanismen kombiniert werden.

Auch hierbei ist die hierarchische Codierung wieder vorteilhaft einsetzbar. Wird der Bitstrom in mehrere Schichten unterschiedlicher Priorität aufgeteilt, so können bits hoher Relevanz (z.B. Bewegungsvektoren, Steuerinformation, tieffrequente Transfomationskoeffizienten) extrem sicher übertragen werden, wenn eine 2-stufige Modulation und zusätzlich fehlerkorrigierende Codes angewandt werden. Für bits geringerer Relevanz, z.B. die hochfrequenten HDTV-Informationsanteile, wird dagegen eine 4-, 8- oder 16-stufige Modulation genügen, wenn gewisse Störungen bei schlechtem Empfang in Kauf genommen werden. Für diese Anforderungen sind besonders die *Quadratur-Amplitudenmodulation* (*QAM*), sowie die Restseitenbandmodulation (*vestigial sideband modulation*, *VSB*) geeignet. Wie bei allen Funkübertragungen, müssen hier also in wirkungsvoller Weise Techniken der Quellencodierung, Kanalcodierung und Modulation kombiniert werden.

Allerdings wird die *inhaltliche* Kompatibilität TV-HDTV dadurch in Frage gestellt, daß die HDTV-Produktionstechnik sich signifikant von der des TV unterscheidet, und eher Ähnlichkeiten mit der Kinofilmproduktion aufweist. Während viele TV-Kameraführungen auf Grund der begrenzten örtlichen Auflösung den Zuschauer wie durch eine Art "Fernrohr" blicken lassen (viele Nahaufnahmen, schnelle Schwenks, Orts- und Szenenwechsel), sind bei HDTV eher Darstellungen der Totale die Regel, wobei der Zuschauer in gewisser Weise das Bild selbst erkunden kann, und selbst entscheidet, auf welches Detail er sich konzentrieren will. HDTV-Sequenzen besitzen damit einen erhöhten örtlichen Detailgehalt, während extrem schnelle Bewegungen eher etwas seltener sind als in herkömmlichen Fernseh- oder Videosignalen.

20.3.2 Sprachmobilfunknetze

Die sich derzeit entwickelnden digitalen Sprachmobilfunknetze sind bei Inkaufnahme entsprechender Wartezeiten zur Fax- und Einzelbild-Übertragung geeignet. Für eine Bildsequenzübertragung kommen sie nur bedingt in Frage, da lediglich außerordentlich niedrige Datenraten verfügbar sind, und die Übertragungstechnik (einschließlich des Fehlerschutzes) sehr stark an die Erfordernisse der digitalen Sprachcodierung angepaßt ist.

20.3.3 Zukünftige Mobilfunknetze

In zukünftigen Mobilfunknetzen (unter den Bezeichungen *UMTS - universal mobile telecommunication system* in Europa, bzw. *FLPMTS - future land public mobile telecommunication system* in den USA im 2-GHz-Band mit Übertragungsraten bis 2 *Mb/s* geplant; sowie einer späteren Erweiterung zum *MBS - mobile broadband system*, im 60-GHz-Band mit Übertragungsraten bis 135 *Mb/s*) sollen neben Sprache auch Text-, Graphik-, Audio-, Video- und andere Dateninformationen digital übertragen werden. Diese Netze sollen eines Tages die drahtlose Ergänzung zum Breitband-ISDN darstellen, und mit diesem gemeinsam das *IBCN* (*integrated broadband communications network*) bilden.

Einerseits wird in drahtlosen Mikrozellular- und Picozellularnetzen, die auf Grund der hohen Sendefrequenzen mit extrem kurzen Übertragungswegen arbeiten müssen, dem Anwender eine höhere Übertragungsbandbreite zur Verfügung stehen als in den derzeitigen, auf Sprachübertragung spezialisierten Mobilfunknetzen. Andererseits wird das Bandbreitenangebot, insbesondere bei drahtloser Übertragung, stets beschränkt sein. Zudem wird bei den voraussichtlich einzusetzenden CDMA-Übertragungstechniken (*code division multiple access*) die Übertragungsfehlerhäufigkeit wiederum eine direkte Abhängigkeit von der Netzwerkauslastung besitzen. Wir können also auch hier eine ganz ähnliche Fehlercharakteristik erwarten wie im Breitband-ISDN.

Videocodierungsalgorithmen in mobilen Videoübertragungs-Anwendungen müssen eine hohe Datenkompressionsfähigkeit und eine geringe Übertragungsfehleranfälligkeit besitzen. Aus der Verknüpfung mit dem Breitband-ISDN und dem Wunsch nach einer End-zu-End-Verbindung ohne Modifikation der digitalen Information ergeben sich ferner die Forderungen nach hierarchischer Struktur der Videodaten und Aufwärtskompatibilität zu Breitband-Anwendungen.

In Frage kommen langfristig Lösungen wie die objektorientierte und semantische Codierung (Kap. 17), kurzfristig aber vor allem Methoden mit verbesserten Bewegungskompensationstechniken und verbesserte Methoden der Wellenformcodierung, z.B. Teilbandcodierung (Abschn. 13.2 und 16.3), Vektorquantisierung (Kap. 11) und fraktale Codierung (Kap. 14)

Der mögliche Einsatz der genannten Techniken ist stark von der Art des zu übertragenden Bildmaterials abhängig. So werden für Bildtelefon-Anwendungen mit semantischer Codierung zwar Datenraten um 1 kb/s als mögliches Ziel genannt [AIZAWA ET AL. 1993], jedoch ist anderes Videomaterial hiermit schlichtweg nicht zu übertragen. Der objektorientierte Ansatz ist derzeit auch noch auf Material mit geringen Änderungen beschränkt; um Bildsequenzen beliebiger Statistik erfassen zu können, werden als hybride Lösungen Kombinationen mit den üblichen Methoden der Wellenformcodierung vorgeschlagen. Der *Übertragungsfehlerresistenz* objektorientierter und modellbasierter Ansätze wurde bisher wenig Beachtung geschenkt. Es ist aber zu erwarten, daß sie auf Grund der vorzugsweise rekursiven Struktur gegenüber gestörter Übertragung extrem anfällig sind. Eine *hierarchische Bildrepräsentation* ist mit diesen Verfahren derzeit ebenfalls nur schwer realisierbar. Hierfür eignen sich besonders die Methoden der Teilbandcodierung, bei denen zum einen eine variable Quantisierung der Teilbandsignale zu unterschiedlichen Qualitätsstufen bei verschiedenen Datenraten führt; zum anderen bietet sich durch Elimination hochfrequenter Teilbänder die Möglichkeit zu einer Skalierung der Bildformate.

20.4 Speicherung

Die Bildspeicherung wird hier nur als Sonderfall der Bildübertragung betrachtet. Wir können ein Speichermedium als einen Übertragungskanal mit vom Benutzer bestimmbarer Verzögerungszeit interpretieren. Andererseits werden Bildspeicher bei zunehmender globaler Vernetzung von Bildaufzeichnungs- und Wiedergabegeräten vielfach ebenfalls global zugänglich sein. Eine Ausnahme bilden hier selbstverständlich private Aufnahmen, die aber prinzipiell ebenfalls öffentlich angeboten werden könnten. In Zukunft wird es möglicherweise unüblich sein, einen Videofilm in Form eines Bandes oder einer CD auszuleihen oder zu erwerben, wenn man ihn aus einer Datenbasis (*video on demand*) auch direkt anfordern kann.

Zunächst wird durch Einführung der Digitaltechnik und datenreduzierender Codierverfahren das Spektrum der Medien, auf denen Bild- und Videosignale gespeichert werden können, erheblich erweitert. Neben den üblichen *Tapes*, die selbstverständlich auch zur digitalen Aufzeichnung verwendet werden können, kommen *CDs*, *Disketten* und *Festplatten* dazu, und werden in Verbindung mit Multimedia-Anwendungen wahrscheinlich sogar die vorrangigen Speichermedien sein. In Zukunft kann auch mit dem verstärkten Einsatz von Halbleiterspeichern gerechnet werden, die heute schon zur temporären Speicherung beim Schneiden von digitalem Videomaterial verwendet werden. *Chipcards* besitzen hier noch vielfältige Entwicklungsmöglichkeiten. Ein wichtiger Vorteil von Halbleiterspeichern ist die geringere mechanische Anfälligkeit sowohl des Speichermediums, als auch des Abspielgerätes, die zu einem großen Teil für die Fehlercharakteristik eines Speichermediums verantwortlich ist : So sind die burstartigen Ausfälle bei Tapes z.B. auf den Bandabrieb zurückzuführen.

Ein wichtiger Vorteil, der sich erst durch die Verwendung digitaler Aufzeichnungsmedien ergibt, ist der unmittelbare, wahlfreie Zugriff auf die Bildinformation. Hierdurch entsteht jedoch auch eine Anforderung an das zur Bildspeicherung verwendete Codierverfahren : Es darf nur in begrenztem Maße bildweiserekursiv arbeiten, um den Darstellungsbeginn an einer *beliebigen* Position des aufgezeichneten Videofilms zu erlauben.

21 Standardisierung

Ist eine Bildcodierungs-Anwendung definiert und ein Netzwerk zur Übertragung bzw. ein Aufzeichnungsmedium vorhanden, so muß noch die Methode spezifiziert werden, mit der die Codierung erfolgen soll. Eine Standardisierung soll gewährleisten, daß die verwendeten Geräte miteinander kommunizieren können, und daß die Bildqualität bestimmten Anforderungen genügt. Darüber hinaus muß das Codierverfahren auch an die Eigenschaften des Übertragungs- bzw. Speichermediums angepaßt sein. Standards müssen offen gegenüber technologischen Weiterentwicklungen sein, die die Realisierung komplexerer und leistungsfähigerer Bildcodierverfahren ermöglichen. Das vorliegende Kapitel gibt einen Überblick und eine Beschreibung der Arbeitsweise einiger bereits definierter Bildcodier-Standards. Es wird gezeigt, wie sich Standards an unterschiedliche Anforderungen von Anwendungen und Netzwerken anpassen lassen. Schließlich wird diskutiert, welche Entwicklungen sich für zukünftige Anwendungen abzeichnen. Eine besondere Bedeutung wird dabei universellen Lösungen zur Software-Codierung und -Decodierung zukommen.

21.1 Entwicklung standardisierter Verfahren

Folgende Aspekte sind bei der Standardisierung wichtig :

– Der digitale Bitstrom soll möglichst unabhängig vom Übertragungs- bzw. Speichermedium sein; jedoch wird es notwendig sein, für bestimmte Übertragungsmedien eine Anpassung vorzunehmen. Diese Anpassung, die vor allem Datenrate, Art der Datenübertragung und Fehlerschutz betrifft, sollte unabhängig vom Videocodieralgorithmus sein, es müssen jedoch spezielle Eigenschaften des Bitstroms bekannt sein (Abb. 21.1).
– Aufwärtskompatibilität : Ein Empfänger mit höherer Auflösung (z.B. HDTV) soll das für einen Empfänger geringerer Auflösung (z.B. TV) bestimmte Bildsignal darstellen können.

- Abwärtskompatibilität : Ein Empfänger geringerer Auflösung (z.B. TV) soll das für einen Empfänger höherer Auflösung (z.B. HDTV) bestimmte Bildsignal mit reduzierter Qualität darstellen können.
- Vorwärtskompatibilität : Der Bitstrom eines älteren Standards soll auch durch einen neu formulierten Standard interpretierbar sein.
- Rückwärtskompatibilität : Ein neu formulierter Standard soll so aufgebaut sein, daß auch nach einem älteren Standard arbeitende Empfangsgeräte ihn (bei möglicherweise verringerter Qualität) interpretieren können.
- Die Standards sollen offen sein, d.h. Qualitätsverbesserungen und Anpassungen müssen möglich sein, sobald technische Neuerungen es erlauben, bzw. neue Anwendungen es erfordern.

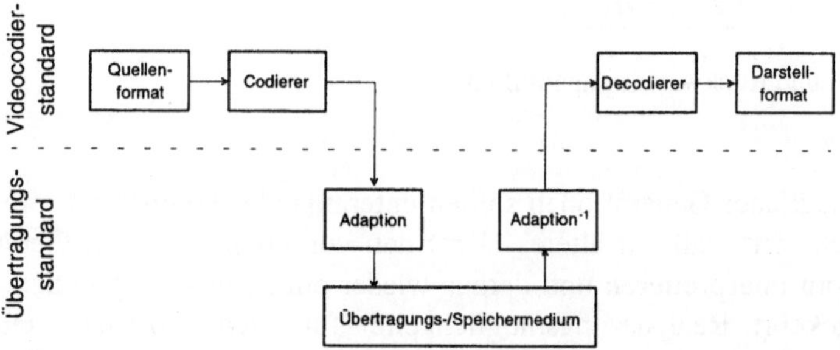

Abb. 21.1. Anpassung eines allgemeingültigen Standards an ein Übertragungsmedium nach [OKUBO 1992]

21.1.1 Offene und kompatible Standards

In der Arbeit der Standardisierungsgremien werden diese Forderungen berücksichtigt. Unter dem Aspekt offener Standards wird meist nur die Arbeitsweise der *Decodierer* in den Standards festgeschrieben. Für die Auslegung der hierzu passenden Codierer werden zwar Empfehlungen gegeben, jedoch bleiben bei entsprechend höherem technischen Aufwand noch viele Freiheiten zur Qualitätsverbesserung. Die Effizienz der Quellencodierung hängt hauptsächlich von der Arbeitsweise des Codierers ab, der ja in der Regel auch wesentlich komplexer ist als der Decodierer. So ist z.B. die sehr aufwendige Bewegungsschätzung nur im Codierer notwendig; bei erhöhtem Aufwand, und damit höherer Genauigkeit läßt sich aber die Effizienz der Bewegungskompensation weiter steigern.

Andererseits muß der definierte Decodierer selbstverständlich die Aktion des Codierers interpretieren können. So ist eine objektorientierte Bewegungskompensation nicht anwendbar, wenn ein Decodierer nach dem MPEG-1- oder MPEG-2-Standard verwendet wird, der nur blockorientierte Bewegungsparameter zuläßt. Hier wurden bei der Standardisierung Einschränkungen vorgenommen, um die Komplexität des Decodierers nicht durch zu viele spezielle Adaptionsmechanismen übermäßig hoch werden zu lassen, und eine möglichst einfache Realisierung der Geräte zu gewährleisten.

Unter dem Aspekt offener Standards wird die Software-Realisierung von Codierer und Decodierer immer bedeutender. Die Qualität des Bildübertragungssystems läßt sich hiermit auf sehr einfache Weise an die Leistungsfähigkeit einer vorhandenen Hardware anpassen.

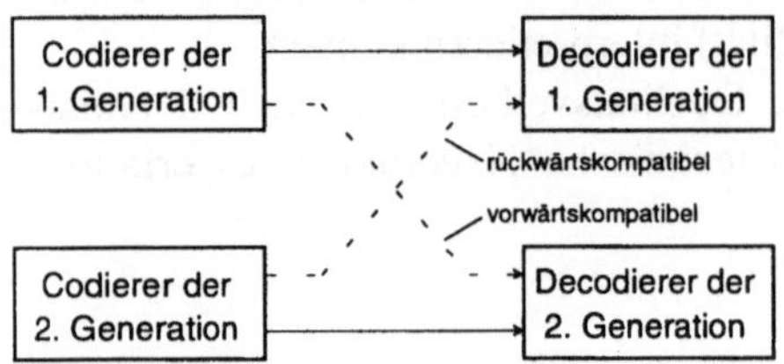

Abb. 21.2. Vorwärts- und Rückwärtskompatibilität
nach [OKUBO 1992]

Standards unterschiedlicher Generationen sollten untereinander kompatibel sein. Es soll z.B. möglich sein, daß ein älteres Gerät den von einem neueren Gerät produzierten Bitstrom interpretieren und daraus wieder ein Bildsignal produzieren kann und umgekehrt. Realisierungsmöglichkeiten für solche *vorwärts- und rückwärtskompatiblen Standards* (Abb. 21.2) werden in Abschn. 21.1.2 ausführlicher diskutiert.

Die Standards teilen im allgemeinen den digitalen Bitstrom in mehrere Ebenen auf, deren Information z.B. für

- eine gesamte Bildsequenz
- eine bestimmte Anzahl aufeinander folgender Bilder
- ein einzelnes Bild
- eine Anzahl zusammenhängender Codierungsblöcke
- einen einzelnen Codierungsblock

Gültigkeit besitzt. Jede Hierarchiestufe enthält in einer Präambel wichtige Informationen über bestimmte am Codierer verwendete Parameter, wie z.B.

- Bildformate
- Bildfolgefrequenzen
- verwendete spezielle Codierungstabellen
- Quantisiererstufenhöhen, frequenzabhängige Gewichtungstabellen
- Bitrate
- Parameter der Bewegungskompensation
- Blockstrukturen der Codierung.

Für zukünftige Standards wird an noch viel weitergehende Definitionen der Codiererarbeitsweise gedacht. So ist es durchaus möglich, daß ein Standard selbst nur die Definition einer Art von Programmiersprache enthält, aus der sich der

Anwender nach einem Baukastensystem je nach seinen Erfordernissen ein Codierverfahren zusammenstellen kann. Aus der in der Präambel enthaltenen Information muß dann empfängerseitig zuerst der Decodierer compiliert werden, bevor eine Interpretation der eigentlichen Informationsbits erfolgen kann.

21.1.2 Aspekte der kompatiblen Codierung

Auf Grund der unterschiedlichen Bildformate bei Endgeräten, wie auch der Bitraten bei den für bestimmte Anwendungen, Speicher- bzw. Übertragungsmedien zu formulierenden Standards ergeben sich auch unterschiedliche Anforderungen in Bezug auf

– örtliche und zeitliche Auflösung
– Qualitätsauflösung (grobe oder feine Quantisierungsstufen)

bei der Decodierung.

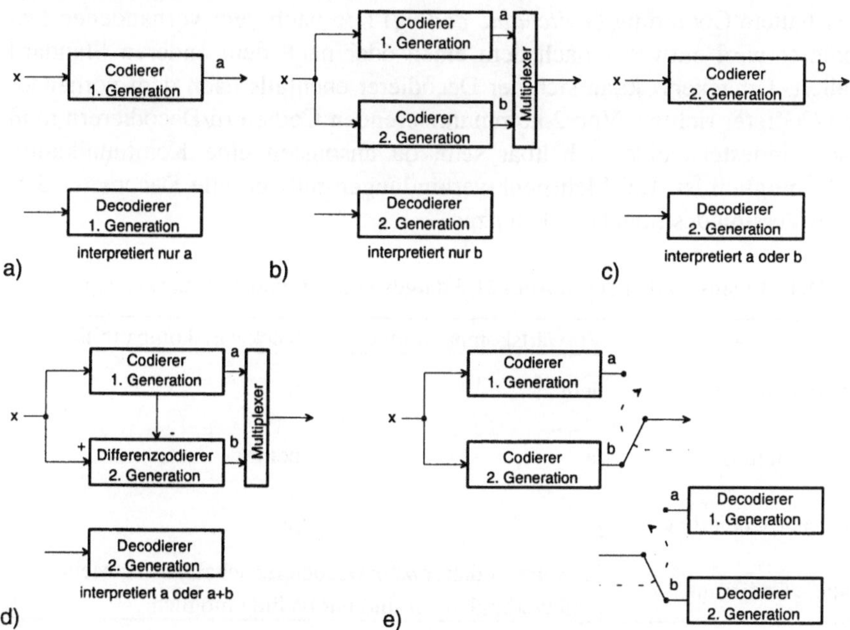

Abb. 21.3. Kompatibilitätskonzepte, Struktur von Codierer und Decodierer
a der 1. Generation und **b-e** der 2. Generation. **b** Simultanübertragung
c Syntaxerweiterung **d** hierarchische Codierung **e** geschaltete Codierung

Daher sind Konzepte von entscheidender Bedeutung, mittels derer eine kompatible digitale Übertragung von Videosignalen, unabhängig von der Standardversion, und unabhängig von der am verwendeten Endgerät möglichen Auflösungsstufe erfolgen kann. Folgende Kompatibilitätskonzepte sind möglich :

- Simultanübertragung (*simulcast*) : Die Standards verschiedener Generationen sind nicht kompatibel, jedoch wird bei der neueren Codiererversion der Bitstrom für die ältere Version parallel erzeugt und mit übertragen. Der im Endgerät vorhandene Decodierer sucht sich die für ihn passende Information heraus. Es entsteht hierbei immer ein erhöhter Übertragungsaufwand. Steht nur ein Decodierer der neueren Generation zur Verfügung, kann der Bitstrom des Codierers der älteren Generation nicht interpretiert werden.

- Syntaxerweiterung (*superset coding*) : Es werden neue Optionen in einem neuen Standard formuliert, der auch alle Optionen des alten Standards beinhaltet. Hierbei kann ein Decodierer der älteren Generation den Bitstrom eines Codierers der neueren Generation nicht interpretieren.

- Hierarchische Codierung (*layered coding* oder *embedded coding*) : Dieses Konzept wurde bereits in Abschn. 20.1.3 vorgestellt. Eine mehrschichtige Codierung ist kompatibel für Decodierer unterschiedlicher Auflösungsstufen, wobei ein Decodierer niedriger Auflösung nur den Bitstrom der Basisinformation benutzt. Hierbei sind auch Mehrpunktverbindungen, d.h. Kommunikation von mehr als 2 Codierern/Decodierern, problemlos möglich.

- Geschaltete Codierung (*switchable coding*) : Je nach dem vorhandenen Decodierer wird entweder nach dem einen oder nach dem anderen Standard codiert. Umgekehrt kann sich der Decodierer ebenfalls nach dem vorhandenen Codierer richten. Von 2 kommunizierenden Codierern/Decodierern muß also mindestens einer schaltbar sein, da ansonsten eine Kommunikation nicht möglich ist. Bei Mehrpunktverbindungen müssen alle Decodierer dieselbe Version des Standards benutzen.

Tabelle 21.1. Eigenschaften der in Abb. 21.3 dargestellten Kompatibilitätskonzepte

	Vorwärtskompatibilität	Rückwärtskompatibilität
Simultanübertragung	nein	ja
Syntaxerweiterung	ja	nein
hierarchische Codierung	ja	ja
geschaltete Codierung	ja, wenn Codierer *oder* Decodierer schaltbar ist; Mehrpunktverbindungen sind nur bedingt möglich	

Die Blockschaltbilder aller vier Methoden sind in Abb. 21.3b-e dargestellt. Tabelle 21.1 stellt die Erfüllung der Kompatibilitätsanforderungen durch die einzelnen Konzepte gegenüber. Das Konzept der hierarchischen Codierung ist eindeutig die günstigste Lösung, um einen erweiterbaren Standard universell für alle möglichen Übertragungsmedien, Bitraten und Auflösungsstufen verwenden zu können.

21.2 Standards zur Einzelbild- und Bildsequenzcodierung

Die Standardisierung von Bildübertragungsverfahren wird derzeit von folgenden internationalen Organisationen betrieben :

– *International Telecommunication Union* (*ITU*), die internationale Vereinigung der Telekommunikationsgesellschaften. Die ITU repräsentiert heute das frühere *Comité Consultatif International Télégraphique et Téléphonique* (*CCITT*), das *Comité Consultatif International du Radiodiffusion* (*CCIR*) und das *Comité Mixed Télégraphique et Téléphonique* (*CMTT*). Sie ist für die Formulierung und Weiterentwicklung von Standards in der öffentlichen Telekommunikation zuständig.
– *International Standardization Organization* (*ISO*), eine Organisation zur Erarbeitung internationaler Industriestandards. Die Zuständigkeit der ISO erstreckt sich für dieses Anwendungsgebiet zum einen auf den Bereich der *consumer electronics*, z.B. Videorecorder, CD-Spieler etc., aber auch auf Computer und deren Komponenten.

Sinnvollerweise hat man sich im Laufe der Entwicklung entschlossen, so weit wie möglich auf separate Standards für den öffentlichen Bereich (Telekommunikation, Rundfunk) und den Bereich der Konsum-Elektronik zu verzichten. Zur Definition der Standards wurden Expertengruppen gebildet, aus deren Arbeit dann wortgleiche ISO-Standards und ITU-Empfehlungen entstanden sind. Im Sprachgebrauch werden die Standards heute häufig mit dem Namen der Expertengruppe bezeichnet, z.B. "*JPEG-Standard*" für das Arbeitsresultat der "*Joint Photographic Experts Group*".

Neben den Standards der beiden internationalen Gremien (im Fall der ITU auch ihrer Vorgänger) existieren noch eine Reihe von Firmenstandards für spezifische Anwendungsfälle. So ist das "Photo-CD"-System eines namhaften Herstellers von Filmprodukten in der Arbeitsweise dem JPEG-Standard sehr ähnlich, allerdings in einigen Aspekten etwas vereinfacht und nicht bitstromkompatibel. Derartige Entwicklungen werden sich in Hinblick auf eine Entwicklung einheitlicher digitaler Bildformate langfristig als Sackgassen herausstellen, und werden daher hier auch nicht weiter beschrieben.

Die Existenz von Bild- und Videocodierstandards bildet teilweise auch die Voraussetzung zur Definition übergeordneter Standards, in denen beispielsweise das Zusammenwirken der gesamten audiovisuellen Informationskomponenten festgelegt wird. Ein Beispiel für einen solchen übergeordneten Standard ist die CCITT-Empfehlung *H.320* (audiovisuelle Terminals) : Hier wird definiert, welche Codierungsstandards zur Übertragung von Bildsequenzen (*H.120* oder *H.261*, in Zukunft auch *H.262*), zur Übertragung von Sprache (64 *kb/s* oder komprimiert), von Graphiken, Einzelbildern usw. verwendet werden können. Ein weiteres Beispiel für einen (noch viel umfangreicheren) übergeordneten Standard ist der in Vorbereitung befindliche Multimedia-Standard *MHEG* (vgl. Abschn. 19.3.1).

Entwicklungsgang der Standardisierung. In einer ersten Stufe der Standardisierung sind die *Anforderungen* festzulegen, die das auszuwählende Bildcodierverfahren erfüllen muß. Diese sind zum Teil von der Anwendung abhängig, so ist bei Bildtelefon z.B. unbedingt eine Echtzeitfähigkeit, d.h. möglichst geringe Codier- und Decodierverzögerungen zu fordern. Auf Grund der Anforderungen wird zu *Vergleichstests* verschiedener Algorithmen aufgerufen. Hierbei ist auch die Auswahl des zu den Tests verwendeten Bildmaterials von großer Bedeutung. Vielfach werden Bilder oder Videoszenen verwendet, die im vorgesehenen Anwendungsfall als kritische Extreme denkbar sind. In den Vergleichstests werden sowohl die subjektive und objektive *Leistungsfähigkeit* (Qualität bei einem bestimmten Kompressionsfaktor), als auch die *Realisierbarkeit* der Algorithmen bewertet. Hierunter fallen sowohl der notwendige Hardwareaufwand, als auch die Flexibilität des Algorithmus für alle Eventualitäten der vorgesehenen Anwendungsfälle. Ausgehend von einer Vorauswahl wird schließlich mit der *Optimierung* des Codieralgorithmus begonnen, wobei sinnvollerweise Elemente aus mehreren ursprünglich unabhängig voneinander vorgeschlagenen Methoden kombiniert werden können, um von allen die günstigsten Eigenschaften zu erhalten.

21.2.1 Standards zur Einzelbildcodierung

Bei der Festlegung von Standards zur Einzelbildspeicherung und -übertragung sind die folgenden Aspekte zu berücksichtigen :

– Erzielung hoher Datenkompressionsfaktoren;
– Unterstützung unterschiedlicher Bildformate.
– Möglichkeit zur *verlustlosen Codierung* von in PCM-Darstellung vorliegenden Bildern;
– Möglichkeit zur *progressiven Übertragung* (Beginn mit einem Bild geringer Auflösung, aus dem sich aber schon der Inhalt erkennen läßt, allmähliche weitere Übertragung der Information bis hin zur verlustlosen Stufe) bei Bildübertragung über schmalbandige Kanäle;

"JBIG"-Standard. Aus der Arbeit der Joint Bilevel Images Group (JBIG) ist der Standard ISO/IEC 11544 *"Coded Representation of Picture and Audio Information - Progressive Bi-level Image Compression"*, wortgleich mit ITU/CCITT T.82, zur verlustlosen progressiven Übertragung von zweifarbigen (schwarz/weißen) Bildern entstanden. Hiermit werden nicht nur die Kompressionsraten derzeitiger Faxgeräte (G3 und G4 nach ITU/CCITT-Empfehlungen T.4 und T.6) um bis zu 40 % übertroffen; der JBIG-Standard ist ebenfalls einsetzbar bei der Übertragung von Grauwertbildern mit relativ wenigen Graustufen; hierbei werden dann die einzelnen Bitebenen des Binärcodes wie Zweifarbbilder übertragen. Die Leistungsfähigkeit des Standards ergibt sich durch

- Verwendung von *line skipping* zur Eliminierung einer kompletten Zeile, sofern diese mit der darüberliegenden identisch ist;
- Verwendung adaptiver arithmetischer Codes zur Entropiecodierung;
- Adaptive Prädiktion von Mustern (*template prediction*), effizient z.B. bei Füllmustern in Graphiken oder bei der Übertragung einer Zeichnung auf Millimeterpapier;
- Möglichkeit der progressiven Übertragung.

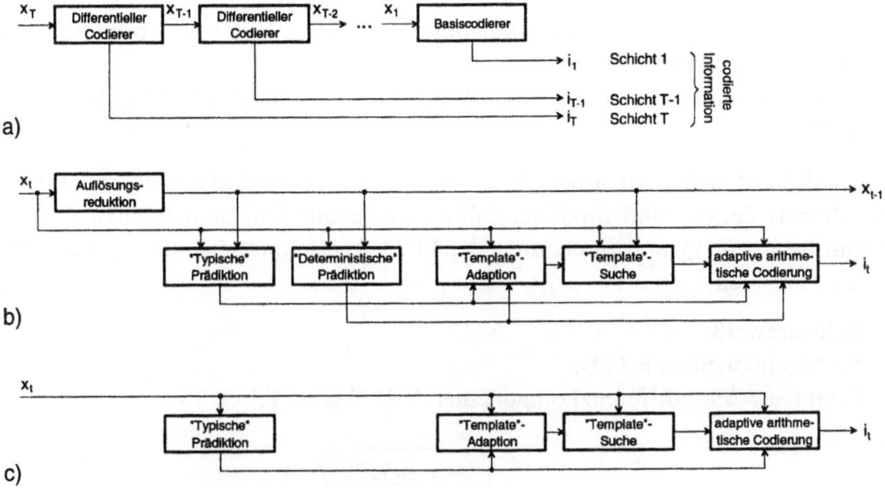

Abb. 21.4. JBIG-Codierer
a progressive Struktur **b** differentieller Codierer **c** Basiscodierer
nach [HAMPEL ET AL. 1992]

Bei der Übertragung von gedruckten Seiten und Graphiken erscheint bei progressiver Übertragung in einer ersten schnellen Übersicht die Ansicht der gesamten Seite auf dem Bildschirm, ohne daß der Text schon lesbar oder Details erkennbar wären. Hierzu wären Methoden unbrauchbar, die einfach durch Weglassen von Zeilen und Spalten den Bildinhalt verkleinern. Vielmehr wird ein Verfahren ähnlich der Pyramidencodierung (Abschn. 2.5.4) angewandt, welches eine örtlich aliasfreie Darstellung mit verringerter Auflösung ermöglicht. Die Struktur des JBIG-Verfahrens zur progressiven Codierung ist in Abb. 21.4a dargestellt. Die Anzahl der differentiellen Codierer, d.h. der Pyramidenstufen zur progressiven Übertragung, ist wählbar und wird dem Decodierer in der Präambel mitgeteilt. Abb. 21.4b stellt die Struktur eines einzelnen differentiellen Codierers dar. In der *typischen Prädiktion* wird untersucht, ob die 4 Bildpunkte der höheren Auflösung identisch mit dem auf gleicher örtlicher Position liegenden der geringeren Auflösung sind, während die *deterministische Prädiktion* durch örtliche Interpolation auch wechselhafte Strukturen vorherzusagen versucht. Schlägt beides fehl, wird ein ähnliches Muster (*template*) aus den bekannten Mustern der näheren Umgebung gesucht. Alle so entstehenden differentiellen (nicht vorhersagbaren) Anteile werden mittels eines adaptiven arithmetischen Verfahrens entropiecodiert. Abb. 21.4c zeigt die Struktur des Codierers der geringsten Auflösungsstufe (*bottom layer*). Hier wird als *typische Prädiktion* ausschließlich das line-skip-Verfahren angewandt.

"JPEG"-Standard. Die Joint Photographic Experts Group (JPEG) hat den Standard *"Digital Compression and Coding of Continuous-Tone Still Images"* geschaffen, der aus zwei Teilen besteht :

– Part 1 - *Requirements and Guidelines* : ISO/IEC 10918-1, wortgleich mit ITU/CCITT T.81;
– Part 2 - *Compliance Testing* : ISO/IEC 10918-2, wortgleich mit ITU/CCITT T.83.

Der JPEG-Standard ist anwendbar auf digitale Einzelbildsignale mit unterschiedlichen Zeilen- und Spaltenanzahlen sowie mit unterschiedlichen Helligkeitsauflösungen (Quantisiererstufen der PCM-Repräsentation), u.a. in den folgenden Formaten :

– Schwarzweiß;
– Farbkomponenten R,G,B;
– Luminanz-/Farbdifferenzkomponenten Y,U,V oder Y,I,Q.

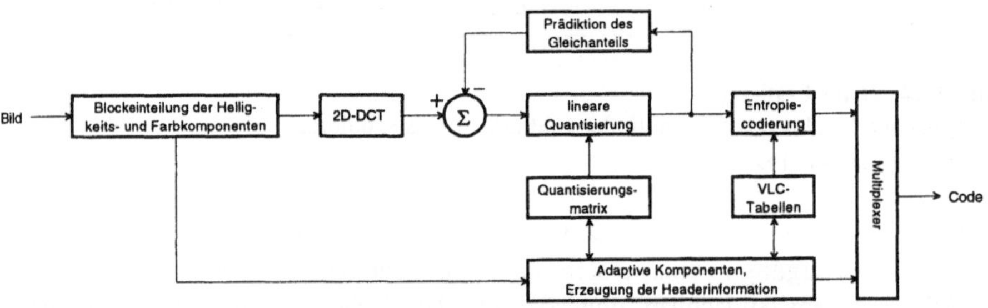

Abb. 21.5. Blockschaltbild des JPEG-Codierers im sequentiellen DCT-Modus

Der JPEG-Codierer kann in 4 verschiedenen Arbeitsweisen (Modi) betrieben werden. Am häufigsten wird der im folgenden beschriebene Standardmodus benutzt.

Sequentieller DCT-Modus. Der in Abb. 21.5 dargestellte Codierer für den JPEG-Standardmodus ist ein adaptiver Transformationscodierer, wobei eine 2D-DCT der Blockgröße 8x8 Bildpunkte benutzt wird. Als Eingangsdaten können mit 8 *b* oder 12 *b* Genauigkeit quantisierte PCM-Bildsignale verwendet werden. Der Gleichanteil-Koeffizient eines DCT-Blockes kann unter Verwendung des decodierten Gleichanteil-Koeffizienten aus dem links liegenden Block DPCM-codiert werden. Diese prädiktive Arbeitsweise läßt sich für jeden Block ein- oder ausschalten. Zur Codierung des Gleichanteils wird ein adaptiver Quantisierer verwendet : Für jeden Koeffizienten werden Bitanzahl und Stufenindex separat übertragen. Die Wechselanteil-Koeffizienten werden wie in Abb. 13.12a in einer *Zickzack-Reihenfolge* bearbeitet. Koeffizienten, deren Wert weñiger als die halbe Quantisiererstufenhöhe beträgt, werden bei der Decodierung auf Null gesetzt. Alle verbleibenden Koeffizienten werden *linear quantisiert.* Dabei kann eine *Frequenzgewichtung* benutzt werden, so daß die tieffrequenten Koeffzienten üblicherweise genauer quantisiert werden als die hochfrequenten. Die Gewichtungstabellen sind im Standard nicht vorgegeben, jedoch werden im Anhang Empfehlungen für eine geeignete Gewichtung der Luminanz- und Chrominanzkomponenten gegeben. Die Quantisiererstufenhöhe ist jeweils für ein ganzes Bild konstant einzustellen, kann jedoch für die Luminanz- und Chrominanzkomoponenten unabhängig festgelegt werden. Sowohl die bei der Zickzacksuche entstehende Lauflängen-, als auch die Quantisierungsinformation werden verzerrungsfrei durch einen *Code variabler Länge* (*VLC*) repräsentiert. In den verwendeten VLC-Tabellen werden die Kombinationen von kleinen Lauflängen und kleinen Quantisiererstufen - die nach der Statistik der Koeffizienten am häufigsten erwartet werden - mit den kürzesten Codeworten repräsentiert. Mit einem "*end of block*"-Symbol (*EOB*) wird angezeigt, daß in diesem Block kein weiterer Koeffizient zu übertragen ist (vgl. Abschn. 13.4.3). Die erzielte Kompressionsrate bzw. die Ausgangsbitrate ist hauptsächlich von der Wahl der Stufenhöhe des gleichförmigen Quantisierers abhängig. Eine sehr gute Rekonstruktionsqualität wird für Farbbilder mittleren Detailgehalts bei Bitraten von ca. 1 *b/p* erreicht.

Den beschriebenen Standardmodus, auch als *sequentieller DCT-Modus* bezeichnet, gibt es zunächst in einer *Basisversion*, in der 2 feste Huffman-VLC-Tabellen für Luminanz- und Farbinformation vorgegeben sind, und maximal 256 Quantisiererstufen möglich sind. In einer *erweiterten Version* können vom Codierer selbst für ein spezielles Bild bis zu 4 Huffman-VLC-Tabellen bestimmt oder ein arithmetischer Code verwendet werden; weiterhin sind bis zu 1024 Quantisiererstufen möglich.

Progressiver DCT-Modus. Im sequentiellen Modus wird das Bild blockweise transformiert, und die Koeffizienten werden blockweise bearbeitet und übertragen. Hiermit ist eine progressive Übertragung - ein Bildaufbau mit sukzessive wachsender Qualität - nicht möglich, wie sie bei schmalbandigen Übertragungskanälen gefordert wird. Jedoch genügt ein einfaches Umsortieren bei der Übertragung - die DCT-Koeffizienten werden nach Frequenzen oder Frequenzgruppen geordnet, d.h. zuerst die Gleichanteil-Koeffizienten *aller* Blöcke, dann die niederfrequentesten AC-Koeffizienten usw. -, um eine progressive Übertragung zu realisieren. Bei dieser *Frequenzselektion* entsteht keine höhere Bitrate als im sequentiellen Modus. Der progressive DCT-Modus erlaubt zusätzlich eine *Requantisierung*, d.h. die Übertragung beginnt mit großer Quantisiererstufenhöhe, und auch für bereits übertragene Koeffizienten kann später eine Restfehler-Information gesendet werden. Dies ermöglicht eine bessere Qualität bei extrem niedrigen

Bitraten, führt aber auch zu einer gewissen Erhöhung der Gesamtrate (vgl. Abschn. 20.1.3).

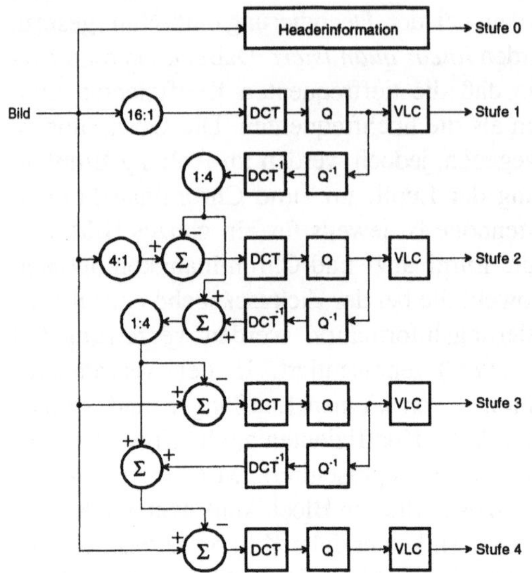

Abb. 21.6. Blockschaltbild der hierarchisch-progressiven JPEG-Übertragung mit 4 Stufen

Hierarchisch-progressiver Modus. Der progressive DCT-Modus benötigt bei Anwendung der Frequenzselektion keine höhere Datenrate als der sequentielle. Allerdings können hier in der Anfangsphase des sukzessiven Bildaufbaus starke Blockeffekte entstehen. Um diese zu vermeiden, wurde der hierarchisch-progressive Modus definiert. Das Blockschaltbild der angewandten Methode ist in Abb. 21.6 dargestellt. Es handelt sich hier um ein differentielles Pyramidenverfahren (vgl. Abschn. 2.5.4), in Kombination mit einer Quantisierer-Skalierung (Abschn. 20.1.3). Begonnen wird mit einem in beiden örtlichen Richtungen um den Faktor 4 (insgesamt Faktor 16) unterabgetasteten Bild. Bei Anwendung dieser Methode steigt allerdings die Gesamtrate gegenüber dem progressiven DCT-Modus um bis zu 30 %.

Verlustloser Modus. Die adaptive DCT-Codierung ist zur verlustlosen Übertragung wenig geeignet : Es müßten viele hochfrequente Spektralanteile übertragen werden, was der Datenreduktion mit Lauflängen- und Entropiecodierung enge Grenzen setzt. Vor allem aber können bei der Rücktransformation - je nach der arithmetischen Genauigkeit des inversen DCT-Algorithmus - Fehler entstehen. Daher wird im verlustlosen JPEG-Modus eine zweidimensionale DPCM mit Entropiecodierung (wahlweise Huffman- oder arithmetische Codierung) verwendet. Der Prädiktor ist schaltbar mit sieben verschiedenen Prädiktorgeometrien (Prädiktion maximal von drei Viertelebenen-Punkten aus), ergänzt um eine achte Variante, bei der die Prädiktion ganz ausgeschaltet wird. Das verlustlose Verfahren ermöglicht eine Datenkompression etwa um den Faktor 2 gegenüber PCM-Übertragung. Der verlustlose Modus arbeitet sequentiell und vollständig unabhängig von den übrigen. Daher ist es z.B. nicht möglich, direkt aus einer progressiven Übertragung das verlustlos rekonstruierte Bild zu vervollständigen.

In allen Modi können Luminanz- und Farbkomponenten entweder als getrennte Bilder, oder aber blockweise (bei den DCT-Modi) bzw. bildpunktweise (beim verlustlosen Modus) verschachtelt werden. Bei dieser als *interleaving* bezeichneten Methode ist allerdings zu beachten, daß die Bildgrößen von Luminanz- und Chrominanzbildern bei Unterabtastung der Farbkomponenten unterschiedlich sind.

Derzeit ist die JPEG mit einer erweiterten Version (ISO/IEC 10918-3) ihres Standards befaßt. Diese soll u.a. die blockweise-variable Wahl der Quantisiererstufenhöhe innerhalb eines Bildes erlauben, und den verlustlosen Modus durch verbesserte Prädiktions- und Entropiecodierungsmethoden weiter optimieren.

21.2.2 Standards zur Bildsequenz-Codierung

In letzter Zeit werden zur Datenkompression von Bildsequenzen häufig Hardware- und Software-Komponenten angeboten, die nach einem sogenannten "Moving JPEG"-Verfahren (*M-JPEG*) arbeiten. Es handelt sich hierbei um keinen eigenständigen Standard, sondern um die JPEG-Codierung der einzelnen Bilder der Sequenz.

Bei der Standardisierung der Bildsequenz-Codierung wurden in einer ersten Phase - trotz weitgehender Übereinstimmung des grundlegenden Funktionsprinzips - separate Standards seitens der ITU und der ISO geschaffen. Der Grund hierfür liegt in den zunächst vorgenommenen Beschränkungen der Anwendungsfälle. So sollten die ITU/CCITT-Empfehlungen *H.120* und *H.261*, die als erste verabschiedet wurden, hauptsächlich für Bildtelefon- und Videokonferenz-Übertragungen verwendet werden. Der später konzipierte ISO-Standard *MPEG-1* war wiederum zur *Aufzeichnung* von Videomaterial, hauptsächlich auf CD, gedacht. Die aktuellste Standardgeneration, *H.262* bzw. *MPEG-2*, ist dagegen durch gemeinsame Arbeit beider Organisationen entstanden, und im Wortlaut identisch. Für spezielle Anwendungen zur Übertragung von Videosequenzen in Studioqualität entstanden die CMTT-Empfehlungen *Rec. 721* und *Rec. 723*.

Videokonferenz-Standard H.120. Der Standard CCITT H.120 "*Codecs for Videoconferencing using Primary Digital Group Transmission*" wurde für eine Videokonferenz-Übertragung im professionellen Bereich bei einer Datenrate von 2 *Mb/s* (zweite Hierarchieebene im synchronen Multiplex, vgl. Abschn. 20.2.1) geschaffen. Als Eingangsdaten werden digitale Videosignale nach CCIR-472 verwendet. Sie werden zunächst in Zeilenrichtung um den Faktor 2 unterabgetastet. Der eigentliche Codierer arbeitet nach dem *Replenishment*-Verfahren (Abschn. 15.1). Soweit innerhalb eines Bildes neue Information zu übertragen ist, die nicht mit der Information an derselben Position des Vorgängerbildes identisch ist, wird ein Intraframe-DPCM-Verfahren verwendet. Zur Prädiktion werden die Werte der Bildpunkte links und rechts oberhalb des aktellen Bildpunktes gemittelt, der Prädiktionsfehler wird mittels eines Huffmancodes entropiecodiert. Die Leistungsfähigkeit des Replenishment-Verfahrens ist sehr stark vom Anteil bewegter Bildinhalte abhängig; die Qualität ist aber bei der zur Verfügung stehenden Datenrate für den vorgesehenen Anwendungsfall ausreichend.

Bildtelefon-Standard H.261. Der Standard CCITT H.261 *"Video Codec for Audiovisual Services at px64 kbit/s"* wurde vorrangig für eine Bildtelefon- und Videokonferenzübertragung mit fester Datenrate von *p* x *64 kb/s* (*p*=1..30), eine beliebige Anzahl von Kanälen in der ersten Ebene der synchronen Multiplexhierarchie, maximal jedoch 1920 *kb/s*, konzipiert.

Eigenschaften von H.261. Die Struktur des hybriden Codierers mit bewegungskompensierter Prädiktion und 2D-DCT ist in Abb. 21.7 dargestellt. Der im Standard definierte Decodierer unterstützt die folgenden Codierereigenschaften :

- Anwendbarkeit auf CIF- oder QCIF-Formate
- Bildfolgefrequenzen zwischen 8 1/3 und 30 Hz
- Bewegungsschätzung für Makroblöcke der Größe 16x16, maximaler Suchbereich ±15 pixel je Richtung, Suchgenauigkeit 1 pixel
- Verlustlose Differenzcodierung der Bewegungsparameter
- Bewegungskompensierte Prädiktion mit zuschaltbarem Schleifenfilter
- Umschaltung auf Intra- oder Interframe-Codierung für jeden Makroblock
- Lauflängencodierung der Koeffzienten mit Zickzack-Suche innerhalb jedes DCT-Blocks der Größe 8x8 pixel
- Lineare, ungewichtete Quantisierung der Koeffizienten.

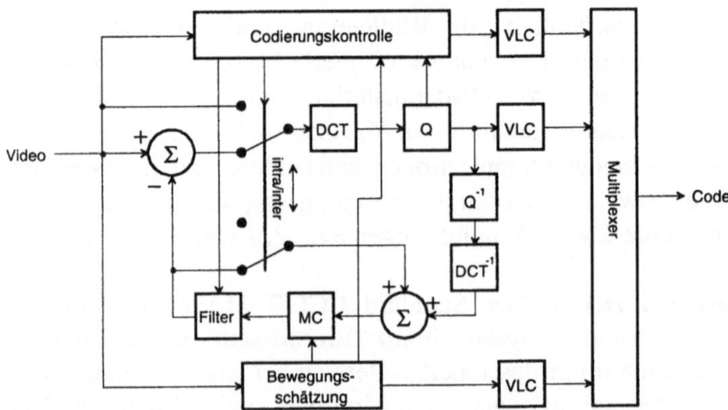

Abb. 21.7. Blockschaltbild des Codierers nach dem H.261-Standard

Ein vereinfachter H.261-Codierer bräuchte *keine Bewegungskompensation* zu benutzen, oder könnte z.B. auch wie H.120 nach dem Prinzip des *frame replenishment* arbeiten. Wird der Verzicht auf Bewegungsparameter bzw. die jeweilige Umschaltung auf Intraframe-Codierung dem Decodierer mitgeteilt, so kann dieser den Bitstrom ohne weiteres interpretieren, jedoch hätte das Rekonstruktionsbild sicher eine schlechtere Qualität. Hingegen darf der Codierer *keine* halbpixel-genaue Bewegungskompensation oder Suchbereiche von mehr als 15 Bildpunkten benutzen, weil diese nicht nach H.261 decodierbar sind.

Ebenen der Codierung. Der Bitstrom wird in H.261 in mehrere Ebenen eingeteilt (sh. Abb. 21.8) :

- *Picture layer* : Das gesamte Bild wird bei QCIF in 3, bei CIF in 12 *Blockgruppen* (*group of blocks*, *GOB*) zerlegt. Jede GOB nimmt die Fläche von 176x48 Bildpunkten im Luminanzbild ein.
- *Group of blocks layer* : Jede GOB besteht aus 33 *Makroblöcken*. Ein Makroblock erstreckt sich über 16x16 Bildpunkte des Luminanzbildes.
- *Macroblock layer* : Jeder einzelne Makroblock faßt 6 *Blöcke* (4 Luminanz- und 2 Chrominanz-Blöcke) der Größe 8x8 Bildpunkte zusammen.
- *Block layer* : Jeder Block besteht aus 64 Transformationskoeffizienten.

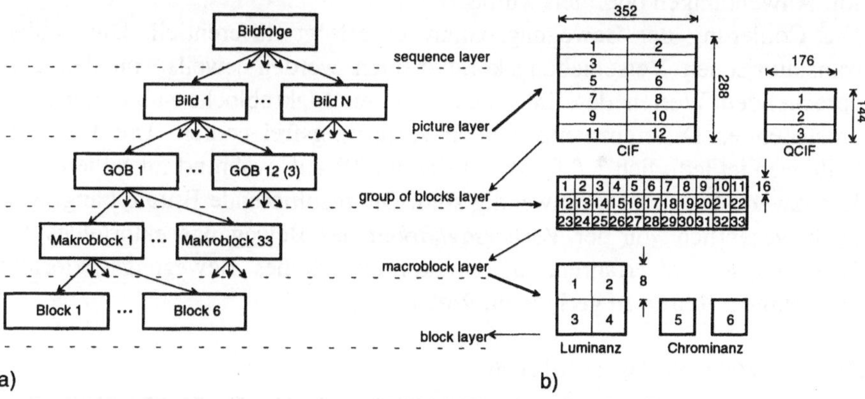

Abb. 21.8. Codierungsebenen bei H.261 **a** Aufteilung des Bitstroms **b** zugehörige Aufteilung des Bildes

Parametercodierung auf den einzelnen Ebenen. Für alle auf den einzelnen Ebenen notwendigen Parameter definiert H.261 spezielle Tabellen mit Codes variabler Länge. Im folgenden werden einige der Parameter beschrieben, um zu verdeutlichen, wie die Datenreduktion verwirklicht werden kann.

- Group of blocks layer : Neben Resynchronisationsmechanismen ist der wichtigste auf der GOB-Ebene zu codierende Parameter die *Makroblock-Adresse*. Hiermit wird angezeigt, an welcher relativen Position der nächste zu codierende Makroblock steht. Gerade im Fall stationären Hintergrundes wird es häufig vorkommen, daß für viele benachbarte Makroblöcke keinerlei Information zu übertragen ist.

– Makroblock layer : Auf der Ebene der Makroblöcke ist die größte Vielfalt an Parametern definiert. Welche Parameter tatsächlich zu übertragen sind, wird durch den *Makroblocktyp* definiert, dessen mögliche Werte und VLC-Tabellen in Tabelle 21.2 dargestellt sind. Möglich sind zunächst *Umschalten auf Intraframe-Codierung* (*INTRA*) und *Einschalten des Schleifenfilters* (*FILT*). Die Übertragung weiterer Parameter ist erforderlich beim erneuten *Setzen der Quantisiererstufenhöhe* (*QUANT*) sowie bei Ausführung der *Bewegungskompensation* (*MC*). Ein *coded block pattern* (*CBP*) zeigt an, aus welchen der 6 Koeffizientenblöcke Koeffizienten übertragen werden sollen. Hierfür steht eine VLC-Tabelle mit $2^6=64$ verschiedenen Codesymbolen zur Verfügung. Schließlich gibt es 2 Modi, in denen zwar eine Bewegungskompensation erfolgt, jedoch keine Transformationskoeffizienten (*TC*) übertragen werden, d.h. der Prädiktionsfehler ist hier ausreichend klein, um auf deren Übertragung verzichten zu können. Der am häufigsten auftretende Fall wird durch den VLC "1" repräsentiert. Es handelt sich um die prädiktive Codierung ohne Bewegungskompensation, was eigentlich nur bei geringen Bewegungen oder kleinen Aufdeckungsbereichen vor stationärem Hintergrund sinnvoll ist. Hieraus wird wiederum deutlich, daß H.261 speziell für Bildtelefon-Anwendungen optimiert wurde.

Die Codierung der Bewegungsparameter erfolgt differentiell. Die beiden translatorischen Verschiebungskomponenten werden jeweils von den entsprechenden Werten des links benachbarten Makroblocks subtrahiert; die entstehenden Differenzwerte werden verzerrungsfrei codiert. Die VLC-Tabelle wendet lediglich 1 *b* für die Differenz "0" auf, während für höhere Differenzwerte bis zu 11 *b* notwendig sind. Die resultierende Bitrate hängt also auch wesentlich von der *Vorhersagbarkeit* des Bewegungsvektorfeldes ab; Bewegungsschätzverfahren, die ein kontinuierliches Bewegungsvektorfeld bevorzugen, führen zu geringeren Raten.

Tabelle 21.2. Makroblocktypen bei H.261

INTRA	FILT	QUANT	MC	CBP	TC	VLC
x					x	0001
x		x			x	0000011
				x	x	1
		x		x	x	00001
			x			000000001
			x	x	x	00000001
		x	x	x	x	0000000001
	x		x			001
	x		x	x	x	01
	x	x	x	x	x	000001

− Block layer : Auf der Blockebene erfolgt ausschließlich die Quantisierung der Transformationskoeffizienten. Hier wird - wie bei JPEG - eine lineare Quantisierung sowie eine Kombination von Lauflängen- und Entropiecodierung angewandt. Jedoch findet *keine Frequenzgewichtung* statt, und der Quantisierer ist ein *Totzonenquantisierer* (vgl. Abschn. 8.1.2). Kurze Lauflängen in Kombination mit kleinen Quantisierer-Rekonstruktionswerten, welche die größte Auftretenswahrscheinlichkeit besitzen, erhalten wieder die kürzesten Codeworte.

Die geforderte konstante Bitrate kann nur durch Zwischenpufferung und Adaption der Quantisiererstufenhöhe erreicht werden (vgl. Abschn. 10.1.4). Eine Übertragung bei 64 *kb/s* erfolgt im allgemeinen im QCIF-Format mit 10 *Hz* Bildfolgefrequenz. Die Rekonstruktionsqualität ist allerdings trotz der ausgeklügelten VLC-Methoden nicht allzu hoch, sofern sich der Bildtelefon-Partner stärker bewegt. Dies liegt zum einen an der ruckweisen Wiedergabe, zum anderen an Blockeffekten und Quantisierungsverzerrungen, die sich bei hohen Kompressionsraten zwangsläufig ergeben. Nach dem Verbindungsaufbau dauert es 1-2 *s*, bis eine befriedigende Übertragungsqualität erreicht ist. Gute Qualität mit dem vollen CIF-Format und 25 bzw. 30 *Hz* Bildfolgefrequenz ist bei einer Datenrate von 384 *kb/s* möglich. Für Videokonferenzübertragungen sollten eher noch etwas höhere Raten vorgesehen werden, da der Anteil bewegter Bereiche bei mehreren Teilnehmern größer ist. Zudem sind mehr Szenenwechsel und Schwenks, z.B. bei Verwendung automatisch auf den jeweiligen Sprecher ausgerichteter Kameras, beim Vorzeigen oder Einblenden von Dokumenten oder Objekten, zu erwarten. All dies würde bei zu niedrigen Datenraten zu nicht akzeptierbaren Qualitätseinbußen führen.

Das H.261-Verfahren besitzt die bei Dialogdiensten zu fordernde geringe Codierverzögerung. Zu der eigentlichen Codierverzögerung des Videocodierers (1 frame) kommt jedoch noch die Verzögerung des Übertragungspuffers - der notwendig ist, um mit konstanter Datenrate zu senden -, sowie eine Verzögerung durch die Decodierer-Bearbeitungszeit. Daher kann es erforderlich sein, das Sprachsignal künstlich zu verzögern, um eine Lippensynchronität zu erreichen.

Zur Fehlererkennung und -korrektur in Schmalbandnetzen werden einfache Paritätsprüfverfahren (*cyclic redundancy check*, CRC) verwendet, da die Bitfehler im Schmalband-ISDN statistisch unabhängig auftreten (keine Fehlerbursts). Zur Resynchronisation zwischen Sender- und Empfängerseite bei trotzdem unerkannt gebliebenen Fehlern wird spätestens nach 160 gesendeten Bildern die Prädiktionsschleife durch einen *frame refresh* (reine Intraframe-Codierung) unterbrochen. Dies ist im übrigen auch notwendig, da sich ansonsten die Rundungsfehler der inversen DCT-Berechnung in der Prädiktionsschleife aufakkumulieren können, falls Sender und Empfänger nicht denselben DCT-Algorithmus verwenden.

CMTT-Empfehlungen Rec.721 und Rec.723. Diese beiden Empfehlungen (Rec.721 : *"Transmission of Component Coded Digital Television Signals for*

Contribution-Quality Applications at Bitrates near 140 Mbit/s" ; Rec.723 : *"Transmission of Component Coded Digital Television Signals for Contribution-Quality Applications at the Third Hierarchical Level of CCITT Rec. G.702"*) wurden geschaffen, um den Austausch von Bildsequenzdaten zwischen Studios auf den Ebenen 3 und 4 der synchronen Multiplex-Hierarchie zu ermöglichen. Eine *contribution quality* erfordert z.B. die Unempfindlichkeit des Bildmaterials auch bei mehrmaligem Überspielen, sowie beim Einsatz von Trickeffekten wie *chroma key*, bei denen digitale Codierer mit hohen Kompressionsraten häufig versagen.

Der Codierer nach Rec.721 arbeitet mit einer reinen Intraframe-Codierung, und zwar nach einem sehr einfachen kombinierten PCM/DPCM-Verfahren mit nichtlinearer Quantisierung von 6 *b* pro Abtastwert. Die Codierung ist *nicht* verlustlos, dafür aber von geringer algorithmischer Komplexität, und sehr resistent gegen Übertragungsfehler.

Der Codierer nach Rec.723 ist ein bewegungskompensiertes Intraframe-Hybridverfahren mit DCT-Codierung des Prädiktionsfehlersignals, und weist große Ähnlichkeiten zu H.261 bzw. MPEG-1 auf. Er wurde formuliert, weil MPEG-1 zunächst nur die Codierung progressiv abgetasteter Bildsequenzen bei wesentlich niedrigeren Datenraten abdeckte. Wesentlicher Unterschied ist die Einführung einer Halbbild-/Vollbild-Bewegungskompensation (vgl. Abschn. 15.4.1). Da derartige Methoden mittlerweile in ausgeklügelterer Form auch in den noch leistungsfähigeren MPEG-2-Standard aufgenommen wurden, dürfte Rec.723 keine allzu große Zukunft beschieden sein.

MPEG-1-Standard für die digitale Speicherung. Die *Moving Pictures Expert Group (MPEG)* hat den Standard ISO/IEC 11172 *"Coded Representation of Moving Pictures and Associated Audio for Digital Storage Media up to about 1.5 Mbit/s"* formuliert. Dieser besteht aus 5 Teilen : -1 : *Systems* ; -2 : *Video* ; -3 : *Audio* ; -4 : *Compliance testing* ; -5 : *Simulation software*. Hier soll ausschließlich der Videoteil erläutert werden.

Bedingungen bei digitaler Speicherung. Die digitale Speicherung von Videosignalen, z.B. auf CD oder DAT, stellt einige Anforderungen, die durch den H.261-Standard nicht erfüllbar sind :

- wahlfreier Zugriff und Editieren (bildweises Schneiden) soll möglich sein;
- die Videosequenz soll vorwärts und rückwärts abspielbar sein;
- schneller Vor- und Rücklauf mit Zeitraffer-Darstellung sind erwünscht.

Zusätzlich ist zu berücksichtigen, daß nicht nur die Qualitätsanforderung höher ist, sondern auch die Statistik von Heim- oder Studio-Videosignalen eine andere ist als bei Bildtelefon-Anwendungen, für die H.261 optimiert wurde :

- es treten mehr und schnellere Bewegungen auf
- bei erhöhter Detailstruktur sollte die Bewegungskompensation mit Halbpixel-Genauigkeit erfolgen (vgl. Abschn. 6.2 und 15.2.1)

– die Kamera steht meist nicht auf einem Stativ, Zoom und Schwenks finden statt

– Szenenwechsel sind häufiger.

Die oben genannten Bedingungen für Zugriffe und Reihenfolgen einzelner Bilder sind immer erfüllbar, wenn alle Bilder der Sequenz ausschließlich mit einem Intraframe-Verfahren codiert werden. Hiermit könnte jedoch die Redundanz zwischen den Bildern nicht ausgenutzt werden, und es wären keine höheren Datenreduktionsfaktoren erreichbar. Wird allerdings nur von Zeit zu Zeit (Abstände 0,5-1 s) ein *einzelnes Bild* nach einem reinen Intraframe-Verfahren codiert, so sind die Bedingungen mit vertretbarem Aufwand erfüllbar. Die Decodierung bei wahlfreiem Zugriff muß dann stets mit einem solchen Bild beginnen. Bei schnellem Vor- und Rücklauf kann nun die Sequenz der periodisch intraframe-codierten Bilder abgespielt werden.

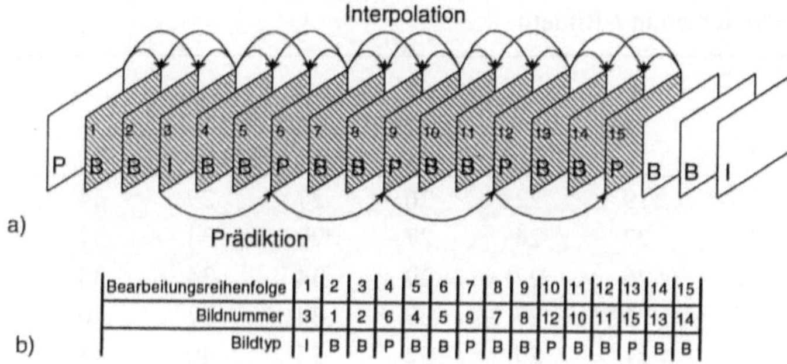

Bearbeitungsreihenfolge	1	2	3	4	5	6	7	8	9	10	11	12	13	14	15
Bildnummer	3	1	2	6	4	5	9	7	8	12	10	11	15	13	14
Bildtyp	I	B	B	P	B	B	P	B	B	P	B	B	P	B	B

b)

Abb. 21.9. a GOF-Struktur im MPEG-1-Standard; Beispiel mit 4 *P*-Bildern pro GOF, und 2 *B*-Bildern zwischen *I*- und/oder *P*-Bildern **b** Reihenfolge bei der Codierung

Eigenschaften von MPEG-1. Der im MPEG-1-Standard beschriebene Decodierer ist ebenfalls ein hybrides Verfahren. Jedoch sind gegenüber H.261 eine Reihe von Erweiterungen vorgesehen, mittels derer die Rekonstruktionsqualität auch bei Videosequenzen komplexeren Inhalts verbessert werden konnte. Die wesentlichen Unterschiede sind die folgenden :

– Es wird jeweils eine Anzahl von Bildern zu einer Bildgruppe (*group of frames, GOF*) zusammengefaßt, von denen mindestens ein Bild (*I*-Bild) ausschließlich mit Intraframe-Techniken codiert wird (Abb. 21.9a). Die Länge des GOF ist nicht fest vorgegeben, sondern durch die Anzahlen der verschiedenen Bildtypen bestimmt (s.u.).

– Die Genauigkeit der Bewegungskompensation kann auf 1/2 pixel eingestellt werden, der Suchbereich kann maximal ±64 pixel in jeder Richtung betragen.

– Es sind sowohl einseitig bewegungskompensiert prädizierte Bilder (*P*-Bilder), als auch solche mit bewegungskompensierter Interpolation (*B*-Bilder, vgl. Abschn. 15.3) zugelassen. Die Anzahlen von *P*-Bildern innerhalb einer

GOF, sowie von B-Bildern zwischen den I- bzw. P-Bildern ist wählbar. Allerdings ist zu berücksichtigen, daß diejenigen I- bzw. P-Bilder, welche zur Prädiktion von B-Bildern benutzt werden, zeitlich *vor* diesen codiert und decodiert werden müssen (Abb. 21.9b). Dies führt zu einer erhöhten Codier- und Decodierverzögerung, und auch zu einem erhöhten Speicheraufwand gegenüber dem H.261-Standard.

– Die Bilder können mit einer örtlichen Frequenzgewichtung codiert werden. Die für I-Bilder vorgesehene Standardgewichtung ist in Tabelle 21.3 dargestellt; diese Faktoren müssen noch durch 16 geteilt und mit der Quantisiererstufenhöhe multipliziert werden. Es ist auch möglich, eigene Gewichtungstabellen zu definieren, diese müssen dann allerdings gesondert übertragen werden. Für P- und B-Bilder ist eine gleichförmige Gewichtung vorgesehen, sofern keine explizite Festlegung erfolgt.

Tabelle 21.3. Gewichtungstabelle des MPEG-1-Standards für die Quantisierung der DCT-Transformationskoeffizienten in I-Bildern

Gewichtung G_{uv} für c_{uv} $v=$	$u=$ 0	1	2	3	4	5	6	7
0	8	16	19	22	26	27	29	34
1	16	16	22	24	27	29	34	37
2	19	22	26	27	29	34	34	38
3	22	22	26	27	29	34	37	40
4	22	26	27	29	32	35	40	48
5	26	27	29	32	35	40	48	58
6	26	27	29	34	38	46	56	69
7	27	29	35	38	46	56	69	83

– In den I-Bildern, wie auch in einzelnen intraframe-codierten Makroblocks kann der Gleichanteil-Koeffizient aus dem des vorhergehenden (links liegenden) Blockes prädiziert werden.

Ebenso wie bei H.261, ist auch der Bitstrom im MPEG-Standard in mehreren Ebenen (*sequence layer, group-of-frames layer, frame layer, slice layer, macroblock layer, block layer*) aufgebaut. Die Prinzipien, z.B. zum kompletten Nullsetzen von Makroblöcken, sind nahezu identisch, jedoch entfällt die *GOB*-Struktur. Dafür sind die Makroblöcke zeilenweise als sog. *slices* angeordnet.

Codierung auf Blockebene. Auf Grund stärkerer Wechsel in den Videosequenzen (seltener stationärer Hintergrund, stärkere Bewegung als beim Bildtelefon) ist die Effizienz der VLC-Codierung auf der Blockebene noch bedeutender als bei H.261. Hierbei wird besonders zwischen der Codierung des Gleichanteil- und der Wechselanteil-Koeffizienten unterschieden :

– Adaptive Quantisierung und Codierung des Gleichanteil-Koeffizienten : Mit
einem VLC-Code wird die *Anzahl* der notwendigen bits (0..8) mitgeteilt, und
dann der Quantisiererindex durch einen einfachen Binärcode mit dieser Bitanzahl repräsentiert. Die Quantisierer-Ausgangswerte sind bei Intraframe-
Codierung des Blockes ohne örtliche Prädiktion rein positiv, in allen anderen
Fällen um 0 symmetrisch.

Tabelle 21.4. Tabelle der Quantisierer-/Lauflängen-Entropiecodierung des MPEG-1-
Standards (Auszug)

1. Code variabler Länge, kombinierte Codierung Lauflänge/Quantisiererstufenindex.
   "s"=Vorzeichen   *) unterschiedlich für ersten und folgende Koeffizienten
) Größter Stufenindex in der Tabelle   *) größte Lauflänge in der Tabelle

Lauflänge	Index	Code	Lauflänge	Index	Code
EOB	–	10	9	1	0000101s
0	1	1s / 11s *)	0	5	00100110s
1	1	011s	...	...	...
0	2	0100s	13	1	00100000s
2	1	0101s	0	7	0000001010s
0	3	00101s	...	...	...
3	1	01111s	21	1	000000010110s
4	1	00110s	0	12	0000000011010s
1	2	000110s	...	...	...
5	1	000111s	0	40**)	0000000000010000s
...	...	...	...	...	...
ESCAPE	–	000001	31***)	1	0000000000011011s

2. Code fester Länge, separate Codierung Lauflänge/Quantisiererstufenindex. Angezeigt
durch ESCAPE. 6 *b* für Lauflänge, 8 *b* für |Index|<128, 16 *b* für |Index|<256.

Lauflänge	Code	Index	Code
0	000000	-255	1000000000000001
1	000001	...	...
2	000010	-128	1000000010000000
...	...	-127	10000001
...	...	...	...
...	...	127	01111111
...	...	128	0000000010000000
...	...	...	...
63	111111	255	0000000011111111

– Codierung der Wechselanteil-Koeffizienten : Das Prinzip unterscheidet sich
im wesentlichen nicht von dem in H.261 bzw. JPEG angewandten, lediglich
die VLC-Tabelle wurde der Statistik zu übertragender Videosequenzen ange-

paßt. Die VLC-Tabelle enthält häufige Kombinationen von Lauflänge (*run*) und Quantisiererindex (*level*), wiederum vorrangig kurze Lauflängen und Quantisierer-Rekonstruktionswerte geringer Amplitude (Auszüge sh. Tabelle 21.4). Alle *nicht* in der Tabelle enthaltenen Kombinationen sind mit mindestens 20 *b* zu codieren (bestehend aus "00001"=6 *b* für ein *escape*-Symbol, 6 *b* für die 64 möglichen unterschiedlichen Lauflängen, und entweder 8 *b* oder 16 *b* für den Quantisiererindex). Die *escape*-Bedingung sollte daher auf möglichst wenige Koeffizienten anzuwenden sein, was bei den angestrebten niedrigen Bitraten aber in der Regel der Fall ist.

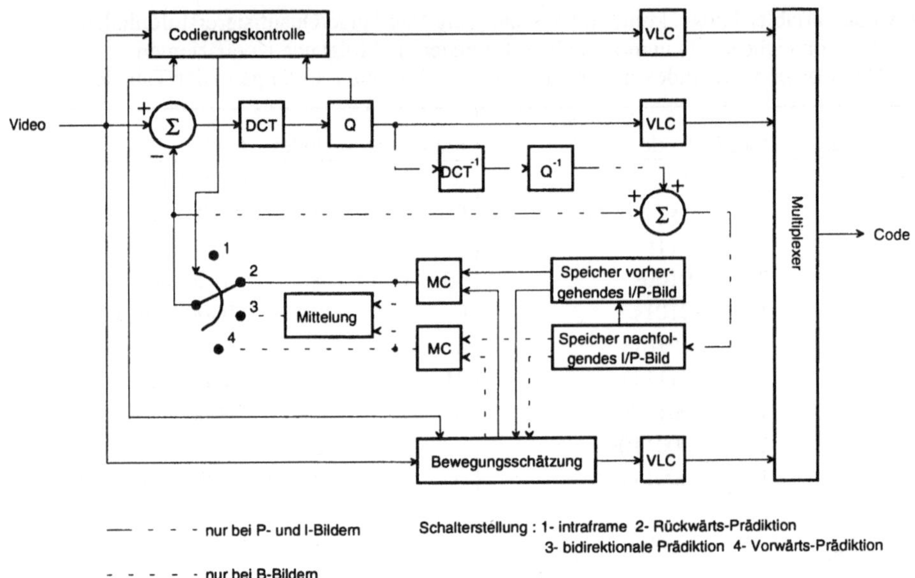

Abb. 21.10. Codierer nach dem MPEG-1-Standard

Codierer- und Decodiererstruktur. Der MPEG-1-Standard wurde hauptsächlich für die Codierung progressiv abgetasteter SIF-Bildsequenzen vorgesehen. Die hybride Codiererstruktur bei Anwendung der bewegungskompensierten Interpolation ist in Abb. 21.10 dargestellt. Man beachte besonders die notwendigen zusätzlichen Bildspeicher.

Codierung der Bewegungsparameter. Die Prinzipien zur Codierung der Bewegungsparameter sind nahezu identisch mit denen des H.261-Standards, es wird ebenfalls eine differentielle Entropiecodierung vorgenommen (vgl. Abschn. 18.2.1). Für die *B*-Bilder sind allerdings jeweils *zwei Sätze* von Bewegungsparametern zu bestimmen, und in den meisten Fällen (wenn nicht auf unidirektionale Prädiktion oder Intraframe-Codierung umgeschaltet wird) auch zu übertragen. Bei Anwendung der Halbpixel-Genauigkeit erhöht sich die zur Übertragung notwendige Bitrate pro Block um 2 *b* (je 1 *b* für die horizontale und vertikale Komponente). Dieselbe Erhöhung ergibt sich bei Verdoppelung der Größe des Suchbereiches. Die Bewegungsinformation erfordert daher bei einem MPEG-Codierer eine relativ hohe Rate; ein Anteil von 10 % an der Gesamtdatenrate kann für MPEG-1 durchaus normal sein.

Einsatzmöglichkeiten des MPEG-1-Standards. Für Videosequenzen von nicht zu hohem Detailgehalt und moderaten Szenenwechseln wird mit einer MPEG-1-Codierung etwa die Qualität von analogen VHS-Recordern erzielt. Bei diesem Vergleich muß allerdings berücksichtigt werden, daß auf analogen Videorecordern eine Aufzeichnung mit wesentlich höherer Datenrate als 1,5 Mbit/s möglich wäre; d.h. der MPEG-Standard erzielt bei gleicher Qualität eine viel bessere Bandbreitenausnutzung. Es werden jedoch durchaus Verzerrungen, vor allem Blockstrukturen durch DCT und Bewegungskompensation, sichtbar. Während der Standard noch eine relativ einfache Decodierung ermöglicht, kann der Codierer, vor allem auf Grund der Bewegungskompensation, recht komplex werden. Mit vereinfachten Codierern, die z.B. nur mit Pixelgenauigkeit, mit suboptimalen Suchalgorithmen oder ausschließlich mit *P*-Bildern arbeiten, verschlechtert sich dagegen die Rekonstruktionsqualität. Die Decodierung kann als Softwarelösung mit einer Bildfolgefrequenz von 25 *Hz* bereits auf einem PC-486 verwirklicht werden. Entsprechende Applikationen werden kommerziell angeboten. Ein PC kann damit auch als Schneidegerät für MPEG-codierte Sequenzen verwendet werden. Für die Echtzeit-Codierung sind bei PCs und Workstations heute noch zusätzliche Einsteckkarten notwendig. Als Speicher- und Aufzeichnungsmedium bieten sich beschreibbare CDs an, die universell für alle Arten von Daten (CD-ROM, Audio, Video, Einzelbild) einsetzbar sind und direkt an den Rechner angeschlossen werden können.

MPEG-2-/H.262-Standard für universelle Anwendungen. Es zeigte sich schnell, daß die Festlegung des MPEG-1-Standards auf eine Datenrate von bis zu 1,5 *Mb/s*, die für das Videosignal ca. 1,1 *Mb/s* zuläßt, eine zu strikte Beschränkung ist; so geht die hieraus folgende Festlegung auf das SIF-Format am Bedarf vieler Anwendungen vorbei, zudem ist eine Videoaufzeichnung mit hoher Qualität bei detaillierten, schnell veränderlichen Szenen nicht möglich. In einer erweiterten Version wurde daher der *MPEG-2*-Standard "*Generic Coding of Moving Pictures and Associated Audio Information*" geschaffen, der die Bezeichnung ISO/IEC 13818 erhielt und wortgleich mit dem Telekommunikationsstandard H.262 ist. Der Standard deckt einen Übertragungsratenbereich bis hinauf zu ca. 40 *Mb/s* ab. Es wurden auch größere Bildformate zugelassen, u.a. im Zeilensprungverfahren nach CCIR 601 (digitales TV-Studioformat) abgetastete Sequenzen, bis hin zu HDTV-Formaten. Dieser erweiterte Standard bietet darüber hinaus die Möglichkeit einer aufwärtskompatiblen und hierarchischen Codierung vom SIF- zum TV-, oder vom TV- zum HDTV-Format. Der Anwendungsbereich soll nicht mehr auf die Video*aufzeichnung* beschränkt sein, sondern auch die Video*übertragung*, z.B. über Breitbandnetze, ermöglichen.

Die hauptsächlichen Modifikationen gegenüber MPEG-1 sind die folgenden :

– Es sind bei Verwendung der Zeilensprungabtastung sowohl Halbbild-Prädiktionsstrategien ("frame"-, "field"- und "dual prime"-Modi), als auch eine halbbildweise Aufteilung der DCT-Transformation möglich (vgl. Abschn. 15.4.1). Dabei wird die Zusammenstellung von Luminanz- und Chrominanzblöcken zu einem Makroblock vom Bildformat abhängig gemacht (Abb. 21.11)

– Es werden Prinzipien der *skalierbaren* und *hierarchischen* Codierung (vgl. Abschn. 20.1.3) definiert, die sowohl eine Vorwärts- und Rückwärtskompatibilität zu MPEG-1, als auch eine Kompatibilität unterschiedlicher Bildformate gewährleisten. Der Bitstrom kann dabei so angeordnet werden, daß bestimmte Auflösungshierarchien entstehen, so daß z.B. durch einfaches Weglassen bestimmter Teile des Bitstroms eine Wiedergabe von HDTV-Sequenzen in TV-Qualität oder von CCIR-601-Sequenzen in CIF-Qualität möglich ist. Zur Codierung der Transformationskoeffizienten in den unterschiedlichen Auflösungshierarchien werden dabei unterschiedliche VLC-Codes vorgesehen.

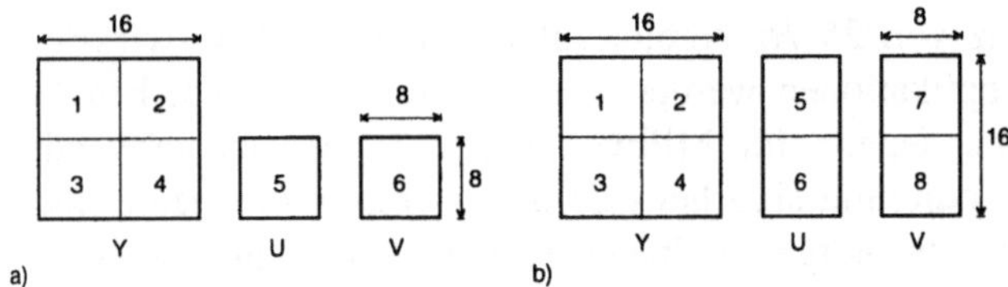

Abb. 21.11. Zuordnung von Luminanz- und Chrominanzblöcken zu einem Makroblock
a bei progressiver **b** bei Zeilensprung-Abtastung

"Profiles" und "levels". Angesichts der Vielzahl möglicher Anwendungen und daraus folgender Kombinationsmöglichkeiten der Eigenschaften des Standards hat man sich entschlossen, sogenannte *Anwendungsprofile* (*profiles*) zu definieren. Zu jedem der 5 *profiles* werden *Auflösungsstufen* (*levels*) festgeschrieben, die vor allem die für diese Anwendungen erlaubten Bildformate definieren. Die *levels* definieren dabei jeweils die maximal erlaubten Bildgrößen, d.h. es sind durchaus auch kleinere Zeilen- und Spaltenanzahlen zugelassen (zu den Daten der im folgenden genannten Bildgrößen vgl. Tabelle 1.1). Im Grunde verbirgt sich hinter diesen Definitionen eine weitere Aufspaltung des MPEG-2-Standards in mehrere Teilstandards. Billige Codierer und Decodierer müssen nicht unbedingt alle *profiles* und *levels* verarbeiten bzw. interpretieren können; die meisten der demnächst erhältlichen Hardware- und Software-Komponenten werden ausschließlich dem *main profile* entsprechen :

– *"simple profile"* : Dieses ist für *"low cost"*- und *"low delay"*-Anwendungen vorgesehen, und erlaubt nur eine Auflösungsstufe, mit Bildgrößen bis hin zum CCIR-601-Format, und einer Bildfolgefrequenz bis zu 30 *Hz*. Die Anwendung der bidirektionalen Prädiktion ist nicht erlaubt.

- *"main profile"* : Dieses ist das Standardprofil, und wurde vor allem für TV- und HDTV-Anwendungen (Aufzeichnung und Übertragung) *ohne Kompatibilität* definiert. Es läßt alle Prädiktionsmodi zu, und erlaubt vier *levels* mit den Bildgrößen SIF, CCIR-601, HD-1440 sowie der vollen HDTV-Auflösung.
- *"SNR scalable profile"* : Dieses Profil eignet sich zur hierarchischen Codierung in zwei Stufen ausschließlich mit *Qualitätsskalierung* (d.h., die rekonstruierten Signale haben in beiden Stufen identische Größen); es ist z.B. geeignet für eine Videoübertragung mit zwei Prioritätsstufen in ATM-Netzen. Die beiden *levels* erlauben als maximale Bildgrößen SIF und CCIR-601-Format.
- *"spatially scalable profile"* : Dieses Profil erlaubt die Kompatibilität zwischen TV- und HDTV-Signalen. Es erlaubt eine hierarchische Codierung in maximal 3 Stufen, wobei allerdings der Unterschied zur nächsthöheren jeweils nur einmal durch *Qualitätsskalierung* und einmal durch *örtliche Skalierung* erreicht werden darf; eine zweistufige Hierarchie bei gleichzeitiger Anwendung beider Skalierungsarten ist also auch möglich. Es ist nur ein *level* definiert, das für das Basissignal eine CCIR-601-, für das erweiterte Signal eine HD-1440-Auflösung vorschreibt.
- *"high profile"* : Dieses Profil erlaubt ebenfalls eine hierarchische Codierung mit bis zu drei Stufen, mit denselben Einschränkungen wie beim *spatially scalable profile*. Es definiert jedoch drei *levels* mit den Auflösungsformaten (Basissignal↔erweitertes Signal) : SIF↔CCIR-601; CCIR-601↔HD-1440; EQTV↔HDTV. Dieses Profil erlaubt als einziges auch die Codierung der *U*- und *V*-Farbkomponenten in voller vertikaler Auflösung (wie in Abb. 21.11b).

Die HD-Formate sind mit Bildwiederholraten bis zu 60 Bildern/s definiert. Ein verlustloser Codierungsmodus, wie im JPEG-Standard, wurde nicht vorgesehen. Endgültig festgelegt sind allerdings bisher nur die Teile 1 bis 3 des Standards (wie bei MPEG-1, *systems, audio, video*). Die Teile 4 und 5 (*conformance testing* und *simulation software*) sollen noch 1995 fertiggestellt werden. Bis zum Jahr 1997 sind insgesamt 4 weitere Teile konzipiert. So soll der Teil 8 z.B. die Codierung von *10-bit-video*, also mit wesentlich erhöhter Quantisierungsqualität, definieren. Weitere Teile werden sich mit Kommando- und Kontrollstrukturen von Speichermedien, der Echtzeit-Schnittstelle für Dialoganwendungen und einer erweiterten, nicht rückwärtskompatiblen Audiocodierung befassen. Es ist auch nicht auszuschließen, daß - insbesondere für Multimedia-Anwendungen - noch weitere *profiles* als Teile des Standards definiert werden.

Durch die grundsätzliche Festlegung auf eine blockweise DCT-Codierung ist allerdings in der MPEG-1/-2-Standardreihe die Kompatibilisierung verschiedenster Videoformate nicht optimal lösbar. So entstünden aliasbedingte Blockeffekte, wenn eine Unterabtastung einfach durch Frequenzskalierung, d.h. Eliminierung hochfrequenter DCT-Koeffizienten erfolgen würde (vgl. Abschn. 2.6.3 und 13.2.1). Aus diesem Grunde wurde ausschließlich die weniger effiziente örtliche Skalierung realisiert.

21.3 Zukünftige Standards

Die beiden ersten MPEG-Standards, deren Kernstück ebenso wie beim JPEG-Standard die in den vergangenen 20 Jahren ausgiebig erforschte DCT-Transformationscodierung ist, werden in der nächsten Zukunft eine entscheidende Rolle bei der Einführung digitaler Videoaufzeichnungs- und -übertragungsverfahren spielen. Nachdem also für die ersten Anwendungen, deren Qualität in etwa der des analogen Fernsehens bis hin zu HDTV entspricht, die Entscheidungen für eine Standardisierung der digitalen Übertragung gefallen sind, wird die zukünftige Entwicklung digitaler Bildübertragungsdienste an die Weiterentwicklung bzw. Schaffung neuer Standards folgende Anforderungen stellen :

- Mobile Anwendungen der Bildkommunikation, aber auch Übertragungen über vorhandene schmalbandige Netze (z.B. Telefonleitungen per Modem, lokale Rechnernetze) erfordern niedrige oder extrem niedrige Datenraten bei gleichzeitig hoher Fehlerresistenz ;
- Bild- und Videoübertragung mit extrem hoher Auflösung und Qualität (*Super-HDTV*), die ohne Datenkompression Raten in der Größenordnung von 10-100 *Gb/s* erfordern würde, ist gewünscht;
- Interaktivität und räumliche Bilddarstellungen werden zunehmend wichtiger.

Diese Forderungen entstehen vor dem Hintergrund des Zusammenwachsens von *Telekommunikation*, *Computertechnik* und *Unterhaltungsindustrie* (Film, Videospiele). Darüber hinaus ergeben sich ganz neue Aspekte, wie die Synchronisation mehrerer Videoquellen, die Codierung von Video-/Graphiküberlagerungen und stereoskopische Darstellungsmöglichkeiten.

Aus diesen Gründen geht die MPEG in eine neue, mit *MPEG-4* bezeichnete Standardisierungsphase (*MPEG-3*, ursprünglich für die HDTV-Codierung vorgesehen, ist mittlerweile Teil von MPEG-2 geworden). Zwar formuliert die Ausschreibung zunächst Anwendungsfälle der Übertragung mit extrem niedriger Bitrate : Der nach bisherigen Planungen 1998 fertigzustellende Standard wird die Bezeichnung ISO 14496 / "*Very Low Bitrate Audiovisual Coding*" tragen, und wiederum wortgleich mit einem ITU-Standard der H.26?-Reihe sein. Gerade in Hinblick auf die Verknüpfung mobiler Dienste mit dem Breitband-ISDN spielt aber in den derzeitigen Überlegungen neben hohen Kompressionsfaktoren und Fehlersicherheit die Forderung nach Aufwärts- und Abwärtskompatibilität der codierten Bildinformation eine wichtige Rolle. Daher kann erwartet werden, daß MPEG-4 der Anfang einer *neuen Generation* von Standards sein wird (nach den DCT- und hybriden DCT-Codierern JPEG und MPEG-1/-2), die für vielfältige Anwendungen mit der Forderung nach extrem hohen Kompressionsraten Einsatz finden können.

In der MPEG ist man sich bewußt, daß die verschiedenartigen Anwendungen, welche mit der neuen Standardgeneration abzudecken sein werden, Anforderungen stellen, die kaum mit einem einzigen Codieralgorithmus zu erfüllen sind. Man denkt daher an Lösungsmöglichkeiten, in denen der Standard selbst die *syntaktische Beschreibung* von Codieralgorithmen - ähnlich wie eine Programmiersprache - enthält. Mit einer entsprechend programmierbaren Decodierer-Hardware wird es dann ohne weiteres möglich sein, Codieralgorithmen an ganz spezielle Erfordernisse anzupassen. Auf der ersten Ebene soll diese Syntax eine Reihe von *Werkzeugen (tools)*, z.B. Methoden der Bewegungskompensation, der Frequenzzerlegung, der Kontur- und Objektbeschreibung, der skalaren oder vektoriellen Quantisierung, der Entropiecodierung etc., beschreiben. Mehrere solcher tools können zu einem kompletten *Codieralgorithmus* kombiniert werden. Mit einem derartigen Baukasten-Codiersystem ist auch die syntaktische Beschreibung solch "einfacher" Strukturen wie der MPEG-1- oder MPEG-2-Algorithmen möglich. Eine Vorwärtskompatibilität zur derzeitigen Standardgeneration ist daher in jedem Fall gewährleistet. Es kann bestimmte Standard-Algorithmen geben, die für spezielle Anwendungen geschaffen werden, und darüber hinaus die Möglichkeit, einen Algorithmus mittels der Syntax selbst zu definieren. Daher ist auch die Definition von *profiles* für bestimmte Anwendungsfälle wieder vorgesehen, denn es kann unmöglich jedes nach MPEG-4 arbeitende Gerät alle Varianten des Standards erfassen, wenn es noch mit einem vertretbaren Kostenaufwand produzierbar sein soll.

Der MPEG-4-Standard wird damit in noch viel stärkerem Maße als die bisherigen ein offener, erweiterbarer Standard sein, anpaßbar an alle möglichen Anforderungen von Anwendungen und Übertragungskanälen. Das sollte nicht darüber hinwegtäuschen, daß nicht nur seine Formulierung, sondern auch die Realisierung und das Testen von Software oder von Geräten nach diesem Standard noch wesentlich komplizierter sein wird als schon bei MPEG-1 und MPEG-2. Angesichts der Intention, daß MPEG-4 sich gerade für Multimedia-Anwendungen besser eignen solle als die bisherigen Standards, ist sicher auch die richtige Formulierung der Schnittstellen zwischen Videocodierungs- und Multimedia-Standards kein triviales Problem.

Ein wichtiger Aspekt ist weiterhin die Schaffung einheitlicher Repräsentationsformate für *natürliche Bilder* und *Graphiken*, sowohl in zweidimensionalen, als auch in räumlichen Darstellungen. Dies beginnt mit einfachen Überlagerungen von Bild und Graphik, wie sie nicht nur in der Werbebranche, sondern auch im Film in immer stärkerem Maß eingesetzt werden, und geht bis hin zu Methoden, bei denen natürliche Bilder mittels graphischer Parameter repräsentiert werden (vgl. Kap. 17). Zur Codierung räumlicher Szenen ist schließlich auch die Ausnutzung der *stereoskopischen Redundanz*, d.h. der Redundanz zwischen Szenenprojektionen von verschiedenen Blickwinkeln aus, wichtig : Hierbei entstehen ähnliche Probleme wie bei der Bewegungskompensation, insbesondere auch Auf- und Verdeckungen bestimmter Inhalte, deren Ausmaß von deren räumlicher Entfernung abhängig ist.

Schließlich sei noch der Begriff *5D-TV* erwähnt, wobei sich die fünf Dimensionen aus den 3 räumlichen Komponenten, der zeitlichen Änderung und der spektralen (Farb-)Komponente zusammensetzen. Neben der räumlichen Darstellung ist gerade der letzte Aspekt nicht zu unterschätzen, sowohl in Hinblick auf einen größeren Dynamikbereich des digitalisierten Bildsignals, als auch bezüglich seiner Farbdarstellung - es ist unmöglich, mittels der 3 Grundfarben *R*, *G* und *B* das Farbspektrum zu komponieren, wie es beispielsweise zur Reproduktion von Rembrandt-Gemälden notwendig ist.

Dieser kurze Ausblick läßt ahnen, daß wir uns erst am Anfang einer Entwicklung befinden, in der nicht nur in der direkten, persönlichen Kommunikation, sondern auch in der Telekommunikation das Sehen eine zentrale Rolle einnehmen wird. Durch das Verwachsen der Telekommunikation mit der Computertechnik und Unterhaltungsindustrie wandelt sich nicht nur die Arbeitswelt, sondern auch viele private Lebensbereiche. Die in diesem Zusammenhang für die Speicherung und Übertragung der Bildinformation angewandten Prinzipien werden zunehmend "intelligentere", auch den Bildinhalt erfassende Arbeitsweisen verwenden, und lassen sich leicht auch zur Bildmanipulation und -veränderung einsetzen. Um so wichtiger ist es, daß der Mensch seine Rolle als verantwortungsbewußter Produzent, aber auch als kritischer Beobachter der dargebotenen Bildinformation wahrnimmt.

Anhang

A Nomenklatur

Es wird eine weitgehend einheitliche Nomenklatur verwendet. Sofern vereinzelt Doppelbenennungen vorhanden sind, sollte aus dem Zusammenhang sofort klar werden, was bezeichnet ist (Beispiel : die Geschwindigkeiten u,v des kontinuierlichen Signals erscheinen nicht gleichzeitig mit den Laufvariablen u,v diskreter Frequenzen).

Quelle des Inhaltes von Bildsignalen sind Szenen in der dreidimensionalen, räumlichen Außenwelt. Diese werden durch eine Projektion in die zweidimensionale Bildebene abgebildet. Tabelle A.1 stellt die Koordinatensysteme des räumlichen und des Bildebenen-Systems gegenüber.

Tabelle A.1. Koordinatensysteme

	horizontal	vertikal	Entfernung
Weltkoordinaten **W**	W_1	W_2	W_3
Bildebenen-Koordinaten **w**	r	s	-
räumliche Geschwindigkeit **V**	V_1	V_2	V_3
projizierte Geschwindigkeit **v**	u	v	-

Verarbeitet und codiert werden in der Regel die projizierten Bildsignale. Wird die zeitliche Abhängigkeit hinzugenommen, sind auch diese Signale wiederum dreidimensional (Zeilen-, Spalten- und Zeitrichtung). Aus diesem Grund sind einige Formeln etwas länger und sehen zunächst sehr kompliziert aus, aber bitte keine Angst vor Mehrfachsummen und -integralen ! Tabelle A.2 gibt die verwendeten *Laufvariablen, Bild-* oder *Blockgrößen* etc. in jeder der 3 Dimensionen sowohl für kontinuierliche, als auch für diskrete (abgetastete) Bildsignale an. Tabelle A.3 faßt schließlich die *Signalarten* sowie deren Darstellung im Signal- und Frequenzbereich zusammen, wobei in den Klammern "$(\cdot)$" jeweils die Laufvariablen aus Tabelle A.2 einzufügen sind.

Tabelle A.2. Laufvariablen und Größenparameter

	Zeilenrichtung	Spaltenrichtung	Zeitrichtung
kontinuierliches Signal	r	s	t
Abtastintervall	R	S	T
diskretes Signal	m	n	o
diskretes Signal, unterabgetastet	m'	n'	o'
Größe eines diskreten Bildes	M	N	O
Blockgröße	M'	N'	O'
Frequenz eines kontinuierlichen Signals	ω_1	ω_2	ω_3
Frequenz eines diskreten Signals	Ω_1	Ω_2	Ω_3
z-Transformation	z_1	z_2	z_3
diskrete Frequenz	u	v	w
Anzahl diskreter Spektralanteile	U	V	W
Impulsantwort, Korrelationsfunktion	k	l	-
Filterkoeffizient	p	q	r
Filtergröße	P	Q	R
Verschiebungsvektor	k	l	-

Tabelle A.3. Signalarten und deren Darstellung im Signal- und Frequenzbereich

	Signalbereich	Frequenzbereich
Originalsignal	$x(r,s,t)$	$X(j\omega_1,j\omega_2,j\omega_3)$
	$x(m,n,o)$	$X(j\Omega_1,j\Omega_2,j\Omega_3)$
		$X(z_1,z_2,z_3)$
Rekonstruktionssignal	$y(\cdot)$	$Y(\cdot)$
Prädiktionsfehlersignal	$e(\cdot)$	$E(\cdot)$
rekonstruiertes Prädiktionsfehlersignal	$v(\cdot)$	$V(\cdot)$
Quantisierungsfehlersignal	$q(\cdot)$	$Q(\cdot)$
Störsignalkomponente	$k(\cdot)$	$K(\cdot)$
Weißes Rauschsignal	$z(\cdot)$	$Z(\cdot)$
Gewichtungsfunktion	$w(\cdot)$	$W(\cdot)$
Filterkoeffizient (nichtrekursiver bzw. rekursiver Anteil)	$a(\cdot),\, b(\cdot)$	$A(\cdot),\, B(\cdot)$
Filterimpulsantwort	$f(\cdot),\, g(\cdot),\, h(\cdot)$	$F(\cdot),\, G(\cdot),\, H(\cdot)$
Geschwindigkeitsvektor	$\mathbf{u}(r,s,t)$	-
Bewegungsvektor	$\mathbf{v}(m,n,o)$	-

Die folgende Liste enthält die Bezeichnungen von Signalrepräsentationen und statistischer Parameter der Signale aus Tabelle A.3, sowie symbolische Bezeichnungen für Modellsignale, Codierungsparameter und häufig verwendete mathematische Operationen.

S_{xx}, S_{yy}, ...	Leistungsdichtespektrum von x, y, ...
r_{xx}, r_{yy}, ...	Autokorrelationsfunktion von x, y, ...
S_{xy}, r_{xy}	Kreuzleistungsdichte, Kreuzkorrelation
r_{xx}', r_{xy}'	Autokovarianz, Kreuzkovarianz (mittelwertfrei)
D_x	Strukturfunktion
ρ, ρ'	Korrelations- oder Kovarianzkoeffizient (normiert)
a_h, $r_{xx,h}$, ρ_h	Filterkoeffizient, AKF, Korrelationskoeffizient in horizontaler Richtung
a_v, $r_{xx,v}$, ρ_v	Filterkoeffizient, AKF, Korrelationskoeffizient in vertikaler Richtung
a_t, $r_{xx,t}$, ρ_t	Filterkoeffizient, AKF, Korrelationskoeffizient in zeitlicher Richtung
δ	Deltaimpuls
Δ	Quantisiererstufenhöhe
$p(\cdot)$	Amplitudendichteverteilung
$p(\cdot,..,\cdot)$	Verbund- oder vektorielle ADV
$p(\cdot\vert\cdot)$	bedingte ADV
σ_x^2, σ_y^2	Varianz von x, y, ...
γ_x^2	Maß spektraler Konstanz
$c_{u,v,w}$	Transformationskoeffizient der diskreten Frequenz u,v,w
$c_{u,v,w}(\cdot,\cdot,\cdot)$	Teilbandsignal i. Frequenzband u,v,w an best. Position
c_Q	quantisierter Spektralkoeffizient
$E\{\cdot\}$	Erwartungswert (Mittelwert des Arguments)
$d(\cdot,\cdot)$	Differenz zweier Werte, Verzerrung
D	Verzerrung
F	Brennweite
H	Entropie
G	Codiergewinn
i,j	Codesymbolindex
J	Anzahl von Codeworten/Codesymbolen
K	Vektorlänge bei Vektorquantisierung
L	Abhängigkeitslänge bei gleitenden Blockcodes, Lauflänge bei Lauflängencodierung
p	Index diskreter Konturpunkte
P	Anzahl diskreter Konturpunkte
R	Bitrate
r, R	Iterationsschritt, Anzahl von Iterationen

$\mathbf{r}, \mathbf{t}$	Koordinatenwerte einer Kontur (kontinuierlich/diskret)
s	Segmentierungs- oder Klassifizierungsindex
S	Anzahl von Segmenten oder Klassen
$\mathbf{T}, \mathbf{t}_u$	Transformationsmatrix und Basisvektor
V	Potential (bei Markov random fields)
$\mathbf{x}, \mathbf{y}, \ldots$	Vektor aus Elementen x, y, ...
$\mathbf{A}, \mathbf{B}$	diskrete Alphabete
$\mathbf{C}$	Codewortvorrat, Codebuch
$\mathfrak{R}^K$	Vektorraum mit K Dimensionen
η_c	Homogenes Nachbarschaftssystem eines Bildpunktes
$\mathcal{C}$	Clique (bei Markov random fields)
Π	Suchbereich
R, G, B	Rot, Grün, Blau
$Y, U, V;\ Y, I, Q$	Luminanz- und Farbkomponenten
∇	Laplace-Operator
$f(\cdot), \gamma(\cdot), \lambda(\cdot)$	fraktale (geometrische, Luminanz-) Transformation
$\mathcal{F}\{\cdot\}$	Fouriertransformierte
$\mathrm{Re}\{\cdot\}, \mathrm{Im}\{\cdot\}$	Real- und Imaginärteil eines komplexen Signals
$\min(\cdot), \max(\cdot)$	Minimalwert, Maximalwert
$\underset{a_i \in \mathbf{A}}{\arg\min}(\cdot), \underset{a_i \in \mathbf{A}}{\arg\max}(\cdot)$	Argument des Minimal-/Maximalwertes aus Menge $\mathbf{A}$
$\|\mathbf{x}\|_p$	Vektornorm pter Ordnung
$\log(\cdot), \ln(\cdot), \log_2(\cdot)$	Logarithmus mit Basis 10, e, 2
$a(\mathrm{mod}\,b)$	Modulo-Operation, Rest der Division a/b
$\mathrm{nint}(\cdot)$	*nearest integer*, nächstgelegene Ganzzahl
$\mathrm{sgn}(\cdot)$	Vorzeichen
$\mathrm{MED}(\cdot)$	Medianfilterung
$**$	2D-Faltung
$\circ$	kombinatorisches Produkt zweier Funktionen

Die genannten Symbole und Parameter werden in manchen Fällen mit einem zusätzlichen " * " oder " ' " versehen. Die genaue Bedeutung dieser modifizierten Varianten wird jeweils an Ort und Stelle erläutert. Für die Bedeutung von Vektor- und Matrizennotationen sei auf Abschn. 2.2 verwiesen.

B Abkürzungen

Abkürzungen wurden verwendet, soweit sie in der Fachliteratur üblich sind, und werden weitestgehend im inhaltlichen Zusammenhang erläutert. Zur Erleichterung werden hier alle Abkürzungen nochmals in alphabetischer Reihenfolge aufgeführt.

AC	Wechselanteil (alternating current)
ADV	Amplitudendichteverteilung
AKF	Autokorrelationsfunktion
ANN	künstliches neuronales Netz (artificial neural network)
AR	autoregressiv
ATC	Adaptive Transformationscodierung
ATM	asynchronous transfer mode (paketierte Datenübertragung)
b	bit (binary digit)
bpp, b/p	bit pro pixel
b/s	bit pro Sekunde (meist kb/s oder Mb/s)
B	Byte (=8 b)
B-ISDN	broadband ISDN (Breitband-ISDN)
BM	block matching
CBR	konstante Bitrate
CCD	charge coupled device
CCIR	Comité Consultatif International du Radiodiffusion
CCITT	Comité Consultatif International Télégraph et Téléphone
CDMA	code division multiple access (Codemultiplex)
CIF	common intermediate format
CGI	control grid interpolation
CMF	cosine modulated filter bank
CMTT	Comité Mixed Télégraph et Téléphone
COD	Codierer
CODEC	Codierer/Decodierer
CQF	conjugate quadrature filter
DC	Gleichanteil (direct current)
DCT	Diskrete Cosinustransformation
DEC	Decodierer

DFD	displaced frame difference (=VBD)
DFT	Diskrete Fouriertransformation
DPCM	Differenz-PCM
DST	Diskrete Sinustransformation
DWT	Diskrete Wavelet-Transformation
ECSQ	entropy constrained SQ,
ECVQ	entropy constrained VQ
EDTV, EQTV	enhanced definition TV, enhanced quality TV
EOB	Blockende (end of block)
EOL	Zeilenende (end of line)
FAU	facial action unit (bei semantischer Codierung)
FC	Frequenz(bereichs)codierung
FFT	Schnelle Fouriertransformation (fast Fourier transform)
FIR	finite impulse response (nichtrekursives Filter)
FLC	fixed length coding
GOB	group of blocks
GOF	group of frames (Gruppe von Einzelbildern in einer Sequenz)
HBM	hierarchical block matching
HDTV	high definition TV (hochauflösendes Fernsehen)
HT	Haar-Transformation
Hz	Hertz (Schwingungen pro Sekunde)
ICM	iterated conditional modes
IIR	infinite impulse response (rekursives Filter)
ISDN	integrated services digital network
ISO	International Standardization Organisation
ITU	International Telecommunication Union
JBIG	Joint Bilevel Images Group (Gremium der ISO)
JPEG	Joint Photographic Experts Group (Gremium der ISO)
KKF	Kreuzkorrelationsfunktion
KLT	Karhunen-Loève-Transformation
LAN	local area network
LCD	Flüssigkristall-Anzeige (liquid crystal display)
LDS	Leistungsdichtespektrum
LVQ	Lattice-VQ
LOT	lapped orthogonal transform
LSI	linear shift invariant
MA	moving average
MAC, HD-MAC	multiplexed analogue components (high definition ...)
MAN	metropolitan area network
MAT	medial axis transform
MBS	mobile broadband system (zukünftiges Mobilfunknetz)
MC	Bewegungskompensation (motion compensation)
MHEG	Multimedia Hypermedia Experts Group (Gremium der ISO)
MLP	multilayer perceptron

MPEG	Moving Pictures Experts Group (Gremium der ISO)
MRF	Markov random field (Modell)
MSK	Maß spektraler Konstanz
MSVQ	mean separating VQ, Mittelwertseparierende VQ
MUX	Multiplex
MVF	Bewegungsvektorfeld (motion vector field)
N-ISDN	narrowband ISDN (Schmalband-ISDN)
NTSC	National Television Standards Committee (auch Synonym für US-Fernsehnorm)
PAL	phase alternating lines (europ. Farbfernsehnorm)
PCM	pulse code modulation
pixel, *pel*	picture element (Bildpunkt)
PRF	perfect reconstruction filter
PSNR	peak SNR
PVQ	Prädiktive Vektorquantisierung, auch Pyramiden-VQ (Form der Lattice-VQ)
Q, Q^{-1}	Quantisierung, Rekonstruktion des quantisierten Wertes
QAM	Quadratur-Amplitudenmodulation
QBMC	quadrangle based motion compensation
QCIF	quarter common intermediate format
QMF	quadrature mirror filter
QT	quad-tree
RAC	relative address coding
READ	relative element address designate coding
RLC	Lauflängencodierung (run length coding)
SAT	symmetric axis transform
SBC	Teilbandcodierung (subband coding)
SDH	synchrone digitale Hierarchie
SIF	standard intermediate format
SNR	Signal/Rauschabstand (signal to noise ratio)
SQ	Skalare Quantisierung, skalarer Quantisierer
STFT	Kurzzeit-Fouriertransformation (short time Fourier transform)
TBMC	triangle based motion compensation
T, T^{-1}	Transformation, inverse Transformation
TC	Transformationscodierung
TDAC	time domain aliasing cancellation (Teilband-Transformation)
texel	texture element
TSQ, TSVQ	baumstrukturierte (tree structured) Quantisierung / VQ
UMTS	universal mobile telecommunication system (Mobilfunknetz)
UVLC	universal variable length coding
VBD	verschobene Bilddifferenz (=DFD)
VBR	variable Bitrate
VLC	Codierung variabler Länge (variable length coding)

voxel	volume element
VQ, VQ^{-1}	Vektorquantisierung, Rekonstruktion des quantisierten Vektors
VSB	vestigial sideband modulation (Restseitenband-Modulation)
WFM	Wire-frame-Modell, Netzmodell
WHT	Walsh-Hadamard-Transformation
WSNR	weighted SNR, Gewichtetes SNR
WT	Wavelet-Transformation
1D, 2D, 3D, ..	ein-, zwei-, dreidimensional

Bibliographie

Aach, T. , Kaup, A. , Mester, R. : Statistical model-based change detection in moving video. *Signal Process.* 31 (1993), pp. 165-180

Abdelqader, I. M. , Rajala, S. A. , Snyder, W. E. , Bilbro, G. L. : Energy minimization approach to motion estimation. *Signal Process.* 28 (1992), pp. 291-309

Adolph, D. , Buschmann, R. : 1.15 Mbit/s coding of video signals including global motion compensation. *Signal Process. : Image Commun.* 3 (1991), pp. 259-274

Agawa, H. , Nagashima, Y. , Xu, G. , Kishino, F. : Image analysis for face modeling and facial image reconstruction. *Proc. Visual Commun. Image Process.* (1991), SPIE vol. 1360, pp. 1184-1197

Aggarwal, J. K. , Nandhakumar, N. : On the computation of motion from sequences of images - a review. *Proc. IEEE* 76 (1988), pp. 917-934

Aghagolzadeh, S. , Ersoy, O. K. : Optimal adaptive multistage image transform coding. *IEEE Trans. Circ. Syst. Video Tech.* 1 (1991), pp. 308-317

Ahmed, N. , Natarjan, T. , Rao, K. R. : Discrete cosine transform. *IEEE Trans. Comp.* 23 (1974), pp. 90-93

Aizawa, K. , Choi, C. S. , Harashima, H. , Huang, T. S. : Human facial motion analysis and synthesis with applications to model-based coding. *Motion Analysis and Image Sequence Processing*, M. I. Sezan and R. L. Lagendijk (eds.), Dordrecht : Kluwer 1993

Aizawa, K. , Harashima, H. , Saito, T. : Model-based analysis/synthesis image coding system for a person's face. *Signal Process. : Image Commun.* 1 (1989), pp. 139-152

Akiyama, T. , Takahashi, T. , Takahashi, K. : Adaptive three-dimensional transform coding for moving pictures. *Proc. PCS* (1990), no. 8.2, Cambridge : MIT 1990

Alexander, S. T. , Rajala, S. A. : Image compression results using the LMS adaptive algorithm. *IEEE Trans. Acoust., Speech, Signal Process.* 33 (1985), pp. 712-714

Anandan, P. , Bergen, J. R. , Hanna, K. J. , Hingorani, R. : Hierarchical model-based motion estimation. *Motion Analysis and Image Sequence Processing*, M. I. Sezan and R. L. Lagendijk (eds.), Dordrecht : Kluwer 1993

Anderson, J. B. , Mohan, S. : Sequential coding algorithms : A survey and cost analysis. *IEEE Trans. Commun.* 32 (1984), pp. 169-176

Anderson, J. B. , Mohan, S. : Source and Channel Coding. Dordrecht : Kluwer 1991

Antonini, M. , Barlaud, M. , Mathieu, P. , Daubechies, I. : Image coding using wavelet transform. *IEEE Trans. Image Process.* 1 (1992), pp. 205-220

Aravind, R. , Gersho, A. : Low rate image coding with finite-state vector quantization. *Proc. IEEE ICASSP* (1986), pp. 4.3.1-4.3.4

ARS ELECTRONICA (Hrsg.) : Philosophien der neuen Technologie. Berlin : Merve 1989

Ayanoglu, E. , Gray, R. M. : The design of predictive trellis waveform coders using the generalized Lloyd algorithm. *IEEE Trans. Commun.* 34 (1986), pp. 1073-1080

Bamberger, R. H. , Eddins, S. L. , Nuri, V. : Generalized symmetric extension for size-limited multirate filter banks. *IEEE Trans. Image Process.* 3 (1994), pp. 82-87

Barnsley, M. : Fractals everywhere. San Diego : Academic Press 1988

Barnsley, M. , Anson, L. F. : The Fractal Transform. Peters 1993

Barnsley, M. , Hurd, L. P. : Fractal Image Compression. Peters 1993

Barr, A. : Superquadrics and angle-preserving transformations. *IEEE Trans. Comput. Graphics Appl.* 1 (1981), pp. 1-20

Barthel, K.-U. , Voyé, T. : Adaptive fractal image coding in the frequency domain. *Proc. Intnl. Worksh. Image Proc. : Theory, Methodology, Syst., Appl.* Budapest, Juni 1994. (ftp : *fidji.informatik.uni-freiburg.de /documents/papers/fractal/BaVo94.ps.Z*)

Barthel, K.-U. , Voyé, T. , Noll, P. : Improved fractal image coding. *Proc. PCS* (1993), no. 1.5, Lausanne : EPFL 1993

Barthel, K.-U. , Schüttemeyer, J. , Voyé, T. , Noll, P. : A new image coding technique unifying fractal and transform coding. *Proc. IEEE ICIP* (1994), vol. III, pp. 112-116

Belfor, R. A. F. , Lagendijk, R. L. , Biemond, J. : Subsampling of digital image sequences using motion information. *Motion Analysis and Image Sequence Processing*, M. I. Sezan and R. L. Lagendijk (eds.), Dordrecht : Kluwer 1993

Bellifemine, F. , Capellino, A. , Chimienti, A. , Picco, R. , Ponti, R. : Statistical analysis of the 2D-DCT coefficients of the differential signal for images. *Signal Process. : Image Commun.* 4 (1992), pp. 477-488

Berger, T. : Rate Distortion Theory. Englewood Cliffs : Prentice-Hall 1971

Besag, J. : On the statistical analysis of dirty pictures. *J. Roy. Stat. Soc. B* 48 (1986), pp. 259-302

Bhaskaran, V. : Predictive VQ schemes for grayscale image compression . *Proc. IEEE GLOBECOM* (1987), pp. 436-441

Bierling, M. : Displacement estimation by hierarchical block matching.*Proc. Visual Commun. Image Process.* (1988), SPIE vol. 1001, pp. 942-951

Bierling, M. , Thoma, R. : Motion compensated interpolation using a hierarchically structured displacement estimator. *Signal Process.* 11 (1986), pp. 387-404

Blahut, R. E. : Computation of channel capacity and rate-distortion functions. *IEEE Trans. Inf. Theor.* 18 (1972), pp, 460-473

Blahut, R. E. : Principles and Practice of Information Theory. Reading : Addison-Wesley 1987

Blain, M. E. , Fischer, T. R. : A comparison of vector quantization techniques in transform and subband coding of imagery. *Signal Process. : Image Commun. 3* (1991), pp. 91-105

Bose, N. K. : Applied Multidimensional Systems Theory. New York : Van Nostrand Reinhold, 1983

Bostelmann, G. : A simple high quality DPCM-codec for video telephony using 8 Mbit/s. *Nachrichtentechnische Zeitschrift* 28 (1974), Heft 3

Bosveld, F. , **Lagendijk, R. L.** , **Biemond, J.** : Hierarchical coding of HDTV. *Signal Process. : Image Commun.* 4 (1992), pp. 195-225

Bosveld, F. , **Lagendijk, R. L.** , **Biemond, J.** : Compatible spatio-temporal subband encoding of HDTV. *Signal Process.* 28 (1992), pp. 271-289

Bouman, C. A. , **Shapiro, M.** : A multiscale random field model for Bayesian image segmentation. *IEEE Trans. Image Process.* 3 (1994), pp. 162-177

Bozdagi, G. , **Tekalp, A. M.** , **Onural, L.** : 3-D motion estimation and wireframe adaptation including photometric effects for model-based coding of facial image sequences. *IEEE Trans. Circ. Syst. Video Tech.* 4 (1994), pp. 246-256

Broida, T. J. , **Chellappa, R.** : Estimating the kinematics and structure of a rigid object from a sequence of monocular images. *IEEE Trans. Patt. Anal. Mach. Intell.* 13 (1991), pp. 497-513

Buck, M. , **Diehl, N.** : Model-based image sequence coding. *Motion Analysis and Image Sequence Processing*, M. I. Sezan and R. L. Lagendijk (eds.), Dordrecht : Kluwer 1993

Burt, P. J. , **Adelson, E. H.** : The Laplacian pyramid as a compact image code. *IEEE Trans. Commun.* 31 (1983), pp. 532-540

Cadzow, J. A. : Least squares, modeling, and signal processing. *Dig. Signal Process.* 4 , pp. 2-20. San Diego : Academic Press 1994

Chahine, M. , **Konrad, J.** : Estimation of trajectories for accelerated motion from time-varying imagery. *Proc. IEEE ICIP* (1994), vol. II, pp. 800-804

Chan, M.-H. , **Yu, Y.-B.** : Variable size block matching motion compensation and application to video coding. *Proc. IEE* 137 (1990), pp. 202-212

Chan, W.-Y. , **Gersho, A.** : Generalized product code vector quantization : A family of efficient techniques for signal compression. *Dig. Signal Process.* 4 (1994), pp. 95-126

Chang, P.-C. , **Gray, R. M.** : Gradient algorithms for designing predictive vector quantizers. *IEEE Trans. Acoust., Speech, Signal Process.* 34 (1986), pp. 679-690

Chang, T. , **Kuo, C.-C. J.** : Texture analysis and classification with tree-structured wavelet transform. *IEEE Trans. Image Process.* 2 (1993), pp. 429-441

Chang, Y.-H. , **Coggins, D.** , **et al.** : An open systems approach to video on demand. *IEEE Commun. Mag.*, May 1994, pp. 68-80

Chelappa, R. , **Chatterjee, S.** : Texture synthesis using 2-D noncausal autoregressive models. *IEEE Trans. Acoust., Speech, Signal Process.* 33 (1985), pp. 194-203

Chelappa, R. , **Chatterjee, S.** : Classification of textures using Gaussian Markov random fields. *IEEE Trans. Acoust., Speech, Signal Process.* 33 (1985), pp. 959-963

Chen, C.-F. , **Pang, K. K.** : On the hybrid coders with motion compensation. *Multidim. Syst. Signal Process.* 3, pp. 241-266. Dordrecht : Kluwer 1992

Chen, C.-T. , **Wong, A.** : A self-governing buffer control strategy for pseudoconstant bit rate video coding. *IEEE Trans. Image Process.* 2 (1993), pp. 50-59

Chen, H.-H. , **Chen, Y.-S.** , **Hsu, W.-H.** : Low-rate sequence image coding via vector quantization. *Signal Process.* 26 (1992), pp. 265-283

Chen, W.-H. , **Pratt, W. K.** : Scene adaptive coder. *IEEE Trans. Commun.* 32 (1984), pp. 225-232

Chen, W.-H. , Smith, C. H. : Adaptive coding of monochrome and color images. *IEEE Trans. Commun.* 25 (1977), pp. 1285-1292

Chen, W.-H. , Smith, C. H. , Fralick, S. : A fast computational algorithm for the discrete cosine transform. *IEEE Trans. Commun.* 25 (1977), pp. 1004-1009

Chiang, T. , Anastassiou, D. : Hierarchical coding of digital television. *IEEE Commun. Mag.*, May 1994, pp. 38-45

Chin, T. M. , Luettgen, M. R. , Karl, W. C. , Willsky, A. S. : An estimation theoretic perspective on image processing and the calculation of optical flow. *Motion Analysis and Image Sequence Processing*, M. I. Sezan and R. L. Lagendijk (eds.), Dordrecht : Kluwer 1993

Choi, C. S. , Aizawa, K. , Harashima, H. , Takebe, T. : Analysis and synthesis of facial image sequences in model-based image coding. *IEEE Trans. Circ. Syst. Video Tech.* 4 (1994), pp. 257-275

Chou, P. A. , Lookabaugh, T. , Gray, R. M. : Entropy-constrained vector quantization. *IEEE Trans. Acoust., Speech, Signal Process.* 37 (1989), pp. 31-42

Chou, P. A. , Lookabaugh, T. , Gray, R. M. : Optimal pruning with applications to tree-structured source coding and modeling. *IEEE Trans. Inf. Theor.* 35 (1989), pp. 299-315

Chowdhury, M. F. , Clark, A. F. , Downton, A. C. , Morimatsu, E. , Pearson, D. E. : A switched model-based coder for video signals. *IEEE Trans. Circ. Syst. Video Tech.* 4 (1994), pp. 216-227

Chung, Y.-S. , Kanefsky, M. : On 2-D recursive LMS algorithms using ARMA prediction for ADPCM encoding of images. *IEEE Trans. Image Process.* 1 (1992), pp. 416-422

Clarke, R. J. : Transform Coding of Images. London : Academic Press 1985

Cohen, R. A. , Woods, J. W. : Sliding block entropy coding of images. *Proc. IEEE ICASSP* (1989), pp. 1731-1734

Cohn, D. , Riskin, E. A. , Ladner, R. : Theory and practice of vector quantizers trained on small training sets. *IEEE Trans. Patt. Anal. Mach. Intell.* 16 (1994), pp. 54-65

Connor, J. T. , Martin, R. D. , Atlas, L. E. : Recurrent neural networks and robust time series prediction. *IEEE Trans. Neur. Netw.* 5 (1994), pp. 240-254

Conway, J. H. , Sloane, N. J. A. : Voronoi regions of lattices, second moments of polytopes, and quantization. *IEEE Trans. Inf. Theor.* 28 (1982), pp. 211-226

Conway, J. H. , Sloane, N. J. A. : Fast quantizing and decoding algorithms for lattice quantizers and codes. *IEEE Trans. Inf. Theor.* 28 (1982), pp. 227-232

Conway, J. H. , Sloane, N. J. A. : A fast encoding method for lattice codes and quantizers. *IEEE Trans. Inf. Theor.* 29 (1983), pp. 820-824

Conway, J. H. , Sloane, N. J. A. : Sphere Packings, Lattices and Groups. New York : Springer 1988

Crochiere, R. E. , Rabiner, L. R. : Multirate Digital Signal Processing. Englewood Cliffs : Prentice-Hall 1983

Cross, G. R. , Jain, A. K. : Markov random field texture models. *IEEE Trans. Patt. Anal. Mach. Intell.* 5 (1983), pp. 25-39

Cuperman, V. : On adaptive vector transform quantization for speech coding. *IEEE Trans. Commun.* 37 (1989), pp. 261-267

Cuperman, V. , Gersho, A. : Vector predictive coding of speech at 16 kbits/s. *IEEE Trans. Commun.* 33 (1985), pp. 685-696

Daubechies, I. : Orthonormal basis of compactly supported wavelets. *Comm. Pure Applied Math.* 41 (1988), pp. 909-996

Daubechies, I. : The wavelet transform, time-frequency localization and signal analysis. *IEEE Trans. Inf. Theor.* 36 (1990), pp. 961-1005

Davis, L. S. : A survey of edge detection techniques. *Comp. Graph. Image Process.* 4 (1975), pp. 248-270

Delogne, P. , Macq, B. : Universal variable length coding for an integrated approach to image coding. *Annales Télécommun.* 46 (1991), pp. 452-459

Delport, V. , Neubert, U. : Codierung von Bildfolgen nach dem Prinzip der Vektorquantisierung. *Frequenz* 48 (1994), S. 106-114 (Teil I), S. 142-147 (Teil II)

DeNatale, F. G. B. , Desoli, D. S. , Fioravanti, S. , Giusto, D. D. : Neural prediction in image vector quantization. *Proc. EUSIPCO* (1992), *Signal Process. VI : Theor. and Appl.*, pp. 1215-1218, Amsterdam : Elsevier 1992

Desarte, P. , Macq, B. , Slock, D. T. M. : Signal-adapted multiresolution transform for image coding. *IEEE Trans. Inf. Theor.* 38 (1992), pp. 897-904

Dianat, S. A. , Nasrabadi, N. M. , Venkataraman, S. : A non-linear predictor for differential pulse-encoder (DPCM) using artificial neural networks. *Proc. IEEE ICASSP* (1991), pp. 2793-2796

Diehl, N. : Object-oriented motion estimation and segmentation in image sequences. *Signal Process. : Image Commun.* 3 (1991), pp. 23-56

Du, Y. , Schwier, T. : Farbbildcodierung mit wahrnehmungsangepaßter Vektorquantisierung - ein neuer Ansatz zur effizienten Intraframecodierung mit stabilisierter Bildqualität. *Frequenz* 45 (1991), S. 266-275 (Teil I), — 46 (1992), S. 8-14 (Teil II)

Dubois, E. : Motion-compensated filtering of time-varying images. *Multidim. Syst. Signal Process.* 3, pp. 211-240. Dordrecht : Kluwer 1992

Dubois, E. , Konrad, J. : Estimation of 2-D motion fields from image sequences with application to motion-compensated processing. *Motion Analysis and Image Sequence Processing*, M. I. Sezan and R. L. Lagendijk (eds.), Dordrecht : Kluwer 1993

Dudgeon, D. E. , Mersereau, R. M. : Multidimensional Digital Signal Processing. Englewood Cliffs : Prentice-Hall 1984

Dugelay, J.-L. : Toward an estimation of three-dimensional motion in a 3D TV image sequence. *Proc. Visual Commun. Image Process.* (1991), SPIE vol. 1605, pp. 688-693

Dugelay, J.-L. : Toward an estimation of three-dimensional motion in a 3D TV image sequence II : Extension to curved surfaces. *Proc. Visual Commun. Image Process.* (1992), SPIE vol. 1818, pp. 688-693

Dunham, M. O. , Gray, R. M. : An algorithm for the design of labeled-transition finite-state vector quantizers. *IEEE Trans. Commun.* 33 (1985), pp. 83-89

Efstratiadis, S. N. , Katsaggelos, A. K. : An adaptive regularized recursive displacement estimation algorithm. *IEEE Trans. Image Process.* 2 (1993), pp. 341-352

Enkelmann, W. : Investigations of multigrid algorithms for the estimation of optical flow fields in image sequences. *Comp. Graph. Image Process.* 43 (1988), pp. 150-177

Farkash, S. , Pearlman, W. A. , Malah, D. : Transform trellis coding of images at low rates with blocking effect removal. *Proc. EUSIPCO* (1988), *Signal Process. IV : Theor. and Appl.*, pp. 1657-1660, Amsterdam : Elsevier 1988

Farrelle, P. M. , Jain, A. K. : Recursive block coding - a new approach to transform coding. *IEEE Trans. Commun.* 34 (1986), pp. 161-179

Feng, Y. , Nasrabadi, N. M. : A dynamic address-vector quantization algorithm based on inter-block and inter-color correlation for color image coding. *Proc. IEEE ICASSP* (1989), pp. 1755-1758

Fischer, T. R. : A pyramid vector quantizer. *IEEE Trans. Inf. Theor.* 32 (1986), pp. 568-583

Fischer, T. R. : Geometric source coding and vector quantization. *IEEE Trans. Inf. Theor.* 35 (1989), pp. 137-145

Fischer, T. R. : On the rate-distortion efficiency of subband coding. *IEEE Trans. Inf. Theor.* 38 (1992), pp. 426-429

Fischer, T. R. , Marcellin, M. W. , Wang, M. : Trellis-coded vector quantization. *IEEE Trans. Inf. Theor.* 37 (1991), pp. 1551-1566

Fischer, T. R. , Wang, M. : Entropy-constrained trellis-coded quantization. *IEEE Trans. Inf. Theor.* 38 (1992), pp. 415-426

Fockens, P. , Netravali, A. : The digital spectrum-compatible HDTV system. *Signal Process. : Image Commun.* 4 (1992), pp. 293-305

Forchheimer, R. , Kronander, T. : Image coding - from waveforms to animation. *IEEE Trans. Acoust., Speech, Signal Process.* 37 (1989), pp. 2008-2023

Forney, G. D., jr. : The Viterbi algorithm. *Proc. IEEE* 61 (1973), pp. 268-278

Foster, J. , Gray, R. M. ; Dunham, M. O. : Finite-state vector quantization for waveform coding. *IEEE Trans. Inf. Theor.* 31 (1985), pp. 348-359

Fowler, J. E. , Carbonara, M. R. , Ahalt, S. E. : Image coding using differential vector quantization. *IEEE Trans. Circ. Syst. Video Tech.* 3 (1993), pp. 350-367

Freeman, G. H. , Blake, I. F. , Mark, J. W. : Trellis source code design as an optimization problem. *IEEE Trans. Inf. Theor.* 34 (1988), pp. 1226-1241

Freeman, H. : Boundary encoding and processing. *Picture Processing and Psycho-pictorics*, B. S. Lipkin and A. Rosenfeld (eds.), New York : Academic Press 1970

Frisby, J. P. : Vision. Oxford : Roxby Press

Geman, D. , Geman, S. , Graffigne, C. , Dong, P. : Boundary detection by constrained optimization. *IEEE Trans. Patt. Anal. Mach. Intell:* 12 (1990), pp. 609-628

Geman, S. , Geman, D. : Stochastic relaxation, Gibbs distribution, and the Bayesian restauration of images. *IEEE Trans. Patt. Anal. Mach. Intell.* 6 (1984), pp. 721-741

Gersho, A. : Optimal nonlinear interpolative vector quantization. *IEEE Trans. Commun.* 38 (1989), pp. 1285-1287

Gerken, P. : Object-based analysis-synthesis coding of image sequences at very low bit rates. *IEEE Trans. Circ. Syst. Video Tech.* 4 (1994), pp. 228-235

Gersho, A. , Gray, R. M. : Vector Quantization and Signal Compression. Dordrecht : Kluwer 1992

Geurtz, A. M. : Discontinuity preserving optical flow estimation and segmentation. *Proc. EUSIPCO* (1992), *Signal Process. VI : Theor. and Appl.*, pp. 575-578, Amsterdam : Elsevier 1992

Ghanbari, M. : An adapted H.261 two-layer video codec for ATM networks. *IEEE Trans. Commun.* 40 (1992), pp. 1481-1490

Ghanbari, M. , Azari, J. : Effect of bit rate variation of the base layer on the performance of two-layer video codecs. *IEEE Trans. Circ. Syst. Video Tech.* 4 (1994), pp. 8-17

Gharavi, H. , Tabatabai, A. : Sub-band coding of monochrome and color images. *IEEE Trans. Circ. Syst.* 35 (1988), pp. 207-214

Gibson, J. D. , Sayood, K. : Lattice Quantization. *Advan. Electron. and Electron. Phys.* 72 (1988), pp. 259-330

Gilge, M. : Regionenorientierte Transformationscodierung in der Bildkommunikation. Fortschritts-Berichte VDI Reihe 10, Nr. 128. Düsseldorf : VDI-Verlag 1990

Gilge, M. , Engelhardt, T. , Mehlan, R. : Coding of arbitrarily shaped image segments based on a generalized orthogonal transform. *Signal Process. : Image Commun.* 1 (1989), pp. 153-180

Gilge, M. , Guse, W. , Schneider, L. : Codierung von farbigen Bewegtbildszenen bei 64 kbit/s - Ein neuer Ansatz zur Verwirklichung eines Bildtelefons im ISDN. *Frequenz* 43 (1989), S. 86-96 (Teil 1), S. 98-108 (Teil 2), S. 126-133 (Teil 3)

Gimlett, J. I. : Use of "activity" classes in adaptive transform image coding. *IEEE Trans. Commun.* 23 (1975), pp. 785-786

Girod, B. : The efficiency of motion-compensating prediction for hybrid coding of video sequences. *IEEE J. Sel. Areas Commun.* 5 (1987), pp. 1140-1154

Girod, B. : Psychovisual aspects of image communication. *Signal Process.* 28 (1992), pp. 239-251

Girod, B. : Motion compensation : Visual aspects, accuracy and fundamental limits. *Motion Analysis and Image Sequence Processing*, M. I. Sezan and R. L. Lagendijk (eds.), Dordrecht : Kluwer 1993

Girod, B. : Rate-constrained mostion estimation. *Proc. Visual Commun. Image Process.* (1994), SPIE vol. 2308

Girod, B. : Image sequence coding using 3D scene models. *Proc. Visual Commun. Image Process.* (1994), SPIE vol. 2308

Goldberg, M. , Boucher, P. R. , Shlien, S. : Image compression using adaptive vector quantization. *IEEE Trans. Commun.* 34 (1986), pp. 180-187

Gonzales, C. , Viscito, E. : Flexibly scalable digital video coding. *Signal Process. : Image Commun.* 5 (1993), pp. 5-20

Goodman, D. J. : Trends in cellular and cordless communications. *IEEE Commun. Mag.*, June 1991, pp. 31-40

Gray, R. M. : Sliding block source coding. *IEEE Trans. Inf. Theor.* 21 (1975), pp. 357-368

Gray, R. M. : Vector quantization. *IEEE ASSP Mag.* 1 (1984), no. 2, pp. 4-29

Gray, R. M. : Source Coding Theory. Dordrecht : Kluwer 1990

Gray, R. M. , Karnin, E. D. : Multiple local optima in vector quantizers. *IEEE Trans. Inf. Theor.* 28 (1982), pp. 256-261

Gray, R. M. , Linde, Y. : Vector quantizers and predictive quantizers for Gauss-Markov sources. *IEEE Trans. Commun.* 30 (1982), pp. 381-389

Greiner, T. , Eberle, E. , Pandit, M. : Design of signal-matched wavelets - theory and results. *Proc. EUSIPCO* (1992), *Signal Process. VI : Theor. and Appl.*, pp. 929-932, Amsterdam : Elsevier 1992

Gröchenig, K. , Madych, W. R. : Multiresolution analysis, Haar bases, and self-similar tilings of R^n. *IEEE Trans. Inf. Theor.* 38 (1992), pp. 556-568

Grünenfelder, R. , Cosmas, J. P. , Mantorpe, S. , Odinma-Okafor, A. : Characterization of video codecs as autoregressive moving average processes and related queueing system performance. *IEEE J. Sel. Areas of Commun.* 9 (1991), pp. 284-293

Guse, W. , Gilge, M. , Stiller, C. : Region-oriented coding of moving video - motion compensation by segment matching. *Proc. EUSIPCO* (1990), *Signal Process. V : Theor. and Appl.*, pp. 765-768, Amsterdam : Elsevier 1990

de Haan, G. , Biezen, P. W. A. C. , Huijgen, H. , Ojo, O. A. : True-motion estimation with 3-D recursive search block matching. *IEEE Trans. Circ. Syst. Video Tech.* 3 (1993), pp. 368-379

Hajek, B. : Cooling schedules for optimal annealing. *Math. Oper. Res.* 13 (1988), pp. 311-329

Hampel, H. et al. : Technical features of the JBIG standard for progressive bi-level image compression. *Signal Process. : Image Commun.* 4 (1992), pp. 103-111

Hang, H.-M. , Haskell, B. G. : Interpolative vector quantization of color images. *IEEE Trans. Commun.* 36 (1988), pp. 465-470

Hang, H.-M. , Woods, J. W. : Predictive vector quantization of images. *IEEE Trans. Commun.* 33 (1985), pp. 1208-1219

Hartwig, S. , Endemann, W. : Digitale Bildcodierung, Teil 1-Teil 12. Aufsatzfolge in *Fernseh & Kino Technik*, Hefte 1/92-1/93

Heegard, C. , Lery, S. A. , Paik, W. H. : Practical coding for QAM transmission of HDTV. *IEEE J. Sel. Areas Comm.* 11 (1993), pp. 111-118

Heitz, F. , Bouthemy, P. : Multimodal estimation of discontinous optical flow using Markov random fields. *IEEE Trans. Patt. Anal. Mach. Intell.* 15 (1993), pp. 1217-1232

Hepper, D. : Efficiency analysis and application of uncovered background prediction in a low bit rate image coder. *IEEE Trans. Commun.* 38 (1990), pp. 1578-1584

Herley, C. , Vetterli, M. : Wavelets and recursive filter banks. *IEEE Trans. Signal Process.* 41 (1993), pp. 2536-2556

Hessenmüller, H. et al. : Zugangsnetzstrukturen für interaktive Videodienste. *Der Fernmeldeingenieur* 48 (1994), Heft 8 (Teil 1), Heft 9 (Teil 2)

Hlawatsch, F. , Boudreaux-Bartels, G. F. : Linear and quadratic time-frequency signal representations. *IEEE Signal Process. Mag.* 9 (1992), no. 2, pp. 21-67

Ho, Y.-S. , Gersho, A. : Variable-rate multi-stage vector quantization for image coding. *Proc. IEEE ICASSP* (1988), pp. 1156-1159

Ho, Y.-S. , Gersho, A. : Classified transform coding of images using vector quantization. *Proc. IEEE ICASSP* (1989), pp. 1890-1893

Hötter, M. : Differential estimation of the global motion parameters zoom and pan. *Signal Process.* 16 (1989), pp. 249-265

Hötter, M. : Object-oriented analysis-synthesis coding based on moving two-dimensional objects. *Signal Process. : Image Commun.* 2 (1990), pp. 409-428

Hötter, M. : Objektorientierte Analyse-Synthese-Codierung, basierend auf dem Modell bewegter, zweidimensionaler Objekte. Fortschritts-Berichte VDI Reihe 10, Nr. 217, Düsseldorf : VDI-Verlag 1992

Hötter, M. : Optimization and efficiency of an object-oriented analysis-synthesis coder. *IEEE Trans. Circ. Syst. Video Tech.* 4 (1994), pp. 181-194

Hötter, M. , Thoma, R. : Image segmentation based on object-oriented mapping parameter estimation. *Signal Processing* 15 (1988), pp. 315-334

Horn, B. P. , Schunck, B. G. : Determining optical flow. *Artif. Intell.* 17 (1981), pp. 185-204

Hsieh, C.-H. , Chuang, K.-C. , Shue, J.-S. : Image compression using finite-state vector quantization with derailment compensation. *IEEE Trans. Circ. Syst. Video Tech.* 3 (1993), pp. 341-349

Hsieh, C.-H. , Lin, T.-P. : VLSI architecture for block-matching motion estimation algorithm. *IEEE Trans. Circ. Syst. Video Tech.* 2 (1992), pp. 169-175

Huang, C.-L. , Hsu, C.-Y. : A new motion compensation method for image sequence coding using hierarchical grid interpolation. *IEEE Trans. Circ. Syst. Video Tech.* 4 (1994), pp. 42-51

Hürtgen, B. , Büttgen, P. : Fractal approach to low rate video coding. *Proc. Visual Commun. Image Process.* (1993), SPIE vol. 2094

Huffman, D. A. : A method for the construction of minimum redundancy codes. *Proc. IRE* 40 (1952), pp. 1098-1101

Hush, D. R. , Horne, B. G. : Progress in supervised neural networks. *IEEE Signal Process. Mag.* 10 (1993), no. 1, pp. 8-39

Husøy, J. H. , Ramstad, T. A. : Application of an efficient parallel IIR filter bank to image subband coding. *Signal Process.* 20 (1990), pp. 279-292

Hwang, C. J. , Rao, K. R. : Channel error propagation in adaptive TV coders. *Signal Process.* 10 (1986), pp. 171-183

Itoh, S. , Matsuda, I. , Utsunomiya, T. : Adaptive transform coding of images based on variable-shape blocks. *Proc. EUSIPCO* (1992), *Signal Process. VI : Theor. and Appl.*, pp. 1251-1254, Amsterdam : Elsevier 1992

Jacobs, E. W. , Fisher, Y. , Boss, R. D. : Image compression : A study of the iterated transform method. *Signal Process.* 29 (1992), pp. 251-263

Jacquin, A. E. : Image coding based on a fractal theory of iterated contractive image transformations. *IEEE Trans. Image Process.* 1 (1992), pp. 18-30

Jain, A. K. : A fast Karhunen-Loève transform for a class of random processes. *IEEE Trans. Commun.* 34 (1976), pp. 1023-1029

Jain, A. K. : Fundamentals of Digital Image Processing. Englewood Cliffs : Prentice-Hall 1989

Jain, J. R. , Jain, A. K. : Displacement measurement and its application in interframe image coding. *IEEE Trans. Commun.* 29 (1981), pp. 1799-1808

Jayant, N. S. , Noll, P. : Digital Coding of Waveforms. Englewood Cliffs : Prentice-Hall 1984

Jelinek, F. , Anderson, J. B. : Instrumentable tree encoding of information sources. *IEEE Trans. Inf. Theor.* 17 (1971), pp. 118-119

Jeong, D. G. , Gibson, J. D. : Uniform and piecewise uniform lattice vector quantization for memoryless Gaussian and Laplacian sources. *IEEE Trans. Inf. Theor.* 39 (1993), pp. 786-804

Johnston, J. D. : A filter family designed for use in quadrature mirror filter banks. *Proc. IEEE ICASSP* (1980), pp. 291-294

Kaneko, T. , Okudaira, M. : Encoding of arbitrary curves based on the chain code representation. *IEEE Trans. Commun.* 33 (1985), pp. 697-707

Karlsson, G. , Vetterli, M. : Sub-band coding of video signals for packet switched networks. *Proc. Visual Commun. Image Process.* (1987), SPIE vol. 845, pp. 446-456

Karlsson, G. , Vetterli, M. : Extension of finite length signals for sub-band coding. *Signal Process.* 17 (1989), pp. 161-168

Katto, J. , Ohki, J. , Nogaki, S. , Ohta, M. : A wavelet codec with overlapped motoion compensation for very low bit-rate environment. *IEEE Trans. Circ. Syst. Video Tech.* 4 (1994), pp. 328-338

Kiang, S.-Z. , Baker, R. L. , Sullivan, G. J. , Chiu, C.-Y. : Recursive optimal pruning with applications to tree structured vector quantizers. *IEEE Trans. Image Process.* 1 (1992), pp. 162-169

Kim, J.-S. , Park, R.-H. : Local motion-adaptive interpolation technique based on block matching algorithms. *Signal Process. : Image Commun.* 4 (1992), pp. 519-528

Kim, J. T. , Lee, H. J. , Choi, J. S. : Subband coding using human visual characteristics for image signals. *IEEE J. Sel. Areas Comm.* 11 (1993), pp. 59-64

Kim, T. : Side match and overlap match vector quantizers for images. *IEEE Trans. Image Process.* 1 (1992), pp. 170-185

Kim, Y. H. , Modestino, J. W. : Adaptive entropy coded subband coding of images. *IEEE Trans. Image Process.* 1 (1992), pp. 31-48

Kimoto, T. , Yasuda, Y. : Hierarchical representation of the motion of a walker and motion representation for model-based image coding. *Opt. Engineer.* 20 (1991), pp. 888-903

Knoll, A. : Der MPEG-2-Standard zur digitalen Codierung von Fernsehsignalen. *Der Fernmeldeingenieur* 47 (1993), Heft 7

Koch, R. : Dynamic 3-D scene analysis through synthesis feedback control. *IEEE Trans. Patt. Anal. Mach. Intell.* 15 (1993), pp. 556-568

Koilpillai, R. D. , Vaidyanathan, P. P. : Cosine-modulated FIR filter banks satisfying perfect reconstruction. *IEEE Trans. Signal Process.* 40 (1992), pp. 770-783

Konrad, J. , Dubois, E. : Bayesian estimation of motion vector fields. *IEEE Trans. Patt. Anal. Mach. Intell.* 14 (1992), pp. 910-927

Kovacevic, J. , Vetterli, M. : Nonseparable perfect reconstruction filter banks and wavelet bases for $\mathbb{R}^n$. *IEEE Trans. Inf. Theor.* 38 (1992), pp. 533-555

Kretz, F. , Colaitis, F. : Coded representation of multimedia and hypermedia information objects : Towards the MHEG standard. *Signal Process. : Image Commun.* 4 (1992), pp. 113-128

Kröner, H. , Hébuterne, G. , Boyer, P. , Gravey, A. : Priority management in ATM switching nodes. *IEEE J. Sel. Areas Commun.* 9 (1991), pp. 418-427

Kronander, T. : Some aspects of perception based image coding. *Dissertation*, Universität Linköping 1989

Kunt, M. : Recent HDTV systems. *Proc. EUSIPCO* (1992), *Signal Process. VI : Theor. and Appl.*, pp. 83-89, Amsterdam : Elsevier 1992

van Laarhoven, P. , Aarts, E. : Simulated Annealing : Theory and Applications. Dordrecht : Reidel 1987

Laroia, R. , Farvardin, N. : A structured fixed-rate vector quantizer derived from a variable-length scalar quantizer. *IEEE Trans. Inf. Theor.* 39 (1993), pp. 851-867 (Part I-Scalar sources), pp. 868-876 (Part II-Vector sources).

Lazar, M. S. , Bruton, L. T. : Fractal block coding of digital video. *IEEE Trans. Circ. Syst. Video Tech.* 4 (1994), pp. 297-308

Leduc, J.-P. : Bit-rate control for digital TV and HDTV codecs. *Signal Process. : Image Commun.* 6 (1994), pp. 25-45

Leduc, J.-P. : Digital Moving Pictures - Coding and Transmission on ATM Networks. *Advances in Image Communication, Volume 3.* Amsterdam : Elsevier 1994

Le Gall, D. : MPEG : A video compression standard for multimedia applications. *Comm. ACM* 34 (1991), pp. 47-58

Le Gall, D. : The MPEG video compression algorithm. *Signal Process. : Image Commun.* 4 (1992), pp. 129-140

Le Gall, D. , Tabatabai, A. : Sub-band coding of digital images using symmetric short kernel filters and arithmetic coding techniques. *Proc. IEEE ICASSP* (1988), pp. 761-764

Lempel, A. , Ziv, J. : Compression of two-dimensional data. *IEEE Trans. Inf. Theor.* 32 (1986), pp. 2-8

Li, H. , Lundmark, A. , Forchheimer, R. : Image sequence coding at very low bitrates : a review. *IEEE Trans. Image Proc.* 3 (1994), pp. 589-609

Li, H. , Roivainen, P. , Forchheimer, R. : Recursive estimation of facial expression and movement. *Proc. IEEE ICASSP* (1992), vol. III, pp. 593-596

Li, H. , Roivainen, P. , Forchheimer, R. : 3-D motion estimation in model-based facial image coding. *IEEE Trans. Patt. Anal. Mach. Intell.* 15 (1993), pp. 545-555

Li, W. , Mateo, F. X. : Segmentation based coding of motion compensated prediction error images. *Proc. IEEE ICASSP* (1993), vol. V, pp. 357-360

Lim, J. S. : Two-Dimensional Signal and Image Processing. Englewood Cliffs : Prentice-Hall 1990

Limb, J. O. , Murphy, J. A. : Measuring the speed of moving objects from television signals. *IEEE Trans. Commun.* 23 (1975), pp. 474-478

Lin, J.-N. , Unbehauen, R. : 2-D adaptive nonlinear equalizers. *Proc. EUSIPCO* (1992), *Signal Process. VI : Theor. and Appl.*, pp. 1381-1384. Amsterdam : Elsevier 1992

Lin, Y. , Astola, J. , Neuvo, Y. : A new class of nonlinear filters - Neural filters. *IEEE Trans. Signal Process.* 41 (1993), pp. 1201-1222

Linde, Y. , Buzo, A. , Gray, R. M. : An algorithm for vector quantizer design. *IEEE Trans. Commun.* 28 (1980), pp. 84-95

List, P. : Bildcodierungsstandards. *Der Fernmeldeingenieur* 48 (1994), Heft 3/4

Liu, B. , Zaccarin, A. : New fast algorithms for the estimation of block motion vectors. *IEEE Trans. Circ. Syst. Video Tech.* 3 (1993), pp. 148-157

Lloyd, S. P. : Least squares quantization in PCM. (1957) Reprint : *IEEE Trans. Commun.* 30 (1982), pp. 129-137

Lohscheller, H. : Subjectively adapted image communication system. *IEEE Trans. Commun.* 32 (1984), pp. 1316-1322

Lohscheller, H. , Franke, U. : Colour picture coding - algorithm optimization and technical realization. *Frequenz* 41 (1987), S. 291-299

Lu, G. : Fractal image compression. *Signal Process. : Image Commun.* 5 (1993), pp. 327-343

Luettgen, M. R. , Karl, W. C. , Willsky, A. S. : Efficient multiscale regularization with applications to the computation of optical flow. *IEEE Trans. Image Process.* 3 (1994), pp. 41-64

Macq, B. : Weighted optimum bit allocations to orthogonal transforms for picture coding. *IEEE J. Sel. Areas of Commun.* 10 (1992), pp. 875-883

Maglaris, B. , Anastassiou, D. , Sen, P. , Karlsson, G. , Robbins, J. D. : Performance models of statistical multiplexing in packet video communications. *IEEE Trans. Commun.* 36 (1988), pp. 834-844

Mallat, S. : A theory for multiresolution signal decomposition : The wavelet representation. *IEEE Trans. Patt. Anal. Mach. Intell.* 11 (1989), pp. 674-693

Mallat, S. : Multifrequency channel decompositions of images and wavelet models. *IEEE Trans. Acoust., Speech, Signal Process.* 37 (1989), pp. 2091-2110

Malvar, H. S. : Signal Processing with Lapped Transforms. Norwood : Artech House 1991

Malvar, H. S. , Staelin, D. H. : The LOT : Transform coding without blocking effects. *IEEE Trans. Acoust., Speech, Signal Process.* 37 (1989), pp. 553-559

Mandelbrot, B. B. : The Fractal Geometry of Nature. San Francisco : Freeman 1982

Maragos, P. A. , Schafer, R. W. : Morphological skeleton representation and coding of binary images. *IEEE Trans. Acoust., Speech, Signal Process.* 34 (1986), pp. 1228-1244

Maragos, P. A. , Schafer, R. W. , Mersereau, R. M. : Two-dimensional linear prediction and its application to adaptive predictive coding of images. *IEEE Trans. Acoust., Speech, Signal Process.* 32 (1984), pp. 1213-1229

Marcellin, M. W. , Fischer, T. R. : Trellis coded quantization of memoryless and Gauss-Markov sources. *IEEE Trans. Commun.* 38 (1990), pp. 82-93

Marcellin, M. W. , Sriram, P. , Tong, K.-L. : Transform coding of monochrome and color images using trellis coded quantization. *IEEE Trans. Circ. Syst. Video Tech.* 3 (1993), pp. 270-276

Marr, D. , Nishihara, K. : Representation and recognition of the spatial organization of 3D shapes. *Proc. Royal Soc. London B* 200 (1978), pp. 269-294

Max, T. : Quantizing for minimum distortion. *IRE Trans. Inf. Theor.* 6 (1960), pp. 7-12

Meiri, A. Z. , **Yudilevich, E.** : A pinned sine transform image coder. *IEEE Trans. Commun.* 29 (1981), pp. 1728-1735

Meer, P. , **Sher, C. A.** , **Rosenfeld, A.** : The chain pyramid : Hierarchical contour processing. *IEEE Trans Patt. Anal. Mach. Intell.* 12 (1990), pp. 363-376

Mester, M. , **Franke, U.** : Adaptive Schwellensteuerung in Transformationscodern - ein neuer Ansatz zur Stabilisierung der Rekonstruktionsqualität. *Frequenz* 41 (1987), S. 63-70

Mintzer, S. E. : Broadband ISDN and asynchronous transfer mode (ATM). *IEEE Commun. Mag.*, Sept. 1989, pp. 17-24

Miyahara, M. : Quality assessments for visual service. *IEEE Commun. Mag.*, Oct. 1988, pp. 51-60

Modestino, J. W. , **Bhaskaran, V.** , **Anderson, J. B.** : Tree encoding of images in the presence of channel errors. *IEEE Trans. Inf. Theor.* 27 (1981), pp. 677-697

Modestino, J. W. , **Bhaskaran, V.** : Robust two-dimensional tree encoding of images. *IEEE Trans. Commun.* 29 (1981), pp. 1786-1791

Modestino, J. W. , **Daut, D. G.** : Combined Source-Channel coding of images. *IEEE Trans. Commun.* 27 (1979), pp. 1644-1659

Mohan, S. , **Sood, A. K.** : A multiprocessor architecture for the (M,L)-algorithm suitable for VLSI implementation. *IEEE Trans. Commun.* 34 (1986), pp. 1218-1224

Mohsenian, N. , **Nasrabadi, N. M.** : Edge-based subband VQ techniques for images and video. *IEEE Trans. Circ. Syst. Video Tech.* 4 (1994), pp. 53-67

Moorhead, R. J., II , **Rajala, S. A.** , **Cook, L. W.** : Image sequence compression using a pel-recursive motion-compensated technique. *IEEE J. Sel. Areas Commun.* 5 (1987), pp. 1100-1114

Morikawa, H. , **Harashima, H.** : 3-D structure extraction coding of image sequences. *Proc. IEEE ICASSP* (1990), pp. 1969-1972

Morishima, S. , **Aizawa, K.** , **Harashima, H.** : An intelligent facial image coding driven by speech and phoneme. *Proc. IEEE ICASSP* (1989), pp. 1795-1798

Morrison, G. , **Beaumont, D.** : Two-layer video coding for ATM networks. *Signal Process. : Image Commun.* 3 (1991), pp. 179-195

Morrison, G. , **Parke, I.** : COSMIC : A compatible scheme for moving image coding. *Signal Process. : Image Commun.* 5 (1993), pp. 91-103

Murakami, H. , **Hashimoto, H.** , **Hatori, Y.** : Quality of band-compressed TV services. *IEEE Commun. Mag.*, Oct. 1988, pp. 61-69

Murphy, N. : Fractal block coding in image and video compression. *COST 211ter Workshop : New techniques for coding of video signals at very low bitrates*, Hannover 1993

Musmann, H. G. : Object-oriented analysis-synthesis coding based on source models of moving 2D- and 3D-objects. *Proc. ICASSP* (1993)

Musmann, H. G. , **Pirsch, P.** , **Grallert, H. J.** : Advances in picture coding. *Proc. IEEE* 73 (1985), pp. 523-548

Musmann, H. G. , **Hötter, M.** , **Ostermann, J.** : Object-oriented analysis-synthesis coding of moving images. *Signal Process. : Image Commun.* 1 (1989), pp. 117-138

Nakaya, Y. , Chuah, Y.-C. , Harashima, H. : Model-based/waveform hybrid coding for videotelephone images. *Proc. IEEE ICASSP* (1991), pp. 2741-2744

Nam, J. Y. , Rao, K. R. : Image coding using a classified DCT/VQ based on two-channel conjugate vector quantization. *IEEE Trans. Circ. Syst. Video Tech.* 1 (1990), pp. 325-336

Nanda, S. , Pearlman, W. A. : Tree coding of image sub-bands. *IEEE Trans. Image Process.* 1 (1992), pp. 132-147

Nasrabadi, N. M. , Choo, C. Y. , Roy, J. U. : Interframe hierarchical address-vector quantization. *IEEE Trans. Sel. Areas Commun.* 10 (1992), pp. 960-967

Nasrabadi, N. M. , Feng, Y. : A multilayer adress vector quantization technique. *IEEE Trans. Circ. Syst.* 37 (1990), pp. 912-921

Nasrabadi, M. N. , King, R. A. : Image coding using vector quantization : A review. *IEEE Trans. Commun.* 36 (1988), pp. 957-971

Naveen, T. , Woods, J. W. : Motion compensated multiresolution transmission of high definition video. *IEEE Trans. Circ. Syst. Video Tech.* 4 (1994), pp. 29-41

Netravali, A. N. , Haskell, B. G. : Digital pictures - Representation and compression. New York and London : Plenum Press 1988

Netravali, A.N. , Robbins, J. D. : Motion compensated television coding, Part I. *Bell Syst. Tech. J.* 58 (1979), pp. 631-670

Netravali, A. N. , Robbins, J. D. : Motion-compensated coding : Some new results. *Bell Syst. Tech. J.* 59 (1980), pp. 1735-1745

Neuhoff, D. L. , Lee, D. H. : On the performance of tree-structured vector quantization. *Proc. IEEE ICASSP* (1991), pp. 2277-2280

Ngan, K. N. , Chooi, W. L. : Very low bit rate video coding using 3D subband approach. *IEEE Trans. Circ. Syst. Video Tech.* 4 (1994), pp. 309-316

Ngan, K. N. , Koh, H. C. : Predictive classified vector quantization. *IEEE Trans. Image Process.* 1 (1992), pp. 269-280

Ngan, K. N. , Leong, K. S. , Singh, H. : Adaptive cosine transform coding of images in perceptual domain. *IEEE Trans. Acoust., Speech, Signal Process.* 37 (1989), pp. 1743-1750

Nicoulin, M. , Mattavelli, M. , Li, W. , Basso, A. , Popat, A. C. , Kunt, M. : Image sequence coding using motion-compensated subband decomposition. *Motion Analysis and Image Sequence Processing*, M. I. Sezan and R. L. Lagendijk (eds.), Dordrecht : Kluwer 1993

Nikias, C. L. , Mendel, J. M. : Signal Processing with higher-order spectra. *IEEE Signal Process. Mag.* 10 (1993), no. 3, pp. 10-37

Nomura, M. , Fujii, T. , Ohta, N. : Basic characteristics of variable rate video coding in ATM environment. *IEEE J. Sel. Areas Commun.* 7 (1989), pp. 752-760

Ohm, J.-R. : Festbildcodierung bei niedrigen Bitraten unter Verwendung kombinierter Block- und Faltungscodes. *Dissertation*, D83. Berlin : TU Berlin 1990

Ohm, J.-R. : Temporal domain sub-band video coding with motion compensation. *Proc. IEEE ICASSP* (1992), vol. III, pp. 229-232

Ohm, J.-R. : Advanced packet-video coding based on layered VQ and SBC techniques. *IEEE Trans. Circ. Syst. Video Tech.* 3 (1993), pp. 208-221

Ohm, J.-R. : Three-dimensional subband coding with motion compensation. *IEEE Trans. Image Process.* 3 (1994), pp. 559-571

Ohm, J.-R. : Motion-compensated 3-D subband coding with multiresolution representation of motion parameters. *Proc. IEEE ICIP* (1994), vol. III, pp. 250-254

Ohm, J.-R. , Noll, P. : Predictive tree encoding of still images with vector quantization. *Annales Télécommun.* 45 (1990), pp. 465-470

Okubo, S. : Requirements for high quality video coding standards. *Signal Process. : Image Commun.* 4 (1992), pp. 141-151

Ono, S. , Ohta, N. , Aoyama, T. : All-digital super high definition images. *Signal Process. : Image Commun.* 4 (1992), pp. 429-444

Oppenheim, A. V. , Willsky, A. S. , Young, I. T. : Signals and Systems. Englewood Cliffs : Prentice-Hall 1983

Orchard, M. T. : Predictive motion field segmentation for image sequence coding. *IEEE Trans. Circ. Syst. Video Tech.* 3 (1993), pp. 54-70

Orchard, M. T. , Sullivan, G. J. : Overlapped block motion compensation : An estimation-theoretic approach. *IEEE Trans. Image Proc.* 3 (1994), pp. 693-699

Ortega, A. , Ramchandran, K. , Vetterli, M. : Optimal trellis-based buffered compression and fast approximations. *IEEE Trans. Image Process.* 3 (1994), pp. 26-40

Ostermann, J. : Object-based analysis-synthesis coding based on the source model of moving rigid 3D objects. *Signal Process. : Image Commun.* 6 (1994), pp. 143-161

Ostermann, J. : Object-based analysis-synthesis coding (OBASC) based on the source model of moving flexible 3-D objects. *IEEE Trans. Image Proc.* 3 (1994), pp. 705-710

Panchanathan, S. , Goldberg, M. : Adaptive algorithms for image coding using vector quantization. *Signal Process. : Image Commun.* 4 (1992), pp. 81-92

Pang, K. K. , Tan, T. K. : Optimum loop filters in hybrid coders. *IEEE Trans. Circ. Syst. Video Tech.* 4 (1994), pp. 158-167

Pearlman, W. A. : Performance bounds for subband coding. *Subband Image Coding*, J. W. Woods (ed.), Dordrecht : Kluwer 1991

Pearlman, W. A. , Jakatdar, P. : A transform tree code for stationary Gaussian sources. *IEEE Trans. Inf. Theor.* 31 (1985), pp. 761-768

Pearlman, W. A. , Jakatdar, P. , Leung, M. M. : Adaptive transform tree coding of images. *IEEE J. Sel. Areas Commun.* 10 (1992), pp. 902-912

Pearlman, W. A. , Mazor, B. : A trellis construction and coding theorem for stationary Gaussian sources. *IEEE Trans. Inf. Theor.* 29 (1983), pp. 924-930

Pearlman, W. A. , Mazor, B. : A tree coding theorem for stationary Gaussian sources and the squared-error distortion criterion. *IEEE Trans. Inf. Theor.* 32 (1986), pp. 156-165

Pearson, D. E. : Texture mapping in model-based image coding. *Signal Process. : Image Commun.* 2 (1990), pp. 377-395

Pecot, M. , Tourtier, P. J. , Thomas, Y. : Compatible coding of television images. *Signal Process. : Image Commun.* 2 (1990), pp. 245-258 (Part 1), pp. 259-268 (Part 2)

Pennebaker, W. B. , Mitchell, J. L. : JPEG Still Image Compression Standard. New York : Van Nostrand Reinhold 1993

Pennebaker, W. B. , Mitchell, J. L. , Langdon, G. G. , Arps, R. B. : An overview of the basic principles of the Q-coder adaptive binary arithmetic coder. *IBM J. Res. Develop.* 32 (1988), pp. 717-752

Perkins, M. G. , Lookabaugh, T. : A psychophysically justified bit allocation algorithm for subband image coding systems. *Proc. IEEE ICASSP* (1989), pp. 1815-1818

Platt, S. M. , Badler, N. I. : Animating facial expressions. *IEEE Comput. Graph.* 13 (1981), pp. 242-245

Podilchuk, C. I. , Jayant, N. S. , Noll, P. : Sparse codebooks for the quantization of non-dominant sub-bands in image coding. *Proc. IEEE ICASSP* (1990), pp. 2837-2840

Princen, J. P. , Bradley, A. B. : Analysis/synthesis filter bank design based on time domain aliasing cancellation. *IEEE Trans. Acoust., Speech, Signal Process.* 34 (1986), pp. 1153-1161

Puri, A. , Aravind, R. : Motion-compensated video coding with adaptive perceptual quantization. *IEEE Trans. Circ. Syst. Video Tech.* 1 (1990), pp. 351-361

Puri, A. , Aravind, R. , Haskell, B. G. : Adaptive frame/field motion compensated video coding. *Signal Process. : Image Commun.* 5 (1993), pp. 39-58

Puri, A. , Aravind, R. , Haskell, B. G. , Leonardi, R. : Video coding with motion-compensated interpolation for CD-ROM applications. *Signal Process. : Image Commun.* 2 (1990), pp. 127-144

Queluz, M. P. : A 3-dimensional subband coding scheme with motion-adaptive subband selection. *Proc. EUSIPCO* (1992), *Signal Process. VI : Theor. and Appl.*, pp. 1263-1266, Amsterdam : Elsevier 1992

Rahgozar, M. A. , Allebach, J. B. : A general theory of time-sequential sampling. *Signal Process.* 28 (1992), pp. 253-270

Ramamurthy, B. , Gersho, A. : Classified vector quantization of images. *IEEE Trans. Commun.* 34 (1986), pp. 1105-1115

Ramasubramanian, V. , Paliwal, K. K. : Fast K-dimensional tree algorithms for nearest neighbor search with application to vector quantization encoding. *IEEE Trans. Signal Process.* 40 (1992), pp. 518-531

Ramchandran, K. , Vetterli, M. : Best wavelet packet bases in a rate-distortion sense. *IEEE Trans. Image Process.* 2 (1993), pp. 160-175

Ranganath, S. , Jain, A. K. : Two-dimensional linear prediction models - Part I : Spectral factorization and realization. *IEEE Trans. Acoust., Speech and Signal Process.* 33 (1985), pp. 280-299

Reibman, A. R. : DCT-based embedded coding for packt video. *Signal Process. : Image Commun.* 3 (1991), pp. 231-237

Reibman, A. R. , Haskell, B. G. : Constraints on variable bit-rate video for ATM networks. *IEEE Trans. Circ. Syst. Video Tech.* 2 (1992), pp. 361-372

Reininger, R. C. , Gibson, J. D. : Distribution of two-dimensional DCT coefficients for images. *IEEE Trans. Commun.* 31 (1983), pp. 835-839

Reusens, E. : Sequence coding based on the fractal theory of iterated transformation systems. *Proc. Visual Commun. Image Process.* (1993), SPIE vol. 2094

Richard, C. , Benveniste, A. , Kretz, F. : Recursive estimation of local characteristics of edges as applied to ADPCM coding. *IEEE Trans. Commun.* 32 (1984), pp. 718-728

Rioul, O. , Duhamel, P. : Fast algorithms for discrete and continous wavelet transforms. *IEEE Trans. Inf. Theor.* 38 (1992), pp. 569-586

Rioul, O. , Vetterli, M. : Wavelets and signal processing. *IEEE Signal Process. Mag.* 8 (1991), no. 4, pp. 14-38

Riskin, E. A. , Gray, R. M. : A greedy tree growing algorithm for the design of variable rate vector quantizers," *IEEE Trans. Signal Process.* 39 (1991), pp. 2500-2507

Robson, J. G. : Spatial and temporal contrast sensitivity functions of the visual system. *J. Opt. Soc. Amer. A* 56 (1966), pp, 1141-1142

Rosebrock, J. , Besslich, P. W. : Shape-gain vector quantization for noisy channels with applications to image coding. *IEEE J. Sel. Areas Commun.* 10 (1992), pp. 918-925

Rosenfeld, A. , Kak, A. C. : Digital Picture Processing. Orlando : Academic Press 1982

Rotem, E. , Malah, D. : Subband coding of images using a trellis coder. *Proc. EUSIPCO* (1988), *Signal Procress. IV : Theories and Applications*, pp. 1153-1156, Amsterdam : Elsevier 1988

Sabin, M. , Gray, R. M. : Product code vector quantizers for waveform and voice coding. *IEEE Trans. Acoust., Speech, Signal Process.* 32 (1984), pp. 474-488

Sabin, M. , Gray, R. M. : Global convergence and empirical consistency of the generalized Lloyd algorithm. *IEEE Trans. Inf. Theor.* 32 (1986), pp. 148-155

Safranek, R. J. , Johnston, J. D. : A perceptually tuned sub-band image coder with image dependent quantization and post-quantization data compression. *Proc. IEEE ICASSP* (1989), pp. 1945-1948

Saito, H. , Kawarasaki, M. , Yamada, H. : An analysis of statistical multiplexing in an ATM transport network. *IEEE J. Sel Areas Commun.* 9 (1991), pp. 359-367

Sakrison, D. J. : Image coding applications of vision models. In *Image Transmission Techniques*, W. K. Pratt (ed.), London : Academic Press 1979

Salembier, P. , Pardàs, M. : Hierarchical morphological segmentation for image sequence coding. *IEEE Trans. Image Proc.* 3 (1994), pp. 639-651

Samet, H. : The quadtree and related hierarchical data structures. *Comput. Surv.* 16 (1984), pp. 187-260

Sayood, K. , Gibson, J. D. , Rost, M. C. : An algorithm for uniform vector quantizer design. *IEEE Trans. Inf. Theor.* 30 (1984), pp. 805-814

Schiller, H. , Hötter, M. : Investigations on colour coding in an object-oriented analysis-synthesis coder. *Signal Process. : Image Commun.* 5 (1993), pp. 319-326

Senoo, T. , Girod, B. : Vector quantization for entropy coding of image subbands. *IEEE Trans. Image Process.* 1 (1992), pp. 526-533

Serra, J. : Image Analysis and Mathematical Morphology, vols. 1 and 2. San Diego : Academic Press 1982/1988

Shannon, C. E. : A mathematical theory of communication. *Bell Syst. Tech. J.* (1948), reprint : University of Illinois press 1949

Shannon, C. E. : Coding theorems for a discrete souce with a fidelity criterion. *IRE Nat. Conv. Rec.* (1959), reprint : *Information and Decision Processes*, R. E. Machol (ed.), New York : McGraw Hill 1960

Shannon, C. E. : The Collected Papers. Piscataway : IEEE Press 1992

Shariat, H. , Price, K. E. : Motion estimation with more than two frames. *IEEE Trans. Patt. Anal. Mach. Intell.* 12 (1990), pp. 417-434

Shishikui, Y. : A study on modeling of the motion compensation prediction error signal. *IEICE Trans. Commun.* 75-B (1992), pp. 368-376

Sikora, T. , Makai, B. : Low complex shape-adaptive DCT for generic and functional coding of segmented video. *Worksh. Image Anal. Synth. in Image Coding (WIASIC '94)*, Berlin, Oktober 1994

Silsby, P. L. , Bovik, A. C. , Chen, D. : Visual pattern image sequence coding. *IEEE Trans. Circ. Syst. Video Tech.* 3 (1993), pp. 291-301

Simoncelli, E. P. , Adelson, E. H. : Non-separable extensions of quadrature mirror filters to multiple dimensions. *Proc. IEEE* 78 (1990), pp. 652-663

Simoncelli, E. P. , Adelson, E. H. : Subband Transforms. *Subband Image Coding*, J. W. Woods (ed.), Dordrecht : Kluwer 1991

Smith, M. J. T. : IIR analysis/synthesis systems. *Subband Image Coding*, J. W. Woods (ed.), Dordrecht : Kluwer 1991

Smith, M. J. T. , Barnwell, T. P. , III : Exact reconstruction techniques for tree-structured subband coders. *IEEE Trans. Acoust., Speech, Signal Process.* 34 (1986), pp. 434-441

Smith, M. J. T. , Eddins, S. L. : Analysis/synthesis techniques for subband image coding. *IEEE Trans. Acoust., Speech, Signal Process.* 38 (1990), pp. 1446-1456

Snyder, M. A. : On the mathematical foundations of smoothness constraints for the determination of optical flow and for surface reconstruction. *IEEE Trans. Patt. Anal. Mach. Intell.* 13 (1991), pp. 1105-1114

Soman, A. K. , Vaidyanathan, P. P. : On orthonormal wavelets and paraunitary filter banks. *IEEE Trans. Signal Process.* 41 (1993), pp. 1170-1183

Stewart, L. C. , Gray, R. M. , Linde, Y. : The design of trellis waveform coders. *IEEE Trans. Commun.* 30 (1982), pp. 702-710

Stiller, C. , Hürtgen, B. : Combined displacement estimation and segmentation in image sequences. *Proc. EUROPTO Image Commun. Video Compr.* (1993), SPIE vol. 1977, pp. 276-287

Stiller, C. , Lappe, D. : Gain/cost controlled displacement estimation for image sequence coding. *Proc. IEEE ICASSP* (1991), pp. 2729-2732

Storer, J. A. : Image and Text Compression. Dordrecht : Kluwer 1993

Strintzis, M. G. : Test of stability of multidimensional filters. *IEEE Trans. Circ. Syst.* 24 (1977), pp. 432-437

Strobach, P. : Tree-structured scene adaptive coder. *IEEE Trans. Commun.* 38 (1990), pp. 477-486

Strobach, P. : Quadtree-structured recursive plane decomposition coding of images. *IEEE Trans. Signal Process.* 39 (1991), pp. 1380-1397

Sullivan, G. J. , Baker, R. L. : Motion compensation for video compression using control grid interpolation. *Proc. IEEE ICASSP* (1991), pp. 2713-1716

Sullivan, G. J. , Baker, R. L. : Efficient quadtree coding of images and video. *IEEE Trans. Image Process.* 3 (1992), pp. 327-331

Tanabe, N. , Farvardin, N. : Subband image coding using entropy-coded quantization over noisy channels. *IEEE J. Sel. Areas Commun.* 10 (1992), pp. 926-943

Taubman, D. , Zakhor, A. : Multirate 3-D subband coding of video. *IEEE Trans. Image Proc.* 3 (1994), pp. 572-588

Terzopoulos, D. , Waters, K. : Analysis and synthesis of facial image sequences using physical and anatomical models. *IEEE Trans. Patt. Anal. Mach. Intell.* 15 (1993), pp. 569-579

Tewfik, A. H. , Sinha, D. , Jorgensen, P. : On the optimal choice of a wavelet for signal representation. *IEEE Trans. Inf. Theor.* 38 (1992), pp. 747-765

Thoma, R. , Bierling, M. : Motion compensating interpolation considering covered and uncovered background. *Signal Process. : Image Commun.* 1 (1989), pp. 191-212

Tobagi, F. A. : Fast packet switch architectures for broadband integrated services digital networks. *Proc. IEEE* 78 (1990), pp. 133-167

Tubaro, S. , Rocca, F. : Motion field estimators and their application to image interpolation. *Motion Analysis and Image Sequence Processing*, M. I. Sezan and R. L. Lagendijk (eds.), Dordrecht : Kluwer 1993

Tziritas, G. , Pesquet, J. C. : Predictive coding of images using an adaptive intra-frame predictor and motion compensation. *Signal Process. : Image Commun.* 4 (1992), pp. 457-476

Unser, M. , Aldroubi, A. , Eden, M. : B-spline signal processing. *IEEE Trans. Signal Process.* 41 (1993), pp. 821-833 (Part I-Theory), pp. 834-848 (Part II-Efficient design and applications)

Uz, K. M. , Ramchandran, K. , Vetterli, M. : Combined multiresolution source coding and modulation for digital broadcast of HDTV. *Signal Process. : Image Commun.* 4 (1992), pp. 283-292

Uz, K. M. , Vetterli, M. , Le Gall, D. J. : Interpolative multiresolution coding of advanced television with compatible subchannels. *IEEE Trans. Circ. Syst. Video Tech.* 1 (1991), pp. 86-99

Vaidyanathan, P. P. : Quadrature mirror filter banks, M-band extensions and perfect-reconstruction techniques. *IEEE ASSP Mag.* 4 (1987), no. 3, pp. 4-20

Vaidyanathan, P. P. : Multirate digital filters, filter banks, polyphase networks, and applications : A tutorial. *Proc. IEEE* 78 (1990), pp. 56-93

Vaidyanathan, P. P. , Regalia, P. A. , Mitra, S. K. : Design of doubly-complementary IIR digital filters using a single complex allpass filter, with multirate applications. *IEEE Trans. Circ. Syst.* 34 (1987), pp. 378-389

Vaisey, J. , Gersho, A. : Image compression with variable block size segmentation. *IEEE Trans. Signal Process.* 40 (1992), pp. 2040-2060

Vandenthorpe, L. : Hierarchical transform and subband coding of video signals. *Signal Process. : Image Commun.* 4 (1992), pp. 245-262

Vandenthorpe, L. : CQF filter banks matched to signal statistics. *Signal Process.* 29 (1992), pp. 237-249

Van Dyck, R. E. , Rajala, S. A. : Subband/VQ coding of color images with perceptually optimal bit allocation. *IEEE Trans. Circ. Syst. Video Tech.* 4 (1994), pp. 68-82

Vetterli, M. : Multi-dimensional sub-band coding : some theory and algorithms. *Signal Process.* 6 (1984), pp. 97-112

Vetterli, M. : Multirate filter banks for subband coding. *Subband Image Coding*, J. W. Woods (ed.), Dordrecht : Kluwer 1991

Vetterli, M. , Uz, K. M. : Multiresolution coding techniques for digital television : A review. *Multidim. Syst. Signal Process.* 3, pp. 161-188. Dordrecht : Kluwer 1992

Virilio, P. : Die Sehmaschine. Berlin : Merve 1989

Virilio, P. : Krieg und Fernsehen. München : Hanser 1993

Viswanathan, R. , Makhoul, J. : Quantization properties of transmission parameters in linear predictive systems. *IEEE Trans. Acoust., Speech, Signal Proc.* 23 (1975), pp. 309-321

Viterbi, A. J. : Error bounds for convolutional codes and an asymptotically optimum decoding algorithm. *IEEE Trans. Inf. Theor.* 13 (1967), pp. 260-269

Viterbi, A. J. , Omura, J. K. : Principles of Digital Communication and Coding. New York : McGraw Hill 1985

Wahl, F. M. : Digitale Bildverarbeitung. Berlin : Springer 1984

Wallace, G. K. : The JPEG still picture compression standard. *Comm. ACM* 34 (1991), pp. 31-44

Wang, J. Y. A. , Adelson, E. H. : Representing moving images with layers. *IEEE Trans. Image Proc.* 3 (1994), pp. 625-638

Wang, L. , Goldberg, M. : Unified variable-length transform coding and image-adaptive vector quantization. *IEEE J. Sel. Areas of Commun.* 10 (1992), pp. 892-901

Wang, Q. , Clarke, R. J. : Motion estimation and compensation for image sequence coding. *Signal Process. : Image Commun.* 4 (1992), pp. 161-174

Wang, Y. , Lee, O. : Active mesh - a feature seeking and tracking image sequence representation scheme. *IEEE Trans. Image Proc.* 3 (1994), pp. 610-624

Wang, Y. , Ramamoorthy, V. : Image reconstruction from partial subband images and its application in packet video transmission. *Signal Process. : Image Commun.* 3 (1991), pp. 197-229

Westerink, P. H. , Biemond, J. , Boekee, D. E. : Subband coding of color images. *Subband Image Coding*, J. W. Woods (ed.), Dordrecht : Kluwer 1991

Westerink, P. H. , Biemond, J. , Boekee, D. E. , Woods, J. W. : Subband coding of images using vector quantization. *IEEE Trans. Commun.* 36 (1988), pp. 713-719

Westerink, P. H. , Biemond, J. , Muller, F. : Subband coding of image sequences at low bit rates. *Signal Process. : Image Commun.* 2 (1990), pp. 441-448

Willemin, P. , Reed, T. , Kunt, M. : Image sequence coding by split and merge. *IEEE Trans. Commun.* 39 (1991), pp. 1845-1855

Witten, I. H. , Neal, R. M. , Cleary, J. G. : Arithmetic coding for data compression. *Comm. ACM* 30 (1987), pp. 520-540

Wolberg, G. : Digital Image Warping. Washington : IEEE Computer Society Press 1990

Wollborn, M. : Prototype prediction for colour update in object-based analysis-synthesis coding. *IEEE Trans. Circ. Syst. Video Tech.* 4 (1994), pp. 236-245

Woodruff, G. M. , Kositpaiboon, R. : Multimedia traffic management principles for guaranteed ATM network performance. *IEEE J. Sel. Areas Commun.* 8 (1990), pp. 437-446

Woods, J. W. , O'Neill, S. D. : Subband coding of images. *IEEE Trans. Acoust., Speech, Signal Process.* 34 (1986), pp. 1278-1288

Wu, S. F. , Kittler, J. : A differential method for simultaneous estimation of rotation, change of scale and translation. *Signal Process. : Image Commun.* 2 (1990), pp. 69-80

Wu, Y. , Caron, B. : Digital television terrestrial broadcasting. *IEEE Commun. Mag.*, May 1994, pp. 46-52

Xie, K. , van Eycken, L. , Oosterlinck, A. : Estimating motion vectorfields with smoothness constraints. *Proc. EUROPTO Image Commun. Video Compr.* (1993), SPIE vol. 1977, pp. 238-247

Xu, W. , Hauske, G. : Picture quality evaluation based on error segmentation. *Proc. Visual Commun. Image Process.* (1994), SPIE vol. 2308

Yeh, C. L. : Image compression using nonadaptive vector quantization with adaptive overhead transmission for codevector replacement. *Proc. IEEE GLOBECOM* (1987), pp. 1387-1391

Young, R. W. , Kingsbury, N. G. : Frequency domain motion estimation using a complex lapped transform. *IEEE Trans. Image Process.* 2 (1993), pp. 2-17

Yu, P. , Venetsanopoulos, A. N. : Hierarchical multirate vector quantization for image coding. *Signal Process. : Image Commun.* 4 (1992), pp. 497-505

Yu, Y.-B. , Chan, M.-H. : Low bit rate video coding using variable block size model. *Proc. IEEE ICASSP* (1990), pp. 1096-1099

Zeger, K. , Gersho, A. : A stochastic relaxation algorithm for improved vector quantizer design. *Electron. Lett.* 25 (1989), pp. 896-898

Zhang, Y.-Q. , Zafar, S. : Motion-compensated wavelet transform coding for color video compression. *IEEE Trans. Circ. Syst. Video Tech.* 2 (1992), pp. 285-296

Zurmühl, R. : Matrizen. Berlin : Springer 1964

Sachverzeichnis